民族地区生物多样性相关传统知识编目丛书

丛书主编　薛达元

畲族生物多样性
相关传统知识

薛达元　程科军　蓝文娟　潘俊杰　等 编著

中国环境出版集团·北京

图书在版编目（CIP）数据

畲族生物多样性相关传统知识 / 薛达元等编著.
北京 ： 中国环境出版集团，2025. 7. -- （民族地区生物
多样性相关传统知识编目丛书 / 薛达元主编）. -- ISBN
978-7-5111-6243-4

Ⅰ. Q16
中国国家版本馆 CIP 数据核字第 202543U2Y4 号

特约编审　张维平
责任编辑　曹　玮
封面设计　彭　杉

出版发行　中国环境出版集团
　　　　　（100062　北京市东城区广渠门内大街 16 号）
　　　　　网　　　址：http://www.cesp.com.cn
　　　　　电子邮箱：bjgl@cesp.com.cn
　　　　　联系电话：010-67114150（第二分社）
　　　　　发行热线：010-67125803，010-67113405（传真）
印　　刷　北京鑫益晖印刷有限公司
经　　销　各地新华书店
版　　次　2025 年 7 月第 1 版
印　　次　2025 年 7 月第 1 次印刷
开　　本　787×1092　1/16
印　　张　38.25
字　　数　768 千字
定　　价　298.00 元

"民族地区生物多样性相关传统知识编目丛书"

总　序

　　1992 年通过、1993 年生效的联合国《生物多样性公约》(CBD)，在其第 8 条和第 10 条明确规定了文化多样性和土著传统知识在生物多样性保护中的重要地位与作用，强调公正公平地分享由于利用遗传资源及相关传统知识所产生的惠益对生物多样性保护的重要意义。1999 年国际科学理事会 (ICSU) 第六届大会《布达佩斯宣言》中指出：传统和当地知识系统作为认知和了解世界的动态表达，在历史上已经为人类科学技术的发展作出了有价值的贡献，必须保存、保护、研究和促进这一重要文化遗产的经验知识。国际社会从国际法律层面向世人召唤：在保护地球生物多样性的同时，必须保护地球上不同形式的文化多样性和相关传统知识的存在。

　　传统知识是文化表达的载体，与生物多样性相关的传统知识，是人类文化多样性宝贵的资源，是社会经济与生态可持续发展的重要财富。我国作为世界四大文明古国之一，其农耕历史有 7000 年以上。中华民族在发展农林牧渔和医药健康事业的同时，积累了极其丰富的生物多样性相关传统知识，成为我国古代科学技术的重要组成部分。生物多样性相关传统知识是农业文明的重要组成部分，是我国优秀传统文化的重要内容，广泛存在于民间，应用于对农业、森林、草原、湿地、海洋和荒漠等各类生态系统的可持续管理，在数千年的历史长河中，为各民族的衣、食、住、行、医疗保健、文化艺术、信仰活动等发挥了关键作用，为中华民族的繁衍生存、繁荣富强做出了重要的历史贡献，并在推动人类文明发展进程方面意义重大。

　　在我国，传统知识通常是以文字传承和口头传承两种方式代代相传，秉承千年文明之赓续。中国有极其丰富的农业、生物、医学等相关古籍书典传世，并有盛世修典之传统。采用近代科学方法编修、知识历史悠久、内容广博精深的《中华大典·生物典》是《中华大典》22个大典之一，由吴征镒院士主编，包括《植物分典》和《动物分典》，于2006年完成编纂出版，是我国当代具有代表性的文传生物多样性传统知识汇集的杰作，本人有幸参加了这一盛典的编纂工作，深知其重要性和艰巨性。即将出版问世的"民族地区生物多样性相关传统知识编目丛书"（以下简称丛书），是我国当代又一部展现华夏民族生物多样性相关传统知识的编目巨著，是依照2014年环境保护部发布的《生物多样性相关传统知识分类、调查与编目技术规定（试行）》，以调查汇集口承传统知识和实地考察为主，并参照大量文传典籍，予以印证的综合性传统知识编目丛书，具有创新性、全面性和系统性的特点，特别是针对我国民族民间世世代代习以为用、口承形式相传的知识。对于无文字记载民族的相关传统知识编撰，具有跨越时代性，是首次以文字相传的重要典籍。

　　丛书采用现代生物多样性保护相关的多学科方法编写，开展深入而广泛的民族民间调查、记载、考证、描述、编目等工作，应用民族生物学、民族植物学、民族药物学、民族生态学、民族学和社会学等相关深度跨学科的方法开展调查并加以总结，是一部内容极为丰富的科学专著，参加编写工作的近百名科技工作者付出了长达20多年的艰辛努力，值得称赞。

　　丛书主编薛达元教授，依托中央民族大学民族生态学团队（包括40多名博士和硕士研究生），联合全国相关机构和专家，为策划、编撰和出版这套丛书付出了艰辛努力，令人敬佩。我认识薛达元已有近40年了，从20世纪80年代，中国和美国政府间开展第一个科技合作项目——"农业生态系统分析与研究"，中方由当时的国家环境保护局牵头，中国科学院参加，美方以东西方研究中心（EWC）东西方环境与政策研究中心（EAPI）为主，共同组建了一个区域性研究协调组织——东南亚大学间农业生态系统研究协作网（SUAN），本人当时是中方团队的召集人之一，薛达元是参加该团队的青年学者之一。之后他长期从事生物多样性、遗传资源及相关传统知识的研究和教学工作，应用民族生物学（Ethnobiology）和民族生态学（Ethnoecology）的跨学科方法，进行生物多样性保护研究，活跃于《生物多样性公约》《名古屋议定书》等领域的国际舞台，为国际谈判和国家履约做出贡献。丛书的出版是他基于国际热点和焦点问题以及中国生物多样性及相关传统知识保护的实际需求而做出的一大贡献。

丛书作为一套科学专著，是该领域首次系统性编写的出版物，体现出我国科技工作者近半个世纪以来在生物多样性保护研究领域不断努力，在全球生物多样性、遗传资源及相关传统知识保护领域取得的一项重要成果，将对我国生物多样性保护、可持续利用和公正公平的惠益分享产生极大的科技支持和推动作用。丛书的出版对于生物多样性保护相关领域的广大一线工作者，相关科研、教学、保护、执法的从业者，以及生态旅游、研学科普活动和民族文化爱好者，都具有极高的参考价值。为此，我十分荣幸地为本丛书作序。

国际民族生物学会原主席
中国科学院西双版纳植物园原主任
中国科学院昆明植物研究所研究员　裴盛基

2025 年 7 月 4 日于昆明

序

　　畲族是我国人口较少的少数民族之一，作为典型的散居民族，千百年来在闽、浙、赣、粤的崇山峻岭间生生不息。畲民自称"山哈"，"哈"在畲语意为"客"，"山哈"即外地迁入居住在山里的客人。从广东凤凰山到东南各省的迁徙历程中，畲族人民不仅创造了独特的生存智慧，更孕育了灿烂的民族文化。

　　在漫长的历史长河中，畲族人民面对恶劣的生存环境，发展出独具特色的生产生活方式和文化传统。从刀耕火种的山地农业，到丰富多彩的口头文学；从独具韵味的畲歌畲舞，到精湛的民间工艺；从特色鲜明的饮食文化，到疗效显著的畲医畲药，无不彰显着这个山地民族的智慧结晶。这些文化瑰宝既是畲族人民的精神家园，也是中华文化宝库中不可或缺的组成部分。

　　畲族医药就是畲族生物多样性相关传统知识保护、传承与利用的一个典型。畲族人民在特定的历史条件和特殊的地理环境下为求生存与繁衍，在与疾病长期斗争的过程中，运用许多适时环境、气候地理特点和生产、生活习惯总结出一套独特的医药理论体系和诊疗方法。从"六神学说"的理论基础，到青草药的灵活运用；从外治手法的独到之处，到痧症治疗的显著疗效，无不体现着畲族人民对生命健康的深刻理解。畲族医药具有明显的民族特色和区域性，是祖国医药学宝库中的重要组成部分，至今仍在守护着畲乡百姓的健康，也为现代医药发展提供了重要参考。

　　然而，随着现代化进程的加速，畲族许多传统知识正面临失传的风险。年轻一代对传统文化的兴趣减弱，加上外来文化的冲击，使得这些依靠口耳相传的智慧逐渐被边缘化。加之畲族只有语言，没有文字，传统知识更容易丢失和失传。在此背景下，对畲族生物多样性相关传统知识进行系统性的研究、整理和保护显得尤为迫切。

薛达元教授是我国生物多样性保护和少数民族传统知识保护与惠益分享研究领域的著名学者,从 2012 年起就带领团队开始畲族生物多样性相关传统知识的实地调查和研究。程科军研究员对畲族和畲医药研究有特别的情怀和渊源,早在 2006 年他在复旦大学攻读博士期间就参与我和时任丽水市药检所所长李水福主任中药师领衔开展的畲族医药研究与开发工作。畲族生物多样性相关传统知识研究团队历时多年,深入畲族聚居区开展田野调查,走访了大量畲族群众和地方专家,将畲族传统选育和利用农业遗传资源的相关知识、传统医药相关知识、与生物资源利用相关的传统技术及生产生活方式、与生物多样性相关的传统文化、传统生物地理标志产品相关知识等内容,点点滴滴地搜集,忠实地记录下来,反复地进行查证,以编目形式系统整理并精心编写成《畲族生物多样性相关传统知识》一书。该书内容翔实,分类科学,既有学术深度,又贴近实际应用。

本书的出版具有多重意义。首先,它为畲族生物多样性相关传统知识的保存和传承提供了重要载体,使这些濒临消失的智慧得以系统记录并流传后世。其次,作为"民族地区生物多样性相关传统知识编目丛书"首部出版的专著,它为其他民族生物多样性相关传统知识研究和著作出版积累了经验,是促进我国民族大团结、增强各民族之间的理解和文化交流交融的"好教材"。最后,本书的编撰也符合国际社会对传统知识保护的呼吁,为落实《生物多样性公约》和《名古屋议定书》提供了中国案例。

谨以此序,表达我对本书出版的衷心祝贺,并期待未来有更多学者投身于传统知识的研究与保护,让这些凝聚着民族智慧的瑰宝继续闪耀光芒。

第十一届、第十二届、第十三届全国政协委员
中国民族医药学会畲医药分会会长　雷后兴

2025 年 6 月 28 日于浙江丽水

前　言

　　生物多样性相关传统知识的保护、获取与惠益分享已成为全球热点议题。由于发达国家的生物技术公司总是从发展中国家及土著（原住民）和地方社区剽窃遗传资源及相关传统知识，进而通过生物技术开发产品并申请专利保护，牟取高额利润。为此，1993 年生效的《生物多样性公约》提出公正公平地分享因利用遗传资源和相关传统知识所产生的惠益。《生物多样性公约》第 8（j）条要求各缔约方尊重来自土著和地方社区、体现传统生活方式并与生物多样性保护及可持续利用相关的传统知识、创新和做法，并促进其传统知识的利用，确保与土著和地方社区公正公平分享因利用遗传资源和相关传统知识而产生的惠益。

　　2010 年达成的《名古屋议定书》作为《生物多样性公约》下实施惠益分享制度的约束性法律文书，进一步规定遗传资源及相关传统知识的使用方在获取资源和知识时，需要获得提供方政府、相关土著和地方社区的"事先知情同意"，并在共同商定的条件下，通过签署合同等方式与土著和地方社区公正公平分享因利用遗传资源和相关传统知识而产生的惠益。

　　2022 年 12 月召开的联合国《生物多样性公约》第 15 次缔约方大会通过了"昆明-蒙特利尔全球生物多样性框架"，其中行动目标 13 中进一步要求各缔约方酌情在各层面采取有效的法律、政策、行政和能力建设措施，确保公正公平分享利用遗传资源、遗传资源数字序列信息以及与遗传资源相关的传统知识所产生的惠益。

　　生物多样性和生态系统服务政府间科学-政策平台（IPBES）还专门成立了"土著与地方知识专家工作组"（TF-ILK），在编写《生物多样性和生态系统服务全球评估报告》的过程中，充分肯定了土著和地方传统知识在生物多样性保护和生物资源可持续利用等方面的科学意义和实用价值。

但是，由于传统知识往往存在于原住民和地方社区，传承范围局限，且常常仅以口头方式传承下来，很容易丢失和失传，特别是外来文化的快速渗透，已导致传统知识大量流失和丧失。为此很有必要通过文献化方式，将散布于民间特别是少数民族社区的传统知识以编目形式记录下来，以便于保护和推广应用。另外，通过文献化记录和数据库建设，也可有效阻止一些生物技术公司通过专利途径对传统知识进行"生物剽窃"。

为了保护生物多样性及其相关传统知识，2008 年 6 月 5 日，国务院印发《国家知识产权战略纲要》，将"遗传资源、传统知识和民间文艺的有效保护与合理利用"列为战略目标，并在专项任务中列出："建立健全传统知识保护制度。扶持传统知识的整理和传承，促进传统知识发展。完善传统医药知识产权管理、保护和利用协调机制，加强对传统工艺的保护、开发和利用。"

2010 年 9 月，环境保护部印发《中国生物多样性保护战略与行动计划》(2011—2030 年)（以下简称《战略与行动计划》），《战略与行动计划》将保护生物多样性相关传统知识并促进惠益分享列为国家战略任务，提出抢救性保护和传承相关传统知识，完善传统知识保护制度，探索建立生物遗传资源及传统知识获取与惠益共享制度，协调生物遗传资源及相关传统知识保护、开发和利用的利益关系，确保各方利益。要加强对我国民族地区生物多样性相关传统知识的调查、整理、编目及数据库建设。

为落实《战略与行动计划》，2014 年 6 月，环境保护部印发《生物多样性相关传统知识分类、调查与编目技术规定（试行）》（见附录），为传统知识的分类、调查和编目提供了"国家标准"。本丛书的编撰和出版就是完全遵照该技术规定的要求，对全国范围的生物多样性相关传统知识进行系统的调查、整理、研究和编目，为保护我国生物多样性相关传统知识提供基础信息支持，也是实施《战略与行动计划》的具体行动。

2021 年 10 月 19 日，中共中央办公厅、国务院办公厅印发《关于进一步加强生物多样性保护的意见》，要求推进生物多样性相关传统知识的调查、编目和保护，提出"研究起草生物多样性相关传统知识保护条例""实施生物遗传资源及其相关传统知识调查登记"。该意见对传统知识编目工作提供了进一步的政策支撑和指导。

2024 年 1 月，生态环境部发布《中国生物多样性保护战略与行动计划（2023—2030 年）》，在其优先行动 20（传统知识保护与传承）中提出："开展生物多样性相关传统知识调查编目，对农牧、中医药、传统工艺、民俗和游艺等领域中具有较高价值的传统知识进行抢救性调查、挖掘和整理，开展数字化、影像化记录研究。建立传统知识保护和登记制度，制定中医药传统知识保护条例。"

中国历史悠久，民族众多，各民族人民在保护和利用生物多样性的长期生产和生活实践中积累和创造了丰富的传统知识，这些传统知识是各民族科学思想、技术创新和文化底蕴的有机融合，也是中华民族科技与文化的精华。许多看上去很平凡的传统知识其实蕴藏着丰富而深厚的科学理论知识和技术创新。因此，调查、整理、编目传统知识的过程，也是深入分析和研究传统知识科学内涵的过程，对于挖掘传统科学技术的精髓和促进现代科学技术的发展都具有重要的学术价值。同时，传统知识编目为公正公平分享因利用传统知识而产生的惠益提供了技术基础，为全面实现《生物多样性公约》三大目标贡献中国智慧。

本丛书聚焦中国民族地区生物多样性相关传统知识的系统调查和编目，工作历时 20 多年，范围涉及全国 40 多个民族，内容包括 5 个方面（共 30 个类型），即①传统驯化和利用农业遗传资源的知识；②维护健康和防治疾病的传统医药知识；③有利于保护和可持续利用生物资源的传统技术；④与保护和可持续利用生物多样性相关的传统文化；⑤传统地理标志产品相关知识。编目以词条方式呈现，每个词条包括传统知识的名称、编号、属性与分布、背景信息、基本描述、传统知识特征、保护与利用、文献资料共 8 项内容。

民族地区生物多样性相关传统知识调查与编目的工作主要由中央民族大学生命与环境科学学院薛达元教授团队牵头，并得到全国许多高等院校、研究院所、地方相关部门及机构和专家学者的支持。在经费方面，得到环境保护部、财政部"全国重点物种资源调查重大专项"（2004—2015）和教育部、国家外国专家局"民族生物学创新引智基地项目（111 计划）"（2008—2017）的支持；还得到云南冠城酒店投资管理有限公司（民营企业）、第三世界网络（TWN）等机构以及中央民族大学其他相关项目的资助。丛书的出版正是基于上述项目实施的成果体现。

丛书首批计划出版 20 多个分册，本册为《畲族生物多样性相关传统知识》分册。主要聚焦畲族在保护和可持续利用生物资源的长期实践过程中所积累和创造出的传统知识、技术和实践进行编目。自 2012 年起，中央民族大学薛达元教授团队在畲族聚居地区开展系统的实地调查和研究，并得到浙江省丽水市农林科学研究院、浙江中医药大学程科军研究员及其团队的大力协助。除署名作者外，丽水市农林科学研究院中药材研究所助理研究员周君美、中南民族大学药学院蓝岚参与了调查和资料整理；中国民族医药学会畲医药分会会长、丽水市中医院名誉院长雷后兴主任医师参与了本书审稿，为"畲族概况"的写作提供了宝贵资料，并欣然为本书作序；丽水市农林科学研究院副院长程文亮研究员、农作物所何伟民高级农艺师参与了部分文稿的审稿；中国科学院植物研究所覃海宁研究员审核了书中植物的中文名和拉丁名。在实地调查和文献收集过程中提供帮助的还有：福建中医药大学药学院黄泽豪教授、福建省福安市畲医药研究发展中心钟隐芳主任、福建省福鼎市民族文化促进会蓝瑞希会长、福鼎双华村蓝宜慈校长、福建省霞浦县畲族文化研究会蓝孝文会长、霞浦县乡医联谊会雷国胜会长、霞浦县溪南镇白露坑村雷仁华主任、浙江省景宁畲族博物馆朱学操先生、"畲医畲药"非遗项目代表性传承人雷建光先生等。此外，云南冠城酒店投资管理有限公司叶迎阳女士也对本书的编写提供了宝贵意见。作者谨对所有为本书提供支持和帮助的机构、专家学者和社会各界朋友致以诚挚感谢！

本书可供从事生物多样性、生态环境、农业（包括林、牧、副、渔）、民族医药、民族文化、文化遗产、地理标志产品、知识产权等领域的科研、教育和实务人员参考。不妥之处，敬请读者批评指正。

薛达元

2025 年 6 月 20 日于北京

目　录

畲族概况

一、畲族聚居地区自然概况

畲族主要分布于中国南方的福建省和浙江省，尤其聚居于福建省宁德市（拥有 9 个畲族乡）和浙江省丽水市（拥有 1 个畲族自治县）。这两个地区虽然都是畲族聚居地区，但在自然地理、气候与自然资源、生物多样性与保护方面各有特点。

1. 自然地理

宁德市域面积 1.35 万 km^2，位于福建省东北部，地处东南沿海地区。其地理位置优越，东临东海，西接内陆山区，是福建省重要沿海城市之一。宁德市地形以山地和丘陵为主，内陆以鹫峰山脉为主体，地势自西北向东南倾斜，形成山海阶梯状地貌。境内有众多山脉，如鹫峰山脉、戴云山脉的余脉等，这些山脉构成了宁德市的主要地貌骨架。宁德市依山傍海，拥有丰富的海岸线资源，海岸线长达 1 046 km，分布有 344 座岛屿、29 个港湾，浅海面积 9.34 万 hm^2，滩涂 4.36 万 hm^2；并拥有三沙湾等天然良港，形成了独特的滨海景观。森林覆盖率 62.7%，用材林面积 44 万 hm^2。

丽水市域面积 1.73 万 km^2，是浙江省陆域面积最大的地级市（占浙江省的 1/6），其中 90% 以上的辖区面积是山地，属洞宫山脉和仙霞岭延伸地带，海拔 1 000 m 以上山峰 3 573 座，黄茅尖（1 929 m）为长三角最高峰，拥有"浙江绿谷""华东生态屏障"美誉。丽水地区素有"九山半水半分田"之称，地貌以丘陵、中山为主，峡谷众多，间以狭长的山间盆地。地势上大致由西南向东北倾斜，西南部以中山为主，有低山、丘陵和山间谷地；东北部以低山为主，间有中山及河谷盆地。有瓯江、钱塘江、闽江等六大水系发源地，拥有浙江省最大河流湿地（瓯江流域）及云和梯田（华东最大梯田群）。森林覆盖率 81.7%，是以中亚热带常绿阔叶林为主导的生态系统。

2. 气候与自然资源

宁德市属于中亚热带海洋性季风气候，兼具山地气候和盆谷地气候特征。年均温度 17.5℃，受海洋调节显著，台风影响频繁。气候温暖湿润，利于水产养殖和亚热带果树栽培。宁德市域内河流众多，水系发达，主要河流有交溪、霍童溪等，丰富的水资源不仅支持了农业灌溉，也为水电开发提供了条件。宁德市具有"山海联动"优势，形成"海洋+山地复合资源系统"，成就"中国大黄鱼之乡""食用菌之都"。潮汐能潜力达245.96万kW（三沙湾占129万kW）。依托世界地质公园（太姥山、白水洋）、周宁鲤鱼溪等发展生态旅游；一些传统村落依山而建，保留"村口挡风林、屋后水源林"布局，如霞浦樟坑畲族大厝（1850年建），体现人居与森林的共生关系。

丽水市属中亚热带季风气候，四季分明，温暖湿润，雨量充沛，无霜期长，具有典型的山地气候。丽水市垂直气候差异显著；年均温度18.2-19.6℃，多云雾天气，适宜茶叶及高山作物生长，但气象灾害频发，灾害种类多，易发生洪涝、山体滑坡、森林火灾等次生或衍生灾害。丽水以"九山半水半分田"的山地生态为核心，垂直气候孕育了丰富物种，堪称"华东生物王国"；可开发水电资源185.49万kW（已开发42万kW）；并以百山祖国家公园、云和梯田为核心开展生态旅游。

3. 生物多样性与保护

宁德市：分布有海洋生物600余种（如大黄鱼、对虾），三沙湾为全国最大的大黄鱼养殖基地（占全国产量80%）。海洋生物有大黄鱼（占全国养殖量80%）、二都蚶、剑蛏等海产珍品。经济作物有福鼎白茶、古田银耳（占全球产量90%）、霞浦海带、柘荣太子参（占全国产量60%）；特色林果有四季柚、油奈、晚熟荔枝等。实施"三屿海堤生态修复"，种植红树林和增殖放流鱼类，以恢复滩涂湿地生态环境和促进渔业生产。宁德市建有县级以上自然保护地32个，在这些保护区内生活有中华鬣羚、穿山甲、鸳鸯、白鹇、大鲵等多种珍稀野生动物；2002年建立的海洋特别保护区代表闽东海岛和典型港湾生态环境，保护了尖刀蛏、厚壳贻贝、龟足等珍稀海洋生物物种。

丽水市：地处全国32个陆地生物多样性保护优先区范围内，已知维管植物3 687种、陆生脊椎动物635种、大型真菌2 040种。分布有百山祖冷杉（全球仅存3株野生植株）、南方红豆杉、九龙山榧等78种国家重点保护植物；百山祖角蟾、黄腹角雉、黑麂、中国秋沙鸭等138种国家重点保护动物；还有景宁玉兰、龙泉岩樟、山茶等地方著名种质资源。丽水市已明确17个生物多样性优先保护区域，建有2个国家级自然保护区和4个省级自然保护区，建设中的"钱江源-百山祖国家公园"保存有百山祖冷杉等珍稀濒危物种及当地特有生态系统类型。

二、畲族人口及其分布

畲族是我国人口较少的民族之一，分布在福建、浙江、江西、广东、贵州、安徽、湖南 7 个省 80 多个县（市），以闽东和浙南为主。畲族居住分布有"小聚居、大分散"的特点，是我国典型的散居民族之一，畲族人自称"山哈"。"哈"在畲语中意为"客"，"山哈"即从外地迁入、居住在山里的客人。中华人民共和国成立前，民族学者称畲族人为"畲民"。中华人民共和国成立后，中央对"畲民"情况进行了认真调查研究，认定"畲民"为我国单一的少数民族，1956 年 12 月确定其族称为"畲族"。

据《中国统计年鉴 2021》，全国畲族总人口为 746 385 人，其中男性 403 516 人，女性 342 869 人。根据 2020 年第七次全国人口普查，畲族总人口约 74.6 万人，畲族是中国第 20 大少数民族，主要分布在东南沿海丘陵地带，具体地区分布为：

福建省（占比约 52%）：主要聚居在宁德市（霞浦、福安）、龙岩市（上杭、长汀）等地，其中宁德市畲族人口占全国畲族人口的 1/4。

浙江省（占比约 25%）：集中在丽水市（景宁畲族自治县、莲都区）、温州市（苍南县）等地。景宁畲族自治县是全国唯一的畲族自治县。

其他省份：江西省（占比约 10%），以上饶市铅山县、贵溪市为主；广东省（占比约 8%），分布于潮州、河源等地，凤凰山区是重要聚居区；在其他地区（占比约 5%）（安徽、贵州等地）有少量散居。

分布特点：以山区聚居为主，90% 以上居住在海拔 200-1 500 m 的丘陵山区；民族互动比较密切，与汉族、客家民系长期杂居，文化交融显著。

三、畲族历史变迁

族源与早期历史。唐代文献《漳州谕畲》首次记载"畲民"，南宋时期畲族已在闽粤赣交界区形成独立族群。明清时期，因战乱和土地压力，畲族从广东凤凰山向闽东、浙南迁徙，形成现今的分布格局。清代畲民被编入"棚民"，社会地位低下，多以租种山地为生。

畲族的民族来源以往说法不一。近年来，专家和学者按照中华文明探源方法，运用生物学、分子生物学、化学、地学、物理学等前沿学科的最新技术分析凤凰山古代遗存。他们通过深入田野调查，从客观存在的历史现象、事实出发，进行研究；在学科上，从民俗学、历史学、考古学、分子生物学等各学科各方面进行归纳、集成；在资料上，通过搜集各地资料，从整体上进行科学剖析。不同地区与部门、不同样本的实验和基因分析表明，畲族源自凤凰山文化区古人。秦汉时期，由于反抗封建王朝的统治和军事镇压，他们有的被迫漂洋过海到了中国台湾和东南亚一些国家，有的被驱赶至江淮等地成为汉族，而侥幸留下来遁入山区的成为今天的畲族。明代，畲族人民反封建反压迫斗争遭到封建统治者的残酷镇压，畲族人民又一次被迫进行民族大迁徙，形成如今"小聚居、大分散"的分布格局。

畲族自古以农耕与"狩猎"为主。畲族先民的农业生产主要是"耕火田",即"刀耕火种",所耕之地多属于缺乏水源的旱地。因为耕作粗放,生产力水平低下,农作物产量很低,加上长期居住在深山老林、野兽出没之地,所以狩猎成为畲族的谋生之路之一。"刀耕火种"与"狩猎"是畲族早期的生产特点。

旧社会,畲族处于极度贫困状态。在漫长的封建社会里,畲族深受统治者的歧视和压迫,畲族人民被迫不断迁徙。明、清时期,是畲族人民向闽东、浙南大迁徙的时期。他们到达那里时,平坝地区多为汉族居住,自然条件较好的土地也被汉族所垦殖。因此,他们只能开山劈岭,拓荒造田。或佃租汉族地主的土地,或给地主富农当长工,长年辛勤劳作。在数千年的民族迁徙中,畲族每到一地,荒山变茶园,沟壑变良田。畲族人民勤劳勇敢,变荒山为鱼米之乡,是"东南山区杰出的拓荒者",为开发祖国东南山区做出了重要贡献。

中华人民共和国成立后,党和国家高度重视和支持帮助畲族地区的经济和社会发展,党的民族政策使畲族人民获得了当家做主的权利。1956 年,国务院正式确认畲族为单一少数民族。1984 年,在畲族居住比较集中的地区设立了 1 个畲族自治县(景宁畲族自治县)和 57 个民族乡,这标志着民族区域自治政策的落实。

四、畲族主要聚居地区社会经济状况

畲族聚居地区以亚热带山地为主,雨量充沛,适宜茶叶、毛竹等经济作物生长。各地具有丰富的特色物产,如闽东的福安葡萄、浙南(景宁)的惠明茶、赣南的油茶等。

历史上畲族传统生计以刀耕火种、狩猎采集为主,现转向生态农业(如畲药种植)、旅游业等。福建宁德和浙江丽水是中国畲族的主要聚居区,两地在产业发展、畲民收入及社会发展等方面既有共性,也有地方特色。如在产业发展方面,宁德依托沿海区位发展水产养殖,依托新能源和港口经济,工业化程度更高,基本实现产业转型;丽水侧重生态经济,旅游业更成熟,丽水景宁的民族旅游特色产业成为丽水 GDP 快速增长的重要引擎。以下以福建宁德和浙江丽水两地的畲族地区为例,主要从产业发展、畲民收入和社会发展,以及文化保护等方面进行概述。

1. 福建宁德地区畲乡

产业发展方面。福建宁德的传统农业以茶叶(如福鼎白茶、坦洋工夫红茶)、水果(如晚熟龙眼、荔枝)、食用菌(如银耳、香菇)为主,宁德是中国最大的白茶产区和重要的食用菌生产基地。现代工业以新能源产业为主,如宁德时代(CATL)带动锂电新能源成为支柱产业，同时推动电机电器、船舶修造等传统产业升级。另外，沿海地区（如霞浦）海带、大黄鱼的养殖规模全国领先，并将大黄鱼规模化养殖与野生种群保护相结合，发展生态渔业；旅游业依托畲族文化（如中华畲族宫、蕉城区畲族村落）和自然景观（如太姥山、白水洋），发展乡村旅游和生态旅游。

畲民收入和社会发展方面。2024 年宁德农村居民人均可支配收入约 2.6 万元，畲族聚居村略低于宁德市平均水平，但部分通过茶叶、旅游致富的村落（如福鼎方家山村）收入较高。政府通过挂钩帮扶、畲药种植等项目增收。例如，通过乡村振兴实践，福建宁德赤溪村（"中国扶贫第一村"）通过生态旅游脱贫和畲医药（如青草药浴）开发等新兴产业发展，增加畲民经济收入。

文化保护方面。宁德设有畲族文化中心、畲语传承学校，定期举办"三月三"歌会，还通过"闽东之光"计划扶持畲族特色村寨。

2．浙江丽水景宁畲族自治县

产业发展方面。浙江丽水是"中国生态第一市"，生态农业非常著名，以茶叶（如丽水香茶）、食用菌（如庆元香菇）、高山蔬菜、中药材等为重点，主打"生态精品农业"品牌，如推行"青田稻鱼共生系统"（全球重要农业文化遗产），实现"一亩田、百斤鱼、千斤粮、万元钱"的生态经济模式。除竹木加工、青瓷宝剑等传统产业外，近年来重点发展半导体、生物医药等新兴产业。旅游业以畲族风情旅游（如景宁畲族自治县的"中国畲乡之窗"）、古村落（松阳县）、梯田（云和县）等为特色，景宁畲族自治县是全国唯一的畲族自治县，文旅融合较突出，中国畲乡"三月三"、民族文化沉浸式展演等品牌活动有力提升了畲乡文化旅游的社会影响力。景宁畲族自治县在大力发展惠明茶、畲寨风情旅游等当地特色富民产业的同时，也非常重视畲医药资源的抢救性挖掘保护与产业培育壮大，并为畲医药事业发展立法——《景宁畲族自治县畲医药发展条例》（自 2023 年 8 月起施行）。

畲民收入和社会发展方面。2024 年景宁畲族自治县地区生产总值为 119.7 亿元，同比增长 8.1%；城镇和农村居民人均可支配收入分别为 5.3 万元和 3.0 万元，稍低于丽水市平均水平的 6.2 万元和 3.3 万元，但同比分别增长 6.0% 和 8.4%，增速分别位居浙江省第 5 和第 1。偏远山区畲民收入仍较低，可通过持续做优中（畲）药材、苔藓、笋竹、蜂蜜、生态鱼养殖等富民产业助力增收。景宁畲族自治县享有民族区域自治政策，在财政转移支付、生态补偿方面优势明显。

文化保护方面。景宁畲族自治县建有畲族博物馆，推出《畲山风》《畲家谣》《千年山哈》《畲娘》《畲山黎明》等文化剧目，畲语、畲歌进入中小学课程。由景宁畲族自治县申报的畲族"三月三"、畲族民歌、婚俗（畲族婚俗）、彩带编织技艺（畲族彩带编织技艺）等已被列入国家级非物质文化遗产代表性项目名录。

五、畲族文化特征

语言与文字：畲族有自己的语言，属汉藏语系。畲语和汉语的客家方言很接近，但在广东的海丰、增城、惠阳、博罗等极少数畲族使用接近瑶族"布努"语（属苗语支）的语言。畲族没有本民族文字，通用汉字，族谱、歌谣均以汉字记录。

服饰与工艺：女性服饰以凤凰装（象征始祖"凤凰公主"）为核心，包含彩带、银饰、绣花围裙。

传统技艺：彩带编织（畲语为"带仔"）、竹编（入选国家级非物质文化遗产名录）。

节日与习俗："三月三"是畲族最重要的节日，又称"乌饭节"，传说是为纪念唐代畲族英雄雷万兴。活动包括对歌、祭祖、打糍粑。

祭祖仪式：供奉"盘瓠"图腾（传说中的龙犬始祖），族谱中常见"盘蓝雷钟"四大姓氏。

婚俗：保留"拦路对歌""男跪女不跪"等独特礼仪。

音乐与舞蹈：畲族民歌包括双条落、杂歌等体裁，多为反映生活的即兴创作；祭祀舞蹈（如《传师学师》）展现畲族道教文化。

教育方面：双语教育（畲语/汉语）在畲族聚居区推广，但畲语使用率逐年下降。

基础设施：高速公路网已覆盖主要畲族乡镇，但偏远山村仍存在人口外流问题。

文化传承困境：畲语传承人不足百人（2023年统计），传统服饰仅在节日穿戴。浙江省已立法保护畲族文化（2021年），并在景宁畲族自治县设立非物质文化遗产保护中心，以促进畲族文化的保护与传承。年轻一代的畲族人对本民族语言、习俗的认同度下降，畲族面临文化商业化与原生性保护的平衡问题。

畲族的文化生活丰富多彩，山歌、传统舞蹈、体育、银艺、刺绣、彩带、服装等是畲族民族文化艺术的主要组成部分。一些畲族聚居区还保留着本民族的风俗特点。

1. 服饰

头饰品称"笄"，结构复杂，由笄栏、笄龙、笄管、笄牌、笄柱、笄绊、笄须、笄把、笄帕、笄被等部件组成。其式样，在丽水市的景宁、莲都、遂昌以及温州市的平阳、文成、泰顺等各有区别。旧时，畲族妇女结婚后就要戴"笄"，死后必戴"笄"入棺。现在只有少数山村的老年人佩戴，在畲族群众集体活动场合也有中、青年妇女戴"笄"。

畲族妇女服装，各地略有差别，其共同特点是上衣多刺绣。畲族女服为大襟花边衣，自称"兰观衫"，清代以前花边为刺绣，民国时期逐步改为贴花边。青年、中老年妇女穿的花边衣式样各异，青年妇女穿的花边衣大多是青色布，胸前右衣襟、领圈均镶四色花边，称"通盘领兰观衫"，袖口也镶花边，裤脚则针刺绣鼠牙式数色花纹；中老年妇女穿的花边衣较简单，花边为单色或双色。现在只有在畲族群众集体活动场合才能见到妇女穿花边衣。

妇女的腰带有两种，一种称"字带"，另一种称"宽幅丝带"。字带是妇女以自养蚕丝或自纺细棉纱为原料织成，经线有红、黄、紫、绿色等，纬线大多为白色。字带宽1-3 cm 不等，中间织有山、水、虫、鱼、鸟等花纹和田、中、日、井等简易文字，手艺高超者还织有"吉祥如意""百年富贵""国富民强"等吉祥语。字带用途广泛，女青年做新娘时要缚字带，一般妇女平时做客也缚字带，还可用作围裙带、刀鞘带、裤带等。宽幅丝带宽约 30 cm，长约 3 m，也称"蚕丝水中"。这种丝带是自养蚕的丝，先由织布师织成带胚，再由妇女本人把带两端预留的约 40 cm 的带须结成精致花纹，并染成浅蓝色。这种丝带只在做新娘或做客时缚在腰间作饰品。

男子日常穿着的便服基本仿照当地汉族男子服饰。经过传师学师的男子服饰，其式样是大襟长衫，无扣，用带缚。第一代学师穿红色，名为"赤衫"，学师者已传下一代的穿青色，称"乌蓝"。"赤衫""乌蓝"只能是在举行传师学师仪式时担任祭师或为担任过学师的老人死后做功德的功德师才穿，学师者死后必须穿"赤衫""乌蓝"殡殓，现仍保留这种服饰。

2. 节日

畲族过的节日与当地汉族基本相同，但过春节、端午等重大节日时，也保持着明显的民族特点。如过春节时，节前要选一个吉日清除家中灰尘，洗刷家中用具，畲语称"打火渣煤"；农历腊月廿四夜晚，要备祭品在灶头祭谢灶君回家；大年三十夜晚吃罢年饭，还在牛栏、猪栏、柴间及家内用具上插燃香。焚香后，合家围坐火炉塘前烤年火，将准备的木柴根在火炉塘燃烧，至深夜入睡时，用炉灰遮住剩余柴根，至次日大年初一清晨余火不灭，称"煨年猪"。新年正月初一，户长要祭谢祖宗，称"祭年"。正月初二，有孝服之家（前一年中死过老人的人家）上午要备熟猪头、熟鸡、豆腐、酒等祭品摆设在祖宗香龛前供嫡亲及众亲祝拜，称"拜新年"，主家要备午宴招待祝拜者。大年初五清早，户长要"送年"，黎明时，户长就要在祖宗香龛前点燃香烛，手拿扫帚、畚斗边走边扫家中垃圾，送往村路口，倒在路边，再点香烛，放鞭炮，表示年已过好。

"三月三"是畲族最大的传统节日，节日期间畲族人都会穿上民族盛装举行盛大歌会，并祭祖先、拜谷神，载歌载舞，热闹非凡。还要吃乌米饭，缅怀祖先，款待来客，故"三月三"又称"乌饭节"。2008年6月，景宁畲族自治县申报的畲族"三月三"经国务院批准，列入第二批国家级非物质文化遗产名录。

端午节是五月初五，有"人歇五月节，牛歇四月八"之说，除备肉、豆、酒等，已出嫁的女子、男子、童养媳、童养子等都要备猪肉、面干等礼品回家探望父母，父母则以红蛋"回篮"。一年所过节日，唯端午节不祭谢祖宗。

"尝食新米"。每年的夏季，在稻浪飘香、谷米成熟、早稻开镰前后，畲族人都要选择一个吉日，隆重庆祝丰收，进行"尝新"，畲语为"吃新米"，这一天是"新米节"。尝食新米，首先割几棵稻谷或稻秆送给牛吃，有的地方还把米汤拿来喂牛，意为牛耕田辛苦，先让牛尝新。待香喷喷的新米饭做好后，首先盛一大碗，摆到厅堂桌上，祭祀祖宗，让祖宗先尝新，然后让本家或亲房年纪最长者吃一口新米饭，上辈吃过一口新米饭后，随即用筷子把碗里的米饭挑一点出来放在桌上，称"剩仓"，表示有吃有余、年年有余。较富裕的人家，杀猪宰羊或杀鸡宰鹅，制作豆腐，制作米酒；生活较困难的家庭，起码也要磨"豆腐娘"。各家把亲戚朋友以及帮助收割的人都请来，共享丰收之乐——大家一道尝新，人越多越好，因为"多一人尝就多一人粮"，吃的人越多，粮食就会越丰收。

3. 饮食

畲族饮食特色主要表现在年节喜制糯米粑、喜食豆酿和分食制。分食制即"有食大家尝"的平分食物习惯，如买肉、杀鸡等改善生活，家中成员各分一份，有来客也同分一份，人口较多的家庭，日常蔬菜也采用"分食制"。畲族独具特色的典型食品有：卤姜，一种咸菜，畲族风味菜，常用辣椒、姜、萝卜等腌制而成，又称为糟辣椒、糟姜等；端午粽子，民间称牯角；乌饭，"三月三"的节令食品，是将乌饭树（畲语称乌枝）的嫩叶捣细，用汁浸糯米，煮熟后即成乌黑发亮的乌饭。据说吃了乌饭就不怕蚂蚁咬。

畲族的日常主食以米饭为主，除米饭外，还有以稻米制作成的各种糕点，统称为"粿"。畲族常食的米饭有籼米、粳米、糯米3种。从黏性上分，糯米最黏，粳米次之，籼米基本无黏性，但籼米出饭量最多，畲族食用的米饭以籼米最为普遍。籼米也常被用来制作粉干，即将籼米磨成粉，加馊饭揉成团蒸熟，再用粉干机压挤成丝状，再蒸透即可食用，也可晒干长期保存。粉干味素可口，适于怕油腻者食用。籼米加部分粳米磨成粉，可蒸成各种糕。将米粉调成糊状，蒸成水糕。例如，加入红糖蒸熟称糖糕或红糕；加入碱水蒸熟称黄糕；只加盐称白糕，蒸好后可以存放，白糕表面加上芝麻、花生等，晾硬存放，吃时再蒸软。黄糕可用灰碱水浸泡保存，食用时杂以其他菜肴加汤煮食。粳米主要用来制作年糕，制作时先把粳米粉揉成团蒸熟，放入年糕挤压机加压即成；也可选用一种当地产的特殊灌木烧成灰，用水出碱水，把粳米放入水中浸胀，去水后倒入甑中蒸透，再放入臼中舂成团，搓成 500-1 000 g 长扁形馃；也可用酒炒软，作为旅行和劳动中的食品，冷时不硬，可以随时食用。糯米多用来酿酒、打糍粑。用糯米做糍粑时，先把糯米蒸熟，然后置入臼内舂成团，搓成月饼大小的饼子。趁热蘸红糖和芝麻粉吃，香甜细软。民间有"冷粽热麻糍"之说，意为糍粑只有热吃才有味道。除米饭外，番薯也是畲族农家主食之一。番薯除直接煮熟外，大多是先切成丝，洗去淀粉，晒干贮于仓或桶内，供全年食用；也有先把番薯煮熟，切成条，晒八成干后长期存放。煮熟晒干的番薯大多作为干粮直接食用。民间有的人把生番薯切成片，放入滚水中煮八成熟，捞出风干或晒干，再用沙炒或油炸，逢年过节时常吃，并用来招待客人。番薯丝洗出的淀粉经过几次过滤后，晒干，少部分用作干淀粉做菜，大部分用来做粉丝，做法是把干淀粉用水拌成糊，用蒸笼蒸熟，冷却变硬后刨成丝，晒干即成。粉丝是畲族招待客人时制作点心和菜肴的重要原料。

畲族人大多喜食热菜，一般家家都备有火锅，以便边煮边吃。除常见蔬菜外，豆腐也经常食用，农家招待客人最常见的佳肴是"豆腐娘"，即先把黄豆洗净用水浸胀，再用石磨（现在有的地方用电磨）磨成浆，最后用温火烧熟，配以辅料，其味道非常鲜美。还有用辣椒、萝卜、芋头、鲜笋和姜做成的卤咸菜，其中以卤姜最具特色。用来做菜的竹笋有雷竹、金竹、乌桂竹、石竹、牡丹竹、蛙竹等 10 余种之多。竹笋差不多是畲族四季不断的蔬菜。有这样的说法：在一年 12 个月中，只有 8 月无笋，用茭白替代。竹笋除鲜吃外，还可制作干笋长期保存。制作干笋时先将鲜笋煮熟，撕成两半，晒干或熏干即可。在景宁一带的畲族人制作干笋时，先将鲜笋切成片，加盐猛火炒熟，再用文火焙干，装入竹筒内，用竹壳封口倒置，民间称这种干笋为"扑笋"。肉类食用最多的是猪肉，一般用来炒菜。饮茶也是畲族日常必不可少的习俗，以自产的烘青茶为主。

4. 对歌

男女对歌是畲族具有独特民族风格的民族文化生活方式，浙江畲族称"唠歌"。一般唱法是一男一女对唱，各唱两句为一首（畲语称一条），少数地区有两男两女联合对唱、各唱两句的唱法。对歌内容、形式因对歌的场合不同而有别，如因女儿出嫁而专门聘请女歌手与婆方"赤郎"对歌的称"唠赤郎"，专门聘请女歌手与"行郎"对歌的称"唠行郎"，统称"嫁女歌"。这种形式的对歌，不得唱有关生死离别内容的歌。逢年过节来客时，主村歌手与来客对歌，称"唠闲歌"，这种对歌形式，内容较随意，但主村歌手及旁听者要凑些钱给客方歌手，称"手薪"，交钱时，双方要对唱一段"手薪歌"。

还有一种形式是"唱山歌",是男女在田间山头劳动相遇时的对歌,内容大多随编随唱,主要是情歌。

5. 婚姻

畲族实行族内婚,采取一夫一妻的婚配制度,在族内各姓间相互通婚,同姓不同支也可通婚,现在畲族与汉族通婚也日益增多。嫁娶请媒人介绍成亲的占多数,也有个别青年男女在对歌中找到恋人,自许终身。男女双方自由恋爱成功,也有托媒的形式,不过可省去相亲的阶段。婚配形式主要有女嫁男、男嫁女、两家亲 3 种。女嫁男后保留女姓,对生父母不负供养义务,不继承父母财产,对男方父母同样称父母,所生子女从夫姓。男嫁女嫁娶条件与女嫁男相同,男嫁女后,要从女姓,所生子女同样从女姓,对女方父母也称父母,可以亲生子身份加入女方宗谱,对生父母不负供养义务,不继承生父母财产。两家亲形式,俗称"种两头田""做两头家",这是因双方均为独生子女,男女青年已同意成婚,并经双方父母同意,成婚后两家合为一家,子女供养双方父母,继承双方财产。如婚后父母尚能劳动,可仍为两家,子女负责协种两家的田。父母老后,以哪方为主,则根据双方居住地自然条件、住房条件由双方商定。现在,畲族基本仍保留上述婚配形式。

畲族的婚配礼仪,旧时环节比较复杂,首先要经相亲、请媒说亲、定亲、送糯米(含送婚礼日期单)等环节,然后举行婚礼。婚礼时,娶方除给嫁方送去定亲时约定的礼金、猪肉、桌类、烟、衣料、饰品、糖果等,还要选一位娶方(下文以男子为例)父亲的兄弟,称"亲家",代表娶方去处理嫁方提出的有关问题。要选两位既是歌手、又是厨师的"赤郎",一位称"当门赤郎",另一位称"赤郎子",同"亲家"一道去嫁方送礼品。到嫁方后,首先要举行"借镬"礼,这是嫁方女歌手在赤郎到来之前,故意把厨房所有炊具藏起来,赤郎要以唱歌形式向女歌手借炊具,赤郎唱一首借炊具歌,女歌手答唱一首歌,并拿给赤郎一件歌词中所借炊具。夜晚,赤郎要与嫁方女歌手对歌到天明,称"唠赤郎"。娶方还要选两位会抬轿的男歌手,在娶亲前一天抬着新娘轿去嫁方接新娘,这两人称"行郎"。行郎在参加嫁方晚上举行的嫁女酒宴后,要与嫁方女歌手对歌到新娘动身,称"唠行郎"。新娘到娶方归门时,还有拦路、传代、请祖公、脱草鞋等仪式。现在,一些繁杂的仪式大多已简化,如选"赤郎"和"借镬"礼的仪式现已基本失传。

6. 祭祀

畲族在信仰方面主要是崇拜祖先。家家户户都有一个代表历代祖先的香炉,摆放在堂屋（自称厅）的堂壁香火桌上，堂壁中间贴壁联，称"香火榜"，榜词常见的是"本家崇奉堂上高辛皇氏敕封忠勇王某某郡（蓝姓写汝南郡，雷姓写冯翊郡，钟姓写颍川郡）长生香火历代合炉祖宗之位"。对祖先不仅逢年过节要备祭礼祭祀，如家有嫁娶、小孩出生、寿辰等喜事也备祭礼祭祀。老人死后做功德，要请历代祖先接受祭祀，做功德仪式后，就把死者香炉并入本家祖先总香炉，表示同样接受后辈祭祀。

传师学师也有祖先崇拜的仪式，仪式甚为隆重。男子16岁后要举行传师学师仪式，为学师者取上"法名"，并把"法名"和传师学师时间写在丝布条上挂在本支族的龙头祖杖上给后代查考。第一代学师准穿红色衣，称"赤衫"，学师者又传子的，准穿青色衣，称"乌蓝"，一代不学师，则被称为"断头师"。现在保留的传师学师仪式，需时三天三夜，仪式需邀请经过学师的畲族祭师12人，统称"十二元曹"，在学师家的堂屋设立"学师法坛"。整个仪式过程分为"安公祖""引朝""度水"3个阶段，共有60余个内容不同的环节。

做功德是子女对老人死后的一种祭奠仪式，旧时，除未成家的"少年亡"不做功德，凡有儿女者死了都要做功德。死者已传师学师的，称"学师人功德"或"大功德"，要做两天两夜，未经学师的称"白身人功德"，只做一天一夜。做功德的功德师均由畲族农民担任，没有专业功德师，做"学师人功德"的功德师要有6人是经过学师的，而做"白身人功德"只需2人是经过学师的。做功德的环节主要有"安公祖""破壁""出白""请灵""拜弋""拜祭""炊孝饭""唱功德歌""招魂"等，死者已学过师的，还要有"收魂兵""烧谍""接天尊""行文""过十王殿"等环节，做女死者的功德，还要有"接娘家"的环节。整个做功德的丧仪过程，灵堂没有号啕哭声，只有死者子女、儿媳、六亲九眷和亲朋好友等高亢的哀歌声响彻灵堂，以驱除悲哀的气氛。现在尚有部分地区保留做功德的习俗。

7. 禁忌

畲族人在生产、生活方面均有不少禁忌，与日常生活相关的禁忌主要有：

忌称畲族人为"畲客人""畲客公""畲客婆""畲客憎"，畲族认为这是对畲族人的侮辱。

忌外来人把任何东西放在摆放祖先香炉的香火桌上，否则祖先会责怪儿孙。

忌在丧事人家饭桌上重叠菜碗，否则会丧事重来。

忌把死在野外的尸体抬回家中，否则家中风水会衰退。

忌打死逃入家中的野兽和溜入家中的蛇，认为这些动物是逃难才会进入家中，如打死它，以后会遭报复。

忌用鸭作祭品，认为鸭终日在水中吃鱼虾，道德不好。

忌反面穿衣服，认为反穿衣服会死爹娘。

忌救火时把任何东西带回，认为带回东西，火星会相随而来。

忌建房时屋向朝水源，栋梁指山岙，砍栋梁树往下山倒，栋梁柴皮烧火，楼梯朝外放。

忌建房上梁和筑墙时小孩在场啼哭，认为小孩在场啼哭会使房屋倒塌。

综上所述，畲族在千年的山地迁徙中形成了坚韧、包容的民族性格，其文化是中华多元一体格局的重要组成部分。在现代化进程中，如何平衡经济发展与文化保护，将成为畲族未来发展的核心议题。

参考文献

[1] 《中国少数民族》修订编辑委员会. 中国少数民族（修订本）[M]. 北京：民族出版社，2009.

[2] 雷弯山. 畲族源流研究[M]. 北京：中共中央党校出版社，2016.

[3] 雷后兴，李水福. 中国畲族医药学[M]. 北京：中国中医药出版社，2007.

[4] 《畲族雷氏志》编写委员会. 畲族雷氏志[M]. 广州：广东人民出版社，2023.

[5] 《浙江省少数民族志》编纂委员会. 浙江省少数民族志[M]. 北京：方志出版社，1999.

[6] 《闽东畲族志》编纂委员会. 闽东畲族志[M]. 北京：民族出版社，2000.

1

传统选育和利用农业遗传资源的
相关知识

110

传统选育和利用农作物遗传资源的相关知识

CN-SH-110-001. 细叶青

1. 名称 中国/浙江省/丽水市/景宁畲族自治县/畲族/传统遗传资源/细叶青
Xiyeqing/Genetic Resource/She People/Jingning She Ethnic Autonomous County/Lishui Municipality/Zhejiang Province/China

2. 编号 CN-SH-110-001 中国-畲族-农作物-细叶青

3. 属性与分布 畲族社区集体知识；主要分布于浙江仙居、临海、黄岩、景宁等地，在景宁畲族自治县被广泛利用。

4. 背景信息 细叶青是籼稻（*Oryza sativa* subsp. *indica* Kato.）的一个地方品种，属于禾本科（Gramineae）稻属一年生水生草本。细叶青株高约130 cm，单株有效穗约12个。叶片、叶鞘绿色，叶茸毛中等，叶耳、叶枕无色，叶舌无色，二裂型。剑叶长约24 cm，宽1 cm左右，角度较大。茎粗中等，茎秆角度中等，叶鞘包茎，节间绿色。柱头无色，不外露，成熟时穗呈半圆形；穗茎中等，穗长27.7 cm左右，每穗180粒左右，结实率80%以上。谷粒椭圆形，有秆黄色短芒，颖壳褐斑秆黄色，颖尖和护颖秆黄色，颖茸毛较疏。米粒白色。千粒重23.5 g，糙米率81%，米粒外观品质中等。

5. 基本描述 中文种名：籼稻；品种名/民族名：细叶青。细叶青为景宁畲族自治县相沿数代的地方晚籼品种，种植历史悠久。细叶青耐寒性强，感稻瘟病和纹枯病，高感白叶枯病，对褐飞虱和白背飞虱的抗性较差。细叶青播种至抽穗107 d，全生育期150 d左右，米粒白色，外观品质中等，亩产400 kg左右。细叶青做出的米饭香软、做出的年糕口感好，深受畲族人喜爱。

6. 传统知识特征

（1）细叶青（籼稻）品种具有适应高山梯田冷水环境的特性，由于畲族人生活在高山环境，长期以来选育出了适应高山梯田冷水种植的稻品种，能够耐受低温环境。

（2）细叶青品种做出的米饭和年糕具有香软的特点，符合当地畲族人的口感，且产量较高，因此成为畲族长期选育和种植较为广泛的水稻品种。

7．保护与利用

（1）传承与利用现状：因大量高产新品种的引进，目前细叶青品种仅少量种植，供自家食用。

（2）受威胁状况及因素分析：因实施退耕还林政策，高山梯田逐渐减少，不再需要能够耐受高山冷水的传统品种；因外出打工，畲族农村劳动力大量减少。

（3）保护与传承措施：已在农作物种质资源库收集保存，尚未采取就地保护措施。

8．文献资料

[1] 柳意城. 景宁畲族自治县县志[M]. 杭州：浙江人民出版社，1995：160.

[2] 张丽华，应存山. 浙江稻种资源图志[M]. 杭州：浙江科学技术出版社，1993：41.（相关图片参见本书）

[3] 玄松南，陈惠哲. 中国稻文化纪行（一）畲族稻文化[J]. 中国稻米，2002，8（5）：40-41.

[4] 中国科学院中国植物志编辑委员会. 中国植物志[M]. 第 9 卷. 第 2 册. 北京：科学出版社，2002：6.

[5] 浙江植物志（新编）编辑委员会. 浙江植物志[M]. 第 9 卷. 杭州：浙江科学技术出版社，2021：325-326.

CN-SH-110-002. 野猪怕

1．名称　中国/浙江省/丽水市/景宁畲族自治县/畲族/传统遗传资源/野猪怕

Yezhupa/Genetic Resource/She People/Jingning She Ethnic Autonomous County/Lishui Municipality/Zhejiang Province/China

2．编号　CN-SH-110-002 中国-畲族-农作物-野猪怕

3．属性与分布　畲族社区集体知识；主要分布于浙江省景宁畲族自治县大漈乡。

4．背景信息　野猪怕是粳稻（*Oryza sativa* subsp. *japonica* Kato.）的一个地方品种，属于禾本科（Gramineae）稻属一年生水生草本。野猪怕株高约 138 cm，芒长 2-3 cm，穗长约 20 cm，茎基宽 0.6-0.7 cm。成穗率约 83%，每穗实数 175 左右，结实率约 90%，千粒重约 27 g。亩产 400-450 kg，米粒长 6 mm，宽 3.5 mm。

5．基本描述　中文种名：粳稻；品种名/民族名：野猪怕、赤皮稻。野猪怕是景宁畲族自治县大漈乡特有的红谷，又名赤皮稻。因稻秆高大，3 cm 多长的稻芒致野猪不敢偷食而得名。野猪怕采用山区最原始的方法种植，稻田引入山泉水灌溉，水质好，产出的红米符合绿色、原生态、无公害标准，在当地茭白田里也有种植。野猪怕品种的蛋白质含量比普通标准的大米要高 30%，脂肪酸和维生素的含量也高于一般的稻米，其中铁、

锌、锰、铜等微量元素含量非常丰富，很适合产妇、老人和儿童食用，既有营养，又非常适口，还带有特殊香味，深受消费者青睐。

6．传统知识特征

（1）畲族大多居住在山区，其农作物常遭受野猪的侵害，为抵御野猪，当地畲族人选育出带有长稻芒的野猪怕（粳稻）品种，长期以来形成 3 cm 的稻芒，能够有效防止野猪的侵害。

（2）野猪怕品种的红米品质与当地畲族居民的健康密切相关。高山红米的高蛋白质含量更能耐受饥饿，高脂肪酸和高维生素含量有利于人体健康，特别是高含量的铁、锌、锰、铜等微量元素有利于抵抗疾病。此外，野猪怕红米的特殊香味，符合当地畲族人的口感。

（3）适合当地耕作制度，可用于水稻和茭白的轮作，这种轮作制度既能调节土壤养分，又能降低病虫害暴发概率，有利于发展高山冷水茭白产业和红米产业。

7．保护与利用

（1）传承与利用现状：随着人们对高品质食品的追求，野猪怕（粳稻）品种的红米市场得到发展，红米售价逐年走高，成为稻米市场的新宠。通过对野猪怕品种的选育和改良，形成了"赤峰 1 号"等优良品种，促进了野猪怕传统品种的利用。

（2）受威胁状况及因素分析：野猪怕红米品质虽好，但因产量较低，相对于高产新品种，野猪怕经济效益较低，多地农户已经弃种；此外，该品种对气候、土壤的适应性要求较高，仅适合在高山地区种植，很难大面积规模化推广种植。

（3）保护与传承措施：景宁畲族自治县近年来已规划将野猪怕红米打造成山地优势特色产品，已建立了红米生产基地，促进了该农家传统品种的保护与传承。

8．文献资料

[1] 梅中青，汤芬芬. 优质红米粳型赤皮稻改良品种——赤峰 1 号的选育与栽培技术[J]. 农业科技通讯，2006（5）：20-21.

[2] 柳意城. 景宁畲族自治县县志[M]. 杭州：浙江人民出版社，1995：160.

[3] 吴向东，马建平. 景宁县赤峰稻产业发展现状与对策[C]. 中国作物学会水稻产业分会换届会议，2010.

[4] 中国科学院中国植物志编辑委员会. 中国植物志[M]. 第 9 卷. 第 2 册. 北京：科学出版社，2002：6.

[5] 浙江植物志(新编)编辑委员会. 浙江植物志[M]. 第 9 卷. 杭州：浙江科学技术出版社，2021：325-326.

CN-SH-110-003. 矮树晚京

1．名称　中国/浙江省/丽水市/畲族/传统遗传资源/矮树晚京

Aishuwanjing/Genetic Resource/She People/Lishui Municipality/Zhejiang Province/China

2．编号　CN-SH-110-003 中国-畲族-农作物-矮树晚京

3．属性与分布　畲族社区集体知识；主要分布于浙江省丽水市，在当地畲族地区广泛种植。

4．背景信息　矮树晚京是籼稻（*Oryza sativa* subsp. *indica* Kato.）的一个地方品种，属于禾本科（Gramineae）稻属一年生水生草本。矮树晚京茎秆粗细中等，植株较矮，株高约 100 cm，剑叶与主茎呈锐角，穗长约 19 cm，穗茎细，每穗有谷粒 70-80 粒，秕谷率较高，谷壳黄色，谷粒长椭圆形，无芒，千粒重约 22 g，米色白，品质好。

5．基本描述　中文种名：籼稻；品种名/民族名：矮树晚京、矮脚晚京、红壳晚京。矮树晚京为浙江省丽水地区优良农家晚籼品种。矮树晚京具有不耐肥、不抗寒、易倒伏、分蘖力弱的特性，抗稻热病及稻飞虱的能力也较弱，常作连作晚稻栽培。矮树晚京生产的稻米品质较好，亩产约 270 kg，是畲族的传统主粮水稻品种。

6．传统知识特征

（1）畲族居住的高山地区，农田土壤比较贫瘠，且肥料供给不足，而矮树晚京（籼稻）这个品种比较耐瘠，对土壤肥力要求较低，虽产量不高，但管理要求也低，适宜山地的粗放种植。因适合当地农田的肥力水平，受畲族人喜爱并被长期选育而成为当地品种。

（2）适合当地的耕作制度。由于矮树晚京（籼稻）这个品种可作为连作晚稻栽培，有助于调节作物茬口，可用于双季稻的晚稻种植或较晚收获前茬作物（如小麦、大豆等）的后茬作物。

（3）矮树晚京稻米的品质较好，符合当地畲族人的口感。

7．保护与利用

（1）传承与利用现状：高产新品种和晚稻新品种的引进，使矮树晚京（籼稻）品种逐渐淘汰，现已无人种植。

（2）受威胁状况及因素分析：矮树晚京品种本身存在许多弱点，如产量不高、不耐肥、不抗寒、易倒伏、分蘖力弱、抗病弱等，与高产优质新品种相比，具有明显的劣势。

（3）保护与传承措施：具有晚熟特性，对现代育种具有基因价值，农业部门已将其收集保存于种质资源库。应鼓励农户继续种植，加强就地保护措施。

8. 文献资料

[1] 浙江省农业厅. 浙江农作物优良品种志[M]. 杭州：浙江人民出版社，1961：73-74.（相关图片参见本书）

[2] 柳意城. 景宁畲族自治县县志[M]. 杭州：浙江人民出版社，1995：160.

[3] 浙江省水稻选用良种经验总结（1961 年全省粮食作物增产技术总结会议资料）[J]. 浙江农业科学，1962（3）：105-108.

[4] 中国科学院中国植物志编辑委员会. 中国植物志[M]. 第 9 卷. 第 2 册. 北京：科学出版社，2002：6.

[5] 浙江植物志（新编）编辑委员会. 浙江植物志[M]. 第 9 卷. 杭州：浙江科学技术出版社，2021：325-326.

CN-SH-110-004. 高树晚京

1. 名称 中国/浙江省/丽水市/畲族/传统遗传资源/高树晚京
Gaoshuwanjing/Genetic Resource/She People/Lishui Municipality/Zhejiang Province/ China

2. 编号 CN-SH-110-004 中国-畲族-农作物-高树晚京

3. 属性与分布 畲族社区集体知识；主要分布于浙江丽水、温州等地，在丽水市畲族社区被广泛利用。

4. 背景信息 高树晚京是籼稻（*Oryza sativa* subsp. *indica* Kato.）的一个地方品种，属于禾本科（Gramineae）稻属一年生水生草本。高树晚京幼苗淡绿色，茎秆高大较软弱。高树晚京作为连作晚稻栽培，株高 120 cm 左右。叶阔而长，叶面有白色茸毛，剑叶绿色，与主秆约成 30°，穗长约 20 cm，每穗 95 粒左右，着粒紧密，不实率较高，谷壳白黄色。稃尖护颖黄色，谷粒细长，有顶芒，壳上稃毛较多，千粒重 25 g 左右，米色白，腹白小，米质好。

5. 基本描述 中文种名：籼稻；品种名/民族名：高树晚京、白壳晚。高树晚京是丽水地区的优良晚籼农家品种，属于晚籼品种中成熟比较早的品种，具有耐旱力强、耐迟栽、不耐肥、分蘖力弱、成熟时易落粒、易倒伏、抗稻瘟病强的特性，但抗白叶枯病及抗螟虫能力弱。高树晚京品种适应能力强，在山区、半山区、平原地区均有栽培，是畲族人连作晚稻的主要品种。高树晚京米质好，是当地畲族人的主粮。

6. 传统知识特征

（1）因畲族多居住在山地，土地贫瘠，且水肥条件差，缺少灌溉，而高树晚京（籼稻）品种具耐贫瘠和耐旱特性，对山地适应能力强，成为畲族山区、半山区及平原地区广为种植的品种。

（2）适用于当地耕作制度。因高树晚京具有晚熟特性，是当地畲族人调节作物茬口、用于连作晚稻的主要品种，特别适用于前茬作物收获期较晚的情况，也可作为双季稻的晚稻品种。

（3）针对高树晚京易落粒的特性，当地畲族群众已总结出高树晚京品种的传统管理技术，即在其成熟期到来时提前收割，以避免掉粒。

（4）连作晚稻的病害，如稻瘟病、黄萎病、普通矮缩病、小球菌核病等，一般均较早稻严重，而高树晚京抗稻瘟病强，利用此特性，当地畲族人选其作为连作晚稻品种。

7. 保护与利用

（1）传承与利用现状：因该品种自身的弱点，在高产新品种引进后，高树晚京（籼稻）已被逐渐淘汰，现已无人种植。

（2）受威胁状况及因素分析：现代农业要求高产，而高树晚京品种产量低、不耐肥、易掉粒等自身缺陷是其遭受淘汰的主要因素。

（3）保护与传承措施：已进行种质资源收集和易地保存。

8. 文献资料

[1] 浙江省农业厅. 浙江农作物优良品种志[M]. 杭州：浙江人民出版社，1961：63-64.

[2] 柳意城. 景宁畲族自治县县志[M]. 杭州：浙江人民出版社，1995：160.

[3] 张丽华，应存山. 浙江稻种资源图志[M]. 杭州：浙江科学技术出版社，1993：37.（相关图片参见本书）

[4] 王功满. 防治三化螟白穗几个技术问题的调查研究[J]. 昆虫知识，1965，4：198-201.

[5] 浙江植物志（新编）编辑委员会. 浙江植物志[M]. 第9卷. 杭州：浙江科学技术出版社，2021：325-326.

CN-SH-110-005. 猪毛簇

1. 名称　中国/浙江省/丽水市/畲族/传统遗传资源/猪毛簇

Zhumaocu/Genetic Resource/She People/Lishui Municipality/Zhejiang Province/China

2. 编号　CN-SH-110-005 中国-畲族-农作物-猪毛簇

3. 属性与分布　畲族社区集体知识；主要分布于丽水、宁绍、杭嘉湖地区，在丽水市畲族社区广泛种植。

4. 背景信息　猪毛簇是粳稻（*Oryza sativa* subsp. *japonica* Kato.）的一个地方品种，属于禾本科（Gramineae）稻属一年生水生草本。猪毛簇株高约145 cm，茎秆粗硬；叶片大而宽，叶色淡绿，叶片下垂；穗长21 cm左右，谷粒紧密，每穗120粒左右，多的达428粒，秕谷率在9.6%左右。谷粒较小，近似圆形，谷壳乳黄色，有顶芒，在稃尖处内外交结成剪刀状，千粒重 26-27 g；腹白，大小中等，米质尚好，出米率 76%。

5. 基本描述　中文种名：粳稻；品种名/民族名：猪毛簇。猪毛簇是丽水等地的农家品种，为晚熟粳稻品种，作为单季晚稻栽培，生育期 135-145 d；作为连作晚稻栽培，生育期 99-104 d。猪毛簇品种耐迟栽、抗寒力强、耐肥、不易倒伏，但分蘖力弱、易感病虫害、易落粒。畲族人多将猪毛簇种植在肥力较高的田里，常作连作晚稻栽培。猪毛簇米质尚好，是畲族人的主粮。

6. 传统知识特征

（1）猪毛簇（粳稻）耐迟栽，抗寒力强，表现为生长后期能耐低温，在迟栽的情况下仍能获得高产，常被畲族人选为连作晚稻栽培，并搭配比较迟熟高产的早稻。

（2）因其耐肥性好，常被畲族人用作集约化种植的品种，特别适用于肥力较好的田块。

（3）作为粳稻品种，其稻米品质较好，适合当地畲族人的口感。

（4）针对猪毛簇分蘖力弱的特性，畲族群众总结出种植猪毛簇的传统管理技术，即提高每丛插秧数，可提高单位面积产量。

7. 保护与利用

（1）传承与利用现状：杂交水稻引进后，猪毛簇（粳稻）的种植面积逐渐减少，现种植很少。

（2）受威胁状况及因素分析：猪毛簇品种遭受品种混杂和性状变异的威胁，高产品种引入也是减少种植的威胁因素之一。

（3）保护与传承措施：猪毛簇耐迟栽，抗寒力强，是杂交育种的亲本材料，可通过就地和易地方式进行保护。

8. 文献资料

[1]　何建清. 丽水稻作[M]. 北京：中国农业出版社，2006：106.

[2]　浙江省农业厅. 浙江农作物优良品种志[M]. 杭州：浙江人民出版社，1961：144.（相关图片参见本书）

[3]　浙江植物志（新编）编辑委员会. 浙江植物志[M]. 第 9 卷. 杭州：浙江科学技术出版社，2021：325-326.

CN-SH-110-006. 野香粳

1. 名称　中国/浙江省/丽水市/畲族/传统遗传资源/野香粳

Yexiangjing/Genetic Resource/She People/Lishui Municipality/Zhejiang Province/China

2．编号　CN-SH-110-006 中国-畲族-农作物-野香粳

3．属性与分布　畲族社区集体知识；主要分布于丽水市、吴兴县等地，在丽水市畲族社区广泛种植。

4．背景信息　野香粳是粳稻（*Oryza sativa* subsp. *japonica* Kato.）的一个地方品种，属于禾本科（Gramineae）稻属一年生水生草本。野香粳茎秆粗壮，植株高 130-145 cm；穗长 21 cm 左右，着粒密，每穗约 120 粒，多的达 380 粒，结实率高；谷粒饱满，谷壳、桴尖乳黄色，有短芒，千粒重 30 g。

5．基本描述　中文种名：粳稻；品种名/民族名：野香粳。野香粳为晚熟粳稻品种，作为单季晚稻栽培，生育期 136-141 d；作为连作晚稻栽培，生育期 103 d 左右。野香粳抗白叶枯病和稻瘟病能力强，耐肥耐涝，后期耐寒，分蘖力差，有效分蘖率高，成熟后容易落粒。

6．传统知识特征

（1）野香粳（粳稻）具抗病、耐肥、耐涝等特性，对当地土壤和气候条件适应性强，畲族人充分利用其特性，在圩田以及山区土层瘠薄地广泛种植。

（2）针对该品种分蘖力差和成熟后容易落粒的特性，畲族群众总结出种植野香粳的传统管理技术，即提高密植程度来提高产量，并适期或提早收割以减少落粒损失。

（3）野香粳产量较高，品质好，并且有香味，符合当地畲族人口感，深受群众喜爱。

（4）连作晚稻的病害一般比早稻严重，野香粳具有抗病强且耐寒的特性，因此畲族人选其作为连作晚稻品种而栽培。

7．保护与利用

（1）传承与利用现状：野香粳（粳稻）品质较优，有香味，口感好，有畲族人愿种植，但种植面积很小。

（2）受威胁状况及因素分析：高产新品种引进、品种本身退化是野香粳被弃种的主要原因。

（3）保护与传承措施：野香粳抗病力强，适应性强，产量高，米质好，是水稻育种的亲本材料，其种质资源已在种质库保存。应鼓励农户继续种植，加强就地保护措施。

8．文献资料

[1] 何建清. 丽水稻作[M]. 北京：中国农业出版社，2006：106.

[2] 浙江省农业厅. 浙江农作物优良品种志[M]. 杭州：浙江人民出版社，1961：138.（相关图片参见本书）

[3] 浙江植物志（新编）编辑委员会. 浙江植物志[M]. 第 9 卷. 杭州：浙江科学技术出版社，2021：325-326.

CN-SH-110-007. 野猪晚

1. 名称　中国/浙江省/丽水市/畲族/传统遗传资源/野猪晚

Yezhuwan/Genetic Resource/She People/Lishui Municipality/Zhejiang Province/China

2. 编号　CN-SH-110-007 中国-畲族-农作物-野猪晚

3. 属性与分布　畲族社区集体知识；主要分布于丽水市山区、宁绍平原等地，在丽水市畲族社区广泛种植。

4. 背景信息　野猪晚是粳稻（*Oryza sativa* subsp. *japonica* Kato.）的一个地方品种，属于禾本科（Gramineae）稻属一年生水生草本。野猪晚株高约 140 cm，茎秆坚韧，叶片宽大；穗长 21 cm 以上，着粒较密，每穗粒数 100-120 粒，多的达 200 粒以上，秕谷率较低，5%-7%；在成熟期间，稻穗下垂，剑叶上伸；谷粒椭圆形，粒小，谷壳乳黄色，有棕色长芒，出米率在 80% 左右，千粒重 23 g 左右。

5. 基本描述　中文种名：粳稻；品种名/民族名：野猪晚。野猪晚为晚熟粳稻品种，作为单季晚稻栽培，生育期 135-145 d；作为连作晚稻栽培，生育期 100-105 d。野猪晚分蘖力弱，有效分蘖力高，耐肥力弱，易倒伏，抗病力强，抗旱耐涝力强，后期耐寒力强，耐迟栽。畲族人多将其栽植于较贫瘠的田里，浓株密植，一般作为连作晚稻栽培。

6. 传统知识特征

（1）畲族地区地处山地，土壤比较贫瘠，而野猪晚（粳稻）品种耐肥力弱，适宜种植于山地，是畲族人民根据当地自然和气候条件因地制宜地培育出的品种。

（2）针对野猪晚分蘖力弱的特性，畲族群众总结出种植野猪晚品种的传统管理技术，即浓株密植，以提高产量。

（3）野猪晚是畲族群众为适应当地耕作制度而培育的品种。野猪晚后期耐寒力强，有耐迟栽的特性，因此常作为双季稻连作的晚稻品种，搭配生育期较长、产量高的早稻，在迟栽情况下，表现为比其他品种增产。

7. 保护与利用

（1）传承与利用现状：相较于高产新品种，野猪晚（粳稻）品种的产量较低，现已很少种植。

（2）受威胁状况及因素分析：品种本身的弱点，以及高产品种的引入等因素是其遭弃种的主要原因。

（3）保护与传承措施：除了种质资源库保存，还应采取就地保护措施加以保存。

8. 文献资料

[1]　何建清. 丽水稻作[M]. 北京：中国农业出版社，2006：106.

[2] 浙江省农业厅. 浙江农作物优良品种志[M]. 杭州：浙江人民出版社，1961：152.（相关图片参见本书）

[3] 浙江植物志（新编）编辑委员会. 浙江植物志[M]. 第 9 卷. 杭州：浙江科学技术出版社，2021：325-326.

CN-SH-110-008. 荔枝红

1. 名称　中国/浙江省/丽水市/畲族/传统遗传资源/荔枝红

Lizhihong/Genetic Resource/She People/Lishui Municipality/Zhejiang Province/China

2. 编号　CN-SH-110-008 中国-畲族-农作物-荔枝红

3. 属性与分布　畲族社区集体知识；主要分布于浙江省杭嘉湖平原、宁绍平原、温台平原地区，在丽水市畲族社区被广泛利用。

4. 背景信息　荔枝红是粳稻（*Oryza sativa* subsp. *japonica* Kato.）的一个地方品种，属于禾本科（Gramineae）稻属一年生水生草本。荔枝红植株高 130-145 cm，茎秆坚硬；穗长 17-21 cm，穗大粒多，每穗 100 粒左右，秕谷较少；谷粒椭圆形，谷粒的阔度稍狭，谷壳及稃尖均为红褐色，略有顶芒，出米率 80.55%，千粒重 30 g 左右；腹白小，碾米不易碎。

5. 基本描述　中文种名：粳稻；品种名/民族名：荔枝红。荔枝红为晚粳品种，因谷壳近似荔枝的色泽而得名。荔枝红作为单季晚稻栽培，生育期 125-135 d；作为连作晚稻栽培，生育期 91-96 d，具有耐肥力强、不易倒伏、分蘖力较弱、抗病力较弱、抗涝力强的特性。荔枝红腹白小，碾米不易碎，口感好，畲族人主要用于做饭。

6. 传统知识特征

（1）荔枝红（粳稻）谷壳近似荔枝的色泽，是当地人喜欢的吉利颜色，经长期选育而成为当地品种。

（2）荔枝红具有耐肥力强、不易倒伏、抗涝力强的特性，因此特别适合种植于肥力较高的低洼地区，被畲族群众广泛栽培。

（3）当地普遍种植双季稻，而荔枝红作为连作晚稻，生育期短，畲族群众选其作为连作晚稻栽培。而作为单季晚稻栽培，又有成熟期早的特点，畲族群众也用其作为单季晚稻品种广泛栽培。

（4）针对荔枝红分蘖力弱的特性，畲族群众总结出种植荔枝红的传统管理技术，即提高密植程度以及每丛插秧根数。

7. 保护与利用

（1）传承与利用现状：因产量较低等，现已淘汰，几乎没有畲族群众种植。

（2）受威胁状况及因素分析：高产新品种的引进是导致荔枝红（粳稻）被弃种的主要原因。

（3）保护与传承措施：已采取易地保护，保存于农作物种质资源库。应鼓励农户继续种植，加强就地保护措施。

8．文献资料

[1] 何建清. 丽水稻作[M]. 北京：中国农业出版社，2006：106.

[2] 浙江省农业厅. 浙江农作物优良品种志[M]. 杭州：浙江人民出版社，1961：95.

[3] 浙江植物志（新编）编辑委员会. 浙江植物志[M]. 第9卷. 杭州：浙江科学技术出版社，2021：325-326.

CN-SH-110-009. 中秆叶下坑

1．名称　中国/浙江省/丽水市/畲族/传统遗传资源/中秆叶下坑

Zhongganyexiakeng/Genetic Resource/She People/Lishui Municipality/Zhejiang Province/China

2．编号　CN-SH-110-009 中国-畲族-农作物-中秆叶下坑

3．属性与分布　畲族社区集体知识；主要分布于浙江丽水、黄岩、临海等地，在丽水市畲族社区被广泛利用。

4．背景信息　中秆叶下坑是籼稻（*Oryza sativa* subsp. *indica* Kato.）的一个地方品种，属于禾本科（Gramineae）稻属一年生水生草本。中秆叶下坑茎秆粗细中等，株高116 cm左右，剑叶阔而大，呈绿色，直立向上；穗颈短，稻穗隐藏于叶下，穗长18 cm左右，着粒紧密，每穗70粒左右，不实率较高，千粒重25 g左右；谷粒细长形，谷壳稃尖均为黄色，无芒；米白色，腹白小，米质好。

5．基本描述　中文种名：籼稻；品种名/民族名：中秆叶下坑。中秆叶下坑为晚籼品种，因剑叶直立向上，高过稻穗，使稻穗隐藏于叶下而得名。中秆叶下坑具有耐肥力弱、分蘖力强、耐旱力强、抗病虫能力强、耐涝的特性。中秆叶下坑常作为连作晚稻栽培，一般在小满前后播种，大暑左右插秧，霜降后1-2 d成熟，由于成熟后中秆叶下坑容易落粒，所以畲族群众会提前收割。中秆叶下坑米色白，米质好，畲族群众主要用其做饭。

6．传统知识特征

（1）中秆叶下坑（籼稻）剑叶直立向上，高过稻穗，稻穗隐藏于叶下，因此畲族群众将其命名为中秆叶下坑。

（2）针对山区旱地较多的实际，畲族群众选育而成中秆叶下坑品种，该品种具耐旱特点，即使在抽穗期遇风遇旱，其谷粒依旧饱满，深受畲族群众欢迎，并用于山区旱地。

（3）针对中秆叶下坑成熟后易落粒的特性，畲族群众总结出种植中秆叶下坑的传统管理技术，即提前收割，在80%-90%成熟时收获，防止落粒损失。

7. 保护与利用

（1）传承与利用现状：现在几乎没有畲族群众种植。

（2）受威胁状况及因素分析：中秆叶下坑（籼稻）作为老品种产量不高，与高产杂交新品种没有竞争优势，逐渐被淘汰。

（3）保护与传承措施：中秆叶下坑具有分蘖力强、耐旱力强、抗病虫能力强、耐涝的优良特性，可作为育种的亲本，已在种质资源库保存。应鼓励农户继续种植，加强就地保护措施。

8. 文献资料

[1] 何建清. 丽水稻作[M]. 北京：中国农业出版社，2006：105.

[2] 浙江省农业厅. 浙江农作物优良品种志[M]. 杭州：浙江人民出版社，1961：65.（相关图片参见本书）

[3] 浙江植物志（新编）编辑委员会. 浙江植物志[M]. 第9卷. 杭州：浙江科学技术出版社，2021：325-326.

CN-SH-110-010. 红须粳

1. 名称　中国/浙江省/丽水市/畲族/传统遗传资源/红须粳

Hongxujing/Genetic Resource/She People/Lishui Municipality/Zhejiang Province/China

2. 编号　CN-SH-110-010 中国-畲族-农作物-红须粳

3. 属性与分布　畲族社区集体知识；主要分布于浙江省丽水、宁绍平原、杭嘉湖平原及金建丘陵地区，在丽水市畲族社区被广泛利用。

4. 背景信息　红须粳是粳稻（*Oryza sativa* subsp. *japonica* Kato.）的一个地方品种，属于禾本科（Gramineae）稻属一年生水生草本。红须粳植株较高，株高一般120 cm左右，茎秆细；穗长21 cm左右，每穗80-90粒；谷壳乳黄色，有棕红色长芒，护颖紫红色，千粒重26-28 g；出米率78%，米质较差。

5. 基本描述　中文种名：粳稻；品种名/民族名：红须粳。红须粳为晚粳水稻品种，作为单季晚稻栽培，生育期146 d左右；作为连作晚稻栽培，生育期101-106 d。红须粳品种生育期长，在连作晚稻品种中比较晚熟，抗寒力强，抗稻病能力好，耐迟栽，不耐肥，易倒伏。畲族群众多将红须粳作为连作晚稻栽培，一般栽植于肥力中等的田里。红须粳米质较差，也多用于做饭。

6. 传统知识特征

（1）为适应成熟较晚的上苫作物，畲族群众需要选育一些迟栽晚熟的水稻品种，以便与成熟较晚的上苫作物对接。而红须粳（粳稻）生育期较长，成熟较晚，可作为调节耕作制度的品种资源。

（2）红须粳品种之所以能耐迟栽，是由于后期生长迅速，虽遇低温，仍然能快速地灌浆成熟而获得一定的收成，对于山地秋季温度较低的情况，红须粳能够较好地适应，是当地畲族人喜欢的品种。

7. 保护与利用

（1）传承与利用现状：杂交水稻引进后，种植面积逐渐减少，现种植量很少。

（2）受威胁状况及因素分析：产量不高，无法与高产杂交水稻品种相比，逐渐被畲族人淘汰。

（3）保护与传承措施：红须粳（粳稻）后期抗寒力强，具有优质基因，可作为杂交育种的亲本，已在种质资源库保存。但应鼓励农户继续种植，以加强就地保护措施。

8. 文献资料

[1] 何建清. 丽水稻作[M]. 北京：中国农业出版社，2006：106.

[2] 浙江省农业厅. 浙江农作物优良品种志[M]. 杭州：浙江人民出版社，1961：149.

[3] 浙江植物志（新编）编辑委员会. 浙江植物志[M]. 第9卷. 杭州：浙江科学技术出版社，2021：325-326.

CN-SH-110-011. 西洋糯

1. 名称　中国/浙江省/丽水市/畲族/传统遗传资源/西洋糯

Xiyangnuo/Genetic Resource/She People/Lishui Municipality/Zhejiang Province/China

2. 编号　CN-SH-110-011 中国-畲族-农作物-西洋糯

3. 属性与分布　畲族社区集体知识；主要分布于丽水、杭嘉湖平原、宁绍平原地区，在丽水市畲族社区被广泛利用。

4. 背景信息　西洋糯是稻（*Oryza sativa* L.）的一个地方品种，属于禾本科（Gramineae）稻属一年生水生草本。西洋糯茎秆矮壮，在连作栽培下，株高105-110 cm；叶鞘带有紫色，剑叶短小；穗长18-20 cm，每穗80-90粒，秕谷率9%左右；谷粒椭圆形，无芒，谷粒周围边缘紫褐色，中部乳黄色，稃尖黑褐色，护颖红棕色，米粒乳白色，米质好，糯性，千粒重22 g左右。

5. 基本描述　中文种名：稻；品种名/民族名：西洋糯。西洋糯为晚糯品种，作为单季晚稻栽培，生育期130-140 d；作为连作晚稻栽培，生育期95-100 d。西洋糯耐肥力强，茎秆粗壮不易倒伏，抗病抗虫，后期抗寒力强，分蘖力强。西洋糯作为单季晚稻种植，产量不是很高，畲族群众多将其用作连作晚稻栽培，栽植于肥力较好的田里，并常搭配迟熟高产的早稻品种。

6．传统知识特征

（1）因西洋糯（稻）具晚熟特性，作为双季稻的连作品种，能够较好地适应晚熟早稻品种的茬口，是畲族群众为调节耕作制度而培育的品种。

（2）西洋糯后期抗寒力强，有耐迟栽的特性，而且作为连作稻品种具有生育期较短的特性，适合作为双季稻的连作品种，被畲族群众广泛用于搭配迟熟高产早稻的品种。

（3）西洋糯茎秆粗壮不易倒伏，具有耐肥特性。畲族群众根据其特性，习惯将其栽植于肥力较好的田里。

（4）西洋糯米质优，口感好，是畲族群众用来制作糍粑、酿酒等的优良品种。

7．保护与利用

（1）传承与利用现状：西洋糯（稻）是过去畲族群众用来制作糍粑和酿酒等的常用品种，现在因食物结构改变，糯米使用量减少，种植量也在减少。

（2）受威胁状况及因素分析：在产量上与高产糯稻品种相比存在劣势，逐渐遭到淘汰。

（3）保护与传承措施：已保存于种质资源库，但应鼓励农户继续种植，以加强就地保护措施。

8．文献资料

[1] 何建清. 丽水稻作[M]. 北京：中国农业出版社，2006：106.

[2] 浙江省农业厅. 浙江农作物优良品种志[M]. 杭州：浙江人民出版社，1961：171.

[3] 浙江植物志（新编）编辑委员会. 浙江植物志[M]. 第9卷. 杭州：浙江科学技术出版社，2021：325-326.

CN-SH-110-012. 红壳芒谷

1．名称 中国/浙江省/丽水市/畲族/传统遗传资源/红壳芒谷

Hongkemanggu/Genetic Resource/She People/Lishui Municipality/Zhejiang Province/China

2．编号 CN-SH-110-012 中国-畲族-农作物-红壳芒谷

3．属性与分布 畲族社区集体知识；主要分布于丽水市、遂昌县等地，在丽水市畲族社区被广泛利用。

4．背景信息 红壳芒谷是粳稻（*Oryza sativa* subsp. *japonica* Kato.）的一个地方品种，属于禾本科（Gramineae）稻属一年生水生草本。红壳芒谷根系发达，植株高 140 cm 左

右，茎秆粗硬；剑叶短小，叶色深绿；穗长 22cm 左右，每穗有 90-100 粒，多的达 450 粒，着粒密度每 10 cm 有 47 粒，秕谷率 7.5%左右；谷粒扁椭圆形，谷壳红棕色，稃尖紫色，偶有顶芒，芒紫色，千粒重低，仅有 26 g 左右；米粒玉白色，黏性较重，无腹白，米质上等，食味好，出米率为 72%左右。

5．基本描述 中文种名：粳稻；品种名/民族名：红壳芒谷、红壳粳稻。红壳芒谷为晚熟粳稻品种，作为单季晚稻栽培，生育期 135-140 d；作为连作晚稻栽培，生育期 110 d 左右。红壳芒谷具有耐肥，不易倒伏，分蘖力弱，有效分蘖力高，抗病力强，后期抗寒力强，耐迟栽的特性。畲族群众多将其种植于山区土层深厚的肥田里，一般作为连作晚稻栽培，搭配迟熟高产的早稻。红壳芒谷米质上等，食味好，多用于做饭。

6．传统知识特征

（1）因红壳芒谷（粳稻）具耐迟栽特性，可作为双季稻的连作品种，能够较好地适应早稻品种的茬口，以调节耕作与复种体系。

（2）畲族群众将红壳芒谷种植于山区土层深厚的肥田里，与其品种耐肥的特性相适应。

（3）畲族群众居于山区，温度较低，而红壳芒谷具有后期抗寒力强、耐迟栽的特性，因此畲族群众一般将其用作连作晚稻栽培，并搭配迟熟高产的早稻。

7．保护与利用

（1）传承与利用现状：过去红壳芒谷（粳稻）是优良的晚熟粳稻品种，现种植越来越少。

（2）受威胁状况及因素分析：高产新品种尤其是杂交水稻的推广种植，是红壳芒谷的威胁因素。

（3）保护与传承措施：该品种是水稻育种的优质亲本，需要加强种质保存和就地保护措施。

8．文献资料

[1] 何建清. 丽水稻作[M]. 北京：中国农业出版社，2006：106.

[2] 浙江省农业厅. 浙江农作物优良品种志[M]. 杭州：浙江人民出版社，1961：154.

[3] 浙江植物志（新编）编辑委员会. 浙江植物志[M]. 第 9 卷. 杭州：浙江科学技术出版社，2021：325-326.

CN-SH-110-013. 白壳晚粳

1．名称 中国/浙江省/丽水市/畲族/传统遗传资源/白壳晚粳

Baikewanjing/Genetic Resource/She People/Lishui Municipality/Zhejiang Province/China

2．编号 CN-SH-110-013 中国-畲族-农作物-白壳晚粳

3．属性与分布　畲族社区集体知识；主要分布于丽水市，在丽水市畲族社区被广泛利用。

4．背景信息　白壳晚粳是粳稻（*Oryza sativa* subsp. *japonica* Kato.）的一个地方品种，属于禾本科（Gramineae）稻属一年生水生草本。白壳晚粳幼苗棕黄绿色，株高在单季栽培下约 140 cm，茎秆粗壮，第一节、第二节短，剑叶长 35 cm 左右，宽 0.4 cm，穗长 19 cm 左右（单季栽培下穗长达 25-28 cm），每穗有 12-15 个小枝梗，每穗 90-100 粒，高的达 250 粒以上，甚至达 500 粒。着粒紧密，不实率 8%左右，谷粒小，椭圆形，谷壳为黄白色，有白色短芒，千粒重 24 g 左右，腹白小，米质优。

5．基本描述　中文种名：粳稻；品种名/民族名：白壳晚粳、短芒晚粳。白壳晚粳是浙江省丽水市的优良农家品种，主要分布在丽水的山区和半山区。白壳晚粳抗病虫能力弱，分蘖力弱，不易倒伏，作为单季晚稻栽培，生育期 145-155 d；作为连作晚稻栽培，生育期 114-120 d。白壳晚粳一向作为单季晚稻种植，通过栽培技术也可用于连作晚稻。白壳晚粳米质优，口感好，畲族人种植白壳晚粳主要是作为主粮。

6．传统知识特征

（1）白壳晚粳（粳稻）具有单穗籽粒多、结实率高的特点，有高产潜力，畲族群众选其作为单季晚稻种植，目标是提高单产。

（2）由于产量因素，畲族群众也通过耕作制度的改变以及栽培技术的提高，将白壳晚粳驯化成可用作连作晚稻的品种。

（3）针对白壳晚粳作单季稻种植生育期长的特性，畲族群众总结出种植白壳晚粳的传统管理技术，种植时会早播早插，争取早熟，防止后期低温影响产量。

（4）针对白壳晚粳分蘖力弱的特性，畲族群众总结出种植白壳晚粳的传统管理技术，即提高密植程度，增加插秧根数。

7．保护与利用

（1）传承与利用现状：由于白壳晚粳（粳稻）的抗病性较差，高抗新品种引进后被逐渐取代。

（2）受威胁状况及因素分析：自身缺点多，抗病虫能力弱，分蘖力也弱。

（3）保护与传承措施：单穗籽粒多，具有育种亲本价值，需要加强种质保存和就地保护。

8．文献资料

[1]　浙江省农业厅. 浙江农作物优良品种志[M]. 杭州：浙江人民出版社，1961：166-167.

[2]　玄松南，陈惠哲. 中国稻文化纪行（一）畲族稻文化[J]. 中国稻米，2002，8（5）：40-41.

[3] 浙江植物志（新编）编辑委员会. 浙江植物志[M]. 第 9 卷. 杭州：浙江科学技术出版社，2021：325-326.

CN-SH-110-014. 早三倍

1. 名称 中国/浙江省/畲族/传统遗传资源/早三倍

Zaosanbei/Genetic Resource/She People/Zhejiang Province/China

2. 编号 CN-SH-110-014 中国-畲族-农作物-早三倍

3. 属性与分布 畲族社区集体知识；主要分布于浙江省，在畲族社区广泛种植。

4. 背景信息 早三倍是籼稻（*Oryza sativa* subsp. *indica* Kato.）的一个地方品种，属于禾本科（Gramineae）稻属一年生水生草本。早三倍株高 100-105 cm，穗长 16 cm 左右，每穗 55 粒左右，最多的有 80 余粒，秕谷率低。谷粒长椭圆形，无芒，稃尖、护颖均为黄色，千粒重 26 g 左右；米质良好；腹白中等，出米率 75%左右。

5. 基本描述 中文种名：籼稻；品种名/民族名：早三倍。早三倍是丽水市等地的优良农家品种，为早熟籼稻品种，成熟较早，苗期抗寒力强，易感稻热病，不耐肥，肥料稍重就会倒伏。畲族群众主要将早三倍用作连作早稻或间作早稻栽培，种于贫瘠的田里。早三倍一般在小暑后 1-2 d 成熟，生育期 78 d 左右。早三倍米质良好，畲族群众用于做饭。

6. 传统知识特征

（1）早三倍（籼稻）是调节耕作制度的作物品种。其具有早熟的特点，生育期短，是畲族群众用于双季稻的早稻品种。因茬口早，有利于后茬作物的生长期和产量。

（2）早三倍不耐肥，肥料稍重就会倒伏，适合在山区的贫瘠田里种植，具广泛适应性，深受畲族群众欢迎。

（3）米质好，符合畲族群众口感。

7. 保护与利用

（1）传承与利用现状：由于施肥水平普遍提高，早三倍（籼稻）表现为不够耐肥，影响产量，现种植面积日益缩小，仅少量农户在种植。

（2）受威胁状况及因素分析：早三倍自身缺点多，不够耐肥，易感病，产量不高，逐渐被优质高产新品种取代。

（3）保护与传承措施：其生育期短，是培育早稻新品种的亲本材料，需要通过易地保护和就地保护措施，加强其种质资源的保护。

8. 文献资料

[1] 何建清. 丽水稻作[M]. 北京：中国农业出版社，2006：105.

[2] 浙江省农业厅. 浙江农作物优良品种志[M]. 杭州：浙江人民出版社，1961：5.（相关图片参见本书）

[3] 玄松南，陈惠哲. 中国稻文化纪行（一）畲族稻文化[J]. 中国稻米，2002，8（5）：40-41.

CN-SH-110-015. 早乌皮

1. 名称　中国/浙江省/丽水市/畲族/传统遗传资源/早乌皮

Zaowupi/Genetic Resource/She People/Lishui Municipality/Zhejiang Province/China

2. 编号　CN-SH-110-015 中国-畲族-农作物-早乌皮

3. 属性与分布　畲族社区集体知识；主要分布于浙江丽水、温州、瑞安、平阳等地，在丽水市畲族社区被广泛利用。

4. 背景信息　早乌皮是籼稻（*Oryza sativa* subsp. *indica* Kato.）的一个地方品种，属于禾本科（Gramineae）稻属一年生水生草本。早乌皮幼苗绿色，作为连作晚稻栽培，植株高 105 cm 左右，生长较整齐，茎秆细软；穗长 18 cm 左右，每穗 70 粒上下，多的有 88 粒以上，秕谷率 10%-15%；叶片狭长，剑叶淡绿，长 28.93 cm，宽 1.04 cm，与茎秆成锐角；谷粒细长形，无芒，稃尖褐黄色，护颖黄色，谷壳呈黑褐色，千粒重 25 g 左右；米色白，腹白小，米质很好，口味香。

5. 基本描述　中文种名：籼稻；品种名/民族名：早乌皮。早乌皮是丽水市等地的农家品种，为早熟晚籼品种，因谷壳深、成熟早而得名，常作为连作晚稻栽培，生育期 97 d 左右。早乌皮分蘖力强，抗病力差，耐肥力差，容易倒伏，成熟后易落粒，易遭稻热病危害。早乌皮米色白，米质很好，口味香，主要用于做饭。

6. 传统知识特征

（1）早乌皮（籼稻）成熟早，生育期短，作为连作晚稻品种，能够有效调节茬口。

（2）因其抗病力差，耐肥力差，容易倒伏，产量不高，畲族群众仅用其作为调节茬口和劳动力的搭配品种。

（3）针对早乌皮成熟后易落粒的特性，畲族群众常提前收割，防止落粒损失。

7. 保护与利用

（1）传承与利用现状：目前极少民众种植，多为调节茬口和劳动力之用。

（2）受威胁状况及因素分析：自身缺点多，早乌皮（籼稻）受到高产杂交稻新品种的威胁。

（3）保护与传承措施：其早熟、生育期短的遗传特性，可用于育种材料，加强其种质资源保护很有必要。

8. 文献资料

[1] 何建清. 丽水稻作[M]. 北京：中国农业出版社，2006：105.

[2] 浙江省农业厅. 浙江农作物优良品种志[M]. 杭州：浙江人民出版社，1961：64-65.

[3] 玄松南，陈惠哲. 中国稻文化纪行（一）畲族稻文化[J]. 中国稻米，2002，8（5）：40-41.

CN-SH-110-016. 红壳糯

1. 名称　中国/浙江省/丽水市/畲族/传统遗传资源/红壳糯

Hongkenuo/Genetic Resource/She People/Lishui Municipality/Zhejiang Province/China

2. 编号　CN-SH-110-016 中国-畲族-农作物-红壳糯

3. 属性与分布　畲族社区集体知识；主要分布于丽水、诸暨地区，在丽水市畲族社区被广泛利用。

4. 背景信息　红壳糯是稻（*Oryza sativa* L.）的一个地方品种，属于禾本科（Gramineae）稻属一年生水生草本。红壳糯苗期生长势强，植株高 130 cm 左右，茎秆粗壮；穗长20-21 cm，每穗 120 粒左右，多的达 400-500 粒，着粒紧密，秕谷率 10%左右；谷粒饱满，呈椭圆形，谷壳褐红色，略有短芒，千粒重 23 g 左右，出米率 76%左右。

5. 基本描述　中文种名：稻；品种名/民族名：红壳糯。红壳糯是丽水市等地的农家品种。红壳糯为晚糯品种，具有分蘖力弱、耐肥力强、不易倒伏、耐迟栽、抗寒、抗病力强、丰产性好的特性。红壳糯抽穗整齐，可作单、双季晚稻栽培，作为单季晚稻栽培，生育期 145-150 d；作为连作晚稻栽培，生育期 105-110 d。红壳糯品质好，畲族群众主要将红壳糯用于酿酒。

6. 传统知识特征

（1）因红壳糯（稻）耐肥力强，畲族人利用此特性，将此品种主要用于集约化种植，以获高产。

（2）针对红壳糯分蘖力弱的特性，畲族群众总结出种植红壳糯的传统管理技术，即适当密植以提高亩产量。

（3）红壳糯品质好，畲族人用此品种稻米酿酒，深受当地群众喜爱。

（4）红壳糯具有抗寒、抗病力强的特性，被当地人选为连作晚稻栽培品种。

7. 保护与利用

（1）传承与利用现状：红壳糯（稻）是畲族用于酿酒的主要水稻品种，但现在种植不多。

（2）受威胁状况及因素分析：主要威胁因素是高产水稻新品种的推广，以及农村劳动力的减少等。

（3）保护与传承措施：可将红壳糯作为育种亲本，具有就地保护和易地保存价值。

8. 文献资料

[1] 何建清. 丽水稻作[M]. 北京：中国农业出版社，2006：106.

[2] 浙江省农业厅. 浙江农作物优良品种志[M]. 杭州：浙江人民出版社，1961：178.

[3] 谢杏松. 浙江省糯稻品种的演变和发展[J]. 浙江农业科学，2001（5）：3-8.

CN-SH-110-017. 百日黄

1. 名称　中国/福建省/宁德市/霞浦县/畲族/传统遗传资源/百日黄

Bairihuang/Genetic Resource/She People/Xiapu County/Ningde Municipality/Fujian Province/China

2. 编号　CN-SH-110-017 中国-畲族-农作物-百日黄

3. 属性与分布　畲族社区集体知识；主要分布在福建省霞浦县、福安市，在闽东畲族社区广泛种植。

4. 背景信息　百日黄是普通小麦（*Triticum aestivum* L.）的一个地方品种，属于禾本科（Gramineae）小麦属植物。百日黄幼苗直立，淡绿色。株高中等，一般 110-120 cm。穗纺锤形，间有长方形，长芒。护颖白色，无茸毛，椭圆形，肩方，嘴锐，脊明显。穗长一般 8-10 cm；小穗着生稀，密度一般在 2.0 左右；每穗 15-17 个小穗；小穗结实 2-3 粒，全穗结实 30 粒左右。籽粒红色，椭圆形，腹沟较深，千粒重 30 g 左右，软质。

5. 基本描述　中文种名：普通小麦；品种名/民族名：百日黄。百日黄是福建省霞浦县种植历史悠久的中早熟地方品种。百日黄较耐肥，分蘖力中等，不易倒伏，耐寒性、耐盐碱性和耐湿性较强，轻度感染秆锈病与叶锈病，散黑穗病和赤霉病均较轻。畲族人一般在 11 月中旬播种百日黄，多种植在肥力较高、土质较松的稻田（前茬）里，4 月中旬成熟收获。

6. 传统知识特征

（1）畲族人多居于山区，气候较寒冷潮湿，百日黄（普通小麦）耐寒耐湿的特性极其适宜山区的气候。

（2）百日黄成熟早，4 月中旬即可收获，适应"麦-稻-稻"一年三熟的要求，是畲族群众调节茬口的好品种。

（3）抗病和抗劣能力较强，如耐盐碱、适应性好、易管理等。

7. 保护与利用

（1）传承与利用现状：高产改良新品种引进后，百日黄（普通小麦）逐渐被取代，现几乎无人种植。

（2）受威胁状况及因素分析：现农村许多地方的"麦-稻-稻"的三熟制多改为"麦-稻"两熟制，早熟麦子品种已不多用，且产量不高等都是受威胁因素。

（3）保护与传承措施：百日黄具不易倒伏、耐寒性、耐盐碱性和耐湿性强等特性，可作为小麦育种亲本，加强易地保存和就地保护很有必要。

8. 文献资料

[1]　金善宝. 中国小麦品种志[M]. 北京：农业出版社，1964：390.

[2]　中国科学院中国植物志编辑委员会. 中国植物志[M]. 第 9 卷. 第 3 册. 北京：科学出版社，1987：51.

[3]　浙江植物志（新编）编辑委员会. 浙江植物志[M]. 第 9 卷. 杭州：浙江科学技术出版社，2021：409-410.

CN-SH-110-018. 丽水三月黄

1. 名称　中国/浙江省/丽水市/畲族/传统遗传资源/丽水三月黄

Lishui Sanyuehuang/Genetic Resource/She People/Lishui Municipality/Zhejiang Province/China

2. 编号　CN-SH-110-018 中国-畲族-农作物-丽水三月黄

3. 属性与分布　畲族社区集体知识；主要分布于丽水市，在丽水市畲族社区被广泛利用。

4. 背景信息　丽水三月黄是普通小麦（*Triticum aestivum* L.）的一个地方品种，属于禾本科（Gramineae）小麦属植物。丽水三月黄芽鞘绿色，幼苗半散状，植株高度 110 cm 左右，茎秆粗壮，叶片深绿色；穗呈圆柱形，无芒红壳，穗长 8 cm 左右，小穗着生密度中等，每穗有小穗 18 个左右，每厘米有小穗 2.6 个，每穗 30 余粒，颖壳红色，无芒；籽粒卵圆形，红皮，大小中等，出粉率 81% 左右，千粒重 32 g。

5. 基本描述　中文种名：普通小麦；品种名/民族名：丽水三月黄。丽水三月黄是丽水市栽培历史悠久的农家品种。丽水三月黄为早熟品种，属半冬性小麦，耐肥力中等，不耐瘠，耐湿力强，耐寒力强，稳产，生育期 165-185 d。一般 11 月中旬播种，多施基肥，后期少施肥，翌年小满后成熟。

6. 传统知识特征

（1）针对丽水三月黄（普通小麦）耐肥力中等的特性，畲族群众总结出针对丽水三月黄叶片颜色变化的精准施肥传统管理技术，种植时多施基肥，在 3 月出现叶黄时少量施用追肥，以促进其早发长壮，到后期不会倒伏。

（2）丽水三月黄由于长期栽培，适应性较强，并且对生产水平要求不严格，栽培技术容易掌握，所以一般都能获得稳收增产，深受群众欢迎。

（3）丽水三月黄成熟后种子容易落粒，畲族群众一般会及时收获，或提前收获，防止落粒损失。

（4）丽水三月黄耐湿力强，耐寒力强，适于畲族山区潮湿寒冷的环境。

7. 保护与利用

（1）传承与利用现状：丽水三月黄（普通小麦）于1957年被评为浙江省早熟小麦优良品种，但现在畲族社区种植不多。

（2）受威胁状况及因素分析：新品种的引进和品种退化是丽水三月黄种植面积逐渐下降的主要原因。

（3）保护与传承措施：该品种具有多个优良特性，其种质资源已得到易地保存，但可通过鼓励农民种植以加强就地保护。

8. 文献资料

[1]　浙江省农业厅. 浙江农作物优良品种志[M]. 杭州：浙江人民出版社，1961：185-186.

[2]　浙江植物志（新编）编辑委员会. 浙江植物志[M]. 第9卷. 杭州：浙江科学技术出版社，2021：409-410.

CN-SH-110-019. 和尚麦

1. 名称　中国/福建省/宁德市/畲族/传统遗传资源/和尚麦

Heshangmai/Genetic Resource/She People/Ningde Municipality/Fujian Province/China

2. 编号　CN-SH-110-019 中国-畲族-农作物-和尚麦

3. 属性与分布　畲族社区集体知识；主要分布于福建省的福清、福安、霞浦、罗源、连江、闽侯等地，在闽东畲族社区被广泛利用。

4. 背景信息　和尚麦是普通小麦（*Triticum aestivum* L.）的一个地方品种，属于禾本科（Gramineae）小麦属植物。和尚麦芽鞘绿色，幼苗直立，绿色，生长整齐。植株较高，一般为120-130 cm。茎秆较细，叶片较窄，株型较松散。穗纺锤形，无芒。穗长11 cm左右，小穗着生较稀。每穗着生穗数一般为17-20个，全穗结实29-35粒。护颖红色，无茸毛，长椭圆形，肩方，嘴短而锐，脊明显到底。籽粒红色，卵形，腹沟较浅，粒中大，千粒重35 g左右，重的达40 g。软质。

5. 基本描述　中文种名：普通小麦；品种名/民族名：和尚麦、红和尚、洋粉麦。和尚麦是福建省种植历史较长的地方品种，分蘖性强，有效分蘖率高，耐旱性、耐寒性中等，耐湿性强，出粉率高。蛋白质含量为12.82%，赖氨酸含量为0.42%。一般亩产100 kg左右。

6．传统知识特征

（1）和尚麦（普通小麦）具耐寒性特性，适宜种植于畲族所在的山区。

（2）和尚麦品种出粉率高，畲族种植和尚麦主要用于做面，口感好，深受畲族群众喜爱。

（3）针对和尚麦极易倒伏的特性，畲族群众种植时多采用稀疏种植的传统技术。

7．保护与利用

（1）传承与利用现状：福建省晋江地区农业科学研究所利用和尚麦与抗锈5204选育出了优良品种"大穗黄"。

（2）受威胁状况及因素分析：由于和尚麦产量水平不高，极易倒伏，且生育期过长，适应不了"麦-稻-稻"的三熟生育期要求，自20世纪60年代末后，种植面积逐渐下降。

（3）保护与传承措施：具有明显的优良基因，可用于育种亲本材料，需加强易地保存和就地保护措施。

8．文献资料

[1] 沙征贵. 华南小麦品种志[M]. 福州：福建科学技术出版社，1985：46-48.（相关图片参见本书）

[2] 蓝运全. 闽东畲族志[M]. 北京：民族出版社，2000：137.

[3] 中国农业科学院品种资源研究所麦类研究室. 中国小麦品种资源的系谱及其特性[M]. 上海：
上海科学出版社，1982：218-221.

CN-SH-110-020. 白茴麦

1．名称　中国/福建省/宁德市/畲族/传统遗传资源/白茴麦

Baihuimai/Genetic Resource/She People/Ningde Municipality/Fujian Province/China

2．编号　CN-SH-110-020 中国-畲族-农作物-白茴麦

3．属性与分布　畲族社区集体知识；主要分布于宁德、福州、闽清等地，在闽东畲族社区被广泛利用。

4．背景信息　白茴麦是普通小麦（*Triticum aestivum* L.）的一个地方品种，属于禾本科（Gramineae）小麦属植物。白茴麦芽鞘绿色，间有紫色。幼苗直立，淡绿色。株高中等，一般为 110-120 cm。穗纺锤形，长芒。护颖白色，无茸毛，长椭圆形。穗长一般为 7-9 cm；小穗着生密度中等，密度 2.2-2.5；每穗 15-17 个小穗；中部小穗多结实 3 粒，全穗结实 30-35 粒。籽粒红色，卵圆形，腹沟较浅，冠毛较多，千粒重 30-35 g。

5．基本描述　中文种名：普通小麦；品种名/民族名：白茴麦。白茴麦是宁德市（原宁德县）栽培历史悠久的地方品种，分蘖力中等，有效分蘖率中等，丰产性好，茎秆较硬，不易倒伏，较耐肥，落粒性中等，耐寒性弱，易受麦蚜危害，秆锈病与叶锈病感染

较轻，散黑穗病和白粉病均较轻。生育期不长，4月20日前后成熟。

6. 传统知识特征

（1）针对白苗麦（普通小麦）生育期短、成熟早的特性，畲族群众用于"麦-稻-稻"三熟制的麦品种。

（2）针对白苗麦耐寒性弱的特性，畲族群众将其种植在海拔低的地区以适应温度环境。

（3）针对白苗麦茎秆较硬、不易倒伏的特性，畲族群众采用多密植的传统技术，并多施用家畜禽粪肥。

7. 保护与利用

（1）传承与利用现状：1955年白苗麦（普通小麦）被评为当地良种，1959年扩大到福州、闽清、霞浦等地试种，表现良好，列为该地推广良种。1959年福建省种植面积约3万亩[①]，以宁德市（原宁德县）种植最多。现已很少有人种植。

（2）受威胁状况及因素分析：白苗麦因锈病重、产量低，逐步被引进品种和改良品种取代。

（3）保护与传承措施：白苗麦是优良的小麦品种，可作为育种亲本，其种质资源保护很重要。

8. 文献资料

[1]　金善宝. 中国小麦品种志[M]. 北京：农业出版社，1964：390.

[2]　沙征贵. 华南小麦品种志[M]. 福州：福建科学技术出版社，1985：110-111.

CN-SH-110-021. 丽水裸麦

1. 名称　中国/浙江省/丽水市/畲族/传统遗传资源/丽水裸麦

Lishuiluomai/Genetic Resource/She People/Lishui Municipality/Zhejiang Province/China

2. 编号　CN-SH-110-021 中国-畲族-农作物-丽水裸麦

3. 属性与分布　畲族社区集体知识；主要分布于丽水、温州等地，在丽水市畲族社区广泛种植。

4. 背景信息　丽水裸麦是大麦（*Hordeum vulgare* L.）的一个地方品种，属于禾本科（Gramineae）大麦属一年生植物。丽水裸麦芽鞘绿色，幼苗半散状，叶黄绿色，拔节前后基部叶鞘上无茸毛，叶耳白色，株高95-105 cm，茎秆粗壮坚硬，叶鞘、叶舌均绿色；有灰白色长芒，穗呈六棱，圆短，壳灰黄色，穗长6.4 cm左右，每穗50粒左右，结实率75%-80%；籽粒黄色，长椭圆形，不带壳，整齐而饱满，千粒重26-28 g。

---

① 1亩≈666.7 m²。

5. 基本描述　中文种名：大麦；品种名/民族名：丽水裸麦。丽水裸麦是丽水市（原丽水县）农家品种，分蘖力强，但有效分蘖力低，耐肥力中等，耐湿力强，抗黑穗病，易倒伏。生育期较短，一般为 159-179 d，比较不容易落粒。

6. 传统知识特征

（1）畲族居住山地冬天较冷，湿度大，而丽水裸麦（大麦）具有耐湿的特性，当地畲族群众选育此品种以适应当地山地环境。

（2）丽水裸麦抗病力较强，特别是抗黑穗病，加之生育期短，不易落粒，畲族群众喜种植。

（3）针对丽水裸麦茎秆较细，播种过密容易引起倒伏的特性，畲族群众总结出种植丽水裸麦的传统管理技术，即稀疏栽培以减少其倒伏。

7. 保护与利用

（1）传承与利用现状：已遭到淘汰，现在几乎无人种植。

（2）受威胁状况及因素分析：高产新品种的引进对丽水裸麦（大麦）的种植造成了冲击。

（3）保护与传承措施：其耐湿抗病的种质特性可用于作物育种亲本材料，可加强易地保存和就地保护。

8. 文献资料

[1] 浙江省农业厅. 浙江农作物优良品种志[M]. 杭州：浙江人民出版社，1961：222-223.（相关图片参见本书）

[2] 浙江省农业科学院. 中国大麦品种志[M]. 北京：农业出版社，1989：181-182.

[3] 浙江植物志（新编）编辑委员会. 浙江植物志[M]. 第 9 卷. 杭州：浙江科学技术出版社，2021：409-410.

CN-SH-110-022. 霞浦大豆

1. 名称　中国/福建省/宁德市/霞浦县/畲族/传统遗传资源/霞浦大豆

Xiapu Soybean/Genetic Resource/She People/Xiapu County/Ningde Municipality/Fujian Province/China

2. 编号　CN-SH-110-022 中国-畲族-农作物-霞浦大豆

3. 属性与分布　畲族社区集体知识；主要分布于福建省霞浦县，在霞浦县畲族社区被广泛利用。

4. 背景信息　霞浦大豆是大豆［*Glycine max*（L.）Merr.］的一个地方品种，为豆科（Leguminosae）大豆属一年生草本。霞浦大豆株高平均 29.7 cm，株型收敛。主茎 10-11 节，分枝 1-2 个。叶片较大，小叶椭圆形，叶色浓绿。花紫色。茸毛棕色。荚成熟时暗褐色，单株结荚 20-21 粒。籽粒椭圆形，种皮绿色，种脐蓝色，子叶黄色。百粒重 18.8 g。

5．基本描述 中文种名：大豆；品种名/民族名：霞浦大豆。霞浦大豆是霞浦县农家品种，栽培历史悠久。霞浦大豆为中熟品种，生育期 96 d，具有轻感霜霉病、中感病毒病和锈病、耐贫瘠的特性。畲族主要将霞浦大豆在稻田的田塍上寄种，或薯地里套种，也有大片种植用以出售。霞浦大豆每公顷产 1 425-1 575 kg，籽粒蛋白质含量 42.9%，脂肪含量 19.5%。霞浦大豆蛋白质含量较高，畲族群众主要在逢年过节时磨成豆腐或做成"炒豆"待客食用。

6．传统知识特征

（1）畲族山区土壤贫瘠，而霞浦大豆（大豆）耐贫瘠，很适合当地种植。

（2）因其耐瘠，可在田边地头种植，而畲族山区农田资源少，霞浦大豆可在稻田的田埂和路边种植，或薯地里套种，充分利用了土地资源。

（3）霞浦大豆蛋白质含量较高，是畲族蛋白质的重要来源之一。

7．保护与利用

（1）传承与利用现状：现只有较少农户种植，多为自种自食。

（2）受威胁状况及因素分析：霞浦大豆（大豆）不及外来大豆品种的产量高，经济效益较低，逐渐被取代。

（3）保护与传承措施：应鼓励农民对老品种留种和维持种植，以经济手段加强对霞浦大豆地方品种的保护。

8．文献资料

[1] 陈本湘. 福建大豆地方品种志[M]. 福州：福建科学技术出版社，1994：59.

[2] 俞郁田. 霞浦县畲族志[M]. 福州：福建人民出版社，1993：233.

CN-SH-110-023. 福安春豆

1．名称 中国/福建省/宁德市/福安市/畲族/传统遗传资源/福安春豆

Fuan Soybean/Genetic Resource/She People/Fuan Municipality/Ningde Municipality/Fujian Province/China

2．编号 CN-SH-110-023 中国-畲族-农作物-福安春豆

3．属性与分布 畲族社区集体知识；主要分布于福安市、漳州市漳浦县，在福安市畲族社区被广泛利用。

4．背景信息 福安春豆是大豆 [*Glycine max*（L.）Merr.] 的一个地方品种，属于豆科（Leguminosae）大豆属一年生草本。福安春豆与霞浦大豆株型相似，株高平均 29.7 cm，株型

收敛。主茎 10-11 节，分枝 1-2 个。叶片较大，小叶椭圆形，叶色浓绿。花紫色，茸毛棕色。荚成熟时暗褐色，单株结荚 20-21 粒。籽粒椭圆形，种皮绿色，种脐蓝色，子叶黄色。百粒重 18.8 g。

5．基本描述 中文种名：大豆；品种名/民族名：福安春豆。福安春豆是福建省福安市（原福安县）栽培历史悠久的地方良种，为春大豆早熟种。福安春豆具有耐肥力强、抗倒伏、耐旱性中等、抗根腐病强、粗蛋白含量高的特性。

6．传统知识特征

（1）畲族人采用"春大豆-晚稻"的轮作制度，该种植方式极其适合生育期短的福安春豆（大豆），其早熟的茬口有利于晚稻的及时栽植和产量保证。

（2）福安春豆适应性强，畲族群众可将其种在土壤贫瘠的田边地头。

（3）福安春豆具有固氮作用，畲族群众多用此作物作为晚稻的前茬，有利于后茬作物水稻田地的肥力，确保水稻高产。

（4）福安春豆具有粗蛋白含量较高的特性，是畲族逢年过节制作豆腐的主要原料。

7．保护与利用

（1）传承与利用现状：现在多为"麦-稻"轮作，大面积种植福安春豆（大豆）的机会少了。由于农村劳力的缺少，很少人仍利用田边地头种植大豆，现福安春豆很少种植。

（2）受威胁状况及因素分析：产量不高，被高产大豆新品种替代，逐渐被弃种。

（3）保护与传承措施：其种质资源已保存在福建省泉州市农业科学研究所，就地保护仍然需要加强。

8．文献资料

[1] 陈本湘. 福建大豆地方品种志[M]. 福州：福建科学技术出版社，1994：11.

[2] 吉林省农业科学院. 中国大豆品种志[M]. 北京：农业出版社，1985：678-679.（相关图片参见本书）

[3] 李占伟. 福建春大豆地方品种研究[J]. 福建农业科技，1991（2）：12-13.

[4] 李明松，吴俐，吕美琴，等. 福建省春大豆地方品种遗传多样性分析[J]. 福建农业学报，2014（6）：524-529.

CN-SH-110-024. 尖叶白洋芋

1．名称 中国/浙江省/丽水市/畲族/传统遗传资源/尖叶白洋芋

Jianyebaiyangyu/Genetic Resource/She People/Lishui Municipality/Zhejiang Province/China

2．编号 CN-SH-110-024 中国-畲族-农作物-尖叶白洋芋

3．属性与分布 畲族社区集体知识；主要分布于丽水市，在丽水市畲族社区广泛种植。

4．背景信息 尖叶白洋芋是马铃薯（*Solanum tuberosum* L.）的一个地方品种，属于茄科（Solanaceae）茄属草本植物。尖叶白洋芋株高80 cm左右，茎秆直立，色泽淡绿，分枝多，每穴有4-5个分枝；叶片绿色，顶叶心脏形；花白色；薯块圆形，薯皮白色，薯肉黄色，结薯较多，每株结薯可达20个，薯块较小。

5．基本描述 中文种名：马铃薯；品种名/民族名：尖叶白洋芋。尖叶白洋芋是丽水地区的优良农家品种，生长期长，结薯早而分散，抗虫，抗晚疫病，耐瘠，耐湿等。

6．传统知识特征

（1）畲族山区气候湿润，土壤贫瘠，而尖叶白洋芋（马铃薯）具有耐瘠、耐湿的特点，很好地适应了畲族山区的环境。

（2）尖叶白洋芋具有抗病的特性与畲族人选种和留种的传统技术有关，因当地畲族群众精心选用表皮光滑、无病虫害的薯块留种。

7．保护与利用

（1）传承与利用现状：尖叶白洋芋（马铃薯）仍有种植，因其耐瘠特性，在土壤贫瘠的山区仍有利用价值。

（2）受威胁状况及因素分析：高产新品种引进后，种植面积逐渐萎缩。

（3）保护与传承措施：尖叶白洋芋抗虫、耐瘠、耐湿，可作为育种亲本，应鼓励农户继续种植，作为就地保护措施。

8．文献资料

[1] 浙江省农业厅. 浙江农作物优良品种志[M]. 杭州：浙江人民出版社，1961：278-279.

[2] 中国科学院中国植物志编辑委员会. 中国植物志[M]. 第67卷. 第1册. 北京：科学出版社，1978：94.

CN-SH-110-025. 红皮腰子种

1．名称 中国/浙江省/丽水市/景宁畲族自治县/畲族/传统遗传资源/红皮腰子种

Hongpiyaozizhong/Genetic Resource/She People/Jingning She Ethnic Autonomous County/Lishui Municipality/Zhejiang Province/China

2．编号 CN-SH-110-025 中国-畲族-农作物-红皮腰子种

3．属性与分布 畲族社区集体知识；主要分布于景宁、平阳、建德等县，在景宁畲族自治县畲族社区被广泛利用。

4．背景信息 红皮腰子种是马铃薯（*Solanum tuberosum* L.）的一个地方品种，属于茄科（Solanaceae）茄属草本植物。红皮腰子种茎直立，分枝少，一般分枝3-4个，株高66-83 cm，茎基部紫色；叶为淡绿色，叶片宽大，叶脉粗而稍有隆起；花白色；薯皮淡红

色，肉淡黄色，芽眼深而少；薯块充分长大时为肾脏形，较小的为扁椭圆形，初生时为球形；大的薯块重达 700 g。

5．基本描述　中文种名：马铃薯；品种名/民族名：红皮腰子种。红皮腰子种是景宁畲族自治县优良农家品种，结薯早且集中，淀粉含量高，食味中等，耐肥、耐瘠、不耐寒，适应性广。红皮腰子种吃起来口感不好，有点麻麻的，畲族用作主食或饲料。

6．传统知识特征

（1）红皮腰子种（马铃薯）具有耐瘠的特性，在高山和低山环境下都可种植，很好地适应了畲族山区土壤贫瘠和海拔变化的环境，可充分利用田边地头的旱地种植。

（2）畲族人利用其在不同海拔的生育期要求，安排轮作作物茬口，如在低海拔山区，一般 2 月下旬种植，5-6 月收获，后可接茬水稻等作物；在高海拔地区，一般 3 月种植，6 月底收获，接茬较晚熟作物。

（3）畲族群众收获时会挑选种皮光滑、健康无病虫害的薯块留种，以防治病虫害。

7．保护与利用

（1）传承与利用现状：因品种产量低、口感差，现在基本上不再种植。

（2）受威胁状况及因素分析：与新品种相比，红皮腰子种（马铃薯）自身缺点较多，逐渐被人们弃种。

（3）保护与传承措施：耐瘠薄、适应性强的种质特性具有育种价值，应加强保护措施。

8．文献资料

[1]　浙江省农业厅. 浙江农作物优良品种志[M]. 杭州：浙江人民出版社，1961：278.

[2]　何建清. 丽水旱粮[M]. 北京：中国农业出版社，2008：132.

CN-SH-110-026. 红皮白心六十日

1．名称　中国/浙江省/丽水市/景宁畲族自治县/畲族/传统遗传资源/红皮白心六十日 Hongpibaixinliushiri/Genetic Resource/She People/Jingning She Ethnic Autonomous County/Lishui Municipality/Zhejiang Province/China

2．编号　CN-SH-110-026 中国-畲族-农作物-红皮白心六十日

3．属性与分布　畲族社区集体知识；主要分布于浙江省，在景宁畲族自治县广泛种植。

4．背景信息　红皮白心六十日是番薯 [*Ipomoea batatas*（L.）Lam.] 的一个地方品种，属于旋花科（Convolvulaceae）番薯属一年生草本植物。红皮白心六十日叶片淡绿色，掌状，顶叶和叶脉都是绿色，叶柄长 20 cm，叶脉基部和叶柄都是绿色；蔓长 270-360 cm，

蔓粗细中等，节间长，单株分枝少，一般有 5-6 个；薯块稍长，呈纺锤形，薯皮红色，薯肉白色，煮熟后薯皮紫红色，结薯集中，每株结薯 3-4 个，薯块大，单株薯块重 750-1 000 g。

5. 基本描述 中文种名：番薯；品种名/民族名：红皮白心六十日。红皮白心六十日为浙江省优良农家番薯品种，栽培历史悠久，全省各地均有种植。红皮白心六十日薯块水分多，生食味甜；具有抗旱、耐涝、耐瘠、不耐贮藏、适应性广等特性。红皮白心六十日不论平原山区都可种植，多栽培在半山区。

6. 传统知识特征

（1）因红皮白心六十日（番薯）品种适应性强，具抗旱、耐涝、耐瘠等特性，适宜在畲族山区种植。

（2）该品种薯块含糖分多，口感好，当地畲族群众常将它生吃。

（3）因其薯块晒干率和磨粉率不高，当地畲族群众多食用薯块，少做薯干保存。

7. 保护与利用

（1）传承与利用现状：种植量逐渐减少，现在已很少种植。

（2）受威胁状况及因素分析：因新品种长乐薯的引进，老品种红皮白心六十日（番薯）遭到淘汰；畲族群众生活水平提高，稻谷的主食地位取代了番薯，番薯种植大幅减少。

（3）保护与传承措施：红皮白心六十日生吃适口，可用此遗传特性培育水果番薯，应鼓励畲族继续种植，促进该种质资源的保护与传承。

8. 文献资料

[1] 浙江省农业厅. 浙江农作物优良品种志[M]. 杭州：浙江人民出版社，1961：271-272.（相关图片参见本书）

[2] 何建清. 丽水旱粮[M]. 北京：中国农业出版社，2008：111-113.

[3] 柳意城. 景宁畲族自治县县志[M]. 杭州：浙江人民出版社，1995：161.

[4] 中国科学院中国植物志编辑委员会. 中国植物志[M]. 第 64 卷. 第 1 册. 北京：科学出版社，1979：88.

CN-SH-110-027. 铁丁番

1. 名称 中国/浙江省/丽水市/畲族/传统遗传资源/铁丁番

Tiedingfan/Genetic Resource/She People/Lishui Municipality/Zhejiang Province/China

2. 编号 CN-SH-110-027 中国-畲族-农作物-铁丁番

3. 属性与分布 畲族社区集体知识；主要分布于浙江省丽水和温州地区，在丽水市畲族社区广泛种植。

4. 背景信息　铁丁番是番薯〔*Ipomoea batatas*（L.）Lam.〕的一个地方品种，属于旋花科（Convolvulaceae）番薯属一年生草本植物。铁丁番顶叶紫色，叶绿色，叶形浅裂单缺刻，叶片较小，叶脉、脉基均紫色；柄绿色，叶柄长 14 cm；茎深绿色细长而韧，粗 5 mm，茎端茸毛少，基部分枝 6-7 个。薯皮红色，薯肉淡黄色，薯块长条形，有条沟，薯梗黄色，结薯位置较深。

5. 基本描述　中文种名：番薯；品种名/民族名：铁丁番、台湾红。铁丁番是浙江省丽水和温州地区的主要农家品种，栽培历史百年以上。铁丁番具有抗旱、耐贫瘠、不耐肥等特性。贮藏率中等，薯块烘干率 25.77%，薯块淀粉含量 61.23%。铁丁番熟食面甜，食味尚好，晒干率和出粉率高，山区畲族群众多用其制粉。

6. 传统知识特征

（1）铁丁番（番薯）晒干率和出粉率高，山区畲族群众多将其切薯片晒干，或用于制粉，此种加工有利于畲族群众对番薯的过冬贮存，解决冬天和早春青黄不接的粮食短缺问题。

（2）铁丁番在高山土壤瘠薄、易旱多石砾的山顶岗背或陡坡上都能种植，且产量超过其他品种，此优良特性正适合种植在畲族群众居住地的山区环境。

（3）该品种薯块熟食面甜，口感尚好，当地畲族群众喜欢食用。

7. 保护与利用

（1）传承与利用现状：铁丁番（番薯）的大田种植面积显著缩小，但在山岗沙砾土中，仍有种植。

（2）受威胁状况及因素分析：由于传统品种产量不高，逐渐被新品种取代。

（3）保护与传承措施：铁丁番具耐贫瘠、适应山岗沙砾土的生长特性，其遗传种质可作为育种亲本，易地保存和就地保护都有必要。

8. 文献资料

[1] 蓝运全. 闽东畲族志[M]. 北京：民族出版社，2000：137.

[2] 盛家廉，邬景禹. 中国甘薯品种志[M]. 北京：农业出版社，1993：46-47.（相关图片参见本书）

CN-SH-110-028. 六十日早

1. 名称　中国/福建省/宁德市/畲族/传统遗传资源/六十日早

Liushirizao/Genetic Resource/She People/Ningde Municipality/Fujian Province/China

2. 编号　CN-SH-110-028 中国-畲族-农作物-六十日早

3. 属性与分布　畲族社区集体知识；主要分布于福建省闽东南沿海平原和闽西北内陆山区各县，在闽东畲族社区广泛种植。

4．背景信息 六十日早是番薯［*Ipomoea batatas*（L.） Lam.］的一个地方品种，属于旋花科（Convolvulaceae）番薯属一年生草本植物。六十日早叶绿色，叶形深裂单缺刻，叶片中等，叶脉基部淡紫色；茎绿色，粗 5 mm，茎端茸毛少，基部分枝多达 10 个左右。薯皮紫红色，薯肉白色，薯块纺锤形，光滑美观。六十日早结薯位置浅而集中，上薯率高，属于早熟品种类型。

5．基本描述 中文种名：番薯；品种名/民族名：六十日早、六月薯、六十工、白心粒、红皮白肉。六十日早是 20 世纪 60 年代前福建番薯生产的当家品种，栽培历史悠久。具有耐旱、耐瘠、耐肥、不耐涝、耐寒力较差的特性。薯块不易贮藏，空心薯块烘干率22%，薯块淀粉含量 45.11%，熟食甜软，口味好。

6．传统知识特征

（1）六十日早（番薯）具有耐旱、耐瘠的特性，适合在畲族山区种植。

（2）针对该品种薯块不易贮藏的特性，畲族群众发展了传统加工技术，将薯块加工成薯干、薯米贮藏起来，供冬天和早春食用。

（3）该品种的薯块熟食甜软，口味好，深受畲族群众欢迎。

7．保护与利用

（1）传承与利用现状：目前栽培面积极少。

（2）受威胁状况及因素分析：20 世纪 60 年代后随着新品种的推广而逐渐淘汰。

（3）保护与传承措施：具有早熟特性，是培育早熟番薯品种的优良种质资源，具有易地保存和就地保护价值。

8．文献资料

[1] 蓝运全. 闽东畲族志[M]. 北京：民族出版社，2000：137.

[2] 盛家廉，邬景禹. 中国甘薯品种志[M]. 北京：农业出版社，1993：40-41.（相关图片参见本书）

[3] 冯瑞集，卢浩然. 甘薯有性杂交育种研究的初步报告[J]. 福建农学院学报，1958（1）：7-18.

CN-SH-110-029. 白皮白心

1．名称 中国/浙江省/丽水市/景宁畲族自治县/畲族/传统遗传资源/白皮白心

Baipibaixin/Genetic Resource/She People/Jingning She Ethnic Autonomous County/Lishui Municipality/Zhejiang Province/China

2．编号 CN-SH-110-029 中国-畲族-农作物-白皮白心

3．属性与分布 畲族社区集体知识；主要分布于浙南山区的温州、台州、舟山、丽水等地，在丽水市畲族社区也有种植。

4．背景信息 白皮白心是番薯［*Ipomoea batatas*（L.）Lam.］的一个地方品种，属

于旋花科（Convolvulaceae）番薯属一年生草本植物。白皮白心顶叶和叶都是绿色，叶心脏形，叶片较小；叶脉基部和叶基均为紫色；叶柄绿色，柄基紫色；叶柄长 17 cm；茎绿色，茎粗 5 mm，蔓细长，可达 280 cm，茎端茸毛少，节间长 7 cm，基部分枝多为 6 个。薯皮、薯肉均为白色，薯块长纺锤形，薯梗黄白。

5．基本描述　中文种名：番薯；品种名/民族名：白皮白心、白番薯、长藤白、台湾白。白皮白心是浙江省主要的农家番薯品种，结薯迟、上薯率高，具有耐瘠、耐旱、不耐连作、不耐肥、耐低温、耐贮藏的特性。白皮白心薯块烘干率23.16%，薯块淀粉含量52.53%，出粉率不高，但吃起来很甜，畲族群众主要将白皮白心制作成番薯丝当主粮以供常年食用。

6．传统知识特征

（1）白皮白心（番薯）具有耐瘠、耐旱、不耐连作的特性，是畲族高山荒植或山区稻薯轮作新改制前两年种植的重要品种。

（2）白皮白心出粉率不高，畲族群众一般不会将其用来制粉，而是将其薯块切成番薯丝，晒干贮存，当主粮供全年食用。

7．保护与利用

（1）传承与利用现状：现在已较少种植。

（2）受威胁状况及因素分析：高产新品种的引进，白皮白心逐渐被淘汰。

（3）保护与传承措施：白皮白心具耐瘠耐旱特性，可利用其种质资源培育番薯新品种，具有易地保存和就地保护的价值。

8．文献资料

[1]　浙江省农业厅. 浙江农作物优良品种志[M]. 杭州：浙江人民出版社，1961：47-48.

[2]　柳意城. 景宁畲族自治县县志[M]. 杭州：浙江人民出版社，1995：161.

CN-SH-110-030. 大叶黄

1．名称　中国/浙江省/丽水市/畲族/传统遗传资源/大叶黄

Dayehuang/Genetic Resource/She People/Lishui Municipality/Zhejiang Province/China

2．编号　CN-SH-110-030 中国-畲族-农作物-大叶黄

3．属性与分布　畲族社区集体知识；主要分布于丽水市，在畲族社区广泛种植。

4．背景信息　大叶黄是苎麻 [*Boehmeria nivea*（L.）Gaudich.] 的一个地方品种，属于荨麻科（Urticaceae）苎麻属植物。大叶黄深根丛生型。幼苗黄绿色，成熟茎黄褐色，麻骨黄白色。叶片中等大，卵圆形，黄绿色，叶面皱纹少，叶缘锯齿浅。叶柄淡红色，着生角度大。叶脉、托叶中肋微红色。雌蕾红色，花序长约 35 cm。

5. 基本描述　中文种名：苎麻；品种名/民族名：大叶黄。大叶黄为丽水地方苎麻品种，耐肥，耐旱性强，抗风性中等。大叶黄一般亩产75 kg，原麻手感柔软，斑疵少，锈脚长，畲族群众种植苎麻主要用来做布，后随着棉布、化纤布投放市场，畲族群众种植苎麻越来越少。

6. 传统知识特征

（1）畲族群众居住区为亚热带季风气候，气候温暖湿润，光照充足，非常适合大叶黄（苎麻）的生长。

（2）大叶黄原麻手感柔软，斑疵少，做出的苎布舒适感好，是畲族群众传统纺织的主要原料。

（3）针对大叶黄耐肥的特性，畲族群众总结出传统管理技术，在每年的清明节前后将其种植在土层深厚、疏松、肥力好的田里，且施以人粪尿或家畜禽粪，促进其生长。冬天还会在苎头上铺上一层干草，为其保温。

7. 保护与利用

（1）传承与利用现状：现在畲族已经普遍不种植苎麻。

（2）受威胁状况及因素分析：棉布、化纤布投放市场对传统苎布形成重大冲击，种植苎麻已无成本优势。

（3）保护与传承措施：苎麻作为传统纺织材料，其织品具有耐用和舒适的优点，尤其用于夏季服装，需要加强其种质资源的易地和就地保护措施。

8. 文献资料

[1] 中国农业科学院麻类研究所. 中国苎麻品种志[M]. 北京：农业出版社，1992：80.（相关图片参见本书）

[2] 吴金宣. 畲族风俗卷[M]. 杭州：浙江古籍出版社，2014：57，75-76.

[3] 中国科学院中国植物志编辑委员会. 中国植物志[M]. 第23卷. 第2册. 北京：科学出版社，1995：327.

CN-SH-110-031. 福安黄苎麻

1. 名称　中国/福建省/宁德市/福安市/畲族/传统遗传资源/福安黄苎麻

Fu'an Huangzhuma/Genetic Resource/She People/Fu'an City/Ningde Municipality/Fujian Province/China

2. 编号　CN-SH-110-031 中国-畲族-农作物-福安黄苎麻

3. 属性与分布　畲族社区集体知识；主要分布于福安市，在福安市畲族社区被广泛利用。

4. 背景信息 福安黄苎麻是苎麻［*Boehmeria nivea*（L.）Gaudich.］的一个地方品种，属于荨麻科（Urticaceae）苎麻属植物。福安苎麻深根丛生型。幼苗黄绿色，成熟茎黄褐色，麻骨黄白色。叶片大，卵圆形，黄绿色，叶面皱纹少，叶缘锯齿深。叶柄浅绿色，着生角度大。叶脉、托叶中肋浅绿色。雌蕾淡红色，花序长 25 cm。

5. 基本描述 中文种名：苎麻；品种名/民族名：福安黄苎麻。福安黄苎麻为福安市地方品种，原麻绿白色，手感较硬，具有斑疵少、锈脚短、耐旱性强的特性。福安苎麻鲜皮出麻率 10.7%，一般亩产 65 kg。

6. 传统知识特征

（1）畲族社区在亚热带季风气候区域，气候温暖湿润，光照充足，非常适合福安黄苎麻的生长。

（2）20 世纪 60 年代以前，苎麻是畲族布料的主要来源，畲族种植苎麻遍及每户，故畲族人又称苎寮。

（3）畲族已建立一套传统的苎麻栽培技术，一般在清明节时将福安黄苎麻种在田沟里，施以肥料，并以人粪尿或家畜禽粪或草木灰作为肥料，立秋时节收割。

7. 保护与利用

（1）传承与利用现状：20 世纪 70 年代部分畲族山村仍有种植，80 年代以后在畲族山村已很少种植。

（2）受威胁状况及因素分析：国产棉布、化纤布投放市场对纻布的冲击使畲族种植苎麻越来越少。

（3）保护与传承措施：福安黄苎麻具色泽与品质优良等特性，需加强对其种质资源的易地和就地保护。

8. 文献资料

[1] 中国农业科学院麻类研究所. 中国苎麻品种志[M]. 北京：农业出版社，1992：75.（相关图片参见本书）

[2] 蓝炯熹. 福安畲族志[M]. 福州：福建教育出版社，1995：220.

[3] 蓝运全. 闽东畲族志[M]. 北京：民族出版社，2000：140.

CN-SH-110-032. 福安大白茶

1. 名称 中国/福建省/宁德市/福安市/畲族/传统遗传资源/福安大白茶

Fu'an Dabaicha/Genetic Resource/She People/Fu'an City/Ningde Municipality/ Fujian Province/China

2. 编号 CN-SH-110-032 中国-畲族-农作物-福安大白茶

3. 属性与分布 畲族社区集体知识；主要分布于福建东部、北部茶区，在福安市畲族社区被广泛利用。

4. 背景信息 福安大白茶是茶［*Camellia sinensis*（L.）Kuntze］的一个地方品种，属于山茶科（Theacea）山茶属植物。福安大白茶植株高大，树姿半开张，主干显，分枝较密，叶片呈稍上斜状着生。叶长椭圆形，叶色深绿，富光泽，叶面平，叶缘平，叶身内折，叶尖渐尖，叶齿较锐，叶质脆厚。芽叶黄绿色，茸毛特多，一芽三叶百芽重 98 g，花瓣 7-8 瓣，子房茸毛多，花柱 3 裂。

5. 基本描述 中文种名：茶；品种名/民族名：福安大白茶。福安大白茶是宣统元年（1909 年）福安穆云高岭村林秀珠的祖父，从当地野生茶树中发现一株树高、叶大、芽壮的茶树，经分离选育出的品种，1964 年在开展茶树良种调查时在穆阳公社高岭大队（畲族山村）挖掘出来，初称"高岭大白茶"。1973 年参加全国茶树品种会议后，正式命名为"福安大白茶"，已有百年栽培史。福安大白茶芽叶生育力和持嫩率较强，抗寒和抗旱能力好，产量高。畲族多用福安大白茶制作红茶、绿茶、白茶。

6. 传统知识特征

（1）福安大白茶（茶）是在畲族居住的特别气候条件下孕育而成的。高岭村坐落于海拔 700 多 m 的山上，常年云雾缭绕，日照强度较低、湿度高、紫外线强、日夜温差大，使得福安大白茶生长较慢，叶厚，芽叶内含物质丰富，茶芽持嫩性好，加工后的茶叶香高、味醇、韵长久。

（2）福安大白茶是当地村民从野生茶树中发现，并经人工栽培和选育的品种，适合当地畲族人的口感。

（3）畲族拥有种茶和制茶的传统工艺。可制工夫红茶、烘青绿茶、白茶等多种茶叶产品，既自己饮用，也供应市场。

7. 保护与利用

（1）传承与利用现状：福安大白茶（茶）至今仍然是制作红茶、绿茶、白茶的优质原料，1985 年全国农作物品种审定会认定福安大白茶为国家品种，编号 GS13003-1985。

（2）受威胁状况及因素分析：品种退化、病虫害多是其重要的威胁因素。此外，经营较为分散，茶叶市场管理滞后，茶文化挖掘研究和宣传拓展力度不够等也是限制其发展的因素。

（3）保护与传承措施：福安大白茶被收录进《中国茶树品种志》。1951 年，闽东茶区开展了地方品种资源的普查、征集与保存工作。1957 年建立了品种园，集中保存了福安大白茶等 370 多个品种材料，在普查征集的同时进行了产区的鉴定和品种比较实验。

8．文献资料

[1] 白堃元. 中国茶树品种志[M]. 上海：上海科技出版社，2001：17.（相关图片参见本书）

[2] 蓝运全. 闽东畲族志[M]. 北京：民族出版社，2000：148.

[3] 叶乃寿. 宁德茶树志[M]. 福州：福建人民出版社，2004：45-46，49.

[4] 蓝炯熹. 福安畲族志[M]. 福州：福建教育出版社，1995：207.

[5] 中国科学院中国植物志编辑委员会. 中国植物志[M]. 第 49 卷. 第 3 册. 北京：科学出版社，1998：130.

CN-SH-110-033. 福鼎大白茶

1．名称　中国/福建省/宁德市/福鼎市/畲族/传统遗传资源/福鼎大白茶

Fuding Dabaicha/Genetic Resource/She People/Fuding City/Ningde Municipality/ Fujian Province/China

2．编号　CN-SH-110-033 中国-畲族-农作物-福鼎大白茶

3．属性与分布　畲族社区集体知识；主要分布于福建东部茶区，江苏、浙江、四川、江西、湖北、安徽、广西、贵州等省（区）有栽培，在福鼎市畲族社区被广泛利用。

4．背景信息　福鼎大白茶是茶［*Camellia sinensis*（L.）Kuntze］的一个地方品种，属于山茶科（Theacea）山茶属植物。福鼎大白茶植株较高大，树姿半开张，主干较明显，分枝较密，叶片呈水平状着生。叶椭圆形，叶色绿，叶面隆起，有光泽，叶缘平，叶尖钝尖，叶齿较锐，叶质较脆厚。芽叶黄绿色，茸毛特多，一芽三叶百芽重 63 g，花瓣 7 瓣，子房茸毛多，花柱 3 裂。

5．基本描述　中文种名：茶；品种名/民族名：福鼎大白茶，白毛茶。福鼎大白茶原产福建省福鼎市点头镇柏柳村，是在清咸丰七年（1857 年）由福鼎点头镇翁溪村村民张阿河发现，过去称白毛茶，后被定名为福鼎大白茶。福鼎大白茶芽叶生育力和持嫩率较强，抗旱性与抗寒性强，繁殖力也强，压条、扦插发根容易，成活率高达 95%以上，并具有高产优质的特点。

6．传统知识特征

（1）福鼎地区属亚热带海洋性季风气候，具有阳光充足、热量丰富、雨水充沛、气候湿润的特点，极有利于福鼎大白茶（茶）的生长发育和品质形成。

（2）福鼎大白茶是当地畲族长期种植的茶品种，多用于制作红茶、绿茶、白茶。

（3）当地畲族已形成制作福鼎大白茶的传统技术，并能因地制宜地利用不同品质的茶叶原料，制作不同工艺的名茶。例如，制工夫红茶，是白琳工夫红茶的优质原料；制烘青绿茶，是窖制花茶的优质原料；制白茶，是制白毫银针、白牡丹的优质原料。

7．保护与利用

（1）传承与利用现状：1958 年，福鼎大白茶（茶）开始向省内外茶区推广。之后，利用福鼎大白茶作为亲本，与其他茶品种自然杂交，选育出了多个优良品种，并在全国推广种植。1985 年全国农作物品种审定会认定福鼎大白茶为国家品种，编号 GS13001-1985。

（2）受威胁状况及因素分析：品种退化、病虫害发生多及新品种引进等对福鼎大白茶的生产产生影响。

（3）保护与传承措施：福鼎大白茶被收录于《中国茶树品种志》。1951 年，闽东茶区开展了地方品种资源的普查、征集与保存工作。1957 年建立了品种园，集中保存了福鼎大白茶等 370 多个品种材料，在普查征集的同时进行了产区的鉴定和品种比较实验。

8．文献资料

[1] 白堃元. 中国茶树品种志[M]. 上海：上海科技出版社，2001：15-16.（相关图片参见本书）

[2] 叶乃寿. 宁德茶树志[M]. 福州：福建人民出版社，2004：45-46，49.

[3] 蓝运全. 闽东畲族志[M]. 北京：民族出版社，2000：148.

CN-SH-110-034. 坦洋菜茶

1．名称 中国/福建省/宁德市/福安市/畲族/传统遗传资源/坦洋菜茶

Tanyangcaicha/Genetic Resource/She People/Fu'an City/Ningde Municipality/ Fujian Province/China

2．编号 CN-SH-110-034 中国-畲族-农作物-坦洋菜茶

3．属性与分布 畲族社区集体知识；主要分布于福建东部茶区，在福安市畲族社区被广泛利用。

4．背景信息 坦洋菜茶是茶［*Camellia sinensis*（L.）Kuntze］的一个地方品种，属于山茶科（Theacea）山茶属植物。坦洋菜茶植株中等，树姿半开张，分枝较密，叶片呈水平状着生。叶椭圆形或长椭圆形，叶色深绿或绿，叶面隆或微隆，叶缘平或微波，叶身平，叶尖渐尖，叶齿较钝，叶质较脆厚。芽叶淡绿和紫绿色，茸毛较少，一芽三叶百芽重 61.5 g，花瓣 6-7 瓣，子房茸毛较多，花柱 3 裂。

5．基本描述 中文种名：茶；品种名/民族名：坦洋菜茶。坦洋菜茶原产福建省福安市坦洋一带，是明洪武四年（1371 年）福安坦洋村胡成德培育并试种成功的地方茶品种，历史上福安畲村皆有种植。坦洋菜茶芽叶生育力较强，持嫩性较强，耐寒耐旱，适应性强，产量较高。畲族多用坦洋菜茶制作红茶和绿茶。坦洋菜茶制成的工夫红茶，条索紧结细秀，色乌润，香气清高鲜爽，滋味醇和甘甜。

6．传统知识特征

（1）畲族居住山区的土壤质地适合坦洋菜茶（茶）的生长。坦洋菜茶喜酸怕碱，而畲族山区梯田多红壤和黄壤，土层深厚，酸性，且阳光充足、热量丰富、雨水充沛、气候湿润，适合坦洋菜茶的生长发育。

（2）坦洋菜茶适合当地山区坡地。畲族多在山区梯田的甘薯地边栽种坦洋菜茶，既增加了收益，又巩固了地埂，形成农茶混作的生态景观。

（3）畲族掌握了制作坦洋菜茶的传统工艺。坦洋菜茶品质优，制成的工夫红茶，条索紧结细秀，色乌润，香气清高鲜爽，滋味醇和甘甜，是制作坦洋工夫红茶的主要原料。

7．保护与利用

（1）传承与利用现状：坦洋菜茶（茶）已在各地引种推广，四川、江苏、湖北、湖南等省有较大面积引种。1999 年坦洋菜茶被福建省农作物品种审定委员会审定为省级品种。

（2）受威胁状况及因素分析：坦洋菜茶主要威胁是品种退化、病虫害侵害等，需要提纯复壮。

（3）保护与传承措施：坦洋菜茶被收录于《中国茶树品种志》。1951 年，闽东茶区开展了地方品种资源的普查、征集与保存工作。1957 年建立了品种园，集中保存了坦洋菜茶等 370 多个品种材料，在普查征集的同时进行了产区的鉴定和品种比较实验。

8．文献资料

[1]　叶乃寿. 宁德茶树志[M]. 福州：福建人民出版社，2004：45-46，49.

[2]　白堃元. 中国茶树品种志[M]. 上海：上海科技出版社，2001：166.

[3]　蓝运全. 闽东畲族志[M]. 北京：民族出版社，2000：148.

[4]　蓝炯熹. 福安畲族志[M]. 福州：福建教育出版社，1995：204.

CN-SH-110-035. 福鼎大毫茶

1．名称　中国/福建省/宁德市/福鼎市/畲族/传统遗传资源/福鼎大毫茶

Fuding Dahaocha/Genetic Resource/She People/Fuding City/Ningde Municipality/Fujian Province/China

2．编号　CN-SH-110-035 中国-畲族-农作物-福鼎大毫茶

3．属性与分布　畲族社区集体知识；主要分布于福建茶区，江苏、浙江、四川、江西等省也有栽培，在福鼎市畲族社区被广泛利用。

4．背景信息　福鼎大毫茶是茶 [*Camellia sinensis*（L.）Kuntze] 的一个地方品种，属于山茶科（Theacea）山茶属植物。福鼎大毫茶植株高大，树姿较直立，主干显，分枝

较密，叶片呈水平或下垂状着生。叶椭圆形或近长椭圆形，叶色绿，富光泽，叶面隆起，叶缘微波，叶身稍内折，叶尖较尖，叶齿锐浅、较密，叶质脆厚。芽片黄绿色，茸毛特多，一芽三叶百芽重 104 g，花瓣 7 瓣，子房茸毛多，花柱 3 裂。

5．基本描述 中文种名：茶；品种名/民族名：福鼎大毫茶。福鼎大毫茶是光绪六年（1880 年），当地汪家洋村村民林圣松在太姥山麓五蒲岭发现一株大号白毛茶树，挖回家种植，经过压条繁殖和选育而成，称为"大号白毛茶"，后来根据谐音定名为"大毫茶"。福鼎大毫茶芽叶生育力和持嫩率较强，抗寒性与抗旱性强，产量高，是制造白毫银针、白琳工夫茶等的优质原料。

6．传统知识特征

（1）福鼎大毫茶（茶）适合畲族居住当地的土壤和气候条件，具有因地制宜的特点。

（2）福鼎大毫茶是当地畲族长期栽种的茶叶品种，畲族人掌握了福鼎大毫茶的选育、栽培和田间管理技术。

（3）畲族人根据福鼎大毫茶的品质特点和工艺技术，制作成多种名优产品。福鼎大毫茶芽叶生育力和持嫩率较强，产量高，畲族根据其特性制作成"毫茶"、"银针"和"白琳工夫"等茶的名优产品。

7．保护与利用

（1）传承与利用现状：1958 年，经科研部门鉴定，福鼎大毫茶被列为全国第二批推广良种。后逐步繁育推广，现在福鼎、霞浦等地推广为"当家种"。20 世纪 80 年代后期开发为名优茶。1985 年全国农作物品种审定会认定为国家品种，编号为 GS13002-1985。

（2）受威胁状况及因素分析：品种退化和病虫害等是福鼎大毫茶发展的威胁因素。

（3）保护与传承措施：福鼎大毫茶被收录于《中国茶树品种志》。1951 年，闽东茶区开展了地方品种资源的普查、征集与保存工作。1957 年建立了品种园，集中保存了福鼎大毫茶等 370 多个品种材料，在普查征集的同时进行了产区的鉴定和品种比较实验。

8．文献资料

[1] 蓝运全. 闽东畲族志[M]. 北京：民族出版社，2000：148.

[2] 白堃元. 中国茶树品种志[M]. 上海：上海科技出版社，2001：16.

[3] 叶乃寿. 宁德茶树志[M]. 福州：福建人民出版社，2004：45-47.

CN-SH-110-036. 毛竹笋

1. 名称　中国/浙江省 福建省/畲族/传统遗传资源/毛竹笋

Phyllostachys pubescen Shoots/Genetic Resource/She People/Zhejiang Province, Fujian Province/China

2. 编号　CN-SH-110-036 中国-畲族-农作物-毛竹笋

3. 属性与分布　畲族社区集体知识；分布于自秦岭、汉水流域至长江流域以南和我国台湾地区，在浙江省、福建省畲族社区被广泛利用。

4. 背景信息　毛竹笋（毛竹）［*Phyllostachys edulis*（Carrière）J. Houz.］为禾本科（Gramineae）刚竹属植物。毛竹笋株高 10-20 m，地上茎基部粗 8-16 cm。带箨春笋略呈纺锤形，微弯，状似猫头，长 15-30 cm，横径 5-10 cm，褐紫色，有光泽，上有黑褐色小斑点，满生淡棕色粗茸毛。带箨春笋单个重 1-2 kg，去箨春笋单个重 0.5-1 kg。

5. 基本描述　中文种名：毛竹；品种名/民族名：毛竹笋。毛竹笋具有耐热性和耐寒性中等、喜潮湿、怕干旱、抗风力差、抗病性强、抗虫力弱的特点，经济效益、社会效益都十分明显。毛竹笋含水量中等、肉质厚、香味淡、无苦味、质脆嫩、氨基酸含量较高。

6. 传统知识特征

（1）畲族居住山区盛产毛竹笋（毛竹），长期以来畲族已形成因地制宜、可持续利用竹笋的理念，以及保护和可持续利用竹林资源传统管理方式和技术。

（2）毛竹笋与畲族人的生产生活密切相关。笋质脆嫩，口感好，是畲族四季不断的蔬菜（8 月无笋时用茭白代替），深受畲族喜爱。

（3）畲族已掌握采集、加工、贮藏和使用毛竹笋的传统技术，如制成笋干、玉兰片、笋衣、笋丝、霉笋、油焖笋罐头等食品。

7. 保护与利用

（1）传承与利用现状：畲族当地为毛竹笋产区，毛竹笋为竹林可再生传统食用产品，与竹林共生共存，在畲族广泛食用，加工制作的笋干、玉兰片、笋衣、笋丝、霉笋、油焖罐头笋等多种产品供应市场。

（2）受威胁状况及因素分析：竹林经营粗放、重取轻抚是影响毛竹笋生产的重要因素。

（3）保护与传承措施：保护和管理好毛竹林是保护和可持续利用毛竹笋的关键。

8. 文献资料

[1]　中国农业科学院蔬菜花卉研究所. 中国蔬菜品种志（下）[M]. 北京：中国农业科技出版社，2001：1274.

[2] 罗群荣. 浙江双栉蝠蛾危害对毛竹笋次生物质的影响[J]. 华东昆虫学报, 2008, 17（3）: 174-178.

[3] 周建青, 吴久良, 叶义松, 等. 景宁县毛竹笋产业化发展思考[J]. 安徽农学通报, 2010, 16（8）: 6-8.

[4] 中国科学院中国植物志编辑委员会. 中国植物志[M]. 第9卷. 第1册. 北京: 科学出版社, 1996: 275.

CN-SH-110-037. 云和哺鸡竹笋

1. 名称　中国/浙江省/丽水市/畲族/传统遗传资源/云和哺鸡竹笋

Phyllostachys yunhoensles Shoots/Genetic Resource/She People/Lishui Municipality/Zhejiang Province/China

2. 编号　CN-SH-110-037 中国-畲族-农作物-云和哺鸡竹笋

3. 属性与分布　畲族社区集体知识；主要分布于浙江景宁、云和等地，在丽水市畲族社区被广泛利用。

4. 背景信息　云和哺鸡竹笋（云和哺鸡竹）（*Phyllostachys yunhoensis* S. Y. Chen et C. Y. Yao）为禾本科（Gramineae）刚竹属植物。云和哺鸡竹笋地上茎基部粗3-4 cm，幼竹绿色。带箨笋圆柱形，长30 cm左右，横径4-5 cm，单个重400-800 g。箨则光滑无毛，棕黄色间黑褐色斑块。箨耳绿色、镰刀形。箨舌紫色、微弧形。去箨笋单个重240-480 g。鲜笋产量10 000 kg/hm²。

5. 基本描述　中文种名：云和哺鸡竹；品种名/民族名：云和哺鸡竹笋。云和哺鸡竹栽培历史悠久，具有耐热性、耐寒性、耐旱性、抗风、抗病虫性强，耐涝性弱的特性，其竹笋质松脆、味鲜嫩、肉质厚、水分多、无苦味、香味浓、品质优，宜鲜食和加工干制。研究表明，云和哺鸡竹笋与其他12种食用竹笋相比，其粗纤维含量最低，粗蛋白、粗脂肪、总糖、可溶性糖的含量最高，说明云和哺鸡竹笋是营养成分最高的竹笋之一。

6. 传统知识特征

（1）景宁、云和一带为亚热带季风气候，具有阳光充足、热量丰富、雨水充沛、气候湿润的特点，适合云和哺鸡竹笋的生长，畲族因地制宜地利用了当地丰富的毛竹资源。

（2）云和哺鸡竹笋（云和哺鸡竹）质松脆、味鲜嫩、肉质厚、水分多、无苦味、香味浓、品质优、营养价值高，是当地畲族人长期的食用佳品，与生产生活密切相关。

（3）在利用云和哺鸡竹笋的过程中，畲族社区已形成传统加工技术，如制作干笋时，先将其鲜笋切成片，加盐猛火炒熟，再用文火焙干，装入竹筒内，用竹壳封口倒置，民间称这种干笋为"扑笋"。

7. 保护与利用

（1）传承与利用现状：目前市场销路好，经济效益明显，是畲族山区脱贫致富的途径之一。

（2）受威胁状况及因素分析：竹林经营粗放，重取轻抚是影响竹笋生产的重要因素。

（3）保护与传承措施：云和哺鸡竹笋被收录于《中国蔬菜品种志（下）》，保护和管理好竹林是可持续利用云和哺鸡竹笋的关键。

8. 文献资料

[1] 中国农业科学院蔬菜花卉研究所.中国蔬菜品种志（下）[M].
北京：中国农业科技出版社，2001：1281.

[2] 蓝木宗. 畲山风情（景宁畲族民俗实录）[M]. 福州：海风出
版社，2012：37-38.

[3] 董明善，程启兴，刘建灵. 云和哺鸡竹笋食用价值及栽培技
术[J]. 农技服务，2009（2）：135-136.

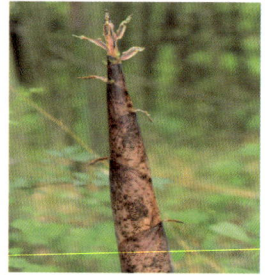

CN-SH-110-038. 福鼎盘菜

1. 名称　中国/福建省/宁德市/福鼎市/畲族/传统遗传资源/福鼎盘菜

Fuding Pancai/Genetic Resource/She People/Fuding City/Ningde Municipality/ Fujian Province/China

2. 编号　CN-SH-110-038 中国-畲族-农作物-福鼎盘菜

3. 属性与分布　畲族社区集体知识；主要分布于福鼎市，主要在福鼎市畲族社区广泛利用。

4. 背景信息　福鼎盘菜是芜菁（*Brassica rapa* L.）的一个地方品种，属于十字花科（Cruciferae）芸薹属二年生草本植物。福鼎盘菜叶簇半直立，叶大头羽状全裂，绿色，叶面茸毛多，长 30-35 cm，宽 9 cm。叶柄黄绿色。肉质根纵径 7-10 cm，横径 12-14 cm，宽锥形，露出地面 2-3 cm，外露部分皮白色，地下部分浅黄色，肉白色。单根重 700 g 左右。

5. 基本描述　中文种名：芜菁；品种名/民族名：福鼎盘菜。福鼎盘菜是福鼎市（原福鼎县）的农家品种，栽培历史悠久。福鼎盘菜具有耐热、耐寒、耐旱性中等，耐涝性弱的特性，从播种至采收 115-120 d。福鼎盘菜肉质细嫩脆，水分多，味微甜，品质佳，畲族多用其做菜熟食。

6. 传统知识特征

（1）畲族多分布于海拔较高的山区，福鼎盘菜（芜菁）耐寒，适于畲族山区种植。

（2）福鼎盘菜肉质细嫩脆，水分多，味微甜，品质佳，是畲族人喜欢食用的重要蔬菜。

（3）长期以来，当地社区已开发和总结出种植、选育、加工、贮存和食用福鼎盘菜的一整套传统技术，使福鼎盘菜的产量和品质都有改善。

7. 保护与利用

（1）传承与利用现状：与新品种相比，福鼎盘菜（芜菁）种植经济效益并不突出，现很少种植。

（2）受威胁状况及因素分析：农田减少、农村劳动力不足和新品种引进等都是威胁因素。

（3）保护与传承措施：福鼎盘菜被收录于《中国蔬菜品种志（上）》，是值得保护的传统蔬菜种质资源。

8. 文献资料

[1] 中国农业科学院蔬菜花卉研究所. 中国蔬菜品种志（上）[M]. 北京：中国农业科技出版社，2001：205.（相关图片参见本书）

[2] 浙江植物志（新编）编辑委员会. 浙江植物志[M]. 第 4 卷. 杭州：浙江科学技术出版社，2021：23.

CN-SH-110-039. 福安大白菜

1. 名称　中国/福建省/宁德市/福安市/畲族/传统遗传资源/福安大白菜

Fu'an Cabbage/Genetic Resource/She People/Fu'an City/Ningde Municipality/Fujian Province/China

2. 编号　CN-SH-110-039 中国-畲族-农作物-福安大白菜

3. 属性与分布　畲族社区集体知识；主要分布于福安市，在福安市畲族社区被广泛利用。

4. 背景信息　福安大白菜是白菜（*Brassica rapa* var. *glabra* Regel）的一个地方品种，属于十字花科（Cruciferae）芸薹属植物。福安大白菜株高约 32 cm，开展度约 62 cm。外叶绿色，叶面有褶。叶片长约 40 cm，宽约 32 cm。叶柄长 9 cm 左右。叶球呈扁球形，纵径约 30 cm，宽约 25 cm，叠抱，包心形状。单球净重约 1.5 kg。

5. 基本描述　中文种名：白菜；品种名/民族名：福安大白菜。福安大白菜是福安山区地方蔬菜品种，栽培历史悠久。福安大白菜具有耐热、抗霜霉病、抗病毒的特性，单产每公顷 31 000 kg 左右。福安大白菜宜熟食，畲族多将白菜鲜食或制成咸菜以供常年食用。

6. 传统知识特征

（1）福安大白菜（白菜）适宜当地山地土壤和气候条件，是当地畲族种植和利用的主要蔬菜作物。

（2）山区气候多潮湿，利于霜霉病的发生，而福安大白菜耐热、抗霜霉病、抗病毒，是畲族长期以来选育出的主要蔬菜品种。

（3）福安大白菜是当地畲族人的主要食用蔬菜，并形成种植、加工、贮存、腌制的传统技术。

7. 保护与利用

（1）传承与利用现状：现有少量农户种植，多自种自食。

（2）受威胁状况及因素分析：福安大白菜（白菜）没有新品种白菜效益高，不适合产业化发展。

（3）保护与传承措施：福安大白菜耐热、抗霜病、抗病毒的遗传特性，可作为育种的种质资源，需要加强易地和就地保护。

8. 文献资料

[1] 中国农业科学院蔬菜花卉研究所. 中国蔬菜品种志（上）[M]. 北京：中国农业科技出版社，2001：341.（相关图片参见本书）

[2] 蓝秀平. 畲族传统与风情文化[M]. 北京：线装书局，2009：81.

[3] 梅松华. 畲族饮食文化[M]. 北京：学苑出版社，2010：123-131.

[4] 中国科学院中国植物志编辑委员会. 中国植物志[M]. 第 33 卷. 北京：科学出版社，1987：23.

CN-SH-110-040. 披叶高脚白菜

1. 名称　中国/浙江省/丽水市/畲族/传统遗传资源/披叶高脚白菜

Piyegaojiao Cabbage/Genetic Resource/She People/Lishui Municipality/Zhejiang Province/China

2. 编号　CN-SH-110-040 中国-畲族-农作物-披叶高脚白菜

3. 属性与分布　畲族社区集体知识；主要分布于丽水市，在丽水市畲族社区被广泛利用。

4. 背景信息　披叶高脚白菜是白菜（*Brassica rapa* var. *glabra* Regel）的一个地方品种，属于十字花科（Cruciferae）芸薹属植物。披叶高脚白菜植株高大，达 50-60 cm，开展度 50 cm 左右，无披叶单株在采收时有叶 13-15 片，重 750 g 左右。植株基部大，微缩腰，但叶间排列较松散，披叶全长约 60 cm，叶长 33-35 cm，宽约 22 cm，椭圆形，全缘，绿色，叶脉不明显；柄长 24-26 cm，近圆形，中部宽 2.4 cm，厚 2.7 cm，内侧有一小槽，白色。

5. 基本描述　中文种名：白菜；品种名/民族名：披叶高脚白菜。披叶高脚白菜为丽水市（原丽水县）的农家品种，栽培历史悠久，主要分布于丽水市。披叶高脚白菜具有不耐寒、不耐热、抗病能力强、耐旱、需肥量中等、产量稳、纤维较多，质较硬的特性，亩产 2500-3000 kg。

6．传统知识特征

（1）披叶高脚白菜（白菜）是当地畲族人长期以来选育和栽培的主要蔬菜品种。

（2）披叶高脚白菜抗病能力强、耐旱、产量稳，易田间管理，是畲族喜欢种植的白菜品种。

（3）针对披叶高脚白菜不耐贮藏和纤维较多的特性，畲族人将披叶高脚白菜做成菜干或腌菜，以供常年食用。

7．保护与利用

（1）传承与利用现状：披叶高脚白菜作为畲族腌菜主要品种之一，现依旧有种植，但种植不多。

（2）受威胁状况及因素分析：不耐寒、不耐热等特性，易被白菜新品种淘汰。

（3）保护与传承措施：披叶高脚白菜抗病、耐旱、纤维多的遗传特性，具有种质保护价值，需要加强易地和就地保护措施。

8．文献资料

[1] 蓝秀平. 畲族传统与风情文化[M]. 北京：线装书局，2009：81.

[2] 梅松华. 畲族饮食文化[M]. 北京：学苑出版社，2010：123-131.

CN-SH-110-041. 霞浦油白菜

1．名称 中国/福建省/宁德市/霞浦县/畲族/传统遗传资源/霞浦油白菜

Xiapu Cabbage/Genetic Resource/She People/Xiapu County/Ningde Municipality/Fujian Province/China

2．编号 CN-SH-110-041 中国-畲族-农作物-霞浦油白菜

3．属性与分布 畲族社区集体知识；主要分布于霞浦县，在霞浦县畲族社区被广泛利用。

4．背景信息 霞浦油白菜是白菜（*Brassica rapa* var. *glabra* Regel）的一个地方品种，属于十字花科（Cruciferae）芸薹属植物。霞浦油白菜株高约 30 cm，开展度 25-28 cm，叶片匙形，全株有 8 片，最大叶片长约 26 cm，宽约 13 cm，叶色黄绿，叶面平滑，无刺毛，叶缘波状，全缘。叶柄白色，长约 9 cm，宽约 1.5 cm。厚约 0.5 cm，单株重 75-100 g。

5．基本描述　中文种名：白菜；品种名/民族名：霞浦油白菜。霞浦油白菜是霞浦县早熟地方品种，从播种到收获 45-50 d，主要分布于霞浦县。霞浦油白菜具有耐寒性强、耐热性弱、耐涝性中等、抗病性强的特性，其纤维少、水分多、风味淡、品质中等。

6．传统知识特征

（1）畬族人多居于山区，温度较低，霞浦油白菜（白菜）耐寒性强的特性与畬族地理气候环境相适应。

（2）霞浦油白菜纤维少，水分多，不适合做腌制酸菜，是畬族鲜食的主要蔬菜种类。

（3）霞浦油白菜是早熟品种，生长期短、成熟早，从播种到收获只要 45-50 d，适合作为轮作中调节茬口的蔬菜作物，是畬族常选用的品种。

7．保护与利用

（1）传承与利用现状：现种植量很少。

（2）受威胁状况及因素分析：市场上有很多白菜新品种的出现，冲击了霞浦油白菜的种植。

（3）保护与传承措施：霞浦油白菜生长期短、成熟早，可作为早熟白菜育种亲本，其遗传种质具有保护价值，需加强易地保存和就地保护。

8．文献资料

[1]　中国农业科学院蔬菜花卉研究所. 中国蔬菜品种志（上）[M]. 北京：中国农业科技出版社，2001：394.（相关图片参见本书）

[2]　蓝秀平. 畬族传统与风情文化[M]. 北京：线装书局，2009：81.

[3]　梅松华. 畬族饮食文化[M]. 北京：学苑出版社，2010：123-131.

CN-SH-110-042. 霞浦菠菜

1．名称　中国/福建省/宁德市/霞浦县/畬族/传统遗传资源/霞浦菠菜

Xiapu Spinach/Genetic Resource/She People/Xiapu County/Ningde Municipality/Fujian Province/China

2．编号　CN-SH-110-042 中国-畬族-农作物-霞浦菠菜

3．属性与分布　畬族社区集体知识；主要分布于霞浦县，在霞浦县畬族社区被广泛利用。

4．背景信息　霞浦菠菜是菠菜（*Spinacia oleracea* L.）的一个地方品种，属于藜科（Chenopodiaceae）菠菜属植物。霞浦菠菜叶簇较直立，株高 30 cm 左右，开展度 30-40 cm。叶片绿色，戟形，基部有对深列刻，长约 16 cm，宽约 10 cm，叶面平滑。叶柄圆形，长约 18 cm，直径约 1.6 cm。种子具棱刺，单株重可达 200 g 左右。

5. 基本描述　中文种名：菠菜；品种名/民族名：霞浦菠菜。霞浦菠菜为霞浦县中熟地方品种，具有耐寒性强、抗霜霉病强、贮运性好的特性，从播种至收获 20 d 左右，一般每公顷产量 22 000 kg。霞浦菠菜质柔软、味微甜、品质好。

6. 传统知识特征

（1）畲族多居于山区，温度较低，但霞浦菠菜（菠菜）耐寒性强，在畲族山区能很好地生长。

（2）山区气候多潮湿，利于霜霉病的发生，畲族在长期的生产过程中选育出了霞浦菠菜具有抗霜病的特性，能够适应山区的气候条件。

（3）产量较高，口感好，品质佳，畲族喜欢种植和食用。

7. 保护与利用

（1）传承与利用现状：在一些畲族山区还有少量种植。

（2）受威胁状况及因素分析：霞浦菠菜经济效益不高，在蔬菜产业化发展的条件下没有竞争优势。

（3）保护与传承措施：霞浦菠菜耐寒性强、抗霜霉病强，可作为育种亲本，对其种质资源加强保护非常重要。

8. 文献资料

[1]　中国农业科学院蔬菜花卉研究所. 中国蔬菜品种志（上）[M]. 北京：中国农业科技出版社，2001：742.（相关图片参见本书）

[2]　中国科学院中国植物志编辑委员会. 中国植物志[M]. 第 25 卷. 第 2 册. 北京：科学出版社，1979：46.

CN-SH-110-043. 丽水彩苋

1. 名称　中国/浙江省/丽水市/畲族/传统遗传资源/丽水彩苋

Lishui Amaranth/Genetic Resource/She People/Lishui Municipality/Zhejiang Province/China

2. 编号　CN-SH-110-043 中国-畲族-农作物-丽水彩苋

3. 属性与分布　畲族社区集体知识；主要分布于丽水市，在丽水市畲族社区被广泛利用。

4. 背景信息　丽水彩苋是苋（*Amaranthus tricolor* L.）的一个地方品种，属于苋科（Amaranthaceae）苋属植物。丽水彩苋株高约 25 cm，开展度 15-20 cm，茎浅红色。叶片中间宽两头尖呈梭形，周边绿色，叶脉附近紫红色，长 10 cm 左右，宽 5 cm 左右，叶面微皱，全缘。叶柄长 4.5 cm 左右，绿白色。叶脉明显，正面绿色背面紫红色。

5. 基本描述　中文种名：苋；品种名/民族名：丽水彩苋。丽水彩苋为丽水地区农家品种，喜温暖湿润的环境，稍耐寒，不耐热，早熟，从播种至收获 30 d 左右，一般每公顷产量 15 000 kg，品质优。

6. 传统知识特征

（1）丽水彩苋（苋）喜温暖湿润的环境，丽水市属中亚热带季风气候区，气候温和，冬暖春早，无霜期长，雨量丰沛，特别适合丽水彩苋的生长。

（2）彩苋品种是当地畲族人长期选育而成，是当地常见蔬菜，因品质优，畲族人喜爱食用。

（3）丽水彩苋早熟特点，生育期仅 30 d，对于调节轮作作物茬口具有优势，可灵活种植。

7. 保护与利用

（1）传承与利用现状：因现在蔬菜种类多，苋菜种植渐少。

（2）受威胁状况及因素分析：因现在市场上蔬菜种类选择性广，且外地蔬菜市场调节力度大，丽水彩苋等传统品种不能形成产业化种植。

（3）保护与传承措施：其种质资源具有保护价值。

8. 文献资料

[1] 中国农业科学院蔬菜花卉研究所. 中国蔬菜品种志（上）[M]. 北京：中国农业科技出版社，2001：869.

[2] 中国科学院中国植物志编辑委员会. 中国植物志[M]. 第 25 卷. 第 2 册. 北京：科学出版社，1979：216.

CN-SH-110-044. 丽水扁南瓜

1. 名称　中国/浙江省/丽水市/畲族/传统遗传资源/丽水扁南瓜

Lishui Pumpkin/Genetic Resource/She People/Lishui Municipality/Zhejiang Province/China

2. 编号　CN-SH-110-044 中国-畲族-农作物-丽水扁南瓜

3. 属性与分布　畲族社区集体知识；主要分布于丽水市，在丽水市畲族社区被广泛利用。

4. 背景信息　丽水扁南瓜是南瓜［*Cucurbita moschata*（Duch. ex Lam.）Duch. ex Poiret］的一个地方品种，属于葫芦科（Cucurbitaceae）南瓜属植物。丽水扁南瓜蔓性，主蔓长 5 m 左右，节间长 14-15 cm。叶片长约 22 cm，宽约 33 cm，五角形，叶缘浅裂，绿色，稍有白斑。第一朵雌花生长在主蔓 25-30 节上，以后每隔 5-6 节生一雌花，第一朵雄花生长在主蔓第 10 节上。果实扁圆形，嫩瓜采收时，一般长 15 cm，横径 8-10 cm，单果重 1.5-2 kg，肉厚 2.6 cm，果面绿色，有淡绿色花纹。果实充分长大时单果重 5 kg 左右，果面有 10 条明显纵棱。

5. 基本描述　中文种名：南瓜；品种名/民族名：丽水扁南瓜。丽水扁南瓜为丽水市（原丽水县）的农家品种，栽培历史悠久，并具有栽培易、耐肥、抗性强、抗高温等特征，味较甜但不粉，品质中等。

6. 传统知识特征

（1）丽水扁南瓜（南瓜）适应性强，易栽培，并耐肥，可种植在房前屋后，不占农田，便于管理，并可随时采摘食用。

（2）丽水扁南瓜是畲族以前的主要蔬菜，南瓜果实饱腹感强，可替代粮食，其嫩芽和嫩叶都可以当蔬菜食用，畲族几乎家家种植。

（3）丽水扁南瓜主要是农家自己留种，具有抗性强、耐肥和味较甜等特性。

7. 保护与利用

（1）传承与利用现状：因种植于房前屋后，不占农田，且易生长，用途广泛，既能作为蔬菜，也可作为饲料，现今仍有大量种植。

（2）受威胁状况及因素分析：随着畲族住宅水平提高，村庄宅地集中，住宅周边已不再有土地种植南瓜。此外，大量农民进城打工，住宅空置，没人关注房前屋后的蔬果种植。

（3）保护与传承措施：南瓜全身都是宝，对于一些拥有优良基因的农家南瓜品种，应鼓励农民种植，并采用易地方式，保护好千家万户保存的南瓜种质资源。

8. 文献资料

中国科学院中国植物志编辑委员会. 中国植物志[M].

第 73 卷. 第 1 册. 北京：科学出版社，1986：262.

CN-SH-110-045. 五爪茄

1. 名称　中国/浙江省/丽水市/畲族/传统遗传资源/五爪茄

Wuzhua Eggplant/Genetic Resource/She People/Lishui Municipality/Zhejiang Province/China

2．编号　CN-SH-110-045 中国-畲族-农作物-五爪茄

3．属性与分布　畲族社区集体知识；主要分布于丽水市，在丽水市畲族社区被广泛利用。

4．背景信息　五爪茄是茄（*Solanum melongena* L.）的一个地方品种，属于茄科（Solanaceae）茄属植物。五爪茄株高 55-60 cm，开展度 42-47 cm，茎紫红色。叶椭圆形，先端钝尖，基部楔形，长约 22 cm，宽 9-10 cm，深绿色，叶缘波状。叶脉和叶柄深紫色。首花序节位第 8-11 节。每花序有 5-8 朵花，着 3-5 个果。花浅紫色，有光泽，果面光滑，皮薄，籽少。果柄和萼片紫黑色，散生小黑刺。单果重 80 g 左右。

5．基本描述　中文种名：茄；品种名/民族名：五爪茄、细麦秆茄。五爪茄为丽水市的农家品种，耐热，抗病力中等，果肉质柔嫩，品质好，产量较高。五爪茄比一般茄子口感香，煮熟后味道更好。

6．传统知识特征

（1）五爪茄（茄）是当地畲族人选育的农家品种，多在宅地周边自留地种植，以便采摘用于自家食用。

（2）五爪茄果肉质柔嫩，品质好，比一般茄子口感好，受到畲族人的喜爱，种植比较广泛。

（3）畲族在利用五爪茄的过程中发展了多种加工和烹饪方式，煮着吃、腌制或晒干再炒着吃，是畲族家家户户常吃的蔬菜。

7．保护与利用

（1）传承与利用现状：主要为自家栽培和食用，现仍然有许多农户种植。

（2）受威胁状况及因素分析：因农村住宅趋于集中，自留地减少，农民入城等因素，五爪茄的种植量呈下降趋势。

（3）保护与传承措施：作为农家品种，家家户户种植并留种，保护其丰富的种质资源非常必要，需要采取专项调查，收集保存五爪茄的丰富种质资源。

8．文献资料

[1] 浙江省农科院园艺研究所. 浙江蔬菜品种志[M]. 杭州：浙江大学出版社，1994：168.

[2] 中国科学院中国植物志编辑委员会. 中国植物志[M]. 第 67 卷. 第 1 册. 北京：科学出版社，1978：118.

CN-SH-110-046. 八棱瓜

1．名称　中国/浙江省/丽水市/畲族/传统遗传资源/八棱瓜

Balenggua/Genetic Resource/She People/Lishui Municipality/Zhejiang Province/China

2．编号   CN-SH-110-046 中国-畲族-农作物-八棱瓜

3．属性与分布   畲族社区集体知识；主要分布于瑞安、温州、青田、丽水等市，在丽水市畲族社区广泛种植。

4．背景信息   八棱瓜（广东丝瓜）〔*Luffa acutangula*（L.）Roxb.〕为葫芦科（Cucurbitaceae）丝瓜属植物。八棱瓜分枝性强，节间较长 13-14 cm。叶五角心脏形，长约 14 cm，宽约 20 cm，淡绿色，附生短刺毛，叶缘浅锯齿。第一朵雌花生长在主蔓第 18-24 节上，以后每隔 3 节生一雌花或连续发生数节，第一朵雄花生长在主蔓第 7 节上。果实棍棒形，颈部较细，腹部大，果顶钝，中果长 30-35 cm，最大处横径 4 cm，单果重 300 g 左右，果面有 10 条明显凸起的纵棱沟，棱高约 0.5 cm，无茸毛，果皮绿色，果肉淡绿色。种子黑色，周缘无薄边。亩产 1 500-2 000 kg。

5．基本描述   中文种名：广东丝瓜；别名/民族名：八棱瓜。八棱瓜为浙江南部农家品种，栽培历史悠久。八棱瓜具有耐高温、耐湿、病虫少、易栽培的特性。畲族人多将八棱瓜种在房前屋后的园地里，并选择少量八棱瓜在藤上成熟，以收集种子留种次年再种。

6．传统知识特征

（1）八棱瓜（广东丝瓜）具有耐高温、耐湿、病虫少、易栽培的特性，在畲族社区能很好地生长，也是畲族长期选育的结果。

（2）畲族将八棱瓜种在房前屋后的园地里，既不占农田，也便于管理，随时采摘食用。

（3）八棱瓜是畲族日常食用的主要蔬菜，并开发了多种传统用途。其果实质嫩而致密，味鲜，品质好，畲族多将它炒食或做汤；其枯老八棱瓜的络状物柔韧、不易腐烂，可当洗碗布和搓澡巾；其藤可埋土中当作肥料。

7．保护与利用

（1）传承与利用现状：现在八棱瓜在畲族地区种植不多，但有人将丝瓜络状物开发成鞋垫和搓澡巾。

（2）受威胁状况及因素分析：八棱瓜只是农家自种自食的蔬菜品种，随着蔬菜规模化和市场化调节，以及住宅集中和农民进城务工，八棱瓜的种植受到限制。

（3）保护与传承措施：因八棱瓜主要为自家留种，已积累了丰富的种质资源，应开展八棱瓜的种质资源调查，并加强易地保存和就地种植。

8. 文献资料

[1] 中国科学院中国植物志编辑委员会. 中国植物志[M]. 第 73 卷. 第 1 册. 北京：科学出版社，1986：196.

[2] 浙江植物志（新编）编辑委员会. 浙江植物志[M]. 第 3 卷. 杭州：浙江科学技术出版社，2021：504.

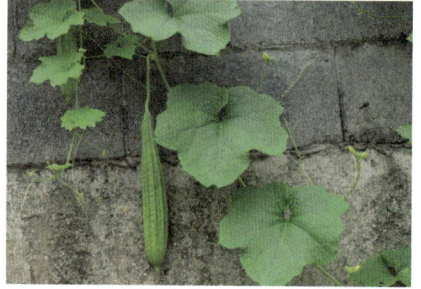

CN-SH-110-047. 丽水花浦

1. 名称 中国/浙江省/丽水市/畲族/传统遗传资源/丽水花浦

Lishui Huapu/Genetic Resource/She People/Lishui Municipality/Zhejiang Province/China

2. 编号 CN-SH-110-047 中国-畲族-农作物-丽水花浦

3. 属性与分布 畲族社区集体知识；主要分布于丽水市，在丽水市畲族社区被广泛利用。

4. 背景信息 丽水花浦是瓠瓜 [*Lagenaria siceraria* var. *depressa*（Ser.）H. Hara] 的一个地方品种，为葫芦科（Cucurbitaceae）葫芦属植物。丽水花浦长势中等，分枝性强。叶心脏形，五角浅裂，叶色深绿，叶和叶柄附生白色茸毛。第一雌花生长在侧蔓第 2-3 节上，每隔 2-3 节再现雌花。以侧蔓结瓜为主，瓜呈牛腿形。颈小腹大腰略细，商品瓜长约30 cm，颈部横径约 6 cm，腹部横径约 14 cm，皮深绿色，有绿白色块状花斑，瓜皮光滑，密生白色茸毛。横切面近圆形，瓜肉白色，单瓜重 1 kg 左右。老瓜皮褐色。

5. 基本描述 中文种名：瓠瓜；品种名/民族名：丽水花浦。丽水花浦是丽水地区的农家品种，栽培历史悠久，主要分布于丽水地区各乡镇农村。丽水花浦具有早熟、耐热、耐湿、适应性广、抗病性强的特性。畲族人一般在 3 月上旬播种，种植在房前屋后或山上，也可利用四角山边、河塘沿岸搭架栽培，6 月上旬至 8 月中旬采收。丽水花浦肉质致密，味鲜微甜，品质优，畲族人多用其炒食或做汤料。

6. 传统知识特征

（1）丽水花浦（瓠瓜）适应性广，在房前屋后、四角山边、河塘沿岸均可栽培，不占农田，畲族人充分利用住宅周边空地种植丽水花浦。

（2）丽水花浦肉质致密，味鲜微甜，品质优，是畲族人喜欢和日常食用的主要蔬菜种类。

（3）畲族形成种植、管理、加工、贮存丽水花浦的经验和技术，如将浦瓜切片，晒成浦瓜干，在冬季甚至全年都可食用。

7. 保护与利用

（1）传承与利用现状：因丽水花浦（瓠瓜）主要是房前屋后小规模种植，随着农村住宅的集中，周边角地减少，种植也大为减少，目前仅在农村零散种植。

（2）受威胁状况及因素分析：随着蔬菜品种的多样化和市场物流发展，丽水花浦不再是当地的主要蔬菜品种。

（3）保护与传承措施：丽水花浦具有早熟、耐热、耐湿、适应性广、抗病性强等多种优良特性，可作为育种亲本，其散布在农户中的丽水花浦丰富种质资源具有调查和保护价值。

8. 文献资料

[1] 梅松华. 畲族饮食文化[M]. 北京：学苑出版社，2010：122.

[2] 浙江省农科院园艺研究所等. 浙江蔬菜品种志[M]. 杭州：浙江大学出版社，1994：343.

[3] 浙江植物志（新编）编辑委员会. 浙江植物志[M]. 第 3 卷. 杭州：浙江科学技术出版社，2021：511-512.

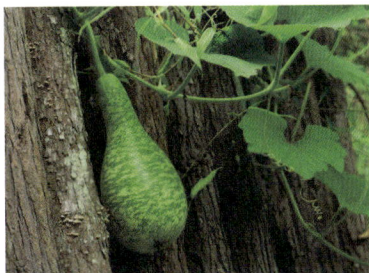

CN-SH-110-048. 丽水白皮黄瓜

1. 名称　中国/浙江省/丽水市/畲族/传统遗传资源/丽水白皮黄瓜

Lishui Cucumber/Genetic Resource/She People/Lishui Municipality/Zhejiang Province/China

2. 编号　CN-SH-110-048 中国-畲族-农作物-丽水白皮黄瓜

3. 属性与分布　畲族社区集体知识；多分布于丽水、龙泉等地，在丽水地区畲族社区广泛种植。

4. 背景信息　丽水白皮黄瓜是黄瓜（*Cucumis sativus* L.）的一个地方品种，属于葫芦科（Cucurbitaceae）黄瓜属植物。丽水白皮黄瓜长势中等，分枝性强。叶绿色，叶心脏五角形。第一朵雌花着生在主蔓 3-4 节上。主侧蔓均能结瓜。果实短棒形，商品瓜长约 20 cm，横径约 5 cm，横切面呈三角形，肉厚约 2.5 cm，单瓜重约 350 g。表皮黄白色，较平滑，瘤少而稀疏，棱沟浅，无刺毛。老瓜粗大黄绿色，表面有网状短纵裂。

5. 基本描述　中文种名：黄瓜；品种名/民族名：丽水白皮黄瓜。丽水白皮黄瓜是丽水地区农家品种，早熟、品质好，但抗性较差，产量低。丽水白皮黄瓜表皮黄白色，质脆，味微甜，含水分适中，宜生食和熟食，畲族人常将其炒着吃、生吃或凉拌。

6．传统知识特征

（1）丽水白皮黄瓜（黄瓜）易栽培，极其适应畲族居住的山地和亚热带季风气候。

（2）丽水白皮黄瓜质脆，味微甜，含水分适中，是适宜生食和熟食的优质黄瓜品种，是当地畲族人喜欢食用的主要蔬菜，生食时也可当作水果。

（3）丽水白皮黄瓜具有早熟的特点，在大田种植时，可用于轮作制度中调节茬口期的蔬菜作物。

7．保护与利用

（1）传承与利用现状：作为日常蔬菜，在景宁畲族自治县农村依旧有大量的种植。

（2）受威胁状况及因素分析：丽水白皮黄瓜产量低，在蔬菜市场化和物流发达的趋势下易遭淘汰。

（3）保护与传承措施：丽水白皮黄瓜被收录于《浙江蔬菜品种志》，其种质资源价值受到重视。

8．文献资料

[1]　中国农业科学院蔬菜花卉研究所. 中国蔬菜品种志（下）[M]. 北京：中国农业科技出版社，2001：69.

[2]　浙江省农科院园艺研究所等. 浙江蔬菜品种志[M]. 杭州：浙江大学出版社，1994：279.

[3]　浙江植物志（新编）编辑委员会. 浙江植物志[M]. 第3卷. 杭州：浙江科学技术出版社，2021：507-508.

CN-SH-110-049. 白芋

1．名称　中国/福建省/宁德市/畲族/传统遗传资源/白芋

White Trao/Genetic Resource/She People/Ningde Municipality/Fujian Province/China

2．编号　CN-SH-110-049 中国-畲族-农作物-白芋

3．属性与分布　畲族社区集体知识；主要分布于福建省，在闽东畲族社区被广泛利用。

4．背景信息　白芋是芋［*Colocasia esculenta*（L.）Schott］的一个地方品种，属于天南星科（Araceae）芋属湿生草本。植株地上部分高 90 cm，开展度 80 cm。分蘖力弱，叶鞘绿色，叶梗长 80 cm，属魁芋型。母芋长圆形，纵茎 18 cm，横径 11.5 cm。单株母芋 0.7 kg，子芋 6-9 个。亩产约 1 500 kg。

5.基本描述 中文种名：芋；品种名/民族名：白芋。白芋为福建省地方品种，栽培历史悠久，主要分布在福建省。白芋耐热性强，品质中等。畲族人将白芋种植于水田中，在2月中旬至4月下旬播种，多采用沟灌，到芋头快成熟时，排去蓄水，以保持土壤湿润为宜。由于芋头株行间距很宽，初期生长慢，有些畲族人也会在行间种植生长期短的蔬菜。

6.传统知识特征

（1）宁德地区雨量充沛，水资源丰富，特别适合种植水生和湿生作物白芋（芋）。

（2）白芋是当地畲族长期种植的传统水生/湿生蔬菜作物，主要用于烧菜，也可加工成风味食品（如芋头糕和粉条），畲族还开发出芋头食品文化。

（3）当地畲族已发展了种植白芋的传统技术，如将芋头株行间距放宽，在初期生长期间，畲族会在白芋行间种植其他生长期短的蔬菜，以充分利用白芋地空间。

7.保护与利用

（1）传承与利用现状：畲族地区仍有少量种植。

（2）受威胁状况及因素分析：因水田减少，白芋（芋）种植也相应减少。另因种植白芋费时、费力，现在农村普遍缺少劳动力，许多地方基本不种了。

（3）保护与传承措施：白芋是当地为数不多且具有南方特色的水生和湿生蔬菜作物，其种质资源具有保护价值。

8.文献资料

[1] 蓝运全. 闽东畲族志[M]. 北京：民族出版社，2000：141.

[2] 李大忠. 蔬菜名特优品种[M]. 福州：福建科学技术出版社，2000：42.

[3] 毛公宁. 中国少数民族风俗志[M]. 北京：民族出版社，2006：846.

[4] 中国科学院中国植物志编辑委员会. 中国植物志[M]. 第13卷. 第2册. 北京：科学出版社，1979：68.

CN-SH-110-050. 金钟雪梨

1.名称 中国/浙江省/丽水市/景宁畲族自治县/畲族/传统遗传资源/金钟雪梨

Jinzhong Pear/Genetic Resource/She People/Jingning She Ethnic Autonomous County/Lishui Municipality/Zhejiang Province/China

2.编号 CN-SH-110-050 中国-畲族-农作物-金钟雪梨

3.属性与分布 畲族社区集体知识；主要分布于景宁畲族自治县，在畲族社区广泛种植。

4.背景信息 金钟雪梨是沙梨 [*Pyrus pyrifolia*（Burm. f.）Nakai] 的一个地方品种，

属于蔷薇科（Rosaceae）梨属乔木。金钟雪梨树体开张，性喜肥沃，生长势较强健，树冠较大，萌芽率较高，但成枝力欠强。成年树以中短果枝结果为主，果台连续结果能力较强，着果率较高，无采前落果现象。金钟雪梨果实近圆形或扁圆形，果实顶部、基部均高低不平。果梗较短，皮薄、星点小。单果平均重 500 g 以上，最大单果重 1 800 g。

5. 基本描述　中文种名：沙梨；品种名/民族名：金钟沙梨。金钟雪梨原产于景宁畲族自治县金钟乡岭根村，已有 330 多年的栽培历史，主要分布在景宁县的金钟、徐山、岭根、绿草等乡村。金钟雪梨具有耐肥、结果习性较好、丰产稳产、抗寒力较强的特性，金钟雪梨果肉乳白色，肉质脆嫩，味甜如蜜，汁多石细胞较少，风味浓郁，清香爽口，其果实以"香盈齿颊甜如蜜，皮薄肉细品质上"闻名于世，被誉为"水果之王"。

6. 传统知识特征

（1）景宁县属亚热带季风气候，温暖湿润，雨量充沛，非常适合金钟雪梨（沙梨）生长发育，其果实"香盈齿颊甜如蜜，皮薄肉细品质上"的特点也与当地土壤和气候条件有关。

（2）金钟雪梨已有 330 多年的栽培历史，该品种是在畲族人民长期的栽培选育下形成的。

（3）金钟雪梨结果习性较好，丰产稳产，品质优良，口感好，受到畲族喜欢，也受到当地市场和消费者的青睐。

7. 保护与利用

（1）传承与利用现状：金钟雪梨（沙梨）品质好，市场价格高，虽种植面积不大，但仍有较多种植。

（2）受威胁状况及因素分析：千峡湖水库的建设影响了金钟雪梨生产基地，品种退化也是威胁因素。

（3）保护与传承措施：金钟雪梨是优质地方品种，对其种质资源需要加强保护。

8. 文献资料

[1]　柳意城. 景宁畲族自治县县志[M]. 杭州：浙江人民出版社，1995：166.

[2]　沈水菊，朱文佩，林敏莉，等. 景宁金钟雪梨种质资源调查与后续利用探讨[J]. 浙江农业科学，2016，57（11）：1828-1829.

[3]　林敏莉. 金钟雪梨生物学特性及主要栽培技术[J]. 中国园艺文摘，2016，32（6）：196-197.

[4]　中国科学院中国植物志编辑委员会. 中国植物志[M]. 第36卷. 北京：科学出版社，1974：365.

CN-SH-110-051. 英川红心李

1．名称　中国/浙江省/丽水市/景宁畲族自治县/畲族/传统遗传资源/英川红心李
Yingchuan Plum/Genetic Resource/She People/Jingning She Ethnic Autonomous County/
Lishui Municipality/Zhejiang Province/China

2．编号　CN-SH-110-051 中国-畲族-农作物-英川红心李

3．属性与分布　畲族社区集体知识；主要分布于景宁畲族自治县英川镇，在英川镇畲族社区广泛种植。

4．背景信息　英川红心李是李（*Prunus salicina* Lindl.）的一个地方品种，为蔷薇科（Rosaceae）李属植物。英川红心李树体开张，叶片较厚，叶中部宽，基部均较窄，叶缘有钝锯齿，叶柄淡黄色。新梢呈紫红色，发枝力强，生长势较好。花芽易形成，花量大，花期较晚，盛花期在 4 月上旬。2 年生幼树就能开花坐果，以中、短枝结果为主。4 年生幼树花量超过 2 万朵，株产果可达 25-30 kg。果实短圆形，果顶略平，缝合线浅，平均单果重达 71 g，最大果达 140 g 以上。果实成熟时果面为紫红色，果粉稀薄，水晶状，外观极美，无裂果。果肉肉质细嫩，为橙黄色，纤维少，黏核，核小，汁多，味甜，品质佳。

5．基本描述　中文名：李；品种名/民族名：英川红心李。英川红心李是英川镇颇具特色的优良农家水果品种，具有外观艳丽、风味浓郁、丰产性好，成熟期较迟等特点。英川红心李凭借其清脆爽口的口感和甜而不腻的味道博得了广大消费者的青睐，刚一上市便供不应求，现英川红心李逐步成为当地农民致富的主要产业。

6．传统知识特征

（1）当地生态环境和气候条件非常适应英川红心李（李）的生长和优良品质形成。英川镇地处海拔 700 m 以上的山区，昼夜温差较大，有利于英川红心李糖分的积累，形成红心李口感香甜、营养丰富的高品质。

（2）英川红心李分布区范围较小，主要集中在景宁县英川镇，经英川镇当地畲族长期栽培选育而成为当地一个农家水果品种。

（3）英川红心李的品质比较符合当地畲族的口感。加上成熟期较晚，比其他李品种晚熟 10 多天，可与其他李品种错开市场销售时间。

7．保护与利用

（1）传承与利用现状：英川红心李品质好，市场价格较高，经济效益好，英川红心李现今仍然是当地农民经济收入的一个重要产业。

（2）受威胁状况及因素分析：随着英川镇农村外出打工人数的增加，田地荒废严重，英川红心李产业面临发展"瓶颈"，品质也具有潜在衰退风险。

（3）保护与传承措施：为了保护并传承地方特色优良品种，从 2009 年开始，县农业局对英川红心李进行了品种选育和优质高效栽培试验，在澄照乡试验点成功实施高接换种，繁育苗木，新建英川红心李基地，促进了英川红心李产业规模的稳定发展。

8. 文献资料

[1] 张新文，张彩虹，曹庆英. 英川红心李优质高效栽培技术[J]. 现代园艺，2014（4）：55.

[2] 李丹. 景宁英川红心李优质丰产栽培技术[J]. 落叶果树，2017，49（2）：54-55.

[3] 中国科学院中国植物志编辑委员会. 中国植物志[M]. 第 38 卷. 北京：科学出版社，1986：39.

120

传统选育和利用家养动物遗传资源的相关知识

CN-SH-120-001. 碧湖猪

1. **名称**　中国/浙江省/丽水市/畲族/传统遗传资源/碧湖猪
Bihu Pig/Genetic Resource/She People/Lishui Municipality/Zhejiang Province/China

2. **编号**　CN-SH-120-001 中国-畲族-家养动物-碧湖猪

3. **属性与分布**　畲族社区集体知识；分布于丽水市，在丽水市畲族社区广泛养殖。

4. **背景信息**　碧湖猪是猪（*Sus scrofa domestica*）的一个地方品种，属于猪科（Suidae）猪属动物。碧湖猪为小型黑猪，全身被毛黑色，毛疏而细短。耳大小适中、下垂，嘴筒较长，面微凹，额多皱纹。胸宽而深，背宽、微凹，呈双背。臀部发育较好。母猪乳房发达，一般为 6-8 对。四肢粗壮、直立，尾巴粗而长，肋骨数 14 对。体重约 70 kg，体高约 60 cm，体长约 110 cm，胸围约 100 cm。屠宰率 75%左右。

5. **基本描述**　中文种名：猪；地方名/民族名：碧湖猪。碧湖猪因产于浙江省丽水市莲都区碧湖镇而得名，历史上其周围的松阳、云和、景宁、青田等县也有分布。碧湖猪具有早熟、抗病力强、耐粗饲、皮薄、肉质细嫩、屠宰率高等独特的优良性状。但存在生长速度缓慢、瘦肉率低、饲料报酬低等缺点。

6. 传统知识特征

（1）丽水市饲料资源丰富，并以家庭泔水搭配青绿多汁的青饲料为主，培育出碧湖猪（猪）抗病力强、耐粗饲的特性，能较好地适应当地群众粗放养猪的条件。

（2）碧湖猪是以当地地方名命名的猪品种，分布范围较小，是经当地畲族长期养殖和选育而成的一个优良品种。

（3）其生长速度缓慢、瘦肉率低、肉质细嫩、屠宰率高等特性与当地畲族人的粗养方式、效益/成本比率高以及过去吃肥肉更节省的理念等有关。

7. 保护与利用

（1）传承与利用现状：近年来，利用碧湖猪（猪）与大约克猪或长白猪杂交，生产优质的二元母本猪，并进行了全区普及。将在此选育基础上，进一步通过杂交提高产量和品质。

（2）受威胁状况及因素分析：瘦肉率低的特性不适合当今消费者喜好，品种退化可能是潜在威胁，盲目杂交将导致原本优良基因和品质的改变。

（3）保护与传承措施：20世纪70年代，丽水地区农业科学研究所就为碧湖猪的公、母种猪建立了保种选育基地。从1984年开始，丽水市畜牧良种场对濒临灭绝的碧湖猪进行了6个世代的选育和提纯复壮。1995—1999年实施了浙江省科委下达的碧湖猪保种选育项目，使碧湖猪得到有效保护。

8. 文献资料

[1] 柳意城. 景宁畲族自治县县志[M]. 杭州：浙江人民出版社，1995：166.

[2] 国家畜禽遗传资源委员会. 中国畜禽遗传资源志猪志[M]. 北京：中国农业出版社，2011：82-84.

[3] 浙江省畜牧兽医局. 浙江省畜禽遗传资源志[M]. 杭州：浙江科学技术出版社，2016：50-51.

CN-SH-120-002. 福安花猪

1. 名称　中国/福建省/宁德市/畲族/传统遗传资源/福安花猪

Fu'an Spottd Pig/Genetic Resource/She People/Ningde Municipality/Fujian Province/China

2. 编号　CN-SH-120-002 中国-畲族-家养动物-福安花猪

3. 属性与分布　畲族社区集体知识；分布于宁德市，在宁德市畲族社区被广泛利用。

4. 背景信息 福安花猪是猪（*Sus scrofa domestica*）的一个地方品种，属于猪科（Suidae）猪属动物。福安花猪的花色为不规则的黑白块相间，但也有六白（四脚、嘴尖和尾端）、四白（四脚）的个体。体躯较大，结构匀称，体质强壮，皮薄无褶皱，头短，额较宽，额纹少，面部平直或微凹，耳中等大小，向下倾斜，颈粗厚，胸部发达，背宽厚，腰平直，腹大而稍下垂，后躯发达，四肢粗壮。3 岁以上母猪平均体重 165 kg，体长 147 cm，胸围 140 cm，体高约 68 cm，成年公猪平均体重 170 kg，体长 154 cm，胸围 132 cm，体高 78.50 cm。

5. 基本描述 中文种名：猪；地方名/民族名：福安花猪。福安花猪为福建省肉脂兼用型的地方良种，主产于福建省的福安和霞浦两县。福安花猪是 1938 年（民国 27 年）时，以引进的波中猪和福安本地猪杂交、繁衍、培育而成的猪品种。福安花猪具有耐粗饲，适应性强，肉质鲜嫩，风味好的特点。20 世纪 50 年代，福安各地均有饲养，福安花猪母猪也成为闽东地区生产生猪的主要品种。

6. 传统知识特征

（1）福安花猪具有耐粗饲的特性，当地农民常将猪放养在房前屋后，或者水边等野外环境中粗养，福安花猪对环境适应性较强。

（2）福安地区温暖湿润，青饲料充足，并辅以精饲料饲养，对福安花猪的半野放饲养方式促进了肉质鲜嫩的品质特点，深受当地畲族人的喜欢。

（3）因福安花猪耐粗饲、适应性强、肉质鲜嫩、风味好的优良品质，因此福安各地均有饲养，福安花猪也因此成为闽东地区生猪生产的主要品种。

7. 保护与利用

（1）传承与利用现状：现有福安花猪群体品种特征明显、表型一致、遗传稳定，当地仍有少量农户养殖。

（2）受威胁状况及因素分析：福安花猪因分布范围小（仅在福安的少数乡镇），群体数量不大，近交程度高，易发生品种退化。外来猪种的引进和盲目杂交也是养殖减少和遗传性状改变的威胁因素。

（3）保护与传承措施：2004 年福建省宁德市农业科学研究所对福安花猪开展了品种资源的收集工作，共收集福安花猪 47 头（12 公、35 母），集中于宁德市农科所荡岐山种猪场饲养，并开展了闭锁繁殖、提纯复壮的研究工作。

8. 文献资料

[1] 尤珩. 福建省家畜家禽品种志和图谱[M].福州：福建科学技术出版社，1985：34-35.

[2] 蓝运全. 闽东畲族志[M]. 北京：民族出版社，2000：169.

[3] 王金宝，叶耀辉，池春梅，等. 福安花猪的历程和未来[J]. 中国畜禽种业，2009，5（5）：42-43.

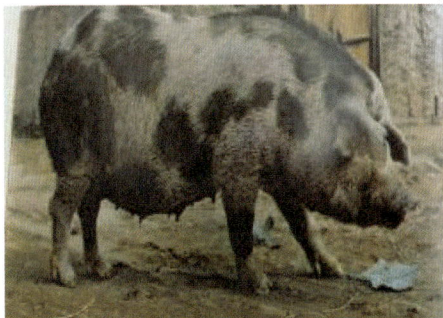

CN-SH-120-003. 河田鸡

1. 名称 中国/福建省/龙岩市/上杭县/畲族/传统遗传资源/河田鸡

Hetian Chicken/Genetic Resource/She People/Shanghang County/Longyan Municipality/Fujian Province/China

2. 编号 CN-SH-120-003 中国-畲族-家养动物-河田鸡

3. 属性与分布 畲族社区集体知识；分布于上杭县、长汀、龙岩、漳平、永定等县（市），在上杭县庐丰畲族乡、官庄畲族乡畲族社区广泛养殖。

4. 背景信息 河田鸡是鸡（*Gallus gallus domestica*）的一个地方品种，属于雉科（Phasianidae）原鸡属动物。河田鸡颈粗，躯短，胸宽，背阔，颈中等长，体近方形，属肉用类型。雏鸡的绒羽均深黄色，喙、胫均黄色，冠叶后部已有分裂成叉状特征。公鸡单冠直立，冠尺约5个，冠叶前部为单片，后部则分裂成叉状冠尾，色鲜红。颜面红色，无明显皱纹。耳叶椭圆形，红色。喙基部褐色，喙尖呈浅黄色。头部梳羽呈浅褐色，背、胸、腹羽呈浅黄色，蓑羽呈鲜艳的浅黄色，尾羽、镰羽黑色有光泽，但镰羽不发达。主翼羽黑色，有浅黄色镶边。母鸡冠部基本与公鸡同，但较矮小。羽毛以黄色为主，颈羽的边缘呈黑色，似颈圈。胫部深黄色。腹部丰满。

5. 基本描述 中文种名：鸡；地方名/民族名：河田鸡。河田鸡是福建省优良地方品种，原产于福建省上杭县，分布于龙岩、漳平、永定等县（市）。河田鸡具有耐粗饲和觅食力、适应性、抗病性强的特点。育肥鸡屠体丰满，皮薄骨细，肤色金黄，肉质鲜美，风味独特，蛋白质含量较高，氨基酸的含量丰富，而且牛磺酸含量是普通鸡的38倍。

6. 传统知识特征

（1）河田鸡（鸡）为闽西地区农家品种，分布范围较小，由当地畲族长期选育和养殖。由于山区交通不便，河田鸡极少对外交流，当地畲族使用传统孵育方式自繁自养，品种纯化度较高。

（2）养鸡是当地畲族的主要家庭副业，并形成养鸡的特别方式。农民习惯早晨下田将鸡笼挑到地里，鸡随人走。田野草虫丰富，半野生的养鸡方式对河田鸡的肉质品味形成发挥了关键作用。

（3）河田鸡适应性强，杂食，易养殖，鸡肉肥嫩，适口，当地畲族喜爱食用。

7. 保护与利用

（1）传承与利用现状：长汀县远山河田鸡发展有限公司实行"公司+基地+终端"的经营模式，2003年开始建立河田鸡产品质量信息可追溯体系。

（2）受威胁状况及因素分析：河田鸡（鸡）产蛋少，早期生长缓慢、屠宰率较低，饲养成本相对较高，在一定程度上影响了市场竞争力。

（3）保护与传承措施：已采用保护区和保种场实施就地保护。1998年在长汀县建立了河田鸡保种场，开始种质资源的收集和筛选，2006年组建保种群零世代和选育群各60个家系，2006年河田鸡被列入农业部《国家级畜禽遗传资源保护名录》。

8. 文献资料

[1] 福建省商标协会. 福建地理标志传说（二）[M]. 福州：海峡书局，2013：84-91.

[2] 徐桂芳，陈宽维.中国家禽地方品种资源图谱[M]. 北京：中国农业出版社，2003：46-47.

[3] 国家畜禽遗传资源委员会. 中国畜禽遗传资源志家禽志[M]. 北京：中国农业出版社，2011：91-94.

[4] 《官庄畲族乡志》编纂委员会. 官庄畲族乡志[M]. 北京：方志出版社，2013：107.

CN-SH-120-004. 福安水牛

1. 名称 中国/福建省/宁德市/畲族/传统遗传资源/福安水牛

Fu'an Buffalo/Genetic Resource/She People/Ningde Municipality/Fujian Province/China

2. 编号 CN-SH-120-004 中国-畲族-家养动物-福安水牛

3. 属性与分布 畲族社区集体知识；分布于福安、霞浦、福鼎、宁德、罗源、连江、古田、福州、闽清等县（市），在福安、霞浦、福鼎、宁德畲族社区广泛养殖。

4．背景信息 福安水牛是水牛（*Bubalus bubalis*）的一个地方品种，属于牛科（Bovidae）水牛属动物。福安水牛体躯高大，前高后低，四肢粗壮，肌肉坚实丰满。被毛为青黑、青灰、浅褐等色。初生犊牛毛长而密，多为微红色、褐色或灰色，7岁以上渐由青灰转为青黑，腭下与胸前各有一"V"形浅灰色带，少数只有胸前一条"V"形带。四肢飞节以下和下腹部呈灰白色和白色，膝关节下和蹄各有一圈明显的黑带。蹄圆质坚，多数呈黑色，个别为灰白色。公牛头形魁伟、粗壮，头长与体长之比为1∶3，额宽平，角架粗，呈弧形，向后内弯曲。耳内有白色长毛。约有20%的牛内眼角上方有两个白斑。颈部丰厚，鬐甲略高，背腰宽平且短，背脊平直，胸部深广，肷门小，肋骨开张。腹大而不下垂，四肢开张，少数后肢的飞节略向内靠。

5．基本描述 中文种名：水牛；地方名/民族名：福安水牛。福安水牛主产于福安、霞浦、福鼎等县。据福安县志记载，明清时期县内已普遍使用牛耕，耕畜以水牛为主。福安水牛以放牧饲养为主，饲草资源为青草、秸秆、芦苇、稻草等，夏季则放于溪河、水塘浸泡，部分山区甚至一段时间昼夜放于山上度夏，无须照料。福安水牛具有性情温驯、行动敏捷、适应性广、耐粗饲、抗病和遗传性能稳定等优良特性，饲养粗放的条件下，也有较好的产奶性能，且长期以来是当地畲族日常农业生产中使用的主要耕地役力和肉食品来源，是我国优良的水牛品种之一，也是福建省唯一的水牛地方良种。

6．传统知识特征

（1）福安水牛（水牛）产区属中亚热带农业气候区，土地肥沃，耕地复种指数高，水牛是当地农业生产中必需的役用生产工具。

（2）福安水牛以放牧饲养为主，饲草资源为青草、秸秆、芦苇、稻草等，夏季则放于溪河、水塘浸泡，夏天甚至昼夜放于山上，无须喂料，使福安水牛很适应当地环境和饲用资源。

（3）福安水牛体型高大，役力强大，可用于各种水田旱地的繁重劳役，是畲族日常农业生产和生活中的重要伴侣，畲族已养成爱护水牛的习惯，将每年农历四月初八定为"牛歇节"，表达畲族的爱牛习惯。

7．保护与利用

（1）传承与利用现状：因农村机械化程度逐渐提高，役用水牛的使用程度降低，福安水牛的养殖逐渐减少。

（2）受威胁状况及因素分析：因存栏种群量不断下降，福安水牛受到近亲交配、早配、品种退化和抗病力下降的威胁。机耕的推广也是福安水牛数量大幅下降的主要因素。

（3）保护与传承措施：已采用保护区和保种场进行保护。2004年在福安市溪潭镇岳秀村建立了福安水牛品种中心保种场，同时在周边的溪潭、穆阳、穆云、康厝等乡村设立了福安水牛品种保护区。2005年福建省农业厅实施了"福安水牛保种与选育"项目。

8. 文献资料

[1] 尤珩. 福建省家畜家禽品种志和图谱[M]. 福州：福建科学技术出版社，1985：7-8.

[2] 国家畜禽遗传资源委员会. 中国畜禽遗传资源志牛志[M]. 北京：中国农业出版社，2011：289-292.

[3] 蓝运全. 闽东畲族志[M]. 北京：民族出版社，2000：168.

CN-SH-120-005. 闽东山羊

1. 名称 中国/福建省/宁德市/畲族/传统遗传资源/闽东山羊

Mindong Goat/Genetic Resource/She People/Ningde Municipality/Fujian Province/China

2. 编号 CN-SH-120-005 中国-畲族-家养动物-闽东山羊

3. 属性与分布 畲族社区集体知识；分布于宁德地区，在宁德畲族社区广泛养殖。

4. 背景信息 闽东山羊是山羊（*Capra aegagrus hircus*）的一个地方品种，属于牛科（Bovidae）山羊属动物。闽东山羊头略呈三角形，耳平直，弓形角，成年羊髯较长；体表被毛较短，有光泽，尾短而上翘；成年公羊和部分成年母羊前躯下部至腕关节以上及后躯下部至跗关节以上部位有长毛。大多数公母羊两角根部至嘴唇有两条完整的白色毛带。公母羊被毛呈浅白黄色，被毛单纤维上有不同颜色段。公羊颜面鼻梁有一近三角形的黑毛区，由头部沿背脊向后延伸至尾巴有一黑色条带，母羊背脊颜色较公羊浅；公羊颈部、肋部、腹底为白色，肋部腹底交界处和腿部的毛色为黑色。公母羊腕关节、跗关节以下前侧有黑带，其余均为白色。

5. 基本描述 中文种名：山羊；地方名/民族名：闽东山羊。闽东山羊中心产区位于福建省宁德地区的福安市和霞浦县，相邻的周宁、福鼎、蕉城等地及浙江省南部也有分布。闽东山羊饲养历史悠久，据《霞浦县志》记载："宋代，境内农户已饲养少量山羊。"

据《宁德地区志》记载："闽东山羊系境内饲养较普遍的家畜之一，丘陵山地饲草丰富，适应山羊放养。"

6. 传统知识特征

（1）闽东是畲族聚居区，素有喜食羊肉的习俗，并将多余的羊只通过"赶羊客"销往外地，长期"只出不进"的流通模式，有利于闽东山羊（山羊）的纯化，促进了闽东山羊优良和独特品种的形成。

（2）闽东山羊主要为农户散养，饲养管理较粗放，常年以半天放牧为主，放牧时间随季节而变。出牧和归牧时给予淡盐水，少数农户给瘦弱羊和哺乳母羊补食饲料，在此饲养管理方式下，闽东山羊形成了适应性强、耐粗放饲养的特点。

（3）畲族有喜食羊肉的习俗，在长期的人为选择下，使闽东山羊成为体格大、肉质好、产肉率高的山羊地方品种，深受畲族喜爱。

7. 保护与利用

（1）传承与利用现状：近年来，闽东山羊（山羊）的数量呈下降趋势。

（2）受威胁状况及因素分析：对外交流的扩大及外来羊的引进使纯种闽东山羊品种混杂和退化。

（3）保护与传承措施：已采用保种场保护，2005年开始组建闽东山羊核心群，开展保护及选育研究。

8. 文献资料

国家畜禽遗传资源委员会. 中国畜禽遗传资源志羊志[M]. 北京：中国农业出版社，2011：271-273.

CN-SH-120-006. 长江三角洲白山羊

1. 名称　中国/浙江省/丽水市/景宁畲族自治县/畲族/传统遗传资源/长江三角洲白山羊
Yangtze River Delta White Goat/Genetic Resource/She People/Jingning She Ethnic

Autonomous County/Lishui Municipality/Zhejiang Province/China

2. 编号 CN-SH-120-006 中国-畲族-家养动物-长江三角洲白山羊

3. 属性与分布 畲族社区集体知识；分布于浙江、江苏、上海等地，在景宁畲族自治县畲族社区也有养殖。

4. 背景信息 长江三角洲白山羊是山羊（*Capra aegagrus hircus*）的一个地方品种，属于牛科（Bovidae）山羊属动物。长江三角洲白山羊被毛全白色，毛短，肤色全白色。体形小，头形略显狭长，肌肉发育适中，骨骼结实。头短、长，长额平而宽，呈倒三角形。鼻孔开张，鼻梁平直；眼大有神，公、母羊均有角和长须，角呈倒八字状向后上方延伸。公羊前额有一旋毛窝，母羊较清秀，前额似有旋纹，耳平直。颈部中等长短，公羊颈较粗，母羊颈较细，无褶皱，少数有肉垂。背腰平直，公羊前躯发达，母羊十字部略高，后躯大于前躯，尻部倾斜。四肢较高者，体形较大，腹部较紧；四肢较矮者，体形较小，腹部较大。母羊乳房呈球形，不发达，一般只有一对有效奶头，部分羊有赘生乳头。四肢健壮，较细，部分有卧系现象。蹄质坚硬，淡黄色。四肢长短中等，也可分为高腿型和矮腿型。尾圆小，上举，尖端有较长的毛，繁殖能力强。

5. 基本描述 中文种名：山羊；地方名/民族名：长江三角洲白山羊。长江三角洲白山羊是一个优秀的地方品种。浙江的长江三角洲白山羊所产羊毛挺直有锋，有光泽，弹性好，是制毛笔的独特原料。长江三角洲白山羊至少有上千年的历史，是肉、毛、皮兼用的地方品种，并具有早熟、繁殖力强、产羔多、耐高温、高湿、耐粗饲、适应力强、抗病力强、遗传稳定等特性。

6. 传统知识特征

（1）景宁畲族自治县位于山区，地形复杂，畲族对山羊管理粗放，多放牧饲养，从而形成了当地山羊行动灵敏，善登高和历险，跨越和游走的特点。

（2）长江三角洲白山羊具有膻味少、肉质鲜嫩、风味口感好的特点；其羊皮质量较好，具有弹性大、质地均匀、面积大、厚薄均匀、抗张力强的特点，经济价值较高。

（3）景宁畲族自治县属于亚热带季风气候，温暖湿润，雨量充沛，长江三角洲白山羊耐高温、耐高湿、耐粗饲，具有抗病力强、适应力强等特性，适合当地畲族放牧式饲养。

7. 保护与利用

（1）传承与利用现状：长江三角洲白山羊品种退化严重。外来山羊的引入和繁育方法不当，导致其品种退化，影响了长江三角洲白山羊的开发利用和发展。

（2）受威胁状况及因素分析：先后用萨能山羊、马头山羊、南江山羊、圭山山羊和波尔山羊等外来品种对长江三角洲白山羊进行了大规模的杂交改良，使其品种纯度受到冲击，导致品种退化。

（3）保护与传承措施：长江三角洲白山羊（笔料毛型）已被列入《国家畜禽品种资源保护名录》，成为国家保护品种。目前浙江省以农户养殖为主，没有设立专门的保种场。

8．文献资料

[1]　浙江省畜牧兽医局. 浙江省畜禽遗传资源志[M]. 杭州：浙江科学技术出版社，2016：103-109.

[2]　柳意城. 景宁畲族自治县县志[M]. 杭州：浙江人民出版社，1995：167.

[3]　浙江省农业志编纂委员会. 浙江省农业志[M]. 北京：中华书局，2004：1029-1035.

CN-SH-120-007. 福建黄兔

1．名称　中国/福建省/畲族/传统遗传资源/福建黄兔

Fujian Yellow Rabbit/Genetic Resource/She People/Fujian Province/China

2．编号　CN-SH-120-007 中国-畲族-家养动物-福建黄兔

3．属性与分布　畲族社区集体知识；分布于福建省，在福建省畲族社区被广泛利用。

4．背景信息　福建黄兔是兔（*Oryctolagus cuniculus domestica*）的一个地方品种，属于兔科（Leporidae）穴兔属动物。福建黄兔是一种小型肉用兔。福建黄兔全身紧披深黄色或米黄色标准型被毛，具有光泽，下颌至腹部到胯部呈白色带状延伸。头大小适中、呈三角形，公兔略显粗大而母兔比较清秀。两耳直立、厚短，耳端钝圆、呈"V"形，耳毛稀少、短浅。眼大，虹膜呈棕褐色。头、颈、腰部结合良好，胸部宽深，背腰平直，后躯较丰满，腹部紧凑、有弹性。四肢强健，后足粗长。

5. 基本描述　中文种名：兔；地方名/民族名：福建黄兔。福建黄兔是由本地野兔驯化而来，分布于福建省农村。当地野生植物资源丰富，为福建黄兔的养殖提供了良好的饲草条件。福建黄兔以青饲料为主，喜食野生植物籽实及多白乳色的青草，农副产品如作物藤叶、糠、麸等可作为补充饲料。福建黄兔具有毛色独特、性早熟、耐粗饲、适应性强、兔肉风味好等优良特性，当地人有用福建黄兔肉作为滋补身体的药膳的习惯，在农忙季节或体弱生病时，宰食黄兔肉以滋补身体。因此，养兔成为当地群众的主要副业，在长期的自繁自养过程中，选育出味道鲜美的地方黄兔品种。

6. 传统知识特征

（1）福建黄兔（兔）中心产区地处亚热带海洋性季风气候，温暖湿润，饲用青草充足，农作物资源丰富，为福建黄兔提供了充足的饲料来源。

（2）福建黄兔适应性强，以青草饲料为主，辅以农作物茎叶及糠、麸等家庭饲料，容易饲养，管理粗放，在全省许多地区普遍养殖。

（3）福建黄兔肉的味道鲜美，营养丰富，为当地著名药膳，当地群众历来有宰食黄兔肉以滋补身体的习惯，促进了福建黄兔食用品种的形成与改良。

7. 保护与利用

（1）传承与利用现状：福建黄兔在药膳中利用广，市场畅销，是目前保存和开发利用最好、种群最大的地方品种。

（2）受威胁状况及因素分析：外来品种的引入导致品种混杂，20世纪80年代后期，随着大批外来肉兔品种的引入和虎皮黄兔、豫丰黄兔的育成和推广，部分养殖场对福建黄兔进行改良杂交，一度使福建黄兔品种资源出现濒危的状态。此外盲目杂交改良，缺乏系统选育，导致品种退化。

（3）保护与传承措施：1995年福建省在福州玉华山种兔场建立了首个福建黄兔保种场，在保种选育的同时，开展了福建黄兔"药膳"兔肉产品的研究。2005年发布了"福建兔"（黄毛系）品种地方标准（DB 35/643—2005）。

8. 文献资料

[1] 陈伟生，徐桂芳. 中国家畜地方品种资源图谱（下）[M]. 北京：中国农业出版社，2004：570-571.

[2] 尤珩. 福建省家畜家禽品种志和图谱[M]. 福州：福建科学技术出版社，1985：13-14.

[3] 国家畜禽遗传资源委员会. 中国畜禽遗传资源志特种畜禽志[M]. 北京：中国农业出版社，2012：9-12.

130

传统选育和利用水生生物遗传资源的相关知识

CN-SH-130-001. 田鲤鱼

1. 名称　中国/浙江省/丽水市/景宁畲族自治县/畲族/传统遗传资源/田鲤鱼

Cyprinus carpio/Genetic Resource/She People/Jingning She Ethnic Autonomous County/Lishui Municipality/Zhejiang Province/China

2. 编号　CN-SH-130-001 中国-畲族-水生生物-田鲤鱼

3. 属性与分布　畲族社区集体知识；除西部高寒山区外，常见于江河、湖泊、水库等各种水体，在景宁畲族自治县畲族社区被广泛利用。

4. 背景信息　田鲤鱼（鲤）（*Cyprinus carpio*）为鲤科（Cyprinidae）鲫属动物。体长形，侧扁，腹部圆。头较小。口端位或亚下位，马蹄形。须 2 对，后对较长。咽齿呈臼齿状。背鳍基底长，起点略前于腹鳍，硬刺粗壮且后缘具锯齿。臀鳍短，硬刺后缘也具锯齿。尾鳍叉形。鳔 2 室。腹膜白色。体背灰黑或黄褐色，体侧带金黄色，腹部灰白色，背鳍和尾鳍基部微黑，尾鳍下叶红色，偶鳍和臀鳍淡红色。但色彩常因栖息水体不同而有变异。

5. 基本描述　中文种名：鲤；地方名/民族名：田鲤鱼。田鲤鱼是畲族传统养殖和食用的主要鱼类品种。浙江畲族人多居住在山区里，田鲤鱼多生长在水分充足的肥田，畲族在厨房后的水潭里也会养鲤鱼，但多以自己食用为主，少量在市场出卖。现在，景宁畲族自治县政府鼓励畲族养殖高山田鲤鱼，有条件的畲族村都已积极响应。

6. 传统知识特征

（1）田鲤鱼（鲤）是当地畲族长期选育和养殖的鲤鱼品种，适合当地传统的高山地区稻田养鱼的农业生态系统。田鲤鱼是稻田生产系统的重要组成，畲族将田鲤鱼直接养在稻田里（或养在茭白田里），鱼可食虫卵，能减少稻田病虫害；鱼的排泄物可以肥田，增加水稻产量。鱼的收成也能显著增加农业经济效益。

（2）由于稻田不施用农药并减少化肥施用，生产有机食品，稻米和鱼的品质和风味明显优于非稻田养鱼方式的产品，提高了市场价格。

（3）田鲤鱼适应性强，可养殖在房前屋后的池塘和水槽。景宁畲族的厨房后一般都建有贮水的水槽或水潭，是以毛竹引入的山泉自流水，水质较好，为家庭养殖田鲤鱼提供了条件，畲族常在水潭里养上数十尾田鲤鱼或草鱼以方便平时食用。

7. 保护与利用

（1）传承与利用现状：目前，稻田养鱼已成为景宁畲族自治县生态经济产业之一，田鲤鱼（鲤）得到充分的利用。

（2）受威胁状况及因素分析：农田污染和生活环境的污染对田鲤鱼养殖可能造成重大威胁。

（3）保护与传承措施：田鲤鱼作为地方水产品种，有必要对其种质进行就地保护和易地保护。

8. 文献资料

[1] 柳意城. 景宁畲族自治县县志[M]. 杭州：浙江人民出版社，1995：170.

[2] 兰伟香. 现代生态渔业让"绿水青山"带来"金山银山"[N]. 丽水日报，2014-09-02（8）.

CN-SH-130-002. 南风鱼

1. 名称 中国/福建省/龙岩市/上杭县/畲族/传统遗传资源/南风鱼

Pseudogobio vaillanti/Genetic Resource/She People/Shanghang County/Longyan Municipality/Fujian Province/China

2. 编号 CN-SH-130-002 中国-畲族-水生生物-南风鱼

3. 属性与分布 畲族社区集体知识；主要分布于长江、珠江、闽江、钱塘江、灵江、黄河、淮河中，在上杭县畲族社区被广泛利用。

4. 背景信息　南风鱼（似鮈）（*Pseudogobio vaillanti*）为鲤科（Cyprinidae）似鮈属动物。南风鱼头大，吻扁，唇厚。下唇为3叶，中叶椭圆形，具发达的乳突；后缘游离。须1对，约等于眼径。腹部在胸鳍基之前裸露。

5. 基本描述　中文种名：似鮈；地方名/民族名：南风鱼。汀江在官庄畲族乡内流长17 km，沿河两岸有12条溪涧。20世纪五六十年代，溪河鱼随处可见，常出现在水坝前。因春夏季节正值南风天气，大坝前水花飞溅处，一群群小手指大的鱼趁着水花向上跳，畲族将自制的装鱼"凉答"悬挂在水坝一定位置，这些小鱼就随着南风而落入"凉答"中，因此得名"南风鱼"。南风鱼烤后味道鲜美，曾作为地方特产享誉闽西。

6. 传统知识特征

（1）畲族在长期与大自然的相处过程中认识到了南风鱼（似鮈）的洄游习性，并根据它的洄游习性创建了捕获南风鱼的传统技术。

（2）南风鱼因其味道鲜美，深得当地畲族的喜爱。特别是烤后的南风鱼味道更加鲜美，是畲族官庄宴席上的佳肴，享誉闽西，是畲族传统饮食文化的体现。

7. 保护与利用

（1）传承与利用现状：虽然南风鱼传统捕获仍然存在，但从事捕捞的畲族人数和鱼的捕获量都不断下降。

（2）受威胁状况及因素分析：1997年金山水电站大坝建成蓄水后，鱼类洄游路线被阻断，加上炸鱼、电鱼、毒鱼等现象，传统捕鱼方式逐渐减少。

（3）保护与传承措施：现政府禁止炸鱼、电鱼、毒鱼，对鱼类资源起到了一定的保护作用。

8. 文献资料

《官庄畲族乡志》编纂委员会. 官庄畲族乡志[M]. 北京：方志出版社，2013：109.

CN-SH-130-003. 石斑鱼

1. 名称　中国/浙江省/丽水市/景宁畲族自治县/畲族/传统遗传资源/石斑鱼

Siniperca scherzeri/Genetic Resource/She People/Jingning She Ethnic Autonomous County/Lishui Municipality/Zhejiang Province/China

2. 编号　CN-SH-130-003 中国-畲族-水生生物-石斑鱼

3. 属性与分布　畲族社区集体知识；主要分布于钱塘江、甬江、灵江、瓯江等水系，在景宁畲族自治县畲族社区被广泛利用。

4. 背景信息　石斑鱼（斑鳜）（*Siniperca scherzeri*）为鮨科（Serranidae）鳜属动物。体延长，侧扁。口大，端位，下颌略长于上颌，口闭合时，下颌前端齿稍外露。上颌骨末端约伸达眼后缘下方。犬齿发达，排列凌乱，下颌则生在两侧，且大多两两并合成一行。前鳃盖骨游离缘常密布细锯齿，隅角及下缘的为棘状齿。体及颊部、鳃盖均被细鳞。侧线完全。体黄褐色乃至灰褐色，腹部黄白。头背部及鳃盖密具暗色小斑。体侧有许多不规则的黑斑块，有时斑块周缘镶以黄色环或白色环。

5. 基本描述 中文种名：斑鳜；地方名/民族名：石斑鱼。石斑鱼常生活于多石砾的流水环境中，以鱼虾为食。畲族大概在 3 月后开始捕抓石斑鱼，不仅会手抓石斑鱼，还会用草药来药鱼。石斑鱼营养丰富，肉质细嫩洁白，味道鲜美，畲族不仅自己食用，还将石斑鱼内脏等残体用于喂鸡、鸭。

6. 传统知识特征

（1）石斑鱼（斑鳜）为野生鱼类，生长在山区多石砾的溪水中，是当地畲族长期以来的传统捕获食物。

（2）畲族在与大自然的相处过程中认识到了石斑鱼的习性，并根据它的习性掌握了石斑鱼捕获时间、捕获地点以及捕获技术等传统知识，达到可持续的利用。

（3）石斑鱼营养丰富，肉质细嫩洁白，味道鲜美，是畲族的动物蛋白质来源之一。

7. 保护与利用

（1）传承与利用现状：因自然环境的改变，现石斑鱼数量逐渐减少。

（2）受威胁状况及因素分析：水环境的污染及药鱼等不合理的捕获方式使其野生资源逐渐减少。

（3）保护与传承措施：随着生态环境保护力度的不断加强，山区溪水的生态条件得到改善，石斑鱼野生种群将逐渐得到恢复。

8. 文献资料

董丰茂. 浙江动物志（淡水鱼类）[M]. 杭州：浙江科学技术出版社，1991：190.

CN-SH-130-004. 薄壳田螺

1. 名称 中国/浙江省/丽水市/景宁畲族自治县/畲族/传统遗传资源/薄壳田螺

Cipangopaludina lecythoides/Genetic Resource/She People/Jingning She Ethnic Autonomous County/Lishui Municipality/Zhejiang Province/China

2. 编号 CN-SH-130-004 中国-畲族-水生生物-薄壳田螺

3. 属性与分布 畲族社区集体知识；在全国广泛分布，在景宁畲族自治县畲族社区被广泛利用。

4．背景信息　薄壳田螺（似瓶圆田螺）（*Cipangopaludina lecythoides*）为田螺科（Viviparidae）圆田螺属动物。贝壳较大，壳质较厚、坚固；外形呈宽圆锥形。有 5-6 个螺层，皆外凸，各层在宽度上增长迅速；螺旋部较短，呈阶梯状排列，其高度小于壳口的高度；体螺层膨大。壳顶钝。缝合线深。壳面呈棕红色或黑褐色，生长线粗糙。壳口呈卵圆形，上方有一钝角，并具有一深褐色的框边；外唇简单，较厚，内唇上方贴覆在体螺层上，形成蓝灰色胼胝，脐孔明显，呈缝状；厣角质，黄褐色，具有粗糙的同心圆的生长线，厣核处凹陷，略靠近内唇中央。

5．基本描述　中文种名：似瓶圆田螺；地方名/民族名：薄壳田螺。浙江畲族人大多聚居在山上，水田多为梯田。薄壳田螺多长在畲族的梯田里，畲族人经常在 3 月后下田劳动时顺手抓田螺，或利用晚上用火篮到山坑田里照田螺，捕抓田螺，田螺就自然成了过去畲族的家常菜。田螺味道鲜美，畲族多将其煮着吃并将小田螺拿来喂鸡、鸭。

6．传统知识特征

（1）畲族山区梯田大多是水源充足的冷水田，这里的田螺因生长在海拔 800 m 以上的高山上，昼夜温差较大，又加冷水长年浸泡，由此滋养出了肉质鲜嫩的薄壳田螺。

（2）田螺是当地农业生态系统中的重要组成，田螺可以疏松土壤，并能捕食昆虫虫卵，其排泄物可增加土壤有机质，有利水稻生长，当地畲族早就明白这个道理。

（3）当地人在捕获和食用田螺方面已经形成独特的传统技术，在掌握田螺晚上出没规律的情况下，采用"火篮"灯光照射方式捕获田螺。

（4）薄壳田螺（田螺）是当地畲族人的传统食品，并有田螺能明目的传说。当地有一习俗是在端午节炒田螺吃，或将田螺煮熟后挑出"田螺头"来包馄饨，以此庆祝端午节，形成独特的田螺文化。

7．保护与利用

（1）传承与利用现状：景宁畲族自治县充分利用其地理资源优势养殖薄壳田螺，使薄壳田螺成为景宁县高山地区出产的特色水产品。

（2）受威胁状况及因素分析：水质环境污染对薄壳田螺的生产和品质已形成一定影响。

（3）保护与传承措施：维持传统种植方式，以保护野生薄壳田螺的自然生境，还可通过人工养殖方式，扩大产量以满足市场需求。

8. 文献资料

[1] 梅松华. 畲族饮食文化[M]. 北京：学苑出版社，2010：106.

[2] 蔡如星. 浙江动物志（软体动物）[M]. 杭州：浙江科学技术出版社，1991：41-42.

[3] 吴金宣. 畲族风俗卷[M]. 杭州：浙江古籍出版社，2014：30.

CN-SH-130-005. 泥鳅

1. 名称 中国/浙江省/丽水市/景宁畲族自治县/畲族/传统遗传资源/泥鳅

Misgurnus anguillicaudatus/Genetic Resource/She People/Jingning She Ethnic Autonomous County/Lishui Municipality/Zhejiang Province/China

2. 编号 CN-SH-130-005 中国-畲族-水生生物-泥鳅

3. 属性与分布 畲族社区集体知识；分布于我国东部南北各水系，在景宁畲族自治县畲族社区被广泛利用。

4. 背景信息 泥鳅（*Misgurnus anguillicaudatus*）为鳅科（Cobitidae）泥鳅属动物。体长形，略侧扁，腹侧宽圆。尾柄上下缘略有皮棱。头钝锥状。吻略突出。眼侧上位。眼间隔宽于眼径，前鼻孔有短管状皮突。口下位，弧状。吻须 1 对。上颌须与下颌须各 2 对。唇厚，下唇有 4 须突。鳃孔侧位。鳃盖膜连峡部。鳃耙短小。鳔小，包在二球形骨鞘内。肛门位臀鳍稍前方。鳞很小，显明。头部无鳞。侧线侧中位，常不显明。背鳍位体中央稍后，臀鳍位腹鳍基与尾鳍基的正中间。胸鳍侧下位，成年鱼呈圆形（雌鱼）或尖形且第一鳍条很粗长（雄鱼）。腹鳍始于背鳍起点下方或略后，雄鱼鳍较长。尾鳍圆形。体背侧较灰暗，有许多黑褐色小斑点；腹侧淡白。鳍淡黄色，背鳍与尾鳍较灰暗且有小褐点，尾鳍基中央稍上方常有一亮黑斑。

5. 基本描述 中文种名：泥鳅；地方名/民族名：泥鳅。浙江景宁畲族自治县山区多梯田，泥鳅多生长在畲族梯田的水稻田或茭白田里。畲族人大概在 4 月开始抓泥鳅做菜以改善伙食，一般在下田劳动顺手抓泥鳅或晚上用"火篮"到山坑田里抓泥鳅。畲族人除了自己食用泥鳅外，还会把泥鳅用来喂鸭子，特别是小鸭子，以使它们更快长大。现在，景宁畲族人抓住山区的生态优势，在茭白田里或水稻田里套养泥鳅，大幅增加了经济效益，泥鳅也成为景宁畲族自治县渔业主要养殖产业，是畲族人发家致富的有效途径。

6. 传统知识特征

（1）浙江景宁畲族自治县山区梯田，多种植水稻和茭白等水生作物，为泥鳅生长提供了优质的伴生环境。

（2）当地畲族食用泥鳅已有很长历史，已掌握捕获泥鳅的许多传统技术和方法，并创建了许多加工和食用泥鳅的方式，包括食用泥鳅的营养和养生知识。

（3）当地畲族人已认识到泥鳅在农业生态系统中的重要生态作用。泥鳅可松土，提高水稻和茭白根系吸收能力，泥鳅的排泄物还可培肥土壤，提高水稻和茭白的产量。另外，畲族人在种植茭白时，行距较宽、水位较深，茭叶还可为泥鳅提供遮阳条件，以降低夏日田间水温，促进了泥鳅的生长和茭白的产量。

（4）根据泥鳅的生长习性，当地畲族人已创建了泥鳅的人工养殖方法，为发展泥鳅产业、增加畲族人经济收入创造了条件。

7．保护与利用

（1）传承与利用现状：泥鳅现为景宁畲族自治县渔业主要养殖水产品，也是景宁畲族农家乐的特色菜，成为畲族人发家致富的有效途径。

（2）受威胁状况及因素分析：环境的污染及过度捕捞使泥鳅野生资源不断下降。

（3）保护与传承措施：有必要保护泥鳅的野生生境，并发展人工养殖以满足市场需求。

8．文献资料

梅松华. 畲族饮食文化[M]. 北京：学苑出版社，2010：106.

CN-SH-130-006．河蟹

1．名称　中国/浙江省/丽水市/景宁畲族自治县/畲族/传统遗传资源/河蟹

Eriocheir sinensis/Genetic Resource/She People/Jingning She Ethnic Autonomous County/Lishui Municipality/Zhejiang Province/China

2．编号　CN-SH-130-006 中国-畲族-水生生物-河蟹

3．属性与分布　畲族社区集体知识；分布广，沿我国渤海、黄海、东海诸省皆产，在景宁畲族自治县畲族社区被广泛利用。

4．背景信息　河蟹（中华绒螯蟹）（*Eriocheir sinensis*）为方蟹科（Grapsidae）绒螯蟹属动物。头胸甲呈圆方形，后半部宽于前半部。背面隆起，额及肝区凹陷，胃区前面有6个对称的突起，各具颗粒。胃区与心区分界显著，前者的周围有凹点。额宽，分四齿。眼窝上缘近中部处突出，呈三角形。前侧缘具四锐齿，最后者最小，并引入一隆线，斜行于鳃区的外侧；沿后侧缘内方也具一隆缯。螯足，雄此雌大，掌节与指节基部的内外面密生绒毛，腕节内末角具一锐刺，长节背缘近末端处与步足的长节同样具一锐刺。步足以最后三对较为扁平，腕节与前节的背缘各具刚毛，第四步足前节与指节基部的背缘与腹缘皆密具刚毛。腹部，雌圆雄尖。

5．基本描述　中文种名：中华绒螯蟹；地方名/民族名：河蟹。河蟹一般生长在景宁

畲族自治县的小山坑和田野里，由于河蟹没肉，过去大部分畲族人很少吃。但有畲族会在菊黄时节捕抓河蟹，将盐抹于蟹腹中，拌以姜、蒜、辣椒、酒糟装封，或不用酒糟，浸以黄酒密封。现在，畲族的生活水平提高了，也逐渐认识到河蟹的价值，开始了稻田养河蟹。

6．传统知识特征

（1）稻田养蟹，河蟹（中华绒螯蟹）不仅可以吃光稻田里的水草、害虫和浮游生物，而且排出的粪便也可以作为水稻的肥料，另外河蟹的活动可以帮助稻田松土；而水稻既能为河蟹提供栖息和隐蔽场所，也能为河蟹提供食物，有效地提高了土地和水资源的利用率，减少了化肥、农药的施用，保护了生态环境。

（2）景宁畲族会在菊黄时节捕抓河蟹，并掌握了腌制河蟹的传统技术，以酒糟装封或以黄酒密封。半个月后可食用，色香味俱佳，景宁也因此有了"口淡尝蟹卤"的俗话。畲族对蟹采取独特的加工方式，是畲族饮食文化的体现。

7．保护与利用

（1）传承与利用现状：河蟹味道鲜美，营养丰富，具有很高的经济价值，市场销路好，为农民增加稻田养殖收入，为实现传统农业产业转型升级提供了一条新的路径和致富门路。

（2）受威胁状况及因素分析：水体环境的污染使河蟹野生资源不断下降。

（3）保护与传承措施：大力发展人工养殖。

8．文献资料

[1] 柳意城. 景宁畲族自治县县志[M]. 杭州：浙江人民出版社，1995：516.

[2] 陈淑芬. 山区稻蟹共生养殖技术[J]. 现代农业科技，2013（23）：280.

CN-SH-130-007. 鳝鱼

1．名称 中国/浙江省/丽水市/景宁畲族自治县/畲族/传统遗传资源/鳝鱼

Monopterus albus/Genetic Resource/She People/Jingning She Ethnic Autonomous County/Lishui Municipality/Zhejiang Province/China

2．编号 CN-SH-130-007 中国-畲族-水生生物-鳝鱼

3．属性与分布 畲族社区集体知识；在我国各地均有生产，在景宁畲族自治县畲族社区被广泛利用。

4．背景信息 鳝鱼（黄鳝）（*Monopterus albus*）为合鳃科（Synbranchidae）动物。体圆形细长，作鳗形。尾较短，末端尖细。头较大，略呈锥形。口大，端位。口裂深，上颌稍突出，上下颌及口盖骨上有绒毛状细齿。唇发达。眼小，侧上位，位于头的前部，有皮膜覆盖。鼻孔前后分离，前鼻孔位于吻端，后鼻孔位于眼缘上方。鳃孔较小，左右鳃孔在腹面合为一体，开口于腹面，"Ｖ"形鳃裂。体光滑无鳞，多黏液。侧线完整较

平直，侧线孔不明显。无胸鳍和腹鳍，背鳍、臀鳍和尾鳍退化。体线侧线以上为灰黑色，侧线以下为黄褐色。全身散布不规则的斑点，腹部灰白色，间有不规则的黑色斑纹。

5．基本描述　中文种名：黄鳝；地方名/民族名：鳝鱼。浙江景宁畲族自治县山区多梯田，鳝鱼多长在畲族的梯田水田中。畲族在下田劳动时，常在腰间挂一个小篓，耕作时见到鳝鱼，随时抓来放到小篓里。并且时常利用晚上，举"火篮"到山坑田里照鳝鱼。鳝鱼适应性较强，个体较大，肉味鲜美，营养价值丰富，有重要的经济价值。

6．传统知识特征

（1）鳝鱼（黄鳝）为肉食性动物，捕食小鱼、虾、蚯蚓、蝌蚪等各种小动物，畲族梯田水田里小鱼、虾、蚯蚓、蝌蚪等资源非常丰富，为黄鳝提供了充足的食物来源。

（2）鳝鱼肉味鲜美，营养价值丰富，是山区畲族人的肉类来源之一，深受畲族人的喜爱。

（3）畲族村民利用鳝鱼已有很长历史，掌握了抓捕鳝鱼和食用鳝鱼的传统技法，包括抓捕后存放的特制小篓。

7．保护与利用

（1）传承与利用现状：鳝鱼市场需求逐年扩大，现已开始人工养殖生产。

（2）受威胁状况及因素分析：生态环境的破坏，梯田里农药和化肥的施用使鳝鱼生活环境受到了破坏。

（3）保护与传承措施：大力发展人工养殖满足市场需求。

8．文献资料

[1]　徐的. 浙江省农林牧渔业名特优品种资源集[M]. 上海：上海科学技术出版社，1991：233.

[2]　董聿茂. 浙江动物志（淡水鱼类）[M]. 杭州：浙江科学技术出版社，1991：184.

[3]　梅松华. 畲族饮食文化[M]. 北京：学苑出版社，2010：106.

CN-SH-130-008．石蛙

1．名称　中国/浙江省/丽水市/景宁畲族自治县/畲族/传统遗传资源/石蛙

Quasipaa spinosa/Genetic Resource/She People/Jingning She Ethnic Autonomous County/Lishui Municipality/Zhejiang Province/China

2．编号　CN-SH-130-008 中国-畲族-水生生物-石蛙

3．属性与分布　畲族社区集体知识；主要分布于贵州、云南、安徽、江苏、浙江、江西、湖北、湖南、福建、广东、广西等地，在景宁畲族自治县畲族社区被广泛利用。

4．背景信息　石蛙（棘胸蛙）（*Quasipaa spinosa*）为蛙科（Ranidae）棘蛙属动物。成体雄蛙体长 123 mm，雌蛙体长 131 mm，左右头宽大于头长；吻端圆，突出下唇；吻

棱不显；颊部略向外倾斜；鼻孔位吻眼之间，略近于眼；鼓膜隐约可见；犁骨齿强，自内鼻孔内侧向中线倾斜，齿列后端间距窄；舌卵圆形，后端缺刻深。前肢粗壮，前臂及手长近于体长之半；指略扁，指端圆；后肢肥壮，前伸贴体时胫跗关节达眼部，皮肤较粗糙。雄蛙背部有长短不一的长形疣，断续排列成行，其间有许多小圆疣或痣粒，一般疣上有小黑刺，头部、体侧及四肢背面有小圆疣，其上有细小黑刺；雌蛙背面有稀疏小圆刺疣；两眼间有横肤棱，颞褶明显；雄蛙胸部有大小肉质疣；刺疣向前可达咽喉部，向后仅限于腹前部，每一疣上仅有 1 枚小黑刺；雌蛙腹面光滑。生活时背面黑棕色或棕黄色，两眼间有深褐色横纹。

5．基本描述　中文种名：棘胸蛙；地方名/民族名：石蛙。石蛙是南方丘陵山区生长的一种名贵山珍，因其肉质细腻且富含丰富的矿物质元素所以被美食家称为"百蛙之王"。石蛙多生长于山涧沟溪中，大的有半斤多重，叫声洪亮，肉质细嫩，胜于鸡肉，是畲族人过去在小溪枯水期常常能获得的美味。畲族人常常在夜间背挎松明、手举"火篮"，进入山涧溪沟抓石蛙。除了进城售卖之外，也会自己清炖石蛙以滋补身体。现石蛙是景宁畲族自治县渔业主要养殖品种之一。

6．传统知识特征

（1）石蛙（棘胸蛙）肉质细嫩，营养丰富，是畲族主要的滋补佳品。

（2）畲族人捕抓石蛙时积累了一定的经验，冷天的时候石蛙一般在岩石坑的下面，热天一般在石头的水泡下面，畲族人一般根据这一经验来捕抓石蛙。

（3）正是利用了景宁畲族自治县优越的山区生态环境这一优势，使石蛙成为景宁畲族自治县渔业主要养殖品种之一。

7．保护与利用

（1）传承与利用现状：近年来，随着消费市场的开拓，石蛙（棘胸蛙）也慢慢成为景宁畲族自治县渔业主要养殖品种之一。

（2）受威胁状况及因素分析：生态环境的破坏及滥捕滥杀对其野生资源产生了很大的威胁。

（3）保护与传承措施：大力发展人工养殖满足市场需求。

8．文献资料

[1]　梅松华. 畲族饮食文化[M]. 北京：学苑出版社，2010：110.

[2]　费梁. 中国动物志两栖纲（下）无尾目[M]. 北京：科学出版社，2009：1376-1379.

140

传统选育和利用林木遗传资源的相关知识

CN-SH-140-001. 毛竹

1. 名称　中国/浙江省 福建省/畲族/传统遗传资源/毛竹

Phyllostachys edulis/Genetic Resource/She People/Zhejiang Province，Fujian Province/China

2. 编号　CN-SH-140-001 中国-畲族-林木-毛竹

3. 属性与分布　畲族社区集体知识；主要分布于秦岭、汉水流域至长江流域以南和我国台湾地区，在浙江省、福建省畲族社区被广泛利用。

4. 背景信息　毛竹 [*Phyllostachys edulis*（Carrière）J. Houz.] 为禾本科（Gramineae）刚竹属植物。竿高达 20 多 m，粗者可达 20 多 cm，幼竿密被细柔毛及厚白粉，箨环有毛，老竿无毛,并由绿色渐变为绿黄色;基部节间甚短而向上则逐节较长,中部节间长达 40 cm或更长,壁厚约 1 cm（但有变异）；花枝穗状，长 5-7 cm，基部托以 4-6 片逐渐变大的微小鳞片状苞片，每片孕性佛焰苞内具 1-3 枚假小穗。小穗仅有 1 朵小花；花丝长 4 cm，花药长约 12 mm；柱头 3，羽毛状。颖果长椭圆形，长 4.5-6 mm，直径 1.5-1.8 mm，顶端有宿存的花柱基部。笋期 4 月，花期 5-8 月。

5. 基本描述　中文种名：毛竹；地方名/民族名：毛竹。毛竹是一种优良的材用、食用两用林，其所产的毛竹笋，是畲族常吃的主要蔬菜之一；毛竹材质坚韧，抗拉抗压，弹性很强，纹理平直，用途十分广泛，是优良的建筑材料，也是畲族人编制精致工艺品的重要原料，还是畲族制造生产生活器具不可或缺的材料。

6. 传统知识特征

（1）畲族地区多分布于亚热带季风气候区域，气候温暖湿润，极其适合毛竹的生长，因此毛竹在畲族地区资源丰富，分布广泛。

（2）畲族人就地取材，直接采食毛竹笋，其最初对毛竹笋可食用性的发现，体现了畲族人对周围环境中生物资源的深刻认识。

（3）在畲区，毛竹具重要经济价值。毛竹材质坚韧，用途十分广泛，遍及畲族人生产生活的方方面面，畲族人常用毛竹做建筑材料、编织精致工艺品和制作生产生活器具等。

（4）毛竹在畲族地区具有文化价值。浙江景宁畲族正月初一小孩有摇毛竹的习俗，通过"摇竹"，以祈求家庭富贵、孩子无病无灾快快长大的美好愿望，体现了毛竹对畲族人的文化意义。

7. 保护与利用

（1）传承与利用现状：毛竹在畲族山区遍布，毛竹资源已得到开发利用，如制作成竹炭产品，利用毛竹资源生产工艺品出售等。由于利用毛竹的技术开发，毛竹产品种类扩大，利用前景很好。

（2）受威胁状况及因素分析：城镇化进程的加快，对山区的过度开发使毛竹资源受到了破坏。

（3）保护与传承措施：以就地方式保护毛竹生境，并对其进行人工种植和抚育。

8. 文献资料

[1] 柳意城. 景宁畲族自治县县志[M]. 杭州：浙江人民出版社，1995：182.

[2] 施联朱. 畲族风俗志[M]. 北京：中央民族学院出版社，1989：44.

[3] 梅松华. 畲族饮食文化[M]. 北京：学苑出版社，2010：73.

[4] 黄尚厚. 丽水农业经济特产[M]. 杭州：浙江科学技术出版社，1992：157.

[5] 浙江植物志（新编）编辑委员会. 浙江植物志[M]. 第9卷. 杭州：浙江科学技术出版社，2021：219-220.

CN-SH-140-002. 杉树

1. 名称 中国/浙江省 福建省/畲族/传统遗传资源/杉树

Cunninghamia lanceolata / Genetic Resource / She People / Zhejiang Province，Fujian Province/China

2. 编号 CN-SH-140-002 中国-畲族-林木-杉树

3. 属性与分布 畲族社区集体知识；主要分布于我国长江流域、秦岭以南地区，在浙江省、福建省畲族社区被广泛利用。

4. 背景信息 杉树（杉木）［*Cunninghamia lanceolata*（Lamb.）Hook.］为杉科（Taxodiaceae）杉木属乔木，高达30 m，胸径可达2.5-3 m；幼树树冠尖塔形，大树树冠

圆锥形，树皮灰褐色，裂成长条片脱落，内皮淡红色；大枝平展，小枝近对生或轮生，常呈二列状，幼枝绿色，光滑无毛；雄球花圆锥状，长 0.5-1.5 cm，有短梗，通常 40 余个簇生枝顶；雌球花单生或 2-3（4）个集生，绿色，苞鳞横椭圆形，先端急尖。球果卵圆形，长 2.5-5 cm，径 3-4 cm；种子扁平，遮盖着种鳞，长卵形或矩圆形，暗褐色，有光泽，两侧边缘有窄翅，长 7-8 mm，宽 5 mm；子叶 2 枚，发芽时出土。花期 4 月，球果 10 月下旬成熟。

5．基本描述 中文种名：杉木；地方名/民族名：杉树。杉树生长快，材质好，木材纹理通直，结构均匀，不翘不裂，是畲族建房和制作家具、农具的主要材料，也可供桥梁、造船、造纸用，用途广泛，需求量大。杉木与畲族人的生产生活密切相关。畲族常用杉树皮铺盖畜栏和厕所，且畲族产妇生产后，婴儿和产妇会用杉树叶和石菖蒲熬汤洗浴。

6．传统知识特征

（1）畲族多分布于亚热带季风气候区域，是杉树（杉木）的原产地。杉树喜光，喜酸性土壤，喜温暖湿润的气候环境，而畲族所在地区酸性土壤居多，极其适宜杉树的生长，因此在畲族地区杉树分布广泛，资源量丰富。

（2）杉树是畲族人最主要的经济用材树种。杉树生长快，材质好，木材纹理通直，结构均匀，不翘不裂，畲族人常用其木材制家具、造桥、造船、造纸用，用途广泛，需求量大，经济价值高。

（3）畲族在种植杉树过程中，创造出丰富的栽培技术和杉树文化。官庄畲族乡民间于新春择日挖穴种植松杉，待松杉成林成材时，需置备三牲、果品、香烛，敬山神，酬谢护林功德，体现了畲族人的自然崇拜思想。

7．保护与利用

（1）传承与利用现状：杉树（杉木）在畲族地区是最主要的农家用材树种，杉树造林和木材生产是畲族社区林副业的主导产业。

（2）受威胁状况及因素分析：单一种植，管理粗放，过度砍伐及城镇化进程的加快是杉树的主要威胁因素。

（3）保护与传承措施：需要通过就地保护措施，加强杉树母树林保护和抚育，并以种植人工林满足农村和农户的木材需求。

8．文献资料

[1] 黄尚厚. 丽水农业经济特产[M]. 杭州：浙江科学技术出版社，1992：136-146.

[2] 钟雷兴. 闽东畲族文化全书（民俗卷）[M]. 北京：民族出版社，2009：90.

[3] 《沐尘畲族乡志》编纂委员会. 沐尘畲族乡志[M]. 北京：方志出版社，2014：167.

[4] 俞郁田. 霞浦县畲族志[M]. 福州：福建人民出版社，1993：121.

[5] 《官庄畲族乡志》编纂委员会. 官庄畲族乡志[M]. 北京：方志出版社，2013：373.

[6] 中国科学院中国植物志编辑委员会. 中国植物志[M]. 第 7 卷. 北京：科学出版社，1978：285.

CN-SH-140-003. 松树

1. 名称　中国/浙江省 福建省/畲族/传统遗传资源/松树

Pinus massoniana/Genetic Resource/She People/Zhejiang Province，Fujian Province/China

2. 编号　CN-SH-140-003 中国-畲族-林木-松树

3. 属性与分布　畲族社区集体知识；主要分布于江苏、安徽、河南、陕西汉水流域以南、长江中下游等地，在浙江省、福建省畲族社区被广泛利用。

4. 背景信息　松树（马尾松）（*Pinus massoniana* Lamb.）为松科（Pinaceae）松属乔木，高达 45 m，胸径 1.5 m；树皮红褐色，下部灰褐色，裂成不规则的鳞状块片；枝平展或斜展，树冠宽塔形或伞形，枝条每年生长一轮。针叶 2 针一束，稀 3 针一束，长 12-20 cm，细柔，微扭曲，两面有气孔线，边缘有细锯齿；叶鞘初呈褐色，后渐变成灰黑色，宿存。雄球花淡红褐色，圆柱形，弯垂，长 1-1.5 cm，聚生于新枝下部苞腋，穗状，长 6-15 cm；雌球花单生或 2-4 个聚生于新枝近顶端，淡紫红色。球果卵圆形或圆锥状卵圆形，长 4-7 cm，径 2.5-4 cm，有短梗，下垂，成熟前绿色，熟时栗褐色，陆续脱落；种子长卵圆形，长 4-6 mm，连翅长 2-2.7 cm；子叶 5-8 枚；长 1.2-2.4 cm；初生叶条形，长 2.5-3.6 cm，叶缘具疏生刺毛状锯齿。花期 4-5 月，球果次年 10-12 月成熟。

5. 基本描述　中文种名：马尾松；地方名/民族名：松树、闪树、山松、青松。松树木质软硬适中而多脂，浸泡水中不易腐烂，畲区旧时桥梁、水利工程建设常用其做基础材料；畲族农村也常用松树做谷柜、铺楼板和做燃料；中华人民共和国成立前，畲族人还会收集松树上的脂，放在铁丝篓下燃烧，用以夜晚外出照明。松树开花时节，畲族人还会搓下花粉，晒干，置锅内微火炒，用来做香料调糯米团等，味佳。

6. 传统知识特征

（1）松树是畲族重要的经济林木。松树（马尾松）木质软硬适中而多脂，浸泡水中不易腐烂，畲族用之为基础设施建设材料。

（2）松树在畲族地区分布广泛，资源量丰富，畲族因地制宜、就地取材，体现了畲族善于利用当地自然资源的传统。

（3）畲族人用松树脂做燃料照明，其最初对松树脂可燃性的发现，体现了畲族人对松树广泛用途的挖掘。

（4）松树开花时节，畲族人还会利用其花粉作为食物制作香料，体现了畲族对松树资源的创新利用。

7. 保护与利用

（1）传承与利用现状：松树为畲族主要的用材和薪炭林树种，并有多种用途，仍然广泛使用。

（2）受威胁状况及因素分析：生产经营粗放及生态环境的破坏，城市化进程的加快等对其资源分布产生影响。

（3）保护与传承措施：对其进行人工种植和抚育。

8. 文献资料

[1] 俞郁田. 霞浦县畲族志[M]. 福州：福建人民出版社，1993：38.

[2] 黄尚厚. 丽水农业经济特产[M]. 杭州：浙江科学技术出版社，1992：151-155.

[3] 《沐尘畲族乡志》编纂委员会. 沐尘畲族乡志[M]. 北京：方志出版社，2014：168.

[4] 施联朱. 畲族风俗志[M]. 北京：中央民族学院出版社，1989：44.

[5] 《官庄畲族乡志》编纂委员会. 官庄畲族乡志[M]. 北京：方志出版社，2013：127.

[6] 钟雷兴. 闽东畲族文化全书（医药卷）[M]. 北京：民族出版社，2009：161-162.

[7] 中国科学院中国植物志编辑委员会. 中国植物志[M]. 第 7 卷. 北京：科学出版社，1978：263.

CN-SH-140-004. 樟树

1. 名称　中国/浙江省 福建省/畲族/传统遗传资源/樟树

Cinnamomum camphora/Genetic Resource/She People/Zhejiang Province，Fujian

Province/China

2. 编号　CN-SH-140-004 中国-畲族-林木-樟树

3. 属性与分布　畲族社区集体知识；主要产于南方及西南各省区，在浙江省、福建省畲族社区被广泛利用。

4. 背景信息　樟树（樟）［*Cinnamomum camphora*（L.）J. Presl］为樟科（Lauraceae）樟属常绿大乔木，高可达 30 m，直径可达 3 m，树冠广卵形；枝、叶及木材均有樟脑气味；树皮黄褐色，有不规则的纵裂。顶芽广卵形或圆球形，鳞片宽卵形或近圆形，外面略被绢状毛。枝条圆柱形，淡褐色，无毛。叶互生，卵状椭圆形，长 6-12 cm，宽 2.5-5.5 cm，先端急尖，有光泽，具离基三出脉，有时过渡到基部具不显的 5 脉；叶柄纤细，长 2-3 cm，腹凹背凸，无毛。圆锥花序腋生，长 3.5-7 cm，具梗，总梗长 2.5-4.5 cm。花绿白或带黄色，长约 3 mm；花梗长 1-2 mm，无毛。果卵球形或近球形，直径 6-8 mm，紫黑色；果托杯状，长约 5 mm，顶端截平，宽达 4 mm，基部宽约 1 mm，具纵向沟纹。花期 4-5 月，果期 8-11 月。

5. 基本描述　中文种名：樟；地方名/民族名：樟树。樟树是珍贵的用材和特用经济树种，常以古老大树分布于畲族村旁，原先大多为自然生长及保护留养成材。樟树生长迅速、寿命长、树冠开展、主干硕壮、抗风力强、病虫害少，其木材纹理细致、柔韧致密、光滑美观、硬度中等。樟树含挥发油和特殊芳香，具有耐湿、抗腐、祛虫、保存期长的特点，畲族常用樟树做贵重家具、房屋构件、造船和富家嫁妆必备的樟木箱等，旧时畲族祠堂庙宇也常以樟木做装饰大梁。

6. 传统知识特征

（1）樟树（樟）木材质地好，用途广泛。当地畲族人普遍就地取材，用于建房等。

（2）樟树含有挥发油和特殊芳香，畲族使用樟木制作高级家具，因喜爱屋内樟木芳香，并起到家具防虫作用。

（3）樟树具有文化价值。畲族将村口的枫、樟、松、栎等乔木统称为风水树，认为可保风水灵气，这促进了樟树在畲族村落的保护，使其大多为自然生长及保护留养成材。

7. 保护与利用

（1）传承与利用现状：现大多成了畲族村落的风水树，特别是树龄较大的樟树。

（2）受威胁状况及因素分析：城镇化进程的加快使得畲族村落逐渐消失，从而也破坏了樟树资源。

（3）保护与传承措施：畲族习惯法规定风水树不能砍伐，促进了樟树的保护。

8. 文献资料

[1]　《沐尘畲族乡志》编纂委员会. 沐尘畲族乡志[M]. 北京：方志出版社，2014：169.

[2] 柳意城. 景宁畲族自治县县志[M]. 杭州：
浙江人民出版社，1995：513.

[3] 《官庄畲族乡志》编纂委员会. 官庄畲族
乡志[M]. 北京：方志出版社，2013：120.

[4] 中国科学院中国植物志编辑委员会. 中
国植物志[M]. 第 31 卷. 北京：科学出版
社，1982：182.

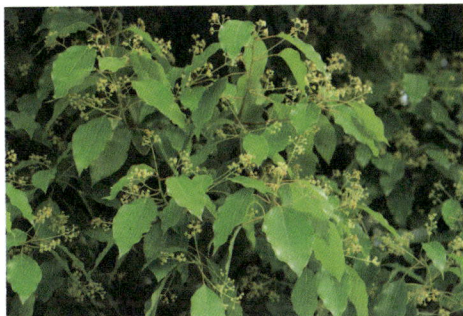

CN-SH-140-005. 柳杉

1. 名称　中国/浙江省 福建省/畲族/传统遗传资源/柳杉

Cryptomeria japonica var. *sinensis*/Genetic Resource/She People/Zhejiang Province, Fujian Province/China

2. 编号　CN-SH-140-005 中国-畲族-林木-柳杉

3. 属性与分布　畲族社区集体知识；主要分布于长江流域以南至广东、广西、云南、贵州、四川等地，在浙江省、福建省畲族社区被广泛利用。

4. 背景信息　柳杉［*Cryptomeria japonica* var. *sinensis* Miq.］为杉科（Taxodiaceae）柳杉属乔木，高达 40 m，胸径可达 2 m 多；树皮红棕色，纤维状，裂成长条片脱落；大枝近轮生，平展或斜展；小枝细长，常下垂，绿色，枝条中部的叶较长，常向两端逐渐变短。叶钻形略向内弯曲，先端内曲，四边有气孔线，长 1-1.5 cm，果枝的叶通常较短，有时长不及 1 cm，幼树及萌芽枝的叶长达 2.4 cm。雄球花单生叶腋，长椭圆形，长约 7 mm，集生于小枝上部，成短穗状花序状；雌球花顶生于短枝上。球果圆球形或扁球形，径 1.2-2 cm，多为 1.5-1.8 cm；种鳞 20 左右。种子褐色，近椭圆形，扁平，长 4-6.5 mm，宽 2-3.5 mm，边缘有窄翅。花期 4 月，球果 10 月成熟。

5. 基本描述　中文种名：柳杉；地方名/民族名：柳杉。柳杉生长快，树木高大，但木质较杉木略粗脆，干燥后易纵裂。柳杉也是畲族人主要用材树种之一，与当地人生活息息相关。过去畲族大多用于做祠堂庙宇的柱料，但也用于做谷柜、铺楼板等。

6. 传统知识特征

（1）柳杉喜欢温暖湿润、云雾弥漫、夏季较凉爽的山区气候，适应畲族景宁畲族自治县山区的亚热带季风气候。

（2）柳杉生长快、树干直，是畲族地区常用的用材树种，但木材质地较差，当地人常用之为普通木材，如柱料、地板等。

（3）柳杉生长快，树木高大，畲族常将其作为绿化观赏树种，保养在村旁，亦有风水林作用。

7. 保护与利用

（1）传承与利用现状：柳杉是畲族旧时主要的用材树种之一，现有人工栽培。

（2）受威胁状况及因素分析：对山区进行开发破坏了柳杉的生态环境。

（3）保护与传承措施：现有柳杉的人工栽培抚育管理。

8. 文献资料

[1] 黄尚厚. 丽水农业经济特产[M]. 杭州：浙江科学技术出版社，1992：146-151.

[2] 《沐尘畲族乡志》编纂委员会. 沐尘畲族乡志[M]. 北京：方志出版社，2014：168.

[3] 刘振清. 大柳杉与森林法[J]. 浙江林业，1995，2：40.

[4] 中国科学院中国植物志编辑委员会. 中国植物志[M]. 第 7 卷. 北京：科学出版社，1978：294.

CN-SH-140-006. 皂荚树

1. 名称　中国/浙江省 福建省/畲族/传统遗传资源/皂荚树

Gleditsia sinensis/Genetic Resource/She People/Zhejiang Province，Fujian Province/China

2. 编号　CN-SH-140-006 中国-畲族-林木-皂荚树

3. 属性与分布　畲族社区集体知识；产于河北、山东、河南、山西、陕西、甘肃、江苏、安徽、浙江、江西、湖南、湖北、福建、广东、广西、四川、贵州、云南等地，在浙江省、福建省畲族社区被广泛利用。

4. 背景信息　皂荚树（皂荚）（*Gleditsia sinensis* Lam.）为豆科（Leguminosae）皂荚属落叶乔木或小乔木，高可达 30 m；枝灰色至深褐色；刺粗壮，圆柱形，常分枝，多呈圆锥状，长达 16 cm。叶为一回羽状复叶，长 10-18（26）cm；小叶（2）3-9 对，纸质，卵状披针形至长圆形，长 2-8.5（12.5）cm，宽 1-4（6）cm，先端急尖或渐尖，顶端圆钝，具小尖头。花杂性，黄白色，组成总状花序；花序腋生或顶生，长 5-14 cm，被短柔毛；胚珠多数。荚果带状，长 12-37 cm，宽 2-4 cm，劲直或扭曲，果肉稍厚，两面鼓起，或有的荚果短小，多少呈柱形，长 5-13 cm，宽 1-1.5 cm，弯曲作新月形，通常称猪牙皂，内无种子；果颈长 1-3.5 cm；果瓣革质，褐棕色或红褐色，常被白色粉霜；种子多颗，长圆形或椭圆形，长 11-13 mm，宽 8-9 mm，棕色，光亮。花期 3-5 月，果期 5-12 月。

5. 基本描述　中文种名：皂荚；地方名/民族名：皂荚树。皂荚树是畲族利用的传统林木资源之一，是畲族当地稀少用材树木之一。皂荚树长势旺盛，雌雄异株，雌树结荚能力强，皂角可去污，旧时畲族洗衣、洗发多有使用。皂荚材质好，硬度适中，边材黄白色，心材红色，纹理清晰，切面光滑，但有臭味，畲族常用来做床榀等家具用材。

6. 传统知识特征

（1）畲族在长期与大自然的相处过程中发现了皂荚树（皂荚）的清洁作用，将它作为天然的清洁剂，为旧时畲族清洁皮肤、洗发、洗衣发挥了不可替代的作用。

（2）皂荚树材质好，硬度适中，纹理清晰，切面光滑，被畲族用来做床榀等家具用材，体现了畲族善于利用自然资源的特点。

（3）皂荚树喜光而稍耐阴，喜温暖湿润气候，喜深厚肥沃湿润土壤，适应畲族山区的亚热带季风气候。

7. 保护与利用

（1）传承与利用现状：皂荚树（皂荚）具有很好的经济价值，是畲族境内稀少用材树木之一，以自然生长和保护留养为主。

（2）受威胁状况及因素分析：皂荚树育苗难，树冠大苗期管理难，因此皂荚树数量稀少。

（3）保护与传承措施：一直存在少量皂荚树的人工栽培。

8. 文献资料

[1]　《沐尘畲族乡志》编纂委员会. 沐尘畲族乡志[M]. 北京：方志出版社，2014：171.

[2]　李艳目. 皂荚树的利用价值与栽培技术[J]. 现代农业科技，2008（13）：85-86.

[3]　冯继涛，段战歌，李宏伟，等. 皂荚树栽培管理技术[J]. 农家科技旬刊，2017（1）：182.

[4]　中国科学院中国植物志编辑委员会. 中国植物志[M]. 第39卷. 北京：科学出版社，1988：86.

CN-SH-140-007. 油茶

1. 名称　中国/浙江省 福建省/畲族/传统遗传资源/油茶

Camellia oleifera/Genetic Resource/She People/Zhejiang Province，Fujian Province/China

2. 编号　CN-SH-140-007 中国-畲族-林木-油茶

3. 属性与分布　畲族社区集体知识；从长江流域到华南各地广泛栽培，在浙江省、福建省畲族社区被广泛利用。

4．背景信息　油茶（*Camellia oleifera* Abel.）为山茶科（Theaceae）山茶属灌木或中乔木；嫩枝有粗毛。叶革质，椭圆形，长圆形或倒卵形；叶柄长 4-8 mm，有粗毛。花顶生，近于无柄，苞片与萼片约 10 片，由外向内逐渐增大，阔卵形，长 3-12 mm，背面有贴紧柔毛或绢毛，花后脱落，花瓣白色，5-7 片，倒卵形，长 2.5-3 cm，宽 1-2 cm，雄蕊长 1-1.5 cm，外侧雄蕊仅基部略连生，偶有花丝管长达 7 mm，无毛，花药黄色，背部着生；子房有黄长毛，3-5 室，花柱长约 1 cm，无毛，先端不同程度 3 裂。蒴果球形或卵圆形，直径 2-4 cm，3 室或 1 室，3 片或 2 片裂开，每室有种子 1 粒或 2 粒，果爿厚 3-5 mm，木质，中轴粗厚；苞片及萼片脱落后留下的果柄长 3-5 mm，粗大，有环状短节。花期冬春间。

5．基本描述　中文种名：油茶；地方名/民族名：油茶。油茶是一种用途广泛的经济作物，畲族人有 150 年以上的种植历史。清光绪经三都澳出口的茶油有 1/5 系畲村生产；抗日战争爆发后，油茶林处于荒芜状态；中华人民共和国成立后，人民政府重视油茶生产，油茶林得到垦复。畲族人不仅将油茶果用来制作茶油，还会在旱天枯水期，把油茶饼放入石臼中春成粉粒，放到大坑小溪中毒鱼，在水稻快成熟时田沟排水后，把油茶饼粉撒在田沟里，使泥鳅从淤泥中跑出。油茶树患茶苞病后会出现叶片肿大和子房肿大，景宁畲族人称为"茶子桃"或"茶子泡"，"茶子桃"或"茶子泡"颜色由红变白后就成熟了，其味道酸甜，是过去畲族常吃的野果之一。

6．传统知识特征

（1）畲族人在采摘油茶时，一般会把果大、色红、质量好的果实埋在空地中，或者带回家去到春天进行播种，育苗，这对油茶的繁育起到了很好的作用，体现了畲族人对油茶的栽培、育种及管理已积累丰富的经验和技术。

（2）畲族对油茶采取多种利用方式，将油茶用于制作茶油、毒鱼、抓泥鳅并将患茶苞病后的叶子当作野果食用，畲族这种对资源综合利用的做法具有创造性。

7．保护与利用

（1）传承与利用现状：畲族现在很少种植油茶，但畲族山区还分布着较多的野生油茶，霞浦县畲族文化研究会用野生油茶籽开发出了茶籽粉，可用于去油污，清洗碗筷和洗头发等。

（2）受威胁状况及因素分析：油茶林老化、分布散落、品种差导致产量低，产油率也低，经济效益相对不高，导致种植油茶的人越来越少。

（3）保护与传承措施：对油茶进行产品的开发，如用野生油茶籽开发出了茶籽粉，促进了油茶资源的利用。

8. 文献资料

[1] 柳意城. 景宁畲族自治县县志[M]. 杭州：浙江人民出版社，1995：182.

[2] 蓝运全. 闽东畲族志[M]. 北京：民族出版社，2000：163.

[3] 程树平. 闽东油茶产业发展对策研究[D]. 福州：福建农林大学，2010.

[4] 吴金宣. 畲族风俗卷[M]. 杭州：浙江古籍出版社，2014：55-56.

[5] 梅松华. 畲族饮食文化[M]. 北京：学苑出版社，2010：136.

[6] 中国科学院中国植物志编辑委员会. 中国植物志[M]. 第 49 卷. 第 3 册. 北京：科学出版社，1998：13.

CN-SH-140-008. 油桐

1. 名称   中国/浙江省 福建省/畲族/传统遗传资源/油桐

Vernicia fordii/Genetic Resource/She People/Zhejiang Province，Fujian Province/China

2. 编号   CN-SH-140-008 中国-畲族-林木-油桐

3. 属性与分布   畲族社区集体知识；分布于陕西、河南、江苏、安徽、浙江、江西、福建、湖南、湖北、广东、海南、广西、四川、贵州、云南等地，在浙江省、福建省畲族社区被广泛利用。

4. 背景信息   油桐［*Vernicia fordii*（Hemsl.）Airy Shaw］为大戟科（Euphorbiaceae）油桐属落叶乔木，高达 10 m；树皮灰色，近光滑；枝条粗壮，无毛，具明显皮孔。叶卵圆形，长 8-18 cm，宽 6-15 cm。花雌雄同株，先叶或与叶同时开放；花瓣白色，有淡红色脉纹，倒卵形，长 2-3 cm，宽 1-1.5 cm，顶端圆形，基部爪状；雄花：雄蕊 8-12 枚，2轮；外轮离生，内轮花丝中部以下合生；雌花：子房密被柔毛，3-5（-8）室，每室有 1 颗胚珠，花柱与子房室同数，2 裂。核果近球状，直径 4-6（-8）cm，果皮光滑；种子3-4（-8）颗，种皮木质。花期 3-4 月，果期 8-9 月。

5. 基本描述   中文种名：油桐；地方名/民族名：油桐。油桐是重要的木本油料树种，在畲族地区有着悠久的栽培历史。畲族以桐杉混交为主要的种植方式栽培油桐，在林地选择和合理密植方面，有"种了朝北地，有本也无利""松树要挤，桐树要稀""若得桐籽，枝叶莫搭死"等经验之谈。畲族栽培油桐的主要目的是取其种子榨油，桐油的经济价值较高，在工业、农业、军事、医药等都具有广泛的用途。油桐木材纹理通顺，材质较轻，畲族会将其制作成轻便家具；榨油后的桐饼，是畲族常用的有机肥料；油桐枝干粉碎成的木屑，也是畲族栽培食用菌很好的培养料。

6．传统知识特征

（1）油桐在畲族地区有着悠久的栽培历史，畲族也在经营方面积累了丰富经验。油桐木材纹理通顺，材质较轻，适合畲族家庭用于制成轻便家具。

（2）畲族将榨油后的桐饼和衰枯的油桐枝干，粉碎后作为有机肥料及食用菌的培养料，体现了畲族对资源的充分利用。

（3）油桐喜温暖湿润气候，适应畲族山区的亚热带季风气候，因此，油桐在畲族地区也有自然分布。

7．保护与利用

（1）传承与利用现状：油桐是畲族主要的经济林种之一，栽培历史悠久。

（2）受威胁状况及因素分析：经营管理不善对油桐生产产生负面影响。

（3）保护与传承措施：对油桐采取科学的栽培管理方式。

8．文献资料

[1] 柳意城. 景宁畲族自治县县志[M]. 杭州：浙江人民出版社，1995：182.

[2] 黄尚厚. 丽水农业经济特产[M]. 杭州：浙江科学技术出版社，1992：164-168.

[3] 中国科学院中国植物志编辑委员会. 中国植物志[M]. 第44卷. 第2册. 北京：科学出版社，1996：143.

CN-SH-140-009．木荷树

1．名称　中国/浙江省 福建省/畲族/传统遗传资源/木荷树

Schima superba/Genetic Resource/She People/Zhejiang Province，Fujian Province/China

2．编号　CN-SH-140-009 中国-畲族-林木-木荷树

3．属性与分布　畲族社区集体知识；主要分布于浙江、福建、我国台湾、江西、湖南、广东、海南、广西、贵州，在浙江省、福建省畲族社区被广泛利用。

4．背景信息　木荷树（木荷）（*Schima superba* Gardn. et Champ.）为山茶科（Theaceae）木荷属大乔木，高25 m，嫩枝通常无毛。叶革质或薄革质，椭圆形，长7-12 cm，宽4-6.5 cm，先端尖锐，有时略钝，基部楔形，上面干后发亮，下面无毛，侧脉7-9对，在两面明显，边缘有钝齿；叶柄长1-2 cm。花生于枝顶叶腋，常多朵排成总状花序，直径3 cm，白色，花柄长1-2.5 cm，纤细，无毛；苞片2，贴近萼片，长4-6 mm，早落；萼片半圆形，长2-3 mm，外面无毛，内面有绢毛；花瓣长1-1.5 cm，最外1片风帽状，边缘多少有毛；

子房有毛。蒴果直径 1.5-2 cm。花期 6-8 月。

5. 基本描述　中文种名：木荷；地方名/民族名：木荷树。木荷是畲族的用材林之一，零星分布于畲族地区杉木林、竹林及其他林间，尤其以薪炭林、阔叶林内多有分布。木质坚硬、细腻，干燥过程中易翘曲，旧时畲族造房屋用作虾公梁、骑门梁、杠梁、楼栅较多，畲族也会将其用作家具，最常见的是做棕棚框架。

6. 传统知识特征

（1）木荷树（木荷）喜光，幼年稍耐庇阴，酸性土（如红壤、红黄壤、黄壤）上均可生长，但以在肥厚、湿润、疏松的砂壤土生长良好，适应畲族地区的亚热带季风气候。

（2）木荷树是中国南方山区最重要的高效生物防火树种，零星分布于畲族地区杉木林、竹林及其他林间，起到局部防燃阻火的作用，当地畲族人也认识到木荷树的防火价值。

（3）木荷树坚硬、细腻，被畲族用作虾公梁、骑门梁、杠梁、楼栅等，体现了畲族善于因地制宜、因材施用的智慧。

7. 保护与利用

（1）传承与利用现状：木荷树是畲族用材林之一，数量不多。

（2）受威胁状况及因素分析：生态环境的破坏以及乱砍滥伐对其野生种群产生了影响。

（3）保护与传承措施：现木荷树有人工栽培。

8. 文献资料

[1] 《沐尘畲族乡志》编纂委员会. 沐尘畲族乡志[M]. 北京：方志出版社，2014：169.

[2] 中国科学院中国植物志编辑委员会. 中国植物志[M]. 第 49 卷. 第 3 册. 北京：科学出版社，1998：224.

CN-SH-140-010. 苦槠树

1. 名称　中国/浙江省 福建省/畲族/传统遗传资源/苦槠树

Castanopsis sclerophylla / Genetic Resource / She People / Zhejiang Province，Fujian Province/China

2. 编号　CN-SH-140-010 中国-畲族-林木-苦槠树

3. 属性与分布　畲族社区集体知识；产于长江以南五岭以北各地，在浙江省、福建省畲族社区被广泛利用。

4. 背景信息　苦槠树（苦槠）［*Castanopsis sclerophylla*（Lindl.）Schott.］为壳斗科（Fagaceae）锥属乔木，高 5-10 m，稀达 15 m，胸径 30-50 cm，树皮浅纵裂，片状剥落，

小枝灰色，散生皮孔，当年生枝红褐色，略具棱，枝、叶均无毛。叶二列，叶片革质，长椭圆形，卵状椭圆形或兼有倒卵状椭圆形，长 7-15 cm，宽 3-6 cm，叶柄长 1.5-2.5 cm。花序轴无毛，雄穗状花序通常单穗腋生，雄蕊 12-10 枚；雌花序长达 15 cm。果序长 8-15 cm，壳斗有坚果 1 个，偶有 2-3，圆球形或半圆球形，全包或包着坚果的大部分，径 12-15 mm，壳壁厚 1 mm 以内，不规则瓣状爆裂，坚果近圆球形，径 10-14 mm，顶部短尖。花期 4-5 月，果当年 10-11 月成熟。

5．基本描述　中文种名：苦槠；地方名/民族名：苦槠树。苦槠树是用材树木之一，木材硬度适中，纹理较粗，色泽灰暗，不易腐烂，不易燃烧，白蚁不食用，畲族旧时常做门槛、板壁地栿及地板龙档等。苦槠树果褐色，形如小板栗，略带苦涩味，淀粉含量高，畲族人常取其果磨浆过滤，漂水后可制成苦槠豆腐食用，具有清凉解毒的功效。

6．传统知识特征

（1）苦槠树（苦槠）喜欢温暖湿润气候，畲族地区多分布于亚热带季风气候区域，极其适合苦槠树的生长。

（2）苦槠树木材硬度适中，纹理较粗，不易腐烂，不易燃烧，畲族选用苦槠树木材做门槛、板壁地栿及地板龙档等的良好用材。

（3）苦槠树果淀粉含量高，畲族常将其制成苦槠豆腐食用，有清凉解毒的功效，具有一定的保健价值。

7．保护与利用

（1）传承与利用现状：苦槠树（苦槠）在畲族社区以自然生长和保护留养为主，数量较少。

（2）受威胁状况及因素分析：随着城镇化进程的加快，传统村落遭到了破坏，从而也影响了苦槠野生资源。

（3）保护与传承措施：现有人工栽培。

8．文献资料

[1]　梅松华. 畲族饮食文化[M]. 北京：学苑出版社，2010：114.

[2]　《沐尘畲族乡志》编纂委员会. 沐尘畲族乡志[M]. 北京：方志出版社，2014：171.

[3]　中国科学院中国植物志编辑委员会. 中国植物志[M]. 第 22 卷. 北京：科学出版社，1998：25.

CN-SH-140-011. 香椿树

1. 名称　中国/浙江省 福建省/畲族/传统遗传资源/香椿树

Toona sinensis/Genetic Resource/She People/Zhejiang Province，Fujian Province/China

2. 编号　CN-SH-140-011 中国-畲族-林木-香椿树

3. 属性与分布　畲族社区集体知识；分布于华北、华东、中部、南部和西南部各省区，在浙江省、福建省畲族社区被广泛利用。

4. 背景信息　香椿树（香椿）［*Toona sinensis*（A. Juss.）Roem.］为楝科（Meliaceae）香椿属乔木；树皮粗糙，深褐色，片状脱落。叶具长柄，偶数羽状复叶，长 30-50 cm 或更长；小叶 16-20，对生或互生，纸质，卵状披针形或卵状长椭圆形，长 9-15 cm，宽 2.5-4 cm，圆锥花序与叶等长或更长，小聚伞花序生于短的小枝上，多花；花长 4-5 mm，具短花梗；花瓣 5，白色，长圆形，先端钝，长 4-5 mm，宽 2-3 mm，无毛；雄蕊 10，子房圆锥形，有 5 条细沟纹，无毛，每室有胚珠 8 颗，花柱比子房长，柱头盘状。蒴果狭椭圆形，长 2-3.5 cm，深褐色，有小而苍白色的皮孔，果瓣薄；种子基部通常钝，上端有膜质的长翅，下端无翅。花期 6-8 月，果期 10-12 月。

5. 基本描述　中文种名：香椿；地方名/民族名：香椿树。香椿喜光耐旱，生长快，主干通直，树体高大，在畲族社区以自然生长及保护留养为多。香椿材质好，耐腐力强，硬度适中，旧时畲族常用作房屋栋梁。且香椿幼芽嫩叶芳香可口，畲族常摘取其嫩芽当蔬菜食用。

6. 传统知识特征

（1）香椿树（香椿）材质好，耐腐力强，硬度适中，在畲族地区常常用作房屋栋梁。

（2）香椿幼芽嫩叶芳香可口，食用价值很高，在畲族社区常被保护留养作为野生蔬菜之一。

7. 保护与利用

（1）传承与利用现状：近年来，香椿以其独特的保健作用和营养价值，备受消费者青睐。香椿作为菜用的种植面积也在不断扩大。

（2）受威胁状况及因素分析：香椿树在畲族社区以自然生长及保护留养为多，随着城镇化进程的加快，其分布受到限制。

（3）保护与传承措施：现有人工栽培满足需求。

8. 文献资料

[1]　《沐尘畲族乡志》编纂委员会. 沐尘畲族乡志[M]. 北京：方志出版社，2014：171.

[2] 彭方仁，梁有旺. 香椿的生物学特性及开发利用前景[J]. 林业科技开发，2005（3）：3-6.

[3] 中国科学院中国植物志编辑委员会. 中国植物志[M]. 第43卷. 第3册. 北京：科学出版社，1997：37.

CN-SH-140-012. 枫香树

1. 名称　中国/浙江省 福建省/畲族/传统遗传资源/枫香树

Liquidambar formosana / Genetic Resource / She People / Zhejiang Province，Fujian Province/China

2. 编号　CN-SH-140-012 中国-畲族-林木-枫香树

3. 属性与分布　畲族社区集体知识；主要分布于中国秦岭及淮河以南各省，在浙江省、福建省畲族社区被广泛利用。

4. 背景信息　枫香树（*Liquidambar formosana* Hance）为金缕梅科（Hamamelidaceae）枫香树属落叶乔木，高达 30 m，胸径最大可达 1 m，树皮灰褐色，方块状剥落；小枝干后灰色，被柔毛，略有皮孔；叶薄革质，阔卵形，掌状 3 裂，中央裂片较长，先端尾状渐尖；两侧裂片平展；叶柄长达 11 cm，常有短柔毛；雄性短穗状花序常多个排成总状，雄蕊多数，花丝不等长，花药比花丝略短。雌性头状花序有花 24-43 朵，花序柄长 3-6 cm，花柱长 6-10 mm，先端常卷曲。头状果序圆球形，木质，直径 3-4 cm；蒴果下半部藏于花序轴内，有宿存花柱及针刺状萼齿。种子多数，褐色，多角形或有窄翅。

5. 基本描述　中文种名：枫香树；地方名/民族名：枫香树。枫香树是畲族当地主要用材树木之一，零星分布于畲族杉木林及其他林间和村旁路边，以自然生长和保护留养为主。枫香树木质坚硬细腻，纹理曲折，易取材加工，置干燥处长久不腐，有千年挂骨枫之称。旧时畲族建房常将枫香用作虾公梁、杠梁、楼栅、搁枕等。

6. 传统知识特征

（1）枫香树喜温暖湿润气候，畲族地区多分布于亚热带季风气候区域，极其适合枫香树的生长。

（2）枫香树是与马尾松、杉木混交造林的理想伴生树种，其零星分布于畲族杉木林及其他林间，有利于充分利用营养空间使林分生产力和生长量得到提高，此外枫香树落叶易腐烂分解对林地土壤理化性质有明显改善，肥力随之提高，防止土壤逆向演替、灰化和贫瘠化。

（3）枫香树木材纹理美观、耐腐耐虫、抗压，是畲族做虾公梁、杠梁、楼栅、搁枕等的良好用材，也是一种经济价值较高的上等用材树种。

7．保护与利用

（1）传承与利用现状：枫香树是畲族地区重要的乡土树种，以自然生长和保护留养为主。

（2）受威胁状况及因素分析：由于对畲族山区的经济开发，枫香树的生境受到破坏。

（3）保护与传承措施：近年来随着枫香树多目标育种和栽培技术研究的开展，与枫香树有关的加工业等也发展壮大起来。

8．文献资料

[1] 《沐尘畲族乡志》编纂委员会. 沐尘畲族乡志[M]. 北京：方志出版社，2014：169.

[2] 翁琳琳，蒋家淡，张鼎华，等. 乡土树种枫香的研究现状与发展前景[J]. 福建林业科技，2007，34（2）：184-189.

[3] 中国科学院中国植物志编辑委员会. 中国植物志[M]. 第35卷. 第2册. 北京：科学出版社，1979：55.

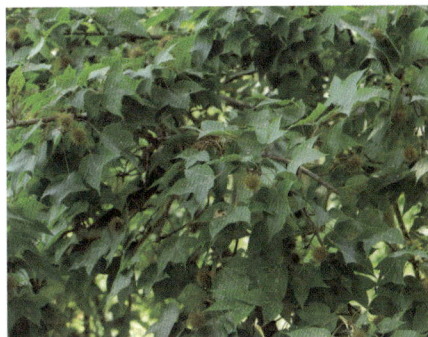

CN-SH-140-013. 黄檀树

1．名称　中国/浙江省 福建省/畲族/传统遗传资源/黄檀树

Dalbergia hupeana/Genetic Resource/She People/Zhejiang Province，Fujian Province/China

2．编号　CN-SH-140-013 中国-畲族-林木-黄檀树

3．属性与分布　畲族社区集体知识；主要分布于山东、江苏、安徽、浙江、江西、福建、湖北、湖南、广东、广西、四川、贵州、云南等地，在浙江省、福建省畲族社区被广泛利用。

4．背景信息　黄檀树（黄檀）（*Dalbergia hupeana* Hance）为豆科（Leguminosae）黄檀属乔木，高10-20 m；树皮暗灰色，呈薄片状剥落。幼枝淡绿色，无毛。羽状复叶长15-25 cm；小叶3-5对，近革质，椭圆形至长圆状椭圆形，长3.5-6 cm，宽2.5-4 cm，圆锥花序顶生或生于最上部的叶腋间，连总花梗长 15-20 cm，花冠白色或淡紫色，长倍于花萼，各瓣均具柄，雄蕊10，呈5+5的二体；子房具短柄，除基部与子房柄外，无毛，胚珠 2-3 粒，花柱纤细，柱头小，头状。荚果长圆形或阔舌状，长 4-7 cm，宽 13-15 mm，顶端急尖，基部渐狭成果颈，果瓣薄革质，对种子部分有网纹，有 1-2（-3）粒种子；种子肾形，长 7-14 mm，宽 5-9 mm。花期 5-7 月。

5. 基本描述 中文种名：黄檀；地方名/民族名：黄檀树。黄檀树为畲族主要用材树木之一，零星分布于畲族社区杉木林及其他林间和村旁路边，以自然生长和保护留养为主。黄檀树木材坚韧、致密，心材呈黄白色或淡褐色，质硬重，切面光滑，耐冲击，富有弹性，旧时畲族人常用此制作各种负重力及拉力强的用具、器材和模具等，如用于制作碓头连杆和轮轴拨齿，带动木砻、石磨的齿轮，木工的刨壳、凿柄、斧柄等。

6. 传统知识特征

（1）黄檀树（黄檀）是畲族地区的乡土树种，也是当地珍贵的用材树种。

（2）黄檀树对立地条件要求不严，适应性强，零星分布于畲族社区杉木林及其他林间和村旁路边，易于砍伐。

（3）黄檀树木材坚韧、致密，质硬重，切面光滑，耐冲击，富有弹性，是畲族人做各种负重力及拉力强的用具、器材和模具等的良好用材。

7. 保护与利用

（1）传承与利用现状：以自然生长和保护留养为主，数量不多，为当地一直使用的珍贵用材树种。

（2）受威胁状况及因素分析：黄檀树（黄檀）在自然状态下生长缓慢，长期未得到重点保护，致使在不少地方已经罕见。

（3）保护与传承措施：要在充分保护野生黄檀资源的基础上，加大对黄檀树的苗木繁育、利用价值挖掘等方面的实验研究。

8. 文献资料

[1] 《沐尘畲族乡志》编纂委员会. 沐尘畲族乡志[M]. 北京：方志出版社，2014：169.

[2] 张华. 经济树种黄檀的人工栽培技术[J]. 农村实用技术，2009（1）：38-39.

[3] 中国科学院中国植物志编辑委员会. 中国植物志[M]. 第 40 卷. 北京：科学出版社，1994：119.

CN-SH-140-014. 光皮树

1. 名称 中国/福建省/上杭县/畲族/传统遗传资源/光皮树

Cornus wilsoniana/Genetic Resource/She People/Shanghang County/Fujian Province/China

2. 编号 CN-SH-140-014 中国-畲族-林木-光皮树

3. 属性与分布 畲族社区集体知识；主要分布于陕西、甘肃、浙江、江西、福建、河南、湖北、湖南、广东、广西、四川、贵州等地，在福建省上杭县官庄畲族乡畲族社区被广泛利用。

4. 背景信息 光皮树（光皮梾木）（*Cornus wilsoniana* Wangerin）为山茱萸科（Cornaceae）梾木属落叶乔木，高 5-18 m，稀达 40 m；树皮灰色至青灰色，块状剥落；叶对生，纸质，椭圆形或卵状椭圆形，长 6-12 cm，宽 2-5.5 cm，顶生圆锥状聚伞花序，宽 6-10 cm，被灰白色疏柔毛；总花梗细圆柱形，长 2-3 cm，被平贴短柔毛；花小，白色，直径约 7 mm；花瓣 4，长披针形，长约 5 mm，上面无毛，下面密被灰白色平贴短柔毛；雄蕊 4，长 6.2-6.8 mm，核果球形，直径 6-7 mm，成熟时紫黑色至黑色；核骨质，球形，直径 4-4.5 mm，肋纹不显明。花期 5 月，果期 10-11 月。

5. 基本描述 中文种名：光皮梾木；地方名/民族名：光皮树。光皮树是一种理想的多用途油料树种，其果肉和种仁均含有较多的油脂，畲族人会摘取其果实榨油食用。光皮树树干光滑看似无皮，木材细致精密，纹理通直，纤维坚硬，是畲族家具及农具的良好用材，其树形美观，寿命较长，也是良好的绿化树种。

6. 传统知识特征

（1）光皮树（光皮梾木）果肉和种仁均含有较多的油脂，营养价值高，畲族将其榨油长期食用，可降低胆固醇，预防高血脂。

（2）光皮树木材细致精密，纹理通直，纤维坚硬，是畲族做家具及农具的良好用材。

（3）因光皮树体形美观，当地人也将光皮树用作绿化、观赏树种。

7. 保护与利用

（1）传承与利用现状：光皮树（光皮梾木）是畲族地区的乡土树种，数量不多。

（2）受威胁状况及因素分析：光皮树在畲族村落零星分布，城镇化的加快及生态环境的破坏对其产生了一定威胁。

（3）保护与传承措施：光皮树利用价值高，但还未形成产业化，有必要加强其栽培、开发力度，促进其保护与传承。

8. 文献资料

[1] 《官庄畲族乡志》编纂委员会. 官庄畲族乡志[M].
北京：方志出版社，2013：120.

[2] 谢风，潘斌林，胡松竹，等. 光皮树研究进展[J]. 安
徽农业科学，2009（7）：2961-2962.

[3] 中国科学院中国植物志编辑委员会. 中国植物
志[M]. 第 56 卷. 北京：科学出版社，1990：59.

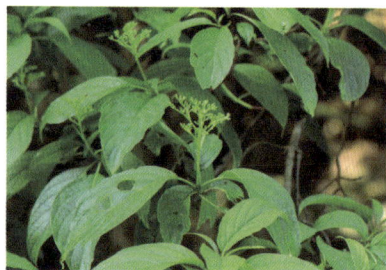

CN-SH-140-015. 榔榆树

1. 名称　中国/浙江省 福建省/畲族/传统遗传资源/榔榆树

Ulmus parvifolia/Genetic Resource/She People/Zhejiang Province，Fujian Province/China

2. 编号　CN-SH-140-015 中国-畲族-林木-榔榆树

3. 属性与分布　畲族社区集体知识；主要分布于河北、山东、江苏、安徽、浙江、福建、我国台湾、江西、广东、广西、湖南、湖北、贵州、四川、陕西、河南等地，在浙江省、福建省畲族社区被广泛利用。

4. 背景信息　榔榆树（榔榆）（*Ulmus parvifolia* Jacq.）为榆科（Ulmaceae）榆属落叶乔木，或冬季叶变为黄色或红色宿存至第二年新叶开放后脱落，高达 25 m，胸径可达 1 m；树冠广圆形，树干基部有时成板状根，树皮灰色或灰褐，裂成不规则鳞状薄片剥落；当年生枝密被短柔毛，深褐色；冬芽卵圆形，红褐色，无毛。叶质地厚，披针状卵形或窄椭圆形，稀卵形或倒卵形，叶柄长 2-6 mm，仅上面有毛。花秋季开放，3-6 数在叶腋簇生或排成簇状聚伞花序，花被上部杯状，下部管状，花被片 4，深裂至杯状花被的基部或近基部，花梗极短，被疏毛。翅果椭圆形或卵状椭圆形，长 10-13 mm，宽 6-8 mm，果核部分位于翅果的中上部，花、果期 8-10 月。

5. 基本描述　中文种名：榔榆；地方名/民族名：榔榆树。榔榆是畲族用材树木之一，在畲族境内分布不多，以自然生长及保护留养为主。榔榆木材坚韧，富有弹性，胶汁多而有黏性，干后硬度高，旧时畲族人用此制作碓头连杆和轮轴拨齿，带动木砻、石磨的齿轮和房梁杠梁等。

6. 传统知识特征

（1）榔榆树（榔榆）喜温暖湿润气候，耐干旱瘠薄，适于畲族地区的亚热带季风气候，是畲区乡土树种。

（2）畲族在长期实践中认识到榔榆树坚韧，富有弹性，胶汁多而有黏性，干后硬度高的特点，将其用于碓头连杆和轮轴拨齿，带动木砻、石磨的齿轮和房梁、杠梁等，体

现了畲族善于因材使用的智慧。

7. 保护与利用

（1）传承与利用现状：榔榆树（榔榆）是畲族地区的用材树种，以自然生长和保护留养为主，数量很少。

（2）受威胁状况及因素分析：现随着城乡绿化，美化，大量应用外来树种，以及农村村庄重新规划，建设等因素，致使乡土树种榔榆树越来越少。

（3）保护与传承措施：应加强研究，积极保护、培育和大力发展乡土树种。

8. 文献资料

[1] 《沐尘畲族乡志》编纂委员会. 沐尘畲族乡志[M]. 北京：方志出版社，2014：170.

[2] 程雪梅，林富平，刘济祥，等. 榔榆播种育苗技术[J]. 现代园艺，2014（5）：39-40.

[3] 中国科学院中国植物志编辑委员会. 中国植物志[M]. 第 22 卷. 北京：科学出版社，1998：376.

CN-SH-140-016. 苦楝

1. 名称　中国/浙江省 福建省/畲族/传统遗传资源/苦楝

Melia azedarach/Genetic Resource/She People/Zhejiang Province，Fujian Province/China

2. 编号　CN-SH-140-016 中国-畲族-林木-苦楝

3. 属性与分布　畲族社区集体知识；主要分布于我国黄河以南各省区，在浙江省、福建省畲族社区被广泛利用。

4. 背景信息　苦楝（楝）（*Melia azedarach* L.）为楝科（Meliaceae）楝属落叶乔木，高达 10 余 m；树皮灰褐色，纵裂。分枝广展，小枝有叶痕。叶为 2-3 回奇数羽状复叶，长 20-40 cm；小叶对生，卵形、椭圆形至披针形，顶生一片通常略大，圆锥花序约与叶等长，无毛或幼时被鳞片状短柔毛；花芳香；花萼 5 深裂，裂片卵形或长圆状卵形，先端急尖，外面被微柔毛；花瓣淡紫色，倒卵状匙形，子房近球形，5-6 室，无毛，每室有胚珠 2 颗，花柱细长，柱头头状，顶端具 5 齿，不伸出雄蕊管。核果球形至椭圆形，长 1-2 cm，宽 8-15 mm，内果皮木质，4-5 室，每室有种子 1 颗；种子椭圆形。花期 4-5 月，果期 10-12 月。

5. 基本描述　中文种名：楝；地方名/民族名：苦楝。苦楝是畲族利用的传统林木资源之一，喜光耐风，在畲族田边路旁多有生长。苦楝生长快速，主干直立挺拔，成材率高，其纹理美观，色泽金黄，硬度适中，容易加工，是制造家具的优良树种。20 世纪 70 年代畲族农村做大衣柜等家具常取苦楝板材做拼花。由于苦楝皮味苦，名称中含有苦字，加上木材干燥后易开裂，畲族民间不喜栽培。苦楝根、皮、种子可入药，具有很好的药用价值。

6．传统知识特征

（1）苦楝（楝）是当地常见树种，常生长在房前屋后。苦楝的果实（苦楝子）具有多种功效，包括杀虫、抗菌、止痒。苦楝子煮水泡脚可改善睡眠。

（2）苦楝主干直立挺拔，纹理美观，色泽金黄，硬度适中，容易加工，畲族农村做大衣柜等家具常取苦楝板材拼花正是利用了这一资源优势。

（3）苦楝其皮味苦，名称中含有苦字，加上木材干燥后易开裂，因此畲族民间不喜栽培，只有野生，在畲族地区数量不多。

7．保护与利用

（1）传承与利用现状：苦楝（楝）是畲族地区的乡土树种，仅自然生长无栽培，数量不多。

（2）受威胁状况及因素分析：苦楝其皮味苦，名称中含有苦字，畲族民间不喜栽培，其野生资源量逐渐减少。

（3）保护与传承措施：应加强研究，增强人们对苦楝价值的认识，积极保护、培育和大力发展乡土树种。

8．文献资料

[1] 《沐尘畲族乡志》编纂委员会. 沐尘畲族乡志[M]. 北京：方志出版社，2014：172.

[2] 杨吉安，马玉花，苏印泉，等. 苦楝研究现状及发展前景[J]. 西北林学院学报，2004（1）：115-118.

[3] 中国科学院中国植物志编辑委员会. 中国植物志[M]. 第 43 卷. 第 3 册. 北京：科学出版社，1997：100.

CN-SH-140-017. 棕树

1．名称 中国/浙江省 福建省/畲族/传统遗传资源/棕树

Trachycarpus fortunei/Genetic Resource/She People/Zhejiang Province，Fujian Province/China

2．编号 CN-SH-140-017 中国-畲族-林木-棕树

3．属性与分布 畲族社区集体知识；主要分布于长江以南各省区，在浙江省、福建

省畲族社区被广泛利用。

4. 背景信息 棕树（棕榈）［*Trachycarpus fortunei*（Hook.）H. Wendl.］为棕榈科（Palmae）棕榈属乔木状植物，高 3-10 m 或更高，树干圆柱形，被不易脱落的老叶柄基部和密集的网状纤维，除非人工剥除，否则不能自行脱落，裸露树干直径 10-15 cm 甚至更粗。叶片呈 3/4 圆形或近圆形，深裂成 30-50 片具皱折的线状剑形，宽 2.5-4 cm，长 60-70 cm 的裂片；叶柄长 75-80 cm 或甚至更长。花序粗壮，多次分枝，从叶腋抽出，通常是雌雄异株。雄花序长约 40 cm，具有 2-3 个分枝花序，下部的分枝花序长 15-17 cm，一般只二回分枝；雄花无梗，每 2-3 朵密集着生于小穗轴上，也有单生的；黄绿色，卵球形，钝三棱；雌花淡绿色，通常 2-3 朵聚生；花无梗，球形，着生于短瘤突上，种子胚乳均匀，角质，胚侧生。花期 4 月，果期 12 月。

5. 基本描述 中文种名：棕榈；地方名/民族名：棕树。棕树是畲族地区重要经济植物，通常野生，也有人工栽培，主要用于绿化观赏和纤维材料。畲族人主要用棕树棕皮纤维来制作各种棕制品，如棕衣、棕绳、棕床垫等。此外棕榈的叶丝也是畲族人捆扎粽子的材料。

6. 传统知识特征

（1）畲族多分布于亚热带季风气候区域，棕榈喜温暖湿润的特性与畲族所处的环境相适应，当地常用棕榈为绿化行道树和观赏植物。

（2）棕树是畲族地区重要经济植物。棕皮的叶鞘纤维耐拉力强，耐磨又耐腐，畲族人常用其制作成棕衣、棕绳、棕床垫等各种生产生活中的棕制品，在畲族人生产生活中发挥了重要的作用。

（3）棕树还在畲族人生活中用作绳子。棕榈的叶丝长且结实，很适合捆扎粽子，且能使蒸出来的粽子更加清香，是畲族人用作端午节捆扎粽子的良好用材。

7. 保护与利用

（1）传承与利用现状：随着畲族人生活水平的提高，很多棕榈制品被现代材料取代，畲族人对棕榈的利用率随之下降。

（2）受威胁状况及因素分析：畲族人对棕榈的利用率的下降导致大量的棕榈树被砍伐。

（3）保护与传承措施：提高人们对棕榈价值的认识，提高其资源利用率。

8. 文献资料

[1] 《官庄畲族乡志》编纂委员会. 官庄畲族乡志[M].
北京：方志出版社，2013：378.

[2] 梅松华. 畲族饮食文化[M]. 北京：学苑出版社，
2010：147.

[3] 中国科学院中国植物志编辑委员会. 中国植物
志[M]. 第 13 卷. 第 1 册. 北京：科学出版社，
1991：12.

150

传统利用野生植物遗传资源的相关知识

CN-SH-150-001. 薇菜

1. 名称　中国/浙江省/丽水市/景宁畲族自治县/畲族/传统遗传资源/薇菜

Osmunda japonica/Genetic Resource/She People/Jingning She Ethnic Autonomous County/Lishui Municipality/Zhejiang Province/China

2. 编号　CN-SH-150-001 中国-畲族-野生植物-薇菜

3. 属性与分布　畲族社区集体知识；分布于甘肃、山东、江苏、安徽、浙江、江西、福建、河南、湖北、湖南、广东、广西、四川、贵州、云南等地，在浙江省景宁畲族自治县畲族社区被广泛利用。

4. 背景信息　薇菜（紫萁）（*Osmunda japonica* Thunb.）为紫萁科（Osmundaceae）紫萁属植物，属于蕨类植物。植株高 50-80 cm 或更高。根状茎短粗，或呈短树干状而稍弯。叶簇生，直立，柄长 20-30 cm，禾秆色，幼时被密绒毛，不久脱落；叶片为三角广卵形，长 30-50 cm，宽 25-40 cm，顶部一回羽状，其下为二回羽状；叶脉两面明显，自中肋斜向上，二回分歧，小脉平行，达于锯齿。叶为纸质，成长后光滑无毛，干后为棕绿色。孢子叶（能育叶）同营养叶等高，或经常稍高，羽片和小羽片均短缩，小羽片变成线形，长 1.5-2 cm，沿中肋两侧背面密生孢子囊。

5. 基本描述 中文种名：紫萁；地方名：薇菜、牛毛广、郎汤光；民族名：黄狗头。薇菜生长于景宁畲族自治县的山地、林缘、崖边等湿地处，是畲族饥荒年间常吃的一种野菜。畲族多在 4 月下旬至 5 月上旬采收薇菜的幼叶，将采摘后的薇菜用开水浸烫、漂洗、去土腥味后，将薇菜单炒、凉拌、做汤、加肉炒食等。薇菜质脆，味美少纤维，具有独特香味，含蛋白质、有机矿物质及多种维生素，营养丰富，受到了越来越多人的欢迎。

6. 传统知识特征

（1）薇菜（紫萁）性喜阴湿，不耐干旱和高温，原产于景宁畲族自治县的山地、林缘、崖边等湿地处，是畲族所在地区常见植物。

（2）畲族利用薇菜的历史悠久，多作为蔬菜食用，并有多种做菜用途，是畲族日常生活中的常见食用植物，薇菜在畲族饥荒年间发挥了重大的作用。

（3）畲族对薇菜的价值已有更多的认识。由于薇菜富含人体必需的缬氨酸、亮氨酸等多种氨基酸，以及维生素、纤维素和碳水化合物等，具有很高的营养价值和经济价值。因此，畲族将其作为一种药食同源的特色蔬菜。

7. 保护与利用

（1）传承与利用现状：薇菜经济价值较高，现已有出口，其保鲜包装和干制的产品受到市场的普遍欢迎，现市场需求较大。

（2）受威胁状况及因素分析：由于过度不合理的采收、牲畜践踏等原因，一些野生薇菜不能完成其正常的生活周期，致使野生薇菜资源越来越少。

（3）保护与传承措施：需要以就地方式对薇菜野生资源进行保护。并以人工栽培方式满足市场需求。

8. 文献资料

[1] 毛荣耀. 有待开发的山区野菜资源[J]. 新农村，2004（3）：10.

[2] 周长辉. 南方薇菜的人工栽培技术[J]. 农家科技，2012（4）：10.

[3] 中国科学院中国植物志编辑委员会. 中国植物志[M]. 第 2 卷. 北京：科学出版社，1959：78.

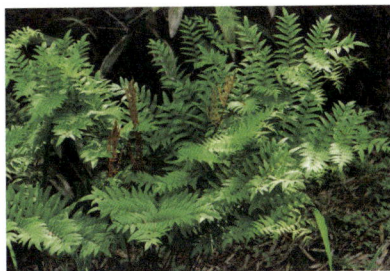

CN-SH-150-002. 蕨菜

1. 名称 中国/浙江省 福建省/畲族/传统遗传资源/蕨菜

Pteridium aquilinum var. *latiusculum* /Genetic Resource/She People/Zhejiang Province, Fujian Province/China

2. 编号 CN-SH-150-002 中国-畲族-野生植物-蕨菜

3. 属性与分布 畲族社区集体知识；产于全国各地，在浙江省、福建省畲族社区被广泛利用。

4. 背景信息 蕨菜（蕨）〔*Pteridium aquilinum* var. *latiusculum*（Desv.）Underw. ex Heller〕为蕨科（Pteridiaceae）蕨属植物，植株高可达 1 m。根状茎长而横走，密被锈黄色柔毛，以后逐渐脱落。叶远生；柄长 20-80 cm，基部粗 3-6 mm，褐棕色或棕禾秆色，略有光泽，光滑，上面有浅纵沟 1 条；叶片阔三角形或长圆三角形，长 30-60 cm，宽 20-45 cm，先端渐尖，基部圆楔形，三回羽状；羽片 4-6 对，对生或近对生，斜展，基部一对最大，二回羽状；小羽片约 10 对，互生；中部以上的羽片逐渐变为一回羽状，长圆披针形，基部较宽，对称，先端尾状。叶脉稠密，仅下面明显。叶干后近革质或革质，暗绿色，上面无毛，下面在裂片主脉上多少被棕色或灰白色的疏毛或近无毛。

5. 基本描述 中文种名：蕨；地方名/民族名:蕨菜。蕨菜是畲族常用的野生植物资源，作为山区畲族食用野菜，在饥荒年月是畲族度饥荒的主食。蕨菜嫩茎叶可食，味道鲜美，畲族除了生炒蕨菜，更常见的是腌制蕨菜干，而且常常腌制好几筒，以备常年食用。经腌制的蕨菜，鲜嫩、色正、味纯，深受畲族欢迎。蕨菜全身是宝，除蕨叶外，畲族还会利用将蕨菜根经过捣根、淘洗、过滤、沉淀、翻晒等工序制成山粉，山粉用于制作山粉饺子、山粉面、山粉糊、山粉饼等可口的食品。

6. 传统知识特征

（1）蕨菜（蕨）的分布很广，是畲族所在山区的常见蕨类植物。蕨菜的适应能力强，在畲族社区分布广泛且资源量丰富，加之蕨菜根富含淀粉，是畲族度饥荒时的主要食物。

（2）畲族在利用蕨菜的实践中形成了蕨菜的多种加工技术，如将蕨菜生炒和腌制蕨菜干，将蕨粉用于制作山粉饺子、山粉面、山粉糊、山粉饼等可口的食品，创造出畲族利用蕨类植物的饮食文化。

（3）随着科学技术的发展，畲族人对蕨菜的用途已有许多扩展。嫩叶含胡萝卜素、钙、钾、镁、锌、铁等矿物元素，18 种氨基酸、蕨甙、乙酰蕨素、胆碱等，具有很高的营养价值，可用于药食同源。

7. 保护与利用

（1）传承与利用现状：蕨菜现在依旧是畲族山区常见的野菜，但畲族现在只是偶尔吃蕨菜换换口味。蕨菜根不多，因蕨菜根存在于很深的土里，过去是掘山时才能掘出大蕨根，现在山林保护，很少挖根。

（2）受威胁状况及因素分析：对畲族山区的开发利用使蕨的野生资源受到了破坏。

（3）保护与传承措施：需要经就地方式保护蕨菜的原生境，并以人工栽培来满足市场需求。

8．文献资料

[1] 黄尚厚. 丽水农业经济特产[M]. 杭州：浙江科学技术出版社，1992：95-97.

[2] 梅松华. 畲族饮食文化[M]. 北京：学苑出版社，2010：83，127.

[3] 黄劲松，何竞旻，刘廷国. 蕨菜研究进展综述[J]. 食品工业科技，2011，32（7）：455-462.

[4] 中国科学院中国植物志编辑委员会. 中国植物志[M]. 第 3 卷. 第 1 册. 北京：科学出版社，1990：2.

CN-SH-150-003. 黄瓜香

1．名称　中国/浙江省/丽水市/景宁畲族自治县/畲族/传统遗传资源/黄瓜香

Pentarhizidium orientale/Genetic Resource/She People/Jingning She Ethnic Autonomous County/Lishui Municipality/Zhejiang Province/China

2．编号　CN-SH-150-003 中国-畲族-野生植物-黄瓜香

3．属性与分布　畲族社区集体知识；产于河南、陕西、甘肃、西藏、贵州、四川、重庆、湖北、湖南、江西、安徽、浙江、福建、我国台湾、广东、广西等地，在浙江省景宁畲族自治县畲族社区被广泛利用。

4．背景信息　黄瓜香（东方荚果蕨）［*Pentarhizidium orientale*（Hook.）Hayata］为球子蕨科（Onocleaceae）荚果蕨属植物，植株高达 1 m。根状茎短而直立，木质，坚硬，先端及叶柄基部密被鳞片；鳞片披针形，长达 2 cm，先端纤维状，全缘，膜质，棕色，有光泽。叶簇生，二形：叶片椭圆形或椭圆状倒披针形，长 12-38 cm，宽 5-11 cm，一回羽状，羽片多数，斜向上，彼此接近，线形，长达 10 cm，宽达 5 mm，两侧强度反卷成荚果状，深紫色，有光泽，平直而不呈念珠状，幼时完全包被孢子囊群，从羽轴伸出的侧脉二至三叉，在羽轴与叶边之间形成囊托，孢子囊群圆形，着生于囊托上，成熟时汇合成线形，囊群盖膜质。染色体 $2n＝80$。

5．基本描述　中文种名：东方荚果蕨；地方名/民族名：黄瓜香。黄瓜香是畲族利用的传统野生植物资源，喜凉爽湿润环境，多分布于畲族山区的林下溪边。黄瓜香具有幽香适口、营养丰富等特性，畲族常常采摘其卷曲未展的嫩叶作春季野菜食用。畲族人将黄瓜香采回后，将其洗净放入开水中片刻，捞出后用来凉拌、炒菜、做汤等。

6. 传统知识特征

（1）畲族居于亚热带季风气候的山区，气候温暖湿润，与黄瓜香喜凉爽湿润环境的特性相适应。

（2）畲族在与大自然相处的过程中认识到黄瓜香食用性，并将其用作野菜，体现了畲族善于利用自然资源的特点。

（3）畲族仅取其嫩叶食用，对整株并不破坏，为可持续利用。

7. 保护与利用

（1）传承与利用现状：随着生活水平的提高，人们开始崇尚吃绿色食品，野菜也越来越受到群众欢迎，现黄瓜香已经是景宁畲族自治县农家乐的特色菜之一。

（2）受威胁状况及因素分析：黄瓜香具有幽香适口、营养丰厚等特性，越来越受到消费者欢迎，其野生资源也面临着过度采摘的威胁。

（3）保护与传承措施：应对黄瓜香进行驯化栽培，缓解野生资源的压力。

8. 文献资料

中国科学院中国植物志编辑委员会. 中国植物志[M]. 第 4 卷. 第 2 册. 北京：科学出版社，1999：162.

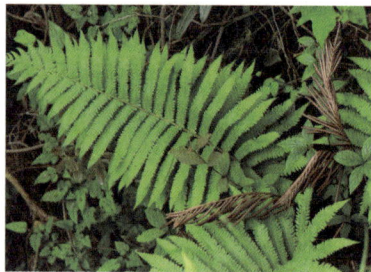

CN-SH-150-004. 鱼腥草

1. 名称　中国/浙江省/丽水市/景宁畲族自治县/畲族/传统遗传资源/鱼腥草

Houttuynia cordata/Genetic Resource/She People/Jingning She Ethnic Autonomous County/Lishui Municipality/Zhejiang Province/China

2. 编号　CN-SH-150-004 中国-畲族-野生植物-鱼腥草

3. 属性与分布　畲族社区集体知识；产于我国中部、东南至西南部各省区，在浙江省景宁畲族自治县畲族社区被广泛利用。

4. 背景信息　鱼腥草（蕺菜）（*Houttuynia cordata* Thunb.）为三白草科（Saururaceae）蕺菜属草本植物，腥臭，高 30-60 cm；茎下部伏地，节上轮生小根，上部直立，无毛或节上被毛，有时带紫红色。叶薄纸质，有腺点，背面尤甚，卵形或阔卵形，长 4-10 cm，宽 2.5-6 cm，顶端短渐尖，基部心形，两面有时除叶脉被毛外余均无毛，背面常呈紫红色；叶脉 5-7 条，全部基出或最内 1 对离基约 5 mm 从中脉发出；叶柄长 1-3.5 cm，无毛；托叶膜质，下部与叶柄合生而成长 8-20 mm 的鞘，略抱茎。花序长约 2 cm，宽 5-6 mm；总花梗长 1.5-3 cm，无毛；总苞片长圆形或倒卵形，长 10-15 mm，宽 5-7 mm，顶端钝圆；雄蕊长于子房，花丝长为花药的 3 倍。蒴果长 2-3 mm，顶端有宿存的花柱。花期 4-7 月。

5．基本描述 中文种名：蕺菜；地方名：鱼腥草；民族名：田鲜臭菜、臭节。鱼腥草常分布于畲族山区背阴山坡、村边田埂、河畔溪边及湿地草丛中，由于其性味辛寒，具有清热解毒、消肿排脓、利尿通淋的功效，畲族多在夏季将鱼腥草洗净用以凉拌或清炒。鱼腥草在畲区是常见的食用蔬菜，不仅家庭食用，在饭店也是普通常见的一道凉拌菜。

6．传统知识特征

（1）鱼腥草（蕺菜）性味辛寒，具有清热解毒、消肿排脓、利尿通淋的功效，畲族居于山区，夏季劳作时暑气重，因此畲族常常在夏季以鱼腥草做菜。

（2）鱼腥草是畲族药食同源的植物之一，畲族会将鱼腥草切碎塞入乳鸡腹中或猪肚中再用线缝合清炖以治疗肺炎、慢性气管炎、百日咳、水肿等疾病，并以此增强免疫力。

（3）鱼腥草有臭味，因此畲族称其为"田鲜臭菜"，此命名是根据它的气味特征。

7．保护与利用

（1）传承与利用现状：鱼腥草不仅是民间的特味野菜，还是一种传统药用植物，目前由于野生资源不能满足人们的要求，人工种植的鱼腥草逐渐兴起，经济效益良好。

（2）受威胁状况及因素分析：随着人们对鱼腥草的规模化综合利用，鱼腥草被大量采挖，资源破坏严重，生境也逐渐片断化，其种群数量迅速萎缩。

（3）保护与传承措施：应尽快进行新品种选育和良种化规模栽培，满足鱼腥草产业化发展的重大需求。

8．文献资料

[1] 梅松华. 畲族饮食文化[M]. 北京：学苑出版社，2010：119.

[2] 周欢欢，刘同祥，耿少华，等. 鱼腥草的研究进展[J]. 医学信息：中旬刊，2011，24（8）：4125-4125.

[3] 中国科学院中国植物志编辑委员会. 中国植物志[M]. 第 20 卷. 第 1 册. 北京：科学出版社，1982：8.

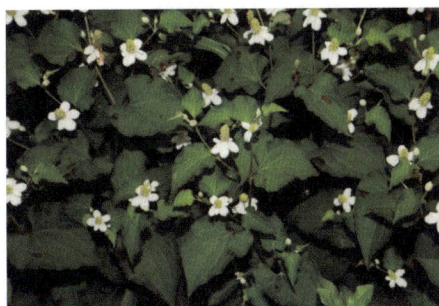

CN-SH-150-005. 山核桃

1. 名称 中国/浙江省/丽水市/景宁畲族自治县/畲族/传统遗传资源/山核桃

Carya cathayensis/Genetic Resource/She People/Jingning She Ethnic Autonomous County/Lishui Municipality/Zhejiang Province/China

2. 编号 CN-SH-150-005 中国-畲族-野生植物-山核桃

3. 属性与分布 畲族社区集体知识；主要分布于浙江和安徽等地，在浙江省景宁畲族自治县畲族社区被广泛利用。

4. 背景信息 山核桃（*Carya cathayensis* Sarg.）为胡桃科（Juglandaceae）山核桃属乔木，高达 10-20 m，胸径 30-60 cm；树皮平滑，灰白色，光滑；小枝细瘦，新枝密被盾状着生的橙黄色腺体，后来腺体逐渐稀疏，雄性荑黄花序 3 条成 1 束，花序轴被有柔毛及腺体，长 10-15 cm。果实倒卵形，向基部渐狭，幼时具 4 狭翅状的纵棱，密被橙黄色腺体，成熟时腺体变稀疏，纵棱也变成不显著；外果皮干燥后革质，厚 2-3 mm，沿纵棱裂开成 4 瓣；果核倒卵形或椭圆状卵形，有时略侧扁，具极不显著的 4 纵棱，顶端急尖而具 1 短凸尖，20-25 mm 长，直径 15-20 mm；内果皮硬，淡灰黄褐色，1 mm 厚；隔膜内及壁内无空隙；子叶 2 深裂。4-5 月开花，9 月果成熟。

5. 基本描述 中文种名：山核桃；地方名/民族名：山核桃。景宁畲族自治县敕木山上有成片野山核桃，每年 8-9 月果实变为黄褐色时畲族人即上山进行采集。畲族人采集山核桃后，把山核桃放在潮湿的地方，待几周山核桃脱苞后，再用蒸煮法脱涩烘干或将坚果与沙子一起炒这两种方式对山核桃进行加工。

6. 传统知识特征

（1）山核桃喜温暖湿润的生长环境，景宁畲族自治县分布于亚热带季风气候区域，气候温暖湿润，特别适合野山核桃的生长。

（2）山核桃对畲族不仅有食用价值，还有娱乐价值，畲族儿童拿山核桃当弹珠玩，老人用山核桃做保健球用以健身。

（3）山核桃坚果蛋白质和氨基酸含量高，其中人体必需的氨基酸占 7 种；山核桃果肉中还含有 22 种矿物质元素，特别是钙、钾、锌含量远高于一般干果仁，有很高的营养价值，畲族人食用山核桃以补充身体的蛋白质。

7. 保护与利用

（1）传承与利用现状：山核桃在社会上的需求量日益增加，现景宁畲族自治县有人以种植核桃为经济来源，利用前景广阔。

（2）受威胁状况及因素分析：随着对山区的开发，山核桃野生种群受到了一定的威胁。

（3）保护与传承措施：应对其山核桃野生种群进行保护。

8．文献资料

[1] 梅松华. 畲族饮食文化[M]. 北京：学苑出版社，
 2010：135.

[2] 章亭洲. 山核桃的营养、生物学特性及开发利用现
 状[J]. 食品与发酵工业，2006，32（4）：90-93.

[3] 中国科学院中国植物志编辑委员会. 中国植物
 志[M]. 第 21 卷. 北京：科学出版社，1979：39.

CN-SH-150-006. 锥栗

1．名称　中国/浙江省/丽水市/景宁畲族自治县/畲族/传统遗传资源/锥栗

Castanea henryi/Genetic Resource/She People/Jingning She Ethnic Autonomous County/ Lishui Municipality/Zhejiang Province/China

2．编号　CN-SH-150-006 中国-畲族-野生植物-锥栗

3．属性与分布　畲族社区集体知识；广布于秦岭南坡以南、五岭以北各地，在浙江省景宁畲族自治县畲族社区被广泛利用。

4．背景信息　锥栗［*Castanea henryi*（Skan）Rehd. et Wils.］为壳斗科（Fagaceae）栗属乔木，胸径 1.5 m，冬芽长约 5 mm，小枝暗紫褐色，托叶长 8-14 mm。叶长圆形或披针形，长 10-23 cm，宽 3-7 cm，顶部长渐尖至尾状长尖，新生叶的基部狭楔尖，两侧对称，成长叶的基部圆或宽楔形，一侧偏斜；开花期的叶柄长 1-1.5 cm，结果时延长至 2.5 cm。雄花序长 5-16 cm，花簇有花 1-3（-5）朵；每壳斗有雌花 1（偶有 2 或 3）朵，仅 1 花（稀 2 或 3）发育结实，花柱无毛，稀在下部有疏毛。成熟壳斗近圆球形，连刺径 2.5-4.5 cm，刺或密或稍疏生，长 4-10 mm；坚果长 15-12 mm，宽 10-15 mm，顶部有伏毛。花期 5-7 月，果期 9-10 月。

5．基本描述　中文种名：锥栗；地方名/民族名：锥栗。锥栗生长于景宁畲族自治县海拔 1 100 m 以下的中山、丘陵地带，与甜槠、米槠等混生成林，畲族 10-11 月常常去山上将其果实采集回家。野生锥栗味甜可生食，畲族将其生吃或煮着吃、炒着吃，或做成锥栗鸭、锥栗粽等特色食品。锥栗果富含人体营养所必需的胡萝卜素、氨基酸等，与普通板栗相比，具有高糖分，高蛋白、高维生素等许多优点，且比板栗清香，甜脆，备受畲族青睐。

6. 传统知识特征

（1）畲族过去从野外锥栗上采集灰树花（一种寄生在锥栗上药食两用的大型真菌），体现了畲族利用自然资源的生态智慧。

（2）畲族在利用锥栗的过程中形成了多种烹饪加工技术，并将锥栗做成多种特色食品，说明锥栗在丰富畲族饮食文化多样性方面的价值。

（3）与普通板栗相比，锥栗在营养成分和口感方面具有更多的优点和经济价值，是当地畲族生活中常用的经济树种。

7. 保护与利用

（1）传承与利用现状：现在，锥栗已经采用人工引种栽培，成为一种产业，市场价格比板栗还要高。

（2）受威胁状况及因素分析：随着对山区的开发，野生锥栗种群受到了一定的威胁。

（3）保护与传承措施：应对野生锥栗种群进行保护。

8. 文献资料

[1] 梅松华. 畲族饮食文化[M]. 北京：学苑出版社，2010：136.

[2] 林桂桃，吴启发，汤忠华，等. 锥栗引种栽培技术试验[J]. 中国林副特产，2013（4）：26-27.

[3] 中国科学院中国植物志编辑委员会. 中国植物志[M]. 第 21 卷. 北京：科学出版社，1979：39.

CN-SH-150-007. 攀爬藤

1. 名称 中国/福建省/宁德市/畲族/传统遗传资源/攀爬藤

Ficus pumila/Genetic Resource/She People/Ningde Municipality/Fujian Province/China

2. 编号 CN-SH-150-007 中国-畲族-野生植物-攀爬藤

3. 属性与分布 畲族社区集体知识；产于福建、江西、浙江、安徽、江苏、我国台湾、湖南、广东、广西、贵州、云南东南部、四川及陕西等地，在福建省宁德市畲族社区被广泛利用。

4. 背景信息 攀爬藤（薜荔）（*Ficus pumila* L.）为桑科（Moraceae）榕属攀缘或匍匐灌木，叶两型，不结果枝节上生不定根，叶卵状心形，长约 2.5 cm，薄革质，基部稍不对称，尖端渐尖，叶柄很短；结果枝上无不定根，革质，卵状椭圆形，长 5-10 cm，宽 2-3.5 cm，叶柄长 5-10 mm；托叶 2，披针形，被黄褐色丝状毛。榕果单生叶腋，瘿花果梨形，雌花果近球形，长 4-8 cm，直径 3-5 cm；雄花，生榕果内壁口部，多数，排为几行，有柄，花被片 2-3，线形，雄蕊 2 枚，花丝短；瘿花具柄，花被片 3-4，线形，花柱侧生，短；雌花生另一植株榕一果内壁，花柄长，花被片 4-5。瘦果近球形，有黏液。花、果期 5-8 月。

5. 基本描述　中文种名：薜荔；地方名/民族名：攀爬藤、墙壁藤、风不动。攀爬藤果胶含量高，是制作果冻和凉粉的优良原料，畲族人常将其瘦果放入布袋，在温水中搓揉出汁液来，一段时间后，即成为凉粉。攀爬藤果凉粉风味独特、质地细腻、口感润滑，是畲族人消暑解渴的良好食品。畲族人不仅利用其果实，还常取其藤用来炖猪脚吃，具有祛风湿的功效。

6. 传统知识特征

（1）攀爬藤（薜荔）果的果胶含量高，畲族人利用攀爬藤果来制作凉粉正是利用了这一资源特点。

（2）畲族人夏天在山上干活时易中暑，而攀爬藤果制作的凉粉风味独特、质地细腻、口感润滑，具有消暑解渴功效，深受畲族人喜爱。

（3）畲族人常年聚居在山上，所耕种之田均为冷水田，山上雾气重，容易患风湿，畲族人用攀爬藤来炖猪脚以祛风湿。

7. 保护与利用

（1）传承与利用现状：攀爬藤以野生零散分布为主，人工栽培资源较少，其资源开发利用水平较低。

（2）受威胁状况及因素分析：人们对攀爬藤价值认识不高，很容易遭到人为的砍伐。

（3）保护与传承措施：应加强对攀爬藤资源利用的研究，提高其资源利用率，促进其保护与传承。

8. 文献资料

[1]　秦爱文，樊国栋，占志勇，等. 薜荔的开发前景及研究现状[J]. 南方林业科学，2016，44（6）：54-57，73.

[2]　中国科学院中国植物志编辑委员会. 中国植物志[M]. 第 23 卷. 第 1 册. 北京：科学出版社，1998：205.

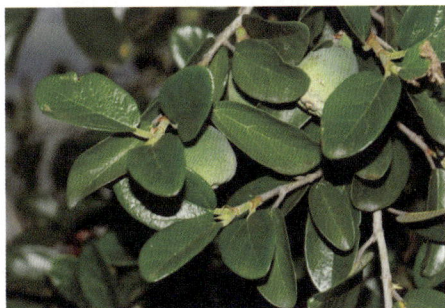

CN-SH-150-008. 糯米藤

1. 名称　中国/浙江省 福建省/畲族/传统遗传资源/糯米藤

Gonostegia hirta/Genetic Resource/She People/Zhejiang Province，Fujian Province/China

2. 编号　CN-SH-150-008 中国-畲族-野生植物-糯米藤

3. 属性与分布　畲族社区集体知识；西藏东南部、云南、华南至陕西南部及河南南部广布，在浙江省、福建省畲族社区被广泛利用。

4. 背景信息　糯米藤（糯米团）［*Gonostegia hirta*（Bl.）Miq.］为荨麻科（Urticaceae）糯米团属多年生草本，有时茎基部变木质；茎蔓生、铺地或渐升，长 50-100（-160）cm，叶对生；叶片草质或纸质，宽披针形至狭披针形、狭卵形、稀卵形或椭圆形，叶柄长 1-4 mm；托叶钻形，长约 2.5 mm。团伞花序腋生，通常两性，有时单性，雌雄异株，直径 2-9 mm；苞片三角形，长约 2 mm。雄花：花梗长 1-4 mm；花蕾直径约 2 mm。雌花：花被菱状狭卵形，长约 1 mm，顶端有 2 小齿，有疏毛，果期呈卵形，长约 1.6 mm，有 10 条纵肋。柱头长约 3 mm，有密毛。瘦果卵球形，长约 1.5 mm，白色或黑色，有光泽。花期 5-9 月。

5. 基本描述　中文种名：糯米团；地方名：糯米藤、猪儿菜、石薯、金鸡舌、猪仔草；民族名：官做媒、冷饭团。糯米藤常分布于畲族社区田间、沟旁及路侧，畲族人将糯米藤采集后，将较嫩的部分洗后煮熟食用或舂烂，加入少许大米或玉米粉、黄栗粉蒸煮后食用；将较老的部分拿来喂猪。

6. 传统知识特征

（1）畲族居于亚热带季风气候的山区，气候温暖湿润，适合糯米藤的生长，当地畲民因地制宜地利用糯米藤资源。

（2）畲族在长期与大自然的相处过程中认识到糯米藤具有较好的食用价值和饲用价值，将糯米藤食用或拿来喂猪。

（3）糯米藤性甘苦、凉，具有清热解毒、健脾、止血的功效，畲族人将糯米藤舂烂，加入少许大米或玉米粉、黄栗粉蒸煮后食用，有很好的保健价值。

7. 保护与利用

（1）传承与利用现状：糯米藤不仅具有食用价值，还有药用价值，是畲族常用的药用植物。

（2）受威胁状况及因素分析：糯米藤常分布于畲族社区田间、沟旁及路侧等人为活动频繁的区域，容易受到人为的破坏。

（3）保护与传承措施：应加强人们对糯米藤价值的认识，提高人们对糯米藤的保护意识。

8．文献资料

[1]   汪华光. 铅山畲族志[M]. 北京：方志出版社，1999：231.

[2]   浙江省农科院园艺研究所等. 浙江蔬菜品种志[M]. 杭州：浙江大学出版社，1994：586.

[3]   王坚. 中药糯米藤的研究概况[J]. 中国民族民间医药，2011，20（9）：37.

[4]   中国科学院中国植物志编辑委员会. 中国植物志[M]. 第23卷. 第2册. 北京：科学出版社，1995：367.

CN-SH-150-009．灰菜

1．名称 中国/浙江省/丽水市/景宁畲族自治县/畲族/传统遗传资源/灰菜

Chenopodium album/Genetic Resource/She People/Jingning She Ethnic Autonomous County/Lishui Municipality/Zhejiang Province/China

2．编号 CN-SH-150-009 中国-畲族-野生植物-灰菜

3．属性与分布 畲族社区集体知识；遍及全球温带及热带，我国各地均有分布，在浙江省景宁畲族自治县畲族社区被广泛利用。

4．背景信息 灰菜（藜）（*Chenopodium album* L.）为藜科（Chenopodiaceae）藜属一年生草本，高30-150 cm。茎直立，粗壮，具条棱及绿色或紫红色色条，多分枝；枝条斜升或开展。叶片菱状卵形至宽披针形，长 3-6 cm，宽 2.5-5 cm，先端急尖或微钝，基部楔形至宽楔形，上面通常无粉，有时嫩叶的上面有紫红色粉，下面多少有粉，边缘具不整齐锯齿；叶柄与叶片近等长，或为叶片长度的1/2。花两性，花簇于枝上部排列成或大或小的穗状圆锥状或圆锥状花序；种子横生，双凸镜状，直径 1.2-1.5 mm，边缘钝，黑色，有光泽，表面具浅沟纹；胚环形。花、果期5-10月。

5．基本描述 中文种名：藜；地方名/民族名：灰菜。灰菜适应性强，生命力旺盛，分布于畲族地区的荒地、低山坡林缘、田间、路边及村旁等地。畲族人常在春荒时节采集灰菜嫩茎叶，入沸水锅焯过苦味后做菜，或煮"灰菜稀饭"。畲族人不仅自己食用灰菜，还常用灰菜嫩茎叶做饲料，喂养家畜。

6．传统知识特征

（1）灰菜（藜）是常见的伴人植物，是常见杂草，房前屋后、田间地头都有自然分布。

（2）灰菜适应性强，生命力旺盛，资源量丰富，多用于猪的青饲料。

（3）灰菜虽有苦味，但可作为野生蔬菜食用，畲族人采集灰菜后需入沸水锅焯过苦味后做菜或煮"灰菜稀饭"。

7．保护与利用

（1）传承与利用现状：灰菜为杂草的一种，多为野生，营养价值较高，为实至名归的绿色食品，畲民至今仍然食用。

（2）受威胁状况及因素分析：灰菜多分布于人活动较频繁的荒地、低山坡林缘、田间、路边及村旁等地，人为的破坏及农药的使用对其野生资源可造成破坏。

（3）保护与传承措施：灰菜虽是资源丰富的野菜，但利用时也应适当保护，以促进灰菜的可持续利用。

8．文献资料

[1] 梅松华. 畲族饮食文化[M]. 北京：学苑出版社，
2010：121.

[2] 中国科学院中国植物志编辑委员会. 中国植物志[M].
第 25 卷. 第 2 册. 北京：科学出版社，1979：98.

CN-SH-150-010. 酸苋

1．名称　中国/浙江省 福建省/畲族/传统遗传资源/酸苋

Portulaca oleracea/Genetic Resource/She People/Zhejiang Province，Fujian Province/China

2．编号　CN-SH-150-010 中国-畲族-野生植物-酸苋

3．属性与分布　畲族社区集体知识；产于我国各地，在浙江省、福建省畲族社区被广泛利用。

4．背景信息　酸苋（马齿苋）（*Portulaca oleracea* L.）为马齿苋科（Portulacaceae）马齿苋属一年生草本，全株无毛。茎平卧或斜倚，伏地铺散，多分枝，圆柱形，长 10-15 cm，淡绿色或带暗红色。叶互生，有时近对生，叶片扁平，肥厚，倒卵形，似马齿状，花无梗，直径 4-5 mm，常 3-5 朵簇生枝端，午时盛开；苞片 2-6，叶状，膜质，近轮生；花瓣 5，稀 4，黄色，倒卵形，长 3-5 mm，顶端微凹，基部合生；雄蕊通常 8，或更多，长约 12 mm，花药黄色；蒴果卵球形，长约 5 mm，盖裂；种子细小，多数，偏斜球形，黑褐色，有光泽，直径不及 1 mm，具小疣状凸起。花期 5-8 月，果期 6-9 月。

5．基本描述　中文种名：马齿苋；地方名：酸苋、酸草；民族名：铜钱菜、五色草、猪母菜、和尚菜。酸苋是畲族传统利用的野生植物，是畲族饥荒时节用以充饥的一种野菜。畲族人将酸苋（马齿苋）采摘后，洗净直接炒食。酸苋不仅营养丰富，具有食用价值，还具有药用价值，是畲族的常用药用植物，具有解毒、消炎、利尿、消肿的功效。

6．传统知识特征

（1）酸苋（马齿苋）适应性广，具有耐热、耐贫瘠、耐旱的特性，在畲族地区资源量丰富，分布广泛，成为畲族饥荒时节用以充饥的野菜之一。

（2）酸苋营养丰富，具有解毒、消炎、利尿、消肿的功效，是畲族常用的草药。

7．保护与利用

（1）传承与利用现状：景宁畲族人不仅自己吃酸苋，还拿到菜市场销售，因此酸苋也成了景宁宾馆、饭店的常见绿色菜肴。

（2）受威胁状况及因素分析：酸苋野生资源受到了过度的采摘及农药的威胁。

（3）保护与传承措施：现有人工栽培满足市场需求。

8．文献资料

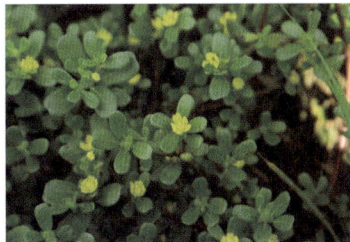

[1] 梅松华. 畲族饮食文化[M]. 北京：学苑出版社，
2010：120.

[2] 中国科学院中国植物志编辑委员会. 中国植物志[M].
第26卷. 北京：科学出版社，1996：37.

CN-SH-150-011. 荠菜

1．名称 中国/浙江省 福建省/畲族/传统遗传资源/荠菜

Capsella bursa-pastoris/Genetic Resource/She People/Zhejiang Province，Fujian Province/China

2．编号 CN-SH-150-011 中国-畲族-野生植物-荠菜

3．属性与分布 畲族社区集体知识；产于全国各地，在浙江省、福建省畲族社区被广泛利用。

4．背景信息 荠菜（荠）[*Capsella bursa-pastoris*（L.）Medic.]为十字花科（Cruciferae）荠属一年或二年生草本，高（7-）10-50 cm，无毛、有单毛或分叉毛；茎直立，单一或从下部分枝。基生叶丛生呈莲座状，大头羽状分裂，叶柄长 5-40 mm；茎生叶窄披针形或披针形。总状花序顶生及腋生，果期延长达 20 cm；花梗长 3-8 mm；萼片长圆形，长 1.5-2 mm；花瓣白色，卵形，长 2-3 mm，有短爪。短角果倒三角形或倒心状三角形，长 5-8 mm，宽 4-7 mm，扁平，无毛，顶端微凹，裂瓣具网脉；花柱长约 0.5 mm；果梗长 5-15 mm。种子 2 行，长椭圆形，长约 1 mm，浅褐色。花、果期 4-6 月。

5．基本描述 中文种名：荠；地方名/民族名：荠菜。荠菜适应范围广，多分布于畲族社区的旷野田边路旁、村宅边。畲族常于春季采挖其未开花的植株食用。荠菜有特殊鲜味，根须部分尤甚，因此畲族人采挖时不会去掉根须，采集荠菜后直接炒食或做饺子

馅，其风味鲜美，品质好，是一种纯天然无公害野生保健食品。

6. 传统知识特征

（1）荠菜（荠）适应范围广，在畲族社区的旷野田边路旁、村宅边均有分布，资源量丰富，被畲族人广泛利用为野生蔬菜。

（2）由于荠菜有特殊鲜味，根须部分尤甚，畲族人采挖时不会去掉根须，这是畲族人在长期利用荠菜过程中的经验总结。

（3）荠菜为早春野生植物，在浙江、福建等南方省份的春节期间就有市场售卖，用于春卷等食品的内馅。

7. 保护与利用

（1）传承与利用现状：荠菜目前以野生为主，但近年来也有人工栽培。在人们日益重视营养与保健的今天，荠菜越来越受到人们的青睐。

（2）受威胁状况及因素分析：农药、化肥的大量施用及城镇化进程的加快对其野生种群产生了影响。

（3）保护与传承措施：人工栽培缓解了野生资源的压力。

8. 文献资料

[1] 浙江省农科院园艺研究所等. 浙江蔬菜品种志[M]. 杭州：浙江大学出版社，1994：577.

[2] 中国科学院中国植物志编辑委员会. 中国植物志[M]. 第33卷. 北京：科学出版社，1987：85.

CN-SH-150-012. 糖罐头

1. 名称　中国/浙江省/丽水市/景宁畲族自治县/畲族/传统遗传资源/糖罐头

Rosa laevigata/Genetic Resource/She People/Jingning She Ethnic Autonomous County/Lishui Municipality/Zhejiang Province/China

2. 编号　CN-SH-150-012 中国-畲族-野生植物-糖罐头

3. 属性与分布　畲族社区集体知识；产于陕西、安徽、江西、江苏、浙江、湖北、湖南、广东、广西、我国台湾、福建、四川、云南、贵州等省区，在浙江省景宁畲族自治县畲族社区被广泛利用。

4. 背景信息　糖罐头（金樱子）（*Rosa laevigata* Michx.）为蔷薇科（Rosaceae）蔷薇属常绿攀缘灌木，高可达 5 m；小枝粗壮，散生扁弯皮刺，无毛，幼时被腺毛，老时逐渐脱落减少。小叶革质，通常 3，稀 5，连叶柄长 5-10 cm；小叶片椭圆状卵形、倒卵形或披针状卵形，小叶柄和叶轴有皮刺和腺毛；托叶离生或基部与叶柄合生，披针形，边缘有细齿，齿尖有腺体，早落。花单生于叶腋，直径 5-7cm；花梗长 1.8-2.5 cm，偶有 3 cm 者，花梗和萼筒密被腺毛，随果实成长变为针刺；花瓣白色，宽倒卵形，先端微凹；雄蕊多数；果梨形、倒卵形，稀近球形，紫褐色，外面密被刺毛，果梗长约 3 cm，萼片宿存。花期 4-6 月，果期 7-11 月。

5. 基本描述　中文种名：金樱子；地方名：糖罐头；民族名：长棘头。糖罐头是畲族常用的野生植物，畲族山区均有分布。畲族小孩特别喜欢吃糖罐头，常常在 10-11 月，用篾钳摘取其果，摊在地上，用鞋底揉搓，去掉针刺，用小刀破开，刮去果实内的毛和籽，放到溪水里漂洗，然后，用棕榈串成串，慢慢享用。糖罐头果实酸甜且含糖量高，可鲜食，还可以用来熬糖，故称为糖罐头。畲族人用糖罐头解决了畲族人贫困而吃不起糖的困境。除了鲜吃和熬糖，糖罐头还是畲族人常用的药用植物资源，畲族人常将糖罐头用来泡酒，将其果实刺刮干洗净后，晾干外表水分，浸泡于米烧中，封口，三五天搅拌一次，浸泡半个月即可饮用，常饮此药酒能增强人体免疫力。

6. 传统知识特征

（1）旧时家果对畲族人来说是奢侈品，而糖罐头是畲族从自然界中获取的用来弥补家果不足的良好资源。

（2）糖罐头果实酸甜且含糖量高，可鲜食，还可以用来熬糖，故也称为糖罐头，畲族对其的命名是根据其利用特点。

（3）畲族人将糖罐头用来鲜吃、熬糖和制成金樱子药酒，这是畲族人在长期生产生活实践中发现的优势效用。

7. 保护与利用

（1）传承与利用现状：生活水平提高后，畲族人很少用糖罐头（金樱子）熬糖和鲜食，而是更多倾向于制作金樱子药酒。

（2）受威胁状况及因素分析：金樱子是珍贵的野生食用植物，但人们对其保护意识不强，使其野生资源大幅减少。

（3）保护与传承措施：2002 年，卫生部正式将金樱子列入保健食品的行列，其保护与传承进一步受到关注。

8. 文献资料

[1] 梅松华. 畲族饮食文化[M]. 北京：学苑出版社，2010：33，133，258.

[2] 刘学贵，李佳骆，高品一，等. 药食两用金樱子的研究进展[J]. 食品科学，2013，34（11）：392-398.

[3] 中国科学院中国植物志编辑委员会. 中国植物志[M]. 第 37 卷. 北京：科学出版社，1985：448.

CN-SH-150-013. 卵棘头

1. 名称 中国/浙江省/丽水市/景宁畲族自治县/畲族/传统遗传资源/卵棘头

Rosa bracteata/Genetic Resource/She People/Jingning She Ethnic Autonomous County/ Lishui Municipality/Zhejiang Province/China

2. 编号 CN-SH-150-013 中国-畲族-野生植物-卵棘头

3. 属性与分布 畲族社区集体知识；主要分布于江苏、浙江、我国台湾、福建、江西、湖南、贵州、云南等地，在浙江省景宁畲族自治县畲族社区被广泛利用。

4. 背景信息 卵棘头（硕苞蔷薇）（*Rosa bracteata* J. C. Wendl.）为蔷薇科（Rosaceae）蔷薇属铺散常绿灌木，高 2-5 m，有长匍枝；小枝粗壮，密被黄褐色柔毛，混生针刺和腺毛；皮刺扁弯常成对着生在托叶下方。小叶 5-9，连叶柄长 4-9 cm；小叶片革质，椭圆形、倒卵形，小叶柄和叶轴有稀疏柔毛、腺毛和小皮刺；花单生或 2-3 朵集生；直径 4.5-7 cm；花梗长不到 1 cm，密生长柔毛和稀疏腺毛；花瓣白色，倒卵形，先端微凹，心皮多数；花柱密被柔毛，比雄蕊稍短。果球形，密被黄褐色柔毛，果梗短，密被柔毛。花期 5-7 月，果期 8-11 月。

5. 基本描述 中文种名：硕苞蔷薇；地方名：卵棘头、糖钵；民族名：算盘子。卵棘头是畲族利用的野生植物资源，在景宁畲族自治县山区均有分布。过去，家果对畲族人来说是奢侈品，为了弥补家果的不足，畲族人经常上山去采摘卵棘头。卵棘头果实酸甜且含糖量高，被称为糖钵，是景宁畲族人喜欢吃的野果之一。景宁畲族儿童在 9-11 月采摘卵棘头，并常常拿着一串串加工过的卵棘头进城卖，酸甜可口的卵棘头也深受城里小孩的喜爱。

6. 传统知识特征

（1）景宁畲族自治县位于亚热带季风气候区域，气候温暖湿润，极其适合卵棘头（硕苞蔷薇）的生长，因此卵棘头在畲族地区资源丰富，分布广泛。

（2）卵棘头因果实酸甜且含糖量高，故被称为糖钵，畲族对其的命名根据其资源特性。

（3）卵棘头和金樱子都是畲族常吃的野果，作为生吃野果，卵棘头更受畲族人喜爱，因为它没有渣，体现了卵棘头适合畲族人的口感，有更多利用。

7. 保护与利用

（1）传承与利用现状：畲族生活水平提高后，家果供应充分，对卵棘头（硕苞蔷薇）的利用变少了。

（2）受威胁状况及因素分析：卵棘头栖息的很多地方均被开发，使其野生种群数量急剧下降。

（3）保护与传承措施：应提高人们的保护意识，加强对卵棘头野生资源的保护。

8．文献资料

[1]　梅松华. 畲族饮食文化[M]. 北京：学苑出版社，2010：133-134.

[2]　中国科学院中国植物志编辑委员会. 中国植物志[M]. 第37卷. 北京：科学出版社，1985：449.

CN-SH-150-014．野山楂

1．名称　中国/浙江省/丽水市/景宁畲族自治县/畲族/传统遗传资源/野山楂

Crataegus pinnatifida/Genetic Resource/She People/Jingning She Ethnic Autonomous County/Lishui Municipality/Zhejiang Province/China

2．编号　CN-SH-150-014 中国-畲族-野生植物-野山楂

3．属性与分布　畲族社区集体知识；产于黑龙江、吉林、辽宁、内蒙古、河北、河南、山东、山西、陕西、江苏、浙江、福建等地，在浙江省景宁畲族自治县畲族社区被广泛利用。

4．背景信息　野山楂（*Crataegus cuneata* Sieb. et Zucc.）为蔷薇科（Rosaceae）山楂属落叶乔木，高达6 m，树皮粗糙，暗灰色或灰褐色；刺长1-2 cm，有时无刺；小枝圆柱形，当年生枝紫褐色，老枝灰褐色；叶片宽卵形或三角状卵形，稀菱状卵形，叶柄长2-6 cm，无毛；托叶草质，伞房花序具多花，直径4-6 cm，总花梗和花梗均被柔毛，花后脱落，减少，花梗长4-7 mm；萼筒钟状，长4-5 mm，外面密被灰白色柔毛；花瓣倒卵形或近圆形，长7-8 mm，宽5-6 mm，白色；雄蕊20，短于花瓣，花药粉红色；花柱3-5，基部被柔毛，柱头头状。果实近球形或梨形，直径1-1.5 cm，深红色，有浅色斑点；小核3-5，外面稍具棱，内面两侧平滑；萼片脱落很迟，先端留一圆形深洼。花期5-6月，果期9-10月。

5．基本描述　中文种名：野山楂；地方名：野山楂；民族名：山枣、毛枣子、猴楂。野山楂在景宁畲族自治县山区均有分布，多分布于海拔1 500 m以下的山谷、多石湿地或灌丛中。由于野山楂果实多肉而酸甜，又有健胃、消积化滞之功效，因此畲族人都喜欢食用。畲族人常在9-11月上山采摘野山楂回家，除自己食用外，还用棕榈或线一颗颗串起来，系成一串，拿到城里卖。

6．传统知识特征

（1）野山楂适应性强，喜凉爽，湿润的环境，景宁畲族自治县位于亚热带季风气候区域，适合野山楂的生长发育。

（2）野山楂果实多肉而酸甜，又有健胃、消积化滞之功效，是旧时畲族人从自然界获取的保健野果。

（3）野山楂果可在市场出售，是部分畲族人经济收入的来源。

（4）野山楂果可加工为多种食用产品，如糖葫芦等，儿童特别喜爱，并且具美观和文化意义。

7. 保护与利用

（1）传承与利用现状：现已有人工栽培，是市场上常见的水果之一，已开发出了糖葫芦、山楂饼、山楂糕、山楂片等大量的加工产品。

（2）受威胁状况及因素分析：由于山区的开发，野山楂生境受到破坏。

（3）保护与传承措施：野山楂现虽然有大量的人工栽培，但仍需加强对其野生资源的保护。

8. 文献资料

[1] 梅松华. 畲族饮食文化[M]. 北京：学苑出版社，2010：132.

[2] 中国科学院中国植物志编辑委员会. 中国植物志[M]. 第 36 卷. 北京：科学出版社，1974：194.

CN-SH-150-015. 五叶扭

1. 名称　中国/浙江省/丽水市/景宁畲族自治县/畲族/传统遗传资源/五叶扭

Rubus hirsutus/Genetic Resource/She People/Jingning She Ethnic Autonomous County/Lishui Municipality/Zhejiang Province/China

2. 编号　CN-SH-150-015 中国-畲族-野生植物-五叶扭

3. 属性与分布　畲族社区集体知识；除东北、甘肃、青海、新疆、西藏外，全国均有分布，在浙江省景宁畲族自治县畲族社区被广泛利用。

4. 背景信息　五叶扭（蓬蘽）（*Rubus hirsutus* Thunb.）为蔷薇科（Rosaceae）多年生草本；株高可达 1-2 m，枝被柔毛和腺毛，疏生皮刺；小叶 3-5，卵形或宽卵形，长 3-7 cm，先端急尖或渐尖，基部宽楔形或圆，两面疏生柔毛，具不整齐尖锐重锯齿；叶柄长 2-3 cm，顶生小叶柄长约 1 cm，花常单生，顶生或腋生；花梗长（2）3-6 cm，具柔毛和腺毛，或有极少小皮刺；苞片具柔毛，花径 3-4 cm；花萼密被柔毛和腺毛，萼片卵状披针形或三角状披针形；花瓣倒卵形或近圆形，白色，果近球形，径 1-2 cm，无毛；果实近球形，直径 1-2 cm，无毛；花期 4 月，果期 5-6 月。

5. 基本描述　中文种名：蓬蘽；地方名：五叶扭；民族名：布谷扭、三月扭、三月泡。五叶扭是畲族利用的传统野生植物资源之一，五叶扭多生长于畲族山区的山上或田埂边，其果味甜美，含糖、苹果酸、柠檬酸及维生素 C 等，畲族常采摘五叶扭野果生吃。

6．传统知识特征

（1）五叶扭（蓬蘽）为畲族当地常见种，畲族使用五叶扭已有较长历史。

（2）布谷鸟喜欢吃五叶扭，因此畲族将山莓称为"布谷扭"，畲族根据其鸟食特征来命名，更体现了动植物之间的和谐。

（3）五叶扭果味甜美，且含糖、苹果酸、柠檬酸及维生素 C 等营养物质，深受畲族的喜爱。

7．保护与利用

（1）传承与利用现状：浙江景宁畲族人除了自己食用五叶扭（蓬蘽），还常常送人或拿到城里去卖。现在，景宁畲族人已经开始人工种植。

（2）受威胁状况及因素分析：五叶扭多生长于畲族山区的山上或田埂边等人为活动频繁的区域，其野生种群容易受到人为的破坏，如山区开发、人为清除等活动。

（3）保护与传承措施：应加强对五叶扭的驯化栽培，满足市场日益增长的需求。

8．文献资料

[1] 钟雷兴. 闽东畲族文化全书（医药卷）[M]. 北京：
    民族出版社，2009：240.

[2] 雷后兴，李水福. 中国畲药学[M]. 北京：人民军医
    出版社，2014：121-122.

[3] 中国科学院中国植物志编辑委员会. 中国植物志
    [M]. 第37卷. 北京：科学出版社，1985：101.

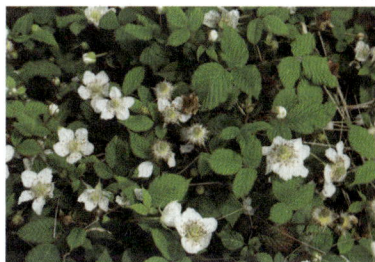

CN-SH-150-016. 野葛

1．名称　中国/浙江省/丽水市/景宁畲族自治县/畲族/传统遗传资源/野葛

Pueraria montana var. *lobata*/Genetic Resource/She People/Jingning She Ethnic Autonomous County/Lishui Municipality/Zhejiang Province/China

2．编号　CN-SH-150-016 中国-畲族-野生植物-野葛

3．属性与分布　畲族社区集体知识；分布于全国，在浙江省景宁畲族自治县畲族社区被广泛利用。

4．背景信息　野葛（葛）[*Pueraria montana* var. *lobata*（Willd.）Maesen & S. M. Almeida ex Sanjappa & Predeep] 为豆科（Leguminosae）葛属粗壮藤本，长可达 8 m，全体被黄色长硬毛，茎基部木质，有粗厚的块状根。羽状复叶具 3 小叶；托叶背着，卵状长圆形，

具线条；总状花序长 15-30 cm，中部以上有颇密集的花；苞片线状披针形至线形，远比小苞片长，早落；花萼钟形，长 8-10 mm，被黄褐色柔毛，裂片披针形，渐尖，比萼管略长；花冠长 10-12 mm，紫色，旗瓣倒卵形；子房线形，被毛。荚果长椭圆形，长 5-9 cm，宽 8-11 mm，扁平，被褐色长硬毛。花期 9-10 月，果期 11-12 月。

5. 基本描述 中文种名：葛；地方名/民族名：野葛。野葛可食用，是浙江景宁畲族过去遇上灾年度饥荒的食粮。畲族将葛叶用来喂兔子；将葛藤块茎压榨后冲洗沉淀成葛粉，用来做葛粉面疙瘩、葛粉糊、葛粉麻糍等可口的食品。葛粉做的东西，既可充饥，又耐消化，吃了不易饥饿。葛根不仅可做葛粉，而且淘洗后的葛根经络还是畲族打草鞋的好材料。

6. 传统知识特征

（1）野葛（葛）对生境要求不高，适应性较强，在畲族地区分布广泛，资源量丰富。

（2）野葛已被当地畲族用作粮食，葛粉做的东西，既可充饥，又耐消化，吃了不易饥饿，在畲族度饥荒期间发挥了重要的作用。

（3）野葛藤块茎含有丰富的淀粉，畲族已形成对野葛深加工、制作副食品的技术，将葛根加工成葛粉，用来制作葛粉面疙瘩、葛粉糊、葛粉麻糍等食品。

（4）畲族对野葛资源已形成综合利用的意识，如将淘洗后的葛根经络用来打草鞋。

7. 保护与利用

（1）传承与利用现状：对野葛的传统利用一直延续至今。现在，畲族用野葛加工成的葛粉已经成了送人的珍贵礼品。

（2）受威胁状况及因素分析：野葛用途广泛，利用价值高，常引起人们的过度采挖，使其野生资源受到了破坏。

（3）保护与传承措施：现已有人工栽培。

8. 文献资料

[1] 梅松华. 畲族饮食文化[M]. 北京：学苑出版社，2010：85.

[2] 吴荣华，吴凤莲，莘海亮，等. 野葛的饲用价值和栽培技术[J]. 中国林副特产，2017（5）：51-53.

[3] 中国科学院中国植物志编辑委员会. 中国植物志[M]. 第41卷. 北京：科学出版社，1995：224.

CN-SH-150-017. 紫藤

1．名称 中国/浙江省/丽水市/景宁畲族自治县/畲族/传统遗传资源/紫藤

Wisteria sinensis/Genetic Resource/She People/Jingning She Ethnic Autonomous County/Lishui Municipality/Zhejiang Province/China

2．编号 CN-SH-150-017 中国-畲族-野生植物-紫藤

3．属性与分布 畲族社区集体知识；产于河北以南的黄河、长江流域及陕西、河南、广西、贵州、云南等地，在浙江省景宁畲族自治县畲族社区被广泛利用。

4．背景信息 紫藤［*Wisteria sinensis*（Sims）Sweet］为豆科（Leguminosae）紫藤属落叶藤本。茎左旋，枝较粗壮，嫩枝被白色柔毛，后秃净；冬芽卵形。奇数羽状复叶长 15-25 cm；小叶柄长 3-4 mm，被柔毛；小托叶刺毛状，长 4-5 mm，宿存。总状花序发自上年短枝的腋芽或顶芽，长 15-30 cm，径 8-10 cm，花序轴被白色柔毛；苞片披针形，早落；花长 2-2.5 cm，芳香；花冠紫色，旗瓣圆形，先端略凹陷，花开后反折，子房线形，密被绒毛，花柱无毛，上弯，胚珠 6-8 粒。荚果倒披针形，密被绒毛，悬垂枝上不脱落，有种子 1-3 粒；种子褐色，具光泽，圆形，宽 1.5 cm，扁平。花期 4 月中旬至 5 月上旬，果期 5-8 月。

5．基本描述 中文种名：紫藤；地方名/民族名：紫藤。紫藤一般在清明前后开花，畲族人会剪取花序，摘下花朵，洗净后放到滚水锅里焯一下，捞起沥干，然后与鸡蛋同炒。吃不完的紫藤花可晒干备用，炖肉吃。紫藤花清香可口，柔嫩爽滑，且营养丰富，常食紫藤花能润肤增白。

6．传统知识特征

（1）紫藤对气候和土壤的适应性强，较耐寒，耐水湿及瘠薄土壤，资源量丰富，分布广泛，在景宁畲族自治县山上随处可见，畲族就地取材，加以利用。

（2）畲族已掌握紫藤利用的传统方法，如将新鲜紫藤花炒鸡蛋吃，也会将吃不完的紫藤花晒干储存备用，炖肉吃，体现了畲族人利用紫藤的传统饮食文化。

（3）紫藤花清香可口，柔嫩爽滑，且营养丰富，常食紫藤花能润肤增白，具有较好的保健价值，深得当地畲族人的喜爱。

7．保护与利用

（1）传承与利用现状：紫藤具有很好的食用价值，也具有很好的观赏价值，现在常被栽培作庭院棚架植物。

（2）受威胁状况及因素分析：因养护管理技术不当，栽培利用时常常不能成功。

（3）保护与传承措施：对紫藤的栽培技术要不断研究，使其更好地实现人工栽培。

8. 文献资料

[1] 梅松华. 畲族饮食文化[M]. 北京：学苑出版社，
2010：117.

[2] 李根有，陈征海，杨淑贞. 浙江野菜 100 种精选图
谱[M]. 北京：科学出版社，2011：170.

[3] 中国科学院中国植物志编辑委员会. 中国植物志[M].
第 40 卷. 北京：科学出版社，1994：184.

CN-SH-150-018. 鸡爪梨

1. 名称　中国/浙江省/丽水市/景宁畲族自治县/畲族/传统遗传资源/鸡爪梨

Hovenia acerba/Genetic Resource/She People/Jingning She Ethnic Autonomous County/
Lishui Municipality/Zhejiang Province/China

2. 编号　CN-SH-150-018 中国-畲族-野生植物-鸡爪梨

3. 属性与分布　畲族社区集体知识；主要分布于甘肃、陕西、河南、安徽、江苏、浙江、江西、福建、广东、广西、湖南、湖北、四川、云南、贵州等地，在浙江省景宁畲族自治县畲族社区被广泛利用。

4. 背景信息　鸡爪梨（枳椇）（*Hovenia acerba* Lindl.）为鼠李科（Rhamnaceae）枳椇属高大乔木，高 10-25 m；小枝褐色或黑紫色，被棕褐色短柔毛或无毛，有明显白色的皮孔。叶互生，厚纸质至纸质，宽卵形、椭圆状卵形或心形，长 8-17 cm，宽 6-12 cm，叶柄长 2-5 cm，无毛。二歧式聚伞圆锥花序，顶生和腋生，被棕色短柔毛；花两性，直径 5-6.5 mm；萼片具网状脉或纵条纹，无毛，长 1.9-2.2 mm，宽 1.3-2 mm；花瓣椭圆状匙形，长 2-2.2 mm，宽 1.6-2 mm，具短爪；浆果状核果近球形，直径 5-6.5 mm，无毛，成熟时黄褐色或棕褐色；果序轴明显膨大；种子暗褐色或黑紫色，直径 3.2-4.5 mm。花期 5-7 月，果期 8-10 月。

5. 基本描述　中文种名：枳椇；地方名/民族名：鸡爪梨。每年降霜时节，景宁畲族居民喜欢上山采摘鸡爪梨，并一小撮一小撮扎好挂起来，进行风熟，经过风熟后的鸡爪梨，味道更加香甜。鸡爪梨果柄可制成果脯，美味香甜，是理想的保健食品。鸡爪梨不仅具有食用价值，还具有其他经济价值，适合做家具及装饰用材，也具有药用价值，皮、叶、根、果实、种子均可药用，果实、种子清凉利尿，还可解酒。

6. 传统知识特征

（1）鸡爪梨（枳椇）果实（果序梗）肥大肉质，含有丰富的糖类，有机酸和多种维生素、氨基酸、过氧化氢酶以及一些微量元素和生物碱，具有很高的营养价值，是当地

畲民常见果品。

（2）鸡爪梨木材硬度适中、纹理美观、容易加工，畲族将其用来做家具和装饰用材。

（3）鸡爪梨不仅具有食用等经济价值，还是畲族的药用植物资源，常被用来解酒。

7．保护与利用

（1）传承与利用现状：在景宁畲族自治县多为自家鲜食，尚未得到广泛的商业开发。

（2）受威胁状况及因素分析：有些地方的鸡爪梨（枳椇）生境受到破坏，对其种群产生一定威胁，此外很难繁殖也是威胁因素之一。

（3）保护与传承措施：应加强野生种群资源保护，建立野鸡爪梨种群的保护区。

8．文献资料

[1] 梅松华. 畲族饮食文化[M]. 北京：学苑出版社，2010：136.

[2] 邵可满. 枳椇人工栽培与开发利用[J]. 安徽林业，2003（2）：15.

[3] 中国科学院中国植物志编辑委员会. 中国植物志[M]. 第48卷. 第1册. 北京：科学出版社，1982：91.

CN-SH-150-019. 木槿

1．名称 中国/浙江省/丽水市/景宁畲族自治县/畲族/传统遗传资源/木槿

Hibiscus syriacus/Genetic Resource/She People/Jingning She Ethnic Autonomous County/Lishui Municipality/Zhejiang Province/China

2．编号 CN-SH-150-019 中国-畲族-野生植物-木槿

3．属性与分布 畲族社区集体知识；产于福建、广东、广西、四川、贵州、云南、湖南、湖北、江西、安徽、浙江、江苏等地，在浙江省景宁畲族自治县畲族社区被广泛利用。

4．背景信息 木槿（*Hibiscus syriacus* L.）为锦葵科（Malvaceae）木槿属落叶灌木，高 3-4 m，小枝密被黄色星状绒毛。叶菱形至三角状卵形，长 3-10 cm，宽 2-4 cm，具深浅不同的 3 裂或不裂，叶柄长 5-25 mm，上面被星状柔毛；托叶线形，长约 6 mm，疏被柔毛。花单生于枝端叶腋间，花梗长 4-14 mm，被星状短绒毛；花萼钟形，长 14-20 mm，花钟形，淡紫色，直径 5-6 cm，花瓣倒卵形，长 3.5-4.5 cm，外面疏被纤毛和星状长柔毛；雄蕊柱长约 3 cm；花柱枝无毛。蒴果卵圆形，直径约 12 mm，密被黄色星状绒毛；种子肾形，背部被黄白色长柔毛。花期 7-10 月。

5．基本描述　中文种名：木槿；地方名/民族名：木槿。木槿花花期较长，一般在公历的 5 月中下旬至 10 月中旬开花。畲族常用木槿做菜园篱笆，并将半开展或全开展之花食用，可直接炒食，或沸水烫漂后捞出晒干食用。木槿花炒食时鲜香味正，口感独特，且富含人体必备的钙、镁、铁、锌、钾等成分，营养成分丰富。

6．传统知识特征

（1）木槿适应范围广，生长快，易成活，在畲族地区普遍生长，畲族常栽培木槿做菜园篱笆，既方便又美观。

（2）木槿花大且色美，当地畲族喜爱，常在房前屋后栽培，以观赏。

（3）木槿花炒食鲜香味正，口感独特，且富含人体必备的营养元素，营养价值高，具有很好的保健功能，畲族长期以来传统将木槿花作为食品，且形成木槿花食品加工技术。

7．保护与利用

（1）传承与利用现状：各地广泛栽培，已有人专门制作干木槿花出售。

（2）受威胁状况及因素分析：栽培管理技术不当及病虫害是其主要威胁因素。

（3）保护与传承措施：各地广泛栽培满足了市场的需求。

8．文献资料

[1]　梅松华. 畲族饮食文化[M]. 北京：学苑出版社，2010：117.

[2]　浙江省农科院园艺研究所等. 浙江蔬菜品种志[M].
　　　杭州：浙江大学出版社，1994：582.

[3]　李根有，陈征海，杨淑贞. 浙江野菜 100 种精选图
　　　谱[M]. 北京：科学出版社，2011：172.

[4]　中国科学院中国植物志编辑委员会. 中国植物志[M].
　　　第 49 卷. 第 2 册. 北京：科学出版社，1984：75.

CN-SH-150-020. 猕猴桃

1．名称　中国/浙江省/丽水市/景宁畲族自治县/畲族/传统遗传资源/猕猴桃

Actinidia chinensis/Genetic Resource/She People/Jingning She Ethnic Autonomous County/Lishui Municipality/Zhejiang Province/China

2．编号　CN-SH-150-020 中国-畲族-野生植物-猕猴桃

3．属性与分布　畲族社区集体知识；产于陕西、湖北、湖南、河南、安徽、江苏、浙江、江西、福建、广东和广西等地，在浙江省景宁畲族自治县畲族社区被广泛利用。

4．背景信息　猕猴桃（中华猕猴桃）（*Actinidia chinensis* Planch.）为猕猴桃科（Actinidiaceae）猕猴桃属大型落叶藤本；叶纸质，倒阔卵形至倒卵形或阔卵形至近圆

形，长 6-17 cm，宽 7-15 cm，顶端截平形并中间凹入或具突尖、急尖至短渐尖，叶柄长 3-6（-10）cm，被灰白色茸毛或黄褐色长硬毛或铁锈色硬毛状刺毛。聚伞花序 1-3 花，花序柄长 7-15 mm，花柄长 9-15 mm；苞片小，卵形或钻形，长约 1 mm，均被灰白色丝状绒毛或黄褐色茸毛；花初开放时白色，开放后变淡黄色，有香气，直径 1.8-3.5 cm；花瓣 5 片，有时少至 3-4 片或多至 6-7 片，阔倒卵形，有短距，长 10-20 mm，宽 6-17 mm；雄蕊极多，花丝狭条形，长 5-10 mm。果黄褐色，近球形、圆柱形、倒卵形或椭圆形，长 4-6 cm，被茸毛、长硬毛或刺毛状长硬毛，成熟时秃净或不秃净，具小而多的淡褐色斑点；宿存萼片反折；种子纵径 2.5 mm。

5. 基本描述　中文种名：中华猕猴桃；地方名/民族名：猕猴桃。猕猴桃为纯天然绿色水果，景宁畲族自治县几乎每座山都有野生猕猴桃分布，每到夏季 8-9 月，景宁畲族人就会上山采集，一般都可以摘上满满一竹篓。畲族人采集野生猕猴桃后，一般熟软的猕猴桃可以当场食用，一时没有成熟的，畲族人会埋在米糠中，3-5 d 后就会熟透。畲族人除把野生猕猴桃用以生吃外，为了便于保存，还常常将野生猕猴桃切成片，晒成干，或切片加米倒入坛中，封严，每 3 d 搅拌一次，浸泡 20-30 d 制成猕猴桃药酒，以备常年食用。

6. 传统知识特征

（1）猕猴桃（中华猕猴桃）是当地山区原产的野生植物，当地畲族人因地制宜，传统利用猕猴桃已有较长历史。

（2）猕猴桃的口感甜酸、可口，风味极佳，富含维生素 C 等多种营养物质，经济价值高，是当地畲族喜爱的果品，景宁畲族已开始扩大栽培猕猴桃。

（3）除了直接以水果食用，当地畲族还用作酿酒。猕猴桃酒是果酒之一，其营养成分和功效都远高于现在的葡萄酒，因含有丰富的维生素、氨基酸和大量的多酚，可以起到抑制脂肪在人体中堆积的作用，具有很好的保健价值。

7. 保护与利用

（1）传承与利用现状：近年来，随着猕猴桃市场行情看好，景宁县不断扩大猕猴桃栽培面积。目前，景宁县鹤溪、沙湾、鸬鹚、大地等乡镇（街道）都新建了猕猴桃基地。

（2）受威胁状况及因素分析：野生猕猴桃生境受到威胁，栽培猕猴桃可能因管理技术不当而影响猕猴桃产量。

（3）保护与传承措施：要加强山区野生猕猴桃种群的保护，对人工栽培的猕猴桃应使用科学规范的栽培管理技术，促进猕猴桃的生产。

8．文献资料

[1]　梅松华. 畲族饮食文化[M]. 北京：学苑出版社，
2010：132，259.

[2]　刘世珍. 中华猕猴桃的营养价值[J]. 中国食物与
营养，2003（5）：48-49.

[3]　中国科学院中国植物志编辑委员会. 中国植物志[M].
第 49 卷. 第 2 册. 北京：科学出版社，1984：260.

CN-SH-150-021. 刺嫩芽

1．名称　中国/浙江省/丽水市/景宁畲族自治县/畲族/传统遗传资源/刺嫩芽

Aralia chinensis/Genetic Resource/She People/Jingning She Ethnic Autonomous County/ Lishui Municipality/Zhejiang Province/China

2．编号　CN-SH-150-021 中国-畲族-野生植物-刺嫩芽

3．属性与分布　畲族社区集体知识；分布广，甘肃、陕西、山西、河北、云南、广西、广东、福建、浙江、东北三省均有分布，在浙江省景宁畲族自治县畲族社区被广泛利用。

4．背景信息　刺嫩芽（楤木）（*Aralia chinensis* L.）为五加科（Araliaceae）楤木属植物。灌木或乔木，高 2-5 m，稀达 8 m，胸径达 10-15 cm；树皮灰色，疏生粗壮直刺；小枝通常淡灰棕色，有黄棕色绒毛，疏生细刺。叶为二回或三回羽状复叶，长 60-110 cm；叶柄粗壮，长可达 50 cm；羽片有小叶 5-11，稀 13，基部有小叶 1 对；伞形花序直径 1-1.5 cm，有花多数；总花梗长 1-4 cm，密生短柔毛；苞片锥形，膜质，长 3-4 mm，外面有毛；花梗长 4-6 mm，密生短柔毛，稀为疏毛；花白色，芳香；萼无毛，长约 1.5 mm，边缘有 5 个三角形小齿；花瓣 5，卵状三角形，长 1.5-2 mm；雄蕊 5，花丝长约 3 mm；子房 5 室；花柱 5，离生或基部合生。果实球形，黑色，直径约 3 mm，有 5 棱；花期 7-9 月，果期 9-12 月。

5．基本描述　中文种名：楤木；地方名：刺嫩芽；民族名：老虎吊。刺嫩芽多生于沟谷两侧、溪旁及杂木林中，畲族常常在 4 月下旬至 5 月中旬采收其嫩芽食用。其嫩芽含多种维生素，味鲜美，可水煮、炒炸，也可盐渍。

6．传统知识特征

（1）刺嫩芽（楤木）为当地山区原产野生植物，畲族因地制宜，传统利用刺嫩芽已有很久历史。

（2）畲族在与大自然的相处过程中认识到刺嫩芽的食用价值，并掌握了刺嫩芽的生长习性，在特定的时间（4月下旬至5月中旬）采收其嫩芽食用。

（3）刺嫩芽含多种维生素，味鲜美，是畲族从自然界获取的野生蔬菜资源。

7. 保护与利用

（1）传承与利用现状：刺嫩芽出口量较大，国内外畅销，而且价格较高，人工栽培刺嫩芽有着十分广阔的发展前景。

（2）受威胁状况及因素分析：由于采收不当以及野生资源的破坏，近年来产量有所下降，产量已满足不了市场需要。

（3）保护与传承措施：要加强刺嫩芽野生种群的保护，加大人工栽培力度，需对其栽培繁殖技术进行更深入的研究。

8. 文献资料

[1] 毛荣耀. 有待开发的山区野菜资源[J]. 新农村，2004（3）：10.

[2] 浙江植物志（新编）编辑委员会. 浙江植物志[M]. 第6卷. 杭州：浙江科学技术出版社，2021：387-390.

CN-SH-150-022. 水芹

1. 名称　中国/浙江省/丽水市/景宁畲族自治县/畲族/传统遗传资源/水芹

Oenanthe javanica/Genetic Resource/She People/Jingning She Ethnic Autonomous County/Lishui Municipality/Zhejiang Province/China

2. 编号　CN-SH-150-022 中国-畲族-野生植物-水芹

3. 属性与分布　畲族社区集体知识；产于我国各地，在浙江省景宁畲族自治县畲族社区被广泛利用。

4. 背景信息　水芹［*Oenanthe javanica*（Blume）DC.］为伞形科（Umbelliferae）水芹属多年生草本，高15-80 cm，茎直立或基部匍匐。基生叶有柄，柄长达10 cm，基部有叶鞘；叶片轮廓三角形，1-2回羽状分裂，末回裂片卵形至菱状披针形。复伞形花序顶生，花序梗长2-16 cm；无总苞；伞辐6-16，不等长，长1-3 cm，直立和展开；花瓣白色，倒卵形，花柱基圆锥形，花柱直立或两侧分开，长 2 mm。果实近于四角状椭圆形或筒状长圆形，长 2.5-3 mm，宽 2 mm，侧棱较背棱和中棱隆起，木栓质，花期 6-7 月，果期 8-9 月。

5. 基本描述 中文种名：水芹；地方名/民族名：水芹。水芹是畲族利用的传统野生植物资源之一，每年的 4 月初至 5 月中旬水芹长势最旺的时候，畲族会把水芹拔回家给猪吃，并把其中比较嫩的水芹用来做菜，其嫩茎及叶柄质鲜嫩，清香爽口，畲族多将其炒食。水芹营养丰富，各种维生素、矿物质含量较高，还具有清热解毒、养精益气、清洁血液、降低血压、宣肺利湿等功效。

6. 传统知识特征

（1）水芹不喜干旱，而景宁畲族自治县属亚热带季风气候区域，降水丰富，温暖湿润，当地湿地较多，极其适合水芹的生长。

（2）畲族会把水芹拔回家给猪吃，也会用来做菜，畲族因地制宜，就地取材，对水芹的利用方式是他们在长期与大自然相处过程中发现并认识的。

（3）水芹的药用保健价值已被当地畲族广泛认识，许多畲族人不仅将水芹作为绿色蔬菜，也作为药食同源的保健食品。

7. 保护与利用

（1）传承与利用现状：水芹近年得到广泛的利用，畲族除自己食用，还送到城里卖，因此水芹也成了景宁宾馆、饭店的常见绿色蔬菜。

（2）受威胁状况及因素分析：生态环境的破坏、农药的使用和过度采摘对其野生种群产生了一定的威胁。

（3）保护与传承措施：对水芹进行驯化栽培，满足其日益增长的市场需求。

8. 文献资料

[1] 梅松华. 畲族饮食文化[M]. 北京：学苑出版社，2010：118.

[2] 中国科学院中国植物志编辑委员会. 中国植物志[M]. 第 55 卷. 第 2 册. 北京：科学出版社，1985：202.

CN-SH-150-023. 披地锦

1. 名称 中国/浙江省/丽水市/景宁畲族自治县/畲族/传统遗传资源/披地锦

Hydrocotyle sibthorpioides/Genetic Resource/She People/Jingning She Ethnic Autonomous County/Lishui Municipality/Zhejiang Province/China

2. 编号 CN-SH-150-023 中国-畲族-野生植物-披地锦

3. 属性与分布 畲族社区集体知识；产于陕西、江苏、安徽、浙江、江西、福建、湖南、湖北、广东、广西、我国台湾、四川、贵州、云南等地，在浙江省景宁畲族自治县畲族社区被广泛利用。

4．背景信息　披地锦（天胡荽）（*Hydrocotyle sibthorpioides* Lam.）为伞形科（Umbelliferae）天胡荽属多年生草本，有气味。茎细长而匍匐，平铺地上成片，节上生根。叶片膜质至草质，圆形或肾圆形，叶柄长 0.7-9 cm，无毛或顶端有毛；小伞形花序有花 5-18，花无柄或有极短的柄，花瓣卵形，长约 1.2 mm，绿白色，有腺点；花丝与花瓣同长或稍超出，花药卵形；花柱长 0.6-1 mm。果实略呈心形，长 1-1.4 mm，宽 1.2-2 mm，两侧扁压，中棱在果熟时极为隆起，幼时表面草黄色，成熟时有紫色斑点。花、果期 4-9 月。

5．基本描述　中文种名：天胡荽；地方名：披地锦、铺地锦、满天星、花边灯盏；民族名：盆地锦、洋文锦、橡皮筋。披地锦性喜温暖潮湿，多分布于畲族地区湿润的草地、河沟边、林下。畲族人过去常采集披地锦作野菜食用，还用来煮猪肚、烧兔子、炒鸡蛋等。披地锦不仅具有食用价值，还有药用价值，是畲族常用的药用植物资源之一，具有清热利尿、化痰止咳的功效。

6．传统知识特征

（1）披地锦（天胡荽）性喜温暖潮湿，与景宁畲族自治县的亚热带季风气候相适应，资源量丰富，分布广泛，在湿润的草地、河沟边、林下均能生长，畲族就地取材，开发利用。

（2）披地锦也是农田和房前屋后杂草，当地畲族对披地锦的生物学特性和用途很熟悉，已有长期利用历史。

（3）披地锦是畲族特别使用的药食同源植物，除用作野菜食用，还用来煮猪肚、烧兔子、炒鸡蛋等，具有养胃健脾的保健价值。

7．保护与利用

（1）传承与利用现状：由于披地锦是天然的绿色蔬菜，现在受到越来越多消费者的欢迎，为了满足市场需求，现已有人工栽培。

（2）受威胁状况及因素分析：野生披地锦受到生境破坏和过度采挖的威胁。

（3）保护与传承措施：人工栽培以满足市场需求。

8．文献资料

中国科学院中国植物志编辑委员会. 中国植物志[M]. 第

55 卷. 第 1 册. 北京：科学出版社，1979：17.

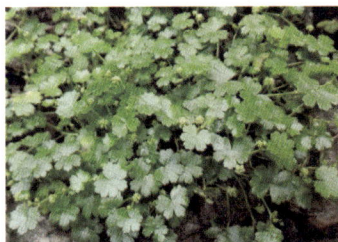

CN-SH-150-024. 假茴芹

1. 名称　中国/浙江省/丽水市/景宁畲族自治县/畲族/传统遗传资源/假茴芹

Ostericum sieboldii/Genetic Resource/She People/Jingning She Ethnic Autonomous County/Lishui Municipality/Zhejiang Province/China

2. 编号　CN-SH-150-024 中国-畲族-野生植物-假茴芹

3. 属性与分布　畲族社区集体知识；产于我国东北及内蒙古、山东、江苏、安徽、浙江、江西、福建等地，在浙江省景宁畲族自治县畲族社区被广泛利用。

4. 背景信息　假茴芹（山芹）［*Ostericum sieboldii*（Miq.）Nakai］为伞形科（Umbelliferae）多年生草本，高 0.5-1.5 m。主根粗短，有 2-3 分枝，黄褐色至棕褐色。茎直立，中空，有较深的沟纹，光滑或基部稍有短柔毛，上部分枝，开展。基生叶及上部叶均为二至三回三出式羽状分裂；叶片轮廓为三角形，长 20-45 cm，叶柄长 5-20 cm，基部膨大成扁而抱茎的叶鞘；复伞形花序，伞辐 5-14；花序梗、伞辐和花柄均有短糙毛；花序梗长 3-7 cm；小伞形花序有花 8-20，小总苞片 5-10，线形至钻形；花瓣白色，长圆形。果实长圆形至卵形，长 4-5.5 mm，宽 3-4 mm，成熟时金黄色，透明，有光泽，基部凹入，背棱细狭，侧棱宽翅状。花期 8-9 月，果期 9-10 月。

5. 基本描述　中文种名：山芹；地方名/民族名：假茴芹。假茴芹分布于景宁畲族自治县海拔较高的山坡、草地、山谷、林缘和林下。畲族人多在 4 月下旬至 5 月中旬采摘其嫩茎叶食用。假茴芹味鲜美似芹菜，畲族将采摘回来的假茴芹用来炒食、做汤、做饺子馅，也会盐渍。

6. 传统知识特征

（1）假茴芹（山芹）性喜冷凉、湿润的气候，因此分布于景宁畲族自治县海拔较高的山坡、草地、山谷、林缘和林下。

（2）假茴芹在畲族地区较为常见，畲族传统利用假茴芹作为野生蔬菜已有很长历史。

（3）畲族人在认识到假茴芹（山芹）的食用价值后发展了对假茴芹不同的加工食用方式，将采摘回来的假茴芹用来炒食、做汤、做饺子馅，也会盐渍等，这是畲族人饮食文化的体现。

7. 保护与利用

（1）传承与利用现状：假茴芹（山芹）营养成分丰富，味道鲜美，受到了越来越多群众的喜爱。

（2）受威胁状况及因素分析：随着假茴芹受到广泛利用，其野生资源也面临着过度采集的威胁。

（3）保护与传承措施：应对假茴芹进行人工驯化栽培，满足市场需求。

8. 文献资料

[1] 毛荣耀. 有待开发的山区野菜资源[J]. 新农村，2004
（3）：10.

[2] 中国科学院中国植物志编辑委员会. 中国植物志[M].
第 55 卷. 第 3 册. 北京：科学出版社，1992：69.

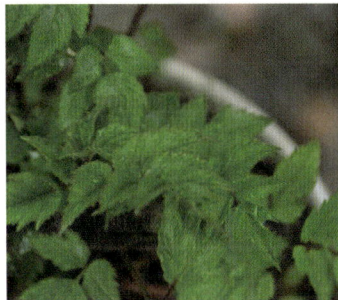

CN-SH-150-025. 乌饭树

1. 名称　中国/浙江省 福建省/畲族/传统遗传资源/乌饭树

Vaccinium bracteatum/Genetic Resource/She People/Zhejiang Province，Fujian Province/China

2. 编号　CN-SH-150-025 中国-畲族-野生植物-乌饭树

3. 属性与分布　畲族社区集体知识；主要产于华东、华中、华南等地，在浙江省、福建省畲族社区被广泛利用。

4. 背景信息　乌饭树（南烛）（*Vaccinium bracteatum* Thunb.）为杜鹃花科（Ericaceae）越橘属常绿灌木或小乔木，分枝多，幼枝被短柔毛或无毛，老枝紫褐色，无毛。叶片薄革质，椭圆形、菱状椭圆形、披针状椭圆形至披针形，叶柄长 2-8 mm，通常无毛或被微毛。总状花序顶生和腋生，长 4-10 cm，有多数花，序轴密被短柔毛稀无毛；花梗短，长 1-4 mm，密被短毛或近无毛；花冠白色，筒状，有时略呈坛状，长 5-7 mm，外面密被短柔毛，稀近无毛，雄蕊内藏，长 4-5 mm，花丝细长，长 2-2.5 mm，密被疏柔毛。浆果直径 5-8 mm，熟时紫黑色，外面通常被短柔毛，稀无毛。花期 6-7 月，果期 8-10 月。

5. 基本描述　中文种名：南烛；地方名/民族名：乌饭树、乌枝。乌饭树是畲族"三月三"乌饭节用来制作乌米饭特色食品的必备原料。乌饭树的叶子不仅可用来制作乌米饭，其果实酸甜可生食，是畲族孩子喜欢吃的野果。

6. 传统知识特征

（1）乌饭树喜温暖气候及酸性土地，耐旱、耐寒、耐瘠薄，适应畲族山区的亚热带季风气候，过去乌饭树资源丰富，畲民就地取材。

（2）乌饭树叶含大量花青素，可清除自由基，减缓细胞氧化损伤，并具有抗菌消炎作用，畲族食用乌饭，具有药食同源作用。

（3）畲族的农历"三月三"是乌饭节，传说为纪念民族英雄雷万兴，乌饭是用乌饭树（南烛）树叶捣碎后，滤汁浸泡糯米蒸煮而成，是乌饭节日的必吃食品，因此，乌饭树具有民族文化意义。

7. 保护与利用

（1）传承与利用现状：乌饭树（南烛）的传统利用得到很好的传承，野生乌饭树资源有限，现在有些畲族人在自家菜园里或家前屋后栽培乌饭树。

（2）受威胁状况及因素分析：生境的破坏和对乌饭树的过度开采使其野生资源急剧下降。

（3）保护与传承措施：保护野生种群资源，建立野生乌饭树种群的保护区。

8. 文献资料

[1] 梅松华. 畲族饮食文化[M]. 北京：学苑出版社，2010：138.

[2] 常春雷，安亚喃，宋丹丹. 乌饭树栽培技术与应用[J]. 现代农村科技，2012（6）：39.

[3] 中国科学院中国植物志编辑委员会. 中国植物志[M]. 第57卷. 第1册. 北京：科学出版社，1999：107.

CN-SH-150-026. 野柿

1. 名称　中国/浙江省/丽水市/景宁畲族自治县/畲族/传统遗传资源/野柿

Diospyros kaki. var. *silvestris*/Genetic Resource/She People/Jingning She Ethnic Autonomous County/Lishui Municipality/Zhejiang Province/China

2. 编号　CN-SH-150-026 中国-畲族-野生植物-野柿

3. 属性与分布　畲族社区集体知识；产于我国中部、云南、广东、广西北部、江西、福建等地的山区，在浙江省景宁畲族自治县畲族社区被广泛利用。

4. 背景信息　野柿（*Diospyros kaki.* var. *silvestris* Makino）为柿科（Ebenaceae）柿属植物。当地野柿是柿的一个野生变种。小枝及叶柄常密被黄褐色柔毛，叶较栽培柿树的叶小，叶片下面的毛较多，花较小，果实为橙黄色或橘红色，也较小，直径2-5 cm。

5. 基本描述　中文种名：野柿；地方名/民族名：野柿。野柿是畲族利用的传统野生植物资源之一，在景宁畲族自治县广泛分布。畲族常在9-11月上山采摘野柿子回家，野柿子涩口且新鲜柿子不易储存，除生吃外，畲族人多将其做成柿子干。制作时将柿子皮削去，放在篾列上风晒或用棕榈丝串起来放到竹竿上风晒半个月左右，然后将风晒后的柿子放到蒸笼里蒸炊，蒸后再风晒，等晒去 80%的水分时即可。吃时随取随用，干时还可放到蒸笼蒸炊一下。

6. 传统知识特征

（1）野柿适应能力强，因此在景宁畲族自治县山区均有分布。

（2）野柿作为水果，在畲族地区的传统利用已有很长历史。

（3）畲族已形成一整套传统利用和保存野柿的技术。野柿涩口且新鲜柿子不易储存，畲族对野柿采取独特的加工制作技术制成柿子干。

7. 保护与利用

（1）传承与利用现状：在长期的风土驯化和生产实践中畲族已经培育出不少优良柿子品种，被广为栽培。

（2）受威胁状况及因素分析：因山区开发，许多野柿资源被砍伐破坏，或生境受到威胁。

（3）保护与传承措施：野柿在一些地区被广为栽培，既保护和扩大了野柿的种质资源，又满足了市场需求。

8. 文献资料

[1] 梅松华. 畲族饮食文化[M]. 北京：学苑出版社，2010：132.

[2] 中国科学院中国植物志编辑委员会. 中国植物志[M]. 第 60 卷. 第 1 册. 北京：科学出版社，1987：143.

CN-SH-150-027. 山靛青

1. 名称 中国/浙江省/丽水市/景宁畲族自治县/畲族/传统遗传资源/山靛青

Clerodendrum cyrtophyllum/Genetic Resource/She People/Jingning She Ethnic Autonomous County/Lishui Municipality/Zhejiang Province/China

2. 编号 CN-SH-150-027 中国-畲族-野生植物-山靛青

3. 属性与分布 畲族社区集体知识；产于我国华东、中南、西南（四川除外）各省区，在浙江省景宁畲族自治县畲族社区被广泛利用。

4. 背景信息 山靛青（大青）（*Clerodendrum cyrtophyllum* Turcz.）为马鞭草科（Verbenaceae）大青属灌木或小乔木，高 1-10 m；幼枝被短柔毛，枝黄褐色，髓坚实；冬芽圆锥状，芽鳞褐色，被毛。叶片纸质，椭圆形、卵状椭圆形、长圆形或长圆状披针形，叶柄长 1-8 cm。伞房状聚伞花序，生于枝顶或叶腋，长 10-16 cm，宽 20-25 cm；苞片线形，长 3-7 mm；花小，有橘香味；萼杯状，外面被黄褐色短绒毛和不明显的腺点，长 3-4 mm，顶端 5 裂；雄蕊 4，花丝长约 1.6 cm，与花柱同伸出花冠外；子房 4 室，每室 1 胚珠，常不完全发育；柱头 2 浅裂。果实球形或倒卵形，径 5-10 mm，绿色，成熟时蓝紫色，为红色的宿萼所托。花果期 6 月至次年 2 月。

5. 基本描述　中文种名：大青；地方名/民族名：山靛青。山靛青是畲族常吃的野菜，在春荒时节，畲族人常常上山采集山靛青以充饥。食用时，先将山靛青过沸水，将苦水去掉后，再炒食。山靛青不仅具有食用价值，还具有药用价值，是畲族常用的药用植物，具有清热、凉血、解毒的功效，开发利用前景广阔。

6. 传统知识特征

（1）畲族位于亚热带季风气候区域，气候温暖湿润，特别适合山靛青（大青）的生长，因此山靛青在畲族地区资源量丰富，分布广泛，畲族就地取材，开发利用。

（2）山靛青可作野菜食用，在饥荒时期畲族曾用此充饥。山靛青食用时有苦味，畲族人食用时需将山靛青过沸水，将苦水去掉后炒食，促使山靛青能更多利用。

（3）山靛青不仅具有食用价值，还具有药用价值，山靛青的根（大青根、板蓝根）具有清热解毒功效，是畲族常用的药用植物。作为畲族药食同源的植物之一，具有很好的保健价值。

（4）山靛青还是一种传统染料，畲族很早就用山靛青染布。

7. 保护与利用

（1）传承与利用现状：山靛青（大青）不仅可做野菜食用，还是畲族常用的药用植物，至今在畲族一直使用。

（2）受威胁状况及因素分析：因生境破坏和过度的采摘等因素，山靛青野生资源逐渐减少。

（3）保护与传承措施：应促进山靛青野生资源的保护，并加强对山靛青的驯化栽培。

8. 文献资料

[1]　梅松华. 畲族饮食文化[M]. 北京：学苑出版社，2010：119.

[2]　中国科学院中国植物志编辑委员会. 中国植物志[M]. 第 65 卷. 第 1 册. 北京：科学出版社，1982：164.

CN-SH-150-028. 豆腐柴

1. 名称   中国/浙江省/丽水市/景宁畲族自治县/畲族/传统遗传资源/豆腐柴

Premna microphylla/Genetic Resource/She People/Jingning She Ethnic Autonomous County/Lishui Municipality/Zhejiang Province/China

2. 编号   CN-SH-150-028 中国-畲族-野生植物-豆腐柴

3. 属性与分布   畲族社区集体知识；产于我国华东、中南、华南以至四川、贵州等地，在浙江省景宁畲族自治县畲族社区被广泛利用。

4. 背景信息   豆腐柴（*Premna microphylla* Turcz.）为马鞭草科（Verbenaceae）豆腐柴属直立灌木；幼枝有柔毛，老枝变无毛。叶揉之有臭味，卵状披针形、椭圆形、卵形或倒卵形；叶柄长 0.5-2 cm。聚伞花序组成顶生塔形的圆锥花序；花萼杯状，绿色，有时带紫色，密被毛至几无毛，但边缘常有睫毛，近整齐的 5 浅裂；花冠淡黄色，外有柔毛和腺点，花冠内部有柔毛，以喉部较密。核果紫色，球形至倒卵形。花、果期 5-10 月。

5. 基本描述   中文种名：豆腐柴；地方名/民族名：豆腐柴。豆腐柴是畲族利用的传统野生植物资源之一，是畲族制作山豆腐的主要原料。畲族常在豆腐柴回春泛绿时摘取其叶子，洗净后拌碱水揉碎，捏出叶汁摊于盛器中，不久就凝固成豆腐似的胶状物，即山豆腐。将山豆腐切块烧煮食用，性凉而味鲜。豆腐柴不仅具有食用价值，还是畲族常用草药，具有补脾益胃、清热润燥的功效，开发前景广阔。

6. 传统知识特征

（1）畲族在长期的生产生活实践中认识到豆腐柴具有食用价值，将其做成山豆腐。对豆腐柴采取独特的加工制作方式，是畲族饮食文化的体现。

（2）畲族居于山区，夏季劳作时容易中暑，而山豆腐不仅味美，而且具有清热润燥的功效，深受畲族喜爱。

（3）豆腐柴营养丰富，富含果胶和蛋白质，具有重要的药用和保健价值。

7. 保护与利用

（1）传承与利用现状：豆腐柴的传统利用在畲族一直得到维持。豆腐柴既是制作山豆腐的主要原料之一，也是畲族常用草药。随着人们对绿色食品的推崇，豆腐柴的价值也越来越受到关注，市场需求不断上升。

（2）受威胁状况及因素分析：现在豆腐柴食品的生产多依赖豆腐柴的野生资源，过度采集对其野生资源产生了巨大的威胁。

（3）保护与传承措施：需要对豆腐柴进行人工栽培方面的研究，以缓解野生资源的压力。

8. 文献资料

[1] 梅松华. 畲族饮食文化[M]. 北京：学苑出版社，2010：144-145.

[2] 吴金宣. 畲族风俗卷[M]. 杭州：浙江古籍出版社，2014：56.

[3] 王燕，许锋，张凤霞，等. 豆腐柴研究进展[J]. 中国野生植物资源，2007，26（4）：12-14.

[4] 中国科学院中国植物志编辑委员会. 中国植物志[M]. 第65卷. 第1册. 北京：科学出版社，1982：88.

CN-SH-150-029. 擦草

1. 名称　中国/浙江省/丽水市/景宁畲族自治县/畲族/传统遗传资源/擦草

Rubia argyi/Genetic Resource/She People/Jingning She Ethnic Autonomous County/Lishui Municipality/Zhejiang Province/China

2. 编号　CN-SH-150-029 中国-畲族-野生植物-擦草

3. 属性与分布　畲族社区集体知识；产于东北、华北、西北和四川及西藏等地，在浙江省景宁畲族自治县畲族社区被广泛利用。

4. 背景信息　擦草（东南茜草）[*Rubia argyi*（Lévl. et Vant）Hara ex L. Lauener et D. K. Fergu] 为茜草科（Rubiaceae）茜草属多年生草质藤本，茎、枝均有4棱或4窄翅，棱有倒生钩刺，叶纸质，心形、宽卵状心形或近圆心形，叶柄长0.5-9 cm，有纵棱，棱有皮刺；聚伞花序分枝成圆锥花序式，顶生和小枝上部腋生，花序梗和总轴均有4棱，棱有小皮刺，小苞片卵形或椭圆状卵形，花梗长1-2.5 mm，近无毛或稍被硬毛；萼筒近球形，干后黑色；花冠白色，干后黑色，稍厚，冠筒长0.5-0.7 mm，裂片4-5，卵形或披针形，内面有小乳突；浆果近球形，径5-7 mm，成熟时黑色。

5. 基本描述　中文种名：东南茜草；地方名/民族名：擦草。擦草喜凉爽气候和较湿润的环境，常生长于畲族山区的疏林、林缘、灌丛或草地上。浙江畲族人在过端午节时，会将擦草根砸烂，放锅里和鸡蛋一起煮，染红鸡蛋，既有药用保健作用又不会掉色，端午节每人吃一个，有时候邻里还互相赠送，有吉祥幸福安康之意。擦草不仅可当染料，还是畲族人常用的药用植物，有凉血止血、活血去淤的功效。

6. 传统知识特征

（1）畲族位于亚热带季风气候的山区，与擦草（东南茜草）喜凉爽气候和较湿润环境的特性相适应，因此擦草在畲族社区资源量大，分布广泛，在畲族山区的疏林、林缘、灌丛或草地上均有分布。

（2）畲族在长期与大自然相处的过程中发现擦草具有药用价值，有凉血止血、活血去淤的功效。

（3）畲族在端午节用擦草染红鸡蛋，既有药用保健作用又不会掉色，并有吉祥幸福安康之意，对畲族有重要的文化意义。

7．保护与利用

（1）传承与利用现状：擦草（东南茜草）具有染色的作用，是一种历史悠久的植物染料，民间一直沿用。

（2）受威胁状况及因素分析：擦草既是天然染料，又是药用植物，市场需求大，极易受到过度采挖的威胁。

（3）保护与传承措施：可对擦草进行人工驯化栽培，并开发其传统用途。

8．文献资料

[1] 吴金宣. 畲族风俗卷[M]. 杭州：浙江古籍出版
社，2014：30.

[2] 中国科学院中国植物志编辑委员会. 中国植物
志[M]. 第 71 卷. 第 2 册. 北京：科学出版社，
1999：316.

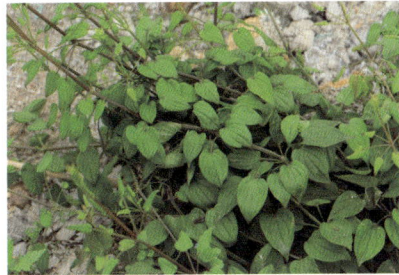

CN-SH-150-030. 山栀

1．名称 中国/浙江省/丽水市/景宁畲族自治县/畲族/传统遗传资源/山栀

Gardenia jasminoides/Genetic Resource/She People/Jingning She Ethnic Autonomous County/Lishui Municipality/Zhejiang Province/China

2．编号 CN-SH-150-030 中国-畲族-野生植物-山栀

3．属性与分布 畲族社区集体知识；产于山东、江苏、安徽、浙江、江西、福建、我国台湾、湖北、湖南、广东、我国香港、广西、海南、四川、贵州和云南等地，在浙江省景宁畲族自治县畲族社区被广泛利用。

4．背景信息 山栀（栀子）（*Gardenia jasminoides* J. Ellis）为茜草科（Rubiaceae）栀子属灌木，高 0.3-3 m；嫩枝常被短毛，枝圆柱形，灰色。叶对生，革质，稀为纸质，少为 3 枚轮生，叶形多样，通常为长圆状披针形、倒卵状长圆形、倒卵形或椭圆形，叶柄长 0.2-1 cm；托叶膜质。花芳香，通常单朵生于枝顶，花梗长 3-5 mm；花冠白色或乳黄色，高脚碟状，喉部有疏柔毛，冠管狭圆筒形，长 3-5 cm，宽 4-6 mm，顶部 5-8 裂，通常 6 裂；果卵形、近球形、椭圆形或长圆形，黄色或橙红色，长 1.5-7 cm，直径 1.2-2 cm，有翅状纵棱 5-9 条，顶部的宿存萼片长达 4 cm，宽达 6 mm；种子多数，扁，近圆形而稍有棱角，长约 3.5 mm，宽约 3 mm。花期 3-7 月，果期 5 月至翌年 2 月。

5．基本描述 中文种名：栀子；地方名：山栀；民族名：山里黄、黄山里。栀子分布于畲族山区海拔 900 m 以下的山谷溪边及路旁林下灌丛中或岩石上，在公历 5 月初至 5 月中下旬花开得最旺盛的时候，景宁畲族妇女利用上山劳作之余，顺手摘取栀子花带回家。畲族人将栀子花洗净，放入沸水中焯一下，捞起沥干，然后与姜丝、蒜泥，料酒等同炒，最后再铺蛋液，做成"栀子花铺蛋"。这道菜清香脆嫩，具有健脾开胃，清热利肠的功效。畲族人除自己食用栀子花外，还会将焯好的栀子花拿到城里卖。

6．传统知识特征

（1）山栀（栀子）喜温暖湿润气候，耐热也稍耐寒，喜肥沃、排水良好、酸性的轻黏壤土，适应景宁畲族山区的亚热带季风气候。

（2）栀子花花大味香，畲族传统利用栀子花已有悠久历史，特别是用于观赏。

（3）畲族还将栀子花开发为食品，将栀子做成清香脆嫩、健脾开胃、清热利肠的"栀子花铺蛋"，这是畲族在长期利用栀子花过程中形成的食品烹饪技艺。

7．保护与利用

（1）传承与利用现状：山栀（栀子）是一种比较普遍的观赏植物，也具有很好的药用价值，目前已有人工栽培。

（2）受威胁状况及因素分析：野生的栀子多分布在畲族山区，而山区的开发活动可能对其野生资源产生破坏。

（3）保护与传承措施：应保护栀子的野生资源，并人工栽培满足市场需要。

8．文献资料

[1] 梅松华. 畲族饮食文化[M]. 北京：学苑出版社，2010：117.

[2] 李根有,陈征海,杨淑贞. 浙江野菜 100 种精选图谱[M]. 北京：科学出版社，2011：178.

[3] 中国科学院中国植物志编辑委员会. 中国植物志[M]. 第 71 卷. 第 1 册. 北京：科学出版社，1999：332.

CN-SH-150-031. 金银花

1．名称 中国/浙江省/丽水市/景宁畲族自治县/畲族/传统遗传资源/金银花

Lonicera japonica/Genetic Resource/She People/Jingning She Ethnic Autonomous County/Lishui Municipality/Zhejiang Province/China

2. 编号 CN-SH-150-031 中国-畲族-野生植物-金银花

3. 属性与分布 畲族社区集体知识；除黑龙江、内蒙古、宁夏、青海、新疆、海南和西藏无自然生长外，全国各省份均有分布，在浙江省景宁畲族自治县畲族社区被广泛利用。

4. 背景信息 金银花（忍冬）（*Lonicera japonica* Thunb.）为忍冬科（Caprifoliaceae）忍冬属半常绿藤本；幼枝洁红褐色，密被黄褐色、开展的硬直糙毛、腺毛和短柔毛，下部常无毛。叶纸质，卵形至矩圆状卵形，有时卵状披针形，稀圆卵形或倒卵形；叶柄长 4-8 mm，密被短柔毛。总花梗通常单生于小枝上部叶腋，与叶柄等长或稍较短；苞片大，叶状，卵形至椭圆形，长达 2-3 cm，两面均有短柔毛或有时近无毛；花冠白色，有时基部向阳面呈微红，后变黄色，唇形，筒稍长于唇瓣，雄蕊和花柱均高出花冠。果实圆形，直径 6-7 mm，熟时蓝黑色，有光泽；种子卵圆形或椭圆形，褐色，长约 3 mm，中部有 1 凸起的脊，两侧有浅的横沟纹。花期 4-6 月（秋季也常开花），果熟期 10-11 月。

5. 基本描述 中文种名：忍冬；地方名/民族名：金银花。金银花是畲族传统利用的野生植物资源之一。过去畲族大多聚居在山上，在狩猎劳作之时，常常会中暑，或是被毒虫叮咬，或是受瘴气之毒。畲族会用鲜金银花或干银花治疗疾病，或将干金银花泡到米烧里，封口一周后制作金银花药酒。金银花药酒既可以解暑、解毒，又可以解乏，浙江景宁畲族常浸泡此药酒，以供常年饮用。

6. 传统知识特征

（1）金银花（忍冬）喜阳光和温和、湿润的环境且生命力强，极其适应景宁畲族自治县的亚热带季风气候条件，在畲族社区分布广泛且资源量丰富，能够就地取材。

（2）将金银花长期利用为药用植物。畲族利用金银花治疗疾病、解暑、解毒、解乏，体现了畲族因地制宜、就地取材的智慧。

（3）畲族很久之前就开发了利用金银花酿酒的传统技术。他们将干金银花泡到米烧里，封口一周后制作金银花药酒饮用，畲族对金银花采取独特的加工制作方式，这是畲族饮食文化的体现。

7. 保护与利用

（1）传承与利用现状：现在景宁县政府大力支持种植金银花，种植金银花已成为景宁县富民增收的一个新兴产业。当地已培育出适宜本地的"平花 1 号""湘蕾 1 号""九丰 1 号"等金银花品种。

（2）受威胁状况及因素分析：金银花野生资源量会不断减少，而人工栽培将不断增加，但栽培管理技术不当会对其产量产生很大影响。

（3）保护与传承措施：在政府大力支持下，金银花已有人工栽培满足市场需要，并培育出新的高产优质品种。

8．文献资料

[1] 梅松华. 畲族饮食文化[M]. 北京：学苑出版社，2010：
258.

[2] 陈海丽，李永青. 关于景宁县金银花产业发展的思
考[J]. 世界热带农业信息，2011（9）：7-8.

[3] 中国科学院中国植物志编辑委员会. 中国植物志[M].
第 72 卷. 北京：科学出版社，1988：236.

CN-SH-150-032. 苦益菜

1．名称 中国/浙江省/丽水市/景宁畲族自治县/畲族/传统遗传资源/苦益菜
Patrinia villosa/Genetic Resource/She People/Jingning She Ethnic Autonomous
County/Lishui Municipality/Zhejiang Province/China

2．编号 CN-SH-150-032 中国-畲族-野生植物-苦益菜

3．属性与分布 畲族社区集体知识；除宁夏、青海、新疆、西藏和广东的海南岛外，全国各地均有分布，在浙江省景宁畲族自治县畲族社区被广泛利用。

4．背景信息 苦益菜（攀倒甑）［*Patrinia villosa*（Thunb.）Juss.］为败酱科（Valerianaceae）败酱属多年生草本，株高 0.5-1（-1.2）m，根茎长而横走，基生叶丛生，卵形、宽卵形、卵状披针形或长圆状披针形，茎生叶对生，与基生叶同形，或菱状卵形，聚伞花序组成圆锥花序或伞房花序，分枝 5-6 级，萼齿浅波状或浅钝裂状，花冠钟形，白色，裂片异形；雄蕊 4，伸出；瘦果倒卵圆形，与宿存增大苞片贴生；花期 8-10 月，果期 9-11 月。

5．基本描述 中文种名：攀倒甑；地方名/民族名：苦益菜，白花败酱。苦益菜多分布于畲族社区溪边、沟谷边，山坡撂荒地，从开春到霜降均可采摘，可采摘时间长，在饥荒年月是畲族度饥荒的重要食物。畲族人采摘苦益菜后，先将其放入锅中余水，用清水漂洗后，去其苦味煮食。除了直接煮食，畲族人还会将漂洗过的苦益菜晒成干菜或拌米煮粥。

6．传统知识特征

（1）苦益菜（攀倒甑）在畲族地区资源量丰富，分布广泛，在溪边、沟谷边，山坡撂荒地等均有分布，当地畲族可就地取材。

（2）苦益菜从开春到霜降均可采摘，可采摘时间长，且资源量丰富，成为畲族最常吃的野菜之一，与畲族的生活已息息相关。

（3）畲族在食用苦益菜的实践中已积累了丰富经验和传统知识。苦益菜有苦味，通过汆水和漂洗等处理，可去除苦味。

7．保护与利用

（1）传承与利用现状：随着生活水平的提高，畲族人渐渐不吃苦益菜（攀倒甑）。但近年来，开始崇尚吃绿色食品，苦益菜又重新摆上畲族的餐桌，现成为景宁畲族自治县农家乐受欢迎的蔬菜。

（2）受威胁状况及因素分析：苦益菜在溪边、沟谷边、山坡撂荒地等均有分布，受威胁不大。

（3）保护与传承措施：可通过对苦益菜的开发利用，促进其野生资源保护。

8．文献资料

[1] 梅松华. 畲族饮食文化[M]. 北京：学苑出版社，2010：110-111.

[2] 吴金宣. 畲族风俗卷[M]. 杭州：浙江古籍出版社，2014：57.

[3] 中国科学院中国植物志编辑委员会. 中国植物志[M]. 第 73 卷. 第 1 册. 北京：科学出版社，1986：17.

CN-SH-150-033. 四叶菜

1．名称　中国/浙江省/丽水市/景宁畲族自治县/畲族/传统遗传资源/四叶菜

Platycodon grandiflorus/Genetic Resource/She People/Jingning She Ethnic Autonomous County/Lishui Municipality/Zhejiang Province/China

2．编号　CN-SH-150-033 中国-畲族-野生植物-四叶菜

3．属性与分布　畲族社区集体知识；产于东北、华北、华东、华中各省以及广东、广西、贵州、云南、四川、陕西，在浙江省景宁畲族自治县畲族社区被广泛利用。

4．背景信息　四叶菜（桔梗）［*Platycodon grandiflorus*（Jacq.）A. DC.］为桔梗科（Campanulaceae）桔梗属植物，茎高 20-120 cm，通常无毛，偶密被短毛，不分枝，极少上部分枝。叶轮生、部分轮生至全部互生，无柄或有极短的柄，叶片卵形，卵状椭圆形至披针形，花单朵顶生，或数朵集成假总状花序，或有花序分枝而集成圆锥花序；花萼筒部半圆球状或圆球状倒锥形，被白粉，裂片三角形，或狭三角形，有时齿状；花冠大，长 1.5-4.0 cm，蓝色或紫色。蒴果球状，或球状倒圆锥形，或倒卵状，长 1-2.5 cm，直径约 1 cm。花期 7-9 月。

5．基本描述　中文种名：桔梗；地方名/民族名：四叶菜。四叶菜为畲族利用的传统野生植物资源之一，生长于景宁畲族自治县的林缘草地、荒山草丛间。畲族常在7-8 月采挖四叶菜的肉质茎，洗净后刮去外皮，切片炒食或者做炖菜的配料，也可晒干后食用。四叶菜未开花的嫩茎叶也可食用，食用时将嫩茎叶用沸水焯烫，清水淘净后炒菜，做汤。

6. 传统知识特征

（1）四叶菜（桔梗）是当地常见种，当地畲族利用四叶草已有悠久历史。

（2）四叶菜具有观赏价值、食用价值及药用价值，为一种极具开发潜力的经济物种。

（3）畲族在与大自然的相处中认识到四叶菜的肉质茎以及嫩茎叶具有食用价值，因此将其用于做菜食用，体现了畲族因地制宜、就地取材的智慧。

7. 保护与利用

（1）传承与利用现状：随着生活水平的提高，人们开始崇尚吃绿色食品，野菜也越来越受到群众欢迎，现在四叶菜（桔梗）已经是景宁畲族自治县农家乐的特色菜之一。

（2）受威胁状况及因素分析：四叶菜具有观赏价值、食用价值及药用价值，需求量大，其野生资源常常受到过度采挖。

（3）保护与传承措施：现有大量的人工栽培以满足市场需求。

8. 文献资料

[1] 毛荣耀. 有待开发的山区野菜资源[J]. 新农村，2004（3）：10.

[2] 魏尚洲. 桔梗资源的综合开发利用[J]. 陕西科技大学学报，2005，23（5）：141-143.

[3] 中国科学院中国植物志编辑委员会. 中国植物志[M]. 第 73 卷. 第 2 册. 北京：科学出版社，1983：77.

CN-SH-150-034. 哈罗丁

1. 名称　中国/浙江省/丽水市/景宁畲族自治县/畲族/传统遗传资源/哈罗丁

Aster scaber/Genetic Resource/She People/Jingning She Ethnic Autonomous County/Lishui Municipality/Zhejiang Province/China

2. 编号　CN-SH-150-034 中国-畲族-野生植物-哈罗丁

3. 属性与分布　畲族社区集体知识；广泛分布于我国东北部、北部、中部、东部至南部各地，在浙江省景宁畲族自治县畲族社区被广泛利用。

4. 背景信息　哈罗丁（东风菜）（*Aster scaber* Thunb.）为菊科（Compositae）东风菜属植物。根状茎粗壮。茎直立，高 100-150 cm，上部有斜升的分枝，被微毛。基部叶在花期枯萎，叶片心形，长 9-15 cm，宽 6-15 cm，中部叶较小，卵状三角形，基部圆形或稍截形，有具翅的短柄；上部叶小，矩圆披针形或条形；头状花序径 18-24 mm，圆锥伞房状排列；花序梗长 9-30 mm。总苞半球形，宽 4-5 mm，总苞片约 3 层，舌状花约 10 个，舌片白色，管状花长 5.5 mm，檐部钟状。瘦果倒卵圆形或椭圆形，长 3-4 mm，除边肋外，一面有 2 脉，另一面有 1-2 脉，无毛。花期 6-10 月，果期 8-10 月。

5. 基本描述　中文种名：东风菜；地方名/民族名：哈罗丁。哈罗丁是畲族在饥荒年间常吃的一种野菜，清明至谷雨期间，山上有大量的哈罗丁，叶如南瓜叶大小，畲族人一天可采上百斤。畲族人将采回来的哈罗丁放入锅中余水，用清水漂洗后，去其苦味煮食；或将一时吃不完的哈罗丁晒成干菜，有时也将哈罗丁拿来喂家畜。

6. 传统知识特征

（1）哈罗丁（东风菜）是当地普遍分布的原产植物，当地畲族传统利用哈罗丁已有悠久历史。

（2）哈罗丁只在清明至谷雨期间有大量生长，畲族人经常一次采集很多，将哈罗丁晒成干菜储存起来，以便常年食用。

（3）哈罗丁具有药用价值，根和全草味辛、甘、性寒，具有清热解毒、祛风止痛、行气活血等功效，主治毒蛇咬伤、风湿性关节炎、跌打损伤、咽喉肿痛等症，畲族将其作为民间草药。

7. 保护与利用

（1）传承与利用现状：在崇尚绿色健康饮食的今天，哈罗丁（东风菜）已经成为景宁畲族自治县农家乐的绿色菜。

（2）受威胁状况及因素分析：开发建设等原因使哈罗丁栖息地消失，加之农田大量施用农药，使哈罗丁生存受到威胁。此外，景宁县于 20 世纪 90 年代中期在海拔 250 m

左右的鹤溪街道塔堪村进行过人工栽培，但因对其生物学特性缺乏全面了解，以及缺少与当地实际相符的栽培技术，未能成功而中止。

（3）保护与传承措施：应对哈罗丁进行人工栽培攻关研究。对现有资源进行开发利用的同时，应加强对有限野生资源的保护。

8．文献资料

[1] 梅松华. 畲族饮食文化[M]. 北京：学苑出版社，2010：112.

[2] 刘祝安，杜一新. 东风菜资源的保护和开发利用思考[J]. 中国园艺文摘，2014，30（5）：66，208.

[3] 中国科学院中国植物志编辑委员会. 中国植物志[M]. 第 74 卷. 北京：科学出版社，1985：128.

CN-SH-150-035. 马兰

1．名称　中国/浙江省 福建省/畲族/传统遗传资源/马兰

Aster indicus/Genetic Resource/She People/Zhejiang Province，Fujian Province/China

2．编号　CN-SH-150-035 中国-畲族-野生植物-马兰

3．属性与分布　畲族社区集体知识；产于我国西部、中部、南部、东部各地区，在浙江省、福建省畲族社区被广泛利用。

4．背景信息　马兰（*Aster indicus* L.）为菊科（Compositae）马兰属植物，根状茎有匍枝，有时具直根。茎直立，高 30-70 cm，上部有短毛，上部或从下部起有分枝。基部叶在花期枯萎；茎部叶倒披针形或倒卵状矩圆形，上部叶小，全缘，基部急狭无柄，全部叶稍薄质，两面或上面有疏微毛或近无毛，头状花序单生于枝端并排列成疏伞房状。总苞半球形，直径 6-9 mm，长 4-5 mm；总苞片 2-3 层，覆瓦状排列；舌状花 1 层，15-20 个，管部长 1.5-1.7 mm；舌片浅紫色，长达 10 mm，宽 1.5-2 mm；管状花长 3.5 mm，管部长 1.5 mm，被短密毛。瘦果倒卵状矩圆形，极扁，长 1.5-2 mm，宽 1 mm，褐色，边缘浅色而有厚肋，上部被腺及短柔毛。花期 5-9 月，果期 8-10 月。

5．基本描述　中文种名：马兰；地方名/民族名：马兰、鸡儿肠、水苦益、温州青。马兰抗性强，适应性强，常连片生长，多分布于田埂、路边、溪边、旷野等地。以前为了充饥，畲族常在春季采摘其嫩茎叶。食用时，先将马兰过沸水，将其苦水去掉，再将其炒食，其香味浓郁，营养丰富。马兰不仅具有食用价值，还是畲族常用的药用植物，具有清热解毒、消食积、利小便、散瘀止血的功效。

6．传统知识特征

（1）马兰抗性强，适应性强，不仅在畲族地区分布广泛，而且资源量丰富，畲族利用马兰，充分体现了对当地自然资源的利用。

（2）畲族人食用马兰已有很长历史。马兰营养丰富，具有食用价值，畲族在春季大量采摘其嫩茎叶食用，体现了就地取材、应对饥荒的智慧。

（3）马兰不仅具有食用价值，还是畲族常用的药用植物，具有清热解毒、消食积、利小便、散瘀止血的功效，是畲族常用的民间草药。

7．保护与利用

（1）传承与利用现状：畲族生活水平提高后，已经很少采摘马兰食用了。

（2）受威胁状况及因素分析：马兰多分布于田埂、路边、溪边、旷野等人活动频繁的区域，极易遭到人为的破坏，此外，对农药的大量施用也是其威胁因素之一。

（3）保护与传承措施：马兰适应性广，生命力强，作为常见杂草，不易消失。

8．文献资料

[1] 浙江省农科院园艺研究所等. 浙江蔬菜品种志[M].
    杭州：浙江大学出版社，1994：576.

[2] 柳意城. 景宁畲族自治县县志[M]. 杭州：浙江人
    民出版社，1995：165.

[3] 浙江植物志（新编）编辑委员会. 浙江植物志[M].
    第 8 卷. 杭州：浙江科学技术出版社，2021：
    223-224.

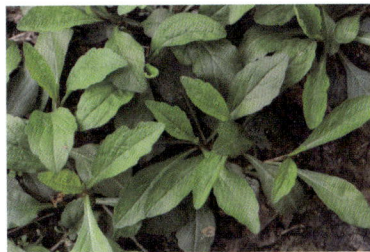

CN-SH-150-036．大叶蓬蒿

1．名称　中国/浙江省/丽水市/景宁畲族自治县/畲族/传统遗传资源/大叶蓬蒿

Artemisia indica/Genetic Resource/She People/Jingning She Ethnic Autonomous County/Lishui Municipality/Zhejiang Province/China

2．编号　CN-SH-150-036 中国-畲族-野生植物-大叶蓬蒿

3．属性与分布　畲族社区集体知识；产于辽宁、内蒙古、河北、山西、陕西、甘肃、山东、江苏、浙江、安徽、江西、福建、我国台湾、河南、湖北、湖南、广东、广西、四川、贵州、云南及西藏等地，在浙江省景宁畲族自治县畲族社区被广泛利用。

4．背景信息　大叶蓬蒿（五月艾）（*Artemisia indica* Willd.）为菊科（Compositae）蒿属半灌木状草本，植株具浓烈的香气。主根明显，侧根多；根状茎稍粗短，直立或斜向上，直径 3-7 mm，常有短匍茎。茎单生或少数，高 80-150 cm，褐色或上部微带红色，纵棱明显，分枝多，开展或稍开展，枝长 10-25 cm；茎、枝初时微有短柔毛，后脱落。叶背面密被灰白色蛛丝状绒毛；基生叶与茎下部叶卵形或长卵形，中部叶卵形、长卵形或椭圆形，上部叶羽状全裂，每侧裂片 2（-3）枚；头状花序卵形、长卵形或宽卵形，多数，花序托小，凸起；雌花 4-8 朵，两性花 8-12 朵，花冠管状，外面具小腺点，檐部紫色；花药线形，花柱略比花冠长。瘦果长圆形或倒卵形。花、果期 8-10 月。

5．基本描述　中文种名：五月艾；地方名/民族名：大叶蓬蒿。大叶蓬蒿是畲族利用的传统野生植物资源之一，喜潮湿温暖的环境，抗逆性强，多分布于畲族山区低海拔或中海拔的路旁、林缘、坡地中。大叶蓬蒿香味浓，品质佳，畲族人取其嫩苗做蔬菜或腌制酱菜食用。大叶蓬蒿不仅具有食用价值，畲族人还会将其采来晒干，在晚上点燃用以驱蚊。

6．传统知识特征

（1）大叶蓬蒿（五月艾）是当地原产植物，在畲族地区分布广，资源量丰富，被畲族人就地取材，使用方便。

（2）大叶蓬蒿香味浓，品质佳，是畲族人做蔬菜或腌制酱菜的良好资源。

（3）畲族山区蚊虫较多，畲族人利用大叶蓬蒿植株具有浓烈香气的特点，以点燃大叶蓬蒿植株的烟雾驱蚊防虫，效果很好。

7．保护与利用

（1）传承与利用现状：由于生活条件改善，驱蚊日化产品替代，畲族人用大叶蓬蒿做野菜和驱蚊的已经很少了。

（2）受威胁状况及因素分析：人为的清除及农药的过度施用。

（3）保护与传承措施：加强保护，促进艾类植物的合理利用，特别是驱蚊日化产品的开发利用。

8．文献资料

[1]　浙江省农科院园艺研究所等. 浙江蔬菜品种志[M]. 杭州：浙江大学出版社，1994：586.

[2]　中国科学院中国植物志编辑委员会. 中国植物志[M]. 第 76 卷. 第 2 册. 北京：科学出版社，1991：117.

CN-SH-150-037. 鼠曲草

1. 名称　中国/浙江省 福建省/畲族/传统遗传资源/鼠曲草

Pseudognaphalium affine/Genetic Resource/She People/Zhejiang Province，Fujian Province/China

2. 编号　CN-SH-150-037 中国-畲族-野生植物-鼠曲草

3. 属性与分布　畲族社区集体知识；分布于我国台湾、华东、华南、华中、华北、西北及西南各省区，在浙江省、福建省畲族社区被广泛利用。

4. 背景信息　鼠曲草（鼠麴草）[*Pseudognaphalium affine*（D. Don）Anderb.]为菊科（Compositae）鼠麴草属一年生草本。茎直立或基部发出的枝下部斜升，高 10-40 cm 或更高，基部径约 3 mm，上部不分枝，有沟纹，被白色厚棉毛，节间长 8-20 mm，上部节间罕有达 5 cm。叶无柄，匙状倒披针形或倒卵状匙形，头状花序较多或较少数，径 2-3 mm，近无柄，在枝顶密集成伞房花序，花黄色至淡黄色；总苞钟形，径 2-3 mm；总苞片 2-3 层，金黄色或柠檬黄色，膜质，有光泽，雌花多数，花冠细管状，两性花较少，管状。瘦果倒卵形或倒卵状圆柱形，长约 0.5 mm，有乳头状突起。冠毛粗糙，污白色，易脱落，长约 1.5 mm，基部联合成 2 束。花期 1-4 月，8-11 月。

5. 基本描述　中文种名：鼠麴草；地方名：鼠曲草；民族名：小白蓬。鼠曲草是畲族做清明馃的主要原料，常见于畲族的农田里。清明期间，畲族家家户户要做清明馃作为祭祖、上坟的祭品，因此，节前畲族人会采集鼠曲草的嫩茎叶用以制作清明馃。鼠曲草不仅具有食用价值，还具有药用价值，是畲族常用草药，具有化痰止咳、健脾和胃、降血压的功效。

6. 传统知识特征

（1）鼠曲草（鼠麴草）常成群落生长，且繁殖力、适应性都很强，在全国大部分地区都有分布，且资源量丰富，畲族就地取材，方便使用。

（2）鼠曲草是畲族用来做清明祭祖、上坟的祭品清明馃的主要原料，对畲族有着重要的文化意义。

（3）鼠曲草不仅具有食用价值，还有药用价值，有化痰止咳、健脾和胃、降血压的功效，是当地畲族的保健药材。

7. 保护与利用

（1）传承与利用现状：鼠曲草（鼠麴草）不仅是畲族做清明馃的原料，还是畲族常用的药用植物，开发前景广阔。

（2）受威胁状况及因素分析：鼠曲草为常见杂草，在畲族田间常被当作杂草清除。

（3）保护与传承措施：应加强对鼠曲草野生资源的保护和开发利用。

8．文献资料

[1] 蓝木宗. 畲山风情（景宁畲族民俗实录）[M]. 福州：海风出版社，2012：35.

[2] 吴金宣. 畲族风俗卷[M]. 杭州：浙江古籍出版社，2014：29.

[3] 中国科学院中国植物志编辑委员会. 中国植物志[M]. 第 75 卷. 北京：科学出版社，1979：225.

CN-SH-150-038. 革命菜

1．名称　中国/浙江省/丽水市/景宁畲族自治县/畲族/传统遗传资源/革命菜

Crassocephalum crepidioides/Genetic Resource/She People/Jingning She Ethnic Autonomous County/Lishui Municipality/Zhejiang Province/China

2．编号　CN-SH-150-038 中国-畲族-野生植物-革命菜

3．属性与分布　畲族社区集体知识；产于江西、福建、湖南、湖北、广东、广西、贵州、云南、四川、西藏等地，在浙江省景宁畲族自治县畲族社区被广泛利用。

4．背景信息　革命菜（野茼蒿）［*Crassocephalum crepidioides*（Benth.）S. Moore］为菊科（Compositae）野茼蒿属植物。直立草本，高 20-120 cm，茎有纵条棱，无毛，叶膜质，椭圆形或长圆状椭圆形，长 7-12 cm，宽 4-5 cm，顶端渐尖，基部楔形；叶柄长 2-2.5 cm。头状花序数个在茎端排成伞房状，直径约 3cm，总苞钟状，长 1-1.2 cm；总苞片 1 层，线状披针形，等长，小花全部管状，两性，花冠红褐色或橙红色。瘦果狭圆柱形，赤红色，有肋，被毛；冠毛极多数，白色，绢毛状，易脱落。花期 7-12 月。

5．基本描述　中文种名：野茼蒿，地方名/民族名：革命菜。单命菜是畲族饥荒年间常吃的一种野菜。畲族人采摘革命菜的嫩茎叶后，用沸水汆过后直接煮食或制成菜干，制成的革命菜干与猪肉一起烧煮，味道更佳。

6．传统知识特征

（1）革命菜（野茼蒿）极易繁殖，不仅资源量大，而且遍布畲族山区，是畲族饥荒年间常吃的一种野菜。

（2）畲族人在长期实践中已形成对革命菜的食用方法，畲族人采摘革命菜的嫩茎叶，可制成菜干，或与猪肉一起食用。

（3）革命菜喜温暖、湿润、肥沃的土壤，适应畲族当地环境。

7. 保护与利用

（1）传承与利用现状：在崇尚绿色健康饮食的今天，革命菜（野茼蒿）已经成为景宁畲族自治县农家乐的绿色蔬菜。畲族人已经开始播种革命菜，并将其晒成干，投放市场。

（2）受威胁状况及因素分析：革命菜常分布于人活动较频繁的地方，很多人意识不到它的价值，常把它当杂草处理。

（3）保护与传承措施：应对其进行人工栽培，以满足市场需求。

8. 文献资料

[1] 梅松华. 畲族饮食文化[M]. 北京：学苑出版社，2010：112.

[2] 罗林会，邱宁宏，王勤，等. 野茼蒿栽培技术[J]. 特种经济动植物，2006，9（7）：23.

[3] 中国科学院中国植物志编辑委员会. 中国植物志[M]. 第77卷. 第1册. 北京：科学出版社，1999：304.

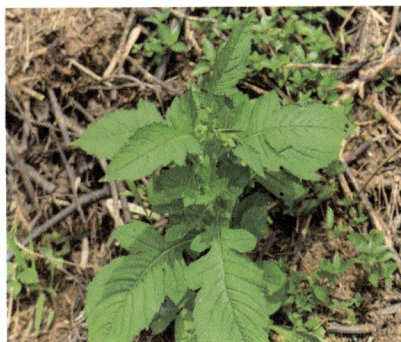

CN-SH-150-039. 洋姜

1. 名称 中国/浙江省/丽水市/景宁畲族自治县/畲族/传统遗传资源/洋姜

Helianthus tuberosus/Genetic Resource/She People/Jingning She Ethnic Autonomous County/Lishui Municipality/Zhejiang Province/China

2. 编号 CN-SH-150-039 中国-畲族-野生植物-洋姜

3. 属性与分布 畲族社区集体知识；在我国各地分布广泛，在浙江省景宁畲族自治县畲族社区被广泛利用。

4. 背景信息 洋姜（菊芋）（*Helianthus tuberosus* L.）为菊科（Compositae）向日葵属多年生草本，高1-3 m，有块状的地下茎及纤维状根。茎直立，有分枝，被白色短糙毛或刚毛。叶通常对生，有叶柄，但上部叶互生；下部叶卵圆形或卵状椭圆形，有长柄，上部叶长椭圆形至阔披针形，基部渐狭，下延成短翅状，顶端渐尖，短尾状。头状花序较大，少数或多数，单生于枝端，有1-2个线状披针形的苞叶，直立，径2-5 cm，总苞片多层，披针形，舌状花通常12-20个，舌片黄色，开展，长椭圆形，长1.7-3 cm；管状花花冠黄色，长6 mm。瘦果小，楔形，上端有2-4个有毛的锥状扁芒。花期8-9月。

5. 基本描述 中文种名：菊芋；地方名/民族名：洋姜、鬼子姜。洋姜是畲族利用的传统野生植物资源，在过去饥荒的年月里，畲族人常在秋冬季采挖块茎，以洋姜充饥，或煮着吃，或磨粉吃，但最常见的还是用来做咸菜。畲族人将洋姜清洗干净后，风凉 15 d 左右至表皮起皱，再放入锅中，倒入腌菜汤用文火熬煮 10-20 h，熬制的过程中不断加食盐，到洋姜外表变成酱红色后就退火、摊凉。凉后再加大蒜瓣并连汤一起装进瓮坛里，封口备用。另一种是将风凉至表皮起皱的洋姜和酒糟并将炒过的食盐一起放入瓮坛里密封做成咸菜。畲族人除了自己食用，也会将洋姜拿到市场上卖，增加经济收入。

6. 传统知识特征

（1）洋姜（菊芋）生态适应性强，具喜温耐寒、喜湿耐旱、喜肥耐贫瘠以及耐盐碱等特点，在畲族地区分布广泛，资源量丰富。

（2）洋姜块茎含有丰富的淀粉，在饥荒的年月里是很好的充饥资源。

（3）畲族人对洋姜采取特殊的加工制作方式，用来做咸菜，这是畲族人在长期利用洋姜过程中发展起来的传统知识。

7. 保护与利用

（1）传承与利用现状：洋姜（菊芋）具有很高的食用价值，用来做咸菜深受畲族喜爱。

（2）受威胁状况及因素分析：生态环境的破坏及过度采挖对其野生种群产生了一定的威胁。

（3）保护与传承措施：可人工栽培以满足市场需求。

8. 文献资料

[1] 梅松华. 畲族饮食文化[M]. 北京：学苑出版社，2010：124.

[2] 乌日娜，朱铁霞，于永奇，等. 菊芋的研究现状及开发潜力[J]. 草业科学，2013，30（8）：1295-1300.

[3] 中国科学院中国植物志编辑委员会. 中国植物志[M]. 第75卷. 北京：科学出版社，1979：358.

CN-SH-150-040. 养心草

1. 名称　中国/浙江省 福建省/畲族/传统遗传资源/养心草

Sedum aizoon/Genetic Resource/She People/Zhejiang Province，Fujian Province/China

2. 编号　CN-SH-150-040 中国-畲族-野生植物-养心草

3. 属性与分布　畲族社区集体知识；产于全国各地，在浙江省、福建省畲族社区被广泛利用。

4．背景信息　养心草（费菜）［*Sedum aizoon*（*Phedimus aizoon*（L.）'t Hart）］为景天科（Crassulaceae）景天属多年生草本植物。根状茎短，粗茎高 20-50 cm，有1-3 条茎，直立，无毛，不分枝。叶互生，狭披针形、椭圆状披针形至卵状倒披针形，长 3.5-8 cm，宽 1.2-2 cm，先端渐尖，基部楔形，边缘有不整齐的锯齿；叶坚实，近革质。聚伞花序有多花，水平分枝，平展，下托以苞叶。花瓣 5，黄色，长圆形至椭圆状披针形，长 6-10 mm，有短尖；雄蕊 10，较花瓣短；心皮 5，卵状长圆形，基部合生，腹面凸出，花柱长钻形。蓇葖星芒状排列，长 7 mm；种子椭圆形，长约 1 mm。花期 6-7 月，果期 8-9 月。

5．基本描述　中文种名：费菜；地方名/民族名：养心草、景天三七、土三七、七叶草等。养心草是畲族利用的传统野生植物资源，畲族过去常采集养心草当野菜食用，春夏秋季，采地上茎叶，置蒸笼内蒸到草软后食用，鲜用为主，也有晒干备用。采集后常用来煮猪肚等。养心草不仅具有食用价值，还有药用价值，是畲族常用的药用植物，具有清热凉血、养阴退热的功效。

6．传统知识特征

（1）养心草（费菜）适应性广、抗逆性强、繁殖力强，在畲族社区资源量丰富，畲族人常零散栽植于庭院间。

（2）养心草是畲族药食同源的植物之一，畲族人过去常采集养心草当野菜食用，采集后用来煮猪肚、兔子等，具有清热凉血的保健价值。

（3）当地畲族已形成传统的存贮养心草的方法，即晒干备用。

7．保护与利用

（1）传承与利用现状：由于养心草（费菜）是天然的绿色蔬菜，现在受到了越来越多消费者的欢迎，为了满足市场需求，现在已有人工栽培。

（2）受威胁状况及因素分析：野生养心草受到了生境的破坏和过度采挖的威胁。

（3）保护与传承措施：应人工栽培以满足市场需求。

8．文献资料

[1] 钟隐芳. 福安畲医畲药[M]. 福建：海风出版社，2010：287.

[2] 中国科学院中国植物志编辑委员会. 中国植物志[M]. 第 34（1）卷. 北京：科学出版社，1984：128.

CN-SH-150-041. 芦苇

1. 名称　中国/浙江省 福建省/畲族/传统遗传资源/芦苇

Phragmites australis/Genetic Resource/She People/Zhejiang Province，Fujian Province/China

2. 编号　CN-SH-150-041 中国-畲族-野生植物-芦苇

3. 属性与分布　畲族社区集体知识；产于全国各地，在浙江省、福建省畲族社区被广泛利用。

4. 背景信息　芦苇［*Phragmites australis*（Cav.）Trin. ex Steud.］为禾本科（Gramineae）芦苇属多年生植物，根状茎十分发达。秆直立，高 1-3（8）m，直径 1-4 cm，具 20 多节，基部和上部的节间较短，最长节间位于下部第 4-6 节，长 20-25（40）cm，节下被蜡粉。叶鞘下部者短于而上部者，长于其节间；叶舌边缘密生一圈长约 1 mm 的短纤毛，两侧缘毛长 3-5 mm，易脱落；叶片披针状线形，长 30 cm，宽 2 cm，无毛，顶端长渐尖成丝形。大型圆锥花序，长 20-40 cm，宽约 10 cm，分枝多数，长 5-20 cm，着生稠密下垂的小穗；小穗柄长 2-4 mm，无毛；小穗长约 12 mm，含 4 花；雄蕊 3，花药长 1.5-2 mm，黄色；颖果长约 1.5 mm。

5. 基本描述　中文种名：芦苇；地方名/民族名：芦苇。芦苇是畲族最常利用的传统野生植物之一，清代以前，芦苇是畲族的住房草寮的主要用料。除了做建筑用料，有些畲族人还用芦苇叶包粽子；在芦苇开穗期用芦苇穗做扫帚；并常常将嫩的芦苇茎、叶作为牛的饲料。在许多地方，芦苇用作造纸的优质材料。在缺少燃料的时代，芦苇晒干后可用作燃料。

6. 传统知识特征

（1）芦苇适应性广、抗逆性强、繁殖力强，在畲族社区资源量丰富，畲族人就地取材，将其用来制作住房草寮。

（2）在长期的生产生活实践中，畲族对芦苇的利用是多方面的，如端午节利用芦苇叶包粽子，用芦苇穗做扫帚，还可利用芦苇造纸以及当燃料等。

（3）芦苇饲用价值高，嫩茎、叶为各种家畜所喜食，畲族将其作为牛的饲料。

7. 保护与利用

（1）传承与利用现状：随着畲族生产生活方式的改变以及生活水平的提高，畲族对芦苇的利用逐渐下降，现在畲族已经很少将其用作建筑用料、做扫帚、做饲料等，但仍然使用芦苇叶包粽子，以及利用芦苇茎秆制作编织品。

（2）受威胁状况及因素分析：对芦苇的利用下降导致人们常将其清除，此外平田整地等也缩小了芦苇的生境范围。

（3）保护与传承措施：应加强对芦苇价值的认识，加强对湿地和芦苇野生种群的保护，提高芦苇资源的利用率。

8. 文献资料

[1] 雷弯山. 畲族风情[M]. 福州：福建人民出版社，2002：48-51.

[2] 中国科学院中国植物志编辑委员会. 中国植物志[M]. 第 9 卷. 第 2 册. 北京：科学出版社，2002：27.

CN-SH-150-042. 龙须草

1. 名称　中国/浙江省　福建省/畲族/传统遗传资源/龙须草

Juncus effusus/Genetic Resource/She People/Zhejiang Province，Fujian Province/China

2. 编号　CN-SH-150-042 中国-畲族-野生植物-龙须草

3. 属性与分布　畲族社区集体知识；产于黑龙江、吉林、辽宁、河北、陕西、甘肃、山东、江苏、安徽、浙江、江西、福建、我国台湾、河南、湖北、湖南、广东、广西、四川、贵州、云南、西藏，在浙江省、福建省畲族社区被广泛利用。

4. 背景信息　龙须草（灯芯草）（*Juncus effusus* L.）为灯芯草科（Juncaceae）灯芯草属多年生草本，高 27-91 cm，有时更高；根状茎粗壮横走，具黄褐色稍粗的须根。茎丛生，直立，圆柱形，淡绿色，具纵条纹，茎内充满白色的髓心。叶全部为低出叶，呈鞘状或鳞片状，包围在茎的基部，长 1-22 cm，基部红褐至黑褐色；叶片退化为刺芒状。聚伞花序假侧生，含多花，排列紧密或疏散；花淡绿色；花被片线状披针形，雄蕊 3 枚（偶有 6 枚），长约为花被片的 2/3；雌蕊具 3 室子房；花柱极短；蒴果长圆形或卵形，长约 2.8 mm，顶端钝或微凹，黄褐色。种子卵状长圆形，长 0.5-0.6 mm，黄褐色。花期 4-7 月，果期 6-9 月。

5. 基本描述　中文种名：灯芯草；地方名/民族名：龙须草。龙须草木质素含量低，纤维素含量高，且纤维细长、质韧、易成浆、易漂白，畲族用其做人造纸、人造棉和人造丝的原料，也用来编织草席和绳索等。在端午节，畲族还会用龙须草结网，网内装入红鸡蛋并系好，挂于小孩子胸前驱邪避毒。

6. 传统知识特征

（1）畲族位于亚热带季风性气候区域，降水量丰富，与龙须草（灯芯草）喜湿润的特性相适应。

（2）龙须草具有经济用途，木质素含量低，纤维素含量高，且纤维细长、质韧、易成浆、易漂白，畲族将其做人造纸、人造棉和人造丝的原料，且用来编织草席和绳索等，当地畲族正是利用了其资源优势，就地取材，开发出多种用途。

（3）龙须草还有文化用途，在端午节，畲族用龙须草结网，网中装红鸡蛋以驱邪。

7．保护与利用

（1）传承与利用现状：龙须草（灯芯草）是很好的造纸材料，市场需求逐年扩大。

（2）受威胁状况及因素分析：龙须草市场需求大，容易引起人们对其野生资源的过度利用，造成对其野生种群的破坏。

（3）保护与传承措施：目前已有地区人工栽培。

8．文献资料

[1] 浙江民俗学会. 浙江风俗简志[M]. 杭州：浙江人民出版社，1986：634.

[2] 吴金宣. 畲族风俗卷[M]. 杭州：浙江古籍出版社，2014：30.

[3] 何瑛. 龙须草生物制浆技术通过鉴定[J]. 西南造纸，2004，33（2）：35.

[4] 浙江植物志（新编）编辑委员会. 浙江植物志[M]. 第 9 卷. 杭州：浙江科学技术出版社，2021：148-149.

CN-SH-150-043．金刚刺

1．名称　中国/浙江省/丽水市/景宁畲族自治县/畲族/传统遗传资源/金刚刺

Smilax scobinicaulis/Genetic Resource/She People/Jingning She Ethnic Autonomous County/Lishui Municipality/Zhejiang Province/China

2．编号　CN-SH-150-043 中国-畲族-野生植物-金刚刺

3．属性与分布　畲族社区集体知识；产于河北、山西、河南、陕西、甘肃（东南部）、四川、湖北、湖南、江西、贵州、云南等地，在浙江省景宁畲族自治县畲族社区被广泛利用。

4．背景信息　金刚刺（菝葜）（*Smilax china* L.）为百合科（Liliaceae）菝葜属植物，攀缘灌木；根状茎粗厚，坚硬，为不规则的块状，粗 2-3 cm。茎长 1-3 m，少数可达 5 m，疏生刺。叶薄革质或坚纸质，干后通常红、褐色或近古铜色，圆形、卵形或其他形状，叶柄长 5-15 mm，伞形花序生于叶尚幼嫩的小枝上，具十几朵或更多的花，常呈球形；总花梗长 1-2 cm；花序托稍膨大，近球形；花绿黄色，雌花与雄花大小相似，有 6 枚退化雄蕊。浆果直径 6-15 mm，熟时红色，有粉霜。花期 2-5 月，果期 9-11 月。

5. 基本描述 中文种名：菝葜；地方名/民族名：金刚刺。金刚刺是畲族人利用的传统野生植物资源之一，浙江景宁畲族人在每年的春季，常常采集金刚刺嫩梢生炒或用滚水焯过后，做成咸菜，以备食用。金刚刺不仅嫩梢可食用，其根也是不可多得的酿酒好材料。

6. 传统知识特征

（1）金刚刺（菝葜）地下块茎不仅含有 35%-42%的淀粉，而且具有祛风湿的药用功效，是畲族不可多得的酿酒好材料。

（2）基于金刚刺的酿酒用途，畲族发展了金刚刺传统酿酒技术和酒品产业，其产品在市场销售中赢得好评。

（3）畲族长期在生产生活实践中发现金刚刺嫩梢具有食用价值，将其用来做咸菜，体现了畲族善于利用自然资源的特点。

7. 保护与利用

（1）传承与利用现状：20 世纪六七十年代浙江景宁畲族自治县酿酒厂用金刚刺（菝葜）根酿酒，由于资源匮乏，到 20 世纪 70 年代后期停止生产。现如今，随着金刚刺的繁衍，浙江省景宁畲族自治县"山哈酒"厂又开始酿造金刚刺酒，而且成了酒店、餐馆不可多得的好酒。

（2）受威胁状况及因素分析：金刚刺是酿酒的好材料，市场需求大，其根常受到过度的采挖，对其野生种群产生了破坏。

（3）保护与传承措施：现已有人工栽培，但还不成熟，需要进一步的研究。

8. 文献资料

[1] 梅松华. 畲族饮食文化[M]. 北京：学苑出版社，2010：119-120.

[2] 徐株宏. 金刚刺的综合利用[J]. 化学世界，1980（12）：366.

[3] 中国科学院中国植物志编辑委员会. 中国植物志[M]. 第 15 卷. 北京：科学出版社，1978：193.

CN-SH-150-044. 黄精

1. 名称 中国/浙江省/丽水市/景宁畲族自治县/畲族/传统遗传资源/黄精

Polygonatum cyrtonema/Genetic Resource/She People/Jingning She Ethnic Autonomous County/Lishui Municipality/Zhejiang Province/China

2. 编号　CN-SH-150-044 中国-畲族-野生植物-黄精

3. 属性与分布　畲族社区集体知识；产于四川、贵州、湖南、湖北、河南、江西、安徽、江苏、浙江、福建、广东、广西等地，在浙江省景宁畲族自治县畲族社区被广泛利用。

4. 背景信息　黄精（多花黄精）（*Polygonatum cyrtonema* Hua）为百合科（Liliaceae）黄精属植物。根状茎肥厚，通常连珠状或结节成块，少有近圆柱形，直径 1-2 cm。茎高 50-100 cm，通常具 10-15 枚叶。叶互生，椭圆形、卵状披针形至矩圆状披针形，少有稍作镰状弯曲，长 10-18 cm，宽 2-7 cm，先端尖至渐尖。花序具（1-）2-7（-14）花，伞形，总花梗长 1-4（-6）cm，花梗长 0.5-1.5（-3）cm；花被黄绿色，全长 18-25 mm，裂片长约 3 mm；花丝长 3-4 mm，花药长 3.5-4 mm；子房长 3-6 mm，花柱长 12-15 mm。浆果黑色，直径约 1 cm，具 3-9 颗种子。花期 5-6 月，果期 8-10 月。

5. 基本描述　中文种名：多花黄精；地方名：黄精；民族名：千年运、山姜。黄精分布于景宁畲族自治县林下、灌丛或山坡阴处，其肉质根状茎肥厚，性味甘甜，食用爽口，含有大量淀粉、脂肪、蛋白质、胡萝卜素、维生素和多种其他营养成分。畲族采集黄精后，常将其炒食或作为药膳与鸡一起炖，既能充饥，还具有保健强身的功效。黄精不仅具有食用价值，还具有药用价值，是畲族常用的药用植物，具有养阴润肺、补脾益气、滋肾填精的功效。

6. 传统知识特征

（1）黄精（多花黄精）肉质根状茎含有大量淀粉、脂肪、蛋白质等，具有很好的充饥饱腹作用，尤其是在饥荒时，畲族人用其饱腹。

（2）黄精具有养阴润肺、补脾益气、滋肾填精的功效，食之可保健强身，是畲族著名的传统药材。

（3）畲族将黄精用于"药食同源"的食品。黄精炖鸡正是畲族在认识到黄精的价值后而形成的补身药膳，与畲族居于山区、生活条件差、体质虚弱且每天需要大量劳作的生活状况相适应，具有显著的改善作用。

7. 保护与利用

（1）传承与利用现状：黄精（多花黄精）不仅具有食用价值，还具有药用价值，是畲族常用的药用植物，但现在野生资源量正逐渐减少。

（2）受威胁状况及因素分析：黄精仍以野生为主，被采挖过度。加之黄精生产周期长，生长慢，且种植不成规模，市场供需矛盾日趋尖锐，野生资源濒临枯竭。

（3）保护与传承措施：目前虽有黄精的人工栽培，但栽培技术不成熟，需对黄精栽培技术进行更深入的研究。

8. 文献资料

[1] 罗敏，章文伟，邓才富，等. 药用植物多花黄精研究进展[J]. 时珍国医国药，2016，27（6）：1467-1469.

[2] 中国科学院中国植物志编辑委员会. 中国植物志[M]. 第 15 卷. 北京：科学出版社，1978：64.

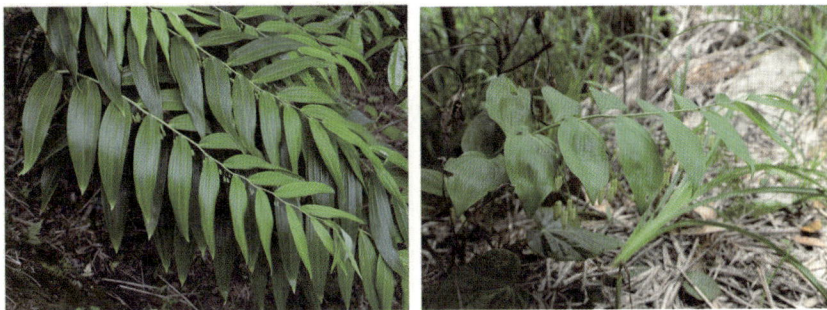

CN-SH-150-045. 野葱

1. 名称　中国/浙江省 福建省/畲族/传统遗传资源/野葱

Allium macrostemon/Genetic Resource/She People/Zhejiang Province，Fujian Province/China

2. 编号　CN-SH-150-045 中国-畲族-野生植物-野葱

3. 属性与分布　畲族社区集体知识；除新疆、青海外，全国各地均产，在浙江省、福建省畲族社区被广泛利用。

4. 背景信息　野葱（薤白）（*Allium macrostemon* Bunge）为百合科（Liliaceae）葱属植物，鳞茎近球状，粗 0.7-1.5（-2）cm，基部常具小鳞茎（因其易脱落故在标本上不常见）；鳞茎外皮带黑色，纸质或膜质，不破裂，但在标本上多因脱落而仅存白色的内皮。叶 3-5 枚，半圆柱状，或因背部纵棱发达而为三棱状半圆柱形，中空，上面具沟槽，比花葶短。花葶圆柱状，高 30-70 cm，1/4-1/3 被叶鞘；伞形花序半球状至球状，具多而密集的花，或间具珠芽或有时全为珠芽；小花梗近等长，比花被片长 3-5 倍，基部具小苞片；珠芽暗紫色，基部也具小苞片；花淡紫色或淡红色；子房近球状，腹缝线基部具有帘的凹陷蜜穴；花柱伸出花被外。花、果期 5-7 月。

5. 基本描述　中文种名：薤白；地方名/民族名：野葱。野葱抗逆性强，适应范围广，多分布于山坡草丛、荒地、旱地、路边、田坎、沟边、溪谷边。畲族常在夏秋季节采挖野葱，多食用野葱根茎部位。野葱根茎辛香味浓，畲族人常将其炒食，或将其盐腌几天后食用。

6．传统知识特征

（1）野葱（薤白）抗逆性强，适应范围广，在畲族地区分布很广且资源量丰富，畲族人就地取材，可持续利用当地野生植物资源。

（2）野葱根茎辛香味浓，畲族人常将其炒食，或将其盐腌起来食用，备受畲族人喜爱。

（3）畲族人在采挖野葱根茎时，采大留小，以便来年继续采挖，体现了畲族可持续利用的理念。

7．保护与利用

（1）传承与利用现状：野葱（薤白）营养价值丰富，且味道好，受到了越来越多人的喜爱，目前已有人工引种栽培。

（2）受威胁状况及因素分析：生境破坏是野葱野生种群主要威胁因素之一。

（3）保护与传承措施：应人工栽培以满足市场需求。

8．文献资料

[1]　浙江省农科院园艺研究所等. 浙江蔬菜品种志[M].
　　　杭州：浙江大学出版社，1994：583.

[2]　中国科学院中国植物志编辑委员会. 中国植物志[M].
　　　第 14 卷. 北京：科学出版社，1980：265.

CN-SH-150-046．黄花菜

1．名称　中国/浙江省/丽水市/景宁畲族自治县/畲族/传统遗传资源/黄花菜

Hemerocallis fulva/Genetic Resource/She People/Jingning She Ethnic Autonomous County/Lishui Municipality/Zhejiang Province/China

2．编号　CN-SH-150-046 中国-畲族-野生植物-黄花菜

3．属性与分布　畲族社区集体知识；产于秦岭以南各省区以及河北、山西和山东，在浙江省景宁畲族自治县畲族社区被广泛利用。

4．背景信息　黄花菜（萱草）［*Hemerocallis fulva*（L.）L.］为百合科（Liliaceae）萱草属植物，根近肉质，中下部有纺锤状膨大；叶一般较宽；花早上开晚上凋谢，无香味，花葶长短不一，花梗较短，花多杂，花被淡黄色、橘红色、黑紫色，漏斗状；蒴果钝三棱状椭圆形。花、果期 5-9 月。

5．基本描述　中文种名：萱草；地方名：黄花菜、黄花萱草、野金针菜、野黄花；民族名：野金针菜。黄花菜是畲族利用的传统野生植物资源之一，多分布于畲族社区的山坡林下，沟边阴湿处或山地沼泽中。畲族常于 3-5 月采集其幼叶或不见光的幼嫩部分，6-8 月采集花朵鲜用或晒干食用，其肉质根全年可采，畲族多鲜食。黄花菜营养价值丰富，花色泽金黄，香味浓郁，食之清香爽滑，嫩糯；肉质根、嫩叶清香可口。

6．传统知识特征

（1）黄花菜（萱草）适应性强，喜湿润，也耐旱，喜阳光，适应景宁畲族自治区的亚热带季风气候。

（2）畲族在与大自然的相处过程中认识了黄花菜的生长特性及食用价值，掌握了其叶、花、肉质根的最佳采摘时间以及食用方式。

（3）黄花菜营养价值丰富，花菜色泽金黄，香味浓郁，食之清香爽滑，嫩糯；肉质根、嫩叶清香可口，深受畲族喜爱。

7．保护与利用

（1）传承与利用现状：黄花菜（萱草）受到了越来越多消费者欢迎，现有大量人工栽培的黄花菜进入市场。

（2）受威胁状况及因素分析：生态环境的破坏常导致野生黄花菜资源受到威胁。

（3）保护与传承措施：已有大量人工栽培，可满足市场需求。

8．文献资料

[1] 浙江省农科院园艺研究所等. 浙江蔬菜品种志[M]. 杭州：浙江大学出版社，1994：583.

[2] 梅松华. 畲族饮食文化[M]. 北京：学苑出版社，2010：110.

[3] 李根有，陈征海，杨淑贞. 浙江野菜100种精选图谱[M]. 北京：科学出版社，2011：187.

[4] 中国科学院中国植物志编辑委员会. 中国植物志[M]. 第14卷. 北京：科学出版社，1980：57.

CN-SH-150-047. 山姜

1．名称　中国/浙江省/丽水市/景宁畲族自治县/畲族/传统遗传资源/山姜

Zingiber mioga/Genetic Resource/She People/Jingning She Ethnic Autonomous County/Lishui Municipality/Zhejiang Province/China

2．编号　CN-SH-150-047 中国-畲族-野生植物-山姜

3．属性与分布　畲族社区集体知识；产于我国东南部、南部至西南部各地，在浙江省景宁畲族自治县畲族社区被广泛利用。

4．背景信息　山姜（蘘荷）[*Zingiber mioga*（Thunb.）Rosc.] 为姜科（Zingiberaceae）姜属植物，株高 0.5-1 m；根茎淡黄色。叶片披针状椭圆形或线状披针形，长 20-37 cm，宽 4-6 cm，叶面无毛，叶背无毛或被稀疏的长柔毛，顶端尾尖；叶柄长 0.5-1.7 cm 或无柄；穗状花序椭圆形，长 5-7 cm；总花梗较长，被长圆形鳞片状鞘；苞片覆瓦状排列，椭圆形，红绿色，具紫脉；花萼长 2.5-3 cm，一侧开裂；花冠管较萼为长，裂片披针形，长 2.7-3 cm，宽约 7 mm，淡黄色；唇瓣卵形，3 裂，中部黄色，边缘白色。果倒卵形，熟时裂成 3 瓣，果皮里面鲜红色；种子黑色，被白色假种皮。花期 8-10 月。

5．基本描述 中文种名：襄荷；地方名：山姜；民族名：山良姜、高良姜。山姜是畬族利用的传统野生植物资源之一，在景宁畬族自治县山涧中随处可见。过去，畬族常在 8 月采集嫩山姜炒青豆与茭白，现在生活质量改善了，常常用野山姜炒肉片。野山姜繁殖能力强，资源量丰富，吃不完时景宁畬族还常常将其做成"酒糟腌山姜"或"腌山姜"，或者切片晒干，以供平时食用。

6．传统知识特征

（1）山姜（襄荷）喜阴湿环境，景宁畬族自治县位于亚热带季风气候区域，温暖湿润，特别适合山姜的生长，且山姜繁殖能力强，因此野山姜在畬族社区资源量丰富。

（2）山姜可采挖的季节短，且不耐储存，畬民常切片晒干以储存供平时食用。

（3）畬族还对山姜采取特殊的加工方式，做成"酒糟腌山姜"或"腌山姜"，这是畬族基于山姜而发展的饮食文化体现。

7．保护与利用

（1）传承与利用现状：山姜（襄荷）现已成为景宁畬族自治县的特色农产品之一，已有人工栽培。

（2）受威胁状况及因素分析：对畬族山区的开发及对野山姜过度采挖使其野生资源下降。

（3）保护与传承措施：应发展人工栽培以满足市场需求。

8．文献资料

[1] 梅松华. 畬族饮食文化[M]. 北京：学苑出版社，2010：113.

[2] 中国科学院中国植物志编辑委员会. 中国植物志[M]. 第 16 卷. 第 2 册. 北京：科学出版社，1980：145.

160

传统利用陆生野生动物遗传资源的相关知识

CN-SH-160-001. 野猪

1. 名称 中国/浙江省 福建省/畲族/传统遗传资源/野猪

Sus scrofa/Genetic Resource/She People/Zhejiang Province，Fujian Province/China

2. 编号 CN-SH-160-001 中国-畲族-野生动物-野猪

3. 属性与分布 畲族社区集体知识；遍布全国，在浙江省、福建省畲族社区被广泛利用。

4. 背景信息 野猪（*Sus scrofa*）为猪科（Suidae）猪属动物。外形与家猪相似，吻部十分突出。四肢较短。尾细。躯体被有硬的针毛。背上鬃毛发达，长约 140 mm，针毛与鬃毛的毛尖大多有分叉。体重约 150 kg，最大的雄猪可达 250 kg 以上。成体长为 1-2 m。雄猪比雌猪大。雄猪的犬齿特别发达，上下颌犬齿皆向上翘称獠牙，露出唇外。雌猪獠牙不发达。毛色一般为棕黑色，面颊和胸部杂有黑白色毛。幼猪躯体呈淡黄褐色，背部有 6 条淡黄色纵纹，俗称花猪。

5. 基本描述 中文种名：野猪；地方名/民族名：野猪。早期的畲族居民生活在山中，靠务农为生，主要种植番薯、大豆、玉米等作物。山区野兽较多，尤其是野猪，对农作物破坏力最大，所以野猪成了畲族人狩猎的主要对象，也成了畲族人肉类食物的主要来源之一。除自己食用外，畲族人还常把猎取来的野猪肉拿到城里去卖，以换取生活必需品。畲族人也有这样的风俗：男丁 12 岁成人前必先服用野猪肚，方可放心成年后上山劳作，对付冷饭薄粥。

6. 传统知识特征

（1）畲族居住地多为山区，野猪为当地一种主要的野生动物，并对畲族人庄稼造成破坏，因此野猪一直是畲族人传统狩猎的主要对象，也是畲族人肉类食物的主要来源之一，因此畲族人发展了狩猎野猪的传统技术。

（2）畲族人在利用野猪资源方面创造出许多传统知识，对于野猪肉、皮毛、内脏等都有许多用途，甚至利用野猪内脏开发出一些传统医药，能够治疗畲族人的一些特殊疾病。例如，"野猪肚"就是畲族人开发的一种具有养胃特殊功效的传统医药，是经过畲医改良后烹制出的养胃极品。

（3）畲族人长期与野猪共存，狩猎和利用野猪资源也成为畲族人传统生产和生活中的一项重要内容，并形成独特的野猪传统文化。例如，"赶野猪"作为一项传统的体力活动，就是在平时训练围捕野猪的方法与技巧的基础上演化为一项传统的节日文化与体育活动。

7. 保护与利用

（1）传承与利用现状：野猪作为野生动物，已受到国家法律保护，狩猎野猪的活动已受到法律限制，但近年来野猪在一些畲族地区已泛滥成灾，对其种群的限制也是必要的。

（2）受威胁状况及因素分析：生态环境的破坏及滥捕滥杀对其野生种群产生了一定的威胁。

（3）保护与传承措施：野猪现为国家二级保护野生动物。另外该物种已被列入国家林业局 2000 年 8 月 1 日发布的《国家保护的有益的或者有重要经济、科学研究价值的陆生野生动物名录》。

8. 文献资料

[1] 俞郁田. 霞浦县畲族志[M]. 福州：福建人民出版社，1993：257.

[2] 梅松华. 畲族饮食文化[M]. 北京：学苑出版社，2010：100-101.

CN-SH-160-002. 刺猪

1. 名称 中国/浙江省 福建省/畲族/传统遗传资源/刺猪

Hystrix hodgsoni/Genetic Resource/She People/Zhejiang Province，Fujian Province/China

2. 编号 CN-SH-160-002 中国-畲族-野生动物-刺猪

3. 属性与分布 畲族社区集体知识；主要分布于长江流域以南与陕西等地，在浙江省、福建省畲族社区被广泛利用。

4. 背景信息 刺猪（豪猪）（*Hystrix hodgsoni*）为豪猪科（Hystricidae）豪猪属大型啮齿类动物。体型粗大，体长约 650 mm，体重一般 10 kg 左右。身被长刺的棘刺。全身棕褐色，末端白色的细长刺在额部到颈背部中央形成 1 条白色纵纹，并在两肩至颏下形成半圆形白环。体背密覆粗大的棕色长刺，臀部更为密集，棘刺粗大而中空，呈纺锤形，中部 1/3 为淡褐色，余为白色，长度可达 200 mm 以上。四肢和腹面的刺短小而软。尾甚短，约 90 mm，隐于硬刺之中。全身硬刺之下有稀疏的白长毛。

5．基本描述　中文种名：豪猪；地方名/民族名：刺猪。刺猪栖息于山区林木茂盛之处，食物主要是植物的根、果实和种子。农作物成熟时刺猪多在田间活动，盗食农作物。为了保护农作物，刺猪成了畲族人狩猎的主要对象之一。刺猪肉可食，味美，是畲族人肉类食物的来源之一。畲族人除食用刺猪肉外，妇女还会把刺猪的刺用作簪子当装饰品。

6．传统知识特征

（1）刺猪（豪猪）喜欢栖息于山区林木茂盛之处，畲族人位于山区，植物资源丰富，为刺猪提供了很好的栖息环境以及食物来源。

（2）刺猪与畲族人长期共存，并一直存在矛盾。刺猪常常破坏农田和庄稼，并盗食农作物，为了保护农作物，刺猪成了畲族人狩猎的主要对象之一。

（3）畲族人长期以来一直利用刺猪资源，并形成多种用途和特别的文化。刺猪不仅肉可食，而且味美，是畲族人肉类食物的主要传统来源之一。刺猪的皮毛也有利用，如畲族人将刺猪的刺用作簪子，成为一种传统的装饰工艺品，丰富了畲族传统文化。

7．保护与利用

（1）传承与利用现状：现在刺猪（豪猪）数量已大幅减少。另外，为了保护野生动物，畲族人已停止对它的猎杀。

（2）受威胁状况及因素分析：生态环境的破坏及乱捕滥杀对刺猪野生种群产生了一定的威胁。

（3）保护与传承措施：刺猪已列入于 2008 年发布的《世界自然保护联盟濒危物种红色名录》（IUCN 红色名录），为近危水平。

8．文献资料

[1]　董聿茂. 浙江动物志（兽类）[M]. 杭州：浙江科学技术出版社，1989：92.

[2]　俞郁田. 霞浦县畲族志[M]. 福州：福建人民出版社，1993：258.

CN-SH-160-003. 野鸡

1．名称　中国/浙江省 福建省/畲族/传统遗传资源/野鸡

Phasianus colchicus/Genetic Resource/She People/Zhejiang Province，Fujian Province/China

2．编号 CN-SH-160-003 中国-畲族-野生动物-野鸡

3．属性与分布 畲族社区集体知识；主要分布于河北的南部及秦岭以南的华东和华南地区，在浙江省、福建省畲族社区被广泛利用。

4．背景信息 野鸡（环颈雉）（*Phasianus colchicus*）为雉科（Phasianidae）雉属动物。较家鸡略小，尾羽 18 枚，呈矛状；中央尾羽比外侧尾羽为长；雄鸟羽色华丽，具金属光彩，头顶两侧各有一束耸立而羽端方形的耳羽簇；雌鸟的羽色暗淡，大多为褐和棕黄色，杂以黑斑；尾羽较短。

5．基本描述 中文种名：环颈雉；地方名/民族名：野鸡。环颈雉主要栖息于山区灌丛林、竹林、草丛、林缘草地、茶叶林等地，以柔弱软干草、杂叶为巢材，以谷物、浆果、种子、嫩茎叶为主食。过去畲族常用枪或布置陷阱来捕获野鸡。野鸡肉质坚实而鲜嫩，味道鲜美，蛋白质、氨基酸含量均高于家鸡，脂肪和胆固醇含量比家鸡低，深受畲族喜爱。

6．传统知识特征

（1）畲族分布于山区，地形地貌以山地与丘陵为主，且植物资源丰富，适合野鸡的生存，野鸡（环颈雉）过去在畲族社区分布广泛，数量多，成为畲族人主要利用的野生动物之一。

（2）野鸡肉质坚实而鲜嫩，蛋白质、氨基酸含量均高于家鸡，味道鲜美，营养价值高，是畲族的肉类来源之一。

（3）野鸡的尾羽颜色鲜艳，十分美观，畲族人常用野鸡尾羽作为装饰工艺品，具有文化价值。

7．保护与利用

（1）传承与利用现状：野鸡（环颈雉）的数量逐渐减少，但现在已有人工养殖。

（2）受威胁状况及因素分析：野鸡栖息环境的破坏及人们的过度捕杀使其野生数量不断下降。

（3）保护与传承措施：野鸡（环颈雉）属于国家"三有"保护动物，已受到法律保护，开发人工养殖可满足市场需求。

8．文献资料

董聿茂. 浙江动物志（鸟类）[M]. 杭州：浙江科学技
    术出版社，1990：132.

CN-SH-160-004. 山麂

1．名称　中国/浙江省 福建省/畲族/传统遗传资源/山麂

Muntiacus reevesi/Genetic Resource/She People/Zhejiang Province，Fujian Province/China

2．编号　CN-SH-160-004 中国-畲族-野生动物-山麂

3．属性与分布　畲族社区集体知识；主要分布于四川、福建、广东、湖南、浙江、贵州、陕西、河南、我国台湾、江西、安徽、广西、湖北、甘肃、云南、江苏等地，在浙江省、福建省畲族社区被广泛利用。

4．背景信息　山麂（小麂）（*Muntiacus reevesi*）为鹿科（Cervidae）麂属动物，麂类中最小的一种。体长 70-80 cm，脸部较短而宽，尾很长。可达 12 cm。雄兽具角，角叉短小，角尖向内下方弯曲。眶下腺长，开口呈弯月形的裂缝。四肢细长，蹄狭尖。毛色通常为淡栗棕色，杂有灰黄色的斑点，颈背中央有一条黑纹。从眶下腺至角的分叉处每侧各具一条黑色宽纹。胸腹部、后肢内侧、臀部边缘及尾下面均为白色。夏毛较冬毛色稍浅，个体间毛色差异较大。

5．基本描述　中文种名：小麂；地方名/民族名：山麂。山麂过去遍布畲族山区，是畲族人经常猎取的猎物，其肉质细腻，味道鲜美，深受畲族人喜爱。畲族人把猎取来的山麂除自己食用外，还常拿到城里去卖，以换取生活必需品。

6．传统知识特征

（1）山麂（小麂）多栖息于小丘陵、小山的低谷或森林边缘的灌丛、杂草丛中，畲族人过去居于山区，其山区环境适合山麂的生存，过去山麂在畲族社区分布广泛，数量多，成为畲族人主要猎取的猎物之一。

（2）山麂肉质细腻，味道鲜美，畲族人除了将山麂肉食用，还常拿到城里去卖，山麂不仅是畲族肉类来源，还是重要的经济来源。

7．保护与利用

（1）传承与利用现状：现在生活水平提高了，畲族不再以狩猎来维持生活，且野生山麂（小麂）是国家级保护动物，禁止猎取。浙江景宁畲族人为了发展经济，还进行了人工圈养。

（2）受威胁状况及因素分析：生态环境的破坏及滥捕滥杀对其野生种群产生了一定的威胁。

（3）保护与传承措施：野生山麂已列入国家林业局 2000 年 8 月 1 日发布的《国家保护的有益的或者有重要经济、科学研究价值的陆生野生动物名录》；列入我国《国家重

点保护野生动物名录》三级；列入《中国生物多样性红色名录——脊椎动物卷》，评估
级别为近危（NT）。

8. 文献资料

[1] 梅松华. 畲族饮食文化[M]. 北京：学苑出版社，
2010：101.

[2] 俞郁田. 霞浦县畲族志[M]. 福州：福建人民出版
社，1993：257-258.

CN-SH-160-005. 蕲蛇

1. 名称 中国/浙江省/丽水市/景宁畲族自治县/畲族/传统遗传资源/蕲蛇

Deinagkistrodon acutus/Genetic Resource/She People/Jingning She Ethnic Autonomous
County/Lishui Municipality/Zhejiang Province/China

2. 编号 CN-SH-160-005 中国-畲族-野生动物-蕲蛇

3. 属性与分布 畲族社区集体知识；分布于贵州、湖北、安徽、浙江、江西、湖南、
福建、我国台湾、广东、广西等地，在浙江省景宁畲族自治县畲族社区被广泛利用。

4. 背景信息 蕲蛇（尖吻蝮）（*Deinagkistrodon acutus*）为蝰科（Viperidae）动物。
吻端尖而翘向前上方；头呈三角形、与颈区分明显；头背黑色、头侧自吻棱经眼斜至口
角以下为黄白色，头腹及喉也为白色；体躯壮尾较短，全长可达 1.5 m。背面深棕色或棕
褐色。背脊有方形大斑，其边缘浅褐色，中央略深，有的方斑不完整；腹面白色，有交
错排列的黑褐色斑块，略呈三纵行，有的若干斑块互相连续而界限不清；尾腹面白色，
散以疏密不等的黑褐色点斑。吻鳞甚高，上部窄长，构成尖吻的腹面；鼻间鳞一对，也
窄长构成尖吻的背面。头背具对称而富疣粒的大鳞；尾后段侧扁，末端一枚鳞片侧扁而
尖长。

5. 基本描述 中文种名：尖吻蝮；地方名/民族名：蕲蛇、五步蛇。过去浙江景宁畲
族人以往认为蛇是地龙，是圣洁之灵物，是不能吃的。现在随着畲族人观念的变化，渐
渐改变了不吃蛇的习俗。由于畲族常年聚居在山上，所耕种之田均为冷水田，山上雾气
重，容易患风湿，加之山上多蕲蛇，所以渐渐出现浸泡蕲蛇药酒的饮食习俗，借饮蕲蛇
药酒以解风湿。畲族多用活蛇浸泡法浸泡蕲蛇酒，将活蛇放入笼中，饿它七八天，浸酒
前，从笼中取出活蛇，右手捏住蛇三寸，左手拇指捏住蛇的胃部，自上而下捋至肛门，
将肠内食物排尽，然后浸泡于米烧酒中，严封口，浸泡一年方可饮用。

6．传统知识特征

（1）畲族居住在亚热带季风气候山区，其居住的环境适合蕲蛇（尖吻蝮）的生存，使蕲蛇在畲族分布区域种群数量较多，促进了畲族对其的利用。

（2）畲族饮蕲蛇药酒的饮食习俗与畲族耕种之田为冷水田，山上雾气重容易患风湿的生活环境相适应，畲族人发现蕲蛇药酒可有效治疗风湿。

（3）蕲蛇剧毒，对人体常有伤害，当地畲族人抓蛇泡酒，也是除害之举。

7．保护与利用

（1）传承与利用现状：蕲蛇（尖吻蝮）由于生存环境的破坏和乱捕滥杀，资源量已经很少了。

（2）受威胁状况及因素分析：蕲蛇具有经济价值，引起了人们的过度捕杀，加之生态环境的破坏，蕲蛇野生资源不断下降。

（3）保护与传承措施：尖吻蝮现为国家二级保护野生动物，禁止捕杀。

8．文献资料

[1]　梅松华. 畲族饮食文化[M]. 北京：学苑出版社，2010：259.

[2]　来复根，金永昌. 蕲蛇及其混淆品的鉴别[J]. 中药材，1988，11（4）：29-30.

CN-SH-160-006．野山鼠

1．名称　中国/浙江省/丽水市/景宁畲族自治县/畲族/传统遗传资源/野山鼠

Niviventer coninga/Genetic Resource/She People/Jingning She Ethnic Autonomous County/Lishui Municipality/Zhejiang Province/China

2．编号　CN-SH-160-006 中国-畲族-野生动物-野山鼠

3．属性与分布　畲族社区集体知识；国内各地均有分布，在浙江省景宁畲族自治县畲族社区被广泛利用。

4．背景信息　野山鼠（白腹巨鼠）（*Niviventer coninga*）为鼠科（Muridae）动物。背毛棕褐色或略显淡棕色，自头顶至尾基部毛色基本一致。背毛由两种毛组成，一种为棕灰色较柔软的毛，另一种为毛基白色、毛尖黑褐色的硬刺毛组成。由于背中央区硬刺毛较多，故略显黑褐色。腹毛纯白色。背腹交界处分界明显。尾两色，尾背面从尾基部开始约 3/4 为棕褐色，末端 1/4 灰白色。尾腹面为灰白色。前足背面灰白色，后足背面棕褐色。胡须较粗长，长须可达 120 mm，基部为黑褐色，至末端颜色逐渐变淡，在吻周围有一部分较短的胡须，颜色较长须为淡，多为灰白色。

5. 基本描述　中文种名：白腹巨鼠；地方名/民族名：野山鼠。野山鼠栖息于农田、菜园、墓地、竹林、草甸、树林等生境中，以淀粉类食物为主，随着农作物的轮作和季节变更而进行迁徙活动，是农田的主要兽害。畲族人多居于山区，所种庄稼常受到野山鼠的啃咬，因此畲族人常常用"鼠吊"或"石克"等陷阱诱捕法捕抓野山鼠。抓住野山鼠后，畲族人用炉灰搓一下，给野山鼠干煺毛，去内脏、去头尾、洗净后加入各种佐料与竹笋一起做成冬笋野兽肉。山鼠肉味道鲜美，是上等的营养补品，受到了畲族人的喜爱。

6. 传统知识特征

（1）野山鼠（白腹巨鼠）经常啃咬畲族的庄稼，是农田的主要兽害，畲族人捕抓它，不仅保护了庄稼，而且是畲族人食物来源之一。

（2）畲族人用"鼠吊"或"石克"等陷阱诱捕法捉拿野山鼠，这是畲族人对山鼠习性有着深刻认识下形成的传统猎捕技术，是畲族人智慧的体现。

（3）野山鼠肉味道鲜美，是上等的营养补品，受到了畲族人的喜爱。

7. 保护与利用

（1）传承与利用现状：畲族生活水平提高后，肉类食品充足，畲族几乎很少吃野山鼠（白腹巨鼠）了。

（2）受威胁状况及因素分析：野山鼠栖息地的破坏是影响其野生种群的威胁因素。

（3）保护与传承措施：野山鼠不仅种群数量大，还是农田的主要兽害，目前对野山鼠无特定的保护要求。

8. 文献资料

[1]　梅松华. 畲族饮食文化[M]. 北京：学苑出版社，2010：102.

[2]　董聿茂. 浙江动物志（兽类）[M]. 杭州：浙江科学技术出版社，1989：76-77.

170

传统选育和利用微生物遗传资源的相关知识

CN-SH-170-001. 木耳

1. 名称　中国/浙江省/丽水市/畲族/传统遗传资源/木耳

Auricularia auricula/Genetic Resource/She People/Lishui Municipality/Zhejiang Province/ China

2. 编号　CN-SH-170-001 中国-畲族-微生物-木耳

3. 属性与分布　畲族社区集体知识；主要分布于浙江、黑龙江、吉林、福建、我国台湾、湖北、广东、广西、四川、贵州等地，在浙江省丽水市畲族社区被广泛利用。

4. 背景信息　木耳[*Auricularia auricula*（L.）Underw.]为木耳科（Auriculariaceae）木耳属真菌，子实体为单片着生，耳片呈黑色或黑灰色，耳片大，肉质厚，干燥后收缩成角状，背面呈暗灰色，并覆有细短绒毛，肉质胶状柔软。

5. 基本描述　中文种名：木耳；地方名/民族名：木耳。木耳是一种高蛋白、低脂肪、质优味美的胶质食用菌。传统上畲族木耳属于自然繁殖，人工采集，畲族将采集后的木耳洗净后炒食，并把多余的木耳晒干储存起来。自 20 世纪 70 年代，畲族引进人工栽培技术，为发展木耳生产开拓了广阔前景。

6. 传统知识特征

（1）景宁畲族居住地区林业资源丰富，许多树种的腐木都适合木耳生长，常见分布的有石栎、光皮桦、鹅耳枥、枳椇等 30 多个最佳耳树。

（2）畲族人具有传统利用木耳的知识，在黑木耳人工栽植以前，畲族直接从自然界中获取黑木耳，并以可持续的方式采集，体现了畲族就地取材，可持续利用自然资源的智慧。

（3）当地产黑木耳体大、肉厚、色素深，产量高，是珍贵的山珍食品。畲族除直接食用外，还掌握了干木耳的制作、存贮及食用方法，并将多余的木耳产品在市场出售，增加收入。

7．保护与利用

（1）传承与利用现状：现在景宁畲区的木耳菌种和栽培技术输出至赣、皖、闽等 7 省和省内 10 余县（市），并创建了浙江省黑木耳国际名牌。

（2）受威胁状况及因素分析：天然林减少，以及当地石栎、光皮桦、鹅耳枥、枳椇、杨、榕及槐等树种的自然生境受到影响，这些树种的腐木量减少，野生木耳的生境受到影响，产量降低。

（3）保护与传承措施：保护天然林，加强野生木耳的原生境保护，同时发展黑木耳人工栽培以满足市场需求。

8．文献资料

[1] 柳意城. 景宁畲族自治县县志[M]. 杭州：浙江人民出版社，1995：206-207.

[2] 浙江省农科院园艺研究所等. 浙江蔬菜品种志[M]. 杭州：浙江大学出版社，1994：563.

[3] 上海农业科学院食用菌研究所. 中国食用菌志[M]. 北京：中国林业出版社，1991：26.

[4] 夏建平，吴邦仁. 景宁县食用菌产业的现状与发展对策[J]. 浙江食用菌，2009，17（1）：37-39.

CN-SH-170-002．灰树花

1．名称　中国/浙江省/丽水市/畲族/传统遗传资源/灰树花

Grifola frondosa/Genetic Resource/She People/Lishui Municipality/Zhejiang Province/China

2．编号　CN-SH-170-002 中国-畲族-微生物-灰树花

3．属性与分布　畲族社区集体知识；主要分布于河北、吉林、浙江、福建、广西、四川、云南等地，在浙江省丽水市畲族社区被广泛利用。

4．背景信息　灰树花 [*Grifola frondosa*（Dicks.）Gray] 为多孔菌科（Polyporaceae）真菌，主要寄生在栎树、板栗树、栲树、青冈栎等壳斗凌科树种及阔叶树的树桩或树根上。灰树花子实体有柄或近有柄，菌柄多次分枝。菌盖肉质或半肉质，扇形或匙形，灰色，有细纤毛或绒毛，渐变光滑，菌肉白色。孢子印白色，孢子无色，光滑，卵形至椭圆形。菌丝薄壁，多分枝，有横隔，无锁状联合。

5. 基本描述　中文种名：灰树花；地方名/民族名：灰树花。灰树花是一种独具风味的食用菌，鲜品具有独特的清香味，滋味鲜美；干品具有浓郁的芳香味，味如鸡丝，脆似玉兰，营养丰富，是珍贵的野生蔬菜。灰树花不仅可食用，它所含的多糖能抑制肿瘤生长，是一种珍贵的药用原料。随着栽培技术的提高，畲族逐渐结束了人工野外采集灰树花的状态，开始了人工栽培。

6. 传统知识特征

（1）丽水畲族多居于山区，属亚热带季风气候，其山区丰富的林木资源和优越的气候条件为灰树花提供了很好的生长环境。

（2）畲族具有长期利用灰树花的历史，对灰树花的生物学特性、用途和价值具有充分的了解，传统上主要是野外采集，并在采集过程中体现了保护和可持续利用灰树花资源的原生态思想。

（3）在长期利用灰树花的历程中，因地制宜地创造了许多可持续利用灰树花资源的知识、技术和做法。作为食用，灰树花具有浓郁的芳香味，味如鸡丝，脆似玉兰，营养丰富，深受畲族喜爱。作为药用，用灰树花制成的药剂可有效抑制肿瘤的生长。

7. 保护与利用

（1）传承与利用现状：野生灰树花资源量已减少，现以人工种植为主。丽水灰树花栽培技术领先，经济效益好，为丽水市农业经济特产之一。

（2）受威胁状况及因素分析：因生境条件变化，寄主植物种群减少，野生灰树花资源亦受到影响。

（3）保护与传承措施：保护天然林，以保护野生灰树花资源。同时，通过袋式栽培到筒袋栽培技术，扩大产品供应，以满足市场需求。

8. 文献资料

[1] 黄尚厚. 丽水农业经济特产[M]. 杭州：浙江科学技术出版社，1992：25-29.

[2] 华金渭，何伯伟. 浙江丽水中药材与文化[M]. 中国农业科学技术出版社，2013：11-12.

[3] 上海农业科学院食用菌研究所. 中国食用菌志[M]. 北京：中国林业出版社，1991：50.

[4] 鲍文辉. 影响灰树花菌棒出菇率因素与控制技术研究[J]. 丽水农业科技，2014（2）：14-16.

CN-SH-170-003. 银耳

1. 名称　中国/福建省/宁德市/畲族/传统遗传资源/银耳

Tremella fuciformis/Genetic Resource/She People/Ningde Municipality/Fujian Province/China

2. 编号　CN-SH-170-003 中国-畲族-微生物-银耳

3. 属性与分布　畲族社区集体知识；主要分布于山西、吉林、江苏、浙江、安徽、福建、江西、湖北、湖南、广东、广西、四川、云南、贵州、陕西等地，在宁德市畲族社区被广泛利用。

4. 背景信息　银耳（*Tremella fuciformis* Berk.）为银耳科（Tremellaceae）真菌，可寄生在多种树木的树干上。担子果胶质，直立，叶状，鲜时纯白色至近半透明，或略带黄色。瓣片不分叉或顶部分叉，由许多瓣片丛集成菊花状或鸡冠状，基部黄褐色，干后瓣片暗白色或带淡黄色，基蒂常黄褐色。子实体遍生瓣片表层。菌丝呈锁状联合。原担子近球形，成熟时下担子卵形，十字形纵分隔。分生孢子近球形。上担子圆柱形。担孢子卵形，无色，透明，成堆时白色。

5. 基本描述　中文种名：银耳；地方名/民族名：银耳。银耳有益气清肠、滋阴润肺的作用，为古代名贵的补品。20世纪70年代前，畲族人主要是野外采集银耳，但数量少，不能满足需求。70年代初期，闽东畲村开始用油桐椴木栽培银耳，但受原料限制，种植量很少。80年代，改用阔叶杂木粉袋装栽培，省原料，产量高。90年代后因原料缺乏，银耳种植减少。后随着栽培技术的发展，解决了原料缺乏的问题，畲族人对木耳的栽培量不断提高，现成为山区畲族脱贫致富的重要途径之一。

6. 传统知识特征

（1）畲族山区具有丰富的林木资源和优越的地理气候条件，畲族人大力发展银耳种植产业正是利用了其山区优势。

（2）在人工栽植银耳以前，银耳是畲族人直接从自然界中获取的一种食物资源，后畲族人不断提高栽培技术，使其经济效益不断提高，成为山区畲族脱贫致富的重要途径之一。

（3）银耳是一种极其名贵的滋补佳品，历代皇家贵族均把银耳看作延年益寿之品，具有较高的经济价值，畲族地区的银耳也成为贵族的山珍海味。

7. 保护与利用

（1）传承与利用现状：银耳现栽培技术已逐渐成熟，为山区畲族脱贫致富的重要途径之一。

（2）受威胁状况及因素分析：气候的变化及病虫害会影响银耳的产量，寄生树木的减少和生境变化也会导致野生银耳的生长。

（3）保护与传承措施：保护银耳自然生境，不断提高银耳的栽培技术。

8．文献资料

[1] 俞郁田. 霞浦县畲族志[M]. 福州：福建人民出版社，
    1993：253.

[2] 蓝运全. 闽东畲族志[M]. 北京：民族出版社，2000：148.

[3] 上海农业科学院食用菌研究所. 中国食用菌志[M].
    北京：中国林业出版社，1991：34.

CN-SH-170-004. 香菇

1．名称 中国/浙江省/丽水市/畲族/传统遗传资源/香菇

Lnetinula edodes/Genetic Resource/She People/Lishui Municipality/Zhejiang Province/China

2．编号 CN-SH-170-004 中国-畲族-微生物-香菇

3．属性与分布 畲族社区集体知识；主要分布于辽宁、山西、吉林、江苏、浙江、安徽、福建、江西、湖北、湖南、广东、广西、四川、云南、贵州、陕西等地，在浙江省丽水市畲族社区被广泛利用。

4．背景信息 香菇 [*Lentinula edodes*（Berk.）Pegler] 为光茸菌科（Omphalotaceae）真菌，菌盖初期呈扁半球形，后逐渐平展，直径 4-15 cm，有时中央稍下凹，淡褐色，茶褐色至黑褐色，常覆有淡褐色或褐色的鳞片，呈辐射状排列，中部的鳞片色深而大，至盖缘渐淡而小，有时有菊花状龟裂露出菌肉，菌盖边缘初时内卷，后伸展，幼时菌盖边缘有白色至淡褐色棉毛状的菌膜，后消失，以小破片残留于盖缘。菌肉白色，肥厚味美。菌褶白色，弯生之直生，有时具垂齿，后与菌柄分开成离生，密集，宽长不等，褶缘完整呈锯齿状。菌柄中生或偏生，近圆柱形或稍扁，长 3-6 cm，粗 0.5-1 cm，上部白色，下部白色至褐色，肉实，常弯曲。菌环以下往往覆有鳞片。菌环丝膜状，易消失。孢子印白色。孢子椭圆形，有时一端稍尖呈卵圆形，无色，光滑。担子棒状。

5．基本描述 中文种名：香菇；地方名/民族名：香菇。香菇是畲族传统利用的真菌之一，距今 800 年前，香菇的砍花法人工培育出现后，丽水畲族结束了香菇完全靠野生采集的历史，逐步形成了丽水所具有的世界上独一无二的香菇文化。20 世纪 60 年代，丽水市引进了纯菌种接种技术使食用菌生产进入新的发展时期，香菇生产也改变了几百年来的砍花法，改用打孔纯菌丝接种法，从而实现批量化、商品化生产。现在，香菇产业拉动的香菇经济，成为畲族脱贫致富的重要途径。

6．传统知识特征

（1）龙泉、庆元、景宁一带的畲族居住区是人工香菇的发源地，处于亚热带季风气候，温暖湿润，林木资源丰富，所产香菇品质优良与该地区优越的地理气候条件息息相关。

（2）香菇是畲族的传统食品，当地人利用香菇已有数百年历史，并发展了成熟多样的生产和加工技术。

（3）畲族人工栽植香菇的技术（如砍花法、菌种接种法等），实际上是模拟自然生态环境的一种技术手段，是其劳动智慧的体现。

7．保护与利用

（1）传承与利用现状：畲族种植的袋装香菇，规模不断壮大，产业不断做强，成为畲族日常收入的主要来源之一。

（2）受威胁状况及因素分析：劣质假冒产品对香菇产业形成冲击；此外，在香菇菌丝生长时期，如室内温度应低于 30℃，而全球气候变化（变暖）对其产生具有潜在影响。

（3）保护与传承措施：野生香菇已不能形成产业，但可采取就地保护措施。

8．文献资料

[1] 黄尚厚. 丽水农业经济特产[M]. 杭州:浙江科学技术出版社，1992：1-6.

[2] 上海农业科学院食用菌研究所. 中国食用菌志[M]. 北京：中国林业出版社，1991：74-75.

[3] 毛荣耀. 畲乡创业女将——林佩英[J]. 新农村，2008（6）：11.

[4] 博雅特产网, http://shop. bytravel. cn/produce/666F5 B8198DF752883CC，2018-02-23.

CN-SH-170-005. 草菇

1．名称　中国/浙江省 福建省/畲族/传统遗传资源/草菇

Volvariella volvacea/Genetic Resource/She People/Zhejiang Province，Fujian Province/ China

2．编号　CN-SH-170-005 中国-畲族-微生物-草菇

3．属性与分布　畲族社区集体知识；主要分布于河北、上海、江苏、浙江、安徽、福建、江西、湖北、湖南、广东、广西、四川、云南、贵州、陕西等地，在浙江省、福

建省畲族社区被广泛利用。

4．背景信息　草菇 [*Volvariella volvacea*（Bull.）Singer] 为光柄菇科（Pluteaceae）真菌。菌盖宽 5-19 cm，初近钟形，伸展后中央稍凸起，干燥，幼嫩时灰黑至鼠灰色，伸展后渐变为灰褐色，中央凸起霉色较深，有褐色的纤毛形成的辐射状条纹。菌肉白色，松软，中部较厚。菌褶初为白色，后变粉红色，离生。菌柄中生，近圆柱形，白色，易于菌盖分开。菌托杯状，粗厚，白色至灰黑色。孢子印粉红色。孢子光滑，椭圆形。

5．基本描述　中文种名：草菇；地方名/民族名：草菇。草菇营养丰富，味道鲜美，为畲族野外采集的食用菌之一。20 世纪 80 年代，畲族人开始以稻草为原料，在室内床栽，或在室外堆栽草菇，并逐渐形成群众性的规模开发，使之成为发挥山区优势的重要产品。

6．传统知识特征

（1）草菇喜湿，畲族所居地气候条件为亚热带季风气候，十分适合野生草菇的生长。

（2）畲族食用草菇已有悠久历史，鲜草菇含蛋白质、脂肪、碳水化合物，维生素 B、维生素 C、维生素 D、维生素 K 和烟酸等，蛋白质中含有 17 种氨基酸，其中含有人体必需的 8 种氨基酸，营养丰富，具有较高的保健价值，深受当地畲族喜爱。

（3）因草菇需求量大，畲族因地制宜地发展了草菇人工栽培。畲族栽培草菇以稻草为原料，将农村大量农作物秸秆资源转化为养菇资源，提高了经济效益。

7．保护与利用

（1）传承与利用现状：草菇现栽培技术已逐渐成熟，为山区畲族脱贫致富的重要途径之一。

（2）受威胁状况及因素分析：气候的变化及栽培技术的不规范对其产量有影响。

（3）保护与传承措施：在自然保护区要加强草菇野生种群的保护；对于草菇人工栽培，要不断提高栽培技术，促进草菇生产。

8．文献资料

[1]　浙江省丽水市教育委员会. 丽水农业经济特产[M]. 杭州：浙江科学技术出版社，1992：18-21.

[2]　上海农业科学院食用菌研究所. 中国食用菌志[M]. 北京：中国林业出版社，1991：155.

[3]　俞郁田. 霞浦县畲族志[M]. 福州：福建人民出版社，1993：253.

[4]　柳青，陈金华，郑巧平. 草菇下脚料再利用栽培蘑菇试验[J]. 食用菌，2007（1）：32-33.

[5]　罗贵伦. 草菇的营养价值[J]. 四川食品工业科技，1995（3）：49-53.

CN-SH-170-006. 珊瑚菌

1．名称 中国/浙江省/丽水市/景宁畲族自治县/畲族/传统遗传资源/珊瑚菌

Ramaria flava/Genetic Resource/She People/Jingning She Ethnic Autonomous County/Lishui Municipality/Zhejiang Province/China

2．编号 CN-SH-170-006 中国-畲族-微生物-珊瑚菌

3．属性与分布 畲族社区集体知识；主要分布在云南、西藏、四川、甘肃、河南、陕西、浙江、我国台湾等地，在浙江省丽水市景宁畲族自治县畲族社区被广泛利用。

4．背景信息 珊瑚菌（黄枝瑚菌）〔*Ramaria flava*（Schaeff. ex Fr.）Quel.〕为珊瑚菌科（Clavariaceae）珊瑚菌属真菌。黄枝瑚菌子实体高大多枝，高 8-16 cm，宽 5-12 cm，鲜时黄色、柔嫩，干后变成青褐色，软骨质，脆；菌肉与表面同色，受伤后近表皮处变成红色；柄长 4-6 cm，粗 1.5-2.5 cm，上部白色，基部近白色，受伤时或老熟后变成红色，小枝密集、稍扁，节间距离较长，顶枝细削，基部四周常有较小的分枝；孢子长椭圆形，浅黄色，具一弯尖，有明显小疣，孢子印黄色。

5．基本描述 中文种名：黄枝瑚菌；地方名/民族名：珊瑚菌、老鼠脚。珊瑚菌生长于景宁畲族自治县海拔 800 m 以上的地方，在每年的 7 月中旬至 8 月底为珊瑚菌的采收旺季。畲族将采集后的珊瑚菌先用旺火将新鲜的珊瑚菌在水里煮开 10 min 左右，然后捞出洗净，再用清水浸泡 12 h，制作时可放少许辣椒、大蒜、姜丝大火清炒。炒熟后的珊瑚菌鲜中带着清香，口感爽滑而不腻，余味悠长。除了清炒，畲族还用其做汤，同样非常鲜美。珊瑚菌含有亮氨酸、异亮氨酸、苯丙氨酸等 15 种氨基酸，其中有 6 种为人体必需氨基酸，还可以入药，具有和胃现气、祛风、破血、缓中等作用。

6．传统知识特征

（1）景宁畲族自治县海拔 800 m 以上的地方气候温暖湿润，森林资源丰富，枯叶腐草遍地，适宜珊瑚菌（黄枝瑚菌）的生长。

（2）由于珊瑚菌子实体由基部向上分叉，中上部呈多次分枝，老时肉褐色，孢子狭长，形似老鼠的爪子，因此畲族称之为"老鼠脚"。

（3）畲族食用珊瑚菌的历史悠久，因为珊瑚菌营养丰富，鲜甜爽口，对畲族人具有很好的保健价值。

7．保护与利用

（1）传承与利用现状：珊瑚菌（黄枝瑚菌）在景宁畲族自治县为野生菌，产量不多。

（2）受威胁状况及因素分析：珊瑚菌味美，保健价值高，常引起人们过度采摘，这对其野生种群造成了极大的破坏。

（3）保护与传承措施：应控制对珊瑚菌的采摘，促进该资源的可持续利用。

8. 文献资料

[1] 张光亚. 中国常见食用菌图鉴[M]. 昆明：云南科技出版社，1999：26.

[2] 柳新红，何小勇. 浙西南森林野菜资源多样性研究[J]. 浙江林业科技，2002，22（4）：32-34，44.

CN-SH-170-007. 牛肝菌

1. 名称　中国/浙江省/丽水市/畲族/传统遗传资源/牛肝菌

Boletus speciosus/Genetic Resource/She People/Lishui Municipality/Zhejiang Province/China

2. 编号　CN-SH-170-007 中国-畲族-微生物-牛肝菌

3. 属性与分布　畲族社区集体知识；主要分布于云南、四川、西藏、湖南、江苏、浙江、福建、安徽、广东、海南、我国台湾等地，在浙江省丽水市畲族社区被广泛利用。

4. 背景信息　牛肝菌（小美牛肝菌）（*Boletus speciosus* Frost）为牛肝菌科（Boletaceae）牛肝菌属真菌。子实体大型，菌盖扁半球形至扁平，土黄色、浅粉色至暗红色，长有同色的细绒毛，边缘完全、幼时内卷、后平展、呈波状；菌管黄绿色，老熟时变为褐色，呈蜂窝状排列，受伤时变为蓝色，与菌柄离生或在四周凹陷；管孔小、圆形、黄绿色；菌肉淡黄色；脆而有香味；受伤处变为蓝绿色；菌柄近圆柱形；粗壮，上部略细，中下部粗而膨大、与菌盖色相近稍带褐红色，上部黄色，有褐红色或黄色网纹，内实，孢子椭圆形，近梭形，浅黄色，光滑，孢子印青黄色至赭土褐色。

5. 基本描述　中文种名：小美牛肝菌；地方名/民族名：牛肝菌。牛肝菌主要分布于畲族的高海拔山区，常与松树根生成外生菌根。牛肝菌在每年立秋前一周左右开始发生，以 8 月中下旬发生量最多，生长期一般可延续到 9 月。牛肝菌体大型，肉肥厚，营养丰富，食味较好，是畲族群众较喜食的真菌之一。畲族人采集后，多拿来炒食或做汤。

6. 传统知识特征

（1）牛肝菌（小美牛肝菌）喜湿润气候和微酸土壤，丽水市畲族山区降水丰富且土壤多为酸性，且马尾松资源丰富，为牛肝菌提供了合适的生存环境和大量的寄主资源。

（2）畲族人认识到牛肝菌与寄主植物互利共生。牛肝菌菌丝从树根组织中摄取碳水化合物及其他养分，以满足自身生长发育的需要，另外，它又以其自身的吸收功能来帮助植物吸收水分和养料，并分泌多种酶类来分解不溶性有机物和矿物，使其变为能被植物吸收的物质，分泌抗生素抑制树木有害微生物的生长，保护树木的根系。

（3）牛肝菌体大型，肉肥厚，营养丰富，食味较好，是畲族群众较喜食的真菌之一。

7．保护与利用

（1）传承与利用现状：牛肝菌（小美牛肝菌）市场销量好，已成为一种珍贵的林产品，但野生资源量正逐渐减少。

（2）受威胁状况及因素分析：生境的破坏和过度采集对其野生种群产生了一定的威胁。

（3）保护与传承措施：应尽快地开展研究，实现人工种植，缓解市场压力，此外需限制对其野生资源的采摘，实现其可持续利用。

8．文献资料

[1] 张光亚. 中国常见食用菌图鉴[M]. 昆明：云南科技出版社，1999：69.

[2] 柳新红，何小勇. 浙西南森林野菜资源多样性研究[J]. 浙江林业科技，2002，22（4）：32-34，44.

[3] 杨晓芬，杜一新，李丽伟，等. 对景宁畲族自治县野生蔬菜资源开发利用的思考[J]. 农业与技术，2012，32（12）：27-28.

[4] 柳青，吴锡鹏. 庆元县高海拔马尾松林间华美牛肝菌调查[J]. 食用菌，2002（1）：4-5.

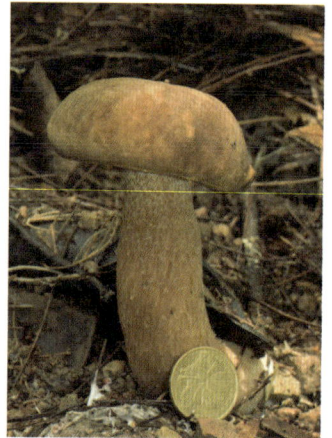

CN-SH-170-008. 松乳菇

1．名称 中国/浙江省 福建省/畲族/传统遗传资源/松乳菇

Lactarius deliciosus/Genetic Resource/She People/Zhejiang Province，Fujian Province/China

2．编号 CN-SH-170-008 中国-畲族-微生物-松乳菇

3．属性与分布 畲族社区集体知识；主要分布于云南、四川、贵州、西藏、浙江、福建、湖南、甘肃、广东、广西、安徽等地，在浙江省、福建省畲族社区被广泛利用。

4．背景信息 松乳菇［*Lactarius deliciosus*（L.）Gray］为红菇科（Russulaceae）乳菇属真菌。菌盖早期呈半球形，后渐平展成波状，中部凹陷，直径4-13 cm，鲜艳的黄色、橙黄色至虾仁色，光滑，湿润时黏，有颜色艳丽的绒毛状同心环带，后变浅色，伤后变绿色，尤以盖缘部分变色显著，边缘内卷，后伸展上翘。菌褶长短不一，呈辐射状排列，稍密，褶间有横脉，往往分叉；菌柄近圆柱形，有时有下陷的暗橙色凹窝，内部松软，后变中空；孢子近球形，无色，有明显的小刺和不明显的网纹，孢子印白色。

5．基本描述　中文种名：松乳菇；地方名/民族名：松乳菇。松乳菇是畲族利用的传统野生真菌之一，夏秋季单生或群生于松林或针阔叶混交林内地上，常与松树形成菌根，多分布于畲族高海拔的山区。松乳菇是一种珍贵的真菌，营养价值很高，富含粗蛋白、粗脂肪、粗纤维、多种氨基酸，其质脆味美，咀嚼时略有可口舒适的辣味，畲族人采集后多为炒食或炖汤。

6．传统知识特征

（1）畲族高海拔的山区不仅松树资源丰富，而且湿度相对较大，与松乳菇喜湿润环境的特性相适应。

（2）畲族人食用松乳菇已有很久历史，并形成可持续采集和保护野生松乳菇的技术方法。

（3）松乳菇是一种珍贵的真菌，营养价值很高，质脆味美，咀嚼时略有可口舒适的辣味，备受畲族人喜爱。

7．保护与利用

（1）传承与利用现状：松乳菇市场需求越来越大，价格也不断上涨，而野生资源越来越少。

（2）受威胁状况及因素分析：气候的变化和人为过度采摘很容易破坏其野生种群，且目前还难以实现人工栽培，主要困难是菌种的分离和培养，以及脱离共生树种的根系不能形成子实体。

（3）保护与传承措施：应保护和可持续利用野生松乳菇，同时加大对其人工栽培的研究，早日攻破技术难关。

8．文献资料

[1]　张光亚. 中国常见食用菌图鉴[M]. 昆明：云南出版社，1999：77.

[2]　陈杨琼，丁祥，伍春莲，等. 松乳菇多糖抗肿瘤和免疫调节活性研究[J]. 食用菌学报，2012，19（3）：73-78.

[3]　钟伯清. 中国畲族[M]. 银川：宁夏人民出版社，2012：37.

[4]　熊涛，肖满. 松乳菇研究进展[J]. 食品与发酵工业，2005，31（5）：84-86.

CN-SH-170-009. 长裙竹荪

1. 名称 中国/福建省/宁德市/畲族/传统遗传资源/长裙竹荪

Dictyophora indusiata/Genetic Resource/She People/Ningde Municipality/Fujian Province/China

2. 编号 CN-SH-170-009 中国-畲族-微生物-长裙竹荪

3. 属性与分布 畲族社区集体知识；主要分布于福建、云南、贵州、四川、广东、广西、安徽、江苏、江西、我国台湾等地，在宁德市畲族社区被广泛利用。

4. 背景信息 长裙竹荪（竹荪）〔*Dictyophora indusiata*（Vent.）Desv.〕为鬼笔科（Phallaceae）竹荪属真菌。子实体高 12-26 cm，初时菌体卵球形，直径 3-5 cm，白色至淡紫色，成熟时包被破裂伸出笔形的孢托，菌盖钟形，有显著网格，顶端平，有孔口，上有暗绿色、黏液微臭的孢体；菌幕白色，有如长裙；菌柄基部向上微尖，白色，壁海绵状，中空；菌托鞘状蛋形，白色至粉红色，膜质；孢子椭圆形，光滑。

5. 基本描述 中文种名：竹荪；地方名/民族名：长裙竹荪。长裙竹荪是畲族利用的传统野生真菌之一，长裙竹荪常生于夏秋季，散生或群生于老竹和腐竹的根部以及腐竹叶上。长裙竹荪不仅脆嫩爽口，食味佳美，香气浓郁，别具风味，而且营养价值丰富，蛋白质含量为 15%-18%，富含 16 种氨基酸。畲族人采集长裙竹荪后常将其用来做汤喝，深受畲族群众喜爱。

6. 传统知识特征

（1）畲族地区多位于山区，竹类资源丰富，为长裙竹荪（竹荪）提供了很好的生长环境。

（2）长裙竹荪脆嫩爽口，食味佳美，香气浓郁，别具风味，营养价值丰富。长裙竹荪不仅味美，而且对高血压、高胆固醇及腹壁脂肪过厚等疾病有很好的疗效，对畲族人具有很好的保健作用。

（3）畲族人食用长裙竹荪历史悠久，并形成保护和可持续采集长裙竹荪的技术和方法。

7. 保护与利用

（1）传承与利用现状：目前长裙竹荪（竹荪）需求量也越来越大，仅是依靠野生的产量远不能满足需要。

（2）受威胁状况及因素分析：长裙竹荪需求量大，经济效益高，常引起群众的过度采集，这对其野生种群产生了一定破坏。

（3）保护与传承措施：要保护长裙竹荪的野外生境和种群，并研究人工种植长裙竹荪的方法和技术。

8. 文献资料

[1] 张光亚. 中国常见食用菌图鉴[M]. 昆明：云南科
    技出版社，1999：84.

[2] 陈华，施满容，潘祥华，等. 闽东野菜资源的利
    用现状及开发前景[J]. 宁德师专学报（自然科学
    版），2006，18（4）：357-360.

CN-SH-170-010. 红菇

1. 名称　中国/福建省/宁德市/畲族/传统遗传资源/红菇

Russula alutacea/Genetic Resource/She People/Ningde Municipality/Fujian Province/China

2. 编号　CN-SH-170-010 中国-畲族-微生物-红菇

3. 属性与分布　畲族社区集体知识；主要分布于河北、陕西、甘肃、江苏、安徽、福建、云南等地，在宁德市畲族社区被广泛利用。

4. 背景信息　红菇（大红菇）［*Russula alutacea*（Fr.）Fr.］为红菇科（Russulaceae）红菇属真菌。子实体中等。菌盖直径 4-10 cm，初半球形，后平展中稍下凹，不黏，红色老后色变暗，边缘粉红色或带白色，有微细绒毛，变光滑，边缘平滑或有不明显条纹。菌肉白色，表皮下粉红色，味道辛辣。菌褶白色，后浅赭黄色，密，通常基部分叉，离生或略延生，具横脉。菌柄长 3.5-8 cm，粗 1-2.5 cm，等粗或向下稍细，白色，偶尔在基部或一侧带粉红色，中实后变中空。孢子印黄色。孢子近球形，有疣或微刺，疣间罕有连线。褶侧囊体梭形。

5. 基本描述　中文种名：大红菇；地方名/民族名：红菇。红菇是畲族利用的传统野生真菌，夏秋两季雨后，红菇生长在混交林及阔叶林内地上，与某些阔叶树种形成菌根。红菇风味独特，香馥爽口，营养丰富，为畲族山区的野生食用菌，也是过去畲族群众的常用菜肴。

6. 传统知识特征

（1）畲族地区气候温暖湿润，且林木资源丰富，为红菇（大红菇）的生长提供了很好的环境。

（2）畲族人在长期与大自然的相处过程中认识到红菇可食用，具有风味独特，香馥爽口，营养丰富的特点，并将其作为野生食用菌之一。

（3）畲族人在采集和食用红菇的过程中，已形成可持续利用的技术和方法。

7. 保护与利用

（1）传承与利用现状：红菇（大红菇）价格不断上涨，野生资源逐渐匮乏。

（2）受威胁状况及因素分析：红菇栽培困难，多为野生，供不应求。随着红菇价格的飙涨，人们对野生红菇的滥采越发严重，加之野生红菇的生长环境遭到了破坏，畲族地区野生红菇资源面临枯竭的危险。

（3）保护与传承措施：划定红菇保护区，禁止采摘，保护红菇野生种群，同时开发人工栽培。

8. 文献资料

[1]　黄年来. 中国食用菌百科[M]. 北京：农业出版社，1993：148.

[2]　陈华，施满容，潘祥华，等. 闽东野菜资源的利用现状及开发前景[J]. 宁德师专学报（自然科学版），2006，18（4）：357-360.

[3]　张光亚. 中国常见食用菌图鉴[M]. 昆明：云南科技出版社，1999：80.

[4]　俞郁田. 霞浦县畲族志[M]. 福州：福建人民出版社，1993：251.

[5]　李增祥. 疯狂的红菇[N]. 福建日报，2012-10-17（9）.

[6]　钟伯清. 中国畲族[M]. 银川：宁夏人民出版社，2012：37.

CN-SH-170-011. 猴头菇

1. 名称　中国/福建省/宁德市/畲族/传统遗传资源/猴头菇

Hericium erinaceus/Genetic Resource/She People/Ningde Municipality/Fujian Province/China

2. 编号　CN-SH-170-011 中国-畲族-微生物-猴头菇

3. 属性与分布　畲族社区集体知识；主要分布于云南、四川、西藏、甘肃、广西、河南、浙江、福建、吉林、黑龙江、内蒙古、山西、河北等地，在宁德市畲族社区被广泛利用。

4. 背景信息　猴头菇（猴头菌）［*Hericium erinaceus*（Bull.）Pers.］为猴头菌科（Hericiaceae）猴头菌属真菌。子实体为肉质，外形头状或倒卵形，似猴子的头，故名"猴头菇"；鲜时全部白色，干燥后变为乳白色至淡黄色或淡褐色，块状，直径 3.5-30 cm，或者更大，无柄，基部着生处狭窄，除基部外均密布有肉质的刺；刺直而发达，下端尖细，呈针状，下垂，稍弯曲。在子实体内部有肥厚而粗短的分枝，中间有小孔隙，全体呈一肉块；肉质柔软细嫩，白色，有清香味，内实；孢子近球形，无色，透明，光滑，孢子白色。

5. 基本描述 中文种名：猴头菌；地方名/民族名：猴头菇。猴头菇多生长于阔叶枯立木或腐木上，其肉质洁白，柔软细嫩，清香可口，营养丰富，是著名的"山珍"，历来是筵席上的名贵菜肴，是畲族野生食用菌之一。畲族人采集猴头菇后浸洗一段时间后再用来炒食或做汤喝。猴头菇不仅具有食用价值，还具有药用价值，其性平味甘，有利五脏，助消化，滋补身体的功效，对胃溃疡、十二指肠溃疡及慢性胃炎有较好的治疗效果。

6. 传统知识特征

（1）畲族位于亚热带季风气候的山区，林木资源丰富，为猴头菇（猴头菌）的生长提供了丰富的资源和生长环境。

（2）猴头菇肉质洁白，柔软细嫩，清香可口，营养丰富，不仅具有食用价值，还具有药用价值，备受群众的喜爱。

（3）在长期利用猴头菇的过程中，畲族人已形成可持续采集和食用的技术方法。

7. 保护与利用

（1）传承与利用现状：猴头菇（猴头菌）是畲族野生食用菌之一，现市场需求大，开发前景广阔。

（2）受威胁状况及因素分析：生境的破坏和过度采集对其野生种群产生了一定的威胁。

（3）保护与传承措施：保护和可持续利用猴头菇野生资源，同时开发人工栽培，以满足市场需求。

8. 文献资料

[1] 张光亚. 中国常见食用菌图鉴[M]. 昆明：云南科技出版社，1999：29.

[2] 陈华，施满容，潘祥华，等. 闽东野菜资源的利用现状及开发前景[J]. 宁德师专学报（自然科学版），2006，18（4）：357-360.

2

传统医药
相关知识

210

传统药用生物资源引种、驯化、栽培和保育知识

CN-SH-210-001. 食凉茶

1. 名称 中国/浙江省 福建省 江西省/畲族/传统医药/食凉茶

Chimonanthi Folium/Traditional Medicine/She People/Zhejiang Province，Fujian Province，Jiangxi Province/China

2. 编号 CN-SH-210-001 中国-畲族-药用生物-食凉茶

3. 属性与分布 畲族聚居区集体知识；分布于浙江、福建及江西等地区，为畲族特有用药，全国资源较少。

4. 背景信息 食凉茶为蜡梅科（Calycanthaceae）植物柳叶蜡梅（*Chimonanthus salicifolius* S. Y. Hu）或浙江蜡梅（*Chimonanthus zhejiangensis* M. C. Liu）的干燥叶。柳叶蜡梅：半常绿灌木，高达 3 m；小枝细，被硬毛。叶对生，叶片纸质或薄革质，呈长椭圆形、长卵状披针形、线状及披针形，先端钝或渐尖，基本楔形，全缘，上面粗糙，下面灰绿色，有白粉，被柔毛；叶柄被短毛，花单生叶腋，稀双生，淡黄色；果托梨形，先端收缩，瘦果长 1-1.4 cm，深褐色，被疏毛，果脐平；花期 10-12 月，果期翌年 5 月。浙江蜡梅：常绿灌木，全株具香气；叶片革质，卵状椭圆形、椭圆形，先端渐尖，基部楔形或宽楔形，上面光亮，深绿色，下面淡绿色，无白色或偶见嫩叶稍具白粉，均无毛；花单生叶腋，少有双生，淡黄色；果托薄而小，多钟形，外网纹微隆起，先端微收缩；瘦果椭圆形，有柔毛，暗褐色；花期 10-12 月，果期翌年 6 月。

5. 基本描述 药用名：食凉茶、食凉餐、食凉青、石凉撑、山蜡茶、黄金茶。功效：祛风解表，清热解毒，理气健脾，消导止泻。主治：风热表证，脾虚食滞，泄泻，胃脘痛，嘈杂，吞酸。附方：①脾虚食滞泄泻：叶内服煎汤，6-15 g；②感冒，预防流行性感冒：食凉茶 6-9 g，水煎服。

6. 传统知识特征

（1）食凉茶为多年生深根性灌木，萌芽力强，分蘖多，具有耐阴、耐旱的特性，多

分布于畲族居住山区的丘陵、山地灌木丛中或稀疏林内。

（2）畲族主要聚居于山区，气候潮湿，昼夜温差大，容易引起感冒，食凉茶具有祛风解表，清热解毒的功效，畲族常用来防治感冒和流行性感冒。

（3）畲族生活简朴好客，节气时节肉品待客，常以食凉茶的理气健脾、消导止泻功效预防和防治脾虚食滞、泄泻等症状，所以畲族常将食凉茶泡成茶饮，日常饮用。

7. 保护与利用

（1）传承与利用现状：柳叶蜡梅在浙江、福建、江西等民间应用广泛，目前已开发食凉茶珠茶、配方颗粒、压片糖果等精深加工产品多款，具有极大的食药用开发价值。

（2）受威胁状况及因素分析：柳叶蜡梅由于生境的改变以及不合理的开采，资源量逐渐减少。

（3）保护与传承措施：浙江、江西等地已有人工繁育栽培上千亩，以促进其资源的保护。

8. 文献资料

[1] 雷后兴，李水福. 中国畲族医药学[M]. 北京：中国中医药出版社，2007：311-313.

[2] 程科军，李水福. 整合畲药学研究[M]. 北京：科学出版社，2017：6-44.

[3] 浙江省食品药品监督管理局. 浙江省中药炮制规范[M]. 北京：中国医药科技出版社，2015：280-281.

[4] 中国科学院中国植物志编辑委员会. 中国植物志[M]. 第30卷. 第2册. 北京：科学出版社，1979：10.

[5] 浙江植物志（新编）编辑委员会. 浙江植物志[M]. 第2卷. 杭州：浙江科学技术出版社，2021：191-192.

CN-SH-210-002. 嘎狗噜

1. 名称　中国/浙江省 福建省/畲族/传统医药/嘎狗噜

Melastomae Dodecandri Herba/Traditional Medicine/She People/Zhejiang Province，Fujian Province/China

2. 编号　CN-SH-210-002 中国-畲族-药用生物-嘎狗噜

3. 属性与分布　畲族聚居区集体知识；主要分布于长江以南地区，在浙江省、福建省畲族聚居区被广泛利用。

4. 背景信息　嘎狗噜为野牡丹科（Melastonmataceae）植物地菍（*Melastoma dodecandrum* Lour.）的干燥全草。小灌木，茎匍匐上升，逐节生根，分枝多，披散，幼时被糙伏毛，以后无毛。叶片坚纸质，卵形或椭圆形，顶端急尖，基部广楔形，全缘或具密浅细锯齿，3-5 基出脉，叶面通常仅边缘被糙伏毛，有时基出脉行间被 1-2 行疏糙伏毛，背面仅沿基部脉上被极疏糙伏毛，侧脉互相平行；叶柄被糙伏毛。聚伞花序，顶生，花梗被糙伏毛，上部具苞片 2。花期 5-7 月，果期 7-9 月。

5. 基本描述　药用名：嘎狗噜、牛屎板、崩迪、屎桶板、地螺丝草、铺地锦、地茄、地葡萄、地红花、地石榴等。功效：清热解毒，活血止血。主治：高热，肺痈，咽肿，牙痛，赤白痢疾，黄疸，水肿，痛经，崩漏，带下，产后腹痛，瘰疬，痈肿，疔疮，痔疮，毒蛇咬伤。附方：①食积，15-20 g，水煎服；②带状疱疹：将新鲜地菍（250 g）捣碎，放置盆装干净泉水（500 g）中搅拌，去其渣，然后把常见小爆竹 10 只对中折断，并点燃其硝，使其火星往地菍水中窜，最后将药水频擦患处。

6. 传统知识特征

（1）嘎狗噜生长于山区路边田埂，是畲族居住区常见植物，畲族使用嘎狗噜作为传统草药历史悠久。

（2）畲族多居住在山区，日常生活中常发生虚火牙痛，嘎狗噜有清热解毒、活血止血的药效，被畲族广泛应用。

（3）嘎狗噜花、果期极长，畲族在田间耕作时，常采回其果实作为水果或泡酒食用。

7. 保护与利用

（1）传承与利用现状：地菍的抗氧化、抗炎镇痛、止血、降脂降糖等药效显著，一直作为当地常用草药使用。近年来随着对地菍研究开发的深入，其用途被更多开发，用量也迅速增加。

（2）受威胁状况及因素分析：因生境改变，一些地方过度采收，造成资源枯竭；此外，由于现代医药推广，在许多地方使用草药的机会渐少。

（3）保护与传承措施：目前地菍仍以野生资源为主，可考虑拓宽药食范畴，果实内含有丰富的营养物质，天然醇香，作为新型水果推广种植。同时，加强品种筛选和人工繁殖研究，以解决市场需求。

8．文献资料

[1] 雷后兴，李水福．中国畲族医药学[M]．北京：中国中医药出版社，2007：326-328.

[2] 程科军，李水福．整合畲药学研究[M]．北京：科学出版社，2017：45-69.

[3] 钟隐芳．福安畲医畲药[M]．福建：海风出版社，2010：185-186.

[4] 浙江省食品药品监督管理局．浙江省中药炮制规范[M]．北京：中国科技医药出版社，2015：244-245.

[5] 中国科学院中国植物志编辑委员会．中国植物志[M]．第 53 卷．第 1 册．北京：科学出版社，1984：152.

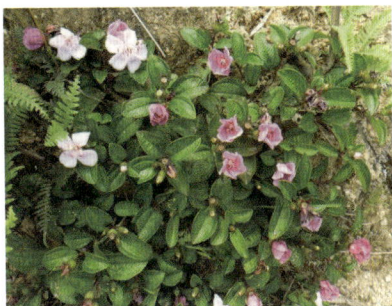

CN-SH-210-003．搁公扭根

1．名称　中国/浙江省 福建省/畲族/传统医药/搁公扭根

Rubi Radix et Rhizoma/Traditional Medicine/She People/Zhejiang Province，Fujian Province/China

2．编号　CN-SH-210-003 中国-畲族-药用生物-搁公扭根

3．属性与分布　畲族聚居区集体知识；长江中下游地区有分布，在浙江省、福建省畲族聚居区被广泛利用。

4．背景信息　搁公扭根为蔷薇科（Rosaceae）植物掌叶覆盆子（*Rubus chingii* Hu）的干燥根及残茎。落叶灌木，根系分布不深，地上部为 1 年生枝和 2 年生枝组成。新枝略带蔓性，紫褐色，幼枝绿色，被白粉，有少数倒刺。叶互生，近圆形，掌状 5 裂，偶有 7 裂，基部心形，中裂片菱状卵形，边缘具不整齐锯齿；叶柄散生细刺，基部有 2 枚条状针形托叶。花两性，单生于枝端叶腋；萼片 5，卵形或长椭圆形，被灰白色柔毛。果实为小核果，密被淡黄白色短柔毛。花期 3-4 月，果期 5-6 月。

5．基本描述　药用名：搁公扭根、上树搁公扭、山狗公、搁工、搁公扭、公公扭。功效：祛风止痛，明目退翳，和胃止呕。主治：活血，止血，利湿，解毒。附方：①结核病所致脊柱压迫症：搁公扭根 20 g，广东石豆兰 10 g，华山矾根 20 g，阴石蕨根茎 6 g，夏枯草 10 g，石吊兰 20 g，棘茎楤木 10 g，水煎服；②牙痛：根内服煎汤，15-30 g。

6. 传统知识特征

（1）掌叶覆盆子产于山区路旁，是畲族常见植物，畲族使用根作为传统草药历史悠久。主要治疗牙痛、明目。

（2）畲族多居住在山区，劳作过程中常发生牙痛、风湿等，搁公扭根具有祛风止痛，明目退翳，和胃止呕，结核性瘘管，结核病所致脊柱压迫症的药效，被畲族广泛应用。

（3）畲族常采掌叶覆盆子的成熟果实作为水果食用，以及酿果酒。

7. 保护与利用

（1）传承与利用现状：近年来随着对掌叶覆盆子研究开发的深入，其用途被更多开发。搁公扭根作为畲药，在牙痛、明目等方面应用越来越多；未成熟果实具有补肝益肾，固精缩尿，明目的功效，是传统中药，也是浙八味其中一味；成熟果实口感微酸，是新兴水果，市场广阔。

（2）受威胁状况及因素分析：因生境改变及人工过度采挖，野生掌叶覆盆子资源逐渐匮乏；随着中药覆盆子市场的回暖，和覆盆子水果市场的走俏，搁公扭根的采收大幅减少。

（3）保护与传承措施：目前全国范围内掌叶覆盆子野生资源储量极为有限，人工大面积种植面积大，果实作为水果和中药发展，根部作为畲药发展。

8. 文献资料

[1] 雷后兴，李水福. 中国畲族医药学[M]. 北京：中国中医药出版社，2007：316-318.

[2] 程科军，李水福. 整合畲药学研究[M]. 北京：科学出版社，2017：70-98.

[3] 浙江省食品药品监督管理局. 浙江省中药炮制规范[M]. 北京：中国科技医药出版社，2015：94.

[4] 中国科学院中国植物志编辑委员会. 中国植物志[M]. 第37卷. 北京：科学出版社，1985：55.

CN-SH-210-004. 小香勾

1. 名称　中国/浙江省 福建省/畲族/传统医药/小香勾

Fici Panduratae Radix et Caulis/Traditional Medicine/She People/Zhejiang Province, Fujian Province/China

2．编号　CN-SH-210-004 中国-畲族-药用生物-小香勾

3．属性与分布　畲族聚居区集体知识；全国华东、华中、华南地区均有分布，在浙江省、福建省畲族聚居区被广泛利用。

4．背景信息　小香勾为桑科（Moraceae）植物条叶榕（*Ficus pandurata* Hance var. *anguatiflia* Cheng）或全叶榕（*Ficus pandurata* Hance var. *holophylla* Migo）的干燥根及茎。条叶榕：落叶小灌木，高 0.5-1.5 m，小枝，叶柄幼时被白短柔毛，后期变为无毛；叶片厚纸质，狭披针形或线状披针形，先端渐尖，基部圆形或楔形，上面无毛，下面仅脉上有疏毛，有小乳突，叶柄疏被糙毛；托叶披针形，无毛，迟落；隐头花序单生叶腋，隐花果椭圆形或球形，成熟时红色；花期 5-7 月，果期 9-11 月。全叶榕：与条叶榕区别在于叶片倒卵形、狭倒卵形或倒披针形，叶纸质；隐花果近球形，花、果期 5-12 月。

5．基本描述　药用名：小香勾、小康补、大叶（细叶）牛奶藤等。功效：祛风除湿，健脾开胃。主治：前列腺炎，风湿痹痛，食欲不振，血淋，带下，乳少。附方：风湿关节痛：牛奶藤 60 g，炖猪脚服。

6．传统知识特征

（1）小香勾原产于畲族居住的山区山沟水边，田埂石缝，山坡路边旷野处，畲族使用小香勾作为传统草药历史悠久。

（2）畲族多居住在山区，湿度大，小香勾有祛风除湿的药效，被畲族广泛应用，特别是春夏播种季节，如浙江松阳的歇力茶。

（3）小香勾煮开后有一股浓郁的清香，便是名字中香的来源，其次在与肉类烹制过程中可去油腻，从而在畲族餐桌上极为常见。

7．保护与利用

（1）传承与利用现状：小香勾是一味药食两用品种，因其具提香、去油、祛湿的功效而被大众所喜爱，近年来随着对小香勾研究开发的深入，其用途被更多开发，用量也迅速增加，远不能满足市场需要。

（2）受威胁状况及因素分析：市场需求的增加与人工种植滞后而导致的野生资源的急速减少，造成部分地方资源枯竭；作为食品原料的开发正不断地深入，单纯的药用正不断减少。

（3）保护与传承措施：加快人工繁殖与基地建设，以及品种选育，以解决市场需求。

8．文献资料

[1]　程科军，李水福. 整合畲药学研究[M]. 北京：科学出版社，2017：99-118.

[2]　钟隐芳. 福安畲医畲药[M]. 福建：海风出版社，2010：181，261-262.

[3]　浙江省食品药品监督管理局. 浙江省中药炮制规范[M]. 北京：中国科技医药出版社，2015：13-14.

[4]　江苏省植物研究所，中国医学科学院药物研究所，中国科学院昆明植物研究所. 新华本草纲要[M]. 第 2 册. 上海：上海科学技术出版社，1991：8，14，16，18-20.

[5]　程文亮，李建良，何伯伟，等. 浙江丽水药物志[M]. 北京：中国农业科学技术出版社，2014：126.

[6]　中国科学院中国植物志编辑委员会. 中国植物志[M]. 第 23 卷. 第 1 册. 北京：科学出版社，1998：154.

条叶榕

全叶榕

CN-SH-210-005. 十二时辰

1. 名称　中国/福建省 浙江省/畲族/传统医药/十二时辰

Clematis florida var. *flore-pleno*/Traditional Medicine/She People/Fujian Province，Zhejiang province/China

2. 编号　CN-SH-210-005 中国-畲族-药用生物-十二时辰

3. 属性与分布　畲族社区集体知识；主要分布于长江以南地区，在浙江省、福建省畲族社区被广泛利用。

4. 背景信息　十二时辰为毛茛科（Ranunculaceae）植物重瓣铁线莲（*Clematis florida* var. *flore-pleno* D. Don）的干燥根。草质藤本，长 1-2 m。茎棕色或紫红色，具 6 条纵纹，节部膨大，被稀疏短柔毛。二回三出复叶，小叶片狭卵形至披针形，顶端钝尖，基部圆形或阔楔形，边缘全缘，极稀有分裂，两面均不被毛，脉纹不显。花单生于叶腋；花梗近于无毛，在中下部生一对叶状苞片；苞片宽卵圆形或卵状三角形，被黄色柔毛；花开展，直径约 5 cm；萼片 6 枚，白色，倒卵圆形或匙形，内面无毛，外面沿三条直的中脉形成一线状披针形的带，密被绒毛，边缘无毛；雄蕊、雌蕊瓣化。花期 2-5 月。

5. 基本描述　药用名：十二时辰、铁线牡丹、铁线过城门、金包银等。功效：通经活络，通关窍，祛风除湿，活血止痛，理气通便，利尿。主治：跌打损伤，关节肿痛，虫蛇咬伤。附方：①跌打损伤、血筋损伤：根 15-30 g，红酒炖服。②虫蛇咬伤：全草适量，捣烂。敷患处。③风火牙痛：鲜十二时辰根适量，加水炖服，或加盐捣烂，敷患处。④眼起星翳：鲜铁线莲根适量，捣烂，塞鼻孔，左目塞右孔，右目塞左孔。

6．传统知识特征

（1）铁线莲分布于畲族居住山区的丘陵、山地灌木丛中，畲族使用铁线莲作为传统草药历史悠久。

（2）畲族主要聚居于山区，气候潮湿，常患有关节性疾病以及毒虫侵扰。铁线莲具有祛风除湿、活血止痛的功效，常用来防治关节肿痛、虫蛇咬伤等。

（3）铁线莲为多年生草质藤本，为优良的棚架植物，可用于点缀墙篱、花架、花柱、拱门、凉亭，也可作观赏。

7．保护与利用

（1）传承与利用现状：铁线莲在福建、浙江等民间应用广泛，除了被畲族用于治疗各种疾病，还被用于篱垣棚架的垂直绿化和装饰，具有极高的观赏价值。

（2）受威胁状况及因素分析：铁线莲由于生境的改变以及不合理的开采，资源量逐渐减少。

（3）保护与传承措施：目前铁线莲园艺品种培育工作还比较缺乏，要充分利用我国铁线莲丰富的种质资源，开展铁线莲园艺品种培育工作。

8．文献资料

[1] 钟隐芳. 福安畲医畲药[M]. 福州：海风出版社，2010：109-110.

[2] 中国科学院中国植物志编辑委员会. 中国植物志 [M].
第 28 卷. 北京：科学出版社，1979：209.

[3] 江苏新医学院. 中药大辞典（下册）[M]. 上海：上海科学技术出版社，1986：1859-1860.

[4] 国家中医药管理局编委会. 中华本草　第三卷[M].
上海：上海科学技术出版社，1999：198-199.

CN-SH-210-006. 老鸦碗

1．名称　中国/浙江省 福建省/畲族/传统医药相关知识/老鸦碗

Centellae Herba/Traditional Medicine/She People/Zhejiang Province, Fujian Province/ China

2．编号　CN-SH-210-006 中国-畲族-药用生物-老鸦碗

3．属性与分布　畲族聚居区集体知识；分布于陕西、江苏、安徽、浙江、江西、湖南、湖北、福建、我国台湾、广东、广西、四川、云南等地，在浙江省、福建省畲族聚居区被广泛利用。

4．背景信息　老鸦碗为伞形科（Umbelliferae）植物积雪草［*Centella asiatica*（L.）Urban］的干燥全草。多年生草本，茎匍匐，细长，节上生根。叶片膜质至草质，圆形、肾形或马蹄形，长 1-2.8 cm，宽 1.5-5 cm，边缘有钝锯齿，基部阔心形，两面无毛或在背面脉上疏生柔毛；掌状脉 5-7，两面隆起，脉上部分叉；叶柄长 1.5-27 cm，无毛或上部有柔毛，基部叶鞘透明，膜质。伞形花序梗 2-4 个，聚生于叶腋，长 0.2-1.5 cm，有或无毛；苞片通常 2，很少 3，卵形，膜质，长 3-4 mm，宽 2.1-3 mm；每一伞形花序有花 3-4，聚集呈头状，花无柄或有 1 mm 长的短柄；花瓣卵形，紫红色或乳白色，膜质；花柱长约 0.6 mm；花丝短于花瓣，与花柱等长。果实两侧扁压，圆球形，基部心形至平截形，每侧有纵棱数条，棱间有明显的小横脉，网状，表面有毛或平滑。花、果期 4-10 月。

5．基本描述　药用名：老鸦碗、破铜钱、黄排碗、乞食碗。功效：祛暑气，清湿热，消胀利水。主治：跌打损伤，中暑，湿热黄疸，胃病，咳嗽。附方：①跌打损伤：鲜破铜钱根及茎适量，捣烂敷患处。②中暑：鲜老鸦碗 150 g，加醋捣烂炖服。配合推刮胸，拿虎口（合谷），拧胸及背部，自上而下拈风池穴，捏、掐人中等疗效更明显或鲜全草适量，捣烂，加少许冷开水，绞汁服。③湿热黄疸：鲜积雪草 60 g（干品 30 g），水煎服。④胃病：积雪草煮猪肚，一天一次。⑤咳嗽多痰：全草 30-50 g，水煎服。⑥小儿热咳：鲜根 30 g，炖瘦猪肉服，服用时加数滴茶油。⑦手足皮肤感染溃疡：鲜全草适量，水煎，外洗患处。

6．传统知识特征

（1）积雪草（老鸦碗）性喜温暖潮湿的地方，极其适应畲族地区的亚热带季风气候，资源量丰富，畲族就地取材，充分利用当地自然资源。

（2）畲族在长期与疾病斗争的过程中认识到老鸦碗有祛暑气、清湿热、消胀利水的药效，将其用于治疗跌打损伤、中暑、湿热黄疸、胃病、咳嗽等多种疾病，体现了畲族传统医药知识的丰富性。

7．保护与利用

（1）传承与利用现状：积雪草（老鸦碗）有祛暑气、清湿热、消胀利水的功效，被畲族广为利用。

（2）受威胁状况及因素分析：积雪草具有食用、药用、地被等多种价值，需求量大，但人工栽培技术还不成熟，目前主要依赖其野生资源，对其的过度利用容易破坏其野生

种群。

（3）保护与传承措施：加大对积雪草栽培、驯化的研究力度，以缓解野生种群压力。

8. 文献资料

[1] 雷后兴，李永福. 中国畲族医药学[M]. 北京：中国中医药出版社，2007：428.

[2] 钟雷兴. 闽东畲族文化全书（医药卷）[M]. 北京：民族出版社，2009：281-282.

[3] 宋纬文，许志福. 三明畲族民间医药[M]. 厦门：厦门大学出版社，2002：43.

[4] 杨璐. 积雪草苷药理作用及其机制的研究进展[J]. 中华中医药学刊，2008，26（1）：215-218.

[5] 中国科学院中国植物志编辑委员会. 中国植物志[M]. 第 55 卷. 第 1 册. 北京：科学出版社，1979：31.

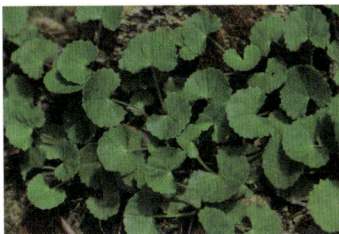

CN-SH-210-007. 白山毛桃根

1. 名称 中国/浙江省 福建省/畲族/传统医药/白山毛桃根

Actinidiae Erianthae Radix/Traditional Medicine/She People/Zhejiang Province，Fujian Province/China

2. 编号 CN-SH-210-007 中国-畲族-药用生物-白山毛桃根

3. 属性与分布 畲族聚居区集体知识；长江沿岸及以南地区均有分布，在浙江省、福建省畲族聚居区被广泛利用。

4. 背景信息 白山毛桃根为猕猴桃科（Actinidiaceae）植物毛花猕猴桃（*Actinidia eriantha* Benth.）的干燥根。大型落叶藤本，幼枝及叶柄密生灰白色或灰褐色绒毛，老枝无毛。叶对生，厚纸质，矩圆形至圆形，基部圆形、截形或浅心形，老时上面仅沿叶脉有疏毛，下面密生灰白色或灰褐色星状绒毛。花淡红色，2-3 朵成聚伞花序；萼片常为 2 片，连同花柄密生灰白色绒毛；花瓣 5-6 瓣，雄蕊多数；花柱丝状，多数。果实表面密生灰白色长绒毛。

5. 基本描述 药用名：白山毛桃根、毛花杨桃、白藤梨、白毛桃、毛阳桃、毛冬瓜等。功效：解毒消肿，清热利湿。主治：热毒痈肿，乳痈，肺热失音，湿热痢疾，淋浊，带下，风湿痹痛，胃癌，食道癌。根皮外用治跌打损伤。附方：①治胃癌、鼻咽癌、乳癌：毛花猕猴桃鲜根 2 两 5 钱，水煎服，15-20 d 为一疗程，休息几天后再服，连服 4 个疗程；②治肺热失音：毛花猕猴桃鲜根 1 两，水煎，调冰糖服；③治大头瘟（颜面丹毒）：毛花杨桃鲜根，用第二次米泔水磨浓汁涂患处。

6. 传统知识特征

（1）白山毛桃根原产于畲族居住的山区高草灌木丛或灌木丛林中，畲族使用白山毛桃根历史悠久。

（2）畲族多居住在山区，医疗卫生条件落后，常用白山毛桃根解毒消肿，清热利湿，尤其是癌症治疗。

（3）毛花猕猴桃表面被白色长绒毛，果实绿色微酸，口感特殊，畲族常用于泡果酒食用。

7. 保护与利用

（1）传承与利用现状：随着对毛花猕猴桃研究的深入，其强大的抗肿瘤能力不断被挖掘及传播，白山毛桃根的需求量迅速增加，远不能满足市场需要。

（2）受威胁状况及因素分析：生境改变和一些地方过度采收，造成野生资源迅速减少。

（3）保护与传承措施：目前已加强人工繁殖研究，建立特色基地，筛选口感优良、质量颇佳品种作为水果开发，以及药材资源独立开发，以解决市场需求。

8. 文献资料

[1] 钟隐芳. 福安畲医畲药[M]. 福州：海风出版社，2010：146.

[2] 雷后兴，李水福. 中国畲族医药学[M]. 北京：中国中医药出版社，2007：322-324.

[3] 程科军，李水福. 整合畲药学研究[M]. 北京：科学出版社，2017：119-138.

[4] 浙江省食品药品监督管理局. 浙江省中药炮制规范[M]. 北京：中国科技医药出版社，2015：28-29.

[5] 程文亮，李建良，何伯伟，等. 浙江丽水药物志[M]. 北京：中国农业科学技术出版社，2014：409.

[6] 中国科学院中国植物志编辑委员会. 中国植物志[M]. 第49卷. 第2册. 北京：科学出版社，1984：258.

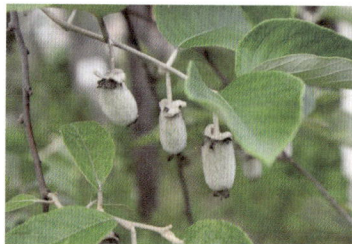

CN-SH-210-008. 白穿山龙

1. 名称　中国/福建省 浙江省/畲族/传统医药/白穿山龙

Campsis Grandiflorae Radix/Traditional Medicine/She People/Fujian，Zhejiang Provinces/China

2. 编号　CN-SH-210-008 中国-畲族-药用生物-白穿山龙

3. 属性与分布　畲族社区集体知识；产于长江流域各地，在浙江省、福建省畲族社区被广泛利用。

4. 背景信息　白穿山龙为紫葳科（Bignoniaceae）植物凌霄［*Campsis grandiflora*

（Thunb.）Schum.]的干燥根。多年生藤本植物。攀缘藤本；茎木质，表皮脱落，枯褐色，以气生根攀附于它物之上。叶对生，为奇数羽状复叶；小叶 7-9 枚，卵形至卵状披针形，顶端尾状渐尖，基部阔楔形，两侧不等大，侧脉 6-7 对，两面无毛，边缘有粗锯齿；叶轴长 4-13 cm；小叶柄长 5（-10）mm。顶生疏散的短圆锥花序。花萼钟状，分裂至中部，裂片披针形。花冠内面鲜红色，外面橙黄色，裂片半圆形。雄蕊着生于花冠筒近基部，花丝线形，细长，花药黄色，个字形着生。花柱线形，柱头扁平，2 裂。蒴果顶端钝。花期 5-8 月。

5. 基本描述　药用名：白穿山龙、五爪龙、倒挂金钟、紫葳等。功效：清热凉血，化瘀散结，祛风止痒。主治：血瘀经闭，崩漏带下，血热风痒，疮疖陷疹。附方：①急性肠胃炎：凌霄根 30 g，姜片 1 片，水煎服；②风湿痹痛：凌霄根 30 g，水煎服。

6. 传统知识特征

（1）凌霄（白穿山龙）的根具有活血散瘀、解毒消肿的功效，在民间被广泛用于治疗风湿痹痛，跌打损伤，骨折，脱臼等症。

（2）据李时珍云"附木而上，高达数丈，故曰凌霄"。

（3）凌霄除了根可供药用，其花也可入药，对于月经不调、经闭等症有良好的疗效；此外凌霄花还可供观赏。

7. 保护与利用

（1）传承与利用现状：凌霄（白穿山龙）可供观赏及药用。干枝虬曲多姿，翠叶团团如盖，花大色艳，为庭院中棚架、花门之良好绿化材料；经修剪、整枝等栽培措施，可成灌木状；适应性强，是理想的城市垂直绿化植物。

（2）受威胁状况及因素分析：凌霄作为无公害绿色中药材需求量增加，针剂品种等开发导致供不应求，野外资源日益减少。

（3）保护与传承措施：严禁过度采挖，加快人工繁殖与基地建设，以及品种选育，以解决市场需求。

8. 文献资料

[1] 宁德市医药研究所编. 闽东畲族本草（第一辑）[M]. 福州：福建科学技术出版社，2017：278-279.

[2] 中国科学院中国植物志编辑委员会. 中国植物志[M].
第 69 卷. 北京：科学出版社，1990：33.

[3] 谢宗万. 全国中草药汇编（上）[M]. 2 版. 北京：
人民卫生出版社，1996：658.

[4] 新编中药志编委会. 新编中药志（卷一）[M]. 北京：
化学工业出版社，2002：771.

CN-SH-210-009. 山里黄根

1. 名称　中国/浙江省 福建省/畲族/传统医药/山里黄根

Gardeniae Radix et Rhizoma/Traditional Medicine/She People/Zhejiang Province，Fujian Province/China

2. 编号　CN-SH-210-009 中国-畲族-药用生物-山里黄根

3. 属性与分布　畲族聚居区集体知识；产于长江以南各省区，在浙江省、福建省畲族聚居区被广泛利用。

4. 背景信息　山里黄根为茜草科（Rubiaceae）植物栀子（*Gradenia jasminoides* Ellis）的干燥根及根茎。灌木，高 0.3-3 m；嫩枝常被短毛，枝圆柱形，灰色。叶对生，革质，稀为纸质，叶形多样，通常为长圆状披针形、倒卵状长圆形、倒卵形或椭圆形，顶端渐尖、骤然长渐尖或短尖而钝，基部楔形或短尖，两面常无毛，上面亮绿，下面色较暗。花芳香，通常单朵生于枝顶。果卵形、近球形、椭圆形或长圆形，黄色或橙红色；种子多数，扁，近圆形而稍有棱角。花期 3-7 月，果期 5 月至翌年 2 月。

5. 基本描述　药用名：山里黄根、栀子根、黄枝根、山枝根、三枝根等。功效：清热利湿，凉血止血。主治：黄疸型肝炎，痢疾，胆囊炎，感冒高热，吐血，衄血，尿路感染，肾炎水肿，乳痈，风火牙痛，疮痈肿毒，跌打损伤。附方：①栀子根 30-60 g，煮瘦猪肉食，治黄疸；②栀子根 60 g，山麻仔根 30 g，鸭脚树二层皮 60 g，红花痴头婆根 30 g，煎服或加酒少许服，治感冒高热；③用栀子根煎服，每日 1 剂，10 d 为一疗程，治急性传染性肝炎。

6. 传统知识特征

（1）栀子生长于 900 m 以下的山坡、山谷溪沟边及路旁林下灌丛中或岩石上，是畲族生产生活中常见植物，畲族使用栀子根历史悠久。

（2）畲族居住在山区中就地取材，用于日常的消炎，山里黄根对黄疸型肝炎，胆囊炎，尿路感染，肾炎水肿，风火牙痛等有较好疗效，被畲族广泛应用。

（3）畲族常采栀子果实浸泡大米喂小鸡，提高鸡的抵抗力和成活率。

7. 保护与利用

（1）传承与利用现状：因在山区的畲族仍将山里黄根作为常用消炎药，目前市场加工滞后；栀子的果实作为商业开发已具备成熟模式，提取栀子黄、栀子苷等加工，其用途被更多开发，用量也迅速增加，远不能满足市场需要。

（2）受威胁状况及因素分析：山里黄根作为根部药材，部分地区过度采挖，造成资源枯竭；此外，由于西药的便捷，在许多地方使用草药的机会渐少。

（3）保护与传承措施：加强市场化基地建设，繁育技术研究，以解决市场需求。

8. 文献资料

[1] 雷后兴，李水福. 中国畲族医药学[M]. 北京：中国中医药出版社，2007：337-338.

[2] 钟隐芳. 福安畲医畲药[M]. 福州：海风出版社，2010：317.

[3] 程科军，李水福. 整合畲药学研究[M]. 北京：科学出版社，2017：139-152.

[4] 浙江省食品药品监督管理局. 浙江省中药炮制规范[M]. 北京：中国科技医药出版社，2015：65-66.

[5] 中国科学院中国植物志编辑委员会. 中国植物志[M]. 第71卷. 第1册. 北京：科学出版社，1999：332.

CN-SH-210-010. 盐芋根

1. 名称　中国/浙江省 福建省/畲族/传统医药/盐芋根

Rhi Chinensis Radix/Traditional Medicine/She People/Zhejiang Province，Fujian Province/ China

2. 编号　CN-SH-210-010 中国-畲族-药用生物-盐芋根

3. 属性与分布　畲族聚居区集体知识；全国除东北、新疆、青海和内蒙古外，其余各省份均有分布，在浙江省、福建省畲族聚居区被广泛利用。

4. 背景信息　盐芋根为漆树科（Anacardiaceae）植物盐肤木（*Rhus chinensis* Mill.）的干燥根。落叶灌木或小乔木，高 2-10 m。小枝棕褐色，被锈色柔毛，具圆形小皮孔。奇数羽状复叶互生，叶轴及叶柄常有翅；小叶片纸质，多形，长卵形至卵状长圆形，先端急尖，基部宽楔形或圆形，稍偏斜，边缘具粗锯齿，上面暗绿色，沿中脉被锈色短柔毛或近无毛，下面粉绿色，被白粉，密被锈色柔毛；无柄或近无柄。圆锥花序宽大，顶生，多分枝。核果球形，略压扁，成熟时橙红色。花期 8-9 月，果期 10 月。

5. 基本描述　药用名：盐芋根、盐芙根、盐肤柴、盐葡萄、盐麸子根、文蛤根、五倍根、泡木根、耳八蜈蚣等。功效：祛风湿，利水消肿，活血散毒。主治：风湿痹痛，水肿，咳嗽，跌打肿痛，乳痈，癣疮。附方：①治痔疮出血：盐肤木根 60 g，凤尾草 30 g，猪赤肉 100 g，水炖，吃肉饮汤；②治久咳：盐肤木根 30 g、枇杷叶、胡颓子各 10 g，水煎服；③结核性胸膜炎：盐肤木根 30 g，猕猴桃根 60 g，穿心莲、紫背天葵各 15 g，每天一剂，水煎服。

6. 传统知识特征

（1）盐肤木（盐芋根）主要生长于海拔 170-2 700 m 的向阳山坡、林缘、沟谷和灌丛中，是畲族聚居地常见植物，畲族使用盐肤木入药历史悠久。

（2）畲族多居住在山区，就地取材入药，盐芋根有消炎消肿的功效，被畲族广泛应用于咳嗽、跌打肿痛。

（3）盐肤木为五倍子蚜虫寄主植物，在幼枝和叶上形成虫瘿，即五倍子、角倍，可供鞣革、医药、塑料和墨水等工业上用。幼枝和叶可作土农药；果泡水代醋用，生食酸咸止渴；种子可榨油；根、叶、花及果均可供药用，有清热解毒、舒筋活络、散瘀止血、涩肠止泻之效。

7. 保护与利用

（1）传承与利用现状：盐芋根作为传统畲药，在浙江、福建等地的中医中药领域维持有一定的使用量，但盐肤木其他部位目前市场应用滞后。

（2）受威胁状况及因素分析：由于现代医药推广，在许多地方使用草药的机会渐少。

（3）保护与传承措施：加快人工繁育和基地建设，并加强产品开发及应用，促进产业发展。

8. 文献资料

[1] 雷后兴，李水福. 中国畲族医药学[M]. 北京：中国中医药出版社，2007：320-322.

[2] 钟隐芳. 福安畲医畲药[M]. 福州：海风出版社，2010：307.

[3] 程科军，李水福. 整合畲药学研究[M]. 北京：科学出版社，2017：153-171.

[4] 浙江省食品药品监督管理局. 浙江省中药炮制规范[M]. 北京：中国医药科技出版社，2015：73-74.

[5] 中国科学院中国植物志编辑委员会. 中国植物志[M]. 第45卷. 第1册. 北京：科学出版社，1980：100.

CN-SH-210-011. 铜丝藤根

1. 名称　中国/浙江省 福建省/畲族/传统医药/铜丝藤根

Lygodii Rhizoma et Radix/Traditional Medicine/She People/Zhejiang Province, Fujian Province/China

2. 编号　CN-SH-210-011 中国-畲族-药用生物-铜丝藤根

3. 属性与分布　畲族聚居区集体知识；长江沿岸及以南地区均有分布，在浙江省、福建省畲族聚居区被广泛利用。

4. 背景信息　铜丝藤根为海金沙科（Lygodiaceae）植物海金沙 [*Lygodium japonicum* (Thunb.) Sw.] 的干燥根茎及根。藤本，高攀达 1-4 m。叶轴上面有两条狭边，羽片多数，对生长于叶轴上的短距两侧，平展。不育羽片尖三角形，长宽几相等，同羽轴一样多少被短灰毛，两侧并有狭边，二回羽状。叶纸质，干后绿褐色。两面沿中肋及脉上略有短毛。能育羽片卵状三角形，长宽几相等，或长稍过于宽，二回羽状。孢子囊穗长 2-4 mm，往往长远超过小羽片的中央不育部分，排列稀疏，暗褐色，无毛。

5．基本描述 药用名：铜丝藤根、铜丝藤、过路青、上树狼衣。功效：清热解毒，利湿消肿。主治：肺炎，感冒高热，乙脑，急性胃肠炎，痢疾，急性传染性黄疸型肝炎，尿路感染，膀胱结石，风湿腰腿痛，乳腺炎，腮腺炎，睾丸炎，蛇咬伤，月经不调。附方：①结石：铜丝藤根 50 g，水煎服；②风湿：铜丝藤根 50 g，水煎服；③甲型肝炎：铜丝藤根 50 g，矮茶 20 g，水煎服。

6．传统知识特征

（1）海金沙属叶轴很细、柔韧且很长，是蕨类植物中唯一能以叶轴攀缘的植物，具有较高的观赏价值，畲族在门前屋后种植海金沙，既可药用又可观赏。

（2）铜丝藤根（海金沙）性味属甘寒淡，畲族在山区生活，就医不便，常以铜丝藤根治疗肾炎浮肿。

（3）海金沙属攀缘蕨类，其攀缘茎呈黄色或铜色，像丝线一样盘绕生长，故被畲族称为铜丝藤，形象生动刻画植物形态。

7．保护与利用

（1）传承与利用现状：铜丝藤根（海金沙）清热解毒，利尿除湿，是畲族常用的治疗肾炎草药。近年来随着对海金沙研究开发的深入，其用途被更多开发。

（2）受威胁状况及因素分析：海金沙为蕨类植物，以孢子繁殖，繁殖能力强，资源相对充裕，由于现代医药推广，在许多地方使用草药的机会渐少。

（3）保护与传承措施：加强人工基地建设，以解决市场需求。异地迁种保护资源多样性。

8．文献资料

[1] 雷后兴，李水福. 中国畲族医药学[M]. 北京：中国中医药出版社，2007：358.

[2] 钟隐芳. 福安畲医畲药[M]. 福州：海风出版社，2010：303.

[3] 程科军，李水福. 整合畲药学研究[M]. 北京：科学出版社，2017：172-185.

[4] 浙江省食品药品监督管理局. 浙江省中药炮制规范[M]. 北京：中国医药科技出版社，2015：89.

[5] 中国科学院中国植物志编辑委员会. 中国植物志[M]. 第 2 卷. 北京：科学出版社，1959：113.

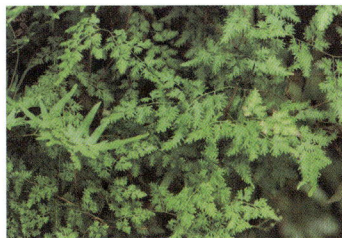

CN-SH-210-012. 坚七扭

1. 名称 中国/浙江省 福建省/畲族/传统医药/坚七扭

Lorpetali Chinense Radix/Traditional Medicine/She People/Zhejiang Province，Fujian Province/China

2. 编号 CN-SH-210-012 中国-畲族-药用生物-坚七扭

3. 属性与分布 畲族聚居区集体知识；我国中部、南部和西南各地均有分布，在浙江省、福建省畲族聚居区被广泛利用。

4. 背景信息 坚七扭为金缕梅科（Hamamelidaceae）植物檵木［*Loropetalum chinense*（R. Br.）Oliv.］的干燥根。灌木，有时为小乔木，多分枝，小枝有星毛。叶革质，卵形，先端尖锐，基部钝，不等侧，上面略有粗毛或秃净，干后暗绿色，无光泽，下面被星毛，稍带灰白色，侧脉约 5 对，在上面明显，在下面突起，全缘；叶柄有星毛；托叶膜质，三角状披针形。花簇生，有短花梗，白色，比新叶先开放，或与嫩叶同时开放。蒴果卵圆形，先端圆，被褐色星状绒毛。种子圆卵形，黑色，发亮。花期 3-4 月。

5. 基本描述 药用名：坚七扭、七七扭、坚漆。功效：止血，活血，收敛固涩。主治：咯血，便血，外伤出血，崩漏，产后恶露不尽，风湿关节疼痛，跌打损伤，泄泻，痢疾，白带，脱肛。附方：①产后出血：檵木根 15 g，海金沙 6 g，地骨皮 9 g，益母草 6 g，龙须草 9 g，水煎服；②崩漏：檵木须根 15 g，乌脚鸡 9 g，水煎服，每日 1 剂。

6. 传统知识特征

（1）檵木主要生长在山区田边，花白色繁茂，常作为观赏绿植种在房前屋后，畲族使用檵木作为传统草药历史悠久。

（2）畲族多居住在山区，劳作过程中常发生刀伤出血。檵木叶具有修复组织损伤，抗氧化活性，抑菌作用，常作为止血药敷用。

（3）坚七扭具有通经活络、收敛止血，畲族就医不便，常用于妇女产后出血。

7. 保护与利用

（1）传承与利用现状：檵木是畲族常用的止血药，一直作为当地草药使用。近年来随着园艺的推广应用，其变种红花檵木市场需求巨大，百花品种也有一定的市场需求。

（2）受威胁状况及因素分析：因生境改变，檵木资源逐渐匮乏；加上一些地方过度采挖，造成资源枯竭；现代医药的便捷性，在许多地方已不再使用檵木作为止血药材使用。

（3）保护与传承措施：加强人工繁殖研究，拓展规模化种植，以解决市场需求。

8．文献资料

[1] 雷后兴，李水福. 中国畲族医药学[M]. 北京：中国中医药出版社，2007：314-316.

[2] 程科军，李水福. 整合畲药学研究[M]. 北京：科学出
版社，2017：186-204.

[3] 浙江省食品药品监督管理局. 浙江省中药炮制规
范[M]. 北京：中国医药科技出版社，2015：89.

[4] 中国科学院中国植物志编辑委员会. 中国植物志[M].
第 35 卷. 第 2 册. 北京：科学出版社，1979：70.

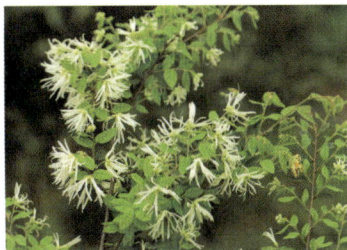

CN-SH-210-013．百鸟不歇

1．名称 中国/浙江省 福建省/畲族/传统医药/百鸟不歇

Araliae Caulis/Traditional Medicine/She People/Zhejiang Province，Fujian Province/
China

2．编号 CN-SH-210-013 中国-畲族-药用生物-百鸟不歇

3．属性与分布 畲族聚居区集体知识；全国黄河以南大部分省区均有分布，在浙江省、福建省畲族聚居区被广泛利用。

4．背景信息 百鸟不歇为五加科（Araliaceae）植物楤木（*Aralia chinensis* L.）或棘茎楤木（*Aralia echinocaulis* Hand.-Mazz）的干燥茎。楤木：灌木或乔木，树皮灰色，疏生粗壮直刺；小枝通常淡灰棕色，有黄棕色绒毛，疏生细刺；叶为二回或三回羽状复叶；叶柄粗壮；小叶片纸质至薄革质，卵形、阔卵形或长卵形，先端渐尖或短渐尖，基部圆形，上面粗糙，疏生糙毛，下面有淡黄色或灰色短柔毛，脉上更密，边缘有锯齿，稀为细锯齿或不整齐粗重锯齿；小叶无柄或有长 3 mm 的柄；圆锥花序大，密生淡黄棕色或灰色短柔毛。果实球形，黑色；花期 7-9 月，果期 9-12 月。棘茎楤木：小乔木，小枝密生细长直刺；叶为二回羽状复叶，小叶片膜质至薄纸质，长圆状卵形至披针形；圆锥花序大，伞形花序有花 12-20 朵，稀 30 朵；果实球形；花期 6-8 月，果期 9-11 月。

5．基本描述 药用名：百鸟不歇、鸟不宿、白百鸟不宿、红楤木等。功效：祛风除湿，活血行气，解毒消肿。主治：风湿痹痛，跌打肿痛，骨折，胃脘胀痛，疝气，崩漏，骨髓炎，痈疽，蛇咬伤。附方：①胃痛：根 50-100 g，水煎服；②风痛（关节炎）：百鸟不歇 30 g，五加皮 30 g，石吊兰 30 g，浸黄酒（7 d）服；③糖尿病：红楤木 30 g，水煎服，连服 30 d。

6．传统知识特征

（1）在畲族民间，楤木和棘茎楤木的根与根茎也作为药用部位，且多为根皮入药，

畲族使用百鸟不歇作为传统草药历史悠久。

（2）百鸟不歇具有祛风湿、活血止痛的功效。畲族用于关节炎、胃痛、坐骨神经痛、跌打损伤的治疗，被畲族广泛应用。

（3）楤木或棘茎楤木全株长满刺，飞鸟不能停落在其枝头，遂畲族取为百鸟不歇等。

7．保护与利用

（1）传承与利用现状：百鸟不歇作为消炎药物，尤其是治疗关节炎等炎症，畲族一直将其作为当地草药使用。

（2）受威胁状况及因素分析：因生境改变，楤木或棘茎楤木种群数量下降，百鸟不歇资源逐渐匮乏；加上一些地方过度采挖，造成资源枯竭。

（3）保护与传承措施：目前百鸟不歇野生资源储量极为有限，尤其是棘茎楤木，种群急剧下降，野生资源已接近枯竭，可考虑异地迁种保护。同时，加强人工繁殖研究，以解决市场需求。

8．文献资料

[1] 雷后兴，李水福. 中国畲族医药学[M]. 北京：中国中医药出版社，2007：328-330，425-426.

[2] 钟隐芳. 福安畲医畲药[M]. 福州：海风出版社，2010：355.

[3] 程科军，李水福. 整合畲药学研究[M]. 北京：科学出版社，2017：205-216.

[4] 浙江省食品药品监督管理局. 浙江省中药炮制规范[M]. 北京：中国医药科技出版社，2015：328.

[5] 浙江植物志（新编）编辑委员会. 浙江植物志[M]. 第6卷. 杭州：浙江科学技术出版社，2021：387-390.

CN-SH-210-014. 嘎狗粘

1．名称　中国/浙江省 福建省/畲族/传统医药/嘎狗粘

Desmodii Caudati Herba/Traditional Medicine/She People/Zhejiang Province，Fujian Province/China

2．编号　CN-SH-210-014 中国-畲族-药用生物-嘎狗粘

3．属性与分布　畲族聚居区集体知识；长江以南各省区均有分布，在浙江省、福建省畲族聚居区被广泛利用。

4．背景信息　嘎狗粘为豆科（Leguminosae）植物小槐花 ［*Ohwia caudata*（Thunb.）Ohashi *Desmodium caudatum*（Thunb.）DC.］的干燥全草。直立灌木或亚灌木。树皮灰

褐色，分枝多，上部分枝略被柔毛。叶为羽状三出复叶；花冠绿白或黄白色，具明显脉纹，旗瓣椭圆形，瓣柄极短，翼瓣狭长圆形，具瓣柄，龙骨瓣长圆形，具瓣柄。荚果线形，扁平，稍弯曲，被伸展的钩状毛，腹背缝线浅缢缩。花期 7-9 月，果期 9-11 月。

5. 基本描述　药用名：嘎狗粘、狗屎粘。功效：清热利湿，消积散瘀。主治：劳伤咳嗽，吐血，水肿，小儿疳积，痈疮溃疡，跌打损伤。附方：①腰扭伤：嘎狗粘根 30 g，牛乳柴根 30 g，加猪蹄，水煎，吃肉喝汤；②治疗口臭：小槐花 15 g，藿香 10 g，连翘 15 g，薄荷 12 g，水煎含服，一日多次，忌吃辣味食品；③治疗感冒、咽喉疼痛：小槐花 15 g，薄荷、金银花、百部各 15 g，甘草 6 g，水煎服。

6. 传统知识特征

（1）嘎狗粘原产于畲族居住的山区，是当地常见植物，畲族使用嘎狗粘作为传统草药历史悠久。

（2）畲族常年山地劳作，容易出现腰扭伤等常见物理性损伤，畲族使用嘎狗粘作为传统草药治疗腰伤。

（3）嘎狗粘的果实具有伸展的钩状毛，具有黏附作用，一旦碰到就像狗皮膏药一样粘在衣服裤腿上，畲族取名嘎狗粘。

7. 保护与利用

（1）传承与利用现状：嘎狗粘是畲族常用的治腰伤药，一直作为当地草药使用。近年来随着对小槐花研究开发的深入，其用途被更多开发。

（2）受威胁状况及因素分析：由于现代医药推广，在许多地方直接使用嘎狗粘的机会渐少。

（3）保护与传承措施：加强人工繁殖和基地建设，促进产品深入开发研究。

8. 文献资料

[1] 雷后兴，李水福. 中国畲族医药学[M]. 北京：中国中医药出版社，2007：318-320.

[2] 程科军，李水福. 整合畲药学研究[M]. 北京：科学出版社，2017：217-233.

[3] 浙江省食品药品监督管理局. 浙江省中药炮制规范[M]. 北京：中国医药科技出版社，2015：244-245.

[4] 中国科学院中国植物志编辑委员会. 中国植物志[M]. 第 41 卷. 北京：科学出版社，1995：17.

CN-SH-210-015. 土木香

1. 名称 中国/福建省 浙江省/畲族/传统医药/土木香

Kadsurae Longipedunculatae Radix seu Cortex/Traditional Medicine/She People/ Fujian Province，Zhejiang Provinces/China

2. 编号 CN-SH-210-015 中国-畲族-药用生物-土木香

3. 属性与分布 畲族社区集体知识；产于长江以南各省区，在浙江省、福建省畲族社区被广泛利用。

4. 背景信息 土木香为五味子科（Schisandraceae）植物南五味子（*Kadsura longipedunculata* Finet et Gagnep.）的干燥根及皮。藤本，各部无毛。叶长圆状披针形、倒卵状披针形或卵状长圆形，先端渐尖或尖，基部狭楔形或宽楔形，边有疏齿；叶面具淡褐色透明腺点。花单生于叶腋，雌雄异株；雄花：花被片白色或淡黄色，8-17 片，中轮最大 1 片，椭圆形；花托椭圆体形，顶端伸长圆柱状，不凸出雄蕊群外；雄蕊群球形，具雄蕊 30-70 枚，药隔与花丝连成扁四方形，药隔顶端横长圆形；雌花：花被片与雄花相似，雌蕊群椭圆体形或球形，具雌蕊 40-60 枚；子房宽卵圆形，花柱具盾状心形的柱头冠，胚珠 3-5 叠生于腹缝线上。聚合果球形，成熟时红色至暗紫色。种子肾形，土黄色。花期6-9 月，果期 9-12 月。

5. 基本描述 药用名：土木香、糯米藤、土五味、猢狲球等。功效：温中行气，祛风活血，消肿止痛，止汗止泻。主治：风湿性关节痛，腹胀气逆，跌打损伤，肺虚咳嗽，胃痛。附方：①痢疾：土木香、凤尾草各适量，炖服；②胃气痛：土木香根 15 g，麦冬根 6 g，冰糖 60 g，炖服；③接骨：土木香叶、糯米各适量，杵烂，敷患处。

6. 传统知识特征

（1）南五味子（土木香）为多年生藤本植物，在畲族地区较为常见，多分布于山坡和丛林。

（2）南五味子是药食两用植物。其根、茎、叶、种子均可入药，能有效治疗风湿性关节痛，跌打损伤，腹胀气逆和胃痛。果实可供食用。

（3）由于南五味子的茎皮富含坚韧的纤维，被畲族用以制作绳索。茎、叶、果实还可提取芳香油。

7. 保护与利用

（1）传承与利用现状：临床上，用南五味子种子来治神经衰弱、支气管炎等症，疗效显著；此外，其茎、叶、果实还被用来提取芳香油。

（2）受威胁状况及因素分析：南五味子种群数量较多，资源丰富，在食用价值上也具有巨大的潜力。但部分地区过度采收，导致野生资源短缺。

（3）保护与传承措施：应加强物种保护宣传力度，严禁私自采挖，以保证该物种的可持续利用。

8．文献资料

[1] 钟隐芳. 福安畲医畲药[M]. 福州：海风出版社，2010：261-262.

[2] 中国科学院中国植物志编辑委员会. 中国植物志[M]. 第30卷. 北京：科学出版社，1996：240.

[3] 雷后兴，李水福. 中国畲族医药学[M]. 北京：中国中医药出版社，2007：472.

[4] 雷后兴，李建良. 中国畲药学[M]. 北京：人民军医出版社，2014：99.

CN-SH-210-016. 山皇后

1．名称 中国/浙江省 福建省/畲族/传统医药相关知识/山皇后

Clerodendri Cyrtophylli Herba/Traditional Medicine/She People/Zhejiang Province，Fujian Province/China

2．编号 CN-SH-210-016 中国-畲族-药用生物-山皇后

3．属性与分布 畲族聚居区集体知识；产于我国华东、中南、西南（四川除外）各省区，在浙江省、福建省畲族聚居区被广泛利用。

4．背景信息 山皇后为马鞭草科（Verbenaceae）植物大青（*Clerodendrum cyrtophyllum* Turcz.）的干燥全草。灌木或小乔木，高1-10 m；幼枝被短柔毛，枝黄褐色，髓坚实。叶片纸质，椭圆形、卵状椭圆形、长圆形或长圆状披针形，长6-20 cm，宽3-9 cm，顶端渐尖或急尖，基部圆形或宽楔形，通常全缘。伞房状聚伞花序，生长于枝顶或叶腋，长10-16 cm，宽 20-25 cm；苞片线形；花小，有橘香味；萼杯状；花冠白色，外面疏生细毛和腺点，花冠管细长，顶端5裂，裂片卵形；雄蕊4，花丝长约1.6 cm，与花柱同伸出花冠外；子房4室，每室1胚珠，常不完全发育；柱头2浅裂。果实球形或倒卵形，绿色，成熟时蓝紫色。花、果期6月至次年2月。

5．基本描述 药用名：山皇后、土地骨、鸡角柴、臭树青、大参柴、山靛青。功效：清热解毒，消肿镇痛，祛风除湿，利小便，解烦渴。主治：外感发热头痛，虚劳骨蒸，偏头痛，烦渴，多汗，水肿。附方：①偏头痛：鲜大青根100 g，水煎饭后服，每日1剂，连服7 d为一疗程。②妇女劳热消瘦：鲜大青根500 g，加黄酒炒后，配鸡1只炖，食鸡喝汁。③四肢酸软无力：鲜大青根100 g，水炖服。④感冒发热：根50 g，水煎服。或根

30-60 g，水煎，另取老母鸭用茶油炒熟，加入煎出液，炖至肉烂，吃肉喝汤。⑤尿路感染：根 30-60 g，白糖少许，水煎代茶。⑥风湿关节痛：根 50 g，水煎，去渣，加入猪脚 1 只，炖熟，吃肉喝汤，或取煎出液兑猪肉汤服。⑦关节炎：取大青根置黄酒中浸泡一天一夜，取出，晒干，反复浸泡 3 次，晒干备用，每次 50-100 g，猪脚 1 只，水炖服。⑧早期关节炎：鲜根 250 g，猪脚 1 只，半酒半水炖服。⑨小儿高热惊厥：鲜根 30-60 g，水煎，去渣。打鸭蛋 1 个煮熟，加入白糖少许，吃蛋喝汤，日 1 次，连服 2 d。⑩五步蛇咬伤：鲜叶适量，水煎，取煎出液从上往下清洗患处，另取鲜叶适量，浓米泔水少许，捣烂，敷百会穴。药渣变黑即换药，药干可滴加原汁，再以鲜叶适量，捣烂，冲入米泔水，绞汁，每次服 250 mL，日 2-3 次，忌酸辣。

6．传统知识特征

（1）现代研究表明，大青（山皇后）具有抗病毒、抗菌、抗炎、利尿等药理作用，畲族用其治疗外感发热头痛、虚劳骨蒸、偏头痛、烦渴、多汗、水肿等病症有一定的科学依据。

（2）畲族用山皇后治疗疾病，常以猪肉、鸡肉、蛋、黄酒等做药引，增强疗效，体现了畲族传统医药知识的独特性。

（3）畲族在长期与疾病作斗争的过程中认识到山皇后根、叶、根茎皮的功效，用它治疗多种疾病，积累了多种药方，体现了畲族传统医药知识的丰富性。

7．保护与利用

（1）传承与利用现状：山皇后不仅具有药用价值，还具有食用价值，被畲族广泛利用。

（2）受威胁状况及因素分析：由于对土地资源的开发，过度的采摘以及农药的使用，大青（山靛青）野生资源逐渐减少。

（3）保护与传承措施：应提高人们对大青染色价值的认识和开发利用，促进对山靛青野生资源的保护，另外可加强对山靛青的驯化栽培。

8．文献资料

[1] 钟雷兴. 闽东畲族文化全书（医药卷）[M]. 北京：民族出版社，2009：341-342.

[2] 宋纬文，许志福. 三明畲族民间医药[M]. 厦门：厦门大学出版社，2002：212.

[3] 李艳. 大青根化学成分的研究[D]. 沈阳：沈阳药科大学，2008.

[4] 中国科学院中国植物志编辑委员会. 中国植物志[M]. 第 65 卷. 第 1 册. 北京：科学出版社，1982：164.

CN-SH-210-017. 芙蓉猎骨皮

1. 名称　中国/浙江省 福建省/畲族/传统医药/芙蓉猎骨皮

Hibisci Mutabilis Flos，Folium et Radix/Traditional Medicine/She People/Zhejiang Province，Fujian Province/China

2. 编号　CN-SH-210-017 中国-畲族-药用生物-芙蓉猎骨皮

3. 属性与分布　畲族聚居区集体知识；全国除东北和华北地区以外，其他大部分地区有分布，在浙江省、福建省畲族聚居区被广泛利用。

4. 背景信息　芙蓉猎骨皮为锦葵科（Malvaceae）植物木芙蓉（*Hibiscus mutabilis* L.）的干燥花、叶及根。落叶灌木或小乔木，高 2-5 m；小枝、叶柄、花梗和花萼均密被星状毛与直毛相混的细绵毛。叶宽卵形至圆卵形或心形，直径 10-15 cm，常 5-7 裂，裂片三角形，先端渐尖，具钝圆锯齿，上面疏被星状细毛和点，下面密被星状绒毛；托叶披针形，常早落。花单生于枝端叶腋间，近端具节；小苞片 8，线形，密被星状绵毛，基部合生；萼钟形，裂片 5，卵形，渐尖头；花初开时白色或淡红色，后变深红色，花瓣近圆形，外面被毛，基部具髯；雄蕊花柱枝 5，疏被毛。蒴果扁球形，被淡黄色刚毛和绵毛，果爿 5；种子肾形，背面被长柔毛。花期 8-10 月。

5. 基本描述　药用名：芙蓉猎骨皮、九头花、芙蓉、霜降花、秋芙蓉。功效：清热解毒，凉血止血，消肿排脓。主治：肺热咳嗽，肠痈，白带，痈疖脓肿，脓耳，无名肿痛，烧烫伤，痈疽肿毒初起，目赤肿痛。附方：①痈疽红肿（包括乳痈）作痛：芙蓉鲜叶或花适量，用冷开水洗净，酌加冬蜜或红糖共捣烂敷患处，日换 2 次；②妊娠子宫下坠：芙蓉花 3 朵，红蓖麻子（去壳取仁）10 粒，同杵匀，加白米饭做成饼样，缚于囟门穴；③肺痈：芙蓉花每次干者 24-30 g，鲜者 30-60 g。用法：每天 2 次，每次以冰糖 15 g 为引煎服。

6. 传统知识特征

（1）木芙蓉（芙蓉猎骨皮）原产于畲族居住的山区，是伤风感冒和清热解毒常用的民间草药，畲族将其作为感冒咳嗽治疗茶，畲族使用木芙蓉作为传统草药历史悠久。

（2）木芙蓉（芙蓉猎骨皮）有清热解毒、凉血止血、消肿排脓的功效，畲族常用于治疗感冒、发热头痛、咽痛等症状。

（3）用芙蓉叶配合厚朴、陈皮和牛蒡子（炒）等中药饮片制成的中药制剂芙朴感冒颗粒，可用于风热或风热挟湿引起的发热头痛、咽痛、肢体酸痛等病症。

7. 保护与利用

（1）传承与利用现状：芙蓉叶具有清肺凉血、消肿排脓的功效，在传统医药中仍然使用。

（2）受威胁状况及因素分析：因生境改变，木芙蓉（芙蓉猎骨皮）资源逐渐匮乏；加上一些地方过度采挖，造成资源枯竭。

（3）保护与传承措施：加强人工种植，扩大规模，规范其药理研究，以解决市场需求。

8. 文献资料

[1] 雷后兴，李水福. 中国畲族医药学[M]. 北京：中国中医药出版社，2007：482.

[2] 程科军，李水福. 整合畲药学研究[M]. 北京：科学出版社，2017：432.

[3] 钟隐芳. 福安畲医畲药[M]. 福建：海风出版社，2010：142.

CN-SH-210-018. 三脚风炉

1. 名称　中国/浙江省 福建省/畲族/传统医药/三脚风炉

Pimpinellae Diversifoliae Herba/Traditional Medicine/She People/Zhejiang Province，Fujian Province/China

2. 编号　CN-SH-210-018 中国-畲族-药用生物-三脚风炉

3. 属性与分布　畲族聚居区集体知识；全国除东北和华北地区以外，其他大部分地区有分布，在浙江省、福建省畲族聚居区被广泛利用。

4. 背景信息　三脚风炉为伞形科（Umbelliferae）植物异叶茴芹（*Pimpinella diversifolia* DC.）的干燥全草。多年生草本。通常为须根，稀为圆锥状根。茎直立，有条纹，被柔毛，中上部分枝。叶异形，基生叶有长柄；叶片三出分裂，裂片卵圆形，两侧的裂片基部偏斜，顶端裂片基部心形或楔形；茎中、下部叶片三出分裂或羽状分裂；茎上部叶较小，有短柄或无柄，具叶鞘，花柄不等长。花瓣倒卵形，白色，基部楔形，顶端凹陷，小舌片内折，背面有毛。幼果卵形，有毛，成熟的果实卵球形，果棱线形。花、果期5-10月。

5. 基本描述　药用名：三脚风炉、八月白、苦爹菜、千年隔。功效：散风宣肺，理气止痛，消极健脾，活血通经，除湿解毒。主治：感冒，咳嗽，肺痛，头痛，胃气痛，风湿关节痛，消化不良，痛经等。附方：①咽炎：鲜三脚风炉适量，捣汁30 mL，内服；②冷痧：三脚风炉全草 20 g，水煎服；③毒蛇咬伤：鲜异叶茴芹、鲜铺地蜈蚣各适量，捣烂外敷。另白花蛇舌草50 g，红柳叶牛膝50 g，水煎服。

6. 传统知识特征

（1）三脚风炉原产于畲族居住的山区，是伤风感冒和清热解毒常用的民间草药，畲族使用三脚风炉作为传统草药历史悠久，主要将其作为感冒咳嗽治疗茶。

（2）三脚风炉有健胃止血、散瘀、除湿解毒、活血通经的功效，畲族常用于治疗咽炎、蛇虫咬伤等症状。

7. 保护与利用

（1）传承与利用现状：三脚风炉是伤风感冒和清热解毒常用的民间草药，目前畲族民宿中可见畲族将三脚风炉作为袋泡茶、民间常饮茶和感冒咳嗽治疗茶等各式饮用茶。

（2）受威胁状况及因素分析：因生境改变，三脚风炉资源逐渐匮乏；加上一些地方过度采挖，造成资源枯竭；随着民宿开发，畲族将三脚风炉作为袋泡茶、民间常饮茶和感冒咳嗽治疗茶等各式饮用茶，导致用量递增。

（3）保护与传承措施：加强人工种植，扩大规模，规范其药茶包研究，以解决市场需求。

8. 文献资料

[1] 雷后兴，李水福. 中国畲族医药学[M]. 北京：中国中医药出版社，2007：330-332.

[2] 程科军，李水福. 整合畲药学研究[M]. 北京：科学出版社，2017：234-237.

[3] 中国科学院中国植物志编辑委员会. 中国植物志[M]. 第 55 卷. 第 2 册. 北京：科学出版社，1985：70.

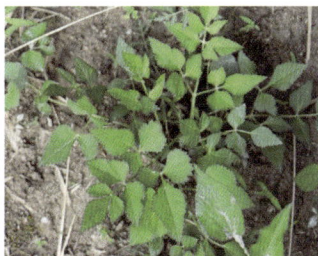

CN-SH-210-019. 美人蕉根

1. 名称　中国/浙江省 福建省/畲族/传统医药/美人蕉根

Cannae Indicae Radix/Traditional Medicine/She People/Zhejiang Province，Fujian Province/China

2. 编号　CN-SH-210-019 中国-畲族-药用生物-美人蕉根

3. 属性与分布　畲族聚居区集体知识；原产于美洲热带和亚热带地区，我国南北各地常有栽培，在浙江省、福建省畲族聚居区被广泛利用。

4. 背景信息　美人蕉根为美人蕉科（Cannaceae）植物美人蕉（*Canna indica* L.）的干燥根。植株全部绿色，高可达 1.5 m。叶片卵状长圆形。总状花序疏花；略超出于叶片之上；花红色，单生；苞片卵形，绿色；萼片披针形，绿色而有时染红；花冠裂片披针形，绿色或红色；外轮退化，雄蕊 2-3 枚，鲜红色，其中 2 枚倒披针形，另一枚如存在则特别小；唇瓣披针形，弯曲。蒴果绿色，长卵形，有软刺，长 1.2-1.8 cm。花、果期 3-12 月。

5．基本描述　药用名：美人蕉根。功效：清热解毒，调经，利水。主治：月经不调，带下，黄疸，痢疾，疮疡肿毒。附方：①治白带多：美人蕉根、紫茉莉根各 30 g，水煎服，每日 1 剂；②治黄疸型肝炎：美人蕉根 30-60 g，水煎服，每日 1 剂；③治小儿发热腹胀：美人蕉花、叶各 50 g，过路黄 30 g（均取鲜品），捣烂，炒热，敷贴肚脐，2 h 后揭去。

6．传统知识特征

（1）美人蕉能治疗咽喉炎、扁桃体炎、咽喉肿痛等，是畲族常备药，且种植方便，又具有观赏性，是畲族房前屋后的常种植物，畲族使用美人蕉根作为传统草药历史悠久。

（2）美人蕉根具有清热解毒、调经、利水的功效，畲族用以治疗小儿发热腹胀、黄疸型肝炎等症状，被畲族广泛应用。

7．保护与利用

（1）传承与利用现状：美人蕉作为观赏品种，颜色多样，是畲族房前屋后常种植物；美人蕉可用为药材，一直作为当地草药使用。近年来随着对美人蕉研究开发的深入，其用途被更多开发。

（2）受威胁状况及因素分析：因生境改变，美人蕉以家种资源为主，野生资源很少。

（3）保护与传承措施：加强人工种植研究，以及产品深加工研究，以解决市场需求。

8．文献资料

[1]　雷后兴，李水福. 中国畲族医药学[M]. 北京：中国中医药出版社，2007：346-348.

[2]　程科军，李水福. 整合畲药学研究[M]. 北京：科学出版社，2017：238-244.

[3]　中国科学院中国植物志编辑委员会. 中国植物志[M]. 第 16 卷. 第 2 册. 北京：科学出版社，1981：157.

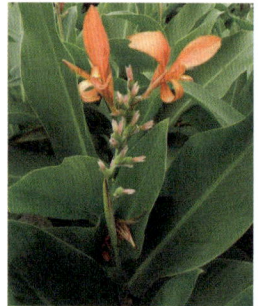

CN-SH-210-020. 铁拳头

1．名称　中国/浙江省 福建省/畲族/传统医药/铁拳头

Rabdosiae Amethystoidis Herba/Traditional Medicine/She People/Zhejiang Province, Fujian Province/China

2．编号　CN-SH-210-020 中国-畲族-药用生物-铁拳头

3．属性与分布　畲族聚居区集体知识；长江沿岸及以南地区均有分布，在浙江省、

福建省畲族聚居区被广泛利用。

4.背景信息 铁拳头为唇形科(Labiatae)植物香茶菜[*Rabdosia amethystoides*(Benth.) Hara]的干燥全草。多年生直立草本。根茎肥大,疙瘩状,木质,向下密生纤维状须根。茎四棱形,具槽,密被向下贴生疏柔毛或短柔毛。叶卵状圆形,卵形至披针形,大小不一,生长于主茎中、下部的较大,生于侧枝及主茎上部的较小,边缘除基部全缘外具圆齿,草质。花序为由聚伞花序组成的顶生圆锥花序,疏散。成熟小坚果卵形,黄栗色,被黄色及白色腺点。花期6-10月,果期9-11月。

5.基本描述 药用名:铁拳头、铁菱角、铁丁头、菱角三七等。功效:地上部分:清热利湿,活血散瘀,解毒消肿;根茎:清热解毒,消肿止痛。主治:地上部分:湿热黄疸,水肿,咽喉肿痛,关节痹痛,跌打损伤,毒蛇咬伤;根茎:胃脘疼痛,疮疡肿毒,经闭,跌打损伤,肿痛。附方:①急性肝炎:铁拳头 60 g,水煎服;②带状疱疹:铁拳头适量,蘸米泔水磨汁,涂患处多次。

6.传统知识特征

(1)铁拳头(香茶菜)原产于畲族居住的山区,是当地常见植物,畲族使用铁拳头作为传统草药历史悠久。

(2)铁拳头作为一种凉药,可被畲族用于多种用途。

(3)铁拳头主要具有消热解毒、散瘀消肿的功效。畲族常用于胃脘疼痛、疮疡肿毒、经闭、跌打损伤、肿痛,被畲族广泛应用。

7.保护与利用

(1)传承与利用现状:畲族常用铁拳头(香茶菜)作为凉药,一直作为当地草药使用治疗多类炎症。随着研究的不断深入,市场开发潜力越来越显著。

(2)受威胁状况及因素分析:因生境改变,铁拳头资源逐渐匮乏;加上一些地方过度采收,造成资源枯竭;此外,由于现代医药推广,在许多地方使用草药的机会渐少。

(3)保护与传承措施:要保护野生资源,并加强人工研究,以解决市场需求。

8.文献资料

[1] 雷后兴,李水福.中国畲族医药学[M].北京:中国中医药出版社,2007:332-335.

[2] 程科军,李水福.整合畲药学研究[M].北京:科学出版社,2017:245-252.

[3] 浙江省食品药品监督管理局.浙江省中药炮制规范[M].北京:中国医药科技出版社,2015:222.

[4] 中国科学院中国植物志编辑委员会.中国植物志[M].第66卷.北京:科学出版社,1977:429.

CN-SH-210-021. 毛道士

1. 名称 中国/浙江省 福建省/畲族/传统医药/毛道士

Solani Lyrati Herba/Traditional Medicine/She People/Zhejiang Province，Fujian Province/ China

2. 编号 CN-SH-210-021 中国-畲族-药用生物-毛道士

3. 属性与分布 畲族聚居区集体知识；黄河沿岸及以南地区多有分布，在浙江省、福建省畲族聚居区被广泛利用。

4. 背景信息 毛道士为茄科（Solanaceae）植物白英（*Solanum lyratum* Thunb.）的干燥全草。草质藤本，茎及小枝均密被具节长柔毛。叶互生，多数为琴形，基部常 3-5 深裂，裂片全缘，侧裂片越近基部的越小，中裂片较大，通常卵形，两面均被白色发亮的长柔毛，中脉明显，侧脉在下面较清晰；少数在小枝上部的为心脏形，被有与茎枝相同的毛被。浆果球状，成熟时红黑色；种子近盘状，扁平。花期夏秋，果熟期秋末。

5. 基本描述 药用名：毛道士、白毛藤、山甜菜、蔓茄、北风藤、白英、生毛鸡屎藤等。功效：清热利湿，解毒消肿。主治：湿热黄疸，胆囊炎，胆石症，肾炎水肿，风湿关节痛，湿热带下，小儿高热惊搐。附方：①治感冒发热、乳痈等，15-30 g，可配合蒲公英、银花、一见喜等药同用；②治疗湿热黄疸或腹水肿痛、小便不利者，可配合金钱草、茵陈等药同用，使水湿之邪从小便排泄。

6. 传统知识特征

（1）毛道士（白英）原产于畲族居住的山区，是当地常见植物，畲族使用毛道士作为传统草药历史悠久。

（2）毛道士具有清热解毒、利湿、消肿的功效。畲族常用于风热感冒、发热、咳嗽、黄疸型肝炎症状治疗。

（3）畲族多居住山区，风热感冒等疾病时常发生，畲族在长期山区生活中发现毛道士治疗风热病的药用价值，并取名毛道士，广泛应用。

7. 保护与利用

（1）传承与利用现状：毛道士（白英）是畲族常用的降热感冒药，一直作为当地草药使用。近年来随着对白英研究开发的深入，其用途被更多开发，用量也迅速增加。

（2）受威胁状况及因素分析：因生境改变，毛道士资源逐渐匮乏；此外，由于现代医药推广，在许多地方使用草药的机会渐少。

（3）保护与传承措施：应保护毛道士的野生种群，并加强人工种植技术研究，以解决市场需求。

8．文献资料

[1] 雷后兴，李水福. 中国畲族医药学[M]. 北京：中国中医药出版社，2007：335-336.

[2] 程科军，李水福. 整合畲药学研究[M]. 北京：科学出版社，2017：253-263.

[3] 浙江省食品药品监督管理局. 浙江省中药炮制规范[M]. 北京：中国医药科技出版社，2015：200.

[4] 罗迎春，孙庆文. 贵州民族常用天然药物　第二卷[M]. 贵阳：贵州科技出版社，2013：86.

[5] 中国科学院中国植物志编辑委员会. 中国植物志[M]. 第 67 卷. 第 1 册. 北京：科学出版社，1978：86.

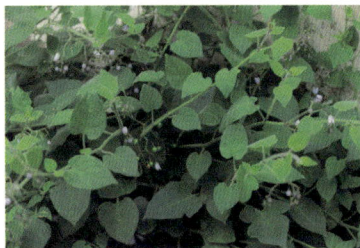

CN-SH-210-022. 闾山竹

1．名称　中国/福建省 浙江省/畲族/传统医药/闾山竹

Dispori Cantoniensis Radix et Rhizoma/Traditional Medicine/She People/Fujian Province，Zhejiang Province/China

2．编号　CN-SH-210-022 中国-畲族-药用生物-闾山竹

3．属性与分布　畲族社区集体知识；产于长江以南各省区，在浙江省、福建省畲族社区被广泛利用。

4．背景信息　闾山竹为秋水仙科（Colchicaceae）植物万寿竹［*Disporum cantoniense*（Lour.）Merr.］的干燥根及根茎。根状茎横出，质地硬，呈结节状；根粗长，肉质。茎高 50-150 cm，直径约 1 cm，上部有较多的叉状分枝。叶纸质，披针形至狭椭圆状披针形，先端渐尖至长渐尖，基部近圆形，有明显的 3-7 脉，下面脉上和边缘有乳头状突起，叶柄短。伞形花序有花 3-10 朵，着生在与上部叶对生的短枝顶端；花梗稍粗糙；花紫色；花被片斜出，倒披针形，先端尖，边缘有乳头状突起，基部有长 2-3 mm 的距；雄蕊内藏，花药长 3-4 mm，花丝长 8-11 mm；子房长约 3 mm，花柱连同柱头长为子房的 3-4 倍。浆果，具 2-3（-5）颗种子。种子暗棕色，直径约 5 mm。花期 5-7 月，果期 8-10 月。

5．基本描述　药用名：闾山竹、白龙须、白毛七、白毛须、百尾笋等。功效：润肺止咳，健脾消积。主治：痰中带血，虚损咳喘，肠风下血，食积胀满等。附方：①风湿疼痛、手足麻木：取本品 30 g，水煎 25 min，内服；②小儿高热：万寿竹根适量，研末，每次 3 g 冷开水送服；③腰痛：万寿竹根适量，研末，每次 6 g，水酒冲服，早晚各一次；④毒蛇咬伤引起昏迷：万寿竹根 9 g，煎水冲服。

6．传统知识特征

（1）万寿竹的畲药名为闾山竹，作为一种畲族常用药，在闽东畲族地区广泛使用，作为治疗风湿痹痛的良药。

（2）阎山竹的名称由来与当地的阎山派道教有关。畲族的阎山教巫医在治疗风湿病时，常用到阎山竹，由于其功效显著且外观似竹，故称为阎山竹。

（3）万寿竹药材与白薇、太子参等药材的形态较为相似，在中药销售市场中，常有混用的现象，要注意辨认。

7. 保护与利用

（1）传承与利用现状：万寿竹（阎山竹）作为畲族治疗风湿痹痛的良药，一直沿用至今。现代药理研究还发现万寿竹制剂对蛙、兔和狗均有明显的强心作用，可考虑开发新药。

（2）受威胁状况及因素分析：万寿竹野生资源蕴藏量目前状况良好，随着市场需求量的增大，仍需合理开发利用。

（3）保护与传承措施：应严禁过度采挖，扩大人工繁育栽培，以促进其资源的保护。

8. 文献资料

[1]　国家中医药管理局编委会. 中华本草（苗族卷）[M]. 上海：上海科学技术出版社，1999：54-55.

[2]　中国科学院中国植物志编辑委员会. 中国植物志[M]. 第 15 卷. 北京：科学出版社，1978：46.

[3]　宁德市医药研究所编. 闽东畲族本草（第一辑）[M]. 福州：福建科学技术出版社，2017：370-371.

[4]　江苏新医学院. 中药大辞典（第一版）[M]. 上海：上海科学技术出版社，1986：904-905.

CN-SH-210-023. 石壁果果

1. 名称　中国/浙江省 福建省/畲族/传统医药/石壁果果

Huperziae Serratae Herba/Traditional Medicine/She People/Zhejiang Province，Fujian Province/China

2. 编号　CN-SH-210-023 中国-畲族-药用生物-石壁果果

3. 属性与分布　畲族聚居区集体知识；全国除西北地区部分省区、华北地区外均有分布，在浙江省、福建省畲族聚居区被广泛利用。

4. 背景信息　石壁果果为石杉科（Huperziaceae）植物蛇足石杉 [*Huperzia serrata*（Thunb. ex Murray）Trevis.] 的干燥全草。多年生土生植物。茎直立或斜生，高 10-30 cm，

中部直径 1.5-3.5 mm，枝连叶宽 1.5-4.0 cm，2-4 回二叉分枝，枝上部常有芽孢。叶螺旋状排列，疏生，平伸，狭椭圆形，向基部明显变狭，通直，长 1-3 cm，宽 1-8 mm，基部楔形，下延有柄，先端急尖或渐尖，边缘平直不皱曲，有粗大或略小而不整齐的尖齿，两面光滑，有光泽，中脉突出明显，薄革质。孢子叶与不育叶同形；孢子囊生于孢子叶的叶腋，两端露出，肾形，黄色。

5. 基本描述　药用名：石壁果果、小杉树、千层塔。功效：清热解毒，生肌止血，散瘀消肿。主治：跌打损伤。附方：①跌打损伤（皮肤未破损）：石壁果果适量，捣碎，以热黄酒调敷患处，每日 3-6 次；②治肺痈吐脓血：蛇足石杉鲜叶 30 g，捣烂绞汁，蜂蜜调敷；③治劳伤咳血，胸闷：蛇足石杉全草 30 g，水煎服。

6. 传统知识特征

（1）石壁果果（蛇足石杉）原产于畲族居住的山区，是当地石壁上常见植物，畲族使用蛇足石杉作为传统草药历史悠久。

（2）畲族多居住在山区，劳作过程中常发生跌打损伤，蛇足石杉有清热解毒、生肌止血、散瘀消肿的功效，被畲族广泛应用。

（3）畲族给蛇足石杉音译并加以取名为石壁果果，为生长在石壁上的多层塔，果果为音译，说明当地畲族对蛇足石杉的认识已很广泛，其用途和疗效已被大家所熟悉。

7. 保护与利用

（1）传承与利用现状：因石壁果果（蛇足石杉）等少数种类含有石杉碱甲，是畲族常用的跌打损伤药，一直作为当地草药使用。近年来随着对蛇足石杉研究开发的深入，其用途被更多开发，用量也迅速增加，远不能满足市场需要。

（2）受威胁状况及因素分析：且因生境改变，蛇足石杉资源逐渐匮乏；加上一些地方过度采收，造成资源枯竭；此外，由于现代医药推广，在许多地方使用草药的机会渐少。

（3）保护与传承措施：目前全国范围内蛇足石杉野生资源储量极为有限，可考虑在蛇足石杉原产区建立自然保护区或保护点。同时，加强人工繁殖研究，以解决市场需求。

8. 文献资料

[1]　雷后兴, 李水福. 中国畲族医药学[M]. 北京：中国中医药出版社, 2007：352.

[2]　钟雷兴. 闽东畲族文化全书（医药卷）[M]. 北京：民族出版社, 2009：146.

[3]　余牟丽, 李建良, 雷后兴. 畲族药用蕨类植物资源调查[J].

中国民族医药杂志，2013，19（4）：36-38.

[4]　徐正浩. 农业野生植物资源[M]. 杭州：浙江大学出版社，2015：28.

[5]　程科军，李水福. 整合畲药学研究[M]. 北京：科学出版社，2017：264-274.

[6]　中国科学院中国植物志编辑委员会. 中国植物志[M]. 第 6 卷. 第 3 册. 北京：科学出版社，2004：17.

CN-SH-210-024. 坛头刷

1. 名称　中国/浙江省 福建省/畲族/传统医药/坛头刷

Lycopodii Cernui Herba/Traditional Medicine/She People/Zhejiang Province，Fujian Province/China

2. 编号　CN-SH-210-024 中国-畲族-药用生物-坛头刷

3. 属性与分布　畲族聚居区集体知识；长江以南各省份均有分布，在浙江省、福建省畲族聚居区被广泛利用。

4. 背景信息　坛头刷为石松科（Lycopodiaceae）植物垂穗石松［*Palhinhaea cernua*（L.）Vasc. et Franco］的干燥全草。中型至大型土生植物。主茎直立，高达 60 cm，圆柱形，光滑无毛；主茎上的叶螺旋状排列，稀疏，钻形至线形，通直或略内弯，基部圆形，下延，无柄，先端渐尖，边缘全缘，中脉不明显，纸质。孢子囊穗单生于小枝顶端，短圆柱形，成熟时通常下垂，淡黄色，无柄；孢子叶卵状菱形，覆瓦状排列，先端急尖，尾状，边缘膜质，具不规则锯齿；孢子囊生于孢子叶腋，内藏，圆肾形，黄色。

5. 基本描述　药用名：坛头刷、过山龙、灯笼草、铺地蜈蚣。功效：舒筋活络，清热解毒，收敛止血。主治：风湿痹痛，腰肌劳损，跌打损伤，月经不调，结膜炎，水火烫伤，疮疡肿毒。附方：①治跌打损伤，调和筋骨：坛头刷 20 g，水煎服。②治小便不利、梦遗失精：鲜铺地蜈蚣 1 两，鲜海金沙草 1 两。水煎服。③治带状疱疹：坛头刷适量，捣碎，加适量米醋，敷患处。

6. 传统知识特征

（1）坛头刷（垂穗石松）喜温暖湿润的环境，具有耐阴、耐旱的特性，多分布于畲族居住山区的山坡灌草丛中或林间湿地中。

（2）畲族居住于亚热带季风气候山区，气候潮湿，容易得风湿，而坛头刷性味甘、微苦、平，有消炎镇痛、祛风湿、利尿、舒筋活络的功效，被畲族广泛利用。

（3）坛头刷主治扭伤肿痛，而畲族居住于山区，上山劳动作业时扭伤肿痛常有发生，是当地人熟知和常用的草药。

7. 保护与利用

（1）传承与利用现状：坛头刷（垂穗石松）在畲族民间应用广泛，具有极大的药用开发价值。

（2）受威胁状况及因素分析：垂穗石松由于生境的改变以及不合理的开采，资源量逐渐减少。

（3）保护与传承措施：已有学者对垂穗石松进行人工栽培繁殖实验，以促进其资源的保护。

8. 文献资料

[1] 雷后兴，李永福. 中国畲族医药学[M]. 北京：中国
    中医药出版社，2007：352-353.

[2] 钟雷兴. 闽东畲族文化全书（医药卷）[M]. 北京：
    民族出版社，2009：146.

[3] 钟隐芳. 福安畲医畲药[M]. 福州：海风出版社，
    2010：177.

[4] 程科军，李水福. 整合畲药学研究[M]. 北京：科学
    出版社，2017：275-282.

[5] 中国科学院中国植物志编辑委员会. 中国植物
    志[M]. 第 6 卷. 第 3 册. 北京：科学出版社，
    2004：70.

CN-SH-210-025. 伤皮树

1. 名称 中国/浙江省 福建省/畲族/传统医药/伤皮树

Ulmi Parvifoliae Radix，Cortex et Folium/Traditional Medicine/She People/Zhejiang Province，Fujian Province/China

2. 编号 CN-SH-210-025 中国-畲族-药用生物-伤皮树

3. 属性与分布 畲族聚居区集体知识；全国除东北、西北地区部分省区外均有分布，在浙江省、福建省畲族聚居区被广泛利用。

4. 背景信息 伤皮树为榆科（Ulmaceae）植物榔榆（*Ulmus parvifolia* Jacq.）的干燥根、树皮及叶。落叶乔木，冬季叶变为黄色或红色宿存至第二年新叶开放后脱落，高可达 25 m，胸径可达 1 m；树冠广圆形，树干基部有时成板状根，树皮灰色或灰褐色，裂成不规则鳞状薄片剥落，露出红褐色内皮；当年生枝密被短柔毛，深褐色；冬芽卵圆形，无毛。叶质地厚，披针状卵形或窄椭圆形，稀卵形或倒卵形，中脉两侧长宽不等，叶面

深绿色，有光泽。花秋季开放，3-6 数在叶腋簇生或排成簇状聚伞花序，花被上部杯状。翅果椭圆形或卵状椭圆形。花、果期 8-10 月。

5. 基本描述 药用名：伤皮树、伤药等。功效：根皮：清热利水，解毒消肿，凉血止血；叶：清热解毒，消肿止痛。主治：根皮：热淋，小便不利，疮疡肿毒，乳痈，水火烫伤，痢疾，胃肠出血，尿血，痔血，腰背酸痛，外伤出血；叶：热毒疮疡，牙痛。附方：①风毒流注：榔榆根 60 g，草珊瑚根、勾儿茶各 30 g，水煎服；另用鲜叶适量，捣烂敷患处；②痈疽疗疮：榔榆叶适量，初起未成脓者加红糖或酒糟，捣烂烤温敷患处，已成脓者捣烂调蜜敷。

6. 传统知识特征

（1）伤皮树（榔榆）原产于畲族居住的山区，是当地常见植物，畲族使用伤皮树作为传统草药历史悠久。

（2）畲族多居住在山区，劳作过程中常发生破伤致脓，伤皮树具有清热解毒、消肿止血的功效，被畲族广泛应用。

（3）畲族将榔榆作为治疗伤口止血消脓的药材，遂取名为伤药或伤皮树，说明当地畲族对榔榆的认识已很广泛，其用途和疗效已被大家所熟悉。

7. 保护与利用

（1）传承与利用现状：榔榆是畲族常用的治疗伤口止血消脓的药材，一直作为当地草药使用。近年来随着对榔榆研究开发的深入，其用途被更多开发。

（2）受威胁状况及因素分析：因生境改变，榔榆资源逐渐匮乏；加上一些地方被过度砍伐，造成资源枯竭；此外，由于现代医药推广，在许多地方使用草药的机会渐少。

（3）保护与传承措施：加强人工种植技术研究，以解决市场需求。

8. 文献资料

[1] 雷后兴，李水福. 中国畲族医药学[M]. 北京：中国中医药出版社，2007：378.

[2] 程科军，李水福. 整合畲药学研究[M]. 北京：科学出版社，2017：283-285.

[3] 中国科学院中国植物志编辑委员会. 中国植物志[M]. 第 22 卷. 北京：科学出版社，1998：376.

CN-SH-210-026. 石差豆

1. 名称　中国/浙江省 福建省/畲族/传统医药/石差豆

Humatae Repentis Herba/Traditional Medicine/She People/Zhejiang Province，Fujian Province/China

2. 编号　CN-SH-210-026 中国-畲族-药用生物-石差豆

3. 属性与分布　畲族聚居区集体知识；全国除长江以南地区外均有分布，在浙江省、福建省畲族聚居区被广泛利用。

4. 背景信息　石差豆为骨碎补科（Davalliaceae）植物阴石蕨 [*Humata repens*（L. f.）Diels] 的干燥全草。植株高 10-20 cm，根状茎长而横走，密被鳞片；鳞片披针形，红棕色，伏生，盾状着生。叶远生；柄长 5-12 cm，棕色或棕禾秆色，疏被鳞片，老则近光滑；叶片三角状卵形，上部伸长，向先端渐尖，二回羽状深裂。叶脉上面不见，下面粗而明显，褐棕色或深棕色，羽状。叶革质，干后褐色，两面均光滑或下面沿叶轴偶有少数棕色鳞片。孢子囊群沿叶缘着生；囊群盖半圆形，棕色，全缘，质厚，基部着生。

5. 基本描述　药用名：石差豆。功效：活血止痛，清热利湿，续筋接骨。主治：风湿痹痛，腰肌劳损，跌打损伤，牙痛，吐血，便血，尿路感染，白带，痈疮肿毒。附方：①治风湿性关节酸痛或腰背风湿痛：阴石蕨干全草 200 g，浸酒 500 g，频服；②治扭伤：阴石蕨鲜根茎去毛，捣烂，敷伤处；③治风火牙痛，扁桃体炎：阴石蕨根三至五钱，水煎服。

6. 传统知识特征

（1）阴石蕨（石差豆）原产于畲族居住的山区，是当地常见植物，畲族使用石差豆作为传统草药历史悠久。

（2）畲族多居住在山区，劳作过程中常发生扭伤、风湿性关节酸痛，石差豆有活血止痛、清热利湿、续筋接骨的功效，被畲族广泛应用。

7. 保护与利用

（1）传承与利用现状：阴石蕨（石差豆）是畲族常用的治风火牙痛，扁桃体炎药和风湿痹痛，腰肌劳损药，一直作为当地草药使用。近年来随着对阴石蕨研究开发的深入，其用途被更多开发。

（2）受威胁状况及因素分析：因生境改变，阴石蕨资源逐渐匮乏；加上一些地方过度采挖，造成资源枯竭；此外，由于现代医药推广，在许多地方使用草药的机会渐少。

（3）保护与传承措施：目前全国范围内阴石蕨野生资源储量极为有限，可考虑在阴石蕨原产区建立自然保护区或保护点。同时，加强人工繁殖研究，以解决市场需求。

8．文献资料

[1] 国家中医药管理局中华本草编委会. 中华本草　第二卷[M]. 上海：上海科学技术出版社，
1999：218.

[2] 南京中医药大学. 中药大辞典（上册）[M]. 上海：上海科学技术出版社，2005：1362-1363.

[3] 钟隐芳. 福安畲医畲药[M]. 福州：海风出版社，2010：200.

[4] 雷后兴，李建良. 中国畲药学[M]. 北京：人民军医出
版社，2014：52-53.

[5] 程科军，李水福. 整合畲药学研究[M]. 北京：科学出
版社，2017：287-289.

[6] 浙江植物志（新编）编辑委员会. 浙江植物志[M]. 第
1 卷. 杭州：浙江科学技术出版社，2021：512.

CN-SH-210-027. 牛乳柴

1．名称　中国/浙江省 福建省/畲族/传统医药/牛乳柴

Fici Erectae Radix/Traditional Medicine/She People/Zhejiang Province，Fujian Province/China

2．编号　CN-SH-210-027 中国-畲族-药用生物-牛乳柴

3．属性与分布　畲族聚居区集体知识；长江以南省区均有分布，在浙江省、福建省畲族聚居区被广泛利用。

4．背景信息　牛乳柴为桑科（Moraceae）植物天仙果（*Ficus erecta* Thunb.）的干燥根。落叶小乔木或灌木；树皮灰褐色，小枝密生硬毛。叶厚纸质，倒卵状椭圆形，基部圆形至浅心形，全缘或上部偶有梳齿，表面较粗糙，疏生柔毛，背面被柔毛，侧脉 5-7 对，弯拱向上，基生脉延长；叶柄长 1-4 cm，纤细，密被灰白色短硬毛。托叶三角状披针形，膜质，早落。榕果单生叶腋，具总梗，球形或梨形。花、果期 5-6 月。

5．基本描述　药用名：牛乳柴。功效：益气健脾，活血通络，祛风除湿。主治：劳倦乏力，食少，脾虚白带，月经不调，头风疼痛，跌打损伤，风湿性关节炎。附方：①治毒蛇咬伤后昏迷不醒：根皮、叶捣烂，冲入热酒闷片刻，取药酒灌服；②脱力劳伤：牛乳柴 100 g，煎汤，炖猪脚尖，喝汤食肉。

6．传统知识特征

（1）牛乳柴（天仙果）产于畲族居住的山区，是当地路边或溪边岩壁上常见植物，畲族使用牛乳柴作为传统草药历史悠久。

（2）牛乳柴有活血通络、祛风除湿的功效，被畲族广泛应用于治疗头风疼痛、跌打

损伤、风湿性关节炎。

（3）天仙果枝条或果实折断后，分泌白色乳汁，故畲族称之为牛乳柴，说明当地畲族对牛乳柴的认识已很广泛，其用途和疗效已被大家所熟悉。

7. 保护与利用

（1）传承与利用现状：牛乳柴（天仙果）含补骨脂素，是畲族常用的祛风除湿药，畲族将牛乳柴和猪脚等炖服，一直作为当地草药使用。近年来随着药膳、民宿产业兴起，其用途被更多开发，用量也迅速增加，远不能满足市场需要。

（2）受威胁状况及因素分析：一些地方过度砍伐，造成资源枯竭；此外，由于现代医药推广，天仙果作为草药的机会渐少。

（3）保护与传承措施：加强人工种植技术研究，以及拓展药膳发展，以解决市场需求。

8. 文献资料

[1] 雷后兴，李水福. 中国畲族医药学[M]. 北京：中国中医药出版社，2007：380.

[2] 钟隐芳. 福安畲医畲药[M]. 福州：海风出版社，2010：135.

[3] 程科军，李水福. 整合畲药学研究[M]. 北京：科学出版社，2017：290-292.

[4] 中国科学院中国植物志编辑委员会. 中国植物志[M]. 第 23 卷. 第 1 册. 北京：科学出版社，1998：134.

CN-SH-210-028. 白鸡骨草

1. 名称　中国/浙江省 福建省/畲族/传统医药/白鸡骨草

Achyranthis Bidentatae Radix/Traditional Medicine/She People/Zhejiang Province，Fujian Province/China

2. 编号　CN-SH-210-028 中国-畲族-药用生物-白鸡骨草

3. 属性与分布　畲族聚居区集体知识；全国除东北地区外均有分布，在浙江省、福建省畲族聚居区被广泛利用。

4. 背景信息　白鸡骨草为苋科（Amaranthaceae）植物牛膝（*Achyranthes bidentata* Blume）的干燥根。多年生草本；根圆柱形，土黄色；茎有棱角或四方形，绿色或带紫色，有白色贴生或展开柔毛，或近无毛，分枝对生。叶片椭圆形或椭圆披针形，少数倒披针形，基部楔形或宽楔形，两面有贴生或展开柔毛；叶柄长 5-30 mm，有柔毛。穗状花序顶生及腋生。胞果矩圆形，黄褐色，光滑。种子矩圆形，黄褐色。花期 7-9 月，果期 9-10 月。

5．基本描述　药用名：白鸡骨草、怀牛膝。功效：补肝肾，强筋骨，活血通经，引血（火）下行，利尿通淋。主治：腰膝酸软，下肢痿软，血滞经闭，热淋，血淋，跌打损伤，疮肿恶疮，咽喉肿痛。附方：脱力：白鸡骨草 30-50 g，童子鸡 1 只，同煮服汤。

6．传统知识特征

（1）牛膝（白鸡骨草）原产于畲族居住的山区，是当地常见植物，畲族使用白鸡骨草作为传统草药历史悠久。

（2）畲族多居住在山区，劳作辛苦，肝肾多有亏损，白鸡骨草有补肝肾、强筋骨，活血通经药效，被畲族广泛应用。

7．保护与利用

（1）传承与利用现状：牛膝（白鸡骨草）具有补肝肾、强筋骨的作用，是畲族常用的补药使用。近年来随着对牛膝研究开发的深入，其用途被更多开发，用量也迅速增加，远不能满足市场需要。

（2）受威胁状况及因素分析：因生境改变，牛膝资源逐渐匮乏；加上一些地方过度采挖，造成资源枯竭；此外，由于现代医药推广，在许多地方使用草药的机会渐少。

（3）保护与传承措施：加强人工种植技术研究，以解决市场需求。

8．文献资料

[1]　雷后兴，李水福. 中国畲族医药学[M]. 北京：中国中医药出版社，2007：393.

[2]　钟隐芳. 福安畲医畲药[M]. 福州：海风出版社，2010：151.

[3]　程科军，李水福. 整合畲药学研究[M]. 北京：科学出版社，2017：293-299.

[4]　中国科学院中国植物志编辑委员会. 中国植物志[M]. 第25 卷. 第 2 册. 北京：科学出版社，1979：228.

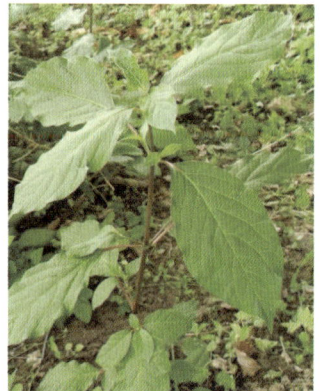

CN-SH-210-029. 铁丁头

1．名称　中国/浙江省 福建省/畲族/传统医药/铁丁头

Antenorontis Filiforme Herba/Traditional Medicine/She People/Zhejiang Province，Fujian Province/China

2．编号　CN-SH-210-029 中国-畲族-药用生物-铁丁头

3．属性与分布　畲族聚居区集体知识；全国除东北、华北、西北地区外均有分布，在浙江省、福建省畲族聚居区被广泛利用。

4．背景信息　铁丁头为蓼科（Polygonaceae）植物金线草［*Antenoron filiforme*（Thunb.）Rob. et Vaut.］或短毛金线草［*Antenoron filiforme*（Thunb.）Rob. et Vaut. var. *neofiliforme*（Nakai）A. J. Li］的干燥全草。金线草：多年生草本；根状茎粗壮；茎直立，具糙伏毛，有纵沟，节部膨大；叶椭圆形或长椭圆形，顶端短渐尖或急尖，基部楔形，全缘，两面均具糙伏毛；叶柄长 1-1.5 cm，具糙伏毛；托叶鞘筒状，膜质，褐色，具短缘毛；总状花序呈穗状，通常数个，顶生或腋生，花序轴延伸，花排列稀疏；瘦果卵形，双凸镜状，褐色，有光泽，包于宿存花被内；花期 7-8 月，果期 9-10 月。短毛金线草：与原变种金线草的主要区别是叶顶端长渐尖，两面疏生短糙伏毛。

5．基本描述　药用名：铁丁头、金线草、天油草。功效：凉血止血，清热利湿，散瘀止痛。主治：咳血，吐血，便血，胃痛，经期腹痛，跌打损伤，风湿痹痛，瘰疬，痈肿。附方：①治经期腹痛，产后淤血腹痛：金线草 50 g，甜酒 50 g。加水同煎，红糖冲服。②治初期肺痨咳血：金线草茎叶 50 g。水煎服。③治风湿骨痛：金线草、白花九里明各适量。煎水洗浴。

6．传统知识特征

（1）金线草（铁丁头）原产于畲族居住的山区，是当地常见植物，畲族使用铁丁头作为传统草药历史悠久。

（2）畲族多居住在山区，生活中易出现淤血不畅、肺痨咳血、风湿骨痛等，铁丁头有凉血止血、清热利湿、散瘀止痛的功效，被畲族广泛应用。

7．保护与利用

（1）传承与利用现状：金线草（铁丁头）是畲族常用的散瘀止痛药，一直作为当地草药使用。近年来随着对金线草或短毛金线草研究开发的深入，其用途被更多开发。

（2）受威胁状况及因素分析：因生境改变，铁丁头资源逐渐匮乏；加上一些地方过度采挖，造成资源枯竭；此外，由于现代医药推广，在许多地方使用草药的机会渐少。

（3）保护与传承措施：加强人工种植技术研究，以解决市场需求。

8．文献资料

[1] 雷后兴，李水福. 中国畲族医药学[M]. 北京：中国中医药出版社，2007：388.

[2] 钟隐芳. 福安畲医畲药[M]. 福州：海风出版社，2010：248.

[3] 程科军，李水福. 整合畲药学研究[M]. 北京：科学出版社，2017：300-304.

[4] 浙江植物志（新编）编辑委员会. 浙江植物志[M]. 第 3 卷. 杭州：浙江科学技术出版社，2021：268-270.

金线草

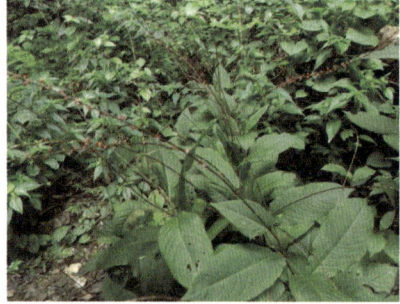

短毛金线草

CN-SH-210-030. 山苍子

1. 名称　中国/浙江省 福建省/畲族/传统医药/山苍子

Litseae Cubebae Radix，Folium et Fructus/Traditional Medicine/She People/Zhejiang Province，Fujian Province/China

2. 编号　CN-SH-210-030 中国-畲族-药用生物-山苍子

3. 属性与分布　畲族聚居区集体知识；长江沿岸及以南地区均有分布，在浙江省、福建省畲族聚居区被广泛利用。

4. 背景信息　山苍子为樟科（Lauraceae）植物山鸡椒 [*Litsea cubeba*（Lour.）Pers.] 的干燥根、叶和果实。落叶灌木或小乔木；幼树树皮黄绿色，光滑，老树树皮灰褐色。小枝细长，绿色，无毛，枝、叶具芳香味。顶芽圆锥形，外面具柔毛。叶互生，披针形或长圆形，先端渐尖，基部楔形，纸质，上面深绿色，下面粉绿色，两面均无毛；叶柄长 6-20 mm，纤细，无毛。伞形花序单生或簇生，总梗细长；苞片边缘有睫毛。果近球形，无毛，幼时绿色，成熟时黑色。花期 2-3 月，果期 7-8 月。

5. 基本描述　药用名：山苍子、臭子、荜澄茄、姜母柴、山苍柴、理气柴。功效：果实：温中止痛，行气活血，平喘，利尿；根：祛风散寒，除湿，温中，理气止痛；叶：理气散结，解毒消肿，止血。主治：果实：食积气胀，反胃呕吐，哮喘，牙痛，寒湿痹痛，跌打损伤；根：感冒头痛，心胃冷痛，腹痛吐泻，风湿痹痛，跌打损伤，近用于脑血栓形成；叶：痈疽肿毒痛，乳痛，蛇虫咬伤，外伤出血，脚肿。附方：①治发痧气痛：山鸡椒、青藤香、蜘蛛香各一钱①，研末，酒吞服；②治感寒腹痛：山鸡椒四至五钱，水煎服；③治消化不良，胸腹胀：山鸡椒烘干，研末，每次吞服三至五分。

_____

① 1 钱=5 g。

6. 传统知识特征

（1）山苍子（山鸡椒）原产于畲族居住的山区，是当地常见植物，畲族使用山苍子作为传统草药历史悠久。

（2）畲族日出而作，日落而息，夏季易出现中暑、腹痛吐泻等症状，山苍子具有温中理气、消食去积的功效，被畲族广泛应用。

7. 保护与利用

（1）传承与利用现状：山苍子（山鸡椒）富含挥发油，是畲族常用的理气消食药，一直作为当地草药使用。近年来随着对山鸡椒研究开发的深入，其用途被更多开发，用量也迅速增加，远不能满足市场需要。

（2）受威胁状况及因素分析：山鸡椒生长快，虽偶有过度砍伐，但自然恢复快，呈无危状态。

（3）保护与传承措施：目前山鸡椒野生资源丰富，野生开采量整体偏少，自然恢复快。可加强人工栽培研究，以保护野生资源，解决市场需求。

8. 文献资料

[1] 雷后兴，李水福. 中国畲族医药学[M]. 北京：中国中医药出版社，2007：403-404.

[2] 钟隐芳. 福安畲医畲药[M]. 福州：海风出版社，2010：123.

[3] 程科军，李水福. 整合畲药学研究[M]. 北京：科学出版社，2017：305-316.

[4] 浙江省食品药品监督管理局. 浙江省中药炮制规范[M]. 北京：中国医药科技出版社，2015：140.

[5] 中国科学院中国植物志编辑委员会. 中国植物志[M]. 第31卷. 北京：科学出版社，1982：271.

CN-SH-210-031. 山枣

1. 名称　中国/浙江省 福建省/畲族/传统医药/山枣

Crataegi Cuneatae Radix et Fructus/Traditional Medicine/She People/Zhejiang Province, Fujian Province/China

2. 编号　CN-SH-210-031 中国-畲族-药用生物-山枣

3. 属性与分布　畲族聚居区集体知识；我国中部、东部和南部各省份均有分布，在浙江省、福建省畲族聚居区被广泛利用。

4. 背景信息　山枣为蔷薇科（Rosaceae）植物野山楂（*Crataegus cuneata* Sieb. et Zucc.）的干燥根及果实。落叶灌木，高可达15 m，分枝密，通常具细刺；小枝细弱，圆柱形，有棱，幼时被柔毛，一年生枝紫褐色，无毛，老枝灰褐色，散生长圆形皮孔。叶片宽倒卵形至倒卵状长圆形，先端急尖，基部楔形，下延连于叶柄，边缘有不规则重锯齿，上面无毛，有光泽，下面具稀疏柔毛，沿叶脉较密；叶柄两侧有叶翼。总花梗和花梗均被柔毛。果实近球形或扁球形，红色或黄色，常具有宿存反折萼片或1苞片。花期5-6月，果期9-11月。

5．基本描述 药用名：山枣、山楂根、不哩。功效：根：消积和胃，祛风，止血，消肿；果实：健脾消食，活血化瘀。主治：根：食积，反胃，痢疾，风湿痹痛，咯血，痔漏，水肿；果实：食滞肉积，脘腹胀痛，产后瘀痛，漆疮，冻疮。附方：①胃痛：山枣根30 g，鱼腥草20 g，牛乳柴30 g，水煎服；②鼻息肉：山枣50 g，土牛膝50 g，龙胆草25 g，海金沙25 g，水煎服。

6．传统知识特征

（1）野山楂（山枣）是畲族居住的山区的常见植物，畲族使用山枣作为传统草药历史悠久。

（2）畲族多居住在山区，常采食山枣作为消积和胃，活血化瘀的良药。

（3）山枣也是一种野生水果，畲族常常采集食用，其有消食健胃功能，畲族常用山枣泡酒。

7．保护与利用

（1）传承与利用现状：山枣是畲族常用的消食药，一直作为当地草药使用。现代国内外医药界研究证明，山枣富含多种防治心血管等疾病疗效显著的物质，对心血管系统有多方面的药理作用，具有降低血脂、扩张冠状动脉、改善心肌代谢、降低血压、抗心律失常、强心、抗动脉粥样硬化、减肥及络合或捕获自由基，防止机体脂质过氧化反应等作用。近年来随着山楂食品的开发深入，其用途被更多开发，用量也迅速增加，远不能满足市场需要。

（2）受威胁状况及因素分析：因生境改变，山枣（野山楂）资源逐渐匮乏；加上一些地方过度砍伐，造成资源枯竭。

（3）保护与传承措施：目前全国范围内野山楂野生资源储量极为有限，可考虑在野山楂原产区建立自然保护区或保护点。同时，加强人工栽培技术研究，以解决市场需求。

8．文献资料

[1] 雷后兴，李水福. 中国畲族医药学[M]. 北京：中国中医药出版社，2007：409-410.

[2] 程科军，李水福. 整合畲药学研究[M]. 北京：科学出版社，2017：317-324.

[3] 中国科学院中国植物志编辑委员会. 中国植物志[M]. 第36卷. 北京：科学出版社，1974：194.

CN-SH-210-032. 野割绳

1. 名称 中国/浙江省 福建省/畲族/传统医药/野割绳

Puerariae Montanae Radix/Traditional Medicine/She People/Zhejiang Province，Fujian Province/China

2. 编号 CN-SH-210-032 中国-畲族-药用生物-野割绳

3. 属性与分布 畲族聚居区集体知识；全国除新疆、青海及西藏外有分布，在浙江省、福建省畲族聚居区被广泛利用。

4. 背景信息 野割绳为豆科（Leguminosae）植物葛[*Pueraria montana*（Lour.）Merr.]的干燥根。葛为粗壮藤本，长可达8 m，全体被黄色长硬毛，茎基部木质，有粗厚的块状根。羽状复叶具3小叶；托叶背着，卵状长圆形，具线条；小托叶线状披针形，与小叶柄等长或较长；小叶三裂，偶尔全缘，顶生小叶宽卵形或斜卵形，先端长渐尖，侧生小叶斜卵形，稍小，上面被淡黄色、平伏的疏柔毛。下面较密。总状花序中部以上有颇密集的花。荚果长椭圆形，扁平，被褐色长硬毛。花期9-10月，果期11-12月。

5. 基本描述 药用名：野割绳、野葛根、野葛藤、葛绳。功效：解肌退热，发表透疹，生津止渴，升阳止泻。主治：外感发热，头项强痛，麻疹初起，疹出不畅，温病口渴，消渴病，高血压，冠心病。附方：醉酒：野葛根10 g，水煎服。

6. 传统知识特征

（1）葛（野割绳）是畲族居住的山区常见植物，畲族使用野割绳作为传统草药历史悠久。

（2）野割绳具有解肌退热、生津止渴的功效，畲族常作为外感风热、出麻等症状，被畲族广泛应用。

（3）由野割绳制作的葛根粉具有解酒的作用，是畲族家中常备的解酒药。

7. 保护与利用

（1）传承与利用现状：野割绳是畲族常用的跌打损伤药，一直作为当地草药使用。目前国内外对葛的研究和利用主要集中于葛根淀粉和葛根素上，研发的葛根产品品种繁多。葛根主要活性成分葛根素具有疗效好、毒副作用小、药理作用广泛的特点，具有广阔的发展前景和临床应用价值。近年来随着对葛的研究开发深入，其用途被更多开发，被广泛应用于食品、保健品行业，目前国内外已将葛根开发成葛粉、葛糊、葛根糖、葛根口服液、葛根面包、葛根粉丝、葛根面条、葛根饮料、葛根冰淇淋、葛根罐头、葛粉红肠等系列保健食品。

（2）受威胁状况及因素分析：葛根生长迅猛，在野外易成片生长，破坏生境严重。在葛根产业发达的地方，野生资源被过度采挖。另外，由于现代医药推广，在许多地方使用草药的机会渐少，反而是作为食品加工原料被广泛应用。

（3）保护与传承措施：保护葛的野生资源，并加强人工栽培技术研究，以解决市场需求。

8．文献资料

[1]　雷后兴，李水福. 中国畲族医药学[M]. 北京：中国中医药出版社，2007：413-414.

[2]　钟隐芳. 福安畲医畲药[M]. 福州：海风出版社，2010：330.

[3]　程科军，李水福. 整合畲药学研究[M]. 北京：科学出版社，2017：325-335.

[4]　中国科学院中国植物志编辑委员会. 中国植物志[M]. 第41卷. 北京：科学出版社，1995：224.

CN-SH-210-033. 天雷不打石

1．名称　中国/浙江省 福建省/畲族/传统医药/天雷不打石

Glochidinis Puberi Radix，Folium et Fructus/Traditional Medicine/She People/Zhejiang Province，Fujian Province/China

2．编号　CN-SH-210-033 中国-畲族-药用生物-天雷不打石

3．属性与分布　畲族聚居区集体知识；全国除东北、华北地区外均有分布，在浙江省、福建省畲族聚居区被广泛利用。

4．背景信息　天雷不打石为大戟科（Euphorbiaceae）植物算盘子[*Glochidion puberum*（L.）Hutch.]的干燥根、果实和叶。直立灌木，高1-5 m，多分枝，小枝灰褐色。叶片纸质或近革质，长圆形、长卵形或倒卵状长圆形，稀披针形，顶端钝、急尖、短渐尖或圆，基部楔形至钝，上面灰绿色，仅中脉被疏短柔毛或几无毛，下面粉绿色；侧脉每边5-7条，下面凸起，网脉明显；叶柄长1-3 mm。花小，雌雄同株或异株。蒴果扁球状，成熟时带红色，种子近肾形，具三棱，长约4 mm，朱红色。花期4-8月，果期7-11月。

5．基本描述　药用名：天雷不打石、雷打柿、金瓜柴、馒头柴。功效：根：清热，利湿，行气，活血，解毒消肿；果实：清热除湿，解毒利咽，行气活血；叶：清热利湿，解毒消肿。主治：根：感冒发热，咽喉肿痛，咳嗽，牙痛，湿热泻痢，黄疸，淋浊，带下，风湿麻痹，腰痛，疝气，痛经，闭经，跌打损伤，痈肿，瘰疬，蛇虫咬伤；果实：痢疾，泄泻，黄疸，疟疾，淋浊，带下，咽喉肿痛，牙痛，疝痛，产后腹痛；叶：湿热泻痢，黄疸，淋浊，带下，发热，咽喉肿痛，痈疮疖肿，漆疮，湿疹，虫蛇咬伤。附方：①腹泻：天雷不打石根 10 g，野柿根 10 g，水煎服；②蜈蚣咬伤：天雷不打石鲜叶适量，捣烂敷患处，或榨汁擦患处。

6．传统知识特征

（1）算盘子（天雷不打石）原产于畲族居住的山区，是当地常见植物，畲族使用天雷不打石作为传统草药历史悠久。

（2）畲族多居住在山区，易出现蜈蚣咬伤，常用天雷不打石鲜叶捣烂敷来治疗。

（3）天雷不打石作为山区治疗带状疱疹的特效药，被畲族广泛应用。

7．保护与利用

（1）传承与利用现状：天雷不打石是畲族常用的带状疱疹和腹泻药，一直作为当地草药使用。现代药理研究该属植物有抗癌、抗菌、抗炎镇痛、清除自由基等药理作用。其用途被更多开发，用量也迅速增加，远不能满足市场需要。

（2）受威胁状况及因素分析：一些地方过度砍伐，造成算盘子资源枯竭；由于现代医药推广，在许多地方使用草药的机会渐少。

（3）保护与传承措施：目前全国范围内算盘子野生资源储量有限，加强人工栽培技术研究，以解决市场需求。

8．文献资料

[1] 雷后兴，李水福. 中国畲族医药学[M]. 北京：中国中医药出版社，2007：416-417.

[2] 钟隐芳. 福安畲医畲药[M]. 福州：海风出版社，2010：367.

[3] 程科军，李水福. 整合畲药学研究[M]. 北京：科学出版社，2017：336-343.

[4] 中国科学院中国植物志编辑委员会. 中国植物志[M]. 第 44 卷. 第 1 册. 北京：科学出版社，1994：151.

CN-SH-210-034. 鸭掌柴

1. 名称 中国/浙江省 福建省/畲族/传统医药/鸭掌柴

Dendropanacis Dentigeris Rhizoma/Traditional Medicine/She People/Zhejiang Province，Fujian Province/China

2. 编号 CN-SH-210-034 中国-畲族-药用生物-鸭掌柴

3. 属性与分布 畲族聚居区集体知识；长江沿岸及以南地区均有分布，在浙江省、福建省畲族聚居区被广泛利用。

4. 背景信息 鸭掌柴为五加科（Araliaceae）植物树参［*Dendropanax dentiger*（Harms）Merr.］的干燥根茎。乔木或灌木，高 2-8 m。叶片厚纸质或革质，叶形变异很大，不分裂叶片通常为椭圆形，稀长圆状椭圆形、椭圆状披针形、披针形或线状披针形，分裂叶片倒三角形，两面均无毛，边缘全缘，或近先端处有不明显细齿一个至数个，或有明显疏离的牙齿；叶柄长 0.5-5 cm，无毛。伞形花序顶生。果实长圆状球形，稀近球形；宿存花柱长 1.5-2 mm。花期 8-10 月，果期 10-12 月。

5. 基本描述 药用名：鸭掌柴、枫荷梨、半边枫、半架风。功效：祛风除湿，活血消肿。主治：风湿痹痛，偏瘫，头痛，月经不调，跌打损伤，疮肿。附方：①关节炎：鸭掌柴 50-100 g，水煎服；②风湿病：鸭掌柴 50 g，海风藤 50 g，三角枫 30 g，络石藤 30 g，水煎服。

6. 传统知识特征

（1）树参（鸭掌柴）原产于畲族居住的山区，是当地石林下常见植物，畲族使用鸭掌柴作为传统草药历史悠久。

（2）畲族多居住在山区，劳作过程中常发生跌打损伤、风湿严重，鸭掌柴有祛风除湿、活血消肿的功效，被畲族广泛应用。

（3）树参叶片二分裂成倒三角形，形似鸭掌，畲族称为鸭掌柴，说明当地畲族对鸭掌柴的认识已很广泛，其用途和疗效已被大家所熟悉。

7. 保护与利用

（1）传承与利用现状：鸭掌柴是畲族常用的关节炎风湿药，一直作为当地草药使用。近年来随着对树参研究开发的深入，其用途被更多开发，用量也迅速增加。

（2）受威胁状况及因素分析：一些地方过度砍伐，加之树参成林慢，成林资源不多；由于现代医药推广，在许多地方使用草药的机会渐少。

（3）保护与传承措施：加强人工栽培技术研究，以解决市场需求。

8．文献资料

[1]　雷后兴，李水福. 中国畲族医药学[M]. 北京：
中国中医药出版社，2007：426.

[2]　程科军，李水福. 整合畲药学研究[M]. 北京：
科学出版社，2017：344-351.

[3]　中国科学院中国植物志编辑委员会. 中国植物
志[M]. 第54卷. 北京：科学出版社，1978：62.

CN-SH-210-035. 山当归

1．名称　中国/浙江省 福建省/畲族/传统医药/山当归

Angelicae Decursivi Radix/Traditional Medicine/She People/Zhejiang Province，Fujian Province/China

2．编号　CN-SH-210-035 中国-畲族-药用生物-山当归

3．属性与分布　畲族聚居区集体知识；全国大部分地区均有分布，在浙江省、福建省畲族聚居区被广泛利用。

4．背景信息　山当归为伞形科（Umbelliferae）植物紫花前胡 [*Angelica decursiva* （Miq.）Franch. et Sav.] 的干燥根。多年生草本，根圆锥状，有少数分枝，外表棕黄色至棕褐色，有强烈气味。茎高 1-2 m，直立，单一，中空，光滑，常为紫色，无毛，有纵沟纹。根生叶和茎生叶有长柄，基部膨大成圆形的紫色叶鞘，抱茎，外面无毛；叶片三角形至卵圆形，坚纸质，一回三全裂或一至二回羽状分裂；茎上部叶简化成囊状膨大的紫色叶鞘。复伞形花序顶生或侧生，花深紫色。果实长圆形至卵状圆形，无毛。花期 8-9 月，果期 9-11 月。

5．基本描述　药用名：山当归、陌生草、大香头、大猫脚趾。功效：降气化痰，散风清热。主治：痰热咳喘，咯痰黄稠，风热咳嗽痰多。附方：肾炎水肿、跌打损伤：山当归 30-50 g，水煎服。

6．传统知识特征

（1）紫花前胡（山当归）原产于畲族居住的山区，是当地常见植物，畲族使用山当归作为传统草药历史悠久。

（2）山当归具有消炎、散热、止咳等功效，畲族常用于痰热咳喘、咯痰黄稠、风热咳嗽痰多等日常症状治疗。

（3）紫花前胡根部分叉，像中药当归的样子，畲族称为山当归，其样貌又类似于猫脚，又称为大毛脚趾。

7. 保护与利用

（1）传承与利用现状：山当归是畲族常用的消炎止咳药，一直作为当地草药使用。近年来随着对紫花前胡研究开发的深入，其用途被更多开发，用量也迅速增加。

（2）受威胁状况及因素分析：因生境改变，紫花前胡资源逐渐匮乏；加上一些地方过度采挖，造成资源枯竭。

（3）保护与传承措施：加强紫花前胡人工栽培技术研究，以解决市场需求。

8. 文献资料

[1] 程科军，李水福. 整合畲药学研究[M]. 北京：科学出版社，2017：352-361.

[2] 国家药典委员会. 中华人民共和国药典　一部[M]. 北京：化学工业出版社，2015：338.

[3] 雷后兴，李建良. 中国畲药学[M]. 北京：人民军医出版社，2014：176-177.

[4] 中国科学院中国植物志编辑委员会. 中国植物志[M]. 第55卷. 第3册. 北京：科学出版社，1992：28.

CN-SH-210-036. 野仙草

1. 名称　中国/浙江省 福建省/畲族/传统医药/野仙草

Clinopodii Gracilis Herba/Traditional Medicine/She People/Zhejiang Province，Fujian Province/China

2. 编号　CN-SH-210-036 中国-畲族-药用生物-野仙草

3. 属性与分布　畲族聚居区集体知识；长江沿岸及以南地区均有分布，此外陕西部分地区有分布，在浙江省、福建省畲族聚居区被广泛利用。

4. 背景信息　野仙草为唇形科（Labiatae）植物细风轮菜［*Clinopodium gracile*（Benth.）Matsum.］的干燥全草。纤细草本，茎多数，自匍匐茎生出，柔弱，上升，不分枝或基部具分枝，被倒向的短柔毛。最下部的叶圆卵形，细小，先端钝，基部圆形，边缘具疏圆齿，较下部或全部叶均为卵形，较大；上部叶及苞叶卵状披针形，先端锐尖，边缘具锯齿。轮伞花序分离，或密集于茎端成短总状花序，疏花。小坚果卵球形，褐色，光滑。花期6-8月，果期8-10月。

5. 基本描述 药用名：野仙草、野香草、瘦风轮、风轮菜。功效：祛风清热，行气活血，解毒消肿。主治：感冒发热，食积腹胀，呕吐，泄泻，咽喉肿痛，痈肿丹毒，荨麻疹，毒虫咬伤，跌打肿痛，外伤出血。附方：①毒蛇咬伤后溃烂：风轮菜、宜昌细辛各等量，水煎洗患处；②阴茎肿大、阴囊水肿：野仙草适量，捣烂用米泔水调和，敷患处，每日3-4次。

6. 传统知识特征

（1）细风轮菜（野仙草）原产于畲族居住的山区，是当地常见植物，畲族使用野仙草作为传统草药历史悠久。

（2）畲族多居住在山区，劳作过程中常遭毒虫咬伤，发炎溃烂，野仙草具有祛风清热、行气活血、解毒消肿的功效，被畲族广泛应用。

（3）细风轮菜治疗溃烂疗效好，畲族称为野仙草，形象反映其药理药效，说明当地畲族对野仙草的认识已很广泛，其用途和疗效已被大家所熟悉。

7. 保护与利用

（1）传承与利用现状：野仙草的主要活性成分是黄酮、皂苷类，是畲族常用的治伤口溃烂药，一直作为当地草药使用，在现代药物研究中，其物质基础研究尚不充分。

（2）受威胁状况及因素分析：因生境改变，野仙草资源逐渐匮乏；加上一些地方过度采挖，造成资源枯竭；由于现代医药推广，在许多地方使用草药的机会渐少。

（3）保护与传承措施：加强野仙草野生资源保护，同时加强人工栽培技术研究，以解决市场需求。

8. 文献资料

[1] 雷后兴，李水福. 中国畲族医药学[M]. 北京：中国中医药出版社，2007：437.

[2] 程科军，李水福. 整合畲药学研究[M]. 北京：科学出版社，2017：362-372.

[3] 中国科学院中国植物志编辑委员会. 中国植物志[M]. 第66卷. 北京：科学出版社，1977：235.

CN-SH-210-037. 热红草

1. 名称 中国/浙江省 福建省/畲族/传统医药/热红草

Salviae Bowleyanae Radix/Traditional Medicine/She People/Zhejiang Province, Fujian Province/China

2. 编号 CN-SH-210-037 中国-畲族-药用生物-热红草

3. 属性与分布 畲族聚居区集体知识；长江以南部分省区均有分布，在浙江省、福建省畲族聚居区被广泛利用。

4. 背景信息 热红草为唇形科（Labiaceae）植物南丹参（*Salvia bowleyana* Dunn.）的干燥根。多年生草本；根肥厚，外表红赤色，切面淡黄色。茎粗大，钝四棱形，具四槽，被下向长柔毛。叶为羽状复叶，顶生小叶卵圆状披针形，先端渐尖或尾状渐尖，基部圆形或浅心形或稍偏斜，边缘具圆齿状锯齿或锯齿，草质，两面除脉上略被小疏柔毛外余部均无毛；叶柄长 4-6 cm，腹凹背凸，被长柔毛。轮伞花序 8 至多花，组成长 14-30 cm 顶生总状花序或总状圆锥花序；苞片披针形。小坚果椭圆形，褐色，顶端有毛。花期 3-7 月。

5. 基本描述 药用名：热红草、月风草、活血丹。功效：活血化瘀，调经止痛。主治：胸痹绞痛，心烦，心悸，脘腹疼痛，月经不调，乳汁稀少，产后瘀滞腹痛，崩漏，关节痛，疮肿。附方：①月经不调、闭经：热红草 30 g，月季花 20 g，食凉茶 20 g，加米汤煎服；②急慢性盆腔炎：活血丹 30 g，水煎服。

6. 传统知识特征

（1）南丹参（热红草）原产于畲族居住的山区，是当地常见植物，畲族使用热红草作为传统草药历史悠久。

（2）热红草有活血化瘀、调经止痛的药效，被畲族常用于女性月经不调、闭经等症状治疗。

（3）畲族把南丹参的活血功能形象称为热红，表示药性阳性，能活血的功能，说明当地畲族对南丹参的认识已很广泛，其用途和疗效已被大家所熟悉。

7. 保护与利用

（1）传承与利用现状：热红草是畲族常用的活血药，一直作为当地草药使用。南丹参在浙江和江西、福建等一些南方省区作丹参药用。

（2）受威胁状况及因素分析：因生境改变，南丹参资源逐渐匮乏；加上一些地方过度采挖，造成资源枯竭；此外，由于现代医药推广，在许多地方使用草药的机会渐少。

（3）保护与传承措施：加强对南丹参野生资源保护，同时人工栽培技术研究和现代药理学研究，以解决市场需求。

8. **文献资料**

[1] 雷后兴，李水福. 中国畲族医药学[M]. 北京：中国中医药出版社，2007：439.

[2] 程科军，李水福. 整合畲药学研究[M]. 北京：科学出版社，2017：373-375.

[3] 中国科学院中国植物志编辑委员会. 中国植物志[M]. 第 66 卷. 北京：科学出版社，1977：148.

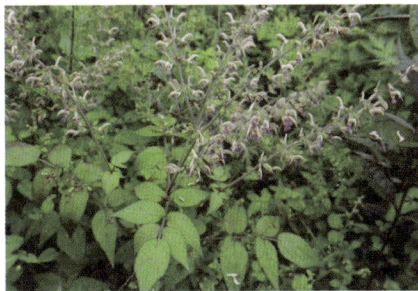

CN-SH-210-038. 大发散

1. **名称**　中国/浙江省　福建省/畲族/传统医药/大发散

Eupatorii Japonici seu Eupatorii Chinensis Flos/Traditional Medicine/She People/Zhejiang Province，Fujian Province/China

2. **编号**　CN-SH-210-038 中国-畲族-药用生物-大发散

3. **属性与分布**　畲族聚居区集体知识；长江以南地区均有分布，在浙江省、福建省畲族聚居区被广泛利用。

4. **背景信息**　大发散为菊科（Compositae）泽兰属植物白头婆（*Eupatorium japonicum* Thunb.）或多须公（*Eupatorium chinense* L.）的干燥带花序枝的头状花序。白头婆：多年生草本；根茎短，有细长侧根；茎直立，下部或至中部或全部淡紫红色，基部通常不分枝，或仅上部有伞房状花序分枝，全部茎枝被白色皱波状短柔毛；叶对生，有叶柄，质地稍厚；中部茎叶椭圆形或长椭圆形或卵状长椭圆形或披针形，基部宽或狭楔形；头状花序在茎顶或枝端排成紧密的伞房花序；花白色或带红紫色或粉红色；瘦果淡黑褐色，椭圆状，5 棱，被多数黄色腺点，无毛；花、果期 6-11 月。多须公：多年生草本，小灌木或半小灌木状，基部、下部或中部以下茎木质；全株多分枝，茎上部分枝伞房状；全部茎枝被污白色短柔毛；叶对生，无柄或几无柄；中部茎叶卵形、宽卵形，少有卵状披针形、长卵形或披针状卵形，基部圆形，顶端渐尖或钝；头状花序多数在茎顶及枝端排成大型疏散的复伞房花序，花序径达 30 cm；花白色、粉色或红色；瘦果淡黑褐色，椭圆状，5 棱，散布黄色腺点；花、果期 6-11 月。

5. **基本描述**　药用名：大发散、千里橘。功效：祛风镇痛，温中祛寒，止痛，杀虫。主治：祛风镇痛，温中祛寒，止痛，杀虫。附方：①产后全身发痒：大发散 18 g，天花粉 18 g，水煎服；②伤风、痛经：大发散 10 g，水煎服。

6．传统知识特征

（1）白头婆或多须公（大发散）原产于畲族居住的山区，是当地常见植物，畲族使用大发散作为传统草药历史悠久。

（2）畲族多居住在山区，卫生条件落后，产妇产后易发生全身发痒，大发散有温中祛寒、杀虫的功效，被畲族广泛应用。

（3）针对白头婆或多须公能全身驱寒止痒、药性散发全身的特性，畲族取义为大发散，说明当地畲族对大发散的认识已很广泛，其用途和疗效已被大家所熟悉。

7．保护与利用

（1）传承与利用现状：大发散是畲族常用的发散药，一直作为当地草药使用。因泽兰属植物的黄酮类化学成分具有抗肿瘤、杀虫、抗 SARS 病毒、抗菌等作用，极具开发前景。

（2）受威胁状况及因素分析：因生境改变，大发散资源逐渐匮乏；加上一些地方过度采挖，造成资源枯竭；由于现代医药推广，在许多地方使用草药的机会渐少。

（3）保护与传承措施：保护白头婆或多须公的野生资源，同时加强人工栽培技术研究，以解决市场需求，深入研究现代药理作用，延伸产业发展。

8．文献资料

[1]　雷后兴，李水福. 中国畲族医药学[M]. 北京：中国中医药出版社，2007：451.

[2]　程科军，李水福. 整合畲药学研究[M]. 北京：科学出版社，2017：376-381.

[3]　中国科学院中国植物志编辑委员会. 中国植物志[M]. 第 74 卷. 北京：科学出版社，1985：60-63.

白头婆

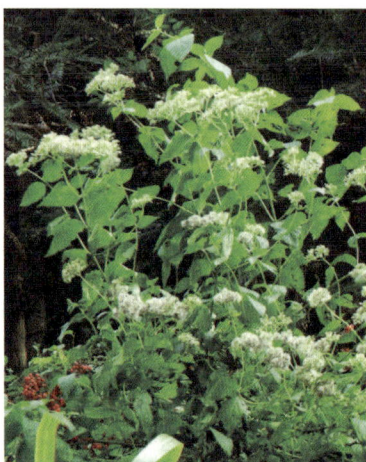
多须公

CN-SH-210-039. 雅雀草

1. 名称 中国/浙江省 福建省/畲族/传统医药/雅雀草

Commelinae Herba/Traditional Medicine/She People/Zhejiang Province，Fujian Province/China

2. 编号 CN-SH-210-039 中国-畲族-药用生物-雅雀草

3. 属性与分布 畲族聚居区集体知识；全国大部分省份均有分布，在浙江省、福建省畲族聚居区被广泛利用。

4. 背景信息 雅雀草为鸭跖草科（Commelinaceae）植物鸭跖草（*Commelina communis* L.）的干燥全草。一年生披散草本。茎匍匐生根，多分枝，长可达 1 m，下部无毛，上部被短毛。叶披针形至卵状披针形。总苞片佛焰苞状，与叶对生，折叠状，展开后为心形，顶端短急尖，基部心形，边缘常有硬毛；聚伞花序，下面一枝仅有花 1 朵，不孕；上面一枝具花 3-4 朵，具短梗。花梗长仅 3 mm，果期弯曲，长不过 6 mm。蒴果椭圆形，长 5-7 mm，2 室，2 片裂，有种子 4 颗。种子长 2-3 mm，棕黄色，一端平截、腹面平，有不规则窝孔。

5. 基本描述 药用名：雅雀草、兰花草、竹叶草。功效：祛风解表，清热解毒，理气健脾，消导止泻。主治：风热表证，脾虚食滞，泄泻，胃脘痛，嘈杂，吞酸。附方：①防治感冒：鸭跖草 30 g，分 2 次煎服；②治疗关节肿痛，痈疽肿毒，疮疖脓疡：鲜鸭跖草 90 g 捣烂，加烧酒少许敷患处，每日换一次。

6. 传统知识特征

（1）鸭跖草（雅雀草）原产于畲族居住的山区，是当地潮湿地带的常见植物，畲族使用雅雀草作为传统草药历史悠久。

（2）雅雀草具有清热泻火、解毒、利水消肿的功效，畲族常将雅雀草作为消炎药物使用，用于治疗感冒发热、热病烦渴、咽喉肿痛、水肿尿少、热淋痛、痈肿疔毒等症状。

7. 保护与利用

（1）传承与利用现状：畲族常将雅雀草作为消炎药物使用，用于治疗感冒发热、热病烦渴、咽喉肿痛等症状，此外，也作观赏植物栽培在房前屋后。

（2）受威胁状况及因素分析：由于现代医药推广，在许多地方使用草药的机会渐少。

（3）保护与传承措施：加强现代药理学研究，开发市场。

8. 文献资料

[1] 雷后兴，李水福. 中国畲族医药学[M]. 北京：
中国中医药出版社，2007：455-456.

[2] 钟隐芳. 福安畲医畲药[M]. 福州：海风出版社，
2010：312.

[3] 程科军，李水福. 整合畲药学研究[M]. 北京：
科学出版社，2017：382-385.

[4] 中国科学院中国植物志编辑委员会. 中国植物
志[M]. 第 13 卷. 第 3 册. 北京：科学出版社，
1997：127.

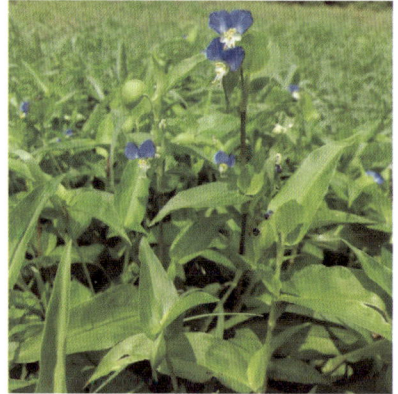

CN-SH-210-040. 千年运

1. 名称 中国/浙江省 福建省/畲族/传统医药/千年运

Polygonati Cyrtonemae seu Polygonati Filipis Rhizoma/Traditional Medicine/She People/Zhejiang Province，Fujian Province/China

2. 编号 CN-SH-210-040 中国-畲族-药用生物-千年运

3. 属性与分布 畲族聚居区集体知识；长江沿岸及以南地区均有分布，在浙江省、福建省畲族聚居区被广泛利用。

4. 背景信息 千年运为百合科（Liliaceae）植物多花黄精（*Polygonatum cyrtonema* Hua）或长梗黄精（*Polygonatum filipes* Merr. ex C. Jeffrey et McEwan）的干燥根茎。多花黄精：根状茎肥厚，通常连珠状或结节成块，少有近圆柱形；茎高 50-100 cm；叶互生，椭圆形、卵状披针形至矩圆状披针形，少有稍作镰状弯曲；花序具 2-7 花，伞形；浆果黑色，直径约 1 cm，具 3-9 颗种子，花期 5-6 月，果期 8-10 月。长梗黄精：根状茎连珠状或有时"节间"稍长，直径 1-1.5 cm；茎高 30-70 cm；叶互生，矩圆状披针形至椭圆形，先端尖至渐尖，长 6-12 cm，下面脉上有短毛；花序具 2-7 花，总花梗细丝状；浆果直径约 8 mm，具 2-5 颗种子。

5. 基本描述 药用名：千年运、山姜。功效：养阴润肺，补脾益气，滋肾填精。主治：脾胃虚弱，体倦乏力，口干食少，肺虚咳嗽，精血不足，内热消渴。附方：①痢疾（小儿）：鲜黄精 30 g，切片，放火上焙黄后放凉，水煎服，每日一剂；②小儿腹泻：千年运 20 g，切片，放火上焙黄后放凉，与木防己 5-9 g 一起水煎服。

6. 传统知识特征

（1）多花黄精和长梗黄精（千年运）主要生长于山区林下，是畲族居住地常见植物，畲族使用千年运作为传统补药历史悠久。

（2）畲族多居住在山区，耕作勤劳，千年运有养阴润肺、补脾益气、滋肾填精的功效，被畲族广泛应用于补养身体。

（3）黄精为多年生植物，其根茎一年长一节，生长缓慢，年份越久，药效越好，畲族称其为千年生长，说明当地畲族对黄精的认识已很广泛，其用途和疗效已被大家所熟悉。

7. 保护与利用

（1）传承与利用现状：千运年是畲族常用的补药，近年来随着对黄精研究开发的深入，其用途被更多开发，用量也迅速增加，远不能满足市场需要。

（2）受威胁状况及因素分析：一些地方过度采挖，造成野生资源减少；在许多地方作为草药使用渐少，但开发成食品则大力发展。

（3）保护与传承措施：目前浙江省对黄精产业的发展极为重视，仅丽水景宁畲族自治县就种植黄精近 3 000 亩。

8. 文献资料

[1] 雷后兴，李水福. 中国畲族医药学[M]. 北京：中国中医药出版社，2007：458.

[2] 钟隐芳. 福安畲医畲药[M]. 福州：海风出版社，2010：337.

[3] 程科军，李水福. 整合畲药学研究[M]. 北京：科学出版社，2017：386-389.

[4] 中国科学院中国植物志编辑委员会. 中国植物志[M]. 第15卷. 北京：科学出版社，1978：64.

CN-SH-210-041. 毛筋草

1. 名称 中国/浙江省 福建省/畲族/传统医药/毛筋草

Imperatae Rhizoma/Traditional Medicine/She People/Zhejiang Province，Fujian Province/China

2. 编号 CN-SH-210-041 中国-畲族-药用生物-毛筋草

3. 属性与分布 畲族聚居区集体知识；全国大部分省份均有分布，在浙江省、福建省畲族聚居区被广泛利用。

4. 背景信息　毛筋草为禾本科（Gramineae）植物大白茅[*Imperata cylindrica* var. Major（Ness）C. E. Hubb.]的干燥根茎。多年生植物，具粗壮的长根状茎。秆直立，节无毛。叶鞘聚集于秆基，甚长于其节间，质地较厚，老后破碎呈纤维状；叶舌膜质，紧贴其背部或鞘口具柔毛；秆生叶片长 1-3 cm，窄线形，通常内卷，顶端渐尖呈刺状，下部渐窄，或具柄，质硬，被有白粉，基部上面具柔毛。圆锥花序稠密；两颖草质及边缘膜质，近相等。颖果椭圆形，胚长为颖果之半。花、果期 4-6 月。

5. 基本描述　药用名：毛筋草、白茅根。功效：凉血止血，清热生津，利尿通淋。主治：血热吐血、尿血，热病烦渴，黄疸，水肿，热淋涩痛，急性肾炎水肿。附方：①治吐血不止：白茅根一握，水煎服之；②治反胃，食即吐出，上气：芦根、白茅根各 100 g，细切，以水 4 L 煮取 2 L，顿服。

6. 传统知识特征

（1）大白茅（毛筋草）原产于畲族居住的山区，是当地常见植物，畲族使用毛筋草作为传统草药茶饮历史悠久。

（2）日常生活中易出现口干舌燥、上火表现，畲族常利用毛筋草的凉血止血、清热生津、利尿通淋药效，煮或泡为茶饮食用。

7. 保护与利用

（1）传承与利用现状：毛筋草是畲族常用的生津止渴药饮，一直作为当地药茶使用。

（2）受威胁状况及因素分析：因生境改变，大白茅资源逐渐匮乏；加上一些地方过度开发，造成资源枯竭；由于现代医药推广，在许多地方使用草药的机会渐少。

（3）保护与传承措施：保护野生大白茅种群，同时加强人工栽培技术研究，以解决市场需求。

8. 文献资料

[1] 雷后兴，李水福. 中国畲族医药学[M]. 北京：中国中医药出版社，2007：344-346.

[2] 钟隐芳. 福安畲医畲药[M]. 福州：海风出版社，2010：168.

[3] 程科军，李水福. 整合畲药学研究[M]. 北京：科学出版社，2017：390-395.

[4] 中国科学院中国植物志编辑委员会. 中国植物志[M]. 第 10 卷. 第 2 册. 北京：科学出版社，1997：31.

CN-SH-210-042. 猢狲姜

1. 名称　中国/浙江省 福建省/畲族/传统医药/猢狲姜

Drynariae Rhizoma/Traditional Medicine/She People/Zhejiang Province，Fujian Province/China

2. 编号　CN-SH-210-042 中国-畲族-药用生物-猢狲姜

3. 属性与分布　畲族聚居区集体知识；长江沿岸及以南地区均有分布，在浙江省、福建省畲族聚居区被广泛利用。

4. 背景信息　猢狲姜为槲蕨科（Drynariaceae）植物槲蕨（*Drynaria roosii* Nakaike）的干燥根茎。通常附生岩石上，匍匐生长，或附生树干上，螺旋状攀缘。根状茎密被鳞片；鳞片斜升，盾状着生，边缘有齿。叶二型，基生不育叶圆形，基部心形，浅裂至叶片宽度的 1/3，边缘全缘，黄绿色或枯棕色。正常能育叶叶柄长 4-7 cm，具明显的狭翅；叶片深羽裂到距叶轴 2-5 mm 处，裂片 7-13 对，互生，稍斜向上，披针形；叶脉两面均明显；叶干后纸质，仅上面中肋略有短毛。孢子囊群圆形，椭圆形，叶片下面全部分布。

5. 基本描述　药用名：猢狲姜、骨碎补、毛姜、申姜、猴姜等。功效：补肾强骨，续伤止痛。主治：肾虚腰痛，足膝痿弱，耳鸣耳聋，牙痛，久泄，遗尿，跌打骨折，斑秃。附方：①老人腿抽筋：猢狲姜 10-12 g，水煎服；②骨折：猢狲姜 50 g，铜钱 7 枚，酒糟适量，在密封坛内浸 1 d，取本品捣烂敷患处。

6. 传统知识特征

（1）槲蕨（猢狲姜）主要生长在山区大树枝干或石头岩壁上，是当地古树上常见附生植物，畲族使用猢狲姜作为传统草药历史悠久。

（2）畲族多居住在山区，劳作过程中常发生腰伤骨伤，猢狲姜有补肾强骨，续伤止痛的药效，被畲族广泛应用。

（3）槲蕨攀缘在大树枝干上，不容易采收，像猴子一样在树上，且其根状茎类似生姜，畲族称为猢狲姜；因其主要应用于骨伤或腰伤，又称为骨碎补，说明当地畲族对槲蕨的认识已很广泛，其用途和疗效已被大家所熟悉。

7. 保护与利用

（1）传承与利用现状：槲蕨主要应用于骨伤或腰伤，是畲族常用的骨伤药，一直作为当地草药使用。

（2）受威胁状况及因素分析：由于现代医药推广，在许多地方使用草药的机会渐少。

（3）保护与传承措施：需要采取措施，保护槲蕨野生资源，同时加强药理活性研究。

8. 文献资料

[1] 雷后兴，李水福. 中国畲族医药学[M]. 北京：中国中医药出版社，2007：369-370.

[2] 程科军，李水福. 整合畲药学研究[M]. 北京：科学出版社，2017：396-403.

[3] 浙江省食品药品监督管理局. 浙江省中药炮制规范[M]. 北京：中国医药科技出版社，2015：66-67.

[4] 中国科学院中国植物志编辑委员会. 中国植物志[M]. 第6卷. 第2册. 北京：科学出版社，2000：284.

CN-SH-210-043. 红豆树

1. 名称　中国/浙江省 福建省/畲族/传统医药/红豆树

Ormosiae Hosiei Semen/Traditional Medicine/She People/Zhejiang Province，Fujian Province/China

2. 编号　CN-SH-210-043 中国-畲族-药用生物-红豆树

3. 属性与分布　畲族聚居区集体知识；全国大部分省份均有分布，在浙江省、福建省畲族聚居区被广泛利用。

4. 背景信息　红豆树为豆科（Leguminosae）植物红豆树（*Ormosia hosiei* Hemsl. et Wils.）的干燥种子。常绿或落叶乔木，高达 20-30 m，胸径可达 1 m；树皮灰绿色，平滑。小枝绿色，幼时有黄褐色细毛，后变光滑；冬芽有褐黄色细毛。奇数羽状复叶；叶轴在最上部一对小叶处延长生顶小叶；小叶薄革质，卵形或卵状椭圆形，稀近圆形，上面深绿色，下面淡绿色，幼叶疏被细毛，老则脱落无毛或仅下面中脉有疏毛。圆锥花序顶生或腋生，下垂；花疏，有香气。荚果近圆形，扁平；种子近圆形或椭圆形。花期 4-5 月，果期 10-11 月。

5. 基本描述　药用名：红豆树、何氏红豆、鄂西红豆及江阴红豆。功效：理气活血，清热解毒。主治：心胃气痛，疝气疼痛，血滞经闭，无名肿毒，疔疮。附方：内服煎汤，6-15 g。

6. 传统知识特征

（1）红豆树是畲族聚居地常见植物，畲族使用红豆树作为传统草药历史悠久。

（2）常有手巧妇人将其种子串成项链或挂饰，有相思之意，因此，红豆树在畲族地区具有传统文化意义。

（3）红豆树本身有毒性，在药性上具有理气活血、清热解毒的药效，被畲族广泛应用。

7. 保护与利用

（1）传承与利用现状：目前红豆树主要作为园林绿化树种，被广泛种植。园林市场需求大。

（2）受威胁状况及因素分析：因生境改变，红豆树野生资源逐渐匮乏；加上一些地方过度砍伐，造成资源枯竭；此外，由于现代医药推广，在许多地方使用草药的机会渐少。

（3）保护与传承措施：保护红豆树野生资源，同时加强人工繁殖研究，以解决市场需求。

8. 文献资料

[1]　程科军，李水福. 整合畲药学研究[M]. 北京：科学出版社，2017：404-407.

[2]　中国科学院中国植物志编辑委员会. 中国植物志[M]. 第 10 卷. 北京：科学出版社，1994：28.

CN-SH-210-044. 金线吊葫芦

1. 名称　中国/浙江省 福建省/畲族/传统医药/金线吊葫芦

Tetrastigmae Hemsleyani Herba/Traditional Medicine/She People/Zhejiang Province, Fujian Province/China

2. 编号　CN-SH-210-044 中国-畲族-药用生物-金线吊葫芦

3. 属性与分布　畲族聚居区集体知识；全国南方大部分地区均有分布，在浙江省、福建省畲族聚居区被广泛利用。

4. 背景信息　金线吊葫芦为葡萄科（Vitaceae）植物三叶崖爬藤（*Tetrastigma hemsleyanum* Diels et Gilg）的干燥全草。草质藤本。小枝纤细，有纵棱纹，无毛或被疏柔毛。须卷不分枝，相隔 2 节间断与叶对生。叶为 3 小叶，小叶披针形、长椭圆披针形或卵披针形；侧脉 5-6 对，网脉两面不明显，无毛；叶柄长 2-7.5 cm，中央小叶柄长 0.5-1.8 cm，侧生小叶柄较短，长 0.3-0.5 cm，无毛或被疏柔毛。花序腋生，下部有节。果实近球形或倒卵球形；种子倒卵椭圆形，顶端微凹，基部圆钝，表面光滑。花期 4-6 月，果期 8-11 月。

5. 基本描述　药用名：金线吊葫芦、三叶青、金丝吊葫芦、蛇附子、石老鼠等。功效：清热解毒，祛风活血。主治：小儿高热惊厥，百日咳，淋巴结结核，毒蛇咬伤，肺炎，肝炎，肾炎，风湿痹痛。附方：①小儿高热：三叶青全草 15-30 g，水煎服；②百日咳：金丝吊葫芦 3-9 g，水煎服；③感冒：三叶青根 2-3 粒（打碎），板蓝根 20 g，水煎服。

6．传统知识特征

（1）三叶崖爬藤（金线吊葫芦）主要生长于山区石头垄，是畲族聚居地常见植物，畲族使用三叶崖爬藤作为传统草药历史悠久。现代药理学研究表明，三叶崖爬藤是天然的植物抗生素。

（2）畲族常用三叶崖爬藤的块根放碗底磨粉治疗小儿高热惊厥和百日咳，药效显著，被畲族广泛应用。

（3）因三叶崖爬藤块状根形似葫芦，药效显著，畲族人称之为金线吊葫芦，说明当地畲族对三叶崖爬藤的认识已很广泛，其用途和疗效已被大家所熟悉。

7．保护与利用

（1）传承与利用现状：金线吊葫芦是天然的植物抗生素，是畲族常用的消炎退烧药。近年来随着对三叶崖爬藤研究开发的深入，其用途被更多开发，三叶青茶、冷冻干燥粉等相继面世，市场销量也一路增长。目前已入选新"浙八味"，市场前景广阔。

（2）受威胁状况及因素分析：因生境改变，三叶崖爬藤野生资源逐渐匮乏；加上一些地方过度采挖，野外几乎很难找到野生三叶崖爬藤。

（3）保护与传承措施：收集各三叶崖爬藤原产地资源品种，建立种质资源圃。同时，加强人工栽培技术研究，以解决市场需求。

8．文献资料

[1] 雷后兴，李水福. 中国畲族医药学[M]. 北京：中国中医药出版社，2007：421.

[2] 程科军，李水福. 整合畲药学研究[M]. 北京：科学出版社，2017：408-414.

[3] 浙江省食品药品监督管理局. 浙江省中药炮制规范[M]. 北京：中国医药科技出版社，2015：5-6.

[4] 中国科学院中国植物志编辑委员会. 中国植物志[M]. 第 48 卷. 第 2 册. 北京：科学出版社，1998：122.

CN-SH-210-045. 金线莲

1．名称　中国/浙江省 福建省/畲族/传统医药/金线莲

Anoectochili Roxburghii Herba/Traditional Medicine/She People/Zhejiang Province，Fujian Province/China

2．编号　CN-SH-210-045 中国-畲族-药用生物-金线莲

3．属性与分布　畲族聚居区集体知识；长江以南大部分省区均有分布，在浙江省、福建省畲族聚居区被广泛利用。

4．背景信息　金线莲为兰科（Orchidaceae）植物金线兰［*Anoectochilus roxburghii* （Wall.）Lindl.］的干燥全草。植株高 8-18 cm。根状茎匍匐，伸长，肉质，具节，节上生根。茎直立，肉质，圆柱形，具（2-）3-4 枚叶。叶片卵圆形或卵形，上面暗紫色或黑紫色；叶柄基部扩大成抱茎的鞘。总状花序具 2-6 朵花；花序轴淡红色，和花序梗均被柔毛，花序梗具 2-3 枚鞘苞片；花苞片淡红色，卵状披针形或披针形；子房长圆柱形，不扭转，被柔毛；花白色或淡红色，不倒置（唇瓣位于上方）；萼片背面被柔毛。花期（8-）9-11（-12）月。

5．基本描述　药用名：金线莲、花叶开唇兰。功效：清热凉血，除湿解毒。主治：肺热咳嗽，小儿惊风，破伤风，肾炎水肿，风湿痹痛，跌打损伤，毒蛇咬伤。附方：内服煎汤，9-15 g；外用适量，鲜品捣敷。

6．传统知识特征

（1）金线兰（金线莲）是主要生长在山区林下的植物，植株较小，不易找寻，畲族使用金线莲作为传统草药历史悠久。

（2）金线莲具有清热凉血、除湿解毒的功效，畲族常用其治疗肺热咳喘和小儿惊风。

（3）金线兰叶脉为金色，畲族称之为金线，表示很珍贵的意思，说明当地畲族对金线兰的认识已很广泛，其用途和疗效已被大家所熟悉。

7．保护与利用

（1）传承与利用现状：近年来金线莲研究开发不断深入，浙江金华、温州等地有大面积繁育和种植，其用途被更多开发，用量也迅速增加。

（2）受威胁状况及因素分析：因生境改变，金线兰资源逐渐匮乏；加上一些地方过度采收，造成资源枯竭。

（3）保护与传承措施：加强人工繁殖研究，以解决市场需求。

8. 文献资料

[1] 钟隐芳. 福安畲医畲药[M]. 福州：海风出版社，2010：248.

[2] 程科军，李水福. 整合畲药学研究[M]. 北京：科学出版社，2017：415-422.

[3] 中国科学院中国植物志编辑委员会. 中国植物志[M]. 第17卷. 北京：科学出版社，1999：220.

CN-SH-210-046. 金烛台

1. 名称　中国/浙江省 福建省/畲族/传统医药/金烛台

Paridis Chinensis Rhizoma/Traditional Medicine/She People/Zhejiang Province，Fujian Province/China

2. 编号　CN-SH-210-046 中国-畲族-药用生物-金烛台

3. 属性与分布　畲族聚居区集体知识；长江中下游地区均有分布，在浙江省、福建省畲族聚居区被广泛利用。

4. 背景信息　金烛台为百合科（Liliaceae）植物华重楼［*Paris polyphylla* var. *chinensis* （Franch.）Hara］的干燥根茎。植株高 35-100 cm，无毛；根状茎粗厚，直径达 1-2.5 cm，外面棕褐色，密生多数环节和许多须根。茎通常带紫红色，基部有灰白色干膜质的鞘 1-3 枚。叶（5-）7-10 枚，矩圆形、椭圆形或倒卵状披针形；叶柄明显，带紫红色。花梗长 5-16（30）cm。蒴果紫色，3-6 瓣裂开。种子多数，具鲜红色多浆汁的外种皮。花期 4-7 月，果期 8-11 月。

5. 基本描述　药用名：金烛台、七层塔、七叶一枝花。功效：清热解毒，消肿解痛，凉肝定惊。主治：疗疖痈肿，咽喉肿痛，毒蛇咬伤，跌扑伤痛，惊风抽搐。附方：①毒蛇咬伤：鲜重楼适量，捣汁外敷；②牙痛：重楼一个，用醋磨汁抹患处；③小儿惊厥：金烛台 3-6 g，三叶青 6 g，水煎服。

6. 传统知识特征

（1）华重楼（金烛台）原产于畲族居住的山区林下，是当地常见植物，畲族使用金烛台作为传统蛇药历史悠久。

（2）畲族多居住在山区，劳作过程中常发生毒蛇咬伤，金烛台有清热解毒、消肿解痛的功效，被畲族广泛应用。

（3）华重楼叶片多为 7 裂片，中间凸起开一枝花，遂被称为七叶一枝花；此外花托散开生长，与叶片形似双层，畲族称为金烛台或七层塔，说明当地畲族对华重楼的认识已很广泛，其用途和疗效已被大家所熟悉。

7．保护与利用

（1）传承与利用现状：金烛台是畲族常用畲药，一直作为当地草药使用。近年来随着云南白药对重楼属药用植物的使用增多，华重楼的研究开发也不断深入，用量也迅速增加，远不能满足市场需要。

（2）受威胁状况及因素分析：因生境改变，华重楼资源逐渐匮乏；加上一些地方过度采挖，造成资源枯竭。

（3）保护与传承措施：建立种质资源圃以易地保护。同时，加强人工繁殖研究，以解决市场需求。

8．文献资料

[1] 雷后兴,李水福.中国畲族医药学[M].北京：中国中医药出版社，2007：457.

[2] 钟隐芳.福安畲医畲药[M].福州：海风出版社，2010：107.

[3] 程科军,李水福.整合畲药学研究[M].北京：科学出版社，2017：430.

[4] 中国科学院中国植物志编辑委员会.中国植物志[M].第15卷.北京：科学出版社，1978：92.

CN-SH-210-047. 藤茶

1．名称　中国/福建省 浙江省/畲族/传统医药/藤茶

Ampelopsis Grossedentatae Folium/Traditional Medicine/She People/Fujian Province, Zhejiang Province/China

2．编号　CN-SH-210-047 中国-畲族-药用生物-藤茶

3．属性与分布　畲族社区集体知识；产于江西、福建、湖南、广东等地，浙江也有栽培。在福建省畲族社区被广泛利用。

4．背景信息　藤茶为葡萄科（Vitaceae）植物大齿牛果藤（原名显齿蛇葡萄）[*Nekemias grossedentata*（Hand.-Mazz.）J. Wen & Z. L. Nie］的干燥叶。木质藤本，小枝圆柱形，有显著纵棱纹，无毛。卷须2叉分枝，相隔2节间断与叶对生。叶为1-2回羽状复叶，小叶卵圆形，卵椭圆形或长椭圆形，长 2-5 cm，宽 1-2.5 cm，托叶早落。花序为伞房状多歧聚伞花序，与叶对生；花序梗长1.5-3.5 cm，无毛；花梗长1.5-2 mm，无毛；

花蕾卵圆形，高 1.5-2 mm，顶端圆形，无毛；萼碟形，边缘波状浅裂，无毛；花瓣 5，卵椭圆形，高 1.2-1.7 mm，无毛，雄蕊 5，花药卵圆形，长略甚于宽，花盘发达，波状浅裂；子房下部与花盘合生，花柱钻形，柱头不明显扩大。果近球形，直径 0.6-1 cm，有种子 2-4 颗；种子倒卵圆形，顶端圆形，基部有短喙，种脐在种子背面中部呈椭圆形。花期 5-8 月，果期 8-12 月。

5. 基本描述　药用名：藤茶、显齿蛇葡萄、古茶勾藤、霉茶、白茶。功效：清热解毒，降暑生津，祛风湿，强筋骨。主治：痢疾，泄泻，小便淋痛，高血压，头昏目胀，跌打损伤。附方：①小儿发热：藤茶、仙鹤草各 6-10 g，水煎服。②小儿马牙：藤茶适量，水煎，以棉花蘸药液外洗患处。③疮疖：藤茶、千里光、金银花、冬青叶各适量，水煎洗患处。④皮肤溃疡：藤茶适量，食盐少许，水煎外洗。⑤凉茶：藤茶、败酱草老茎、车前草各适量，水煎，代茶饮。

6. 传统知识特征

（1）藤茶是闽赣畲族地区较常见的野生植物，分布在海拔 400-1 300 m 的山地灌丛中、林中、石上、河边，尤其喜生长于干热的空旷地、草坡或疏林下，民间使用广泛。

（2）藤茶味甘淡，性凉，具有清热解毒、降暑生津、缓解酒精作用等功效。可以代替茶叶饮用，且长期饮用可起到防病保健的作用，对居住在山区的畲族，防暑病尤其重要。

7. 保护与利用

（1）传承与利用现状：作为传统畲药，畲族目前仍常用其嫩叶制作成藤茶备用。

（2）受威胁状况及因素分析：目前其野外资源较为丰富，但有关其质量标准的研究还较少，制约了其推广使用。

（3）保护与传承措施：在湖北部分地区已经对藤茶制作工艺等开展非物质文化遗产传承等工作，但在畲族地区尚未推进藤茶非物质文化遗产的申报。

8. 文献资料

[1]　宋纬文. 三明畲药彩色图谱[M]. 福州：福建科技出版社，2013：157.

[2]　中国科学院中国植物志编辑委员会. 中国植物志[M]. 第 48 卷. 北京：科学出版社，1998：53.

[3]　华碧春. 实用畲药彩色图谱[M]. 福州：福建科技出版社，2018：90-91.

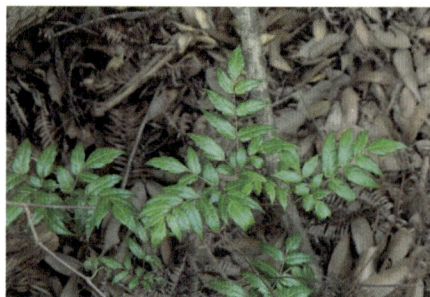

CN-SH-210-048. 地桃花

1. 名称　中国/福建省　浙江省/畲族/传统医药/地桃花

Urenae Lobatae Herba/Traditional Medicine/She People/ Fujian, Zhejiang Provinces/ China

2. 编号　CN-SH-210-048 中国-畲族-药用生物-地桃花

3. 属性与分布　畲族社区集体知识；产于长江以南各省区，在浙江省、福建省畲族社区被广泛利用。

4. 背景信息　地桃花为锦葵科（Malvaceae）植物肖梵天花（*Urena lobata* L.）的干燥全草。灌木草本，小枝被星状绒毛。茎下部的叶近圆形，先端浅 3 裂，基部圆形或近心形，边缘具锯齿；中部的叶卵形；上部的叶长圆形至披针形；叶上面被柔毛，下面被灰白色星状绒毛；叶柄被灰白色星状毛；托叶线形，早落。花腋生，单生或稍丛生，淡红色；花梗被绵毛；小苞片 5，基部 1/3 合生；花萼杯状，裂片 5，较小苞片略短，两者均被星状柔毛；花瓣 5，倒卵形，外面被星状柔毛；雄蕊柱无毛；花柱微被长硬毛。果扁球形，分果瓣被星状短柔毛和锚状刺。花期 7-10 月。

5. 基本描述　药用名：地桃花、土棉花、山棉花、八卦拦路虎。功效：逐痹祛风，活血健脾。主治：风湿性关节炎，劳倦乏力，阳虚自汗，毒蛇咬伤。附方：①风湿性关节炎：根 30-60 g，炖酒，饭前服；②鱼腥中毒吐泻：根或叶 6-15 g，煎服；③肾炎水肿：鲜根 30-60 g，水煎服。

6. 传统知识特征

（1）肖梵天花（地桃花）是畲族地区极常见的野生植物，喜生长于干热的空旷地、草坡或疏林下，民间使用广泛。

（2）畲族由于居住环境的影响，常受风湿性关节炎等疾病的困扰，肖梵天花具有逐痹祛风、活血健脾的功效，畲族常用来防治风湿性关节炎和毒蛇咬伤。

（3）由于肖梵天花的茎皮富含坚韧的纤维，畲族常用其纺织和搓绳索，作为麻类的代用品。

7. 保护与利用

（1）传承与利用现状：作为传统畲药，畲族目前仍常用肖梵天花的根，煎水点酒服来治疗白痢。

（2）受威胁状况及因素分析：目前肖梵天花的野外资源较为丰富，但有关其质量标准的研究还较少，制约了肖梵天花的推广使用。

（3）保护与传承措施：加强肖梵天花的基础性研究。

8. 文献资料

[1] 钟隐芳. 福安畲医畲药[M]. 福州：海风出版社，2010：215-216.

[2] 中国科学院中国植物志编辑委员会. 中国植物志[M]. 第49卷. 北京：科学出版社，1984：43.

[3] 雷后兴，李水福. 中国畲族医药学[M]. 北京：中国中医药出版社，2007：422.

[4] 雷后兴，李建良. 中国畲药学[M]. 北京：人民军医出版社，2014：156.

[5] 江苏新医学院. 中药大辞典（上册）[M]. 上海：上海科学技术出版社，1986：822-823.

CN-SH-210-049. 还魂草

1. 名称　中国/浙江省 福建省/畲族/传统医药相关知识/还魂草

Selaginella Tamariscina Herba/Traditional Medicine/She People/Zhejiang Province，Fujian Province/China

2. 编号　CN-SH-210-049 中国-畲族-药用生物-还魂草

3. 属性与分布　畲族聚居区集体知识；产于广东、广西、福建、浙江、江苏、湖南、陕西、河北、山东、辽宁、吉林、黑龙江等地，在浙江省、福建省畲族聚居区被广泛利用。

4. 背景信息　还魂草为卷柏科（Selaginellaceae）植物卷柏 [*Selaginella tamariscina* （P. Beauv.）Spring] 的干燥全草。土生或石生植物，呈垫状。根多分叉，密被毛，和茎及分枝密集形成树状主干，有时高达数十厘米。主茎自中部开始羽状分枝或不等二叉分枝，无关节，禾秆色或棕色，茎卵圆柱状，不具沟槽，光滑；侧枝2-5对，2-3回羽状分枝。叶全部交互排列，二形，叶质厚，表面光滑，具白边，主茎上的叶较小枝上的略大，覆瓦状排列，绿色或棕色，边缘有细齿。分枝上的腋叶对称，卵形，卵状三角形或椭圆形，边缘有细齿，黑褐色。孢子叶穗紧密，四棱柱形，单生于小枝末端；孢子叶一形，卵状三角形，边缘有细齿，具白边（膜质透明），先端有尖头或具芒。大孢子浅黄色；小孢子橘黄色。

5. 基本描述　药用名：还魂草、还阳草、九死还魂草、七死八活。功效：理血疏风，强阴益精，通经活络。主治：小儿高热惊厥，小儿咳嗽，风湿痛，各种血症，脱肛。附方：①小儿高热惊厥或小儿咳嗽：还魂草3-5 g，水煎服；或根水煎，叶开水泡。②风湿痛：卷柏60 g，水酒各半炖服。③劳伤出血：卷柏30-60 g，田母鸭1只，炖服。④肺痈吐脓血：卷柏40 g，豆腐200 g。先将卷柏水煎，去渣，加豆腐煮食。⑤脱肛：卷柏炒炭，水煎服。

6. 传统知识特征

（1）卷柏（还魂草）喜光，具有很强的抗旱能力，因此多生于畲族地区向阳山坡或岩石缝内。

（2）卷柏药用部位为全草，畲族认为其采制时虽全年可采，但夏秋为宜，采集后洗净，鲜用或晒干备用，这是畲族积累的经验。

（3）畲族借用中药名和汉语称卷柏为"还魂草"，这主要是畲族无文字，与汉族人杂居后借用汉语表达或与汉族人民交流信息较多的原因。

7. 保护与利用

（1）传承与利用现状：还魂草是畲族的常用药，畲族家中常有种植，资源量丰富。

（2）受威胁状况及因素分析：生态环境的破坏对还魂草野生资源产生了破坏。

（3）保护与传承措施：虽然卷柏（还魂草）目前野生资源较丰富，但在利用该资源的同时应加强对野生卷柏的保护。

8. 文献资料

[1] 雷后兴，李永福. 中国畲族医药学[M]. 北京：中国中医药出版社，2007：354-355.

[2] 钟雷兴. 闽东畲族文化全书（医药卷）[M]. 北京：民族出版社，2009：147-148.

[3] 中国科学院中国植物志编辑委员会. 中国植物志[M]. 第6卷. 第3册. 北京：科学出版社，2004：100.

CN-SH-210-050. 擦桌草

1. 名称　中国/浙江省 福建省/畲族/传统医药相关知识/擦桌草

Equiseti Ramosissimi Herba/Traditional Medicine/She People/Zhejiang Province，Fujian Province/China

2. 编号　CN-SH-210-050 中国-畲族-药用生物-擦桌草

3. 属性与分布　畲族聚居区集体知识；全国均有分布，在浙江省、福建省畲族聚居区被广泛利用。

4. 背景信息　擦桌草为木贼科（Equisetaceae）植物节节草（*Equisetum ramosissimum* Desf.）的干燥全草。中小型植物。根茎直立，横走或斜升，黑棕色，节和根疏生黄棕色长毛或光滑无毛。地上枝多年生。枝一型，高 20-60 cm，中部直径 1-3 mm，节间长 2-6 cm，绿色，主枝多在下部分枝，常形成簇生状。主枝有脊 5-14 条，脊的背部弧形，有一行小瘤或有浅色小横纹；鞘筒狭长达 1 cm，下部灰绿色，上部灰棕色；鞘齿 5-12 枚，三角形，灰白色或少数中央为黑棕色，边缘。

5．基本描述　药用名：擦桌草、擦草、洗桌草、接骨草。功效：疏风散热，解肌退热。主治：骨折。附方：骨折：洗桌草 30 g，水煎服，另取鲜品捣烂敷患处。

6．传统知识特征

（1）节节草（擦桌草）繁殖能力以及适应能力都很强，因此畲族地区资源量丰富且分布广泛，畲族就地取材，充分利用当地资源，且不会造成环境破坏。

（2）畲族用擦桌草治疗骨折为传统疗法，已有多年历史。使用时多内用和外用相结合，以增强疗效。

（3）节节草的纤维韧性好，可用来洗桌子，因此畲族称为擦桌草，畲族对节节草的名称，是根据日常使用方式来命名的，说明节节草与畲族的日常生活息息相关。

7．保护与利用

（1）传承与利用现状：擦桌草是畲族治疗骨折的常用药，在畲族地区资源量丰富。

（2）受威胁状况及因素分析：节节草生于湿地、溪边、湿砂地、路旁、果园、茶园，为麦类、油菜等夏收作物农田和棉花、玉米、甘薯等秋收作物农田以及果园、茶园的常见杂草，容易受到人为的清除。

（3）保护与传承措施：提高对节节草价值的认识，合理利用现有资源。

8．文献资料

[1]　雷后兴，李永福. 中国畲族医药学[M]. 北京：中国中医药出版社，2007：356.

[2]　李影，陈明林. 节节草生长对铜尾矿砂重金属形态转化和土壤酶活性的影响[J]. 生态学报，2010，30（21）：5949-5957.

[3]　中国科学院中国植物志编辑委员会. 中国植物志[M]. 第 6 卷. 第 3 册. 北京：科学出版社，2004：234.

CN-SH-210-051. 独脚郎衣

1．名称　中国/浙江省 福建省/畲族/传统医药相关知识/独脚郎衣

Botrychii Ternati Herba/Traditional Medicine/She People/Zhejiang Province，Fujian Province/China

2. 编号   CN-SH-210-051 中国-畲族-药用生物-独脚郎衣

3. 属性与分布   畲族聚居区集体知识；产于浙江、江苏、安徽、江西（庐山）、福建、湖南、湖北、贵州、四川、我国台湾等地，在浙江省、福建省畲族聚居区被广泛利用。

4. 背景信息   独脚郎衣为阴地蕨科（Botrychiaceae）植物阴地蕨[*Botrychium ternatum* (Thunb.) Sw.]的干燥全草。根状茎短而直立，有一簇粗健肉质的根。总叶柄短，细瘦，淡白色，干后扁平。营养叶片的柄细长，光滑无毛；叶片为阔三角形，短尖头，三回羽状分裂；侧生羽片 3-4 对，几对生或近互生，有柄，下部两对略张开，二回羽状；一回小羽片 3-4 对，有柄，几对生，第二对起的羽片渐小，长圆状卵形，下先出，短尖头。叶干后为绿色，厚草质，遍体无毛，表面皱凸不平。叶脉不见。孢子叶有长柄，孢子囊穗为圆锥状，2-3 回羽状，小穗疏松，略张开，无毛。

5. 基本描述   药用名：独脚郎衣、蛇不见。功效：清热解毒，化咳止痰。主治：小儿高热惊厥，疮痈，咳嗽。附方：①小儿高热惊厥：独脚郎衣 10-15 g，水煎服；②疮痈：独脚郎衣 15-20 g，水煎服，未溃者还需用独脚郎衣适量，捣烂敷患处，每日 2 次；③麻疹后发热咳嗽：阴地蕨 10-15 g，炖服；④小儿急惊厥：阴地蕨 20 g、冰糖 10 g，水炖冲冰糖服。

6. 传统知识特征

（1）阴地蕨（独脚郎衣）主要药用部位为带根全草，畲族采制时一般在冬春采收，采集后洗净晒干或阴干备用。这是畲族在长期利用独脚郎衣积累的采制经验。

（2）现代研究发现，阴地蕨有利尿、抗菌、抑制肿瘤细胞增殖的作用，因此畲族将其用于小儿高热惊厥、疮痈、咳嗽有一定的科学依据。

7. 保护与利用

（1）传承与利用现状：独脚郎衣是畲族的常用药，现野生资源量稀少。

（2）受威胁状况及因素分析：目前尚无切实可行的繁殖方法，药用资源历来采自野外，药农在经济利益的驱使下常常掠夺式采集，阴地蕨现在福安市濒临灭绝。

（3）保护与传承措施：应加强对阴地蕨野生资源的保护，建立阴地蕨野生资源保护区或保护点，对现有资源进行保护和合理开发。

8. 文献资料

[1] 雷后兴，李永福. 中国畲族医药学[M]. 北京：中国中
       医药出版社，2007：356-357.

[2] 钟雷兴. 闽东畲族文化全书（医药卷）[M]. 北京：民

族出版社，2009：149-150.

[3]　刘芹，黎远军，鲁宗成，等. 阴地蕨生物学功能的研究进展[J]. 中国医药导报，2014，11（23）：
　　 151-153.

[4]　浙江植物志（新编）编辑委员会. 浙江植物志[M]. 第 1 卷. 杭州：浙江科学技术出版社，2021：
　　 132.

CN-SH-210-052. 孬巨

1. 名称　中国/浙江省 福建省/畲族/传统医药相关知识/孬巨

Dicranopteris Pedatae Herba/Traditional Medicine/She People/Zhejiang Province，Fujian Province/China

2. 编号　CN-SH-210-052 中国-畲族-药用生物-孬巨

3. 属性与分布　畲族聚居区集体知识；产于江苏南部、浙江、江西、安徽、湖北、湖南、贵州、四川、福建、我国台湾、广东、我国香港、广西、云南等地，在浙江省、福建省畲族聚居区被广泛利用。

4. 背景信息　孬巨为里白科（Gleicheniaceae）植物芒萁［*Dicranopteris pedata*（Houtt.）Nakaike］的干燥全草。植株通常高 45-90（-120）cm。根状茎横走，密被暗锈色长毛。叶远生，棕禾秆色，光滑，基部以上无毛；叶轴一至二（三）回二叉分枝，一回羽轴长约 9 cm，被暗锈色毛，渐变光滑，有时顶芽萌发，生出的一回羽轴，长 6.5-17.5 cm，二回羽轴长 3-5 cm；腋芽小，卵形，密被锈黄色毛；各回分叉处两侧均各有一对托叶状的羽片，平展，宽披针形，等大或不等；裂片平展，35-50 对，线状披针形，顶钝，常微凹。叶为纸质，上面黄绿色或绿色，沿羽轴被锈色毛，后变无毛，下面灰白色，沿中脉及侧脉疏被锈色毛。孢了囊群圆形，　列，着生丁基部上侧或上下两侧小脉的弯弓处，由 5-8 个孢子囊组成。

5. 基本描述　药用名：孬巨、蒙干笋、郎衣、芒草。功效：清热止血。主治：骨折，鼻衄，皮肤瘙痒，腹胀，小便不利，烧伤。附方：①骨折：孬巨茎髓适量，捣烂敷患处；②皮肤瘙痒：芒萁全草 250 g，加水 2 500 mL，煮沸，取 200 mL 服，余下汤液趁温反复擦洗身体，连续 3 d；③烧伤：芒萁嫩叶或叶柄随心焙干研末，调茶油抹患处；④腹胀：鲜根 50 g，猪排骨适量，水炖服；⑤鼻衄：芒萁髓 15-30 g，水煎服；⑥尿道炎：芒萁 15-30 g，稍捣烂，水煎服；⑦外伤出血：鲜嫩叶适量，嚼烂，外敷患处。

6. 传统知识特征

（1）畲族聚居区多为酸性红壤，而芒萁（孬巨）不仅喜酸性土壤而且生长力强，繁殖快，因此在畲族聚居区资源量丰富，分布广泛，畲族采集它不会造成环境破坏。

（2）芒萁主要药用部位为全草，畲族在治病过程中用孬巨治疗多种疾病，其叶、根、髓都有不同的用法，体现了畲族传统医药知识的丰富性。

7. 保护与利用

（1）传承与利用现状：芒萁有耐旱、酸性抵抗力高、环境适应力强、自然生长等特点，在畲族地区分布广泛，资源丰富。

（2）受威胁状况及因素分析：由于畲族对山区的开发，其野生资源也随着受到了破坏。

（3）保护与传承措施：应合理利用芒萁野生资源，防止对其资源的浪费。

8. 文献资料

[1] 雷后兴，李永福. 中国畲族医药学[M]. 北京：中国中医药出版社，2007：358.

[2] 钟雷兴. 闽东畲族文化全书（医药卷）[M]. 北京：民族出版社，2009：353.

[3] 宋纬文，许志福. 三明畲族民间医药[M]. 厦门：厦门大学出版社，2002：46.

[4] 倪再辉. 民族药芒萁的化学成分研究[D]. 贵阳：贵阳医学院，2015.

[5] 中国科学院中国植物志编辑委员会. 中国植物志[M]. 第 2 卷. 北京：科学出版社，1959：20.

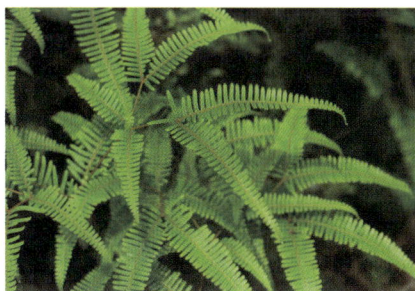

CN-SH-210-053. 带脚郎衣

1. 名称　中国/浙江省 福建省/畲族/传统医药相关知识/带脚郎衣

Nephrolepis Cordifoliae Herba/Traditional Medicine/She People/Zhejiang Province，Fujian Province/China

2. 编号　CN-SH-210-053 中国-畲族-药用生物-带脚郎衣

3. 属性与分布　畲族聚居区集体知识；产于浙江、福建、我国台湾、湖南南部、广东、海南、广西、贵州、云南和西藏等地，在浙江省、福建省畲族聚居区被广泛利用。

4. 背景信息　带脚郎衣为肾蕨科（Nephrolepidaceae）植物肾蕨 [*Nephrolepis cordifolia* （L.）C. Presl] 的干燥全草。附生或土生。根状茎直立，被蓬松的淡棕色长钻形鳞片，下部有粗铁丝状的匍匐茎向四方横展，棕褐色不分枝，疏被鳞片，有纤细的褐棕色须根；匍匐茎上生有近圆形的块茎，直径 1-1.5 cm，密被鳞片。叶簇生，暗褐色，略有光泽，上面有纵沟，下面圆形，密被淡棕色线形鳞片；叶片线状披针形或狭披针形，长 30-70 cm，宽 3-5 cm，先端短尖，叶轴两侧被纤维状鳞片，一回羽状，羽状多数，45-120 对，互生，常密集而呈覆瓦状排列。叶坚草质或草质，干后棕绿色或褐棕色，光滑。孢子囊群成1行位于主脉两侧，肾形，少有为圆肾形或近圆形，生于每组侧脉的上侧小脉顶端，位于从叶边至主脉的1/3处；囊群盖肾形，褐棕色，边缘色较淡，无毛。

5. 基本描述　药用名：带脚郎衣、凤凰卵、凤凰蛋、金鸡尾。功效：清热利湿。主治：黄疸，腹泻，暑热，无名肿毒。附方：①黄疸：凤凰卵30-60 g，水煎服；②腹泻：凤凰卵30 g，水煎服；③中耳炎：鲜块茎适量，捣烂绞汁，取汁加少许冰片滴耳内；④暑热：全草适量，水煎代茶；⑤预防产后风：鲜全草适量，水煎代茶；⑥无名肿毒：鲜全草适量，捣烂敷患处。

6. 传统知识特征

（1）肾蕨（带脚郎衣）喜温暖潮润和半阴环境，适应畲族地区的亚热带季风气候，多分布于畲族地区的溪边林下。

（2）畲族多用其（带脚郎衣）治疗黄疸、腹泻、无名肿毒等病症。现代研究发现，肾蕨具有很好的抗菌、抗衰老作用。

（3）肾蕨具有较好的观赏价值，当地畲族用于室内装饰。

7. 保护与利用

（1）传承与利用现状：带脚郎衣是畲族的常用药，畲族常用它治疗黄疸、腹泻、暑热、无名肿毒。现仍有使用。

（2）受威胁状况及因素分析：肾蕨的野生资源受到了生态环境破坏的威胁。

（3）保护与传承措施：肾蕨不仅有药用价值，还非常美观，富有装饰性，被广泛用于室内环境的陈设美化，栽培普遍。

8. 文献资料

[1] 雷后兴，李永福. 中国畲族医药学[M]. 北京：中国中医药出版社，2007：365.

[2] 潘志明. 砷汞铅镉复合污染土壤的肾蕨植物修复技术研究[D]. 成都：成都理工大学，2006.

[3] 钟雷兴. 闽东畲族文化全书（医药卷）[M]. 北京：民族出版社，2009：153.

[4] 龙友国，余跃生，戎聚全，等. 肾蕨抗菌和抗衰老作用的实验研究[J]. 黔南民族医专学报，2007，20（1）：4-6.

[5] 中国科学院中国植物志编辑委员会. 中国植物志[M]. 第6卷. 第1册. 北京：科学出版社，1999：315.

CN-SH-210-054. 乌脚金鸡

1. 名称   中国/浙江省 福建省/畲族/传统医药相关知识/乌脚金鸡

Pteris Multifidae Herba/Traditional Medicine/She People/Zhejiang Province，Fujian Province/China

2. 编号   CN-SH-210-054 中国-畲族-药用生物-乌脚金鸡

3. 属性与分布   畲族聚居区集体知识；产于河北、山东、河南、陕西、四川、贵州、广西、广东、福建、我国台湾、浙江、江苏、安徽、江西、湖南、湖北等地，在浙江省、福建省畲族聚居区被广泛利用。

4. 背景信息   乌脚金鸡为凤尾蕨科（Pteridaceae）植物井栏边草（*Pteris multifida* Poir.）的干燥全草。高 30-45 cm。根状茎短而直立，先端被黑褐色鳞片。叶多数，密而簇生，明显二型；不育叶柄禾秆色或暗褐色而有禾秆色的边，稍有光泽，光滑；叶片卵状长圆形，长 20-40 cm，宽 15-20 cm，一回羽状，羽片通常 3 对，对生，斜向上，无柄，线状披针形，先端渐尖，叶缘有不整齐的尖锯齿并有软骨质的边；能育叶有较长的柄，羽片 4-6 对，狭线形，仅不育部分具锯齿，余均全缘。主脉两面均隆起，禾秆色，侧脉明显，稀疏，单一或分叉，有时在侧脉间具有或多或少的与侧脉平行的细条纹（脉状异形细胞）。叶干后草质，暗绿色，遍体无毛；叶轴禾秆色，稍有光泽。

5. 基本描述   药用名：乌脚金鸡、乌脚鸡、凤尾草、凤凰尾巴。功效：散热利湿，通淋固肠，清肝明目，祛风消翳。主治：痢疾血淋，甲肝，风热感冒，肠炎。附方：①痢疾：鲜凤尾草 100-120 g，除根洗净后揉搓成团，冰糖 15-20 g，置瓷碗内，加开水 400-500 mL，待 5 min 后其水变成绿色，然后用瓷碗覆盖置锅内炖 30-40 min，滤出药液即服，每日 2-4 剂至愈；②痈：凤尾草 100-200 g、猪头肉 50-100 g、红酒适量，加冷开水炖，服药液，并将药渣及肉捣烂敷患处；③甲肝：乌脚鸡 250 g、香油 50 g、炒鸡块（除去头、颈、爪），去香油，加水煎，服汤，连服 3 d；④痢疾、肠炎：全草 30-60 g，水煎服或鲜草 60 g，洗净，捣烂取汁兑少许米泔水，加白糖内服；⑤小儿风热感冒：鲜全草 10-15 g，水煎，兑少许白糖服；⑥小儿泄泻完谷不化：鲜全草 10-15 g，水煎服。

6. 传统知识特征

（1）井栏边草（乌脚金鸡）喜温暖湿润和半阴环境，而畲族多分布在亚热带季风气候区域，极其适应畲族地区的地理气候条件，在畲族聚居区广泛分布。

（2）畲族根据药物颜色鉴别乌脚金鸡，将同名"金鸡"的药物又分乌脚金鸡（井栏边草）、白脚金鸡（剑叶凤尾蕨）。

（3）畲族使用乌脚金鸡主要治疗痢疾、痈、甲肝、肠炎等，是畲族民间草药。

7. 保护与利用

（1）传承与利用现状：乌脚金鸡（井栏边草）是浙江、福建畲医最常用的草药，疗效较显著，用方较特异的传统医药种类之一。

（2）受威胁状况及因素分析：由于畲族对山区的开发活动增多，其野生资源也随着受到了破坏。

（3）保护与传承措施：乌脚金鸡目前有人工引种栽培。

8. 文献资料

[1] 雷后兴，李永福. 中国畲族医药学[M]. 北京：中国中医药出版社，2007：305-307.

[2] 宋纬文，许志福. 三明畲族民间医药[M]. 厦门：厦门大学出版社，2002：49-50.

[3] 钟雷兴. 闽东畲族文化全书（医药卷）[M]. 北京：民族出版社，2009：153.

[4] 黄超群. 井栏边草引种栽培及孢子繁殖研究[J]. 黑龙江农业科学，2013（5）：54-56.

[5] 竹剑平，林松彪. 浙江畲族民间医药卫生述要[J]. 中华医史杂志，2002，32（4）：195-199.

[6] 中国科学院中国植物志编辑委员会. 中国植物志[M]. 第3卷. 第1册. 北京：科学出版社，1990：41.

CN-SH-210-055. 山海带

1. 名称 中国/浙江省 福建省/畲族/传统医药相关知识/山海带

Neolepisori Fortunei Herba/Traditional Medicine/She People/Zhejiang Province，Fujian Province/China

2. 编号 CN-SH-210-055 中国-畲族-药用生物-山海带

3. 属性与分布 畲族聚居区集体知识；产于长江流域及以南各省区，北达陕西（平利、西乡）和甘肃（文县），在浙江省、福建省畲族聚居区被广泛利用。

4. 背景信息 山海带为水龙骨科（Polypodiaceae）植物江南星蕨[*Neolepisorus fortunei*（T. Moore）Li Wang]的干燥全草。附生，植株高30-100 cm。根状茎长而横走，顶部被鳞片；鳞片棕褐色，卵状三角形。叶远生，相距1.5 cm；叶柄长5-20 cm，禾秆色，上面有浅沟，基部疏被鳞片，向上近光滑；叶片线状披针形至披针形，长25-60 cm，宽1.5-7 cm，顶端长渐尖，基部渐狭；叶厚纸质，下面淡绿色或灰绿色，两面无毛，幼时下面沿中脉两侧偶有极少数鳞片。孢子囊群大，圆形，沿中脉两侧排列成较整齐的一行或有时为不规则的两行，靠近中脉。孢子豆形，周壁具不规则褶皱。

5．基本描述　药用名：山海带、七星剑。功效：清热利湿，凉血止血，消肿止痛。主治：尿路感染，跌打损伤。附方：跌打损伤：鲜山海带适量，捣烂敷患处。

6．传统知识特征

（1）山海带（江南星蕨）喜温暖湿润及半阴环境，适应畲族地区的亚热带季风气候，多分布于畲族地区的林下或山沟旁的岩石上。

（2）畲族村民生活、劳动在山区，在劳动中极易受到损伤，山海带作为一种清热利湿、凉血止血、消肿止痛的药用植物，畲族在受伤时喜欢就地取材，采取鲜山海带捣烂敷患处。

（3）畲族将山海带叫作七星剑是根据其外形特征命名的。

7．保护与利用

（1）传承与利用现状：山海带是畲族传统伤药，疗效较好。

（2）受威胁状况及因素分析：现在多依赖山海带的野生资源，生态环境的破坏及过度采集利用对其野生种群产生了威胁。

（3）保护与传承措施：应在利用现有山海带资源的同时，注重对山海带资源的保护。

8．文献资料

[1]　雷后兴，李永福. 中国畲族医药学[M]. 北京：中国中医药出版社，2007：367.

[2]　周虹云，徐润生，程存归. 江南星蕨的化学成分研究[J]. 中国现代应用药学，2009，26（2）：119-122.

[3]　浙江植物志（新编）编辑委员会. 浙江植物志[M]. 第 1 卷. 杭州：浙江科学技术出版社，2021：552-553.

CN-SH-210-056. 石刀

1．名称　中国/浙江省 福建省/畲族/传统医药相关知识/石刀

Pyrrosiae Sheareri Herba/Traditional Medicine/She People/Zhejiang Province，Fujian Province/China

2．编号　CN-SH-210-056 中国-畲族-药用生物-石刀

3．属性与分布　畲族聚居区集体知识；产于长江以南各省区，北至甘肃（文县）、西到西藏（墨脱）、东至我国台湾，在浙江省、福建省畲族聚居区被广泛利用。

4．背景信息　石刀为水龙骨科（Polypodiaceae）植物庐山石韦〔*Pyrrosia sheareri*

（Baker）Ching]的干燥全草。植株通常高 20-50 cm。根状茎粗壮，横卧，密被线状棕色鳞片；鳞片长渐尖头，边缘具睫毛，着生处近褐色。叶近生，一型；叶柄粗壮，粗 2-4 mm，长 3.5-5 cm，基部密被鳞片，叶片椭圆状披针形，近基部处为最宽，向上渐狭，基部近圆截形或心形，长 10-30 cm 或更长，宽 2.5-6 cm，全缘，干后软厚革质，孢子囊群呈不规则的点状排列于侧脉间，布满基部以上的叶片下面，无盖，幼时被星状毛覆盖，成熟时孢子囊开裂而呈砖红色。

5．基本描述　药用名：石刀、鹿唅草。功效：利尿通淋，清热利湿。主治：尿频，慢性支气管炎，痢疾，乳腺炎。附方：①尿频（量少）：石刀适量，研成细粉，每次 3-5 g，每天 2 次，开水送服；②慢性支气管炎：石韦 60 g，水煎冲冰糖 60 g 服；③痢疾：石韦 60 g，水煎冲冰糖 30 g，饭前服；④乳腺炎：鲜石韦 80 g，水煎加少许红糖、黄酒冲服，药渣捣烂敷患处。

6．传统知识特征

（1）石刀（庐山石韦）是附生蕨类植物，为畲族传统医药，主治慢性支气管炎，并有利尿作用。

（2）现代研究发现，庐山石韦具有抑菌作用，药用价值明显，因此畲族用它治疗慢性支气管炎、痢疾、乳腺炎等有一定的科学依据。

（3）庐山石韦常附生于低海拔林木树干上，或稍干的岩石上，且外形特征像一把刀，因此畲族称为石刀，畲族对它的命名是根据它的外形特征。

7．保护与利用

（1）传承与利用现状：石刀（庐山石韦）是畲族的传统常用药，多年来用于来治疗慢性支气管炎、痢疾、乳腺炎等。

（2）受威胁状况及因素分析：庐山石韦药用价值显著，市场需求量大，长期采挖和生活环境的改变对野生庐山石韦资源造成了严重破坏，数量日益减少。

（3）保护与传承措施：在获取野生药材资源的同时保护野生资源，加强野生资源调查和种质资源的搜集，同时发展庐山石韦的人工栽培和组织培养。

8．文献资料

[1]　钟雷兴. 闽东畲族文化全书（医药卷）[M]. 北京：民族出版社，2009：157.

[2]　雷后兴，李永福. 中国畲族医药学[M]. 北京：中国中医药出版社，2007：369.

[3]　陈丽君，马永杰，李玉鹏，等. 石韦属植物化学和药理研究进展[J]. 安徽农业科学，2011，39（10）：

5786-5787.

[4] 中国科学院中国植物志编辑委员会. 中国植物志[M]. 第 6 卷. 第 2 册. 北京：科学出版社，
2000：128.

CN-SH-210-057. 苍柏籽树

1. 名称 中国/浙江省 福建省/畲族/传统医药相关知识/苍柏籽树

Pini Massonianae Folium，Pollen et Lignum Nodi/Traditional Medicine/She People/
Zhejiang Province，Fujian Province/China

2. 编号 CN-SH-210-057 中国-畲族-药用生物-苍柏籽树

3. 属性与分布 畲族聚居区集体知识；产于江苏、安徽，河南西部峡口、陕西汉水流域以南、长江中下游各省区，南达福建、广东、我国台湾北部低山及西海岸，西至四川中部大相岭东坡，西南至贵州贵阳、毕节及云南富宁，在浙江省、福建省畲族聚居区被广泛利用。

4. 背景信息 苍柏籽树为松科（Pinaceae）植物马尾松（*Pinus massoniana* Lamb.）的干燥叶、花粉和枝干结节。乔木，高达 45 m，胸径 1.5 m；树皮红褐色，下部灰褐色；枝平展或斜展，树冠宽塔形或伞形，枝条每年生长一轮，针叶 2 针一束，稀 3 针一束，长 12-20 cm，细柔，微扭曲，两面有气孔线，边缘有细锯齿；叶鞘初呈褐色，后渐变成灰黑色，宿存。雄球花淡红褐色，圆柱形，弯垂，聚生于新枝下部苞腋，穗状；雌球花单生或 2-4 个聚生于新枝近顶端，淡紫红色，一年生小球果圆球形或卵圆形，褐色或紫褐色。球果卵圆形或圆锥状卵圆形，有短梗，下垂，成熟前绿色，熟时栗褐色，陆续脱落；种子长卵圆形。花期 4-5 月，球果第二年 10-12 月成熟。

5. 基本描述 药用名：苍柏籽树、马尾松、松树、闪树、山松、青松。功效：祛风活血，明目安神，解毒止痒，祛痰止咳平喘。主治：湿疹，感冒，跌打肿痛，夜盲症，烧烫伤，小儿湿疹，肺热咳嗽。附方：①湿疹：鲜松树叶 100 g，水煎，洗患处。②风湿关节痛：马尾松松节 50 g，劈成小块，猪蹄 1 个，水酒各半炖服。③慢性气管炎：马尾松针 60 g，水煎，加少量冰糖代茶。④夜盲症：马尾松针 90 g，洗净捣烂，加水 250 mL 煎汁，去渣，分早中晚服，至愈。⑤冻疮：马尾松针 200 g，水煎洗患处，每日 2-3 次。⑥胫骨前溃烂：马尾松花粉适量，调陈年茶油成药膏，置锅蒸煮后涂抹患处，睡前换药，清洗腐肉后抹上药膏。⑦烧烫伤：马尾松树皮烧炭研成粉末，调茶油成糊状抹敷或马尾松花粉调茶油抹敷或松树外皮适量，晒干，研粉，调浓米汤外涂患处。⑧肺燥咳嗽：马尾松子仁 15 g，水煎代茶，最后将松子仁嚼食。⑨感冒：鲜松叶 100 g、红糖少许，水煎服。⑩水肿：鲜叶 500 g，加水适量，煎成 500 mL，加入少许红糖代茶。⑪预防产后风：

油松节适量，煮沸，待温度适宜时用于沐浴，产后 2-3 d 可以沐浴，连洗 2 次。⑫乳腺炎：鲜嫩松叶适量，红糖少许，捣烂，外敷患处。⑬跌打损伤：嫩枝叶适量，煎水外洗，另取嫩根皮适量，白酒少许，捣烂外敷患处。或鲜根二重皮、白酒各适量，捣烂，外敷患处。⑭刀伤：鲜叶适量，嚼烂，外敷患处。⑮疗疮痈肿：松节适量，切碎，加少许冷饭共捣烂，外敷患处。⑯竹刺入肉：油松节适量，刮成细丝，与少许大米饭共捣烂，外敷患处。

6. 传统知识特征

（1）苍柏籽树（马尾松）喜光、喜温、喜微酸性土壤，特别适应畲族地区的土壤和亚热带季风气候，在畲族聚居区广泛分布，资源量丰富，畲族就地取材，可充分使用。

（2）马尾松主要药用部位为松针、花粉、松树皮、松子仁、松塔和松节，松针、松节常年可采，畲族多鲜用；松树皮烧炭研成粉末存性；松花粉是在开花季节将花粉扑打晒干收藏；球果成熟时采摘，晒干备用。这是畲族在长期利用马尾松过程中积累的采制经验。

（3）畲族在治病过程中用马尾松治疗多种疾病，其松针、花粉、松树皮、松子仁、松塔、松节都有不同的用法，体现了畲族传统医药知识的丰富性。

7. 保护与利用

（1）传承与利用现状：马尾松不仅具有药用价值，而且具有极高的经济价值，是我国南林区主要的用材树种之一，分布广泛，资源量丰富。

（2）受威胁状况及因素分析：土地用途变更和城市化进程的加快导致马尾松分布面积的减少。

（3）保护与传承措施：保护马尾松自然林，并对其进行人工抚育和栽培。

8. 文献资料

[1] 雷后兴，李永福. 中国畲族医药学[M]. 北京：中国中医药出版社，2007：372.

[2] 钟雷兴. 闽东畲族文化全书（医药卷）[M]. 北京：民族出版社，2009：161-162.

[3] 宋纬文，许志福. 三明畲族民间医药[M]. 厦门：厦门大学出版社，2002：56.

[4] 中国科学院中国植物志编辑委员会. 中国植物志[M]. 第 7 卷. 北京：科学出版社，1978：263.

CN-SH-210-058. 常青柏

1. 名称　中国/浙江省 福建省/畲族/传统医药相关知识/常青柏

Platycladi Cacumen/Traditional Medicine/She People/Zhejiang Province，Fujian Province/China

2. 编号　CN-SH-210-058 中国-畲族-药用生物-常青柏

3. 属性与分布　畲族聚居区集体知识；产于内蒙古南部、吉林、辽宁、河北、山西、山东、江苏、浙江、福建、安徽、江西、河南、陕西、甘肃、四川、云南、贵州、湖北、湖南、广东北部及广西北部等地，在浙江省、福建省畲族聚居区被广泛利用。

4. 背景信息　常青柏为柏科（Cupressaceae）植物侧柏［*Platycladus orientalis*（L.）Franco］的干燥枝叶。乔木，高可达 20 余 m，胸径可达 1 m；树皮薄，浅灰褐色；枝条向上伸展或斜展，幼树树冠卵状尖塔形，老树树冠则为广圆形；生鳞叶的小枝细，向上直展或斜展，扁平，排成一平面。叶鳞形，长 1-3 mm，先端微钝，雄球花黄色，卵圆形；雌球花近球形，蓝绿色，被白粉。球果近卵圆形，成熟前近肉质，蓝绿色，被白粉，成熟后木质，开裂，红褐色；种子卵圆形或近椭圆形，顶端微尖，灰褐色或紫褐色，长 6-8 mm，稍有棱脊，无翅或有极窄之翅。花期 3-4 月，球果 10 月成熟。

5. 基本描述　药用名：常青柏、扁柏。功效：凉血止血，清肺止咳。主治：腮腺炎，年老久咳，咯血，鹅掌风，痈疮疔肿。附方：①腮腺炎：鲜扁柏适量，加醋捣烂如泥，敷患处，干后加醋湿润，每天一剂；②年老久咳：扁柏叶（阴干）9 g，红枣 7 枚，水煎代茶饮；③吐血、咯血、鼻衄、血崩：鲜侧柏 60 g，灶心土 15 g，水煎服；④鹅掌风：侧柏 250 g，加水 1 500 mL，煮沸，先熏患手，后洗患手，每日 3 次，连续 15 d 为一疗程；⑤痈疮疔肿：侧柏适量，捣烂，加蛋清，加少许食盐，调匀加热敷患处。

6. 传统知识特征

（1）常青柏（侧柏）分布广泛，资源丰富，加之畲族对侧柏的利用部位主要为枝叶，畲族利用侧柏具有可持续性。

（2）由于侧柏四季常青，因此畲族称其为"常青柏"，此名称是畲族根据其外形特征命名的。

7. 保护与利用

（1）传承与利用现状：分布广泛，资源丰富且已有大量人工栽培，为当地主要的用材树种。

（2）受威胁状况及因素分析：对山区的开发使得侧柏野生资源量下降。

（3）保护与传承措施：保护侧柏自然林，同时人工栽培，以满足市场需求。

8．文献资料

[1]　雷后兴，李永福. 中国畲族医药学[M]. 北京：中国
中医药出版社，2007：373.

[2]　钟雷兴. 闽东畲族文化全书（医药卷）[M]. 北京：
民族出版社，2009：162.

[3]　中国科学院中国植物志编辑委员会. 中国植物
志[M]. 第 7 卷. 北京：科学出版社，1978：322.

CN-SH-210-059. 田鲜臭菜

1．名称　中国/浙江省 福建省/畲族/传统医药相关知识/田鲜臭菜

Houttuyniae Herba/Traditional Medicine/She People/Zhejiang Province，Fujian Province/China

2．编号　CN-SH-210-059 中国-畲族-药用生物-田鲜臭菜

3．属性与分布　畲族聚居区集体知识；产于我国中部、东南至西南部各省区，东起我国台湾，西南至云南、西藏，北达陕西、甘肃，在浙江省、福建省畲族聚居区被广泛利用。

4．背景信息　田鲜臭菜为三白草科（Saururaceae）植物蕺菜（*Houttuynia cordata* Thunb.）的干燥全草。腥臭草本，高 30-60 cm；茎下部伏地，节上轮生小根，上部直立，无毛或节上被毛，有时带紫红色。叶薄纸质，有腺点，背面尤甚，卵形或阔卵形，长 4-10 cm，宽 2.5-6 cm，顶端短渐尖，基部心形，两面有时除叶脉被毛外余均无毛，背面常呈紫红色；叶脉 5-7 条，叶柄长 1-3.5 cm，无毛；托叶膜质，长 1-2.5 cm，顶端钝，下部与叶柄合生而成长 8-20 mm 的鞘，且常有缘毛，基部扩大，略抱茎。花序长约 2 cm，宽 5-6 mm；总花梗长 1.5-3 cm，无毛；总苞片长圆形或倒卵形，长 10-15 mm，宽 5-7 mm，顶端钝圆；雄蕊长于子房，花丝长为花药的 3 倍。蒴果长 2-3 mm，顶端有宿存的花柱。花期 4-7 月。

5．基本描述　药用名：田鲜臭菜、臭节、臭盏儿、鱼腥草。功效：清热解毒，利水消肿。主治：咳嗽，气管炎，无名肿毒，中暑，肠炎，痈肿。附方：①咳嗽发热：臭节 30-50 g，水煎服。②气管炎：臭盏儿 60 g，水煎服。③横痃、便毒、无名肿毒：鲜蕺菜 100 g、地瓜酒 125 g，开水一碗冲炖服。另取鲜鱼腥草 100 g、红糖 20 g、捣烂敷患处，每日换两次。④中暑：全草适量，水煎代茶或鲜嫩叶适量，绞汁半碗或 1 碗，加入少许白糖调服或干根 30 g，煮猪瘦肉或猪排骨或鲜叶适量，揉烂，外擦胸部。⑤痢疾：鲜叶适量，捣烂，加入少许米泔水，搅匀，捞去渣，每次服 30 mL，日服 3-4 次。⑥热结便秘：鲜草或鲜根适量，捣烂，加入少许二次米泔水，绞汁，兑蜂蜜服，日 2 次，本方对小儿便秘效果显著或全草 30 g，猪大肠 1 段，水煎服。⑦牙痛：鲜叶适量，捣烂，加少

许蜂蜜，拌匀，塞患牙处。⑧痈肿：鲜草适量，捣烂，外敷患处。

6．传统知识特征

（1）现代研究表明，田鲜臭菜（蕺菜）具有抗菌、抗炎镇痛、抗病毒、利尿的功能，畲族传统上将其用于治疗咳嗽、气管炎、无名肿毒、中暑、肠炎、痈肿等已证明有一定的科学依据。

（2）田鲜臭菜（鱼腥草）具有特殊气味，畲族普遍用其为野生蔬菜，生吃。

（3）由于蕺菜具有臭味，因此畲族取名为臭节或鱼腥草，对其的命名是根据它的气味特征。

7．保护与利用

（1）传承与利用现状：田鲜臭菜不仅是一种传统药用植物，还是产于民间的特味野菜，是畲族药食同源的植物资源之一，广泛应用于畲族民间药膳中。目前由于野生资源不能满足人们的要求，人工种植逐渐兴起，经济效益良好。

（2）受威胁状况及因素分析：田鲜臭菜是药食同源的植物，随着人们对保健的重视，其市场需求量越来越大，其野生种群受到人为过度采摘的威胁。

（3）保护与传承措施：应采用现代科技手段，加强蕺菜资源的种质资源调查、鉴定、新品种选育、合理的生态布局及优质高产的综合栽培技术等方面的研究，促进其开发利用。

8．文献资料

[1] 雷后兴，李永福. 中国畲族医药学[M]. 北京：中国中医药出版社，2007：374.

[2] 钟雷兴. 闽东畲族文化全书（医药卷）[M]. 北京：民族出版社，2009：183-184.

[3] 宋纬文，许志福. 三明畲族民间医药[M]. 厦门：厦门大学出版社，2002：59.

[4] 雷后兴，李建良，李水福. 畲药命名特点研究[J]. 中国民族医药杂志，2013，19（4）：30-31.

[5] 吴卫. 鱼腥草的研究进展[J]. 中草药，2001，32（4）：367-368.

[6] 中国科学院中国植物志编辑委员会. 中国植物志[M]. 第20卷. 第1册. 北京：科学出版社，1982：8.

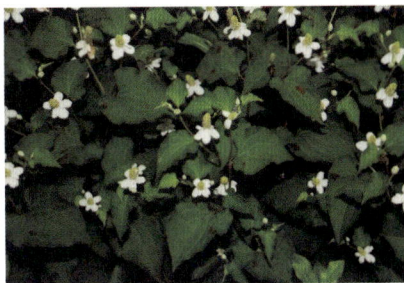

CN-SH-210-060. 九节茶

1．名称　中国/浙江省 福建省/畲族/传统医药相关知识/九节茶

Sarcandrae Herba/Traditional Medicine/She People/Zhejiang Province，Fujian Province/

China

2. 编号　CN-SH-210-060 中国-畲族-药用生物-九节茶

3. 属性与分布　畲族聚居区集体知识；产于安徽、浙江、江西、福建、我国台湾、广东、广西、湖南、四川、贵州和云南等地，在浙江省、福建省畲族聚居区被广泛利用。

4. 背景信息　九节茶为金粟兰科（Chloranthaceae）植物草珊瑚［*Sarcandra glabra* (Thunb.) Nakai］的干燥全草。常绿半灌木，高 50-120 cm；茎与枝均有膨大的节。叶革质，椭圆形、卵形至卵状披针形，长 6-17 cm，宽 2-6 cm，顶端渐尖，基部尖或楔形，边缘具粗锐锯齿，齿尖有一腺体，两面均无毛；叶柄长 0.5-1.5 cm，基部合生成鞘状；托叶钻形。穗状花序顶生，通常分枝，多少成圆锥花序状，连总花梗长 1.5-4 cm；苞片三角形；花黄绿色；雄蕊 1 枚，肉质，棒状至圆柱状，花药 2 室，生于药隔上部之两侧，侧向或有时内向；子房球形或卵形，无花柱，柱头近头状。核果球形，直径 3-4 mm，熟时亮红色。花期 6 月，果期 8-10 月。

5. 基本描述　药用名：九节茶、九节兰、山鸡茶。功效：活血散瘀，消肿止痛，清热解毒。主治：跌打损伤，风湿痛，产后腹痛，月经不调。附方：①跌打损伤：鲜九节茶适量，捣烂敷患处；②风湿痛：九节兰 15 g，水煎服；③寒痧：根 30-60 g、鸡或鸭 1 只，水炖，吃汤喝肉；④胃寒痛：根 30 g、鸭肝 1 只，水炖，吃肉喝汤；⑤痛经：根 30 g、猪瘦肉适量，白米酒炖服，本方宜经前或经后服。

6. 传统知识特征

（1）畲族用九节茶治病，常常加家禽肉做药引以增强疗效，体现了畲族传统知识的独特性。

（2）畲族借用中药名和汉语称九节兰为"九节茶"，这主要是畲族无文字，与汉族人杂居后借用汉语表达或与汉族人民交流信息较多的原因。

（3）九节茶（草珊瑚）适宜温暖湿润气候，喜阴凉环境，忌强光直射和高温干燥，适应畲族地区的亚热带季风气候。

7. 保护与利用

（1）传承与利用现状：随着对九节茶（草珊瑚）开发利用的不断扩展和深入，市场需求量不断增加。

（2）受威胁状况及因素分析：九节茶药材资源长期以来多依赖野生资源，而且各地药农在药材采集过程中，采取连根拔起的采收方式，忽略了对资源的保护，使野生资源遭到毁灭性破坏，市场供求关系日益紧张。

（3）保护与传承措施：应加强对草珊瑚资源的驯化及栽培研究，以满足日益增长的市场需求。

8．文献资料

[1] 雷后兴，李永福. 中国畲族医药学[M]. 北京：中国中医药出版社，2007：376-377.

[2] 钟雷兴. 闽东畲族文化全书（医药卷）[M]. 北京：民族出版社，2009：185.

[3] 宋纬文，许志福. 三明畲族民间医药[M]. 厦门：厦门大学出版社，2002：62.

[4] 徐艳琴，刘小丽，黄小方，等. 草珊瑚的研究现状与展望[J]. 中草药，2011，42（12）：2552-2559.

[5] 中国科学院中国植物志编辑委员会. 中国植物志[M]. 第20卷. 第1册. 北京：科学出版社，1982：79.

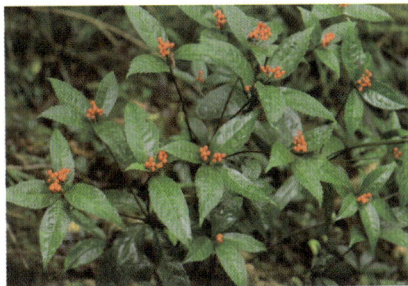

CN-SH-210-061. 攀蓬

1．名称 中国/浙江省 福建省/畲族/传统医药相关知识/攀蓬

Fici Pumilae Fructus/Traditional Medicine/She People/Zhejiang Province，Fujian Province/China

2．编号 CN-SH-210-061 中国-畲族-药用生物-攀蓬

3．属性与分布 畲族聚居区集体知识；产于福建、江西、浙江、安徽、江苏、我国台湾、湖南、广东、广西、贵州、云南东南部、四川及陕西等地，在浙江省、福建省畲族聚居区被广泛利用。

4．背景信息 攀蓬为桑科（Moraceae）植物薜荔（*Ficus pumila* L.）的干燥果实、根及茎。攀缘或匍匐灌木，不结果枝节上生不定根，叶卵状心形，长约2.5 cm，薄革质，基部稍不对称，叶柄很短；结果枝上无不定根，叶革质，卵状椭圆形，先端急尖至钝形，基部圆形至浅心形，全缘，上面无毛，背面被黄褐色柔毛；叶柄长5-10 mm；托叶2，披针形，被黄褐色丝状毛。榕果单生叶腋，瘿花果梨形，雌花果近球形，顶部截平，略具短钝头或为脐状凸起，基部收窄成一短柄，基生苞片宿存，三角状卵形，密被长柔毛，榕果幼时被黄色短柔毛，成熟黄绿色或微红；雄花，生榕果内壁口部，多数，排为几行，有柄，花被片2-3，线形，雄蕊2枚，花丝短；瘿花具柄，花被片3-4，线形，花柱侧生，短；雌花生另一植株榕一果内壁，花柄长，花被片4-5。瘦果近球形，有黏液。花、果期5-8月。

5．基本描述 药用名：攀蓬、攀爬藤、墙壁藤、风不动。功效：祛风湿，暖腰膝，通乳汁，健脾气。主治：乳汁不通，风湿，腰膝筋酸痛，劳倦伤脾。附方：①乳汁不通：

攀蓬 3-5 个，瘦猪肉 50 g，水煎，服汤食肉。②风湿关节痛：薜荔根 60 根，炖猪脚节服或水酒各半炖服。③腰闪：薜荔根（茎）60 g、黄酒 250 g，先煎药液，后冲酒服。④发背肿痛：鲜薜荔藤叶适量，饭粒少许，杵烂擦患处。⑤跌打损伤：薜荔根、茎 60 g，水酒各半炖服。另取根、茎、叶适量，铁锅炒焦研末调酒敷患处。⑥风湿头痛：薜荔果实 1 个，取内瓤用猪油炒熟，与煎鸡蛋 1-2 个，糖少许，水煎。每日清晨服 1 次，连服数天或取种子 10 g，用油炒酥，捣烂，冲入少许开水，与煎鸡蛋 1-2 个，红糖少许煮熟内服。⑦头晕：全草 30 g，炖猪瘦肉或骨头服。⑧感冒喑哑：小薜荔（指薜荔的带叶不育枝）适量，水煎，加入红糖少许，代茶频饮。⑨产后缺乳：薜荔根 30 g，猪肚 1 个，白米酒适量。将猪肚洗干净，除去油脂，置锅内用茶油煎去油，与薜荔根共炖烂，加入白米酒，待冷却后再除去汤液表面上油脂，加热后内服，本方产后 3 d 即可服用；或根 30 g，猪脚 1 只，水炖，加少许白米酒兑服，本方适用于产后 20 d 后服。⑩关节风湿痛：小薜荔（指薜荔的带叶不育枝）30 g，猪脚 1 只，酒水各半炖服。

6．传统知识特征

（1）畲族在对攀蓬（薜荔）药物性能的充分了解及不断丰富的临床实践中，用薜荔的果、根、茎等不同部位治疗多种疾病，体现了畲族传统医药知识的丰富性。

（2）畲族居住地方为亚热带气候，气候潮湿，容易得风湿，而薜荔有祛风湿、暖腰膝的功能，被广泛用于治疗风湿、腰膝筋酸痛等。

7．保护与利用

（1）传承与利用现状：攀蓬（薜荔）以野生零散分布为主，人工栽培资源较少，其资源开发利用水平较低。

（2）受威胁状况及因素分析：攀蓬由于生境的破坏以及不合理的开采，资源量逐渐变小。

（3）保护与传承措施：在利用攀蓬的同时应加强对其野生资源的保护，促进攀蓬的可持续利用。

8．文献资料

[1] 雷后兴，李永福. 中国畲族医药学[M]. 北京：中国中医药出版社，2007：381.

[2] 钟雷兴. 闽东畲族文化全书（医药卷）[M]. 北京：民族出版社，2009：255-256.

[3] 宋纬文，许志福. 三明畲族民间医药[M]. 厦门：厦门大学出版社，2002：67-68.

[4] 中国科学院中国植物志编辑委员会. 中国植物志[M]. 第 23 卷. 第 1 册. 北京：科学出版社，1998：205.

CN-SH-210-062. 马蹄香

1. 名称 中国/浙江省 福建省/畲族/传统医药相关知识/马蹄香

Asari Caudigeri Hreba/Traditional Medicine/She People/Zhejiang Province，Fujian Province/China

2. 编号 CN-SH-210-062 中国-畲族-药用生物-马蹄香

3. 属性与分布 畲族聚居区集体知识；产于浙江、江西、福建、我国台湾、湖北、湖南、广东、广西、四川、贵州、云南等地，在浙江省、福建省畲族聚居区被广泛利用。

4. 背景信息 马蹄香为马兜铃科（Aristolochiaceae）植物尾花细辛（*Asarum caudigerum* Hance）的干燥全草。多年生草本，全株被散生柔毛；根状茎粗壮，节间短或较长，有多条纤维根。叶片阔卵形、三角状卵形或卵状心形，长 4-10 cm，宽 3.5-10 cm，叶柄长 5-20 cm，有毛。花被绿色，被紫红色圆点状短毛丛；花梗长 1-2 cm，有柔毛；花被裂片直立，下部靠合如管，喉部稍缢缩，雄蕊比花柱长，花丝比花药长，药隔伸出，锥尖或舌状；子房下位，具 6 棱，花柱合生，顶端 6 裂，柱头顶生。果近球状，直径约 1.8 cm，具宿存花被。花期 4-5 月。

5. 基本描述 药用名：马蹄香、白马蹄香、马蹄菇、马蹄金、土细辛。功效：祛风散寒，活血止痛，解毒消肿。主治：胃痛，牙痛，跌打损伤，无名肿毒。附方：①胃痛：鲜马蹄香 15 g，猪心 1 只，水炖，分 5 次服完；②蛀牙痛：土细辛鲜叶适量，搓烂塞在蛀牙洞内；③跌打损伤：土细辛根干粉 1 g，红酒送服或土细辛鲜全草适量，加冷饭少许，捣烂敷患处；④无名肿毒：鲜土细辛加少许盐捣烂敷患处。

6. 传统知识特征

（1）马蹄香是畲族传统医药，使用历史悠久。

（2）现代药理研究表明，尾花细辛（马蹄香）具有解热、镇痛、抗菌、抗炎等作用，畲族将其用于治疗胃痛、牙痛、跌打损伤、无名肿毒等，具有一定的科学依据。

（3）尾花细辛喜阴湿环境，适应畲族地区的亚热带季风气候，多分布于畲族地区的林下阴湿处或溪边。

7. 保护与利用

（1）传承与利用现状：尾花细辛（马蹄香）是畲族的常用药，近年来资源量不断下降。

（2）受威胁状况及因素分析：尾花细辛历年来由于大量采挖作为药用，野生资源日渐枯竭。

（3）保护与传承措施：应在保护现有野生资源的基础上，加强马蹄香的驯化与人工栽培研究，早日实现人工栽培生产，缓解野生资源的压力。

8．文献资料

[1] 雷后兴，李永福. 中国畲族医药学[M]. 北京：中国中医药出版社，2007：387.

[2] 钟雷兴. 闽东畲族文化全书（医药卷）[M]. 北京：
民族出版社，2009：182.

[3] 王晓丽，金礼吉，续繁星，等. 中草药细辛研究进
展[J]. 亚太传统医药，2013，9（7）：68-71.

[4] 中国科学院中国植物志编辑委员会. 中国植物志[M].
第 24 卷. 北京：科学出版社，1988：165.

CN-SH-210-063. 白一条根

1．名称　中国/浙江省 福建省/畲族/传统医药相关知识/白一条根

Aristolochiae Debilis Radix/Traditional Medicine/She People/Zhejiang Province，Fujian Province/China

2．编号　CN-SH-210-063 中国-畲族-药用生物-白一条根

3．属性与分布　畲族聚居区集体知识；分布于长江流域以南各省区以及山东、河南等地，在浙江省、福建省畲族聚居区被广泛利用。

4．背景信息　白一条根为马兜铃科（Aristolochiaceae）植物马兜铃（*Aristolochia debilis* Sieb. et Zucc.）的干燥根。草质藤本；根圆柱形，直径 3-15 mm，外皮黄褐色；茎柔弱，无毛，暗紫色或绿色，有腐肉味。叶纸质，卵状三角形，长圆状卵形或戟形，长 3-6 cm，顶端钝圆或短渐尖，基部宽 1.5-3.5 cm，心形，两面无毛。花单生或 2 朵聚生于叶腋；花梗长 1-1.5 cm；花被长 3-5.5 cm，基部膨大呈球形，与子房连接处具关节，直径 3-6 mm，向上收狭成一长管，管长 2-2.5 cm，直径 2-3 mm，管口扩大呈漏斗状，黄绿色，有紫斑；檐部一侧延伸成舌片，卵状披针形，向上渐狭，长 2-3 cm，顶端钝；花药卵形；子房圆柱形，长约 10 mm，6 棱；合蕊柱顶端 6 裂。蒴果近球形；种子扁平，钝三角形，长宽均约 4 mm，边缘具白色膜质宽翅。花期 7-8 月，果期 9-10 月。

5．基本描述　药用名：白一条根、青木香、天仙藤、独行根、疹药。功效：行气止痛，消肿解毒。主治：痧气腹痛，瘰疬，风湿痹痛。附方：①痧气腹痛：白一条根 0.3 g，嚼烂，开水送服；②瘰疬：马兜铃根 30 g、猪赤肉 125 g，水炖服；③风湿痹痛：马兜铃根 30 g、猪蹄（七寸）1 只，加老酒适量，炖服。

6．传统知识特征

（1）畲族在对白一条根（马兜铃）药物性能的充分了解及不断丰富的临床实践下，用马兜铃的根、藤、叶、果等不同部位治疗疾病，体现了畲族传统医药知识的丰富性。

（2）现代科学研究表明，马兜铃具有较好的抗菌、抗炎、镇痛作用，畲族将其用于治疗痧气腹痛、瘰疬、风湿痹痛等疾病有一定的科学依据。

7．保护与利用

（1）传承与利用现状：白一条根（马兜铃）含马兜铃酸，存在肾毒性，此外，国际肿瘤研究机构（IARC）于 2009 年已将马兜铃酸列为 1 级致癌物，也未列入中国药典，畲族对其利用也极其谨慎。

（2）受威胁状况及因素分析：马兜铃虽然具有行气止痛、消肿解毒的作用，但具有一定的毒性，制约了其资源的使用。

（3）保护与传承措施：马兜铃已很少药用，现应加大对马兜铃利用的研究。

8．文献资料

[1] 雷后兴，李永福. 中国畲族医药学[M]. 北京：中国中医药出版社，2007：387.

[2] 钟雷兴. 闽东畲族文化全书（医药卷）[M]. 北京：民族出版社，2009：183.

[3] 李芳，徐小平，何维，等. 马兜铃酸的研究进展[J]. 天然产物分离，2003（2）：1-3.

[4] 李菱玲. 川南马兜铃药理作用研究[J]. 四川生理科学杂志，1991，13（1，2）：65.

[5] 中国科学院中国植物志编辑委员会. 中国植物志[M]. 第 24 卷. 北京：科学出版社，1988：233.

CN-SH-210-064. 咬虱药

1．名称 中国/浙江省 福建省/畲族/传统医药相关知识/咬虱药

Polygoni Perfoliati Herba/Traditional Medicine/She People/Zhejiang Province，Fujian Province/China

2．编号 CN-SH-210-064 中国-畲族-药用生物-咬虱药

3．属性与分布 畲族聚居区集体知识；产于黑龙江、吉林、辽宁、河北、山东、河南、陕西、甘肃、江苏、浙江、安徽、江西、湖南、湖北、四川、贵州、福建、我国台湾、广东、海南、广西、云南等地，在浙江省、福建省畲族聚居区被广泛利用。

4．背景信息 咬虱药为蓼科（Polygonaceae）植物杠板归（*Polygonum perfoliatum* L.）的干燥全草。一年生草本。茎攀缘，多分枝，长 1-2 m，具纵棱，沿棱具稀疏的倒生皮刺。叶三角形，长 3-7 cm，宽 2-5 cm，顶端钝或微尖，基部截形或微心形，薄纸质，上面无毛，下面沿叶脉疏生皮刺；叶柄与叶片近等长，具倒生皮刺，盾状着生于叶片的近基部；托叶鞘叶状，草质，绿色，圆形或近圆形，穿叶，直径 1.5-3 cm。总状花序呈短穗状，不分枝顶生或腋生，长 1-3 cm；苞片卵圆形，每苞片内具花 2-4 朵；花被 5 深裂，白色或淡红色，花被片椭圆形，长约 3 mm，果时增大，呈肉质，深蓝色；雄蕊 8，略短于花被；花柱 3，中上部合生；柱头头状。瘦果球形，直径 3-4 mm，黑色，有光泽，包于宿存花被内。花期 6-8 月，果期 7-10 月。

5. 基本描述　药用名：咬虱药、野麦刺、贯叶蓼、花麦刺、拦路虎、河白草。功效：行血散瘀，消肿解毒。主治：毒蛇咬伤，瘰疬结核，疔疮疖痈，湿毒瘙痒。附方：①毒蛇咬伤：鲜咬虱药叶适量，捣烂外敷，同时用全草 100 g，水煎内服或贯叶蓼鲜叶 100 g，洗净捣烂，加红酒适量调服，另取鲜叶适量加红糖少许捣烂调匀，敷伤口周围及肿处或贯叶蓼鲜品 250 g，捣烂，一半和米泔煎汤熏洗，另一半调少许食盐敷伤口。②冲水血结肿痛：贯叶蓼鲜叶适量捣烂，调白糖少许敷患处。③眼目生翳：贯叶蓼鲜叶 20 g，捣烂敷眼，一日一换。④带状疱疹：鲜贯叶蓼适量，捣烂绞汁，雄黄少许拌匀涂患处，一日数次。⑤跌打损伤：贯叶蓼根 50 g、黄酒 200 mL，炖服。⑥阴疽肿毒：初起者用贯叶蓼鲜叶 100 g，地瓜酒 120 g 冲炖服；若已成脓者，取贯叶蓼 100 g、冰糖 20 g，开水炖服。另取贯叶蓼 100 g，捣烂加冬蜜少许调匀捣烂敷患处。⑦中暑导致的皮肤痒：拦路虎叶加盐捣烂敷患处。

6. 传统知识特征

（1）现代科学研究表明，咬虱药（杠板归）具有抗炎、抗疱疹病毒、抗肿瘤、止咳等活性作用，畲族将它用于治疗毒蛇咬伤、瘰疬结核、疔疮疖痈、湿毒瘙痒等病症，有一定的科学依据。

（2）杠板归是南方山区常见植物，畲族居住于山区，有随采随用药的特点，常用杠板归的鲜品外用。

7. 保护与利用

（1）传承与利用现状：咬虱药（杠板归）在畲族地区资源量丰富，是畲族治疗各种毒症炎症的常用外用药。

（2）受威胁状况及因素分析：杠板归作为许多药物的原料（抗妇炎胶囊、康妇灵胶囊、姜黄消痤搽剂等），随着医药产业的不断发展，杠板归的市场需求也在急速上升，野生种群受到了过度采集的威胁。

（3）保护与传承措施：应在利用杠板归现有资源的基础上加强对杠板归野生资源的保护，促进杠板归的可持续发展。

8. 文献资料

[1] 雷后兴，李永福. 中国畲族医药学[M]. 北京：中国中医药出版社，2007：392-392.

[2] 钟雷兴. 闽东畲族文化全书（医药卷）[M]. 北京：民族出版社，2009：201-202.

[3] 成焕波，刘新桥，陈科力. 杠板归化学成分及药理作用研究概况[J]. 中国现代中药，2012，14（3）：28-32.

[4] 浙江植物志（新编）编辑委员会. 浙江植物志[M]. 第3卷. 杭州：浙江科学技术出版社，2021：252.

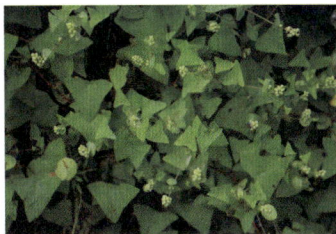

CN-SH-210-065. 鸡冠花

1. 名称 中国/浙江省 福建省/畲族/传统医药相关知识/鸡冠花

Celosiae Cristatae Flos/Traditional Medicine/She People/Zhejiang Province，Fujian Province/China

2. 编号 CN-SH-210-065 中国-畲族-药用生物-鸡冠花

3. 属性与分布 畲族聚居区集体知识；我国南北各地均有栽培，在浙江省、福建省畲族聚居区被广泛利用。

4. 背景信息 鸡冠花为苋科（Amaranthaceae）植物鸡冠花（*Celosia cristata* L.）的干燥花序。一年生草本，高 0.3-1 m，全体无毛；茎直立，有分枝，绿色或红色，具明显条纹。叶片卵形、卵状披针形或披针形，宽 2-6 cm；花多数，极密生，成扁平肉质鸡冠状、卷冠状或羽毛状的穗状花序，一个大花序下面有数个较小的分枝，圆锥状矩圆形，表面羽毛状；花被片红色、紫色、黄色、橙色或红色黄色相间。花、果期 7-9 月。

5. 基本描述 药用名：鸡冠花、青葙子、白鸡冠花、红鸡公花。功效：凉血止血，清热除湿。主治：白带，赤白痢疾，鼻衄，咳血，吐血，痔疮出血。附方：①白带：鲜根 50 g、猪瘦肉适量，水炖服或白鸡冠花 15 g，鸡蛋 1-2 个，水炖服；②咳血、吐血：鲜白鸡冠花 30 g（干品 15 g），猪肺（不可灌水）冲开水炖 1 h 许分服之，或鲜白鸡冠花 30 g、冬蜜 20 g，将药炖后冲冬蜜分 2 次服；③鼻衄：鲜白鸡冠花 30 g、赤猪肉 125 g，开水炖 1-2 h 服；④关节炎、神经痛：鲜鸡冠花 200 g，猪脊骨 500 g，炖服；⑤赤白痢、经前经后腹痛、产后瘀血痛：鲜白鸡冠花 60 g，冰糖 15 g，开水冲炖服；⑥痔疮出血：白鸡冠花 30 g，猪瘦肉少许，水炖服。

6. 传统知识特征

（1）畲族用鸡冠花治病时常用猪肉做药引，以增强疗效，体现了畲族传统医药知识的独特性。

（2）畲族借用中药名和汉语称青葙子为"鸡冠花"的种子，但两者有区别。这主要是畲族无文字，与汉族人杂居后借用汉语表达或与汉族人民交流信息较多的原因。

（3）鸡冠花也是常见观赏植物，畲族常人工种植在房前屋后。

7. 保护与利用

（1）传承与利用现状：鸡冠花分布广泛，畲族普遍栽培，资源量丰富。

（2）受威胁状况及因素分析：鸡冠花栽培时会受到病虫害的威胁。

（3）保护与传承措施：现有人工栽培，以满足市场需求。

8. 文献资料

[1] 雷后兴，李永福. 中国畲族医药学[M]. 北京：中国中医药
    出版社，2007：395.

[2] 钟雷兴. 闽东畲族文化全书（医药卷）[M]. 北京：民族出
    版社，2009：206-207.

[3] 宋纬文，许志福. 三明畲族民间医药[M]. 厦门：厦门大学
    出版社，2002：82.

[4] 中国科学院中国植物志编辑委员会. 中国植物志[M]. 第25
    卷. 第2册. 北京：科学出版社，1979：201.

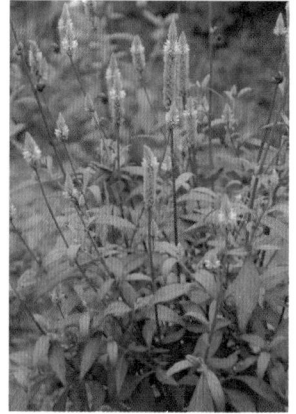

CN-SH-210-066. 红牛膝

1. 名称 中国/浙江省 福建省/畲族/传统医药相关知识/红牛膝

Achyranthis Longifoliae Radix/Traditional Medicine/She People/Zhejiang Province，Fujian Province/China

2. 编号 CN-SH-210-066 中国-畲族-药用生物-红牛膝

3. 属性与分布 畲族聚居区集体知识；产于湖南、江西、福建、我国台湾、广东、广西、四川、云南、贵州等地，在浙江省、福建省畲族聚居区被广泛利用。

4. 背景信息 红牛膝为苋科（Amaranthaceae）植物红柳叶牛膝[*Achyranthes longifolia*（Makino）Makino f. *rubra* Ho] 的干燥根。多年生草本，高 70-120 cm；根圆柱形，直径 5-10 mm，淡红色至红色；茎有棱角或四方形，绿色或带紫色，有白色贴生或开展柔毛，或近无毛，分枝对生。叶片披针形，宽披针形，长 10-20 cm，宽 2-5 cm，顶端尾尖，叶片上面深绿色，下面紫红色至深紫色。穗状花序顶生及腋生，长 3-5 cm，花期后反折，花序带紫红色；总花梗长 1-2 cm，有白色柔毛；花多数，密生，长 5 mm；花被片披针形，长 3-5 mm，光亮，顶端急尖，有 1 中脉；雄蕊长 2-2.5 mm；胞果矩圆形，黄褐色，光滑。种子矩圆形，黄褐色。花、果期 9-11 月。

5. 基本描述 药用名：红牛膝、鸡骨草、黏身草、山苋菜。功效：活血化瘀，补肝益筋，强筋骨，通经络。主治：经闭白带，关节炎，腰肌劳损，痈疽肿毒。附方：①白浊：土牛膝 50 g，红酒少许，加水炖汤，饭前服用；②咽喉肿痛：根 30-50 g，捣烂，冲

入适量冷开水，去渣，取药液频频代茶；③关节炎：根 30-60 g，炖猪脚服；④蛇伤：鲜根适量，捣烂，外敷患处；⑤腰肌劳损：鸡骨草适量，研成细粉，鸡蛋 1 个，用菜油炸熟，捞出，红曲酒冲服。

6. 传统知识特征

（1）红柳叶牛膝喜温暖气候，适应畲族地区的亚热带季风气候环境，多生于畲族地区的山坡、林缘、疏林、路边、沟边及村庄附近空旷地。

（2）红柳叶牛膝的茎像鸡骨，因此畲族将土牛膝依据药物形态与相似的动物形象将其又命名为鸡骨草。

（3）畲族采制红柳叶牛膝多在夏秋二季挖取全草，洗净，晒干或鲜用，以根粗，带花者为佳，这是畲族在长期采制红牛膝时积累的经验。

7. 保护与利用

（1）传承与利用现状：红牛膝（鸡骨草）是畲族药材中疗效较显著、用方较特异的品种之一。

（2）受威胁状况及因素分析：鸡骨草为多民族共用药，需求量大，受到过度采集利用及生态环境破坏的威胁。

（3）保护与传承措施：应加强对鸡骨草的栽培驯化研究，实现人工栽培，以满足市场需求。

8. 文献资料

[1] 雷后兴，李永福. 中国畲族医药学[M]. 北京：中国中医药出版社，2007：309-311.

[2] 钟雷兴. 闽东畲族文化全书（医药卷）[M]. 北京：民族出版社，2009：208.

[3] 宋纬文，许志福. 三明畲族民间医药[M]. 厦门：厦门大学出版社，2002：81.

[4] 中国科学院中国植物志编辑委员会. 中国植物志[M]. 第 25 卷. 第 2 册. 北京：科学出版社，1979：160.

CN-SH-210-067. 五色草

1. 名称　中国/浙江省 福建省/畲族/传统医药相关知识/五色草

Portulacae Herba/Traditional Medicine/She People/Zhejiang Province，Fujian Province/China

2. 编号　CN-SH-210-067 中国-畲族-药用生物-五色草

3. 属性与分布　畲族聚居区集体知识；我国南北各地均有分布，在浙江省、福建省畲族聚居区被广泛利用。

4. 背景信息　五色草为马齿苋科（Portulacaceae）植物马齿苋（*Portulaca oleracea* L.）的干燥全草。一年生草本，全株无毛。茎平卧或斜倚，伏地铺散，多分枝，圆柱形，长 10-15 cm，淡绿色或带暗红色。叶互生，有时近对生，叶片扁平，肥厚，倒卵形，似马齿状，长 1-3 cm，宽 0.6-1.5 cm，叶柄粗短。花无梗，直径 4-5 mm，常 3-5 朵簇生枝端，午时盛开；苞片 2-6，近轮生；花瓣 5，稀 4，黄色，长 3-5 mm，顶端微凹，基部合生；雄蕊通常 8，或更多，长约 12 mm，花药黄色；子房无毛，花柱比雄蕊稍长。蒴果卵球形，长约 5 mm；种子细小，偏斜球形，黑褐色，直径不及 1 mm，具小疣状凸起。花期 5-8 月，果期 6-9 月。

5. 基本描述　药用名：五色草、马齿苋、酸草、酸苋、铜钱菜、猪母菜、和尚菜。功效：清热解毒，止痢杀虫。主治：急性腮腺炎，痢疾，淋病。附方：①急性腮腺炎：鲜五色草 200 g，嫩茎叶加食盐、味精少许，在油锅中炒熟，食用；老根、茎叶加水煎服；另取鲜全草，加盐少许捣烂敷患处。每日一次，至愈。②痢疾：鲜马齿苋 250 g，取嫩叶与茎折成寸段，加少许食盐、味精炒食，另用余下根茎煎汤服用。③淋病：鲜马齿苋 100 g，煎成 2 000 mL 汤液，一天喝完，日服一剂，连服 3 d。

6. 传统知识特征

（1）五色草（马齿苋）适应性强，资源量丰富且分布广泛，在畲族地区的菜园、农田、路旁均有分布，畲族利用它不会造成环境破坏。

（2）现代药理研究表明马齿苋有降血脂、抗菌、抗病毒、抗衰老等作用，畲族用其治疗急性腮腺炎、痢疾、淋病等病症有一定的科学依据。

（3）马齿苋可作为野生蔬菜食用，尤在饥荒年代为当地人采集食用，平时普遍用作养猪饲料。

7. 保护与利用

（1）传承与利用现状：马齿苋资源量丰富，具有食用和药用双重价值，是畲族常用的药食同源植物。

（2）受威胁状况及因素分析：马齿苋为常见杂草，有时其野生资源受到过度的采摘及农药的威胁。

（3）保护与传承措施：现有大量人工栽培，以满足市场需求。

8．文献资料

[1] 雷后兴，李永福. 中国畲族医药学[M]. 北京：中国中医药出版社，2007：396.

[2] 钟雷兴. 闽东畲族文化全书（医药卷）[M]. 北京：民族出版社，2009：196-197.

[3] 朱丽，徐为公，赵广荣. 马齿苋的研究现状与综合开发利用[J]. 河北林果研究，2006，21（2）：198-201.

[4] 叶盛英. 马齿苋药理研究进展[J]. 天津药学，1999，11（4）：17.

[5] 中国科学院中国植物志编辑委员会. 中国植物志[M]. 第26卷. 北京：科学出版社，1996：37.

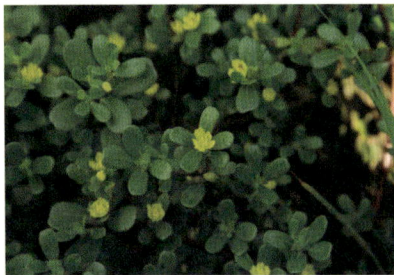

CN-SH-210-068. 鸡母绳

1．名称　中国/浙江省 福建省/畲族/传统医药相关知识/鸡母绳

Clematidis Apiifoliae Herba/Traditional Medicine/She People/Zhejiang Province，Fujian Province/China

2．编号　CN-SH-210-068 中国-畲族-药用生物-鸡母绳

3．属性与分布　畲族聚居区集体知识；在我国分布于江西、福建、浙江（海拔170-1 000 m）、江苏南部（150-250 m）、安徽大别山以南等地，在浙江省、福建省畲族聚居区被广泛利用。

4．背景信息　鸡母绳为毛茛科（Ranunculaceae）植物女萎（*Clematis apiifolia* DC.）的干燥全草。藤本。小枝和花序梗、花梗密生贴伏短柔毛。三出复叶，连叶柄长5-17 cm，叶柄长3-7 cm；小叶片卵形或宽卵形，长2.5-8 cm，宽1.5-7 cm，常有不明显3浅裂，边缘有锯齿，上面疏生贴伏短柔毛或无毛，下面通常疏生短柔毛或仅沿叶脉较密。圆锥状聚伞花序多花；花直径约1.5 cm；萼片4，开展，白色，狭倒卵形，长约8 mm，两面有短柔毛，外面较密；雄蕊无毛，花丝比花药长5倍。瘦果纺锤形或狭卵形，长3-5 mm，顶端渐尖，不扁，有柔毛，宿存花柱长约1.5 cm。花期7-9月，果期9-10月。

5．基本描述　药用名：鸡母绳、一把抓。功效：消炎消肿，利尿通乳。主治：水肿，漆树过敏。附方：①水肿：一把抓30 g，水煎服；②漆树过敏：鲜鸡母绳适量（量要大），捣烂取汁，擦患处。

6. 传统知识特征

（1）鸡母绳（女菱）为多民族共用药，其他民族主治肠炎、痢疾、甲状腺肿大、风湿关节痛、尿路感染、乳汁不下等，畲族将其用于治疗水肿、漆树过敏等病症，体现了畲族传统医药知识的独特性。

（2）女菱的花白色，具有观赏价值，也有少量人工种植。

7. 保护与利用

（1）传承与利用现状：女菱具有药用价值，且资源量丰富，具有广阔的开发前景。

（2）受威胁状况及因素分析：女菱为藤本，其野生种群易受到生境破坏和过度利用造成的威胁。

（3）保护与传承措施：应该在利用女菱的过程中加强对其野生种群的保护。

8. 文献资料

[1] 雷后兴，李永福. 中国畲族医药学[M]. 北京：中国中医药出版社，2007：397-398.

[2] 中国科学院中国植物志编辑委员会. 中国植物志[M]. 第 28 卷. 北京：科学出版社，1980：193.

CN-SH-210-069. 大叶黄柏

1. 名称　中国/浙江省 福建省/畲族/传统医药相关知识/大叶黄柏

Mahoniae Bealei Caulis/Traditional Medicine/She People/Zhejiang Province，Fujian Province/China

2. 编号　CN-SH-210-069 中国-畲族-药用生物-大叶黄柏

3. 属性与分布　畲族聚居区集体知识；产于浙江、安徽、江西、福建、湖南、湖北、陕西、河南、广东、广西、四川等地，在浙江省、福建省畲族聚居区被广泛利用。

4. 背景信息　大叶黄柏为檗科（Berberidaceae）植物阔叶十大功劳［*Mahonia bealei* (Fort.)Carr.]的干燥茎。灌木或小乔木，高 0.5-4(-8)m。叶狭倒卵形至长圆形，长 27-51 cm，宽 10-20 cm，具 4-10 对小叶，上面暗灰绿色，背面被白霜，有时淡黄绿色或苍白色，两面叶脉不显；小叶厚革质，硬直，自叶下部往上小叶渐次变长而狭，最下一对小叶卵形。总状花序直立，通常 3-9 个簇生；芽鳞卵形至卵状披针形；花梗长 4-6 cm；苞片阔卵形或卵状披针形，先端钝；花黄色；外萼片卵形，中萼片椭圆形，内萼片长圆状椭圆形；花瓣倒卵状椭圆形，基部腺体明显，先端微缺；雄蕊长 3.2-4.5 mm，药隔不延伸，顶端圆形至截形；子房长圆状卵形，花柱短，胚珠 3-4 枚。浆果卵形，深蓝色，被白粉。花期

9 月至翌年 1 月，果期 3-5 月。

5．基本描述　药用名：大叶黄柏、土黄柏、白刺通、十大灰功劳。功效：滋阴降火，凉血解毒。主治：关节痛，痈毒肿痛，烫伤，风火牙痛。附方：①关节痛：用阔叶十大功劳鲜根 125 g，切碎片，猪蹄 250-400 g，黄酒 125 g，水适量煎服；②痈毒肿痛：阔叶十大功劳根茎皮适量，研末调冬蜜敷患处；③烫伤：阔叶十大功劳根或茎皮研末，调茶叶敷患处；④风火牙痛：鲜根或茎，刨成薄片，晒干，每次 15-30 g，开水冲泡代茶。

6．传统知识特征

（1）阔叶十大功劳（大叶黄柏）喜温暖湿润气候，与畲族地区的亚热带季风气候相适应。

（2）现代药理研究表明，阔叶十大功劳主要成分是生物碱类、黄酮类和挥发油类，药理活性主要为抗氧化、抗炎和抑菌等，畲族将其用于治疗痈毒肿痛、烫伤等有一定的科学依据。

（3）阔叶十大功劳具有观赏价值，也有畲族少量栽种。

7．保护与利用

（1）传承与利用现状：阔叶十大功劳（大叶黄柏）的药用已有多年历史，被畲族广泛利用，调查发现霞浦县溪南镇半月里村雷国胜有用阔叶十大功劳等药治疗痔疮的特效祖传秘方，疗效显著，可以治疗内痔、外痔。

（2）受威胁状况及因素分析：阔叶十大功劳药用价值高，需求量大，加之药用部位多为根，野生资源常常受到过度采集的威胁。

（3）保护与传承措施：阔叶十大功劳近年来被广泛应用于园林绿化等多个行业，通过播种、扦插等繁殖方法扩大苗木生产，对合理开发利用阔叶十大功劳资源，有效促进野生植物种质资源保护，将发挥积极作用。

8．文献资料

[1]　雷后兴，李永福. 中国畲族医药学[M]. 北京：中国中医药出版社，2007：400.

[2]　钟雷兴. 闽东畲族文化全书（医药卷）[M]. 北京：民族出版社，2009：177-178.

[3]　宋纬文，许志福. 三明畲族民间医药[M]. 厦门：厦门大学出版社，2002：90.

[4]　洪林，蒲兰，李冰冰，等. 阔叶十大功劳的化学成分、药理作用及质量控制研究进展[J]. 贵州：贵州农业科学，2019，47（9）：122-125.

[5]　中国科学院中国植物志编辑委员会. 中国植物志[M]. 第 29 卷. 北京：科学出版社，2001：235.

CN-SH-210-070. 黄瓜碎

1. 名称 中国/浙江省 福建省/畲族/传统医药相关知识/黄瓜碎

Sedi Herba/Traditional Medicine/She People/Zhejiang Province，Fujian Province/China

2. 编号 CN-SH-210-070 中国-畲族-药用生物-黄瓜碎

3. 属性与分布 畲族聚居区集体知识；产于福建、贵州、四川、湖北、湖南、江西、安徽、浙江、江苏、甘肃、陕西、河南、山东、山西、河北、辽宁、吉林、北京等地，在浙江省、福建省畲族聚居区被广泛利用。

4. 背景信息 黄瓜碎为景天科（Crassulaceae）植物垂盆草（*Sedum sarmentosum* Bunge）的干燥全草。多年生草本。不育枝及花茎细，匍匐而节上生根，直到花序之下，长 10-25 cm。3 叶轮生，叶倒披针形至长圆形，长 15-28 mm，宽 3-7 mm，先端近急尖，基部急狭，有距。聚伞花序，有 3-5 分枝，花少，宽 5-6 cm；花无梗；萼片 5，披针形至长圆形，长 3.5-5 mm，先端钝，基部无距；花瓣 5，黄色，披针形至长圆形，长 5-8 mm，先端有稍长的短尖；雄蕊 10，较花瓣短；鳞片 10，楔状四方形，长 0.5 mm，先端稍有微缺；心皮 5，长圆形，长 5-6 mm，略叉开，有长花柱。种子卵形，长 0.5 mm。花期 5-7 月，果期 8 月。

5. 基本描述 药用名：黄瓜碎、狗屎牙、瓜子草、鼠牙半边莲。功效：清热解毒，凉血止血。主治：乳腺炎，毒蛇咬伤，鼻衄，水火烫伤，痈肿疮疡。附方：①乳腺炎：鲜狗屎牙适量，加红糖捣烂敷患处；②毒蛇咬伤：黄瓜碎适量，加烧酒捣烂外敷；③水火烫伤：鲜草适量，洗净，捣烂敷患处；④痈疮：鲜草适量加少许食盐，捣烂敷患处；⑤鼻衄：鲜草适量，捣烂，用布包裹，置米泔水中浸泡 10-15 min，取出，绞汁内服或鲜草 30-60 g，水煎服；⑥甲沟炎：鲜草适量，食盐少许，捣烂，外敷患处。

6. 传统知识特征

（1）垂盆草（黄瓜碎）喜阴湿环境，适应畲族山区的亚热带季风气候，多分布于畲族地区的向阳山坡、石隙、沟边及路旁湿润处。

（2）垂盆草主要药用部位为全草，全年可采，是畲族常用的鲜用药之一。

（3）现代药理研究表明，垂盆草有保肝、抗氧化、免疫抑制、抗菌等作用，畲族在长期与大自然相处的过程中认识到垂盆草有清热解毒、凉血止血的药效，畲族多用其治疗乳腺炎、毒蛇咬伤、鼻衄、水火烫伤、痈肿疮疡等有一定的科学依据。

7. 保护与利用

（1）传承与利用现状：垂盆草在畲族地区分布广泛，资源量丰富，是畲族的常用药，现有人工栽培。

（2）受威胁状况及因素分析：栽培时会受到病虫害的侵害。

（3）保护与传承措施：垂盆草资源丰富，应结合现代化学与药理研究成果，对垂盆草的有效部位加以研究利用，发掘新药，促进其开发利用。

8．文献资料

[1] 雷后兴，李永福. 中国畲族医药学[M]. 北京：中国中医药出版社，2007：407.

[2] 钟雷兴. 闽东畲族文化全书（医药卷）[M]. 北京：民族出版社，2009：195.

[3] 宋纬文，许志福. 三明畲族民间医药[M]. 厦门：
厦门大学出版社，2002：99.

[4] 宋玉华，李春雨，郑艳. 垂盆草的研究进展[J].
中药材，2010，33（12）：1973-1976.

[5] 中国科学院中国植物志编辑委员会. 中国植物
志[M]. 第 34 卷. 第 1 册. 北京：科学出版社，
1984：146.

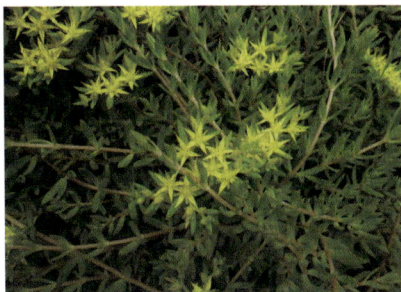

CN-SH-210-071. 耳朵草

1．名称　中国/浙江省 福建省/畲族/传统医药相关知识/耳朵草

Saxifragae Stoloniferae Herba/Traditional Medicine/She People/Zhejiang Province，Fujian Province/China

2．编号　CN-SH-210-071 中国-畲族-药用生物-耳朵草

3．属性与分布　畲族聚居区集体知识；产于河北、陕西、甘肃东南部、江苏、安徽、浙江、江西、福建、我国台湾、河南、湖北、湖南、广东、广西、四川东部、贵州、云南东部和西南部等地，在浙江省、福建省畲族聚居区被广泛利用。

4．背景信息　耳朵草为虎耳草科（Saxifragaceae）植物虎耳草（*Saxifraga stolonifera* Curtis）的干燥全草。多年生草本，高 8-45 cm。鞭匐枝细长，密被卷曲长腺毛，具鳞片状叶。茎被长腺毛，具 1-4 枚苞片状叶。基生叶具长柄，叶片近心形、肾形至扁圆形，长 1.5-7.5 cm，宽 2-12 cm，基部近截形、圆形至心形，茎生叶披针形，长约 6 mm，宽约 2 mm。聚伞花序圆锥状，长 7.3-26 cm，具 7-61 花；花序分枝长 2.5-8 cm，被腺毛，具 2-5 花；花瓣白色，中上部具紫红色斑点，基部具黄色斑点，5 枚，其中 3 枚较短，卵形，另 2 枚较长，披针形至长圆形。雄蕊长 4-5.2 mm，花丝棒状；花盘半环状，围绕于子房一侧，边缘具瘤突；2 心皮下部合生；子房卵球形，花柱 2，叉开。花、果期 4-11 月。

5．基本描述　药用名：耳朵草、铜架杯、坛荷、猪耳朵、老虎耳。功效：清热解毒，祛风退肿。主治：牙痛，中耳炎，耳疔，小儿急惊风，吐血。附方：①牙痛：鲜耳朵草

15 g，洗净切碎，炒鸡蛋服；②中耳炎：取鲜品适量，捣烂绞汁滴耳或鲜品 100 g，加猪耳炖食；③耳疗：取鲜虎耳草适量，加少许食盐捣烂绞汁滴耳，每日 3-4 次；④吐血、咳血：鲜虎耳草适量，捣烂绞汁 20 mL，温服，一日服 2 次；⑤小儿急惊风：取虎耳草 100 g，捣烂绞汁，调冰糖服。

6. 传统知识特征

（1）虎耳草（耳杂草）喜阴湿环境，适应畲族山区的亚热带季风气候，多分布于畲族地区的阴湿处、溪旁树荫下或山涧小溪处。

（2）现代药理研究表明，虎耳草具有很强的杀菌活性，畲族将其用于牙痛、中耳炎、耳疗等具有一定的科学依据。

（3）畲族将虎耳草称为"耳朵草"，畲族对它的命名是根据其外形特征命名的。

7. 保护与利用

（1）传承与利用现状：虎耳草是畲族的常用药，在畲族地区资源量丰富，抑制细菌生长的作用明显，前景广阔。

（2）受威胁状况及因素分析：野生虎耳草种群受到了生态环境破坏的威胁。

（3）保护与传承措施：虎耳草现栽培技术成熟，可人工栽培，以满足市场需求。

8. 文献资料

[1] 雷后兴，李永福. 中国畲族医药学[M]. 北京：中国中医药出版社，2007：408.

[2] 钟雷兴. 闽东畲族文化全书（医药卷）[M]. 北京：民族出版社，2009：192.

[3] 蒲祥，宋良科. 虎耳草的研究进展[J]. 安徽农业科学，2009，37（31）：15224-15226.

[4] 中国科学院中国植物志编辑委员会. 中国植物志[M]. 第 34 卷. 第 2 册. 北京：科学出版社，1992：75.

CN-SH-210-072. 五叶扭

1. 名称　中国/浙江省 福建省/畲族/传统医药相关知识/五叶扭

Rubi Hirsuti Radix et Folium/Traditional Medicine/She People/Zhejiang Province，Fujian Province/China

2. 编号　CN-SH-210-072 中国-畲族-药用生物-五叶扭

3. 属性与分布　畲族聚居区集体知识；产于辽宁以南各省区，在浙江省、福建省畲族聚居区被广泛利用。

4.背景信息　五叶扭为蔷薇科（Rosaceae）植物蓬蘽（*Rubus hirsutus* Thunb.）的干燥根及叶。多年生草本；株高可达 1-2 m，枝被柔毛和腺毛，疏生皮刺；小叶 3-5，卵形或宽卵形，长 3-7 cm，先端急尖或渐尖，基部宽楔形或圆，两面疏生柔毛，具不整齐尖锐重锯齿；叶柄长 2-3 cm，顶生小叶柄长约 1 cm，均具柔毛和腺毛，并疏生皮刺，托叶披针形或卵状披针形，两面具柔毛；花常单生，顶生或腋生；花梗长（2）3-6 cm，具柔毛和腺毛，或有极少小皮刺；苞片具柔毛，花径 3-4 cm；花瓣倒卵形或近圆形，白色；花丝较宽；花柱和子房均无毛，果近球形，径 1-2 cm，无毛；果实近球形，直径 1-2 cm，无毛；花期 4 月，果期 5-6 月。

5.基本描述　药用名：五叶扭、牛乳扭、布袋扭。功效：清热解毒，散瘀消肿。主治：感冒发热，咳嗽，咽喉肿痛，白喉，牙痛，痢疾，疔疮肿毒。附方：①咽喉肿痛：鲜蓬蘽 200 g、水煎，一半分 3 次服，一半漱口；②风火牙痛：全草适量，水煎含漱或全草 30 g，水煎，去渣，打入鸭蛋 1-2 个，加食盐少许，煮熟，吃蛋喝汤；③牙龈炎：鲜全草适量，食盐少许，捣烂，塞患处；④疔疮疖肿：鲜全草适量，洗净，捣烂后用布包裹，置茶油中煮沸片刻，待冷却后沾扑患处；⑤风湿：内服煎汤 15-30 g，鲜品加倍。

6.传统知识特征

（1）蓬蘽（五叶扭）喜阴凉、温暖湿润的地方，极其适应畲族地区亚热带季风气候，多分布于畲族地区的山坡、河岸、草地等潮湿的地方。

（2）现代药理研究表明，蓬蘽具有祛风湿、抑菌、增强免疫的作用，畲族用其治疗咽喉肿痛、牙痛、风湿、疔疮肿毒等病症有一定的科学依据。

7.保护与利用

（1）传承与利用现状：蓬蘽在畲族地区广泛分布，易于栽培繁殖，且蓬蘽具有抗肿瘤活性被发现后，引起了学者们的广泛关注，已成为一种开发前途十分广阔的植物资源。

（2）受威胁状况及因素分析：蓬蘽是多民族用药，市场需求大，常引起人们的过度利用。

（3）保护与传承措施：现有人工栽培，可满足市场需求。

8.文献资料

[1] 钟雷兴. 闽东畲族文化全书（医药卷）[M]. 北京：民族出版社，2009：240.

[2] 雷后兴，李水福. 中国畲药学[M]. 北京：人民军医出版社，2014：121-122.

[3] 中国科学院中国植物志编辑委员会. 中国植物志[M]. 第 37 卷. 北京：科学出版社，1985：101.

CN-SH-210-073. 山红枣

1. 名称 中国/浙江省 福建省/畲族/传统医药相关知识/山红枣

Sanguisorbae Officinalis Radix/Traditional Medicine/She People/Zhejiang Province，Fujian Province/China

2. 编号 CN-SH-210-073 中国-畲族-药用生物-山红枣

3. 属性与分布 畲族聚居区集体知识；产于黑龙江、吉林、辽宁、内蒙古、河北、山西、陕西、甘肃、青海、新疆、山东、河南、江西、江苏、浙江、安徽、湖南、湖北、广西、四川、贵州、云南、西藏等地，在浙江省、福建省畲族聚居区被广泛利用。

4. 背景信息 山红枣为蔷薇科（Rosaceae）植物地榆（*Sanguisorba officinalis* L.）的干燥根。多年生草本，高 30-120 cm。根粗壮，多呈纺锤形，稀圆柱形，表面棕褐色或紫褐色，有纵皱及横裂纹。茎直立，有棱，无毛或基部有稀疏腺毛。基生叶为羽状复叶，有小叶 4-6 对，叶柄无毛或基部有稀疏腺毛；小叶片有短柄，卵形或长圆状卵形，基部心形至浅心形，有粗大圆钝稀急尖的锯齿，两面绿色，无毛；茎生叶较少，小叶片有短柄至几无柄，长圆形至长圆披针形，基部微心形至圆形；穗状花序椭圆形，圆柱形或卵球形，直立，通常长 1-3（4）cm，从花序顶端向下开放，花序梗光滑或偶有稀疏腺毛；萼片 4 枚，紫红色，椭圆形至宽卵形，背面被疏柔毛。果实包藏在宿存萼筒内，有 4 棱。花、果期 7-10 月。

5. 基本描述 药用名：山红枣、山枣仁、山荔枝。功效：止血凉血，清热解毒，收敛止泻。主治：水火烫伤，白带。附方：①水火烫伤：山红枣根适量，磨汁搽患处；②白带：山枣仁根 15-20 g，水煎服。

6. 传统知识特征

（1）地榆（山红枣）生命力旺盛，适应性强，资源丰富，在畲族地区的向阳山坡、灌丛、沙质土壤中均有分布，畲族就地取材不会造成环境破坏。

（2）现代药理研究表明，地榆具有止血、抗肿瘤、抗炎、消肿、抗菌的作用，畲族用其治疗水火烫伤、白带等病症具有一定的科学依据。

7. 保护与利用

（1）传承与利用现状：地榆的生命力旺盛，对栽培条件要求不严格，资源量丰富。

（2）受威胁状况及因素分析：地榆为多民族共用药，其制剂在临床应用广泛，可用于快速有效地治疗各种炎症，市场需求大，加之利用部位多为根，对地榆的过度利用极易对其野生种群造成破坏。

（3）保护与传承措施：现有人工栽培可缓解野生种群的压力。

8．文献资料

[1] 雷后兴，李永福. 中国畲族医药学[M]. 北京：中国中医药出版社，2007：412.

[2] 叶招浇，阎澜，李洪娇，等. 中药地榆的药理作用及临床应用研究进展[J]. 药学服务与研究，2015，15（1）：47-50.

[3] 中国科学院中国植物志编辑委员会. 中国植物志[M]. 第37卷. 北京：科学出版社，1985：465.

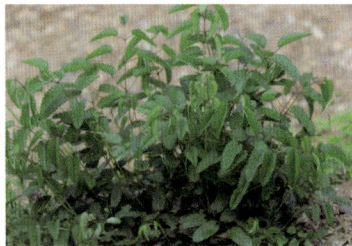

CN-SH-210-074. 马殿西

1．名称 中国/浙江省 福建省/畲族/传统医药相关知识/马殿西

Lespedezae Formosae Radix/Traditional Medicine/She People/Zhejiang Province，Fujian Province/China

2．编号 CN-SH-210-074 中国-畲族-药用生物-马殿西

3．属性与分布 畲族聚居区集体知识；产于黑龙江、吉林、辽宁、河北、内蒙古、山西、陕西、甘肃、山东、江苏、安徽、浙江、福建、我国台湾、河南、湖南、广东、广西等地，在浙江省、福建省畲族聚居区被广泛利用。

4．背景信息 马殿西为豆科（Leguminosae）植物美丽胡枝子［*Lespedeza thunbergii* subsp. *formosa*（Vogel）H. Ohashi］的干燥根。直立灌木，高1-2 m，多分枝，枝伸展，被疏柔毛；托叶披针形至线状披针形，褐色，被疏柔毛；叶柄长1-5 cm，被短柔毛；小叶椭圆形、长圆状椭圆形或卵形，上面绿色，下面淡绿色，贴生短柔毛；总状花序单一，腋生，比叶长，或构成顶生的圆锥花序；总花梗长可达10 cm，被短柔毛；苞片卵状渐尖，密被绒毛；花梗短，被毛；花萼钟状，5深裂，裂片长圆状披针形，外面密被短柔毛；花冠红紫色，旗瓣近圆形或稍长，先端圆，基部具明显的耳和瓣柄，翼瓣倒卵状长圆形，短于旗瓣和龙骨瓣，荚果倒卵形或倒卵状长圆形，表面具网纹且被疏柔毛。

5．基本描述 药用名：马殿西、乌梢根、扫帚根、马须草。功效：清热解毒，祛风除湿，活血止痛。主治：肺痈，乳痈，疖肿，腹泻，风湿痹痛，跌打损伤，骨折。附方：治扭伤、脱臼、骨折：美丽胡枝子鲜根和酒糟捣烂，敷伤处。或美丽胡枝子鲜根二重皮和朱砂根鲜根等量，捣烂，黄酒炒热外敷。若骨折、脱臼者，应先复位后敷药。

6．传统知识特征

（1）美丽胡枝子（马殿西）耐旱、耐瘠薄、耐酸性、耐盐碱，对土壤适应性强，资源丰富，畲族利用它不会造成资源破坏。

（2）畲族利用美丽胡枝子时常加入肉或酒做药引，体现了畲族传统医药知识的独特性。

（3）畲族居于亚热带季风气候山区，常年劳作，气候潮湿，容易得风湿及劳伤，美丽胡枝子具有强筋益肾、健脾祛湿的药效，被畲族广泛利用。

7. 保护与利用

（1）传承与利用现状：美丽胡枝子适应性强，分布范围广，资源量丰富，是畲族强筋益肾、健脾祛湿的常用药。

（2）受威胁状况及因素分析：美丽胡枝子栽培时会受到病虫害的威胁。

（3）保护与传承措施：美丽胡枝子不仅具有药用价值，而且具有较高的水土保持和改良土壤肥力，具有饲用价值和生态价值，被广为栽培。

8. 文献资料

[1] 钟雷兴. 闽东畲族文化全书（医药卷）[M]. 北京：民族出版社，2009：250-251.

[2] 中国科学院中国植物志编辑委员会. 中国植物志[M]. 第41卷. 北京：科学出版社，1995：143.

CN-SH-210-075. 酸草

1. 名称　中国/浙江省 福建省/畲族/传统医药相关知识/酸草

Oxalis Corniculatae Herba/Traditional Medicine/She People/Zhejiang Province，Fujian Province/China

2. 编号　CN-SH-210-075 中国-畲族-药用生物-酸草

3. 属性与分布　畲族聚居区集体知识；全国广布，在浙江省、福建省畲族聚居区被广泛利用。

4. 背景信息　酸草为酢浆草科（Oxalidaceae）植物酢浆草（*Oxalis corniculata* L.）的干燥全草。草本，高 10-35 cm，全株被柔毛。根茎稍肥厚。茎细弱，多分枝，直立或匍匐。叶基生或茎上互生；小叶3，无柄，倒心形，先端凹入，基部宽楔形，两面被柔毛或表面无毛。花单生或数朵集为伞形花序状，腋生，总花梗淡红色，与叶近等长；花梗长 4-15 mm，果后延伸；萼片5，披针形或长圆状披针形，背面和边缘被柔毛，宿存；花瓣5，黄色，长圆状倒卵形；雄蕊10，花丝白色半透明，子房长圆形，5室，被短伏毛，花柱5，柱头头状。蒴果长圆柱形，5棱。种子长卵形，褐色或红棕色，具横向肋状网纹。花、果期 2-9 月。

5. 基本描述　药用名：酸草、盐酸草、酸芝草、咸酸草、老鸦饭。功效：清热利湿，解毒消肿。主治：肝炎，蜈蚣咬伤，血晕，咽喉炎，跌打损伤，无名肿毒，产褥热。附方：①肝炎：盐酸草、积雪草各等量，浸白酒服；②蜈蚣咬伤：鲜盐酸草适量，捣烂敷患处；③血晕：鲜盐酸草适量，捣汁，每次 12 mL，冲黄酒灌服（出血过多者禁服）；④口腔炎、齿龈炎：鲜酢浆草 200 g，捣烂绞汁频频涂抹口内，或含在口内；⑤预防产后风：鲜全草 30 g，捣烂，冲入适量开水，捞去渣，加入红糖，调匀内服，日 1 次，连服2-3 d；⑥解砒霜中毒：鲜草一大把，捣烂，加入适量米泔水，绞汁，灌服；⑦扭伤：鲜草适量，捣烂，加热后外敷患处；⑧关节炎：全草适量，浸酒外擦患处；⑨疔疮：鲜全草适量，酒酿少许，捣烂，外敷患处。

6. 传统知识特征

（1）酢浆草（酸草）喜向阳、温暖、湿润的环境，多生长于畲族地区的山坡草池、路边、田边、荒地或林下阴湿处等处。

（2）现代药理研究表明，酸草有抑菌、抗炎的功效，畲族用其治疗肝炎、蜈蚣咬伤、咽喉炎、跌打损伤、无名肿毒等病症具有一定的科学依据。

（3）畲族利用酸草过程中常加酒、米泔水、红糖等做药引，体现了畲族传统医药知识的独特性。

7. 保护与利用

（1）传承与利用现状：酢浆草适应性强，分布范围广，资源量丰富，是畲族常用的抗菌消炎药。

（2）受威胁状况及因素分析：酢浆草为多民族共用药，需求量大，过度利用会对其野生资源产生破坏，此外，农药的过度使用，生态环境的破坏也是野生酢浆草的威胁因素之一。

（3）保护与传承措施：开展酢浆草的引种、驯化、栽培、开发和应用的研究，对民族医药的可持续发展具有意义。

8. 文献资料

[1] 雷后兴，李永福. 中国畲族医药学[M]. 北京：中国中医药出版社，2007：414.

[2] 钟雷兴. 闽东畲族文化全书（医药卷）[M]. 北京：民族出版社，2009：208-209.

[3] 宋纬文，许志福. 三明畲族民间医药[M]. 厦门：厦门大学出版社，2002：132.

[4] 张萌，王俊丽. 酢浆草研究进展[J]. 黑龙江农业科学，2012（8）：150-155.

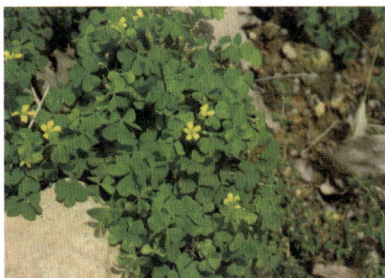

[5]　中国科学院中国植物志编辑委员会. 中国植物志[M]. 第 43 卷. 第 1 册. 北京：科学出版社，1998：11.

CN-SH-210-076. 山落麻

1. 名称　中国/浙江省 福建省/畲族/传统医药相关知识/山落麻

Acalyphae Australis Herba/Traditional Medicine/She People/Zhejiang Province，Fujian Province/China

2. 编号　CN-SH-210-076 中国-畲族-药用生物-山落麻

3. 属性与分布　畲族聚居区集体知识；我国除西部高原或干燥地区外，大部分省份均有分布，在浙江省、福建省畲族聚居区被广泛利用。

4. 背景信息　山落麻为大戟科（Euphorbiaceae）植物铁苋菜（*Acalypha australis* L.）的干燥全草。一年生草本，高 0.2-0.5 m，小枝细长，被平伏柔毛。叶膜质，长卵形、近菱状卵形或阔披针形，长 3-9 cm，宽 1-5 cm，基出脉 3 条，侧脉 3 对；叶柄长 2-6 cm，具短柔毛；托叶披针形，具短柔毛。雌雄花同序，花序腋生，稀顶生，长 1.5-5 cm，花序梗长 0.5-3 cm，花序轴具短毛，雌花苞片 1-2（-4）枚，卵状心形，边缘具三角形齿，外面沿掌状脉具疏柔毛，苞腋具雌花 1-3 朵；雄花生于花序上部，排列呈穗状或头状，苞片卵形，苞腋具雄花 5-7 朵，簇生。蒴果直径 4 mm，具 3 个分果爿，果皮具疏生毛和毛基变厚的小瘤体；种子近卵状，种皮平滑，假种阜细长。花、果期 4-12 月。

5. 基本描述　药用名：山落麻、野落麻、玉碗捧珍珠、野麻草、野麻仔。功效：清热解毒，消积，止血止痢。主治：痢疾，糖尿病，小儿疳积，疟疾，小便淋沥。附方：①痢疾：铁苋菜 200 g，水煎服；②糖尿病：铁苋菜一大把，水煎服；③小儿疳积：鲜铁苋菜 30-60 g，猪肝适量，炖服；④疟疾：鲜铁苋菜 150 g，发作前 2-3 小服，连服 1-4 次；⑤小便淋沥：鲜铁苋菜 60 g，冰糖 30 g，水炖服。

6. 传统知识特征

（1）铁苋菜（山落麻）喜湿润环境，适应畲族地区的亚热带季风气候，在畲族地区资源量丰富，畲族利用山落麻不会造成资源破坏。

（2）山落麻是畲族的传统医药，当地就地取材。畲族还利用山落麻为野生蔬菜。

（3）现代研究发现，山落麻（铁苋菜）具有抗炎、抗氧化、抗癌、抑菌、止血、止泻、解痉等多种药理活性，畲族用其治疗痢疾、小儿疳积、疟疾、小便淋沥等病症具有一定的科学依据。

7. 保护与利用

（1）传承与利用现状：山落麻（铁苋菜）是畲族的传统常用药，现在仍有使用。

（2）受威胁状况及因素分析：铁苋菜是国家三类新药苋菜黄连素胶囊的原料，加之铁苋菜不仅具有药用价值，还具有食用价值，是民间常见的野菜，市场需求量大，野生资源容易过度采摘。

（3）保护与传承措施：现已有铁苋菜的野生驯化栽培。

8. 文献资料

[1] 雷后兴，李永福. 中国畲族医药学[M]. 北京：中国中医药出版社，2007：416.

[2] 钟雷兴. 闽东畲族文化全书（医药卷）[M]. 北京：民族出版社，2009：234.

[3] 梁建丽，韦丽富，周婷婷，等. 铁苋菜有效成分及药理作用研究概况[J]. 亚太传统医药，2015，11（3）：45-47.

[4] 林忠宁，陈敏健，刘明香. 铁苋菜的特征特性及栽培技术[J]. 现代农业科技，2012（6）：147，151.

[5] 中国科学院中国植物志编辑委员会. 中国植物志[M]. 第44卷. 第2册. 北京：科学出版社，1996：100.

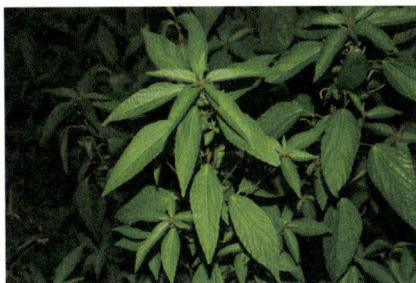

CN-SH-210-077. 白叶山桐子

1. 名称 中国/浙江省 福建省/畲族/传统医药相关知识/白叶山桐子

Malloti Apeltae Radix et Folium/Traditional Medicine/She People/Zhejiang Province, Fujian Province/China

2. 编号 CN-SH-210-077 中国-畲族-药用生物-白叶山桐子

3. 属性与分布 畲族聚居区集体知识；产于云南、广西、湖南、江西、福建、广东和海南等地，在浙江省、福建省畲族聚居区被广泛利用。

4. 背景信息 白叶山桐子为大戟科（Euphorbiaceae）植物白背叶［*Mallotus apelta*（Lour.）Müll. Arg.］的干燥根及叶。灌木或小乔木，高1-3（-4）m；小枝、叶柄和花序均密被淡黄色星状柔毛和散生橙黄色颗粒状腺体。叶互生，卵形或阔卵形，稀心形，长和宽均6-16（-25）cm，基部截平或稍心形，边缘具疏齿，下面被灰白色星状绒毛；基出脉5条，侧脉6-7对。花雌雄异株，雄花序为开展的圆锥花序或穗状，长15-30 cm，苞片卵形，长约1.5 mm，花萼裂片4，雄蕊50-75枚；雌花序穗状，长15-30 cm。蒴果近球形，密生被灰白色星状毛的软刺，软刺线形，黄褐色或浅黄色；种子近球形，褐色或黑色，具皱纹。花期6-9月，果期8-11月。

5. 基本描述 药用名：白叶山桐子、白山刚子、天青地白、木梗、白桐柴根、狗屎团、假桐子。功效：清热平肝，解毒消炎。主治：跌打损伤，胃脘痛，外伤出血，肝炎，关节痹痛疮肿。附方：①跌打损伤：白山刚子叶适量，捣烂外敷；种子 7-10 粒，开水冲服，重症可服 20-30 粒；②胃脘痛：白桐柴根适量，炖猪肉服或白背叶鲜根 60 g、小母鸡 1 只，除毛去肠杂，将鲜根切成薄片放入鸡腹后用线捆，加水过面，隔水文火炖熟服用；③外伤出血：假桐子叶适量，捣烂敷患处；④急慢性肝炎：白背叶鲜根 60 g、猪肝 60 g，同炖服或用鲜根 60 g，水煎代茶；⑤化脓性中耳炎：白背叶鲜叶适量，捣烂绞汁，先用醋洗耳，拭干后滴入白背叶汁；⑥肝炎：鲜茎皮 100-250 g，水煎代茶；⑦慢性肝炎：根 30-60 g，兔子 1 只，水炖，吃汤喝肉；⑧风湿痛：根 50-100 g，炖猪脚或兑鸡汤服或根 30-60 g，取煎液炖猪脚服；⑨关节炎：根 1 kg，水煎，去渣，加入大猪脚 2-3 只，冰糖 0.5 kg，炖熟，每次吃汤喝肉数块，喝汤 1 小碗，日 2-3 次；⑩过敏性皮炎：鲜叶适量，水煎洗；⑪刀伤：鲜叶适量，蜂蜜少许，捣烂，外敷患处或鲜叶适量，与少许蛋清共捣烂，外敷患处。

6. 传统知识特征

（1）畲族在利用白叶山桐子（白背叶）的过程中常加猪脚、鸡、猪肝等，体现了畲族传统医药知识的独特性。

（2）畲族在与疾病作斗争中用白背叶根、叶、种子治疗多种疾病，体现了畲族传统医药知识的丰富性。

（3）现代药理研究表明，白叶山桐子具有很好的止血、消炎抑菌、抗肝纤维化、抗癌等作用，畲族将其用于治疗跌打损伤、胃脘痛、外伤出血、肝炎、关节痹痛疮肿等有一定的科学依据。

7. 保护与利用

（1）传承与利用现状：白叶山桐子（白背叶）是畲族的常用药，有很好的清热平肝、解毒消炎的功效。

（2）受威胁状况及因素分析：白叶山桐子药用价值高，现主要依赖白背叶的野生资源，对其过度利用很容易导致野生种群产生破坏。

（3）保护与传承措施：在利用白背叶野生资源的同时应加强保护。

8. 文献资料

[1] 雷后兴，李永福. 中国畲族医药学[M]. 北京：中国中医药出版社，2007：451.

[2] 钟雷兴. 闽东畲族文化全书（医药卷）[M]. 北京：民族出版社，2009：232.

[3] 宋纬文，许志福. 三明畲族民间医药[M]. 厦门：厦门大学出版社，2002：144.

[4] 胡坚，王兰英，骆焱平. 白背叶研究进展[J]. 中国现代中药，2009，11（6）：5-8.

[5] 涂鑫，毛海峰. 白背叶滴剂治疗慢性化脓性
中耳炎疗效观察[J]. 中国中西医结合杂志，
1988（3）：180.

[6] 浙江植物志（新编）编辑委员会. 浙江植物
志[M]. 第 6 卷. 杭州：浙江科学技术出版
社，2021：32.

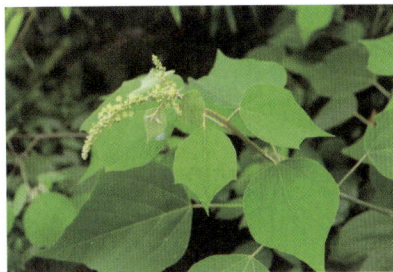

CN-SH-210-078. 野棉花

1．名称　中国/浙江省 福建省/畲族/传统医药相关知识/野棉花

Urenae Procumbentis Herba/Traditional Medicine/She People/Zhejiang Province，Fujian Province/China

2．编号　CN-SH-210-078 中国-畲族-药用生物-野棉花

3．属性与分布　畲族聚居区集体知识；产于广东、我国台湾、福建、广西、江西、湖南、浙江等地，在浙江省、福建省畲族聚居区被广泛利用。

4．背景信息　野棉花为锦葵科（Malvaceae）植物梵天花（*Urena procumbens* L.）的干燥全草。小灌木，高 80 cm，枝平铺，小枝被星状绒毛。叶下部生的轮廓为掌状 3-5 深裂，裂口深达中部以下，圆形而狭，长 1.5-6 cm，宽 1-4 cm，裂片菱形或倒卵形，呈葫芦状，先端钝，基部圆形至近心形，具锯齿，两面均被星状短硬毛，叶柄长 4-15 mm，被绒毛；托叶钻形，长约 1.5 mm，早落。花单生或近簇生，花梗长 2-3 mm；花冠淡红色，花瓣长 10-15 mm；雄蕊柱无毛，与花瓣等长。果球形，直径约 6 mm，具刺和长硬毛，刺端有倒钩，种子平滑无毛。花期 6-9 月。

5．基本描述　药用名：野棉花、五龙会、山棉花、石棉花、犬脚迹、拦路虎、粘花衣。功效：祛风除湿，行气活血。主治：腰痛，风湿疼痛，跌打损伤，胃寒腹痛，毒蛇咬伤。附方：①腰痛：山棉花 50-100 g，水煎服；②风湿关节痛：鲜梵天花根 90 g、猪蹄 250 g、黄酒 250 g，加水适量，炖服；③跌打损伤：胃脘部跌打损伤而致呕吐不能进食或食后即吐者，取鲜根 90 g，红糖 20 g，开水冲炖服；④风毒流注：取鲜梵天花全草 120-150 g、羊肉 250 g，水酒各半炖服；⑤毒蛇咬伤：取鲜梵天花鲜叶捣烂浸米泔水取汁洗伤口，用渣敷伤口。

6．传统知识特征

（1）畲族居于亚热带季风气候山区，常年劳作，气候潮湿容易得风湿，此外也易受跌打损伤，野棉花具有祛风除湿、行气活血的功效，被畲族广泛用于治疗腰痛、风湿疼痛、跌打损伤、胃寒腹痛、毒蛇咬伤等。

（2）梵天花（野棉花）喜温暖湿润气候，适应畲族地区的亚热带季风气候。

7．保护与利用

（1）传承与利用现状：野棉花是畲族治疗腰痛、风湿疼痛、跌打损伤、胃寒腹痛、毒蛇咬伤的常用药，具有很好的疗效。

（2）受威胁状况及因素分析：现主要依赖于梵天花的野生资源，过度采集利用对其野生种群产生了一定威胁。

（3）保护与传承措施：在利用梵天花野生资源的同时，应加强对其野生资源的保护，促进其可持续利用。

8．文献资料

[1] 雷后兴，李永福. 中国畲族医药学[M]. 北京：中国中医药出版社，2007：423.

[2] 钟雷兴. 闽东畲族文化全书（医药卷)[M]. 北京：民族出版社，2009：229.

[3] 孙琛，赵兵，李文婧，等. 梵天花属药学研究进展[J]. 安徽农业科学，2012，40（13）：7710，7738.

[4] 中国科学院中国植物志编辑委员会. 中国植物志[M]. 第49卷. 第2册. 北京：科学出版社，1984：47.

CN-SH-210-079. 凤草儿

1．名称 中国/浙江省 福建省/畲族/传统医药相关知识/凤草儿

Hyperici Japonica Herba/Traditional Medicine/She People/Zhejiang Province，Fujian Province/China

2．编号 CN-SH-210-079 中国-畲族-药用生物-凤草儿

3．属性与分布 畲族聚居区集体知识；产于辽宁、山东至长江以南各地，在浙江省、福建省畲族聚居区被广泛利用。

4．背景信息 凤草儿为藤黄科（Guttiferae）植物地耳草（*Hypericum japonicum* Thunb. ex Murray）的干燥全草。一年生或多年生草本，高2-45 cm。茎单一或多少簇生，直立或外倾或匍地而在基部生根。叶无柄，叶片通常卵形或卵状三角形至长圆形或椭圆形，上面绿色，下面淡绿但有时带苍白色。花直径4-8 mm，平展；花瓣白色、淡黄至橙黄色，椭圆形或长圆形，先端钝形，无腺点，宿存；雄蕊5-30枚，不成束，宿存；子房1室，花柱（2-)3，离生。蒴果短圆柱形至圆球形，长2.5-6 mm，无腺条纹。种子淡黄色，圆柱形，两端锐尖。花期 3-8 月，果期 6-10 月。

5. 基本描述　药用名：凤草儿、九重楼、小草儿、七层塔。功效：清热利湿，消肿解毒。主治：小儿腹泻，肝炎，跌打损伤，血崩，毒蛇咬伤。附方：①小儿腹泻：凤草儿 1-3 g，水煎或开水泡服；②血崩：凤草儿 3-6 g，黄酒炖服；③小儿疳积：全草 10 g，炖猪瘦肉服；④跌打损伤：鲜草适量，捣烂，绞汁，每次 10 mL，白酒数滴兑服；⑤跌打损伤疼痛性休克：鲜草 30-60 g，捣烂，加少许冷开水，绞汁，兑少许白糖灌服；⑥扭伤：鲜草适量，捣烂，外敷患处；⑦腰扭伤：鲜全草 30 g，鸡蛋 1 个，白酒炖，吃蛋喝汤；⑧急性结膜炎：全草 15-30 g，炖猪瘦肉服或鲜草适量，捣烂，加入少许人奶，布包，外敷患处；⑨角膜炎、结膜炎：鲜全草适量，搓烂，塞患眼对侧鼻孔，每次数分钟至十余分钟。

6. 传统知识特征

（1）地耳草（凤草儿）喜温暖湿润气候，极其适应畲族地区的地理气候条件，多生于畲族地区田野较湿润处、向阳山坡潮湿处及山林麓沟边。

（2）畲族采制地耳草多在春夏季开花前采收全草，洗净，晒干或鲜用，畲族认为应以色黄绿，带花者为佳。这是畲族在长期采制地耳草时积累的经验。

（3）现代药理研究表明，凤草儿具有抗肿瘤、免疫、抑菌、保肝等作用，畲族用其治疗小儿腹泻、肝炎、跌打损伤、血崩、毒蛇咬伤等病症具有一定的科学依据。

7. 保护与利用

（1）传承与利用现状：凤草儿（地耳草）是浙江、福建畲医最常用，疗效较显著，用方较特异的草药之一。

（2）受威胁状况及因素分析：现多依赖于地耳草的野生资源，过度采集利用容易对其资源造成破坏，此外地耳草多分布于田边、沟边、草地以及撂荒地，人为活动较频繁，极易受到人为的破坏。

（3）保护与传承措施：在利用地耳草野生资源的同时，应加强对其野生资源的保护，促进地耳草的可持续利用。

8. 文献资料

[1] 雷后兴，李永福. 中国畲族医药学[M]. 北京：中国中医药出版社，2007：324-326.

[2] 宋纬文，许志福. 三明畲族民间医药[M]. 厦门：厦门大学出版社，2002：169-170.

[3] 中国科学院中国植物志编辑委员会. 中国植物志[M]. 第 50 卷. 第 2 册. 北京：科学出版社，1990：47.

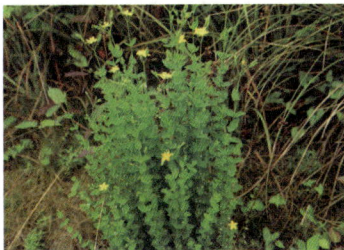

CN-SH-210-080. 盆地锦

1. 名称　中国/浙江省 福建省/畲族/传统医药相关知识/盆地锦

Hydrocotylis Sibthorpioldes Herba/Traditional Medicine/She People/Zhejiang Province, Fujian Province/China

2. 编号　CN-SH-210-080 中国-畲族-药用生物-盆地锦

3. 属性与分布　畲族聚居区集体知识；产于陕西、江苏、安徽、浙江、江西、福建、湖南、湖北、广东、广西、我国台湾、四川、贵州、云南等地，在浙江省、福建省畲族聚居区被广泛利用。

4. 背景信息　盆地锦为伞形科（Umbelliferae）植物天胡荽（*Hydrocotyle sibthorpioides* Lam.）的干燥全草。多年生草本，有气味。茎细长而匍匐，平铺地上成片，节上生根。叶片膜质至草质，圆形或肾圆形，长 0.5-1.5 cm，宽 0.8-2.5 cm，基部心形；叶柄长 0.7-9 cm，无毛或顶端有毛；托叶略呈半圆形，薄膜质，全缘或稍有浅裂。伞形花序与叶对生，单生于节上；花序梗纤细，长 0.5-3.5 cm；小伞形花序有花 5-18，花无柄或有极短的柄，花瓣卵形，长约 1.2 mm，绿白色，有腺点；花丝与花瓣同长或稍超出，花药卵形；花柱长 0.6-1 mm。果实略呈心形，两侧扁压，中棱在果熟时极为隆起，幼时表面草黄色，成熟时有紫色斑点。花、果期 4-9 月。

5. 基本描述　药用名：盆地锦、洋文锦、橡皮筋、披地锦、铺地锦、满天星、花边灯盏。功效：清热利湿，祛痰止咳。主治：黄疸性传染性肝炎，百日咳，目翳，发热，咽喉炎，衄血。附方：①百日咳：天胡荽鲜品 60 g，捣烂绞汁调蜂蜜服。②黄疸型传染性肝炎：天胡荽鲜品 60 g，水煎冲冰糖代茶。③目翳：鲜天胡荽 60 g，去根，青壳鸡蛋两枚，不用油在锅内炒熟服，连服 1 周。④衄血：鲜天胡荽适量，揉成团塞鼻。⑤小儿发热惊风：鲜全草适量，捣烂绞汁，每服 1 汤匙，白糖兑服。⑥刀伤：鲜草适量，白糖少许，捣烂，外敷患处。若伤及骨头，再刮去杉树二重皮，共捣烂，外敷患处，日换药 1 次。⑦小儿嘴烂、喉咙痛：披地锦捣烂取汁加冰糖服。

6. 传统知识特征

（1）天胡荽（盆地锦）喜欢温暖潮湿的环境，适应畲族地区的亚热带季风气候，多生长于畲族地区的湿润的路旁、草地、河沟边、湖滩、溪谷及山地中。

（2）现代研究表明，天胡荽（盆地锦）化学成分主要有黄酮类、三萜类、挥发油类、植物甾醇类等，有抗病毒、抗肿瘤、抗菌、肝损伤保护等多种药理活性，畲族用其治疗黄疸性传染性肝炎、百日咳、目翳、发热、咽喉炎等病症有一定的科学依据。

（3）天胡荽可为食用，畲族常用之为野生蔬菜。

7．保护与利用

（1）传承与利用现状：天胡荽不仅是畲族的药用植物，还是畲族药食同源的植物资源之一，畲族经常将其配猪肚同煮，具有健脾养胃的功效。

（2）受威胁状况及因素分析：天胡荽生长会受到叶甲类害虫、叶枯病、白粉病等病虫害的威胁。

（3）保护与传承措施：现已有人工栽培，以满足市场需求。

8．文献资料

[1] 钟雷兴. 闽东畲族文化全书（医药卷）[M]. 北京：民族出版社，2009：278-279.

[2] 宋纬文，许志福. 三明畲族民间医药[M]. 厦门：厦门大学出版社，2002：193.

[3] 中国科学院中国植物志编辑委员会. 中国植物志[M]. 第 55 卷. 第 1 册. 北京：科学出版社，1979：17.

CN-SH-210-081．矮茶

1．名称 中国/浙江省 福建省/畲族/传统医药相关知识/矮茶

Ardisiae Japonicae Herba/Traditional Medicine/She People/Zhejiang Province，Fujian Province/China

2．编号 CN-SH-210-081 中国-畲族-药用生物-矮茶

3．属性与分布 畲族聚居区集体知识；产于陕西及长江流域以南各地，在浙江省、福建省畲族聚居区被广泛利用。

4．背景信息 矮茶为紫金牛科（Myrsinaceae）植物紫金牛 [*Ardisia japonica*（Thunb.）Blume] 的干燥全草。小灌木或亚灌木，近蔓生，具匍匐生根的根茎；直立茎长达 30 cm，稀达 40 cm，不分枝，幼时被细微柔毛，以后无毛。叶对生或近轮生，椭圆形至椭圆状倒卵形，顶端急尖，基部楔形，长 4-7 cm，宽 1.5-4 cm；叶柄长 6-10 mm，被微柔毛。亚伞形花序，总梗长约 5 mm，有花 3-5 朵；花长 4-5 mm，有时 6 数，萼片卵形，两面无毛，具缘毛，有时具腺点；花瓣粉红色或白色，广卵形，无毛，具蜜腺点；雄蕊较花瓣略短，花药披针状卵形或卵形，背部具腺点；雌蕊与花瓣等长，子房卵珠形，无毛；胚珠 15 枚，3 轮。果球形，鲜红色转黑色，多少具腺点。花期 5-6 月，果期 11-12 月。

5．基本描述 药用名：矮茶、矮地菇、平地木、老勿大。功效：止咳化痰，祛风解毒，活血止痛。主治：肝炎，风湿，疝气。附方：肝炎、风湿、疝气：矮茶 5-20 g，水煎服。

6. 传统知识特征

（1）紫金牛喜温暖、湿润环境，极其适应畲族地区的亚热带季风气候，多分布于畲族地区的山间林下或竹林下。

（2）现代研究发现，矮茶（紫金牛）具有止咳平喘、抗炎抗菌、抗病毒、抗肿瘤、抗生育、驱虫杀虫等活性，畲族用其治疗肝炎、风湿、疝气等有一定的科学依据。

7. 保护与利用

（1）传承与利用现状：矮茶（紫金牛）是畲族的常用药，由于生境的破坏以及不合理的开采，资源量逐渐变少。

（2）受威胁状况及因素分析：生境的破坏以及不合理的开采对其野生种群产生了一定的威胁。

（3）保护与传承措施：现已有人工栽培。

8. 文献资料

[1] 雷后兴，李永福. 中国畲族医药学[M]. 北京：中国中医药出版社，2007：430.

[2] 常春雷，宋丹丹，安亚喃. 紫金牛栽培技术与应用[J]. 现代农村科技，2012（5）：40.

[3] 靳志娟. 紫金牛属植物化学成分和药理作用的研究进展[J]. 实用医技杂志，2008，15（25）：3432-3436.

[4] 中国科学院中国植物志编辑委员会. 中国植物志[M]. 第 58 卷. 北京：科学出版社，1979：90.

CN-SH-210-082. 豆腐柴

1. 名称　中国/浙江省 福建省/畲族/传统医药相关知识/豆腐柴

Premnae Microphyllae Herba/Traditional Medicine/She People/Zhejiang Province，Fujian Province/China

2. 编号　CN-SH-210-082 中国-畲族-药用生物-豆腐柴

3. 属性与分布　畲族聚居区集体知识；产于我国华东、中南、华南以至四川、贵州等地，在浙江省、福建省畲族聚居区被广泛利用。

4. 背景信息　豆腐柴为马鞭草科（Verbenaceae）植物豆腐柴（*Premna microphylla* Turcz.）的干燥全草。直立灌木；幼枝有柔毛，老枝变无毛。叶揉之有臭味，卵状披针形、椭圆形、卵形或倒卵形，长 3-13 cm，宽 1.5-6 cm，顶端急尖至长渐尖，基部渐狭窄下延至叶柄两侧，全缘至有不规则粗齿，无毛至有短柔毛；叶柄长 0.5-2 cm。聚伞花序组成顶生塔形的圆锥花序；花萼杯状，绿色，有时带紫色，密被毛至几无毛，但边缘常有睫毛，近整齐的 5 浅裂；花冠淡黄色，外有柔毛和腺点，花冠内部有柔毛，以喉部较密。核果紫色，球形至倒卵形。花、果期 5-10 月。

5．基本描述　药用名：豆腐柴、苦蓼、山麻兹、丑茶叶、野木槿花、山膏药、木鸟仔。功效：清热解毒，收敛止血。主治：暑热，痢疾，肝炎，外伤。附方：①痢疾：鲜叶 30-50 g，水煎服；②中暑、中暑后腹痛腹泻：鲜叶 30-50 g，水煎代茶；③肝炎：根 30-50 g，瘦猪肉 250 g，炖服，服药期间忌饮酒；④烧烫伤：鲜品适量，捣烂绞汁外涂；⑤刀伤：鲜叶适量，捣烂外敷伤处。

6．传统知识特征

（1）豆腐柴喜湿润环境，适应畲族地区的亚热带季风气候，多分布于畲族地区的山坡林下或林缘中。

（2）现代药理研究表明，豆腐柴具有抗菌、抗炎、抗氧化等药理活性，畲族用其治疗暑热、痢疾、肝炎、外伤等病症具有一定的科学依据。

7．保护与利用

（1）传承与利用现状：豆腐柴是畲族药食同源植物，市场需求量大。

（2）受威胁状况及因素分析：豆腐柴不仅具有药用价值，还具有良好的食用价值，随着人们对绿色食品的推崇，豆腐柴的价值也越来越受到关注，但现在多依赖豆腐柴的野生资源，过度采集对其野生资源产生了巨大的威胁。

（3）保护与传承措施：应对豆腐柴进行人工栽培方面的研究，以缓解野生资源的压力。

8．文献资料

[1] 雷后兴，李永福. 中国畲族医药学[M]. 北京：中国中医药出版社，2007：435.

[2] 钟雷兴. 闽东畲族文化全书（医药卷）[M]. 北京：民族出版社，2009：341.

[3] 李梅青，王媛莉，董明，等. 豆腐柴的研究与应用综述[J]. 食品工业科技，2011，32（3）：462-464.

[4] 中国科学院中国植物志编辑委员会. 中国植物志[M]. 第65卷. 第1册. 北京：科学出版社，1982：88.

CN-SH-210-083. 雷独草

1. 名称 中国/浙江省 福建省/畬族/传统医药相关知识/雷独草

Prunellae Herba/Traditional Medicine/She People/Zhejiang Province, Fujian Province/ China

2. 编号 CN-SH-210-083 中国-畬族-药用生物-雷独草

3. 属性与分布 畬族聚居区集体知识；产于陕西、甘肃、新疆、河南、湖北、湖南、江西、浙江、福建、我国台湾、广东、广西、贵州、四川及云南等地，在浙江省、福建省畬族聚居区被广泛利用。

4. 背景信息 雷独草为唇形科（Labiatae）植物夏枯草（*Prunella vulgaris* L.）的干燥全草。多年生草木；根茎匍匐，在节上生须根。茎高 20-30 cm，自基部多分枝，钝四棱形，其浅槽，紫红色，被稀疏的糙毛或近于无毛。茎叶卵状长圆形或卵圆形，长 1.5-6 cm，宽 0.7-2.5 cm。轮伞花序密集组成顶生长 2-4 cm 的穗状花序，每一轮伞花序下承以苞片；苞片宽心形，膜质，浅紫色。花萼钟形，倒圆锥形，外面疏生刚毛。花冠紫、蓝紫或红紫色，上唇近圆形，多少呈盔状，下唇中裂片近倒心脏形，具流苏状小裂片。雄蕊 4，前对长很多，花丝略扁平，无毛。小坚果黄褐色，长圆状卵珠形，微具沟纹。花期 4-6 月，果期 7-10 月。

5. 基本描述 药用名：雷独草、好公草、九重楼。功效：清肝明目，清热散结。主治：高血压，肺结核，肝火旺，腹泻，视物模糊。附方：①高血压：全草 50 g，水煎去渣，打入鸡、鸭蛋各 1 个，煮熟，吃蛋喝汤或白花夏枯草 30 g，水煎，调白糖服；②肺结核：夏枯草 1 000 g、红糖 100 g，加水煎成 500 mL 的夏枯草膏，早晚各服 10 mL，服完再煎，连续服用；③肝火旺耳鸣：夏枯草适量，水煎代茶；④腹泻：全草 15-30 g，水煎，兑白糖或红糖少许服；⑤视物模糊：全草 30 g、动物肝脏适量，水炖服。

6. 传统知识特征

（1）夏枯草（雷独草）喜温暖湿润的环境，极其适应畬族地区的地理与气候环境，多分布于畬族地区的荒地、路旁及山坡草丛中。

（2）夏枯草主要药用部位为全草，畬族认为端午节采制为佳，因此多在端午节前后采收，洗净去须根及杂质，切碎晒干，或制成夏枯草膏。这是畬族在长期利用雷独草过程中积累的采制经验。

（3）现代研究表明，夏枯草具有抗肿瘤、抗感染、抗菌抗病毒、抗氧化，降血糖血脂、增强免疫、对呼吸系统作用等广泛药理活性，畬族用其治疗高血压、肺结核、肝火旺、腹泻、视物模糊等病症有一定的科学依据。

7．保护与利用

（1）传承与利用现状：夏枯草适应性强，分布范围广，资源量丰富，极具药用开发价值。

（2）受威胁状况及因素分析：夏枯草药用价值高，作为主要原料开发的中成药及功能饮料多达几十种，近年来随着市场对夏枯草需求的急剧增加，出现供不应求的局面，此外夏枯草一直沿袭传统栽培模式，实际生产问题突出，已不能适应中药现代化发展要求。

（3）保护与传承措施：急需开展夏枯草规范化种植技术（GAP）及其药材质量控制研究，为提高夏枯草药材产量及其内在品质提供理论依据与技术支撑。

8．文献资料

[1]　钟雷兴. 闽东畲族文化全书（医药卷）[M]. 北京：民族出版社，2009：346-347.

[2]　雷后兴，李永福. 中国畲族医药学[M]. 北京：中国中医药出版社，2007：438.

[3]　宋纬文，许志福. 三明畲族民间医药[M]. 厦门：厦门大学出版社，2002：227.

[4]　邓子煜，徐先祥，张小鸿，等. 夏枯草药理学研究进展[J]. 安徽医学，2012，33（7）：937-939.

[5]　陈宇航. 夏枯草规范化种植技术及其药材质量控制[D]. 南京：南京农业大学，2011.

[6]　中国科学院中国植物志编辑委员会. 中国植物志[M]. 第 65 卷. 第 2 册. 北京：科学出版社，1977：387.

CN-SH-210-084. 红老鸭碗

1．名称　中国/浙江省 福建省/畲族/传统医药相关知识/红老鸭碗

Glechomae Herba/Traditional Medicine/She People/Zhejiang Province，Fujian Province/China

2．编号　CN-SH-210-084 中国-畲族-药用生物-红老鸭碗

3．属性与分布　畲族聚居区集体知识；除青海、甘肃、新疆及西藏外，全国各地均有分布，在浙江省、福建省畲族聚居区被广泛利用。

4．背景信息　红老鸭碗为唇形科（Labiatae）植物活血丹［*Glechoma longituba*（Nakai）Kupr.］的干燥全草。多年生草本，具匍匐茎，上升，逐节生根。茎高 10-20（30）cm，四棱形，基部呈淡紫红色，幼嫩部分被疏长柔毛。叶草质，下部者较小，心形或近肾形；上部者较大，心形。轮伞花序通常 2 花，稀具 4-6 花；花萼管状，长 9-11 mm，被长柔毛，齿 5，上唇 3 齿，较长，下唇 2 齿，略短，齿卵状三角形，边缘具缘毛；花冠淡蓝、蓝至紫色，下唇具深色斑点，冠筒直立，上部渐膨大成钟形，长筒者长 1.7-2.2 cm，短筒者长 1-1.4 cm，稍被长柔毛及微柔毛；上唇 2 裂，裂片近肾形，下唇 3 裂，中裂片最大，肾形，两侧裂片长圆形。成熟小坚果深褐色，长圆状卵形，长约 1.5 mm，顶端圆，基部略呈三棱形。花期 4-5 月，果期 5-6 月。

5. 基本描述 药用名：红老鸦碗、入骨箭、方梗老鸦碗、遍地香、肺风草、金钱薄荷、金不换、连线草。功效：祛风解热，利水消肿，活血止血。主治：小儿疳积，砂淋，血淋，风湿脚痛，跌打损伤。附方：①小儿疳积：入骨箭 15 g，鸡肝 1 副，水煎后取药汁炖鸡肝服；②砂淋、血淋、血尿：活血丹 30-50 g，鲜草加冰糖炖服；③跌打损伤：每次鲜草 30-50 g，绞汁捣烂，调白糖内服。局部血肿用鲜草适量，加饭粒少许捣烂敷患处；④风湿脚痛：活血丹加菜籽油半捣烂，敷患处。

6. 传统知识特征

（1）现代研究表明，红老鸭碗（活血丹）主要化学成分为萜类、黄酮、甾体、生物碱和有机酸等化合物，具有抗菌、抗病毒、抗氧化、抗肿瘤、抗溃疡、利胆、利尿和溶解结石等生物活性，畲族用其治疗小儿疳积、砂淋、血淋、风湿脚痛、跌打损伤有一定的科学依据。

（2）活血丹喜欢温暖湿润的气候，适应畲族地区的亚热带季风气候。

7. 保护与利用

（1）传承与利用现状：红老鸭碗（活血丹）被畲族广泛应用于小儿疳积、砂淋、血淋、风湿脚痛、跌打损伤，具有很好的疗效。

（2）受威胁状况及因素分析：红老鸦碗临床应用广泛，已开发出多种以其为主要原料药材的中成药，市场需求大，随着市场需求的不断增加，活血丹野生资源逐渐减少，已不能满足市场需求。此外活血丹主产区一直沿袭传统粗放的栽培模式，不能同时兼顾产量与品质，实际生产问题突出，制约中药现代化产业的快速发展。

（3）保护与传承措施：应加强对活血丹栽培研究，实现其规范化栽培。

8. 文献资料

[1] 雷后兴，李永福. 中国畲族医药学[M]. 北京：中国
中医药出版社，2007：438.

[2] 钟雷兴. 闽东畲族文化全书（医药卷）[M]. 北京：
民族出版社，2009：352.

[3] 张前军，杨小生，朱海燕，等. 活血丹属植物的化学
成分及药理研究进展[J]. 中草药，2006，37（6）：

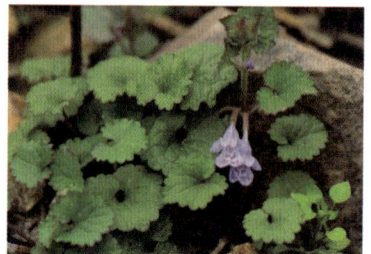

950-952.

[4] 张利霞. 水分与光照对活血丹生长及其药材品质影响研究[D]. 南京：南京农业大学，2012.

[5] 中国科学院中国植物志编辑委员会. 中国植物志[M]. 第 65 卷. 第 2 册. 北京：科学出版社，
1977：316.

CN-SH-210-085. 苦草

1. 名称 中国/浙江省 福建省/畲族/传统医药相关知识/苦草

Ajugae Decumbentis Herba/Traditional Medicine/She People/Zhejiang Province，Fujian Province/China

2. 编号 CN-SH-210-085 中国-畲族-药用生物-苦草

3. 属性与分布 畲族聚居区集体知识；产于长江以南各地，最西可达云南西畴及蒙自，在浙江省、福建省畲族聚居区被广泛利用。

4. 背景信息 苦草为唇形科（Labiatae）植物金疮小草（*Ajuga decumbens* Thunb.）的干燥全草。一年生或二年生草本，平卧或上升，具匍匐茎，茎长 10-20 cm，被白色长柔毛或绵状长柔毛。基生叶较多，较茎生叶长而大，呈紫绿色或浅绿色，被长柔毛；叶片薄纸质，匙形或倒卵状披针形，长 3-6 cm，宽 1.5-2.5 cm。轮伞花序多花，下部疏生，上部密集，组成长 7-12 cm 的穗状花序；花萼漏斗状，长 5-8 mm，外面仅萼齿及其边缘被疏柔毛，内面无毛，萼齿 5，狭三角形或短三角形；花冠淡蓝色或淡红紫色，稀白色，筒状，近基部有毛环，冠檐二唇形，上唇圆形，顶端微缺，下唇 3 裂。小坚果倒卵状三棱形，背部具网状皱纹，腹部有果脐，果脐约占腹面 2/3。花期 3-7 月，果期 5-11 月。

5. 基本描述 药用名：苦草、白地蜂蓬、筋骨草、白花夏枯草。功效：解毒消肿，止血活血，祛瘀生新，疗伤止痛。主治：痈肿疼痛，咽喉肿痛，吐血咯血，跌打损伤。附方：①上呼吸道感染、肺炎：筋骨草鲜品 125 g、水煎去渣，加冰糖 30 g 搅匀分 2 次服；②喉炎、扁桃体炎：筋骨草鲜品 125 g，捣烂绞汁调醋 250 g，每 2-3 小时含漱 1 次，亦可咽下；③高血压：全草适量，水煎代茶；④发热：全草 15-30 g，水煎服；⑤婴幼儿发热：鲜叶 2-3 片，置开水中烫一下，去苦味，加茶油 1-2 滴，水煎服；⑥无名肿毒：鲜全草适量，食盐少许，捣烂敷患处；⑦刀斧外伤发炎：鲜草适量，洗净晾干，与少许桐油共捣烂，外敷患处；⑧咽喉肿痛：鲜草适量，米泔水少许，捣烂绞汁，兑入少许蜂蜜含服。

6. 传统知识特征

（1）现代药理研究表明，苦草（金疮小草）有抗菌、抗肿瘤、促进红细胞生成、收缩血管、降血压和血脂的功效，畲族用其治疗痈肿疼痛、咽喉肿痛、吐血咯血、跌打损伤等病症有一定的科学依据。

（2）金疮小草气味苦，因此畲族称为"苦草"，畲族对其的命名是根据其气味特征命名的。

7．保护与利用

（1）传承与利用现状：苦草是畲族的常用药，具有很好的解毒消肿、止血活血、祛瘀生新、疗伤止痛的功效。

（2）受威胁状况及因素分析：随着生态环境的破坏和过度采集，金疮小草野生资源量逐渐变少。

（3）保护与传承措施：有必要对金疮小草（苦草）资源合理开发利用进行规划，并开展人工栽培的研究。

8．文献资料

[1] 钟雷兴. 闽东畲族文化全书（医药卷）[M]. 北京：民族出版社，2009：351.

[2] 雷后兴，李永福. 中国畲族医药学[M]. 北京：中国中医药出版社，2007：436-437.

[3] 宋纬文，许志福. 三明畲族民间医药[M]. 厦门：厦门大学出版社，2002：218.

[4] 罗会. 筋骨草研究进展[J]. 广东化工，2011，38（11）：68-69.

[5] 中国科学院中国植物志编辑委员会. 中国植物志[M]. 第 65 卷. 第 2 册. 北京：科学出版社，1977：75.

CN-SH-210-086. 六角英

1．名称　中国/浙江省 福建省/畲族/传统医药相关知识/六角英

Serissae Serissoidis Herba/Traditional Medicine/She People/Zhejiang Province，Fujian Province/China

2．编号　CN-SH-210-086 中国-畲族-药用生物-六角英

3．属性与分布　畲族聚居区集体知识；产于江苏、安徽、浙江、江西、福建、我国台湾、湖北、广东、香港、广西等地，在浙江省、福建省畲族聚居区被广泛利用。

4．背景信息　六角英为茜草科（Rubiaceae）植物白马骨［*Serissa serissoides*（DC.）Druce］的干燥全草。小灌木，通常高达 1 m；枝粗壮，灰色，被短毛，后毛脱落变无毛，嫩枝被微柔毛。叶通常丛生，薄纸质，倒卵形或倒披针形，长 1.5-4 cm，宽 0.7-1.3 cm，顶端短尖或近短尖。花无梗，生于小枝顶部，有苞片；苞片膜质，斜方状椭圆形，长渐尖，长约 6 mm，具疏散小缘毛；花托无毛；萼檐裂片 5，坚挺延伸呈披针状锥形，极尖锐，长 4 mm，具缘毛；花冠管长 4 mm，外面无毛，喉部被毛，裂片 5，长圆状披针形，长 2.5 mm；花药内藏，长 1.3 mm；花柱柔弱，长约 7 mm，2 裂，裂片长 1.5 mm。花期 4-6 月。

5．基本描述　药用名：六角英、日日有、满天星、白荜蒲花、六月雪。功效：祛风除湿，调脾补气。主治：胃纳差，风寒湿痹，跌打损伤，食欲不振。附方：①胃纳差：白马骨 30-50 g，水煎服；②风湿性关节炎：白马骨根 60 g、猪蹄（七寸）1 只、黄酒 250 mL，开水炖服；③跌打损伤：白马骨根 60 g、黄酒 500 mL，炖服或白马骨 500 g，60°白酒浸渍过药面为度，48 h 后过滤取液汁，每次临睡前取 60 mL，可随酒量酌情增减；④头痛、头晕：根 30-60 g、猪头骨 1 个，水炖至头骨开裂，取出脑髓，与鸡蛋 2-3 个拌匀，用茶油煎成蛋饼，吃蛋喝汤；⑤食欲不振：全草 60 g，猪骨头适量，水炖服；⑥小儿疳积：根 15-30 g、瘦猪肉适量，水炖服，或全草 30-60 g、小公鸭 1 只，水炖熟，吃肉喝汤。

6．传统知识特征

（1）畲族居于亚热带季风气候山区，气候潮湿，六角英有祛风除湿、调脾补气的功效，被畲族广泛应用。

（2）畲族用六角英治病时常以猪肉、猪骨头或酒做药引，增加疗效，体现了畲族传统医药知识的独特性。

7．保护与利用

（1）传承与利用现状：白马骨（六角英）在畲族地区资源量丰富，是畲族祛风除湿、调脾补气的常用药。

（2）受威胁状况及因素分析：对山区的开发破坏了白马骨的栖息环境，对其野生种群造成了破坏，加之现多利用白马骨的野生资源，过度利用也是威胁因素之一。

（3）保护与传承措施：应在利用白马骨现有资源的过程中，加强对其资源的保护，促进其可持续利用。

8．文献资料

[1]　雷后兴，李永福. 中国畲族医药学[M]. 北京：中国中医药出版社，2007：442.

[2]　钟雷兴. 闽东畲族文化全书（医药卷）[M]. 北京：民族出版社，2009：299.

[3]　宋纬文，许志福. 三明畲族民间医药[M]. 厦门：厦门大学出版社，2002：250.

[4]　浙江植物志（新编）编辑委员会. 浙江植物志[M]. 第 8 卷. 杭州：浙江科学技术出版社，2021：68-69.

CN-SH-210-087. 二叶葎

1. 名称　中国/浙江省 福建省/畲族/传统医药相关知识/二叶葎

Hedyodis Diffusae Herba/Traditional Medicine/She People/Zhejiang Province，Fujian Province/China

2. 编号　CN-SH-210-087 中国-畲族-药用生物-二叶葎

3. 属性与分布　畲族聚居区集体知识；产于广东、香港、广西、海南、安徽、云南等地，在浙江省、福建省畲族聚居区被广泛利用。

4. 背景信息　二叶葎为茜草科（Rubiaceae）植物白花蛇舌草 [*Hedyotis diffusa* (Willd.) R. J. Wang] 的干燥全草。一年生无毛纤细披散草本，高 20-50 cm；茎稍扁，从基部开始分枝。叶对生，无柄，膜质，线形，长 1-3 cm，宽 1-3 mm，顶端短尖，边缘干后常背卷，上面光滑，下面有时粗糙；托叶长 1-2 mm，基部合生，顶部芒尖。花 4 数，单生或双生于叶腋；花梗略粗壮，长 2-5 mm，罕无梗或偶有长达 10 mm 的花梗；萼管球形，长 1.5 mm，萼檐裂片长圆状披针形，顶部渐尖，具缘毛；花冠白色，管形，长 3.5-4 mm，喉部无毛，花冠裂片卵状长圆形。蒴果膜质，扁球形，直径 2-2.5 mm，宿存萼檐裂片长 1.5-2 mm，成熟时顶部室背开裂；种子每室约 10 粒，具棱，干后深褐色，有深而粗的窝孔。花期春季。

5. 基本描述　药用名：二叶葎、蛇舌草、鸡舌草、伯劳舌、蛇针草、白花半边莲。功效：清热解毒，消肿止痛。主治：尿路感染。附方：尿路感染：白花蛇舌草 30-50 g，水煎服。

6. 传统知识特征

（1）二叶葎（白花蛇舌草）喜湿润环境，适应畲族地区的地理与气候条件，多分布于畲族地区的水田、田埂和湿润的旷地中。

（2）现代药理研究表明，二叶葎（白花蛇舌草）含有环烯醚萜类，含酸化合物，蒽醌类化合物，挥发性成分，苯丙素类，香豆素及多糖类等几十种化合物，还有多种微量元素。具有抗肿瘤、抗炎、抗氧化活性、调节免疫以及负性心肌的药理作用，畲族用其治疗尿路感染有一定的科学依据。

7. 保护与利用

（1）传承与利用现状：二叶葎药用价值高，是畲族清热解毒、消肿止痛的良药。

（2）受威胁状况及因素分析：白花蛇舌草（二叶葎）多分布于畲族地区的水田、田埂和湿润的旷地中，畲族对农药的过度使用，人为的清除使其野生资源受到了破坏。

（3）保护与传承措施：近年来随着绿色冲剂加工业的发展，人工栽培白花蛇舌草面积逐渐扩大，在华南沿海地区已成为立体种植的一种模式。

8．文献资料

[1] 雷后兴，李永福. 中国畲族医药学[M]. 北京：中国中医药出版社，2007：441-442.

[2] 钟雷兴. 闽东畲族文化全书（医药卷）[M]. 北京：民族出版社，2009：294-295.

[3] 韦胤寰. 白花蛇舌草研究进展[J]. 山西中医，2018，34（12）：53-56.

[4] 辛如如. 白花蛇舌草栽培、加工技术[J]. 防护林科技，2012（6）：118-119.

[5] 中国科学院中国植物志编辑委员会. 中国植物志[M]. 第71卷. 第1册. 北京：科学出版社，1999：75.

CN-SH-210-088. 山茵陈

1．名称　中国/浙江省 福建省/畲族/传统医药相关知识/山茵陈

Siphonostegiae Herba/Traditional Medicine/She People/Zhejiang Province，Fujian Province/China

2．编号　CN-SH-210-088 中国-畲族-药用生物-山茵陈

3．属性与分布　畲族聚居区集体知识；在我国分布甚广，东北、内蒙古、华北、华中、华南、西南等地均有分布，在浙江省、福建省畲族聚居区被广泛利用。

4．背景信息　山茵陈为玄参科（Scrophulariaceae）植物阴行草（*Siphonostegia chinensis* Benth.）的干燥全草。一年生草本，直立，高30-60 cm，有时可达80 cm，干时变为黑色，密被锈色短毛。茎多单条，中空，基部常有少数宿存膜质鳞片，下部常不分枝，而上部多分枝；枝对生，1-6对，细长，坚挺。叶对生，无柄或有短柄；叶片厚纸质，广卵形，两面皆密被短毛。花对生于茎枝上部，或有时假对生，构成疏稀的总状花序；花萼管长10-15 mm，线状披针形或卵状长圆形；花冠上唇红紫色，下唇黄色，长22-25 mm，外面密被长纤毛，内面被短毛。蒴果被包于宿存的萼内，披针状长圆形，黑褐色；种子多数，黑色，长卵圆形。花期6-8月。

5．基本描述　药用名：山茵陈、山油麻、半边枫、土茵藤、山洋麻、金花屏、草茵藤、山茵藤。功效：利尿，除湿热，治黄疸。主治：黄疸，血淋，小腹胀满，疮疖。附方：①湿热黄疸：阴行草60 g，水煎，日服2次；②血淋、小腹胀满：阴行草15 g，开水炖，加冬蜜冲服；③疮疖肿毒疼痛：阴行草叶60 g，捣蜜敷患处。

6. 传统知识特征

（1）山茵陈是畲族传统常用药，已有较长历史。

（2）现代药理研究表明，山茵陈（阴行草）具有保肝、抗血小板凝集、抗菌、利胆、活血化瘀等功效，畲族用其治疗黄疸、血淋、小腹胀满、疮疖等有一定的科学依据。

7. 保护与利用

（1）传承与利用现状：山茵陈（阴行草）分布广泛，资源量丰富，是畲族的常用药。

（2）受威胁状况及因素分析：生态环境的破坏对其野生资源产生了破坏。

（3）保护与传承措施：应提高人们对阴行草价值的认识，促进人们对其野生资源的保护。

8. 文献资料

[1] 钟雷兴. 闽东畲族文化全书（医药卷）[M]. 北京：民族出版社，2009：336-337.

[2] 中国科学院中国植物志编辑委员会. 中国植物志[M]. 第 68 卷. 北京：科学出版社，1963：384.

CN-SH-210-089. 水杨柳

1. 名称　中国/浙江省 福建省/畲族/传统医药相关知识/水杨柳

Cynanchi Stauntonii Radix/Traditional Medicine/She People/Zhejiang Province，Fujian Province/China

2. 编号　CN-SH-210-089 中国-畲族-药用生物-水杨柳

3. 属性与分布　畲族聚居区集体知识；产于甘肃、安徽、江苏、浙江、湖南、江西、福建、广东、广西和贵州等地，在浙江省、福建省畲族聚居区被广泛利用。

4. 背景信息　水杨柳为萝藦科（Asclepiadaceae）植物柳叶白前[*Cynanchum stauntonii*（Decne.）Schltr. ex H. Lév.]的干燥根。直立半灌木，高约 1 m，无毛，分枝或不分枝；须根纤细、节上丛生。叶对生，纸质，狭披针形，长 6-13 cm，宽 3-5 mm，两端渐尖；中脉在叶背显著，侧脉约 6 对；叶柄长约 5 mm。伞形聚伞花序腋生；花序梗长达 1 cm，小苞片众多；花萼 5 深裂，内面基部腺体不多；花冠紫红色，辐状，内面具长柔毛；副花冠裂片盾状，隆肿，比花药为短；花粉块每室 1 个，长圆形，下垂；柱头微凸，包在花药的薄膜内。蓇葖单生，长披针形，长达 9 cm，直径 6 mm。花期 5-8 月，果期 9-10 月。

5. 基本描述　药用名：水杨柳、水天竹。功效：解热，利水倒湿，解毒。主治：肺热咳嗽，小儿肝热，热淋，便秘。附方：①肺热咳嗽：鲜柳叶白前 60-90 g，开水适量，冲炖分 2 次；②小儿肝热、热淋：鲜柳叶白前 30-60 g、冰糖 15-30 g，开水适量冲炖服；③便秘：鲜柳叶白前 30-60 g，捣烂绞汁服。

6. 传统知识特征

（1）柳叶白前（水杨柳）喜湿润环境，适应畲族地区的亚热带季风气候，多分布于畲族聚居区的水沟、溪边。

（2）现代药理研究表明，柳叶白前具有镇咳、祛痰、抗炎、镇痛、抗血栓等药理活性，畲族用其治疗肺热咳嗽、小儿肝热、热淋、便秘等病症有一定的科学性。

（3）由于柳叶白前生长于水沟、溪边，所以畲族将柳叶白前取名为水杨柳，畲族对柳叶白前命名为水杨柳是根据它的生长环境和体形取名的。

7. 保护与利用

（1）传承与利用现状：柳叶白前（水杨柳）是畲族的常用药，多为野生，少有栽培。

（2）受威胁状况及因素分析：柳叶白前（水杨柳）的野生种群受到了生态环境破坏的威胁。

（3）保护与传承措施：应在利用现有柳叶白前（水杨柳）资源的基础上，加强对其资源的保护，另外可对其引种驯化进行研究。

8. 文献资料

[1] 钟雷兴. 闽东畲族文化全书（医药卷）[M]. 北京：民族出版社，2009：291-292.

[2] 雷后兴，李永福. 中国畲族医药学[M]. 北京：中国中医药出版社，2007：433.

[3] 李婷婷. 柳叶白前化学成分及其抗氧化活性研究[D]. 延边朝鲜族自治州：延边大学，2015.

[4] 浙江植物志（新编）编辑委员会. 浙江植物志[M]. 第 7 卷. 杭州：浙江科学技术出版社，2021：8-9.

CN-SH-210-090. 蛤蟆衣

1. 名称 中国/浙江省 福建省/畲族/传统医药相关知识/蛤蟆衣

Plantaginis Asiaticae Herba/Traditional Medicine/She People/Zhejiang Province, Fujian Province/China

2. 编号 CN-SH-210-090 中国-畲族-药用生物-蛤蟆衣

3. 属性与分布 畲族聚居区集体知识；产于黑龙江、吉林、辽宁、内蒙古、河北、山西、陕西、甘肃、新疆、山东、江苏、安徽、浙江、江西、福建、我国台湾、河南、湖北、湖南、广东、广西、海南、四川、贵州、云南、西藏等地，在浙江省、福建省畲族聚居区被广泛利用。

4. 背景信息　蛤蟆衣为车前科（Plantaginaceae）植物车前（*Plantago asiatica* L.）的干燥全草。二年生或多年生草本。须根多数。根茎短，稍粗。叶基生呈莲座状，薄纸质或纸质，宽卵形至宽椭圆形，长 4-12 cm，宽 2.5-6.5 cm，先端钝圆至急尖；脉 5-7 条；叶柄基部扩大成鞘，疏生短柔毛。花序 3-10 个，直立或弓曲上升；穗状花序细圆柱状，长 3-40 cm，紧密或稀疏，下部常间断；花萼长 2-3 mm，萼片先端钝圆或钝尖；花冠白色，无毛，冠筒与萼片约等长。雄蕊与花柱明显外伸，花药卵状椭圆形，顶端具宽三角形突起。蒴果纺锤状卵形、卵球形或圆锥状卵形，于基部上方周裂。种子 5-6（-12），卵状椭圆形或椭圆形，具角，黑褐色至黑色，背腹面微隆起。花期 4-8 月，果期 6-9 月。

5. 基本描述　药用名：蛤蟆衣。功效：利尿通淋，清热止血。主治：目生翳，感冒发热，肾炎，风火牙痛，疔疮疖肿。附方：①目生翳：鲜车前适量，红糖少许，捣烂敷患目，纱布包之；②感冒发热：鲜全草 30-60 g，水煎服或代茶；③小便涩痛、带血：鲜叶 30-50 g，捣烂，冲入开水，捞去渣，加入少许白糖服；④脐带脱落后脐部不收干：车前子适量，炒焦，研末敷之；⑤风火牙痛：鲜全草适量，白糖少许，水煎代茶；⑥疔疮疖肿：鲜叶适量，捣烂，外敷患处。

6. 传统知识特征

（1）车前（蛤蟆衣）适应性强、耐寒、耐旱，对土壤要求不严，在温暖、潮湿、向阳、沙质沃土上能生长良好，适应畲族地区的亚热带季风气候，在畲族地区资源量丰富，分布广泛，畲族就地取材，不会造成资源破坏。

（2）现代药理研究表明，蛤蟆衣具有抗衰老、镇咳祛痰、抗菌消炎、抗肿瘤等作用，畲族用其治疗目生翳、感冒发热、肾炎、风火牙痛、疔疮疖肿等有一定的科学依据。

7. 保护与利用

（1）传承与利用现状：车前资源丰富、用途广泛，且毒副作用小，是畲族常用的药用植物。

（2）受威胁状况及因素分析：车前生长于草地、河滩、沟边、草甸、田间及路旁等这些人为活动频繁的区域，农药的过度使用和人为的清除对其野生种群造成了一定的破坏。

（3）保护与传承措施：应加强对车前的研究，促进其利用。

8. 文献资料

[1]　钟雷兴. 闽东畲族文化全书（医药卷）[M]. 北京：民族出版社，2009：325-326.

[2] 宋纬文，许志福. 三明畲族民间医药[M]. 厦门：
厦门大学出版社，2002：241.

[3] 陆萱. 车前草研究述论[J]. 南阳师范学院学报，
2011，10（6）：58-62.

[4] 中国科学院中国植物志编辑委员会. 中国植物
志[M]. 第 70 卷. 北京：科学出版社，2002：325.

CN-SH-210-091. 擦草

1. 名称 中国/浙江省 福建省/畲族/传统医药相关知识/擦草

Rubiae Caulis，Radix et Rhizoma/Traditional Medicine/She People/Zhejiang Province，Fujian Province/China

2. 编号 CN-SH-210-091 中国-畲族-药用生物-擦草

3. 属性与分布 畲族聚居区集体知识；产于东北、华北、西北和四川（北部）及西藏（昌都地区）等地，在浙江省、福建省畲族聚居区被广泛利用。

4. 背景信息 擦草为茜草科（Rubiaceae）植物茜草（*Rubia cordifolia* L.）的干燥茎、根及根茎。草质藤本，长通常 1.5-3.5 m；根状茎和其节上的须根均红色；茎数至多条，从根状茎的节上发出，细长，方柱形，有 4 棱，棱上生倒生皮刺，中部以上多分枝。叶通常 4 片轮生，纸质，披针形或长圆状披针形，长 0.7-3.5 cm；基出脉 3 条，极少外侧有 1 对很小的基出脉。叶柄长通常 1-2.5 cm，有倒生皮刺。聚伞花序腋生和顶生，多回分枝，有花 10 余朵至数十朵，花序和分枝均细瘦，有微小皮刺；花冠淡黄色，干时淡褐色，盛开时花冠檐部直径 3-3.5 mm，花冠裂片近卵形，微伸展，长约 1.5 mm，外面无毛。果球形，直径通常 4-5 mm，成熟时橘黄色。花期 8-9 月，果期 10-11 月。

5. 基本描述 药用名：擦草、染卵草。功效：凉血止血，活血祛瘀。主治：衄血，吐血，便血，尿血，崩漏，月经不调，经闭腹痛，风湿关节痛。附方：①衄血、吐血、便血、尿血：茜草根研末，每次 5-10 g，开水送服；②肠炎：茜草 50 g，水煎，早、午、晚各洗脚 1 次或茜草根 15 g，水煎服；③跌打损伤：茜草根 60 g，水酒各半炖服，药渣捣烂敷患处；④风湿痹痛：茜草 60 g，猪蹄 1 只，水酒各半炖服；⑤白带过多：染卵草根 30 g，水煎服；⑥低血压：根 15-30 g、猪心 1 个、黄酒适量，水炖服；⑦胃痛：根 6 g，瘦猪肉少许，水炖，老酒兑服；⑧夜晚小腿抽筋：根 15 g，瘦猪肉适量，黄酒少许，水煎服；⑨跌打损伤：根 30 g，猪脚 1 只，红酒适量，水炖服。

6. 传统知识特征

（1）茜草（擦草）喜凉爽而湿润的环境，适应畲族地区的亚热带季风气候，多分布于畲族地区的山坡路边、溪沟湿润之林下灌木丛中或林缘处。

（2）由于茜草根可以用来染鸡蛋，因此畲族根据它的用途给它取了另一个名为"染卵草"。

（3）现代药理研究表明，擦草具有止血、抗肿瘤、抗炎、抗菌、抗氧化、护肝等作用，畲族用其治疗衄血、吐血、便血、尿血、崩漏、月经不调、经闭腹痛、风湿关节痛等有一定的科学依据。

7. 保护与利用

（1）传承与利用现状：擦草（茜草）是浙江、福建畲医最常用、疗效较显著，用方较特异的品种之一。

（2）受威胁状况及因素分析：茜草既是药用植物，又是天然染料，市场需求大，极易受到过度采挖的威胁。

（3）保护与传承措施：应对茜草进行驯化栽培研究。

8. 文献资料

[1] 钟雷兴. 闽东畲族文化全书（医药卷）[M]. 北京：民族出版社，2009：298-299.

[2] 宋纬文，许志福. 三明畲族民间医药[M]. 厦门：厦门大学出版社，2002：248.

[3] 雷后兴，李永福. 中国畲族医药学[M]. 北京：中国中医药出版社，2007：339-340.

[4] 陈毅，王海丽，薛露，等. 茜草的研究进展[J]. 中草药，2017，48（13）：2771-2779.

[5] 中国科学院中国植物志编辑委员会. 中国植物志[M]. 第71卷. 第2册. 北京：科学出版社，1999：316.

CN-SH-210-092. 穿地蜈蚣

1. 名称　中国/浙江省 福建省/畲族/传统医药相关知识/穿地蜈蚣

Hedyotis Chrysotrichae Herba/Traditional Medicine/She People/Zhejiang Province，Fujian Province/China

2. 编号　CN-SH-210-092 中国-畲族-药用生物-穿地蜈蚣

3. 属性与分布　畲族聚居区集体知识；产于广东、广西、福建、江西、江苏、浙江、湖北、湖南、安徽、贵州、云南、我国台湾等地，在浙江省、福建省畲族聚居区被广泛利用。

4. 背景信息　穿地蜈蚣为茜草科（Rubiaceae）植物金毛耳草［*Hedyotis chrysotricha*

（Palib.）Merr.〕的干燥全草。多年生披散草本，高约 30 cm，基部木质，被金黄色硬毛。叶对生，具短柄，薄纸质，阔披针形、椭圆形或卵形，长 20-28 mm，宽 10-12 mm；侧脉每边 2-3 条；叶柄长 1-3 mm。聚伞花序腋生，有花 1-3 朵，被金黄色疏柔毛，近无梗；花萼被柔毛，萼管近球形，长约 13 mm，萼檐裂片披针形；花冠白或紫色，漏斗形，长 5-6 mm，外面被疏柔毛或近无毛，里面有髯毛，上部深裂，裂片线状长圆形，顶端渐尖；雄蕊内藏，花丝极短或缺；花柱中部有髯毛，柱头棒形，2 裂。果近球形，被扩展硬毛，成熟时不开裂，内有种子数粒。花期几乎全年。

5．基本描述　药用名：穿地蜈蚣、黄毛耳草、蜈蚣草、过路蜈蚣、铺地蜈蚣、陈头蜈蚣、塌地蜈蚣、仙人对坐草、上山旗。功效：清热利湿，凉血祛瘀，解毒消肿。主治：暑气，腹泻，血崩，跌打损伤。附方：①暑气：铺地蜈蚣 30-50 g，水煎服或开水冲泡；②腹泻：铺地蜈蚣 50-60 g，水煎服；③血崩：黄毛耳草 100 g，水煎冲酒适量服；④中暑：全草适量，水煎，煎出液与绿豆、白糖共煮，代茶饮；⑤跌打损伤：全草适量 15-30 g，水煎，白酒适量兑服。

6．传统知识特征

（1）畲族将金毛耳草称为"穿地蜈蚣""陈头蜈蚣""塌地蜈蚣"，是根据其外形特征命名的。

（2）畲族利用穿地蜈蚣时常加酒做药引，体现了畲族传统医药知识的独特性。

7．保护与利用

（1）传承与利用现状：穿地蜈蚣是畲族清热利湿、凉血祛瘀、解毒消肿的常用药。

（2）受威胁状况及因素分析：现主要依赖金毛耳草（穿地蜈蚣）的野生资源，过度采集利用及生态环境的破坏对其野生种群产生了威胁。

（3）保护与传承措施：应在利用现有金毛耳草（穿地蜈蚣）资源的基础上，加强对其野生资源的保护。

8．文献资料

[1] 雷后兴，李永福. 中国畲族医药学[M]. 北京：中国中医药出版社，2007：441.

[2] 钟雷兴. 闽东畲族文化全书（医药卷）[M]. 北京：民族出版社，2009：297.

[3] 宋纬文，许志福. 三明畲族民间医药[M]. 厦门：厦门大学出版社，2002：244.

[4] 中国科学院中国植物志编辑委员会. 中国植物志[M]. 第 71 卷. 第 1 册. 北京：科学出版社，1999：38.

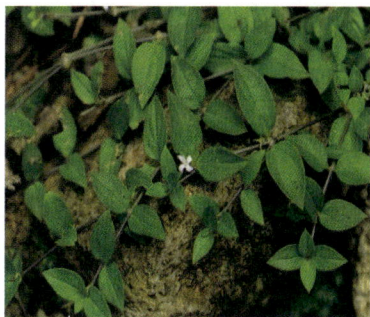

CN-SH-210-093. 金银花

1. 名称　中国/浙江省 福建省/畲族/传统医药相关知识/金银花

Lonicerae Japonicae Flos/Traditional Medicine/She People/Zhejiang Province，Fujian Province/China

2. 编号　CN-SH-210-093 中国-畲族-药用生物-金银花

3. 属性与分布　畲族聚居区集体知识；除黑龙江、内蒙古、宁夏、青海、新疆、海南和西藏无自然生长外，全国各地均有分布，在浙江省、福建省畲族聚居区被广泛利用。

4. 背景信息　金银花为忍冬科（Caprifoliaceae）植物忍冬（*Lonicera japonica* Thunb.）的干燥花。半常绿藤本；幼枝洁红褐色，密被黄褐色、开展的硬直糙毛、腺毛和短柔毛，下部常无毛。叶纸质，卵形至矩圆状卵形，有时卵状披针形，稀圆卵形或倒卵形。萼筒长约 2 mm，无毛，萼齿卵状三角形或长三角形，顶端尖而有长毛，外面和边缘都有密毛；花冠白色，有时基部向阳面呈微红，后变黄色，长（2-）3-4.5（-6）cm，唇形，筒稍长于唇瓣，外被倒生的糙毛和长腺毛，上唇裂片顶端钝形，下唇带状而反曲；雄蕊和花柱均高出花冠。果实圆形，熟时蓝黑色，有光泽；种子卵圆形或椭圆形，褐色。花期 4-6 月（秋季亦常开花），果熟期 10-11 月。

5. 基本描述　药用名：金银花、双花、双色花、变色花、忍冬藤、通灵草、金钗股、金银藤。功效：清热解毒，舒筋通络。主治：喉炎，痢疾，乳腺炎，皮肤瘙痒。附方：①喉炎：金银花 30-50 g，水煎服；②痢疾：忍冬藤 60 g，炒炭，水煎服；③皮肤瘙痒：金银花或嫩茎叶适量，水煎外洗。

6. 传统知识特征

（1）忍冬（金银花）喜阳光和温和、湿润的环境且生命力强，极其适应畲族山区亚热带季风气候条件，在畲族聚居区分布广泛且资源量丰富。

（2）畲族过去多聚居在山上，常常会中暑，或是被毒虫叮咬，或是受瘴气之毒，金银花有清热解毒、舒筋通络的功效，被畲族广为应用。

（3）畲族还依颜色给金银花取名为"双色花"或"变色花"。

7. 保护与利用

（1）传承与利用现状：忍冬（金银花）适应性强，分布广泛，资源量丰富，是畲族群众常用的药用植物。现在景宁县政府大力支持种植忍冬，种植忍冬已成为景宁县富民增收的又一个新兴产业。

（2）受威胁状况及因素分析：栽培管理技术不当会对忍冬产量产生很大影响。

（3）保护与传承措施：在政府的大力支持下，已有人工栽培忍冬，以满足市场需要。

8．文献资料

[1] 雷后兴，李永福. 中国畲族医药学[M]. 北京：中国中医药出版社，2007：443.

[2] 钟雷兴. 闽东畲族文化全书（医药卷）[M]. 北京：民族出版社，2009：301.

[3] 宋纬文，许志福. 三明畲族民间医药[M]. 厦门：厦门大学出版社，2002：252.

[4] 阮灵光. 畲族民间方治疗腮腺炎[J]. 中国民族医药杂志，2008，14（4）：53.

[5] 陈海丽，李永青. 关于景宁县金银花产业发展的思考[J]. 世界热带农业信息，2011（9）：7-8.

[6] 中国科学院中国植物志编辑委员会. 中国植物志[M]. 第72卷. 北京：科学出版社，1988：236.

CN-SH-210-094. 白苦叶菜

1．名称　中国/浙江省 福建省/畲族/传统医药相关知识/白苦叶菜

Patriniae Villosae Herba/Traditional Medicine/She People/Zhejiang Province，Fujian Province/China

2．编号　CN-SH-210-094 中国-畲族-药用生物-白苦叶菜

3．属性与分布　畲族聚居区集体知识；产于我国台湾、江苏、浙江、江西、安徽、河南、湖北、湖南、广东、广西、贵州和四川等地，在浙江省、福建省畲族聚居区被广泛利用。

4．背景信息　白苦叶菜为败酱科（Valerianaceae）植物攀倒甑［*Patrinia villosa*（Thunb.）Juss.］的干燥全草。多年生草本，高50-100（120）cm；地下根状茎长而横走，偶在地表匍匐生长。基生叶丛生，卵形、宽卵形或卵状披针形至长圆状披针形；茎生叶对生，与基生叶同形，或菱状卵形。由聚伞花序组成顶生圆锥花序或伞房花序，分枝达5-6级，花序梗密被长粗糙毛或仅二纵列粗糙毛；花萼小，萼齿5，浅波状或浅钝裂状；花冠钟形，白色，5深裂；雄蕊4，伸出。瘦果倒卵形，与宿存增大苞片贴生；果苞倒卵形、卵形、倒卵状长圆形或椭圆形，有时圆形，不分裂或微3裂。花期8-10月，果期9-11月。

5．基本描述　药用名：白苦叶菜、苦野菜、白花败酱、苦益菜、苦菜、苦苴。功效：清热解毒。主治：产后虚汗，瘰疬，肠炎。附方：①产后虚汗：苦益菜30-50g，开水泡服；②瘰疬：鲜苦益菜200 g，山羊骨500 g，烧酒适量，将山羊骨烧成炭状，磨成细粉，与鲜苦益菜、烧酒捣成泥状，敷患处；③肠炎：白苦叶菜加冰糖炖猪小肠。

6．传统知识特征

（1）攀倒甑（白苦叶菜）是畲族当地的常用传统药用植物，其嫩叶也可作为野生蔬菜食用，为药食同源植物。

（2）畲族利用攀倒甑（白苦叶菜）时，会加入烧酒、山羊骨、猪小肠等药引，体现了畲族传统医药知识的独特性。

（3）攀倒甑（白苦叶菜）喜稍湿润环境，耐严寒，适应畲族地区的亚热带季风气候。

7. 保护与利用

（1）传承与利用现状：攀倒甑在畲族地区分布广泛，资源量丰富。

（2）受威胁状况及因素分析：攀倒甑不仅是常用的药用植物，民间还常以嫩苗作蔬菜食用，需求量大，过度的采集会对其资源造成破坏。

（3）保护与传承措施：应在利用现有资源的基础上，加强对其资源的保护。

8. 文献资料

[1] 雷后兴，李永福. 中国畲族医药学[M]. 北京：中国中医药出版社，2007：444.

[2] 钟雷兴. 闽东畲族文化全书（医药卷）[M]. 北京：民族出版社，2009：303-304.

[3] 中国科学院中国植物志编辑委员会. 中国植物志[M]. 第73卷. 第1册. 北京：科学出版社，1986：17.

CN-SH-210-095. 蓬

1. 名称　中国/浙江省 福建省/畲族/传统医药相关知识/蓬

Artemisiae Lavandulaefoliae Herba/Traditional Medicine/She People/Zhejiang Province, Fujian Province/China

2. 编号　CN-SH-210-095 中国-畲族-药用生物-蓬

3. 属性与分布　畲族聚居区集体知识；产于黑龙江、吉林、辽宁、内蒙古、河北、山西、陕西、甘肃、山东、江苏、安徽、江西、河南、湖北、湖南、广东（北部）、广西（北部）、四川、贵州、云南等地，在浙江省、福建省畲族聚居区被广泛利用。

4. 背景信息　蓬为菊科（Compositae）植物野艾蒿（*Artemisia lavandulifolia* DC.）的干燥全草。多年生草本，有时为半灌木状。茎少数，成小丛，稀少单生，高50-120 cm，具纵棱，分枝多，被灰白色蛛丝状短柔毛。叶纸质，上面绿色，具密集白色腺点及小凹点，初时疏被灰白色蛛丝状柔毛，背面除中脉外密被灰白色密绵毛；基生叶与茎下部叶宽卵形或近圆形；中部叶卵形、长圆形或近圆形；上部叶羽状全裂；苞片叶3全裂或不分裂。头状花序极多数，椭圆形或长圆形，直径2-2.5 mm，在分枝的上半部排成密穗状或复穗状花序，并在茎上组成圆锥花序；总苞片 3-4 层，背面密被灰白色或灰黄色蛛丝状柔毛；雌花 4-9 朵，花冠狭管状；两性花 10-20 朵，花冠管状，檐部紫红色；花药线形，花柱与花冠等长或略长于花冠。瘦果长卵形或倒卵形。花、果期 8-10 月。

5. 基本描述　药用名：蓬、茶水蓬。功效：散寒，祛湿，温经。主治：感冒，风湿痛，呃逆，头晕。附方：①感冒发热：茶水蓬 9 g，水煎 10 min，每日一剂，分 2 次服；②呃逆：清水蓬顶 7 个，泡开水服；③风寒感冒、全身酸痛：鲜根 30-50 g，水煎，以煎出液煮粉干或面条，可酌加猪肉，葱花及各种调味品，趁热服；④头晕：根 30 g，水煎，另取猪脑 1 付，用猪油煎至半熟，加入煎出液、白米酒及食盐少许，煮熟服；⑤风湿痛：鲜根 200 g，水煎 1 小时，去渣，加入猪尾巴 1 根，白米酒适量，煮熟分 3 餐服。

6. 传统知识特征

（1）野艾蒿（蓬）喜阳光充足的湿润环境，极其适应畲族地区的地理与气候条件，且资源量丰富，分布广泛，畲族利用它不会造成环境破坏。

（2）野艾蒿的主要药用部位为全草，畲族采制野艾蒿多在花未开放时，割取地上部分，除去杂质，阴干或置阴凉通风处干燥，畲族认为以叶多、茎少、叶面绿者为佳。这是畲族在长期采制蓬时积累的经验。

（3）畲族在长期与大自然相处过程中认识到蓬有散寒、祛湿、温经的药效，因此畲族多用其治疗感冒、风湿痛、呃逆、头晕等病症。

7. 保护与利用

（1）传承与利用现状：蓬是浙江、福建畲医最常用，疗效较显著，用方较特异的草药之一。

（2）受威胁状况及因素分析：野艾蒿面临生境破坏的威胁以及人为的过度利用。

（3）保护与传承措施：野艾蒿作为蒿类植物，药用价值高，开发利用前景广阔，应提高当地居民对蒿类价值的认识，加强保护，促进蒿类植物的合理利用。

8. 文献资料

[1] 雷后兴，李永福. 中国畲族医药学[M]. 北京：中国中医药出版社，2007：340-342.

[2] 宋纬文，许志福. 三明畲族民间医药[M]. 厦门：厦门大学出版社，2002：270.

[3] 浙江植物志（新编）编辑委员会. 浙江植物志[M]. 第 8 卷. 杭州：浙江科学技术出版社，2021：377-378.

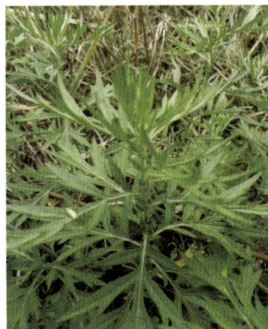

CN-SH-210-096. 满山黄

1. 名称　中国/浙江省 福建省/畲族/传统医药相关知识/满山黄

Solidaginis Herba/Traditional Medicine/She People/Zhejiang Province，Fujian Province/China

2. 编号　CN-SH-210-096 中国-畲族-药用生物-满山黄

3. 属性与分布　畲族聚居区集体知识；江苏、浙江、安徽、江西、四川、贵州、湖南、湖北、广东、广西、云南、我国台湾及陕西南部等地广为分布，在浙江省、福建省畲族聚居区被广泛利用。

4. 背景信息　满山黄为菊科（Compositae）植物一枝黄花（*Solidago decurrens* Lour.）的干燥全草。多年生草本，高（9）35-100 cm。茎直立，通常细弱，单生或少数簇生，不分枝或中部以上有分枝。中部茎叶椭圆形，长椭圆形、卵形或宽披针形，长 2-5 cm，宽 1-1.5（2）cm，下部楔形渐窄，有具翅的柄，仅中部以上边缘有细齿或全缘；向上叶渐小；下部叶与中部茎叶同形，有长 2-4 cm 或更长的翅柄。全部叶质地较厚，叶两面、沿脉及叶缘有短柔毛或下面无毛。头状花序较小，长 6-8 mm，宽 6-9 mm，多数在茎上部排列成紧密或疏松的长 6-25 cm 的总状花序或伞房圆锥花序，少有排列成复头状花序的。总苞片 4-6 层，披针形或披狭针形，顶端急尖或渐尖，中内层长 5-6 mm。舌状花舌片椭圆形，长 6 mm。瘦果长 3 mm，无毛，极少有在顶端被稀疏柔毛的。花、果期 4-11 月。

5. 基本描述　药用名：满山黄、八月黄花、金钗花、土柴胡、溪边黄、黄花仔、千金黄。功效：发热解表，消肿解毒。主治：急性荨麻疹，毒蛇咬伤，跌打损伤，刀伤，乳痈，产后腹痛。附方：①急性荨麻疹：鲜金钗花适量，捣烂绞汁，炖热，擦患处；②毒蛇咬伤：鲜金钗花 30-60 g，水煎服，再用鲜金钗花 60 g 捣烂外敷；③跌打损伤：鲜一枝黄花（或干品）适量，捣烂外敷（干品加水）或根 7 株、鸡蛋 1 个、米烧酒适量，水煎，待蛋熟后，敲碎蛋壳再稍煎，日 2 次，连服 3 d；④刀伤：一枝黄花叶适量，嚼烂敷患处；⑤乳痈：鲜金钗花根适量，嚼烂敷患处；⑥产后腹痛：金钗花 10-15 g，水煎服；⑦肝硬化腹水、小便不通，全身肿：全草 30-60 g，瘦猪肉适量，水炖服；⑧膏淋：鲜根 30 g，红糖适量，水煎代茶。

6. 传统知识特征

（1）一枝黄花属植物，资源丰富，含多炔、二萜、三萜、三萜皂苷、酚类及挥发油等多种生物活性成分，具有抗菌、抗炎、抗肿瘤、杀虫、利尿等作用，药用价值极高，畲族用其治疗急性荨麻疹、毒蛇咬伤、跌打损伤、刀伤、乳痈、产后腹痛等病症有一定的科学依据。

（2）八月是一枝黄花的花开繁盛期，因此畲族称一枝黄花为"满山黄""八月黄花"。

7. 保护与利用

（1）传承与利用现状：一枝黄花（满山黄）在畲族地区分布广泛，资源丰富，被畲族广泛利用于治疗多种疾病。

（2）受威胁状况及因素分析：畲族对山区的开发会破坏一枝黄花的栖息环境。

（3）保护与传承措施：虽然一些研究表明一枝黄花具有多种生物活性，但其具体的作用机制尚不明确，仍需进一步探索。

8. 文献资料

[1] 钟雷兴. 闽东畲族文化全书（医药卷）[M]. 北京：民族出版社，2009：319.

[2] 雷后兴，李永福. 中国畲族医药学[M]. 北京：中国中医药出版社，2007：454.

[3] 宋纬文，许志福. 三明畲族民间医药[M]. 厦门：厦门大学出版社，2002：294.

[4] 沈校，邹峥嵘. 一枝黄花属植物的化学成分和生物活性研究进展[J]. 中国中药杂志，2016，41（23）：4303-4313.

[5] 中国科学院中国植物志编辑委员会. 中国植物志[M]. 第74卷. 北京：科学出版社，1985：75.

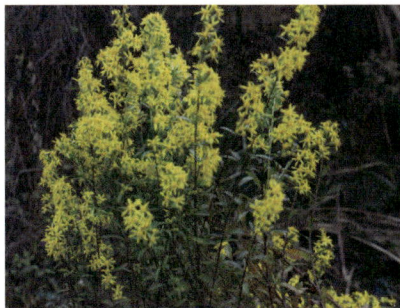

CN-SH-210-097. 哈罗丁

1. 名称 中国/浙江省 福建省/畲族/传统医药相关知识/哈罗丁

Asteris Scabrae Herba/Traditional Medicine/She People/Zhejiang Province，Fujian Province/China

2. 编号 CN-SH-210-097 中国-畲族-药用生物-哈罗丁

3. 属性与分布 畲族聚居区集体知识；广泛分布于我国东北部、北部、中部、东部至南部各地，在浙江省、福建省畲族聚居区被广泛利用。

4. 背景信息 哈罗丁为菊科（Compositae）植物东风菜（*Aster scaber* Thunb.）的干燥全草。根状茎粗壮。茎直立，高 100-150 cm，上部有斜升的分枝，被微毛。基部叶在花期枯萎，叶片心形，长 9-15 cm，宽 6-15 cm，边缘有具小尖头的齿，顶端尖，基部急狭成长 10-15 cm 被微毛的柄；中部叶较小，卵状三角形，基部圆形或稍截形，有具翅的短柄；上部叶小，矩圆披针形或条形；全部叶两面被微糙毛，下面浅色。头状花序径 18-24 mm，圆锥伞房状排列；花序梗长 9-30 mm。总苞半球形，宽 4-5 mm；总苞片约 3 层，无毛，边缘宽膜质，有微缘毛，顶端尖或钝，覆瓦状排列。舌状花约 10 个，舌片白色，条状矩圆形，长 11-15 mm，管部长 3-3.5 mm；管状花长 5.5 mm，檐部钟状，有线状披针形裂片，管部急狭，长 3 mm。瘦果倒卵圆形或椭圆形，无毛。花期 6-10 月，果期 8-10 月。

5．基本描述　药用名：哈罗丁、哈罗弟、哈卢弟。功效：清热解毒，祛风止痛，行血活血。主治：急性扁桃体炎，毒蛇咬伤。附方：①急性扁桃体炎：哈卢弟 30 g，水煎服或哈卢弟根研细粉，开水冲服，每日 3 次；②毒蛇咬伤：哈卢弟 60 g，水煎服，另用鲜叶捣烂加白酒洗患处。

6．传统知识特征

（1）东风菜（哈罗丁）主要药用部位为全草，畲族采制东风菜多在 6-9 月割取全草，洗净，鲜用或晒干，畲族认为应以秆黄棕、叶多者为佳。这是畲族在长期采制东风菜时积累的经验。

（2）现代药理研究表明，东风菜（哈罗丁）有提高细胞免疫、抗肿瘤、神经保护、抗病毒及降脂的作用，畲族用其治疗急性扁桃体炎、毒蛇咬伤等病症有一定的科学依据。

7．保护与利用

（1）传承与利用现状：东风菜（哈罗丁）是浙江、福建畲医最常用，疗效较显著，用方较特异的草药之一。且东风菜是药食同源的植物资源，颇具药用保健价值。

（2）受威胁状况及因素分析：东风菜不仅具有药用价值，还具有很好的食用价值，市场需求量大，常引起人们的过度利用。

（3）保护与传承措施：对东风菜加强驯化栽培，满足市场需求。

8．文献资料

[1]　雷后兴，李永福. 中国畲族医药学[M]. 北京：中国中医药出版社，2007：342-344.

[2]　竹剑平，林松彪. 浙江畲族民间医药卫生述要[J]. 中华医史杂志，2002，32（4）：195-199.

[3]　蒋金和，邓雪琳，王利勤，等. 东风菜化学成分及药理活性研究进展[J]. 中成药，2008，30（10）：1517-1520.

[4]　中国科学院中国植物志编辑委员会. 中国植物志[M]. 第 74 卷. 北京：科学出版社，1985：128.

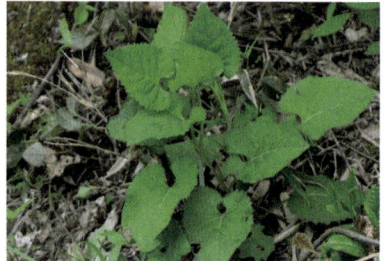

CN-SH-210-098. 木莲头

1．名称　中国/浙江省 福建省/畲族/传统医药相关知识/木莲头

Senecionis Scandentis Herba/Traditional Medicine/She People/Zhejiang Province，Fujian

Province/China

2. 编号　CN-SH-210-098 中国-畲族-药用生物-木莲头

3. 属性与分布　畲族聚居区集体知识；产于西藏、陕西、湖北、四川、贵州、云南、安徽、浙江、江西、福建、湖南、广东、广西、我国台湾等地，在浙江省、福建省畲族聚居区被广泛利用。

4. 背景信息　木莲头为菊科（Compositae）植物千里光（*Senecio scandens* Buch.-Ham. ex D. Don）的干燥全草。多年生攀缘草本，茎伸长，弯曲，长 2-5 m，多分枝，被柔毛或无毛。叶片卵状披针形至长三角形；叶柄具柔毛或近无毛，无耳或基部有小耳；上部叶变小，披针形或线状披针形。头状花序有舌状花，多数，在茎枝端排列成顶生复聚伞圆锥花序；分枝和花序梗被密至疏短柔毛；花序梗具苞片，小苞片通常 1-10，线状钻形。总苞圆柱状钟形，长 5-8 mm，具外层苞片；苞片约 8，线状钻形，长 2-3 mm。总苞片 12-13，线状披针形。舌状花 8-10，管部长 4.5 mm；舌片黄色，长圆形，长 9-10 mm；管状花多数；花冠黄色，长 7.5 mm。瘦果圆柱形，被柔毛；冠毛白色。

5. 基本描述　药用名：木莲头、九里明、黄花草、山黄花、黄花母、千里及、木米头、千里橘。功效：清热解毒。主治：浮肿，褥疮，骨髓炎，皮炎，疖肿。附方：①浮肿：千里光 150 g，水煎服；②褥疮：九里明 200-250 g，水煎服，温热时取药液淋洗创面，每日 2 次，并用消毒纱布覆盖创面；③骨髓炎：鲜千里光适量，捣烂外敷，每日 1 次，连续使用 2 个月；④皮肤瘙痒、过敏性皮炎：千里光 60 g，水煎服，另取 200-500 g 水煎洗；⑤疖疮：鲜千里光 60 g，水煎服，另取鲜全草适量，捣烂敷患处；⑥预防产后风：产后 2-3 d，取全草 50 g，水煎兑鸡汤服；⑦红眼病：鲜全草适量，水煎服，另取适量，水煎熏洗患眼。

6. 传统知识特征

（1）千里光（木莲头）是畲族当地常见植物，畲族就地取材，用于传统医药。

（2）现代药理研究表明，木莲头对各种炎症性疾患及各类细菌和真菌感染具有一定疗效，相当于广谱抗菌作用，在治疗病菌感染方面具有疗效比较稳定，不易产生病菌耐药性以及无明显毒性反应等特点，畲族用其治疗浮肿、褥疮、骨髓炎、皮炎、疖肿等有一定的科学性。

7. 保护与利用

（1）传承与利用现状：景宁畲族自治县吴守标用千里光等药材开发出了产品肤疾清，主治皮炎。此外还开发出了产品癣特灵，主治脚气、皮肤癣症。

（2）受威胁状况及因素分析：千里光（木莲头）药用价值高，常受到人为的过度采集。

（3）保护与传承措施：千里光作为一种分布广泛、资源丰富、多用途的药用植物，有着广阔的市场应用价值，为保证用药安全，尤其是在化学成分、药理成分构效关系上值得深入研究。

8. 文献资料

[1] 雷后兴，李永福. 中国畲族医药学[M]. 北京：中国中医药出版社，2007：453-454.

[2] 钟雷兴. 闽东畲族文化全书（医药卷）[M]. 北京：民族出版社，2009：321.

[3] 宋纬文，许志福. 三明畲族民间医药[M]. 厦门：厦门大学出版社，2002：291.

[4] 孟凡君，张雪君，谢卫东. 中草药千里光研究进展[J]. 东北农业大学学报，2010，41（9）：156-160.

[5] 中国科学院中国植物志编辑委员会. 中国植物志[M]. 第77卷. 第1册. 北京：科学出版社，1999：294.

CN-SH-210-099. 鸡儿肠

1. 名称　中国/浙江省 福建省/畲族/传统医药相关知识/鸡儿肠

Asteris Indicae Herba/Traditional Medicine/She People/Zhejiang Province，Fujian Province/China

2. 编号　CN-SH-210-099 中国-畲族-药用生物-鸡儿肠

3. 属性与分布　畲族聚居区集体知识；主要产于长江流域（四川、湖北、湖南、江西、安徽、江苏）；也产于陕西南部（洋县）、贵州（遵义、纳雍）及云南等地，在浙江省、福建省畲族聚居区被广泛利用。

4. 背景信息　鸡儿肠为菊科（Compositae）植物马兰（*Aster indicus* L.）的干燥全草。根状茎有匍枝，有时具直根。茎直立，高 30-70 cm，上部有短毛，上部或从下部起有分枝。基部叶在花期枯萎；茎部叶倒披针形或倒卵状矩圆形，长 3-6 cm，稀达 10 cm，宽 0.8-2 cm，稀达 5 cm，基部渐狭成具翅的长柄，边缘具小尖头的钝或尖齿或有羽状裂片，上部叶小，全缘，基部急狭无柄，全部叶稍薄质，两面或上面有疏微毛或近无毛，边缘及下面沿脉有短粗毛。头状花序单生于枝端并排列成疏伞房状。总苞半球形，径 6-9 mm，长 4-5 mm；总苞片 2-3 层，覆瓦状排列。花托圆锥形。舌状花 1 层，15-20 个，管部长 1.5-1.7 mm；舌片浅紫色，长达 10 mm；管状花长 3.5 mm，管部长 1.5 mm，被短密毛。瘦果倒卵状矩圆形，极扁，褐色，边缘浅色而有厚肋，上部被腺及短柔毛。花期 5-9 月，果期8-10月。

5. 基本描述 药用名：鸡儿肠、水苦益、温州青、马兰头、田岸青。功效：清热解毒，散瘀止血。主治：疔疮，牙龈肿痛，眼花，甲沟炎，急性指肚炎。附方：①疔疮：鲜鸡儿肠250 g，食盐25 g，捣烂敷患处；②牙痛、烂口角：温州青50 g，水煎服；③牙龈肿痛：鲜马兰头根50 g，水煎服，每日2次；④眼花：全草30 g、冰糖或白糖适量，水煎服；⑤甲沟炎：鲜叶适量，白糖少许，捣烂，外敷患处；⑥急性指肚炎：鲜叶适量，捣烂，外敷患处。

6. 传统知识特征

（1）马兰（鸡儿肠）喜温暖湿润环境，适应畲族地区的亚热带季风气候，多分布于畲族地区的菜园、农田、路旁。

（2）现代药理研究表明，鸡儿肠具有抗炎、镇痛、镇咳等活性，畲族用其治疗疔疮、牙龈肿痛、甲沟炎、急性指肚炎等病症有一定的科学依据。

（3）马兰也是当地野生蔬菜，当地称"马兰头"。

7. 保护与利用

（1）传承与利用现状：马兰不仅是畲族常用的药用植物，还可以食用，具有食用价值，开发前景广阔。

（2）受威胁状况及因素分析：过度采集利用对其野生种群产生了威胁。

（3）保护与传承措施：马兰是人们常用的药用植物和野菜，但多数生长在河边地头，可采摘的数量很少，不能满足广大消费者的需求，因此研究人工栽培方式和栽培技术，有利于更好地开发利用马兰。

8. 文献资料

[1] 雷后兴，李永福. 中国畲族医药学[M]. 北京：中国中医药出版社，2007：452.

[2] 宋纬文，许志福. 三明畲族民间医药[M]. 厦门：厦门大学出版社，2002：287.

[3] 徐菁，高鸿悦，马淑丽，等. 马兰化学成分及生物活性研究[J]. 中草药，2014，45（22）：3246-3250.

[4] 浙江植物志（新编）编辑委员会. 浙江植物志[M]. 第8卷. 杭州：浙江科学技术出版社，2021：223-224.

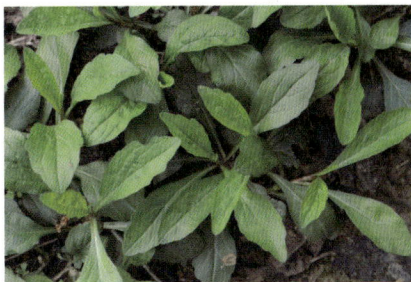

CN-SH-210-100. 蒲公英

1. 名称 中国/浙江省 福建省/畲族/传统医药相关知识/蒲公英

Taraxaci Herba/Traditional Medicine/She People/Zhejiang Province，Fujian Province/China

2. 编号 CN-SH-210-100 中国-畲族-药用生物-蒲公英

3. 属性与分布 畲族聚居区集体知识；产于黑龙江、吉林、辽宁、内蒙古、河北、山西、陕西、甘肃、青海、山东、江苏、安徽、浙江、福建北部、我国台湾、河南、湖北、湖南、广东北部、四川、贵州、云南等地，在浙江省、福建省畲族聚居区被广泛利用。

4. 背景信息 蒲公英为菊科（Compositae）植物蒲公英（*Taraxacum mongolicum* Hand.-Mazz.）的干燥全草。多年生草本。叶倒卵状披针形、倒披针形或长圆状披针形，长 4-20 cm，宽 1-5 cm，先端钝或急尖，边缘有时具波状齿或羽状深裂，每侧裂片 3-5 片，裂片三角形或三角状披针形，叶柄及主脉常带红紫色。花葶 1 个至数个，与叶等长或稍长，高 10-25 cm，上部紫红色，密被蛛丝状白色长柔毛；头状花序直径 30-40 mm；总苞钟状，长 12-14 mm，淡绿色；舌状花黄色，舌片长约 8 mm，边缘花舌片背面具紫红色条纹，花药和柱头暗绿色。瘦果倒卵状披针形，暗褐色，上部具小刺，下部具成行排列的小瘤，顶端逐渐收缩成圆锥至圆柱形喙基。花期 4-9 月，果期 5-10 月。

5. 基本描述 药用名：蒲公英、奶汁草、黄花地丁、婆婆丁、兔奶草。功效：清热解毒，消肿散结。主治：感冒发热，疔疮疖痈，腮腺炎。附方：①感冒发热、扁桃体炎、急性咽喉炎、急性支气管炎：蒲公英 30-60 g，水煎服。②疔疮疖痈、乳腺炎、淋巴腺炎：全草 30-60 g，水煎服。再用鲜品捣烂外敷。③流行性塞腮腺炎：全草 15-30 g，水煎服，鲜草适量捣烂外敷。

6. 传统知识特征

（1）蒲公英繁殖力及适应性强，资源量丰富且分布广泛，在畲族地区的山坡草地、路边、田野、河滩中均有分布，畲族利用它不会造成环境破坏。

（2）现代药理研究表明，蒲公英活性成分主要有黄酮类、萜类、酚酸类、蒲公英色素、植物甾醇类、倍半萜内酯类和香豆素类等，具有良好的广谱抗菌、抗自由基、抗病毒、抗感染、抗肿瘤作用，畲族用其治疗感冒发热、疔疮疖痈、腮腺炎等病症有一定的科学依据。

7. 保护与利用

（1）传承与利用现状：蒲公英在畲族地区分布广泛，资源量丰富。

（2）受威胁状况及因素分析：蒲公英分布于畲族地区的山坡草地、路边、田野、河滩中，常被畲族当杂草清理。

（3）保护与传承措施：应加强对蒲公英开发利用的研究，提高其资源利用率。

8．文献资料

[1] 钟雷兴. 闽东畲族文化全书（医药卷）[M]. 北京：民族出版社，2009：315-316.

[2] 谢沈阳，杨晓源，丁章贵，等. 蒲公英的化学成分及其药理作用[J]. 天然产物研究与开发，2012，24：141-151.

[3] 中国科学院中国植物志编辑委员会. 中国植物志[M]. 第 80 卷. 第 2 册. 北京：科学出版社，1999：32.

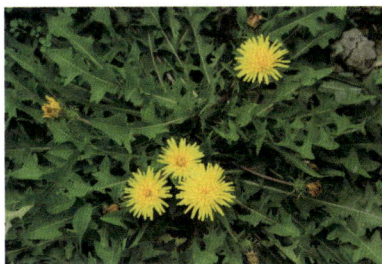

CN-SH-210-101．牛尿刺

1．名称 中国/浙江省 福建省/畲族/传统医药相关知识/牛尿刺

Cirsii Japonici Herba/Traditional Medicine/She People/Zhejiang Province，Fujian Province/China

2．编号 CN-SH-210-101 中国-畲族-药用生物-牛尿刺

3．属性与分布 畲族聚居区集体知识；我国南北各地均有分布，在浙江省、福建省畲族聚居区被广泛利用。

4．背景信息 牛尿刺为菊科（Compositae）植物蓟（*Cirsium japonicum* Fisch. ex DC.）的干燥全草。多年生草本，茎直立，30（100）-80（150）cm，分枝或不分枝，被长毛，接头状花序下部灰白色，被稠密绒毛及长毛。基生叶较大，卵形、长倒卵形、椭圆形或长椭圆形，长 8-20 cm，宽 2.5-8 cm，羽状深裂或几全裂，基部渐狭成短或长翼柄，柄翼边缘有针刺及刺齿；侧裂片 6-12 对，卵状披针形、半椭圆形、斜三角形、长三角形或三角状披针形，有小锯齿，或二回状分裂；基部向上的叶渐小，与基生叶同形并等样分裂，基部扩大半抱茎。头状花序直立，少数生茎端而花序极短，不呈明显的花序式排列，少有头状花序单生茎端的。总苞钟状，直径 3 cm。总苞片约 6 层，覆瓦状排列，向内层渐长，外面有微糙毛并沿中肋有黏腺。瘦果压扁，偏斜楔状倒披针状。花、果期 4-11 月。

5．基本描述 药用名：牛尿刺、大叶牛须刺、牛节刺、牛须刺、猪母刺、牛不嗅、刺菜、鸡母刺、白刺仲。功效：凉血止血，消瘀散肿。主治：产后腹痛，小儿乳哮，咯血、吐血、衄血、尿血、血崩，痈疔肿毒。附方：①产后腹痛：大蓟根 10-15 g，水、酒煎服，红糖为引；②小儿乳哮：牛尿刺 3-5 g，加猪爪，水煎服；③咯血：鲜大蓟全草适量，绞汁 150 mL，蜂蜜 150 mL 调匀，每日 3 次，每次 100 mL；④肺热咯血、吐血：鲜大蓟 200 g，洗净捣碎，加水适量，煎后去渣，冲冰糖 50 g，温服；⑤血淋：鲜大蓟根 200 g，洗净捣碎，加水煎成 600 mL，每日 3 次饭前服，每次 200 mL；⑥白带：鲜大蓟根 100 g，洗净切碎，配鸡（或猪蹄 1 只），炖服；⑦鼻窦炎：鲜大蓟根 200 g，洗净捣碎，鸡蛋 3 枚，水煎，食蛋服汤，忌食刺激性食物，连服 7 d。

6．传统知识特征

（1）蓟（牛尿刺）是畲族当地传统医药和野生蔬菜，生长于路边、荒地，为常见杂草，当地利用蓟已有较长历史。

（2）现代研究表明，牛尿刺具有广泛的药理作用，如抗菌、凝血止血、降压、抗肿瘤、增强免疫、杀虫、促进脂肪代谢等，畲族用其治疗产后腹痛、小儿乳哮、咯血、吐血、衄血、尿血、血崩、痈疖肿毒等病症有一定的科学依据。

7．保护与利用

（1）传承与利用现状：牛尿刺是畲族的常用药，被畲族广泛应用于产后腹痛、小儿乳哮、咯血、吐血、衄血、尿血、血崩、痈疖肿毒等多种疾病。

（2）受威胁状况及因素分析：蓟不仅为药用植物，还是深受人们喜爱的野菜，过度采集可能会对其野生资源产生一定的威胁。

（3）保护与传承措施：寻找可靠的活性成分，制定相应的质量标志以及未来开发一系列有关蓟的制剂，开展临床研究等应成为今后研究的重点。

8．文献资料

[1] 雷后兴，李永福. 中国畲族医药学[M]. 北京：中国中医药出版社，2007：448.

[2] 钟雷兴. 闽东畲族文化全书（医药卷）[M]. 北京：民族出版社，2009：319-320.

[3] 陈凯云，罗小泉，陈海芳，等. 中药大蓟的研究进展[J]. 江西中医药大学学报，2007，19（4）：80-81.

[4] 中国科学院中国植物志编辑委员会. 中国植物志[M]. 第 78 卷. 第 1 册. 北京：科学出版社，1987：103.

CN-SH-210-102. 白头翁

1．名称　中国/浙江省 福建省/畲族/传统医药相关知识/白头翁

Eupatorii Herba/Traditional Medicine/She People/Zhejiang Province，Fujian Province/China

2. 编号 CN-SH-210-102 中国-畲族-药用生物-白头翁

3. 属性与分布 畲族聚居区集体知识；我国南北各地均有分布，在浙江省、福建省畲族聚居区被广泛利用。

4. 背景信息 白头翁为菊科（Compositae）植物佩兰（*Eupatorium fortunei* Turcz.）的干燥全草。多年生草本，高 40-100 cm。根茎横走，淡红褐色。全部茎枝被稀疏的短柔毛，花序分枝及花序梗上的毛较密。中部茎叶较大，三全裂或三深裂，总叶柄长 0.7-1 cm；中裂片较大，长椭圆形或长椭圆状披针形或倒披针形，上部的茎叶常不分裂。头状花序多数在茎顶及枝端排成复伞房花序，花序径 3-6（10）cm。总苞钟状，长 6-7 mm；总苞片 2-3 层，覆瓦状排列；全部苞片紫红色，外面无毛无腺点，顶端钝。花白色或带微红色，花冠长约 5 mm，外面无腺点。瘦果黑褐色，长椭圆形，5 棱，长 3-4 mm，无毛无腺点；冠毛白色，长约 5 mm。花、果期 7-11 月。

5. 基本描述 药用名：白头翁、马头翁。功效：清暑解热，化湿健脾。主治：暑湿胸闷，纳差口苦，韧带扭伤，刀伤，中暑。附方：①暑湿胸闷，食减口甜腻：鲜叶适量开水冲泡代茶饮；②胃痛：全草 10-30 g，田鸭 1 只，水炖，吃肉喝汤；③韧带扭伤：马头翁 20-30 g，水煎服；④刀伤：马头翁干叶适量，研成细粉敷患处；⑤中暑：鲜叶适量、捣烂，冲入开水，捞去渣，内服；⑥气滞腹痛：鲜叶 15-30 g、红糖少许，捣烂，冲入开水，捞去渣，内服；⑦骨折、脱臼：鲜根 30-60 g、猪骨头适量，水炖服。另取鲜叶适量，捣烂，外敷患处。

6. 传统知识特征

（1）近年来的研究表明，白头翁（佩兰）化学成分多样，具有抗炎、祛痰、抗肿瘤、增强免疫、抑菌等多种药理作用，畲族用其治疗暑湿胸闷、纳差口苦、韧带扭伤、刀伤、中暑等病症有一定的科学依据。

（2）畲族将佩兰称为"白头翁"，是根据其花的外形特征命名的。

7. 保护与利用

（1）传承与利用现状：白头翁作为一味芳香化湿醒脾药，临床应用范围较广。

（2）受威胁状况及因素分析：栽培时会受到病虫害的威胁。

（3）保护与传承措施：人工栽培满足需求。

8. 文献资料

[1] 雷后兴，李永福. 中国畲族医药学[M]. 北京：中国中医药出版社，2007：450.

[2] 钟雷兴. 闽东畲族文化全书（医药卷）[M]. 北京：民族出版社，2009：314.

[3] 宋纬文，许志福. 三明畲族民间医药[M]. 厦门：厦门大学出版社，2002：279.

[4] 吕文纲，王鹏程. 佩兰化学成分、药理作用及临床应用研究进展[J]. 中国中医药科技，2015，22（3）：349-350.

[5] 中国科学院中国植物志编辑委员会. 中国植物志[M]. 第74卷. 北京：科学出版社，1985：58.

CN-SH-210-103. 千人拔

1. 名称 中国/浙江省 福建省/畲族/传统医药相关知识/千人拔

Eleusines Indicae Herba/Traditional Medicine/She People/Zhejiang Province，Fujian Province/China

2. 编号 CN-SH-210-103 中国-畲族-药用生物-千人拔

3. 属性与分布 畲族聚居区集体知识；我国南北各地均有分布，在浙江省、福建省畲族聚居区被广泛利用。

4. 背景信息 千人拔为禾本科（Gramineae）植物牛筋草［*Eleusine indica*（L.）Gaertn.］的干燥全草。一年生草本。根系极发达。秆丛生，基部倾斜，高10-90 cm。叶鞘两侧压扁而具脊，松弛，无毛或疏生疣毛；叶舌长约1 mm；叶片平展，线形，长10-15 cm，宽3-5 mm，无毛或上面被疣基柔毛。穗状花序2-7个指状着生于秆顶，很少单生，长3-10 cm，宽3-5 mm；小穗长4-7 mm，宽2-3 mm，含3-6小花；颖披针形，具脊，脊粗糙；第一颖长1.5-2 mm；第二颖长2-3 mm；第一外稃长3-4 mm，卵形，膜质，具脊，脊上有狭翼，内稃短于外稃，具2脊，脊上具狭翼。囊果卵形，长约1.5 mm，基部下凹，具明显的波状皱纹。鳞被2，折叠，具5脉。花、果期6-10月。

5. 基本描述 药用名：千人拔、千斤拔。功效：清热利水。主治：小儿急惊，石淋疝气，乙脑，拉肚子。附方：①小儿结热、小腹胀满、小便不利：牛筋草鲜根70 g，水煎，分3次饭前服；②乙脑：牛筋草干品100 g，洗净加水600 mL，文火煎至100 mL，分3次服，10 d为一疗程；③拉肚子：千斤拔加红糖水煎服。

6. 传统知识特征

（1）牛筋草（千人拔）适应力强，根系发达，吸收土壤水分和养分的能力很强，在畲族地区广泛分布，资源量丰富。

（2）因牛筋草根系发达，难以拔除，故当地畲族称牛筋草为"千人拔"。

（3）畲族在长期与大自然相处过程中认识到千人拔有清热利水的药效，多用其治疗小儿急惊、石淋疝气、乙脑、拉肚子等病症，但体虚者慎用。

7. 保护与利用

（1）传承与利用现状：牛筋草在畲族地区广泛分布，资源量丰富。

（2）受威胁状况及因素分析：为农田和路边的常见杂草，常常受到人为的清除。

（3）保护与传承措施：应加强对牛筋草开发利用的研究，促进对其资源的利用。

8．文献资料

[1] 雷后兴，李永福. 中国畲族医药学[M]. 北京：中国中医药出版社，2007：455.

[2] 钟雷兴. 闽东畲族文化全书（医药卷）[M]. 北京：民族出版社，2009：381-382.

[3] 中国科学院中国植物志编辑委员会. 中国植物志[M]. 第10卷. 第1册. 北京：科学出版社，1990：64.

CN-SH-210-104. 坑香

1．名称 中国/浙江省 福建省/畲族/传统医药相关知识/坑香

Acori Tatarinowii Rhizoma/Traditional Medicine/She People/Zhejiang Province，Fujian Province/China

2．编号 CN-SH-210-104 中国-畲族-药用生物-坑香

3．属性与分布 畲族聚居区集体知识；产于黄河以南各地，在浙江省、福建省畲族聚居区被广泛利用。

4．背景信息 坑香为菖蒲科（Araceae）植物石菖蒲［*Acorus tatarinowii* Schott（*Acorus gramineus* Soland.）］的干燥根茎。多年生草本。根茎芳香，粗2-5 mm，外部淡褐色，节间长3-5 mm，根肉质，具多数须根，根茎上部分枝甚密，植株因而成丛生状，分枝常被纤维状宿存叶基。叶无柄，叶片薄，基部两侧膜质叶鞘宽可达5 mm，上延几达叶片中部，渐狭，脱落；叶片暗绿色，线形，长20-30（50）cm，基部对折，中部以上平展，宽7-13 mm，先端渐狭，无中肋，平行脉多数，稍隆起。花序柄腋生，长4-15 cm，三棱形。叶状佛焰苞长13-25 cm，为肉穗花序长的2-5倍或更长，稀近等长；肉穗花序圆柱状，长（2.5）4-6.5（8.5）cm，粗4-7 mm，上部渐尖，直立或稍弯。花白色。成熟果序长7-8 cm，粗可达1 cm。幼果绿色，成熟时黄绿色或黄白色。花、果期2-6月。

5．基本描述 药用名：坑香、水菖蒲。功效：辟秽开窍，理气，散风祛湿，解毒杀虫。主治：水肿，蛇伤。附方：①水肿：鲜全草30-60 g，水煎，另取兔肉用茶油炒熟，加入煎出液，炖至肉烂，吃肉喝汤；②蛇伤：鲜根茎适量，高粱酒少许，捣烂至灶火中烤热，取出，稍冷后外敷患处。

6. 传统知识特征

（1）石菖蒲（坑香）喜湿润环境，适应畲族地区的亚热带季风气候，多生长于畲族聚居区山涧水石空隙中或山沟流水砾石间。

（2）畲族利用坑香常加肉或酒，体现了畲族传统医药知识的独特性。

（3）因石菖蒲根茎芳香，生长于水边和水坑，当地人将石菖蒲称为"坑香"。

7. 保护与利用

（1）传承与利用现状：坑香是畲族的常用药，具有很好的辟秽开窍、理气、散风祛湿、解毒杀虫作用。

（2）受威胁状况及因素分析：由于过度利用及水坑湿地的破坏使石菖蒲的野生资源正在不断减少，产量也呈下降趋势，且市售石菖蒲的质量参差不齐，混淆品较多，严重制约了石菖蒲的进一步开发利用。

（3）保护与传承措施：石菖蒲以野生为主，暂未实现规模化栽培，应对其进行人工驯化栽培研究。

8. 文献资料

[1] 钟雷兴. 闽东畲族文化全书（医药卷）[M]. 北京：民族出版社，2009：365-366.

[2] 宋纬文，许志福. 三明畲族民间医药[M]. 厦门：厦门大学出版社，2002：306.

[3] 中国科学院中国植物志编辑委员会. 中国植物志[M]. 第 13 卷. 第 2 册. 北京：科学出版社，1979：5.

CN-SH-210-105. 水灯草

1. 名称　中国/浙江省 福建省/畲族/传统医药相关知识/水灯草

Junci Herba/Traditional Medicine/She People/Zhejiang Province，Fujian Province/China

2. 编号　CN-SH-210-105 中国-畲族-药用生物-水灯草

3. 属性与分布　畲族聚居区集体知识；产于黑龙江、吉林、辽宁、河北、陕西、甘肃、山东、江苏、安徽、浙江、江西、福建、我国台湾、河南、湖北、湖南、广东、广西、四川、贵州、云南、西藏等地，在浙江省、福建省畲族聚居区被广泛利用。

4. 背景信息　水灯草为灯芯草科（Juncaceae）植物灯芯草（*Juncus effusus* L.）的干燥全草。多年生草本，高 27-91 cm，有时更高；根状茎粗壮横走，具黄褐色稍粗的须根。茎丛生，直立，圆柱形，淡绿色，具纵条纹，直径（1-）1.5-3（-4）mm，茎内充满白色的髓心。叶全部为低出叶，呈鞘状或鳞片状，包围在茎的基部，长 1-22 cm，基部红褐至黑褐色；叶片退化为刺芒状。聚伞花序假侧生，含多花，排列紧密或疏散；花淡绿色；花被片线状披针形；雄蕊 3 枚（偶有 6 枚），长约为花被片的 2/3；花药长圆形，黄色，稍短于花丝；雌蕊具 3 室子房；花柱极短；柱头 3 分叉。蒴果长圆形或卵形，顶端钝或微凹，黄褐色。种子卵状长圆形，黄褐色。花期 4-7 月，果期 6-9 月。

5．基本描述 药用名：水灯草、草席草、水灯芯、野席草。功效：降心火，清肺热，利尿通淋。主治：心烦不寐，疟疾。附方：①心悸不安：灯芯草根 120 g、冰糖 60 g，水炖服；②疟疾：灯芯草 15 g、水煎加白糖少许，于发作前 2-3 h 空腹服。

6．传统知识特征

（1）灯芯草（水灯草）喜温湿环境，适应畲族聚居区的亚热带季风气候，多分布于畲族聚居区的原野、池畔、低湿地方。

（2）现代研究表明，水灯草具有抗菌、镇静、抗氧化的药理作用，畲族用其治心烦不寐、疟疾等病症有一定的科学依据。

7．保护与利用

（1）传承与利用现状：水灯草（灯芯草）是畲族常用的药用植物，在畲族地区分布广泛，资源量丰富。

（2）受威胁状况及因素分析：灯芯草栽培时会受到蝗虫、蓟马、席草螟等害虫的威胁。

（3）保护与传承措施：现有人工栽培满足需求。

8．文献资料

[1] 钟雷兴. 闽东畲族文化全书（医药卷）[M]. 北京：民族出版社，2009：379.

[2] 钟隐芳. 福安畲医畲药[M]. 福州:海风出版社，2010：190.

[3] 吴栋，孙彩玲. 中药灯芯草的中药学研究概况[J]. 中国实用医药，2015，10（14）：288-289.

[4] 浙江植物志（新编）编辑委员会. 浙江植物志[M]. 第 9 卷. 杭州：浙江科学技术出版社，2021：148-149.

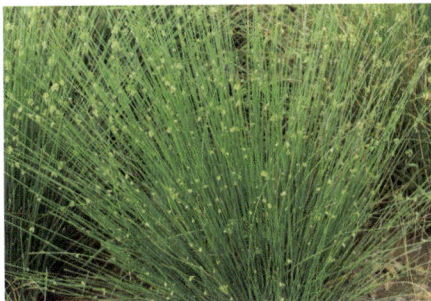

CN-SH-210-106. 野百合

1. 名称 中国/浙江省 福建省/畲族/传统医药相关知识/野百合

Lilii Brownie Bulbus/Traditional Medicine/She People/Zhejiang Province，Fujian Province/China

2. 编号 CN-SH-210-106 中国-畲族-药用生物-野百合

3. 属性与分布 畲族聚居区集体知识；产于河北、山西、河南、陕西、湖北、湖南、江西、安徽和浙江等地，在浙江省、福建省畲族聚居区被广泛利用。

4. 背景信息 野百合为百合科（Liliaceae）植物百合（*Lilium brownii* F. E. Br. ex Miellez）的干燥鳞茎。鳞茎球形，直径 2-4.5 cm；鳞片披针形，长 1.8-4 cm，宽 0.8-1.4 cm，无节，白色。茎高 0.7-2 m，有的有紫色条纹，有的下部有小乳头状突起。叶散生，通常自下向上渐小，披针形、窄披针形至条形。花单生或几朵排成近伞形；花梗长 3-10 cm，稍弯；苞片披针形；花喇叭形，有香气，乳白色，外面稍带紫色，无斑点，向外张开或先端外弯而不卷，长 13-18 cm；外轮花被片宽 2-4.3 cm，先端尖；内轮花被片宽 3.4-5 cm，蜜腺两边具小乳头状突起；雄蕊向上弯，花丝长 10-13 cm，中部以下密被柔毛，少有具稀疏的毛或无毛；花药长椭圆形，长 1.1-1.6 cm；子房圆柱形，长 3.2-3.6 cm，花柱长 8.5-11 cm，柱头 3 裂。蒴果矩圆形，有棱，具多数种子。花期 5-6 月，果期 9-10 月。

5. 基本描述 药用名：野百合、喇叭花、炖蛋花、百合花、介狗铃、麦粒齐、大响铃。功效：润肺止咳，宁心安神。主治：痈疽，疔疗，干咳，神经衰弱，心烦不安。附方：①痈疽：百合花头 50 g，食盐 10 g，共捣烂，调成糊状，敷患处。②疔疗：百合适量，碾成细粉，加适量水调成糊状，敷患处。③干咳：百合 15 g，冰糖 60 g，水煎服。④咳嗽、喑哑：鲜百合 60 g（干品 40 g）、蜂蜜 20 g、猪肺 1 副，先将猪肺放在钵内，气管至钵外，加少许开水后隔水蒸 1 h，取出猪肺切碎，加入药汁、蜂蜜，再炖 30 min，分服。⑤滋补保健：百合 30-60 g，水煎代茶。⑥感冒、咽喉肿痛、声音嘶哑：干百合花 3-5 朵，除去花蕊，炖冰糖服。或干花 1-2 朵，鸡蛋 1-2 个，调匀，食盐少许调味，蒸熟内服。⑦泻火：花 5-6 朵、瘦猪肉适量或鸭蛋 1-2 个，水炖服；⑧脱肛：鳞茎 1 个、猪大肠头 1 段，水炖服。

6. 传统知识特征

（1）现代药理研究结果表明，百合（野百合）具有抗疲劳、抗肿瘤、降血糖、抗氧化、免疫调节、镇静及抗应激损伤等作用，畲族多用其治疗痈疽、疔疗、干咳、神经衰弱、心烦不安等病症有一定科学性。

（2）畲族将野百合的口语谐音用汉语表达命名为"麦粒齐"。

（3）百合花朵美丽，有香气，白色，为当地畲族喜欢的花卉。

7．保护与利用

（1）传承与利用现状：百合是畲族常用的药用植物，资源量较丰富。

（2）受威胁状况及因素分析：百合因观赏性优良，又可食用、药用，常遭采挖，极易致使野生种群衰落。

（3）保护与传承措施：现有大量的人工栽培满足需求。

8．文献资料

[1] 雷后兴，李永福. 中国畲族医药学[M]. 北京：中国中医药出版社，2007：456.

[2] 钟雷兴. 闽东畲族文化全书（医药卷）[M]. 北京：民族出版社，2009：362.

[3] 宋纬文，许志福. 三明畲族民间医药[M]. 厦门：厦门大学出版社，2002：312.

[4] 黄燕萍. 百合的研究现状[J]. 中国药业，2010，19（8）：88-90.

[5] 中国科学院中国植物志编辑委员会. 中国植物志[M]. 第14卷. 北京：科学出版社，1980：121.

[6] 徐正浩. 农业野生植物资源[M]. 杭州：浙江大学出版社，2015：158.

CN-SH-210-107. 疳首

1．名称 中国/浙江省 福建省/畲族/传统医药相关知识/疳首

Belamcandae Rhizoma/Traditional Medicine/She People/Zhejiang Province，Fujian Province/China

2．编号 CN-SH-210-107 中国-畲族-药用生物-疳首

3．属性与分布 畲族聚居区集体知识；产于吉林、辽宁、河北、山西、山东、河南、安徽、江苏、浙江、福建、我国台湾、湖北、湖南、江西、广东、广西、陕西、甘肃、四川、贵州、云南、西藏等地，在浙江省、福建省畲族聚居区被广泛利用。

4．背景信息 疳首为鸢尾科（Iridaceae）植物射干［*Belamcanda chinensis*（L.）Redouté］的干燥根茎。多年生草本。根状茎为不规则的块状，斜伸，黄色或黄褐色；须根多数，带黄色。茎高1-1.5 m，实心。叶互生，嵌迭状排列，剑形，长20-60 cm，宽2-4 cm，基部鞘状抱茎，顶端渐尖，无中脉。花序顶生，叉状分枝，每分枝的顶端聚生有数朵花；花梗及花序的分枝处均包有膜质的苞片，苞片披针形或卵圆形；花橙红色，散生紫褐色的斑点，直径4-5 cm；花被裂片6，2轮排列，外轮花被裂片倒卵形或长椭圆形，内轮较外轮花被裂片略短而狭；雄蕊 3，花药条形，外向开裂，花丝近圆柱形，基部稍扁而宽；花柱上部稍扁，顶端 3 裂，裂片边缘略向外卷，有细而短的毛。蒴果倒卵形或长椭圆形，成熟时室背开裂，果瓣外翻；种子圆球形，黑紫色。花期 6-8 月，果期 7-9 月。

5. 基本描述　药用名：疳首、金绞剪、山芭扇。功效：清热解毒，祛痰利咽，活血祛瘀。主治：小儿疳积，腮腺炎，水田皮炎，风火牙痛，蛇伤。附方：①小儿疳积：疳首 3-5 g，水煎服，或加鸡肝煮服；②腮腺炎：射干 15 g，水煎服，外用鲜品捣烂（干品研末调醋）敷患处；③乳腺炎：鲜射干根适量捣烂敷患处；④水田皮炎：射干 400 g、食盐 80 g，加水 7-8 kg，煎 1 h，保持药液 40℃左右搽洗患处，早晚各 1 次；⑤风火牙痛：根 15-30 g，炖水鸭母服；⑥蛇伤：根适量，磨醋外涂患处。

6. 传统知识特征

（1）射干喜欢光照充足、湿润的环境，适应畲族地区的亚热带季风气候。

（2）射干（疳首）既是当地畲族传统医药，也是观赏植物，当地人使用历史悠久。

（3）现代研究表明，疳首具有抗炎、对皮肤癣菌的抑制、抗菌、抗病毒、利胆、抗过敏等作用，畲族用其治疗小儿疳积、腮腺炎、水田皮炎、风火牙痛、蛇伤等有一定的科学依据。

7. 保护与利用

（1）传承与利用现状：射干（疳首）是畲族的清热解毒药，现已人工栽培。

（2）受威胁状况及因素分析：射干野生资源受到过度采集利用及生境破坏的威胁。

（3）保护与传承措施：近年来国内外对其化学成分、药理作用进行了大量深入的研究，进一步阐明了射干临床疗效的内在基础，应在此基础上研发新药和保健用品。

8. 文献资料

[1] 雷后兴，李永福. 中国畲族医药学[M]. 北京：中国中医药出版社，2007：458.

[2] 钟雷兴. 闽东畲族文化全书（医药卷）[M]. 北京：民族出版社，2009：371.

[3] 宋纬文，许志福. 三明畲族民间医药[M]. 厦门：厦门大学出版社，2002：320.

[4] 韦永娜，王伟鹏. 射干药理作用的现代研究进展[J]. 黑龙江科技信息，2011（19）：22.

[5] 中国科学院中国植物志编辑委员会. 中国植物志[M]. 第 16 卷. 第 1 册. 北京：科学出版社，1985：131.

220

传统医药理论知识

CN-SH-220-001. 六神学说

1. 名称 中国/浙江省 福建省/畲族/传统医药/六神学说

Liushen Theory/Traditional Medicine/She People/Zhejiang Province，Fujian Province/China

2. 编号 CN-SH-220-001 中国-畲族-医药理论知识-六神学说

3. 属性与分布 畲族社区集体知识，分布于浙江省、福建省的畲族社区。

4. 背景信息 六神学说是畲族传统的医药理论之一。畲族因只有语言而没有文字，所以无法考究"六神"的来源。神，是指人体生命活动的总称，包括生理性和病理性外露的征象。畲族的六神是指六脏神，即心神、肝神、肺神、脾神、肾神、胆神。心神主司血液的运行，主宰十二条血路、二十八脉；肝神主司水精、谷精的生成，主宰三十六骨节、七十二经脉；肺神主司呼吸，诸气的生成，主宰人体各种气机活动；脾神主司血液、肌肉，水精、谷精的运化，主宰血液、肌肉的活动；肾神主司大脑、骨骼，精气的生成，主宰人体的生育繁殖；胆神主司神明、谋略，主宰协调人体脏腑功能活动。

5. 基本描述 六神学说是指导畲族临床防病治病的主要理论之一，具有明显的畲族医药特色。畲医的六神学说，确立了人体生理功能中"六神"的主宰地位，认为气、血、精是组成人体并完成机体各项活动的物质基础，是在六神的主宰下生成并发挥人体三十六骨节、七十二筋脉、十二条血路、二十八脉等各项功能作用。畲医认为：存六神者，则七窍开通，故没有疾病。人身脏腑、四肢的功能活动，都靠这些神的主宰，才能维持正常。存思这些身神，使神气内守，便可消除疾病，得以延年益寿。

6. 传统知识特征

（1）六神学说是指导畲医临床防病治病的主要理论，畲族医药已认识到人体内部器官是一个统一整体，各器官之间既有合作，又有明显的功能分工，对人体和健康已有科学的认知。

（2）畲医六神学说，是畲族在长期与疾病斗争的实践中形成的，是经验的总结，是从经验上升为医学理论，具有坚实的实验基础。它认为气、血、精是组成人体并完成机体各项活动的物质基础，具有辩证唯物观念，与中华传统医学一脉相承。

（3）六神学说是畲族独创的医药理论，不同于中医药和其他民族医药理论，具有鲜明的民族特色。畲医运用六神学说在伤科、妇科、儿科及痧症的诊断和治疗方面都产生了独特的治疗方法，如"六神病"用"六神药"的用药经验等，产生了较好的医疗效果。

7. 保护与利用

（1）传承与利用现状：六神学说在畲族临床诊断和治疗上有着积极的指导意义，被畲医广泛运用。但对于六神学说的内涵和推广应用还有待进一步整理、研究和挖掘。

（2）受威胁状况及因素分析：①没有文字记载需口传心授、传男不传女、不对外讲授的传承方式的限制；②现代化的医疗手段的快速发展使许多畲族人选择西医，给畲医造成了一定的冲击；③现代年轻人不愿意学习传统医药，导致传承人的缺失。

（3）保护与传承措施：应对畲族医药进行进一步的整理、研究和挖掘，促进其保护与传承。

8. 文献资料

[1] 雷后兴，李永福，蓝国相，等. 中国畲族民间医药调查报告[J]. 中国民族医药杂志，2007（8）：60-63.

[2] 雷后兴，李永福. 中国畲族医药学[M]. 北京：中国中医药出版社，2007：25-33.

[3] 陶云海，雷后兴. 畲医"六神"学说初探[J]. 浙江中医杂志，2006，41（10）：582-583.

CN-SH-220-002. 疳积理论

1. 名称 中国/浙江省 福建省/畲族/传统医药/疳积理论

Ganji Theory/Traditional Medicine/She People/Zhejiang Province，Fujian Province/China

2. 编号 CN-SH-220-002 中国-畲族-医药理论知识-疳积理论

3. 属性与分布 畲族社区集体知识，分布于浙江省、福建省畲族社区。

4. 背景信息 疳积理论是畲族的传统医药理论之一，主要有狭义的小儿疳积和广义的疳积病。畲医认为小儿疳积的病因病机主要是禀赋不足，脏腑稚嫩，或甘肥姿进，饮食太多，积滞日久，或乳母寒热不调乳哺婴儿，或大病之后，吐泻疟痢，乳食减少，以至于损伤脾胃，胃气虚弱，运化失常。疳积病的病因病机是风、寒、痧等邪气侵犯机体，或过食肥甘厚腻之品，或久病不愈，耗损胃气，而使脾胃虚弱，运化无力，风、寒、痧等邪气积滞而成。在治疗小儿疳积上，畲医治疗疳积病常以"培植脾土，扶助胃气""壮者先去积而后扶胃气、衰者先扶胃气而后消之"为主要原则。

5. 基本描述　疳积理论是畲族医药对疾病认识不同于中医和其他民族医学的一个典型例子。疳积病是一个总称，有狭义和广义之分。狭义之疳积指小儿饮食不当、禀赋不足等因素而致小儿面黄肌瘦、腹部膨隆等症。广义之疳积指风、寒、痧、食等因素而引起的诸多杂病的总称。畲医所称的疳积病在临床上根据病因及病变部位分为风积、寒积、痧积、食积、木积、水积、土积、火积、金积、气积、血积、痰积等。该理论重点是强调了病因分析，即首先把握病情是由什么因素造成的，再根据致病因素，采取有针对性的治疗方法。此外，此理论根据病因，将病情进行了系统的分类，将疳积病细分为 10 多个类型，形成系统性的疳积病治疗方法。

6. 传统知识特征

（1）畲医疳积理论的形成是基于畲族疾病治疗的丰富经验，是由实践经验的总结而上升的理论，具有坚实的实践基础。

（2）畲医将疳积分为狭义与广义两种，并根据两类疾病而采取了不同的治疗方法，这体现了畲族传统医药知识的科学性、系统性和独特性。

（3）畲医治疗疳积病常以"培植脾土，扶助胃气""壮者先去积而后扶胃气、衰者先扶胃气而后消之"为主要原则，这体现了畲族传统医药认识到人体是一个生态系统整体，系统运转及系统内各组成之间的关系具有一定规律，且相辅相成，互相制约。

7. 保护与利用

（1）传承与利用现状：疳积病在临床中属于常见病、多发病，临床中如冠心病、脑梗死、脂肪肝、糖尿病、肿瘤等疾病都可根据这一理论进行辨证施治，往往能收到较好的疗效。

（2）受威胁状况及因素分析：①没有文字记载需口传心授、传男不传女、不对外讲授的传承方式的限制；②西医的快速发展和疗效对传统畲医造成了一定的冲击；③现代年轻人不愿意学习传统医药，导致传承人的缺失。

（3）保护与传承措施：疳积理论对于治疗一些常见疾病具有一定的指导意义，其内涵和理论基础有待进一步研究与挖掘。

8. 文献资料

[1] 雷后兴，李永福，蓝国相，等. 中国畲族民间医药调查报告[J]. 中国民族医药杂志，2007（8）：60-63.

[2] 雷后兴，李永福. 中国畲族医药学[M]. 北京：中国中医药出版社，2007：30-33.

[3] 鄢连和，项英美，鄢琛尹. 畲族医药导论[C]. 全国畲族医药学术研讨会，2014.

CN-SH-220-003. 痧症理论

1．名称 中国/浙江省 福建省/畲族/传统医药相关知识/痧症理论

Shazheng Theory/Traditional Medicine/She People/Zhejiang Province，Fujian Province/China

2．编号 CN-SH-220-003 中国-畲族-医药理论知识-痧症理论

3．属性与分布 畲族社区集体知识，分布于浙江省、福建省畲族社区。

4．背景信息 痧症是畲族医学中发病最广、最频繁的病症之一。畲族人民在长期与疾病作斗争的实践中不断增进认识，总结经验，并逐渐形成了一套痧症理论和完整的发痧疗法，许多疾病都可根据痧症理论进行发痧治疗。畲族痧症治疗方法和手段简便易行，疗效迅速。

5．基本描述 痧症理论是畲族的传统医药理论之一。畲医认为，痧症的发病原因广泛而复杂，病因主要为"痧气"，痧气主要分为外感和内伤。痧症的命名十分复杂，一般按发病部位、病症体貌特征、仿动物形态或按致病因素等来命名。畲医认为，只要身体出现不适感觉，均可以认为是痧气入侵，按痧症进行辨证治疗，因此有"痧症无虚症"之说，给予发痧法治疗就能痊愈。畲族医学对痧症有自身独特的发病观、辨证法和一整套的治疗手段，所以正确掌握痧症辨证，是正确选择发痧疗法的前提，也是治疗痧症的关键。一般的辨痧方法有望诊、触诊、切诊等。特殊辨痧方法有划痕试验、验痧筋、查痧点和试撮天突穴等。

6．传统知识特征

（1）畲族的痧症理论是畲族民长期在与疾病作斗争的实践中不断增进认识，总结经验，逐渐形成的。

（2）痧症发病极为广泛，病种涵盖了内、外、妇、儿、五官、皮肤、骨伤等科，许多疾病都可依据畲族的痧症理论进行发痧治疗。

（3）痧症的命名十分复杂，畲族一般按发病部位、病症体貌特征、仿动物形态或按致病因素等来命名。

7．保护与利用

（1）传承与利用现状：痧症发病极为广泛，病种涵盖了内、外、妇、儿、五官、皮肤、骨伤等科，至今广大畲族人根据痧症理论诊断出许多病症，并普遍掌握发痧疗法。

（2）受威胁状况及因素分析：①没有文字记载需口传心授、传男不传女、不对外讲授的传承方式的限制；②现代化的医疗手段的快速发展使得人们生病纷纷选择西医，给畲医造成了一定的冲击；③现代年轻人不愿意学习传统医药，导致传承人的缺失。

（3）保护与传承措施：畲族医药（痧症疗法）被列入第二批国家级非物质文化遗产保护名录。痧症理论将得到进一步的关注与保护。

8．文献资料

[1] 雷后兴，李永福，蓝国相，等. 中国畲族民间医药调查报告[J]. 中国民族医药杂志，2007（8）：60-63.

[2] 雷后兴，李永福. 中国畲族医药学[M]. 北京：中国中医药出版社，2007：34-36.

[3] 郑宋明，雷后兴. 畲医痧症辨痧刍议[J]. 浙江中医杂志，2008，43（8）：484.

[4] 鄢连和. 畲医痧症刮法和临床应用[C]. 全国民族医药学术交流会，2009.

[5] 鄢连和. 畲族医药（痧症疗法）[M]. 杭州：浙江摄影出版社，2014.

CN-SH-220-004. 阴阳学说

1．名称　中国/浙江省 福建省/畲族/传统医药相关知识/阴阳学说

Yinyang Theory/Traditional Medicine/She People/Zhejiang Province，Fujian Province/China

2．编号　CN-SH-220-004 中国-畲族-医药理论知识-阴阳学说

3．属性与分布　畲族社区集体知识，分布于浙江省、福建省畲族社区。

4．背景信息　阴阳学说是古人用来解释自然现象和万物之间相互关系的一种方法。畲族人民在长期的生息、繁衍及与疾病的斗争过程中，懂得了运用阴阳辨证关系来诊治疾病，调理机体功能的平衡健康，而且判断药性、调配药方都非常讲究。在漫长的历史发展过程中逐渐形成了具有畲族特色的医药观，这就是畲族治病用药讲究阴阳平衡。

5．基本描述　阴阳学说是畲族的传统医药理论之一。畲族定论药物性能简单，仅分阳药、阴药、和药 3 种。把热性、温性的药物统称为阳药，把寒性和凉性的药物统称为阴药，把不寒、不热、不温、不凉的药物称为和药。阳药治气血凝寒衰降、湿困之症；阴药治亢盛，炎症；和药则具平衡和滋补功能。畲医掌握一套阴阳自然关系，即阳药一般长在朝阳的山坡，阴药一般长在阴山坡里，和药一般长在低谷的自然规律。畲医治病时注重调整人体的阴阳平衡来补偏救弊，达到疾病消除的目的。

6．传统知识特征

（1）畲族人在长期的生息、繁衍及与疾病的斗争过程中，用阴阳辨证关系来诊治疾病、判断药性、调配药方，在漫长的历史发展过程中逐渐形成了具有畲族特色的医药观。

（2）畲族定论药物性能简单，仅分阳药、阴药、和药 3 种，且治病用药讲究阴阳平衡，体现了畲族传统知识的独特性。

（3）畲医掌握一套阴阳自然关系，即阳药一般长在朝阳的山坡，阴药一般长在阴山

坡，和药一般长在低谷的自然规律，所以采药时一般不会错位，这是畲族长期的经验总结。

7. 保护与利用

（1）传承与利用现状：阴阳学说在畲医中普遍应用，畲族人采药、用药都要用到阴阳学说。畲药阴阳学说虽然理论朴素，但在民间畲族用药上有一定的指导作用。

（2）受威胁状况及因素分析：①没有文字记载需口传心授、传男不传女、不对外讲授的传承方式的限制；②现代化的医疗手段的快速发展使得人们生病纷纷选择西医，给畲医造成了一定的冲击；③现代年轻人不愿意学习传统医药，导致传承人的缺失。

（3）保护与传承措施：阴阳学说在畲医中普遍应用，值得进一步研究、探讨。

8. 文献资料

[1] 雷后兴，李永福，蓝国相，等. 中国畲族民间医药调查报告[J]. 中国民族医药杂志，2007（8）：60-63.

[2] 雷后兴，李永福. 中国畲族医药学[M]. 北京：中国中医药出版社，2007：56-57.

[3] 鄢连和，蓝梅英，李水福，等. 试论畲族医药的阴阳哲理[J]. 中国民族医药杂志，2007（7）：8-9.

CN-SH-220-005. 对伤的认识

1. 名称　中国/浙江省 福建省/畲族/传统医药相关知识/对伤的认识

Knowledge of Injuries/Traditional Medicine/She People/Zhejiang Province，Fujian Province/China

2. 编号　CN-SH-220-005 中国-畲族-医药理论知识-对伤的认识

3. 属性与分布　畲族社区集体知识，分布于浙江省、福建省畲族社区。

4. 背景信息　畲族人在长期与损伤疾病作斗争的过程中积累了丰富的临床经验，对伤的认识逐渐深入和成熟，成为畲医药重要的理论基础。长期以来，畲族人生活、劳动在山区，在劳动中极易受到损伤，起初只是无意识地抚摸按压伤部，发现可以减轻疼痛等症状，经过多次并长期反复实践，有意识地摸索出一些能医治受伤疾患的简单方法。到了近代，在总结前人经验的基础上，畲医对伤的认识逐渐加深，伤科理论、正骨疗法得到了进一步的充实和提高，正骨手法和固定方法也有了较大的改进和发展，畲医的疳积论、六神学说和阴阳学说不断渗透伤科，积累了诸多治伤方药，重视强调局部伤损与整体功能的关系，对骨折和脱位也有较深的认识。

5. 基本描述　畲族对伤的认识是畲医药重要的理论基础。畲医认为，凡机体某部位受到外界突然的强力打击（跌、打、扭、压等）而致局部筋骨或软组织受到损伤称为"伤"，若治疗延误或失当，重者可致死亡。损伤疾病的发生有内因和外因，外因虽然重要，但也不能忽视机体本身的因素。畲医还把"伤"与时辰联系在一起，强调时辰与季节，同一部位受伤的时间与季节不同，出现的症状与治法、用药也不同，同时认为血脉某时辰运行到某脏腑时受伤则不治，因此，便产生了十二时辰不治说。畲医对伤的辨证与诊断不仅通过患者自诉，还通过望、闻、问、切、药物试探等收集临床资料，再根据畲医的辨证方法加以分析而做出诊断。

6. 传统知识特征

（1）畲族生活在山区，祖祖辈辈田间耕作、猎取食物，在这样的生存环境及生产方式下更易受到损伤，而对外伤的治疗作为畲族最早的医疗活动应运而生。

（2）对外伤的治疗是畲族最早的医疗活动，伤科学因此也成为畲医学最原始的医学内容。

（3）畲医在损伤疾病的诊治过程中，十分重视伤患发生和发展的因果关系，体现了畲族传统医药知识的独特性。

7. 保护与利用

（1）传承与利用现状：现在，畲医的疳积理论、六神学说和阴阳学说不断渗透伤科，积累了诸多治伤方药。此外畲族重视强调局部伤损与整体功能的关系，对骨折和脱位也有较深的认识。

（2）受威胁状况及因素分析：①没有文字记载需口传心授、传男不传女、不对外讲授的传承方式的限制；②现代化的医疗手段的快速发展使得人们生病纷纷选择西医，给畲医造成了一定的冲击；③现代年轻人不愿意学习传统医药，导致传承人的缺失。

（3）保护与传承措施：畲族对伤的认识值得进一步研究与探讨。

8. 文献资料

[1] 雷后兴，李永福. 中国畲族医药学[M]. 北京：中国中医药出版社，2007：37-47.

[2] 陈泽远. 畲族的治伤技术[J]. 中国民族医药杂志，1997，3（4）：9-11.

[3] 雷后兴，李永福，蓝国相，等. 中国畲族民间医药调查报告[J]. 中国民族医药杂志，2007（8）：60-63.

[4] 崔箭，唐丽. 中国少数民族传统医学概论[M]. 北京：中央民族大学出版社，2007：350-351.

CN-SH-220-006. 对疾病的命名和分类

1. 名称　中国/浙江省 福建省/畲族/传统医药相关知识/对疾病的命名和分类

Nomenclature and Classification of Diseases/Traditional Medicine/She People/Zhejiang Province，Fujian Province/China

2．编号 CN-SH-220-006 中国-畲族-医药理论知识-对疾病的命名和分类

3．属性与分布 畲族社区集体知识，分布于浙江省、福建省畲族社区。

4．背景信息 畲医对疾病的命名和分类主要按疾病的性质、发病时间、发病时症状、形态、声音、体征、病变部位或互为结合来分门别类和命名，可以用风、寒、气、血、杂症五大类来概括，每类又根据症状分为 72 种。但多数不能一一列举病名，仅个别可以说全病名。畲族疾病的命名多根据症状而取，少数病名与中医病名相似，但内涵却不一样，有其独特之处。

5．基本描述 畲医对疾病有其特殊的命名和分类法。将疾病分为风、寒、气、血、杂症五大类，每类又根据症状分为 72 种。对疾病的命名或根据病变部位（如腹部的疖肿称肚疔，项部的疖肿称项疔），或根据季节时期不同（如暑痧、寒痧、风痧），或仿动物形态（如蛇痧、兔痧），或根据患者痛时发出的声音（如鸭痧、狗痧等），或根据患者发病时的体征（如反弓痧、羊舌痧等），或根据患者自觉症状（如穿心痧、蚂蚁痧等），或根据治疗方法特点而命名，形象通俗，容易记忆，自成体系，富有特色。

6．传统知识特征

（1）畲医对疾病的命名和分类主要按疾病的性质、发病时间、发病时症状、形态、声音、体征、病变部位或互为结合来分门别类和命名，形象通俗，容易记忆，自成体系，极具民族特色，体现了畲族传统医药知识的独特性。

（2）畲医对疾病的命名和分类时会仿动物形态进行命名，体现了畲族对自然动物的描摹。

7．保护与利用

（1）传承与利用现状：畲族对疾病的命名和分类的原则被畲医普遍采用。

（2）受威胁状况及因素分析：①没有文字记载需口传心授、传男不传女、不对外讲授的传承方式的限制；②现代化的医疗手段的快速发展使得人们生病纷纷选择西医，给畲医造成了一定的冲击；③现代年轻人不愿意学习传统医药，导致传承人的缺失。

（3）保护与传承措施：畲族对疾病的命名和分类是畲族传统医药观的体现，值得进一步地整理挖掘，促进其保护与传承。

8．文献资料

[1] 雷后兴，李永福. 中国畲族医药学[M]. 北京：中国中医药出版社，2007：47-51.

[2] 崔箭，唐丽. 中国少数民族传统医学概论[M]. 北京：中央民族大学出版社，2007：345.

[3] 奇玲，罗达尚. 中国少数民族传统医药大系[M]. 赤峰：内蒙古科学技术出版社，2000：904.

230

传统疗法

CN-SH-230-001. 伤症疗法

1. 名称　中国/浙江省 福建省/畲族/传统医药相关知识/伤症疗法

Shangzheng Therapy/Traditional Medicine/She People/Zhejiang Province，Fujian Province/China

2. 编号　CN-SH-230-001 中国-畲族-传统疗法-伤症疗法

3. 属性与分布　畲族社区集体知识，分布于浙江省、福建省畲族社区。

4. 背景信息　畲医认为，凡机体某部位受到外界突然的强力打击（跌、打、扭、压等）而致局部筋骨或软组织受到损伤称为"伤"。若治疗延误或失当，重者可致死亡。若加上受到风湿寒邪的袭击，就会转化为风伤。畲族多生活在山区，在劳动中极易受到损伤，起初只是无意识地抚摸按压伤部，发现可以减轻疼痛等症状，经过多次并长期反复实践，有意识地摸索出一些能医治受伤疾患的简单方法，如手法按摩，用草药覆盖伤口等。到了近代，在总结前人经验的基础上，畲医根据受伤部位和受伤后的表现、出血情况判断治与不治，同时认为血脉某时辰运行到某脏腑时受伤则不治，因此便产生了"十二时辰不治说"。畲医诊伤时，会对全身、局部、指甲、眼睛的变化做全面的了解。然后还会通过切脉、药物探诊法，确认无误后再对症下药。

5. 基本描述　伤症疗法是畲族的传统疗法之一。畲族的伤症疗法主要分为两部分，诊断和治疗。畲医诊断时，除患者自诉外，还采用望诊、切诊、触诊、观指甲、看眼睛、药物试探（通过用畲药煎服、擦搓、敷贴等方法判断是否有伤，验伤处方有20余首）等方法诊断。畲医对伤的治疗多采用内服和外敷相结合，有些畲医还配合针刺放血、自制药酒等方法，强调要区分新旧伤与轻重伤，还要按时辰处方辨症治疗。畲族根据十二个时辰的不同，受伤种类不同而采用不同的方药治伤，每个时辰又分内伤、血伤、穴伤处方。对于难以确认新旧的伤，或穴伤、气伤、血伤等情况，只能采用治伤通法。对于难以确定哪个时辰受伤者，可采用十二时辰通用方。

6. 传统知识特征

（1）畲族长期生活在山区，山坡耕作和狩猎活动造成身体损伤是常见的事，但损伤后的及时处理和医治是能否恢复健康的关键。由于山区送医不便，以当地传统方法治疗损伤的技术和知识就逐渐丰富并积累下来，治疗损伤的草医和草药也就应运而生。

（2）畲医治伤强调新旧伤与轻重伤以及时辰与季节，同一部位受伤的时间和季节不同，出现的症状与治法、用药也不同，体现了畲族传统医药对症治疗的先进理念和灵活的诊疗技术，也体现了畲医药的科学性和独特性。

（3）畲族治伤以鲜草药为主，用药讲求新鲜，辅以动物内脏或肌肉，取其通络活血之性，使邪去正安，气血旺盛，达到恢复健康之目的。而畲族所在山区，鲜草和辅药都可就地取材，方便及时处理和治疗。

7. 保护与利用

（1）传承与利用现状：畲医大多有自己擅长的治伤技术，但现代化医疗手段的快速发展和医保制度的逐渐健全，越来越多的人趋向于去大医院治疗。

（2）受威胁状况及因素分析：①传承受到限制，畲医没有文字记载，需口传心授且传男不传女、不对外讲授；②现代医疗手段的快速发展使得患者多选择西医，给畲医造成了一定的冲击；③年轻人对畲医认识不足，不愿意学习传统医药，导致传承人的缺失。

（3）保护与传承措施：制定政策鼓励传统医药的使用，并在保持传统特色疗法的基础上，做到不断创新，中西医结合，提高医技水平。

8. 文献资料

[1] 雷后兴，李永福. 中国畲族医药学[M]. 北京：中国中医药出版社，2007：37-47.

[2] 雷后兴，李永福，蓝国相，等. 中国畲族民间医药调查报告[J]. 中国民族医药杂志，2007（8）：60-63.

[3] 崔箭，唐丽. 中国少数民族传统医学概论[M]. 北京：中央民族大学出版社，2007：350-351.

[4] 钟隐芳. 福安畲医畲药[M]. 福州：海风出版社，2010：37.

CN-SH-230-002. 痧症疗法

1. 名称　中国/浙江省 福建省/畲族/传统医药相关知识/痧症疗法

Shazheng Therapy/Traditional Medicine/She People/Zhejiang Province，Fujian Province/China

2. 编号　CN-SH-230-002 中国-畲族-传统疗法-痧症疗法

3. 属性与分布　畲族社区集体知识，分布于浙江省、福建省畲族社区。

4. 背景信息　畲族诊治痧症的起始年代无从考证，但畲医对痧症的诊治却有着非常悠久的历史。传统的诊治方法在民间广为流传，老少皆知，至今仍世代相传，且逐渐形成了较完整的理论体系和发痧疗法，可以细分出 100 多种诊治方法。许多畲医掌握多种发痧技术，常常起到立竿见影、手到病除的效果。

5.基本描述 痧症疗法是畲族的传统疗法之一。痧症的发病原因广泛而复杂，畲医认为痧症具备特有的症状，一般诊断不难，但也有些痧症容易与其他疾病混淆，特别是夹痧之疾，若分辨不清，轻易下手，可能造成误治，所以畲医一般通过划痕试验、试撮天突、验痧筋、切脉、查痧点对等方法区别痧症与非痧症。畲族治疗痧症时，主要有针灸、挑针与挑病珠、放血与拔火罐、刮痧、撮痧、焠痧、搓痧、草药治痧 8 种方法。病情较轻者采用刮痧、撮痧、焠痧和搓痧等，病情急重者采用针刺、放血、挑痧或配合畲药治疗。

6.传统知识特征

（1）因畲族长住山区，湿度大，蚊虫多，在身体不适时容易造成痧气入侵，因此，痧症是当地畲族常见的疾病，痧症疗法是当地畲族在长期与痧症疾病作斗争的过程中总结出来的系统治疗方法。

（2）畲医的痧症疗法分为痧断和治疗两个阶段，前者是通过一些物理的试验以区别痧症与其他皮肤疾病，后者是针对诊断结果，采用不同的疗法对痧症进行对症治疗。其治疗程序充分体现了畲医药的实证基础，有"痧症无虚证"之说。

（3）畲医治疗痧症的方法和手段很多，有针灸、放血与拔火罐、刮痧、草药治痧等 8 种方法，可根据病情具体选用一种单独方法，或多种方法配合使用。体现了畲族传统医药具有简易便行和经济有效的特点。

7.保护与利用

（1）传承与利用现状：畲族的痧症疗法因地制宜，操作便利，安全有效、经济实用，至今仍为畲族广泛应用。

（2）受威胁状况及因素分析：①传承方式受到限制，主要是没有文字记载需口传心授、传男不传女、不对外讲授等因素；②西医的发展给畲医造成了一定的冲击；③年轻对传统医药认识不足，不愿学习传统医药，导致传承人的缺失。

（3）保护与传承措施：畲族医药（痧症疗法）被列入第二批国家级非物质文化遗产保护名录，痧症疗法将进一步受到关注与保护。

8.文献资料

[1] 雷后兴，李永福.中国畲族医药学[M].北京：中国中医药出版社，2007：71-89.

[2] 钟雷兴.闽东畲族文化全书（医药卷）[M].北京：民族出版社，2009：3-4.

[3] 崔箭，唐丽.中国少数民族传统医学概论[M].北京：中央民族大学出版社，2007：348-349.

[4] 华金渭，何伯伟. 浙江丽水中药材与文化[M]. 北京：中国农业科学技术出版社，2013：52.

[5] 鄢连和. 畲族医药（痧症疗法）[M]. 杭州：浙江摄影出版社，2014：16，28.

CN-SH-230-003. 正骨疗法

1. 名称 中国/浙江省 福建省/畲族/传统医药相关知识/正骨疗法

Zhenggu Therapy/Traditional Medicine/She People/Zhejiang Province，Fujian Province/China

2. 编号 CN-SH-230-003 中国-畲族-传统疗法-正骨疗法

3. 属性与分布 畲族社区集体知识，分布于浙江省、福建省畲族社区。

4. 背景信息 畲族自古从事狩猎及刀耕火种，居住地山高路陡，因野兽伤害与劳作不慎极易致跌打骨折，故畲医治疗骨伤经验丰富。畲族的正骨技术源远流长，起源无法考证，据传说源于三个方面。一是畲族先祖从事狩猎与刀耕火种，因野兽伤害与劳作不慎至跌打骨折，得到"高人"传授正骨技术，世代袭传。二是畲族祖先农作物被猴子糟蹋，所以打断其腿。后认识了猴子采用的草药，并把它运用到骨折的人体上，收到了满意的疗效。三是清雍正年间，寺僧逃难到畲村，传授拳术与正骨技术流传至今。

5. 基本描述 正骨疗法是畲族的传统疗法之一。畲医正骨强调早期一次性整复，也特别重视肢体功能恢复，因而在整复固定时主要从功能恢复的角度考虑，维持一定的体位。如锁骨骨折复位固定时要求外观平整，使用竹片时要斜放加压，腋下垫置半球垫，挺胸，肩外后展，屈肋悬吊固定。畲医还主张关节部位骨折复位后应早期活动（除股骨、胫骨外），虽然有的病例复位关节会出现明显畸形，但其功能恢复甚好，这就是畲医正骨的特色。畲医在施行正骨时有时采用针刺镇痛，而多数仅在局部喷洒清水或醋酸，继之拔伸牵引，捏搓推拿，提按端挤，旋转屈伸，因势利导，以资整复。畲医正骨还根据病情不同采用外敷、内服药配合治疗，多用畲药，以煎剂为主，使用畲药多为活血通络、散瘀止痛类，剂量相对较大。季节不同，选药服用也不同。

6. 传统知识特征

（1）畲族自古从事狩猎及刀耕火种，居住地山高路陡，因野兽伤害与劳作不慎极易致跌打骨折，在长期的治疗过程中，畲医积累了丰富的治疗骨伤经验。

（2）畲医正骨还根据病情不同采用外敷、内服药配合治疗，有时还按时辰、季节的不同进行辨证治疗，这些药也多取材于土生土长的畲药，具有鲜明的民族独特性。

7. 保护与利用

（1）传承与利用现状：由于畲族独特的生产及生活方式（如山地生活），该疗法极具实用性，然而，由于受经济利益的驱使，目前不少医院已基本放弃了这一疗法，正宗的畲医正骨术只在少数民间畲医中传承着。

（2）受威胁状况及因素分析：①没有文字记载需口传心授、传男不传女、不对外讲授的传承方式的限制；②现代化的医疗手段的快速发展使得人们生病时纷纷选择西医，给畲医造成了一定的冲击；③现代年轻人不愿意学习传统医药，导致传承人的缺失。

（3）保护与传承措施：2010 年，畲医正骨疗法被列入丽水市第四批非物质文化遗产名录。

8. 文献资料

[1] 雷后兴, 李永福. 中国畲族医药学[M]. 北京：中国中医药出版社, 2007：90-104.

[2] 朱德明, 李欣. 浙江畲族医药民俗探微[J]. 中国民族医药杂志, 2009, 15（4）：58-59.

[3] 严慧荣. 非遗撷英[M]. 北京：中国文史出版社, 2013：160.

[4] 钟隐芳. 福安畲医畲药[M]. 福州：海风出版社, 2010：25.

CN-SH-230-004. 解毒通利法

1. 名称 中国/浙江省 福建省/畲族/传统医药相关知识/解毒通利法

Jiedutongli Therapy/Traditional Medicine/She People/Zhejiang Province，Fujian Province/China

2. 编号 CN-SH-230-004 中国-畲族-传统疗法-解毒通利法

3. 属性与分布 畲族社区集体知识，分布于浙江省、福建省畲族社区。

4. 背景信息 畲医认为人类生活在浩瀚的宇宙空间，时刻都会遭受到毒邪侵蚀，毒邪好似空气一样地充满了整个自然界，像无形的恶魔似的侵扰着人体，损害肌体功能、致使人体功能紊乱，脏腑免疫力不断下降，阴阳失调，致人生病，甚至致人以衰亡。自然界万物生长发育需要排邪除毒，人体生长发育更需要抗邪解毒，也只有这样才能保护自然界万物生长旺盛，才能维护人类肌体正常生长发育。畲族在千百年的自诊自疗的医药实践中，发现了丰富而具实效的解毒药物，从而形成了解毒通利疗法。

5. 基本描述 畲医认为，无毒不生病，生病必得毒。治病就是治毒（排毒、解毒），治毒就是解除病体内的毒邪，把毒邪排出体外。畲族的解毒通利法一般有解蛇毒、治疗风邪毒、通脉抓脉络穴位解毒等疗法。畲族解蛇毒疗法：青蛇、蝮蛇、蕲蛇、眼镜蛇等咬伤后要先用白酒（高浓度的）或清水洗伤口，进行体外排毒、再用苦草咀嚼细（最好成浆糊状）敷在伤口上，再用苦草浓煎内服，蛇毒即可渐渐排出。医风证：畲医药把自然界寒、湿、热风邪毒伤人体而致病者皆称为风证，畲医药擅长于用纯甘味淡的青草药配剂成方医治风证。通脉抓脉络穴位解毒疗法：治疗痧症先通利血脉，对病者行穴位拍痧、吸痧、抓痧、挑痧等术，打通经脉，畅通血流，再内服解毒、排邪恶的药。

6. 传统知识特征

（1）畲族在数百年乃至上千年的自诊、自采、自制、自配、自疗的医药实践中，验证了丰富而具实效的解毒药和解毒通利的疗法。

（2）畲族居于山区，植物资源丰富，含有很多清热解毒草药资源，为解毒通利法提供了基础。

（3）苦草一般生长在阴湿的山地，即毒蛇喜欢出入和居住的地域，也是苦草生长的地方，畲医药学认为是以毒攻毒、天人合一治疗的自然现象。

7. 保护与利用

（1）传承与利用现状：畲族通毒疗法简便、价廉、实用，并且疗效快，广泛应用于治疗实践中，疗效显著，如可调节器官等作用，综合治疗身患多种疾病的患者。此外，在治疗癌症、肿块方面也收到了匪浅的效果。在畲族中应用广泛，常起到立竿见影的效果。

（2）受威胁状况及因素分析：①没有文字记载需口传心授、传男不传女、不对外讲授的传承方式的限制；②现代化的医疗手段的快速发展使得人们生病纷纷选择西医，给畲医造成了一定的冲击；③现代年轻人不愿意学习传统医药，导致传承人的缺失。

（3）保护与传承措施：解毒通利法在畲族医学中起到非常重要的作用，但它仍需进一步地研究、开发、应用和完善，使之更好地为民族医学发挥作用。

8. 文献资料

[1] 鄢连和，蓝梅英，蓝峻，等. 谈畲医药解毒通利法在临床中的应用[J]. 中国民族医药杂志，2008（1）：21-22.

[2] 雷后兴，李永福. 中国畲族医药学[M]. 北京：中国中医药出版社，2007：105.

CN-SH-230-005. 食物疗法

1. 名称　中国/浙江省 福建省/畲族/传统医药相关知识/食物疗法
Food Therapy/Traditional Medicine/She People/Zhejiang Province，Fujian Province/China

2. 编号　CN-SH-230-005 中国-畲族-传统疗法-食物疗法

3. 属性与分布　畲族社区集体知识，分布于浙江省、福建省畲族社区。

4. 背景信息　畲医在生产过程中发现了食物和药物的性味和功效，认识到许多食物可以药用，许多药物也可以食用，两者很难区分开。因此畲族在长期的生产生活实践中，为适应生活环境，同时为了生存、健康，有目的地选择某些食物作为主食或辅食，长此以往，形成了畲族的食物疗法。

5. 基本描述　食物疗法是畲族的传统疗法之一，其理论基础是阴阳学说、六神学说和疳积理论。食物疗法也讲究辨证施治，重视药物疗法与食物疗法相结合。如以食物疗法为基础的药酒、药膳、药茶、药粥等。食物疗法强调以脏补脏，注重冷热属性，多用于治疗慢性病，但治疗某些急性病效果也不错；以防为主，强调未病先防；重视药引作用，强调药物新鲜度，用量比较大。畲族食物疗法历史悠久，简便易行，疗效可靠，流传广泛，用来预防疾病、增强体质、延年益寿，也有用于治疗慢性疾病，使用面广，涉及内、儿、妇、五官、骨伤等诸科疾患，而且食物疗法普及率极高，几乎家家户户都在使用，平时食用家禽家畜也配用草药。

6. 传统知识特征

（1）畲族群众长期聚居山区，在日常生活中积累了大量滋补、祛寒、祛风湿等传统中药材制作的药膳，在防病治病过程中广为应用，食物疗法几乎是家喻户晓的一种自然疗法，具有普及性的特征。

（2）畲族食物疗法涉及面广，涉及内、儿、妇、五官、骨伤等诸科疾患。

（3）畲族山区中草药资源十分丰富，畲族药膳喜用新鲜药，从而也保证了畲族药膳的质量。

7. 保护与利用

（1）传承与利用现状：食物疗法是畲族医药特有的自然疗法之一，使用面广，而且普及率极高，此外现景宁畲族自治县正大力挖掘并开发畲族药膳，弘扬药膳文化，并推向市场。

（2）受威胁状况及因素分析：随着生态环境的破坏和过度采集，一些野生药材越来越少，此外，其他民族的医药文化对畲族医药也具有一定的冲击。

（3）保护与传承措施：应发掘、继承、研究畲族民间药膳、食疗方的组方原则、烹调经验，促进其保护与传承。

8. 文献资料

[1] 徐成文. 畲族食物疗法[J]. 开卷有益-求医问药，2018（9）：36-37.

[2] 陈庆徐，林文拓，崔雯雯. 浙江省畲族食疗文化调研[J]. 魅力中国，2016（15）：44.

[3] 鄢连和，项英美，鄢琛尹. 畲族医药导论[C]. 全国畲族医药学术研讨会，2014.

[4] 雷后兴，李永福. 中国畲族医药学[M]. 北京：中国中医药出版社，2007：107.

CN-SH-230-006. 针刺疗法

1. 名称　中国/浙江省 福建省/畲族/传统医药相关知识/针刺疗法

Zhenci Therapy/Traditional Medicine/She People/Zhejiang Province，Fujian Province/China

2．编号 CN-SH-230-006 中国-畲族-传统疗法-针刺疗法

3．属性与分布 畲族社区集体知识，分布于浙江省、福建省畲族社区。

4．背景信息 畲医认为，人体生病是由于体内气血不调所致，轻针调其气血，放血去掉淤血，能使血脉流通，有其独特作用。畲族的针刺疗法是通过在患者某些穴位上挑出血丝来治疗疾病，其挑法又称挑珠法、挑病珠、挑斑珠等，畲医民间广泛应用于痧症的治疗，但现在多用于高热惊厥（小儿急惊风）、风热感冒、急性肠胃炎、急性腰扭伤、偏头痛、哮喘、小儿疳积等。

5．基本描述 针刺疗法是畲族的传统疗法之一，畲医民间广泛应用于痧症的治疗。畲医的针刺疗法与中医的针灸不尽相同，注重部位而不讲究穴位，多用银针或三棱针在患者某些穴位上轻轻地挑出血丝来，挑后能使患者感到舒适，症状明显缓解。医者斜握银针，中指挟着针尖，露出半米粒长，在一定部位上挑针。分为轻挑和重挑两种：轻挑只是在表皮上，以不出血为度；重挑要在表皮上挑出血丝，有时挑出后还要挤血，有的只挑针不挤血。针刺部位视病情病种而定，各个畲医也不尽相同。挑法多适用于热证、急证、凡属寒证、虚证等都应慎用或不用，且有出血倾向的患者也不适用。另外，要避开大血管，出血不止要及时采取有效措施。

6．传统知识特征

（1）畲族的针刺疗法是畲族医学中最具特色的治疗方法，具有操作简单、起效迅速、费用低廉的优点，深受畲族喜爱。

（2）畲医的针刺疗法与中医的针灸不尽相同，注重部位而不讲究穴位，体现了畲族传统医药知识的独特性。

7．保护与利用

（1）传承与利用现状：畲医民间广泛将针刺疗法应用于痧症的治疗，但现在多用于高热惊厥（小儿急惊风）、风热感冒、急性肠胃炎、急性腰扭伤、偏头痛、哮喘、小儿疳积等。研究表明，畲族的针刺疗法治疗头风痧和急性腰扭伤具有操作简便、疼痛缓解快、复发率低等优点，值得在临床中推广。

（2）受威胁状况及因素分析：①没有文字记载，需口传心授、传男不传女、不对外讲授的传承方式的限制；②畲族医师普遍年事已高，畲族年轻人不愿意继承祖业，导致祖传秘方面临失传的危险；③西方现代医疗技术的影响。

（3）保护与传承措施：应加大对畲族针刺疗法研究、继承，并在医疗机构推广应用，促进其保护与传承。

8. 文献资料

[1] 雷后兴,李永福. 中国畲族医药学[M]. 北京:中国中医药出版社,2007:65-66.

[2] 钟雷兴. 闽东畲族文化全书(医药卷)[M]. 北京:民族出版社,2009:4-5.

[3] 张巧玲,徐向东,鄢连和,等. 畲医针刺疗法治疗头风痧(偏头痛)的临床研究[J]. 中华中医药学刊,2015,33(3):530-532.

[4] 袁彬,陈艳,张巧玲,等. 畲医针刺疗法治疗急性腰扭伤疗效观察[J]. 上海针灸杂志,2017,36(11):1344-1347.

[5] 蓝丽康,袁彬,吴泓蔚,等. 畲医针刺疗法治疗偏头痛120例远期效果评价[J]. 福建中医药,2018,49(6):8-10.

CN-SH-230-007. 搓、刮、捏法

1. 名称　中国/浙江省 福建省/畲族/传统医药相关知识/搓、刮、捏法

Rubbing,Scraping,Pinching Therapy/Traditional Medicine/She People/Zhejiang Province,Fujian Province/China

2. 编号　CN-SH-230-007 中国-畲族-传统疗法-搓、刮、捏法

3. 属性与分布　畲族社区集体知识,分布于浙江省、福建省畲族社区。

4. 背景信息　搓法是利用茶叶,新鲜草药在患者背部或腹部,自上而下,反复揉搓,使揉搓部发红紫色为止的治疗方法。畲族民间广泛用来治疗痧症,对中暑、感冒等有独特疗效,对头痛、咳嗽、哮喘、腹泻也有一定的效果。刮法又称刮痧疗法,是最常用的治疗痧症的方法,被广泛用于痧症的治疗,还常被用于治疗发热、咳嗽、风热喉痛、呕吐、腹泻、头昏脑胀等,有着悠久的历史。捏法又称抓痧、捏痧法,是施术者在患者身上某些部位或穴位上多次施用捏或抓法而达到治疗某些疾病的一种治疗手段,多用于痧症的治疗。

5. 基本描述　搓法治疗时,先取鲜紫苏叶50-100 g,橘叶7-14片,葱2株,姜3片,乱头发一撮,放在小钵内,滴上7滴油(陈年油更佳),加盖后置锅内蒸15 min,也可以用泡好的茶叶揉搓。患者赤上身俯卧床上,施术者趁温热取出钵内药物,在患者背腰部自上而下搓揉,用力要均匀,搓揉数下后再蘸小钵内液体继续搓揉,直至腰背出现红紫色痧斑。刮法是畲族的特色外治疗法之一,在进行刮痧之前,须在患者背部或胸部进行试刮几下,若患者皮肤发红,疼痛难忍,则非本疗法适应证。刮法根据病情选定部位,多数在上肢内侧轴弯处,也有在颈部大椎两侧。刮时先用清水或茶水、米醋、黄酒在选定部位涂抹,用手指轻拍至微红,再用骨梳或手掌尺侧从轻到重往下刮,用力均匀,至局部充血为止,刮痧过程中若患者出汗不止或有其他危急症状,应立即中止刮痧。捏法

是畲族的传统疗法之一，治疗时，施术者五指屈曲，用食指、中指的第二节对准要撮的部位，把皮肤用力撮起，突然松开，发出"啪"的一声，连续撮 5-8 下，多则 10 余下，至局部皮下出现紫红色痧痕为止。撮的部位与数量由施术者根据经验和病情而定，绝大多数一次显效。

6．传统知识特征

（1）畲族搓、刮、捏法所选用的物品都是畲族生活中常见的物品，使用起来具有便利性。

（2）畲族捏法治疗痧症简单，普通群众也能轻松掌握，且绝大多数一次显效，具有普适性和高效性。

（3）痧症发病极为广泛，病种涵盖了内、外、妇、儿、五官、皮肤、骨伤等科，畲族在长期与疾病作斗争的过程中发展出了搓、刮、捏等多种治疗痧症的方法。

7．保护与利用

（1）传承与利用现状：搓、刮、捏法在畲族民间不仅广泛用于痧症的治疗，而且还常被用于治疗发热、咳嗽、风热喉痛、呕吐、腹泻、头昏脑胀等，其简单易行，无须药物，见效快，在畲族民间广泛应用。

（2）受威胁状况及因素分析：①没有文字记载，需口传心授、传男不传女、不对外讲授的传承方式的限制；②畲族医师普遍年事已高，畲族年轻人不愿意继承祖业，导致祖传秘方面临失传的危险；③西方现代医疗技术的影响。

（3）保护与传承措施：应积极挖掘、收集、抢救畲族民间医药文化遗产，促进搓、刮、捏法等畲族外治疗法在医疗机构中推广应用。

8．文献资料

[1] 雷后兴，李永福. 中国畲族医药学[M]. 北京：中国中医药出版社，2007：63-70.

[2] 崔箭，唐丽. 中国少数民族传统医学概论[M]. 北京：中央民族大学出版社，2007：349.

[3] 钟雷兴. 闽东畲族文化全书（医药卷）[M]. 北京：民族出版社，2009：3-4.

CN-SH-230-008．熨法

1．名称　中国/浙江省 福建省/畲族/传统医药相关知识/熨法

Ironing Therapy/Traditional Medicine/She People/Zhejiang Province，Fujian Province/China

2．编号　CN-SH-230-008 中国-畲族-传统疗法-熨法

3．属性与分布　畲族社区集体知识，分布于浙江省、福建省畲族社区。

4．背景信息　熨法是用被火烘热的物体或将加热的物体贴熨于人体的患病部位或特

定穴位，以治疗疾病的一种方法。根据贴熨物体性质的不同，又可分为热熨法和药熨法。热熨法和药熨法主要适用于辨证属寒性、寒湿性、气血淤滞或虚寒性病症。属热症或皮肤过敏、皮肤感染、皮肤破损者均不适用于此法。

5．基本描述 熨法是畲族的传统疗法之一，有热熨法和药熨法两种。热熨法常用青砖、河沙、石块、生姜、盐、葱、醋、水、麦麸等做治疗器具，主要分为青砖和石块熨法、河沙熨法、姜热熨法、麦麸热熨法、盐热熨法。青砖和石块熨法是用青砖或石块用火烘热后，再裹上毛巾进行热熨；石块熨法、河沙熨法、姜热熨法、麦麸热熨法、盐热熨法都是先将物品在锅内炒热，再用布包好进行热熨。药熨法主要分为药液熨法、药渣熨法、药饼熨法，针对病情选择药物或配方。药液熨法用纱布蘸取药液热熨患处，药渣熨法用纱布包药渣进行热熨，药饼熨法是将药物研成细末，加入面粉做成饼状，可蒸可烙，趁热贴敷患处的治疗方法。

6．传统知识特征

（1）熨法是畲族的传统疗法之一，主要适用于辨证属寒性、寒湿性、气血淤滞或虚寒性病，应用范围广泛。

（2）畲族热熨法所选用的物品是青砖、河沙、石块、生姜、盐、葱、醋、水、麦麸等生活中常见的物品，具有使用的便利性特点，且操作简单，普通群众也能轻松掌握。

7．保护与利用

（1）传承与利用现状：随着现代医疗技术的发展，畲族熨法的使用逐渐减少。

（2）受威胁状况及因素分析：①没有文字记载，需口传心授、传男不传女、不对外讲授的传承方式的限制；②畲族医师普遍年事已高，畲族年轻人不愿意继承祖业，导致祖传秘方面临失传的危险；③其他民族（尤其是汉族）及西方现代医疗技术的影响。

（3）保护与传承措施：加强对畲族熨法的继承、研究与推广，促进其保护与传承。

8．文献资料

雷后兴，李永福. 中国畲族医药学[M]. 北京：中国中医药出版社，2007：70-71.

CN-SH-230-009. 熏法

1．名称 中国/浙江省 福建省/畲族/传统医药相关知识/熏法

Fumigation Therapy/Traditional Medicine/She People/Zhejiang Province，Fujian Province/China

2．编号 CN-SH-230-009 中国-畲族-传统疗法-熏法

3．属性与分布 畲族社区集体知识，分布于浙江省、福建省畲族社区。

4. 背景信息 熏法分为熏蒸疗法和熏洗疗法，熏蒸疗法被畲族民间较早用于预防疾病，熏洗疗法则被畲医普遍用于治疗蛇伤。但现在熏法应用较广，适用于风寒感冒、肛肠病、风湿性关节炎、皮肤病、眼科疾病、跌打损伤、疖肿、毛囊炎等。

5. 基本描述 熏法是畲族的传统疗法之一，是用药物加水煎汤后产生的热蒸汽熏蒸患处，待药汤变温后用药汤淋洗局部的一种治疗方法，主要分为熏蒸疗法和熏洗疗法。熏蒸疗法又分室内熏蒸与局部熏蒸，室内熏蒸是将药物加水煮沸放在密闭的小房间里，用所产生的气体熏蒸患者的方法。局部熏蒸是将患处置于煎药的容器上，与药液保持一定的距离进行熏蒸，或将煎好的药液倒入较大的容器上进行熏蒸。熏洗疗法分为全身熏洗和局部熏洗，是先用药液进行熏蒸，待降温后再进行洗浴的方法。使用熏法要严格掌握其适应证，凡急性炎症、心功能不全、恶性肿瘤、癫痫、孕妇、经期等禁用此法。

6. 传统知识特征

（1）畲族居于山区，草药资源丰富，为熏法提供了丰富的材料，从而也促进了熏法的发展，使其适用于多种病症。

（2）畲族居于亚热带山区，山区蛇多，畲族上山劳作时被蛇咬伤时有发生，促进了畲族对熏洗法的利用。

7. 保护与利用

（1）传承与利用现状：熏法过去多用于预防疾病和治疗蛇伤，现在应用较广，适用于风寒感冒、肛肠病、风湿性关节炎、皮肤病、眼科疾病、跌打损伤、疖肿、毛囊炎等。

（2）受威胁状况及因素分析：①没有文字记载，需口传心授、传男不传女、不对外讲授的传承方式的限制；②畲族医师普遍年事已高，畲族年轻人不愿意继承祖业，导致祖传的秘方面临失传的危险；③西方现代医疗技术的影响。

（3）保护与传承措施：加强对畲族熏法的继承、研究与推广，促进其保护与传承。

8. 文献资料

[1] 雷后兴，李永福. 中国畲族医药学[M]. 北京：中国中医药出版社，2007：67-68.

[2] 陶云海，雷后兴. 畲族民间常用外治疗法[J]. 浙江中医杂志，2006，41（3）：156-158.

CN-SH-230-010. 抓、吹法

1. 名称 中国/浙江省 福建省/畲族/传统医药相关知识/抓、吹法

Grasping，Blowing Therapy/Traditional Medicine/She People/Zhejiang Province，Fujian Province/China

2. 编号 CN-SH-230-010 中国-畲族-传统疗法-抓、吹法

3. 属性与分布 畲族社区集体知识，分布于浙江省、福建省畲族社区。

4．背景信息　抓法又称抓筋法，是施术者在患者身上某些肌腱抓捏以达到治疗疾病的方法，对治疗脘腹痛效果显著。吹法是将自制粉末用简易工具吹布于耳朵、咽喉、鼻腔、口腔等患处以治疗五官疾病的一种治疗方法。此疗法将药物吹布于患处，可以使药物直接作用于病变部位而收到良好的效果。

5．基本描述　抓法是畲族的传统疗法之一，治疗时，施术者用拇指与食指用力抓腋窝胸侧（胸大肌、胸小肌的肌腱），使其上肢有发麻感，连续抓 3-7 次。再抓肩井部位（大拇指贴锁骨上窝，四指紧贴背侧），用力抓 3-7 次；肩胛骨内侧（骶脊肌）3-7 次。每次都要有"叭嗒"的响声，直至局部充血为止。抓的部位和次数根据病情与施术者的经验而定。吹法也是畲族的传统疗法之一，畲医根据患者的病情和患病部位，辨证选取药物，配制药粉，用细竹管、芦苇管、麦秆或较厚的纸卷成细管以作吹粉管。医治时，先将吹粉管的一端放入药粉，对准患处或插入管腔，从另一端用口轻轻将药粉吹入患处。吹法适用于慢性中耳炎、外耳道炎、头痛、牙痛、慢性鼻炎、口腔炎、咽喉炎、扁桃体炎等疾病，吹布后，暂时不要进食，以免影响疗效。

6．传统知识特征

（1）抓法对施术者手法要求较高，且抓的部位和次数根据病情与施术者的经验而定，普通人较难掌握。

（2）吹法是多用于治疗五官疾病，因其可以使药物直接作用于病变部位而收到良好的效果。

7．保护与利用

（1）传承与利用现状：抓筋法治疗脘腹痛效果显著，但现在随着现代医疗技术的发展且对施术者手法要求较高，已很少使用。吹法现亦仅在很少一部分畲医当中使用。

（2）受威胁状况及因素分析：①没有文字记载，需口传心授、传男不传女、不对外讲授的传承方式的限制；②畲族医师普遍年事已高，畲族年轻人不愿意继承祖业，导致祖传秘方面临失传的危险；③西方现代医疗技术的影响。

（3）保护与传承措施：可在保持传统特色疗法的基础上，做到不断创新，中西医结合，促进抓、吹法等传统疗法的使用。

8．文献资料

[1]　陶云海，雷后兴. 畲族民间常用外治疗法[J]. 浙江中医杂志，2006，41（3）：156-158.

[2]　雷后兴，李永福. 中国畲族医药学[M]. 北京：中国中医药出版社，2007：68-69.

240

药材加工炮制技术

CN-SH-240-001. 清炒法

1. 名称 中国/浙江省 福建省/畲族/传统医药/清炒法

Stir Frying Method/Traditional Medicine/She People/Zhejiang Province，Fujian Province/China

2. 编号 CN-SH-240-001 中国-畲族-药材加工炮制技术-清炒法

3. 属性与分布 畲族社区集体知识，分布于浙江省、福建省畲族社区。

4. 背景信息 清炒法是畲族常用的药材加工炮制技术，有炒软、炒干、炒爆、炒熟、炒黄、炒焦、炒炭之分。传统用炒黄法的目的是增强疗效、缓和药性、降低毒性、利于贮存；而畲族群众认为青草药性多寒凉，湿性较重，特别是鲜药，对素体畏冷或脾胃虚寒及湿气较重的患者会造成一些不必要的副作用，所以通过炒干、炒黄等方式以缓和药物的寒凉之性及湿性，减少副作用的发生，这可能与畲族居住环境严寒潮湿、水质冰冷有关。

5. 基本描述 清炒法是将净选或切制后的药物置炒制器具中，不加辅料，用适宜的火力连续加热，并不断搅拌、翻动或转动，使之达到一定炒干程度的药材炮制操作方法。畲族的清炒法有炒软、炒干、炒爆、炒熟、炒黄、炒焦、炒炭之分。如星宿菜鲜叶炒软，白背叶鲜根炒干，薜荔子炒酥，荭草子炒爆，南瓜子炒熟，生石灰炒黄，车前子炒焦，艾叶炒炭等。传统用炒黄法的目的是增强疗效、缓和药性、降低毒性、利于贮存，而畲族是通过炒干、炒黄等以缓和药物的寒凉之性及湿性，减少副作用的发生。

6. 传统知识特征

（1）畲族群众认为青草药性多寒凉，湿性较重，特别是鲜药，对素体畏冷或脾胃虚寒及湿气较重的患者会造成负面影响，需要通过清炒，减少鲜药水分。而畲族多居于山区，山区湿气重，通过炒干、炒黄等方式以缓和药物的寒凉之性及湿性，减少副作用的发生。

（2）畲族的清炒法具有深厚的知识内涵，根据药材的种类、部位、用途和用法，而选择炒软、炒干、炒爆、炒熟、炒黄、炒焦、炒炭等不同的炒干程度，这是通过长期实践而形成的经验，并上升到技术和知识水平，体现了畲族传统医药的独特性。

（3）畲族的清炒法与提高药效有关，通过清炒过程，可增强药材的疗效、缓和药性、降低毒性，同时还有利于药材的贮存、运输和使用。

7．保护与利用

（1）传承与利用现状：清炒法是畲族常用的药材加工炮制技术，至今仍有使用。

（2）受威胁状况及因素分析：现代医药对畲族传统医药生产了冲击，此外年轻人普遍不愿意学习传统医药知识，导致传承人缺乏。

（3）保护与传承措施：可结合现代科学技术加强对畲族炮制技术的研究，促进畲族炮制技术的保护与传承。

8．文献资料

[1] 宋纬文. 三明畲族民间药物加工炮制经验初探[J]. 中国民间疗法，2003，11（4）：55-56.

[2] 蔡翠芳. 中药炮制技术[M]. 北京：中国医药科技出版社，2008：34.

[3] 雷后兴，李永福. 中国畲族医药学[M]. 北京：中国中医药出版社，2007：294.

CN-SH-240-002. 咀嚼法

1．名称　中国/浙江省　福建省/畲族/传统医药相关知识/咀嚼法

Chew Method/Traditional Medicine/She People/Zhejiang Province，Fujian Province/China

2．编号　CN-SH-240-002 中国-畲族-药材加工炮制技术-咀嚼法

3．属性与分布　畲族社区集体知识，分布于浙江省、福建省畲族社区。

4．背景信息　畲族居于山区，草药资源丰富，畲族劳作时受到了损伤或被蛇咬伤时常常采摘周围野生青草药放置于口中咀嚼，并外敷患处。咀嚼法从表面上看好像并不卫生，实际上是用唾沫做药引。唾液含有神经生长素，对皮肤损伤有治疗作用，其溶菌酶和分泌性免疫球蛋白 A 有抗菌作用。

5．基本描述　咀嚼法是畲族的药材加工炮制技术之一，是根据受伤类型和程度，选择不同种类的青草，一种或几种混合放置口中咀嚼，利用嘴中唾液不停地搅拌，嚼烂后的草团外敷于患处，作为外用药物，起到消毒杀菌、愈合伤口的作用。

6．传统知识特征

（1）畲族居于山区，劳作时常受到损伤或被蛇咬伤，咀嚼法使用方便，能够快速急救患者脱离生命危险，是畲族村民普遍熟知的传统做法。

（2）畲族居住山区野生植物资源非常丰富，可十分方便地就地取材，且村民们多半拥有草药采集和应用的知识，对于不同的受伤原因可选用不同的草药，并且咀嚼的程度也能够把握，这是当地人通过口传身授而代代相传的社区知识。

（3）用现代医药知识解释，咀嚼法也具有一定的科学基础。唾液含有神经生长素，对皮肤损伤有治疗作用，其溶菌酶和分泌性免疫球蛋白 A 有抗菌作用，因此，唾沫具有治疗皮肤损伤、抗菌的作用，在咀嚼法中充当了药引。

7．保护与利用

（1）传承与利用现状：咀嚼法是畲族过去治病常用的药物加工方法，特别是在应急的情况下常常使用，而现在应急情况不多，且医疗条件大幅改善，咀嚼法已较少使用。

（2）受威胁状况及因素分析：①畲族医药传承人的缺失；②现代医药对畲医药的冲击；③因生境破坏和改变，野生草药不能随手获得；④卫生意识普遍提高，感觉咀嚼法不卫生。

（3）保护与传承措施：可结合现代科学技术加强对咀嚼法的研究，促进畲族炮制技术的保护与传承。

8．文献资料

[1]　宋纬文，许志福. 三明畲族民间医药[M]. 厦门：厦门大学出版社，2002，23：353.

[2]　雷后兴，李永福. 中国畲族医药学[M]. 北京：中国中医药出版社，2007：294.

CN-SH-240-003. 研磨法

1．名称　中国/浙江省 福建省/畲族/传统医药相关知识/研磨法

Trituration Method/Traditional Medicine/She People/Zhejiang Province，Fujian Province/China

2．编号　CN-SH-240-003 中国-畲族-药材加工炮制技术-研磨法

3．属性与分布　畲族社区集体知识，分布于浙江省、福建省畲族社区。

4．背景信息　畲族居于山区，草药资源丰富，可以对草药随采随用，常用青草药治疗疾病。畲族群众喜欢用擂钵研制青草药，再冲入开水，拌匀，捞去残渣服之。擂钵是用陶土制成，外形与一般钵头相似，但内有较细的沟状竖纹。研磨法加大了药物与水接触的表面积，减少了损失，使药用效果更佳。

5．基本描述　研磨法是畲族的药材加工炮制技术之一，是用擂钵研磨青草药至极烂，再冲入开水溶出有效成分的方法。由于青草药在擂钵中反复研磨至极烂，加大了药物与水接触的表面积，冲入开水后，其有效成分能迅速溶出，减少了煎煮过程中的损失，原汁原味，效果更佳。

6. 传统知识特征

研磨法能加大药物与水的接触面积，有助于有效成分的迅速溶出，因此在疾病的治疗过程中能收到很好的效果。

7. 保护与利用

（1）传承与利用现状：研磨法是畲族过去治病常用的药物加工方法，现在比较少使用。

（2）受威胁状况及因素分析：随着市场化的发展和野生草药资源的减少，畲医自己上山采草药的行为逐渐减少，对新鲜草药的使用也变少了，进而影响了研磨法的使用。此外现代医药对畲医药的冲击和畲族医药传承人的缺失也是威胁因素之一。

（3）保护与传承措施：可结合现代科学技术加强对畲族炮制技术的研究，促进畲族炮制技术的保护与传承。

8. 文献资料

宋纬文，许志福. 三明畲族民间医药[M]. 厦门：厦门大学出版社，2002：23.

CN-SH-240-004. 烫法

1. 名称　中国/浙江省 福建省/畲族/传统医药相关知识/烫法

Scalding Method/Traditional Medicine/She People/Zhejiang Province，Fujian Province/China

2. 编号　CN-SH-240-004 中国-畲族-药材加工炮制技术-烫法

3. 属性与分布　畲族社区集体知识，分布于浙江省、福建省畲族社区。

4. 背景信息　烫法是畲族常用的药材加工炮制技术。传统用烫法是为了保存有效成分和除去或剥去种皮，操作时用水量较多，一般为药物的 5-10 倍，时间相对也较长，一般 5 min。而畲族的烫法主要是除去药物的部分苦味；将药物烫软，便于外用；或去皮，烫法操作时水量少，只需将药物淹没，烫的时间不能过长。

5. 基本描述　烫法是畲族的药材加工炮制技术之一，是将药物在液体中烫较短时间的一种方法。畲族的烫法有以下几个目的：一是为除去药物的部分苦味，如筋骨草鲜叶置沸水中略烫后再水煎，便于婴幼儿服用；二是为将药物烫软，便于外用，如将三角叶凤毛菊、千里光鲜叶烫软后，便于将整片叶片完整地外贴患处；三是为了去皮，如青蛙烫后便于剥皮取肉。烫法操作时水量较少，只需将药物淹没即可，烫的时间也较短。

6. 传统知识特征

（1）传统用烫法是为了保存有效成分和除去或剥去种皮，畲族的烫法目的是除去药物的部分苦味，将药物烫软或去皮，操作时水量较少，只需将药物淹没即可，烫的时间也较短，体现了畲族传统医药知识的独特性。

（2）烫法操作简单，便于使用，而且行之有效，也是畲族在实践中逐渐掌握的知识。

7. 保护与利用

（1）传承与利用现状：烫法是畲族过去治病常用的药物加工方法，现在比较少使用。

（2）受威胁状况及因素分析：随着现代医学的发展，烫法已不常用，加之现代年轻人不愿意学习传统医药，传统烫法的炮制技术可能会丢失。

（3）保护与传承措施：可结合现代科学技术加强对畲族炮制技术的研究，促进畲族炮制技术的保护与传承。

8. 文献资料

宋纬文. 三明畲族民间药物加工炮制经验初探[J]. 中国民间疗法，2003，11（4）：55-56.

CN-SH-240-005. 煨法

1. 名称　中国/浙江省 福建省/畲族/传统医药相关知识/煨法

Method of Roasting in Ashes/Traditional Medicine/She People/Zhejiang Province，Fujian Province/China

2. 编号　CN-SH-240-005 中国-畲族-药材加工炮制技术-煨法

3. 属性与分布　畲族社区集体知识，分布于浙江省、福建省畲族社区。

4. 背景信息　煨制法在古代广泛应用，是指将药物用湿面或湿纸包裹，置于加热的滑石粉或将药物直接置于加热的麸皮中，或将药物摊铺在吸油纸上，层层隔纸加热，以除去部分油质。药物煨后能除去所含的部分挥发油及刺激性成分，达到缓和药性、降低不良反应、增强疗效的目的。而畲族群众的火灰煨，其目的是将药物煨软、煨热、煨熟，便于外用。

5. 基本描述　煨法是畲族的药材加工炮制技术之一，是将药物放置于火灰中略煨的一种方法。而畲族群众的火灰煨，其目的是将药物煨软、煨热、煨熟，便于外用。如将鲜茄子略煨，便于绞汁外用；将生姜煨软、煨热，便于外擦；将地瓜煨熟，对半剖开，撒入少许生石灰，治疗脱臼及外伤性关节疼痛，煨熟便于掺入药物外敷等。

6. 传统知识特征

（1）传统煨法是除去所含的部分挥发油及刺激性成分，达到缓和药性、降低不良反应、增强疗效的目的，而畲族群众的火灰煨，其目的是将药物煨软、煨热、煨熟，便于外用，体现了畲族传统医药知识的独特性。

（2）煨法也是畲医常用的药材炮制技术，具有操作简单，便于掌握的特点。

7．保护与利用

（1）传承与利用现状：虽然煨法被其他技术取代，但民间仍然广泛使用。

（2）受威胁状况及因素分析：畲族医药传承人的缺失和现代医药对畲医药的冲击是导致传统炮制方法使用越来越少的主要因素。

（3）保护与传承措施：可结合现代科学技术加强对畲族炮制技术的研究，促进畲族炮制技术的保护与传承。

8．文献资料

[1] 宋纬文. 三明畲族民间药物加工炮制经验初探[J]. 中国民间疗法，2003，11（4）：55-56.

[2] 宋纬文，许志福. 三明畲族民间医药[M]. 厦门：厦门大学出版社，2002：354.

[3] 蔡翠芳. 中药炮制技术[M]. 北京：中国医药科技出版社，2008：200.

CN-SH-240-006. 煮法

1．名称　中国/浙江省　福建省/畲族/传统医药相关知识/煮法

Decocting Method/Traditional Medicine/She People/Zhejiang Province，Fujian Province/China

2．编号　CN-SH-240-006 中国-畲族-药材加工炮制技术-煮法

3．属性与分布　畲族社区集体知识，分布于浙江省、福建省畲族社区。

4．背景信息　煮法是畲族最常用的药材加工炮制技术之一，是将净选后的药物加辅料或不加辅料放入煮制器具内，与适量清水同煮的方法。煮法简单易操作，畲族群众只需将畲医配好的药并按畲医的要求煮好即可，可以轻松掌握。现在，煮法依旧是畲族常用的药材加工炮制技术。

5．基本描述　煮法是畲族的药材加工炮制技术之一，可分为清水煮、红糖煮、茶油煮、酒煮等。如黄精姜水煮 7 次或红糖煮，千里光茶油煮，文殊兰酒煮等。煮法的主要目的：一是消除或降低药物的毒性和不良反应；二是改变药性，增强疗效；三是清洁药物，便于服用。最常用的畲族煮法是用清水煮，但也经常加入药引同煮，药引对于溶出青草药中的有效成分、增强临床疗效、减低毒副作用具有重要意义。

6．传统知识特征

（1）煮法简单易操作，普通群众亦可轻松掌握，因此成为畲族最常用的药材加工炮制技术。

（2）畲族的煮法可分为清水煮、红糖煮、茶油煮、酒煮等，具有鲜明的民族性，其中药引能够促进青草药中有效成分的溶出，并增强临床疗效和降低毒副作用。

7. 保护与利用

（1）传承与利用现状：现在，煮法依旧是畲族常用的药材加工炮制技术。

（2）受威胁状况及因素分析：畲族医药传承人的缺失和现代医药对畲医药的冲击是导致传统炮制方法使用越来越少的主要因素。

（3）保护与传承措施：可结合现代科学技术加强对畲族炮制技术的研究，促进畲族炮制技术的保护与传承。

8. 文献资料

[1] 宋纬文. 三明畲族民间药物加工炮制经验初探[J]. 中国民间疗法，2003，11（4）：55-56.

[2] 宋纬文，许志福. 三明畲族民间医药[M]. 厦门：厦门大学出版社，2002：354.

[3] 蔡翠芳. 中药炮制技术[M]. 北京：中国医药科技出版社，2008：162.

CN-SH-240-007. 盐制法

1. 名称　中国/浙江省 福建省/畲族/传统医药相关知识/盐制法

Salt Process Method/Traditional Medicine/She People/Zhejiang Province，Fujian Province/China

2. 编号　CN-SH-240-007 中国-畲族-药材加工炮制技术-盐制法

3. 属性与分布　畲族社区集体知识，分布于浙江省、福建省畲族社区。

4. 背景信息　盐制法是畲族常用的药材加工炮制技术。传统炮制中盐制是因盐制走肾，多用于炮制补肾固精、治疝、利尿和泻火的药物。现在随着现代医药的发展，畲族的医药已很少有人使用，对盐制法应用也越来越少。

5. 基本描述　盐制法是以盐及盐水为辅料按规定程序加工处理药物的炮制方法。畲族的盐制法与传统炮制中盐制不同，与肾无缘但却与脾胃有关，如畲族用盐渍杨梅是为了治疗嗳气，盐腌青皮、菖蒲是为了治疗急性肠炎，盐腌枳实是为了治疗胃气痛、胃寒痛等。

6. 传统知识特征

（1）畲族的盐制法与传统炮制中盐制不同，与肾无缘但却与脾胃有关，体现了畲族传统医药知识的独特性。

（2）畲族居于山区，生活贫困，食物来源也缺少，造成了脾胃病比较多，这与畲族的盐制法多与肾无缘但却与脾胃有关相适应。

7. 保护与利用

（1）传承与利用现状：随着现代医药的发展，畲族的医药已被越来越少人使用，对盐制法应用也越来越少。

（2）受威胁状况及因素分析：畲族医药传承人的缺失和现代医药对畲医药的冲击是导致传统炮制方法使用越来越少的主要因素。

（3）保护与传承措施：可结合现代科学技术加强对畲族炮制技术的研究，促进畲族炮制技术的保护与传承。

8. 文献资料

宋纬文. 三明畲族民间药物加工炮制经验初探[J]. 中国民间疗法，2003，11（4）：55-56.

CN-SH-240-008. 烘法

1. 名称　中国/浙江省　福建省/畲族/传统医药相关知识/烘法

Drying Method/Traditional Medicine/She People/Zhejiang Province，Fujian Province/China

2. 编号　CN-SH-240-008 中国-畲族-药材加工炮制技术-烘法

3. 属性与分布　畲族社区集体知识，分布于浙江省、福建省畲族社区。

4. 背景信息　烘法是畲族常用的药材加工炮制技术。畲族的烘法有烘软、烘酥、烘干之分，传统炮制中用烘法是为了将药物烘干便于保存或粉碎，而畲族群众的烘法不仅有烘干之意，还有将药物烘软之意。

5. 基本描述　烘法是畲族的药材加工炮制技术之一，是将药物用文火直接或间接加热的方法。传统炮制中用烘法是为了将药物烘干便于保存或粉碎，畲族的烘法有烘软、烘酥、烘干之分，如将醉鱼草鲜叶烘软，以便和食盐一起搓烂，用以外擦患处；鸭胰脏烘酥，杨梅鲜果烘干。

6. 传统知识特征

（1）畲族的烘法有烘软、烘酥、烘干之分，且与传统炮制中用烘法的目的不同的是畲族的烘法还有将药物烘软之意，体现了畲族传统医药知识的独特性。

（2）烘法炮制技术操作比较简单，便于使用，但掌握火候较难。

7. 保护与利用

（1）传承与利用现状：现在随着现代医药的发展，畲族的医药已被越来越少人使用，对烘法应用也越来越少。

（2）受威胁状况及因素分析：畲族医药传承人的缺失和现代医药对畲医药的冲击是导致传统炮制方法使用越来越少的主要因素。

（3）保护与传承措施：可结合现代科学技术加强对畲族炮制技术的研究，促进畲族炮制技术的保护与传承。

8. 文献资料

[1] 宋纬文. 三明畲族民间药物加工炮制经验初探[J]. 中国民间疗法，2003，11（4）：55-56.

[2] 张中社. 中药炮制技术[M]. 北京：人民卫生出版社，2013：177.

CN-SH-240-009. 炙法

1. 名称　中国/浙江省 福建省/畲族/传统医药相关知识/炙法

Cautery Method/Traditional Medicine/She People/Zhejiang Province，Fujian Province/China

2. 编号　CN-SH-240-009 中国-畲族-药材加工炮制技术-炙法

3. 属性与分布　畲族社区集体知识，分布于浙江省、福建省畲族社区。

4. 背景信息　炙法是畲族的药材加工炮制技术之一，传统的炙法依据所加辅料的不同可分为酒炙法、醋炙法、盐炙法、蜜炙法、姜炙法和油炙法 6 种，而畲族的炙法主要有酒炙、醋炙、茶油炙（茶油酥、茶油炸、茶油煎）、猪油炙、鸡血炙等。

5. 基本描述　炙法是将净制后或切制后的药物中加入一定量的液体辅料拌炒，并使辅料逐渐渗入药物组织内部的炮制方法。畲族的炙主要有酒炙、醋炙、茶油炙（茶油酥、茶油炸、茶油煎）、猪油炙、鸡血炙等，如牡荆鲜根日晒夜露后用酒炙 7 次，杏香兔耳风用醋炙，蚯蚓用茶油炙，薜荔果实用猪油炙，肖梵天花根用鸡血炙。依据操作方法不同，又可分为先加辅料后炒药和先炒药后加辅料两种。炙法的主要目的是改变药性、增强活血通络作用或矫臭去腥，便于服用。

6. 传统知识特征

（1）畲族的炙法主要有酒炙、醋炙、茶油炙（茶油酥、茶油炸、茶油煎）、猪油炙、鸡血炙等，主要目的是改变药性、增强活血通络作用或矫臭去腥，便于服用，具有鲜明的民族特色。

（2）畲族的炙法所用的材料酒、醋、茶油、猪油、鸡血等都是畲族生活中常见易得的，使用起来具有便利性。

7. 保护与利用

（1）传承与利用现状：现在随着现代医药的发展，畲族的医药已被越来越少人使用，对炙法应用也越来越少。

（2）受威胁状况及因素分析：畲族医药传承人的缺失和现代医药对畲医药的冲击是导致传统炮制方法使用越来越少的主要因素。

（3）保护与传承措施：可结合现代科学技术加强对畲族炮制技术的研究，促进畲族炮制技术的保护与传承。

8．文献资料

[1] 宋纬文. 三明畲族民间药物加工炮制经验初探[J]. 中国民间疗法，2003，11（4）：55-56.

[2] 蔡翠芳. 中药炮制技术[M]. 中国医药科技出版社，2008：92.

CN-SH-240-010．浸泡法

1．名称 中国/浙江省 福建省/畲族/传统医药相关知识/浸泡法

Soaking Method/Traditional Medicine/She People/Zhejiang Province，Fujian Province/ China

2．编号 CN-SH-240-010 中国-畲族-药材加工炮制技术-浸泡法

3．属性与分布 畲族社区集体知识，分布于浙江省、福建省畲族社区。

4．背景信息 浸泡法是畲族的药材加工炮制技术之一。畲族的浸泡法主要有米泔水浸、童尿浸、酒浸、醋浸。畲族的浸泡法在过去畲族治疗疾病中被广泛应用，但随着现代医药的发展，畲族的医药已被越来越少人使用，对浸泡法的利用也随之减少。

5．基本描述 浸泡法是畲族常用的药材加工炮制技术，主要有米泔水浸、童尿浸、酒浸、醋浸，且不同的辅料浸有不同的功效。米泔水浸主要用来去除药材中所含的过多油脂，减弱药物的辛燥气味和滑肠作用，并能调理脾胃，增进饮食。童尿浸具有解毒、滋阴、降火、下行的作用。酒浸能增强药物的活血通脉之功、降低药物的寒性、矫臭矫味、引药上行和降低药物的副作用。醋浸能引药入肝，增强疏肝止痛的作用；降低药物的毒性；矫臭矫味；增强药物的收涩作用；使药物质地疏松，便于有效成分煎出。

6．传统知识特征

（1）畲族的浸泡法主要有米泔水浸、童尿浸、酒浸、醋浸，且不同的辅料浸有不同的功效，体现了畲族传统医药知识的丰富性。

（2）米泔水、童尿、酒、醋都是畲族生活中简单易得的原料，畲族使用起来具有便利性。

7．保护与利用

（1）传承与利用现状：随着现代医药的发展，畲族的医药已被越来越少人使用，对浸泡法的利用也随之减少。

（2）受威胁状况及因素分析：畲族医药传承人的缺失和现代医药对畲医药的冲击是导致传统炮制方法使用越来越少的主要因素。

（3）保护与传承措施：可结合现代科学技术加强对畲族炮制技术的研究，促进畲族炮制技术的保护与传承。

8．文献资料

[1]　宋纬文. 三明畲族民间药物加工炮制经验初探[J]. 中国民间疗法，2003，11（4）：55-56.

[2]　张钰祺，龚千锋. 米泔水在中药炮制中的古今应用研究[J]. 江西中医药，2011，42（4）：64-66.

[3]　宋纬文，华捷. 童便在历代中药炮制中的应用[J]. 江西中医药，1995，26（1）：48-49.

CN-SH-240-011．蒸法

1．名称　中国/浙江省 福建省/畲族/传统医药相关知识/蒸法

Steaming Method/Traditional Medicine/She People/Zhejiang Province，Fujian Province/China

2．编号　CN-SH-240-011 中国-畲族-药材加工炮制技术-蒸法

3．属性与分布　畲族社区集体知识，分布于浙江省、福建省畲族社区。

4．背景信息　蒸法是指将净制或切制后的药物加入规定的辅料，或不加辅料放入蒸制容器内隔水加热至一定程度的方法，依据药物在蒸制前是否加入辅料可分为清蒸法和加辅料蒸法；依据其蒸制条件或蒸制操作则可分为直接蒸法和间接蒸法。

5．基本描述　蒸法是畲族的药材加工炮制技术之一。畲族的蒸法有清蒸、九蒸九晒、茶油浸蒸之分，如何首乌日晒夜露后再清蒸，黄精姜九蒸九晒，臭牡丹鲜叶茶油浸蒸等。蒸法主要目的：一是通过蒸制，使一些药物的药性、功效特点等发生改变，使同一种药物具有不同的性能，应用于治疗不同的病症，扩大了一些药物的使用范围；二是减少不良反应；三是保存药效，利于贮藏；四是便于切片。

6．传统知识特征

（1）畲族的蒸法有清蒸、九蒸九晒、茶油浸蒸之分，且对不同的药物所采取的蒸法也不同，这是畲医长期积累的经验，智慧的结晶。

（2）蒸法是畲族医学较常见的药材炮制技术，所用辅料都是就地取材，如油茶浸蒸就是利用当地材料的特有蒸法技术。

7．保护与利用

（1）传承与利用现状：蒸法是畲族过去治病常用的药物加工方法，现在比较少使用。

（2）受威胁状况及因素分析：畲族医药传承人的缺失和现代医药对畲医药的冲击是导致传统炮制方法使用越来越少的主要因素。

（3）保护与传承措施：可结合现代科学技术加强对畲族炮制技术的研究，促进畲族炮制技术的保护与传承。

8．文献资料

[1]　宋纬文. 三明畲族民间药物加工炮制经验初探[J]. 中国民间疗法，2003，11（4）：55-56.

[2] 蔡翠芳. 中药炮制技术[M]. 北京：中国医药科技出版社，2008：150.

250

传统方剂

CN-SH-250-001. 治疗感冒的方剂

1．名称 中国/浙江省 福建省/畲族/传统医药相关知识/治疗感冒的方剂

Prescriptions for Colds/Traditional Medicine/She People/Zhejiang Province，Fujian Province/China

2．编号 CN-SH-250-001 中国-畲族-传统方剂-治疗感冒的方剂

3．属性与分布 畲族社区集体知识，分布于浙江省、福建省畲族社区。

4．背景信息 感冒是感受触冒风邪而引起的外感疾病。部分感冒又称"班蛇"。感冒的病因以风邪为主，且不同季节往往会有时气相合入侵人体，如冬季多风寒，春夏多风热，长夏多暑湿。畲医认为，人体的肺神卫外功能是否正常，是引起本病的关键。如肺神失司，卫外功能虚弱，则易感受风邪外袭；或因生活起居不当，寒温失调，或过度劳累，而致肌腠不密，复加风受吹凉而发本病。风邪为患，首犯上焦。肺脏处于胸中，由经脉联络卫表，故病邪从表从上而入，肺卫首当其冲，出现肺神症状。感冒根据病邪和体质的不同，可分为风寒感冒、风热感冒、暑湿感冒和体虚感冒。畲族治疗时根据不同的症状采用不同的方药，常用的畲药有云实、飞扬草、紫苏、野荆芥、野菊花等。

5．基本描述 根据感冒类型，畲族治疗感冒的方剂有多种，主要有：

1）小叶金线草（马鞭草）30-40 g，取鲜全草洗净，加水 300 mL，文火煎沸，分2-3 次服，本方治疗感冒，扁桃体炎、咽喉炎引起的发热，头痛等症疗效显著。

2）山栀根 15 g，大青根 15 g，白茅根 10 g，玉叶金花 10 g，薄荷叶 7 g，鬼针草 15 g，淡竹叶 5 g，蛇莓草 15 g，水煎服，每日 1 剂，本方适用于风热感冒。

3）云实、乌柳绳、白叶莓、硕苞蔷薇、豆腐柴、大血藤、多花勾儿茶、老鹳草、六月雪、大叶石龙尾、厚朴各适量，水煎服，主治风寒感冒。

4）云实、车前草、黄柏、白头翁、地骨皮、黄芩、金银花、白茅根、樟树根、山苍

子根，水煎服，主治风热感冒。

5）飞扬草、紫苏梗叶各适量，水煎服。

6）紫苏叶 15 g、紫苏梗 15 g、一枝黄花各适量，水煎服。

7）白英 15 g、马鞭草 20 g、鱼腥草 30 g、中华常青藤 30 g，水煎服。

8）野荆芥、夏枯草、络石藤、地胆草、桑皮、木通、爵床，水煎服。

9）白英 15 g、藿香 5 张，加食盐少许煎汤服，主治消化不良，肠胃型感冒，腹泻加食凉茶 15 g，呕吐加紫苏 10 g。

10）金银花、盐肤木、毛道士、细叶冬青、青蒿、薄荷、夏枯草、梵天花、淡竹叶各适量，水煎服。

11）夏枯草 20 g、金银花 20 g、苦嘴草 20 g、白菊花 20 g。水煎服，发热加金丝吊葫芦 10 g。

12）盐肤木 15 g、玉叶金花 15 g、枫香根 15 g、南蛇骨 15 g、驳骨丹 15 g、一枝黄花 10 g、蛇莓草 15 g、大青根 15 g、爵床 10 g、七叶莲 15 g，水煎服。每日 1 剂。本方适用于流行性感冒。

13）盐肤木 15 g、虎杖根 15 g、玉叶金花 10 g、煮半夏 10 g、十大功劳 10 g、蛇莓草 15 g、瓜蒌壳 15 g、枫香根 10 g、小枳实 10 g、姜母 15 g。本方适用于重感冒。

14）马鞭草 10 g、薄荷叶 5 g、紫苏叶 10 g、玉叶金花 15 g、蛇莓草 15 g、枫香根 15 g、炒香附 10 g、六棱菊 10 g、白牧荆 10 g。水煎服。每日 1 剂。本方适用于风寒感冒。

15）威灵仙 10 g、杜仲藤 10 g、枫寄生 15 g、盐肤木 15 g、土牛膝 15 g、地胆草 10 g、玉叶金花 15 g、南蛇骨 15 g、驳骨丹 15 g、大血藤 10 g、鸡眼草 15 g。水煎服，每日 1 剂。本方适用于风寒挟湿外感。

6. 传统知识特征

（1）感冒是畲族常见的疾病，畲族治疗时根据不同的感冒症状采用不同的方药，创立了人量的治疗感冒的药方，体现了畲族传统医药知识的丰富性特征。

（2）畲族用于治疗感冒常用的药材主要有云实、飞扬草、紫苏、野荆芥、野菊花等，这些草药是当地的常见植物，分布范围广，资源量极大，易于采集，且不会造成资源破坏，体现了畲族传统医药因地制宜的特征。

（3）畲医感冒药方的形成主要依赖于长期的实践，由经验而逐渐上升为传统知识和技术，并通过口传心授而代代传承下来，成为大家普遍熟悉的社区知识。特别是对于草药种类的识别和草药功能的掌握都需要传统知识的悉心传承和学习。

7. 保护与利用

（1）传承与利用现状：感冒是常见的疾病，畲族群众自己掌握了一些治疗简单感冒的药方，对于复杂的感冒，药方则掌握在畲医手中。

（2）受威胁状况及因素分析：①现代医药和医疗条件的改善，西药治疗效果更快；②畲族医师普遍年事已高，畲族年轻人不愿学习，畲医药方呈失传趋势；③因自然生境改变，有些草药野生资源不易随手获得。

（3）保护与传承措施：应对畲族民间方剂进行收集、整理及文字记载，防止其进一步丢失。

8．文献资料

[1] 奇玲，罗达尚. 中国少数民族传统医药大系[M]. 赤峰：内蒙古科学技术出版社，2000：929.

[2] 雷后兴，李永福. 中国畲族医药学[M]. 北京：中国中医药出版社，2007：119.

[3] 鄢连和，鄢琛尹. 浙西南畲族557个民间药方用法初探[J]. 中国药业，2009，18（22）：67.

CN-SH-250-002. 治疗头痛的方剂

1．名称 中国/浙江省 福建省/畲族/传统医药相关知识/治疗头痛的方剂

Prescriptions for Headache/Traditional Medicine/She People/Zhejiang Province, Fujian Province/China

2．编号 CN-SH-250-002 中国-畲族-传统方剂-治疗头痛的方剂

3．属性与分布 畲族社区集体知识，分布于浙江省、福建省畲族社区。

4．背景信息 畲医认为，头痛主要是因风寒之邪侵犯头脑而成，故又称脑风，此外经脉病变也可引起头痛。所以头痛一般分外感头痛和内伤头痛。头痛的病机为外感风、寒、湿、热之邪，上犯头顶，阻抑清阳；或脏腑经脉失调，气血逆乱，瘀阻经脉，脑失所养而成。治疗头痛常用的畲药为三叶委陵菜、日头花蒲、燥棒根、臭桶盘、白浦姜根等。

5．基本描述 畲族治疗头痛的方剂主要有：

1）燥棒根（陆英）根、臭桶盘（臭牡丹根）各30 g，加猪爪煎，食肉及汤，主治偏头痛。

2）日头花蒲（向日葵）、野胡荽、三叶委陵菜、千里光，水煎服，主治偏头痛。

3）鸡蛋白、燕窝泥，调匀，敷脚底，经几小时至半天即可。

4）黄栀子、花绳儿、马鞭草、粽叶心各适量，水煎服。

5）白蒲姜（黄荆）根30 g，加适量冰糖炖服，本方用于头痛定时发作，缠绵难愈者。

6）土柴胡9 g、血藤根12 g、铁马鞭9 g、圆头桔18 g、杜仲15 g、金腰带8 g、紫珠草根18 g、香附9 g、土远志15 g、木贼12 g，水煎服，本方治疗偏头痛。

6. 传统知识特征

（1）畲族治疗头痛常用的畲药为三叶委陵菜、日头花蒲、燥棒根、臭桶盘、白浦姜根等，这些草药是当地的常见植物，分布范围广，资源量极大，易于采集，且不会造成资源破坏，体现了畲族传统医药知识因地制宜、取材方便的特征。

（2）畲族治疗头痛的方剂是畲医们对多种植物药物性能的充分了解及丰富的临床实践下长期积累的经验，这些经验已上升为传统知识和技术，为社区内多数村民所掌握，并用于日常的生产和生活中，为维护村民健康发挥重要作用。

（3）头痛病为民间常见病，也是畲族的普通疾病，发生非常普遍。但头痛的原因也是复杂多样，而传统畲医需要根据头痛的类型而选择不同的草药，以产生不同的药效。这实际上体现了畲族传统医药知识的深奥，在多数情况下只有畲族民间医生才能掌握医治头痛的用药方法。

7. 保护与利用

（1）传承与利用现状：有很多治疗头痛的祖传方剂掌握在畲族医生手中，但却因为缺乏传承人面临着丢失的威胁。

（2）受威胁状况及因素分析：①畲族地区医药条件改善后，西医的治疗更为普遍；②畲族医师普遍年事已高，畲族年轻人不愿继承祖业，导致许多祖传秘方失传；③自然生境遭到破坏，许多草药野生资源匮乏。

（3）保护与传承措施：应对畲族民间头痛治疗方剂进行收集、整理及保存，防止进一步丢失。

8. 文献资料

[1] 奇玲，罗达尚. 中国少数民族传统医药大系[M]. 赤峰：内蒙古科学技术出版社，2000：936.

[2] 雷后兴，李永福. 中国畲族医药学[M]. 北京：中国中医药出版社，2007：136-137.

[3] 鄢连和，鄢琛尹. 浙西南畲族 557 个民间药方用法初探[J]. 中国药业，2009，18（22）：67.

CN-SH-250-003. 治疗哮喘的方剂

1. 名称　中国/浙江省 福建省/畲族/传统医药相关知识/治疗哮喘的方剂

Prescriptions for Asthma/Traditional Medicine/She People/Zhejiang Province，Fujian Province/China

2. 编号　CN-SH-250-003 中国-畲族-传统方剂-治疗哮喘的方剂

3. 属性与分布　畲族社区集体知识，分布于浙江省、福建省畲族社区。

4. 背景信息　哮喘是一种发作性的痰鸣气喘性疾病。哮与喘既有区别，又有联系。哮以声响名，喘以气息言，哮必兼喘，故通称哮喘。哮喘的发病特点是喉中痰鸣有声，呼吸气促困难，甚者喘息不能平喘。畲医把哮喘的发生归于宿痰内伏于肺，复加外感、饮食、情志、劳倦等诱因引发以致痰阻气道，上逆而成。故哮喘有发作期和缓解期。哮喘的病因为外感风寒、风热之邪，蕴结于肺，壅阻气道，气不布津，聚湿生痰，痰浊内阻，使肺气不得肃降，上逆为哮；或饮食不当，寒饮内停，脾神失运，痰浊内生，壅阻肺气造成哮症；或体弱病后，反复遇感，咳嗽日久，以致肺气亏耗，肺神失司，气不化津，痰饮内生，阻塞气道，发生哮喘。畲医对哮喘的治疗，根据发作期以邪实为主，缓解期以正虚为要的特点，分寒痰、热痰及外邪进行辨治，缓解期可配合贴敷疗法。

5. 基本描述 畲族治疗哮喘的方剂主要有：

1）凤仙花 50 g、杜横 15 g、鲜艾叶 15 g、四季葱 10 g、生姜 10 g，上药捣碎炒热擦背，从第一胸椎至第十二胸椎，先正中后左右各旁开 1.5 寸处，由上至下擦至皮肤微红为止，两天擦一次，共 3-7 次，皮肤过敏者禁用。

2）枇杷叶 2 g、兰花参 2 g、桑皮 2 g、苏子 3 g、三叶青 3 g，水煎服。

3）野鸽子 1 只，肉桂 2 g，先炖野鸡，后入肉桂，服汤及鸽肉。

4）猪肺 250 g，浙贝母研末 10 g、雪梨 2 g、冰糖少许，慢火熬至猪肺熟烂，服汤及猪肺。

5）多花勾儿茶根 10 g、翅茎香青 50 g、侧柏 6 g，盐少许，蒸鸡服食，忌饮酒，如未痊愈，以截叶铁扫帚 100 g，六月雪 100 g，羊奶 100 g，加水煎服，取汤煮猪肺内服。

6）仙茅参 15 g、乌药铃 10 g、风沙根 10 g、老公须 15 g、秋鼠曲草 15 g、蚤休 10 g、四季开 10 g、草珊瑚 10 g、猴盐子 15 g。水煎服。本方主治阳虚哮喘。

7）抱石莲 10 g、老公须 10 g、仙茅参 10 g、肖梵天花 10 g、南五味子 10 g、乌药铃 6 g、四季开 10 g、沿阶草 10 g，水煎服。本方能养阴益气，适用于动即喘促，呼长吸短者。

8）蝙蝠 1 只、沉香 12 g、木香 9 g、麝香 0.6 g、琥珀 6 g、冰片 0.9 g，将蝙蝠烧灰存性，然后与其他药合研为末，病重者每服药粉 3 g，轻者 2 g，泡温酒服。本方治痰、风、冷、温、色 5 种哮喘，疗效显著。

6. 传统知识特征

（1）畲医对哮喘的治疗，根据发作期以邪实为主、缓解期以正虚为要的特点，分寒痰、热痰及外邪进行辨治，创造了不同类型的治疗哮喘的药方。

（2）畲医治病强调以脏补脏，由于畲医把哮喘的发生归于宿痰内伏于肺，肺神失司，因此在治病用药时常常配猪肺，体现了畲族传统医药知识的独特性。

7. 保护与利用

（1）传承与利用现状：治疗哮喘的方剂仍在沿用，并有新的发展，如福安风湿哮喘病研究所从事畲医畲药研究多年，开发出了特效哮喘胶囊，可根治哮喘病、肺气肿、气管炎。

（2）受威胁状况及因素分析：①西方现代医疗技术的影响；②畲族医师普遍年事已高，畲族年轻人不愿意继承祖业，导致祖传秘方面临失传的危险；③某些草药野生资源的匮乏。

（3）保护与传承措施：应对畲族民间方剂进行收集、整理及保存，防止其进一步地流失。

8. 文献资料

[1] 奇玲，罗达尚. 中国少数民族传统医药大系[M]. 赤峰：内蒙古科学技术出版社，2000：932.

[2] 雷后兴，李永福. 中国畲族医药学[M]. 北京：中国中医药出版社，2007：123.

[3] 林强. 闽东畲药民族财富——闽东畲族医药亟待开发利用[J]. 医药世界，2004（11）：30.

CN-SH-250-004. 治疗咳嗽的方剂

1. 名称 中国/浙江省 福建省/畲族/传统医药相关知识/治疗咳嗽的方剂

Prescriptions for Cough/Traditional Medicine/She People/Zhejiang Province，Fujian Province/China

2. 编号 CN-SH-250-004 中国-畲族-传统方剂-治疗咳嗽的方剂

3. 属性与分布 畲族社区集体知识，分布于浙江省、福建省畲族社区。

4. 背景信息 咳嗽是常见的呼吸系统常见症状之一，又是独立的证候。咳嗽以痰声来区分，有声无痰为咳，有痰无声为嗽。咳嗽分为外感和内伤两大类。畲医认为，外感咳嗽主要是感受风邪，同时可夹热、寒、燥、火等外邪。外邪入侵，首先从口鼻入，肺卫与之抗争，引起肺气失宣，肺神失职，肺气上逆而咳嗽。内伤咳嗽主因是脏腑功能失调，特别是肺、肝、脾之神司，如情志失调，肝神不达，郁而化热，火热循经脉上犯肺脏，使肺失宣降而咳嗽；又如饮食失调，过食辛辣肥厚，使脾神失运，痰浊内生，循经上干肺脏而咳；再如体虚病后，肺脏虚弱，气耗阴伤，肺神失降，气逆为咳。

5. 基本描述 畲族治疗咳嗽的方剂主要有：

1）侧柏叶 30 g、糖蔗根 60 g、红枣 7 粒。炖汤，冰糖调服。本方主要治疗百日咳。

2）花木通 5 g、披系绳 10 g、金银花 5 g、黄花儿 5 g、山里黄 10 g、瓜蒌仁 3 g，水煎服。主治小儿咳嗽。

3）胡芦草、天青地白、披地挂、白茅根、枇杷叶、三叶青头各适量，三叶青另炖冲服，其他药水煎，痰多者加金竹油适量冲服。主治百日咳。

4）扁柏叶（阴干）9 g，红枣 7 粒，水煎代茶饮。主治老年咳嗽。

5）枇杷叶（去毛）10 g、鱼腥草 15 g，水煎服。

6）紫苏叶 10 g、陈皮 10 g、文柚皮 10 g、煮半夏 15 g、老公须 10 g、兰花参 10 g、肺风草 5 g、玉叶金花 10 g、猴盐子 15 g，水煎服。本方适用于咳嗽多痰者。

6. 传统知识特征

（1）畲族治疗咳嗽的草药如侧柏叶、鱼腥草、扁柏叶、枇杷叶等是当地的常见植物，分布范围广，资源量极大，易于采集，且不会造成资源破坏，体现了畲族传统医药知识可持续性特征。

（2）冰糖有补中益气、和胃润肺的功效，畲族治疗咳嗽，常常加冰糖作为药引，起增强疗效或调味作用。

7. 保护与利用

（1）传承与利用现状：民间畲医手中掌握着很多治疗咳嗽的祖传药方，有些仍然广泛应用，但也有些面临传承危机。

（2）受威胁状况及因素分析：①西方现代医疗技术的影响；②畲族医师普遍年事已高，畲族年轻人不愿意继承祖业，导致祖传秘方面临失传的危险；③某些草药野生资源的匮乏。

（3）保护与传承措施：应对畲族民间方剂进行收集、整理及保存，防止其进一步地流失，同时加强对传统医药的宣传和政策扶持。

8. 文献资料

[1] 奇玲，罗达尚. 中国少数民族传统医药大系[M]. 赤峰：内蒙古科学技术出版社，2000：931，947.

[2] 雷后兴，李永福. 中国畲族医药学[M]. 北京：中国中医药出版社，2007：121.

[3] 鄢连和，鄢琛尹. 浙西南畲族 557 个民间药方用法初探[J]. 中国药业，2009，18（22）：67.

CN-SH-250-005. 治疗眩晕的方剂

1. 名称　中国/浙江省 福建省/畲族/传统医药相关知识/治疗眩晕的方剂

Prescriptions for Vertigo/Traditional Medicine/She People/Zhejiang Province，Fujian Province/China

2. 编号　CN-SH-250-005 中国-畲族-传统方剂-治疗眩晕的方剂

3. 属性与分布　畲族社区集体知识，分布于浙江省、福建省畲族社区。

4. 背景信息　眩晕即头晕眼花。轻者闭目即止，重者旋转不定，不能站立，伴有恶心、呕吐、昏倒等。畲医认为眩晕一症，皆由风所致，有"无风不作眩"之说。病因病机主要是肝阳上亢，风阳升动，上扰清阳；或气血亏虚，脑失所养，清阳不展；或痰浊中阻，清阳不升，浊阴不降；或先天不足，肾精亏耗，肾神失职，阴精不能充养髓海，上下俱虚、发为眩晕。

5. 基本描述　畲族治疗眩晕的方剂主要有：

1）夏枯草、野菊花、钩藤、毛冬青、臭牡丹、桑叶根、苦鸡麻各适量，水煎服。

2）蜜枣150 g、芹菜300 g、冰糖120 g，水煎服。主治高血压。

3）夏枯草9 g、杜仲9 g、芹菜根30 g，水煎服。主治高血压。

4）山楂3 g、荷叶3 g、菊花3 g，水煎服。每日1次，1个月为一疗程，一个疗程后间隔5 d继续下一个疗程，3个疗程有效。

5）风荷梨30 g、通血藤20 g、穿破石20 g、五加根30 g、常山根30 g、平地木30 g、爬山虎30 g、夜合草30 g、夏枯草10 g、大血藤20 g、大叶青20 g，水煎服。

6）黑棍菜、血腥草、贯众、小青、山里黄根、松根、笋竹、地骨皮、野芹菜、地葱、金银花、石韦、日头草各适量，水浸泡1 h后煎1 h，口服。

7）食凉茶组方：食凉茶、泽泻、厚朴、白术、山楂、决明子、枳实等，治疗高血压。

6. 传统知识特征

（1）畲族治疗眩晕的草药如夏枯草、野菊花、蜜枣、芹菜、山楂、荷叶、金银花等是当地的常见植物，分布范围广，资源量极大，易于采集，且不会造成资源破坏，体现了畲族传统医药知识可持续性特征。

（2）畲族治疗眩晕的药方是畲族在对多种植物药物性能的充分了解及不断丰富的临床实践下长期积累的经验，并已上升为畲族医药传统知识。

7. 保护与利用

（1）传承与利用现状：已有研究表明，畲族食凉茶组方治疗高血压有很好的疗效。

（2）受威胁状况及因素分析：①西方现代医疗技术的影响；②畲族医师普遍年事已高，畲族年轻人不愿意继承祖业，导致祖传秘方面临失传的危险；③某些草药野生资源的匮乏。

（3）保护与传承措施：应对畲族民间方剂进行收集、整理及保存，防止其进一步地流失，同时加强对畲族传统医药的宣传和政策扶持。

8. 文献资料

[1] 雷后兴，李永福. 中国畲族医药学[M]. 北京：中国中医药出版社，2007：137.

[2] 鄢连和，鄢琛尹. 浙西南畲族557个民间药方用法初探[J]. 中国药业，2009，18（22）：67.

[3] 潘铨，刘忠达，陈礼平，等. 畲药食凉茶组方结合西药治疗痰湿壅盛型原发性高血压30例[J]. 上海中医药杂志，2012，46（3）：49-50，64.

CN-SH-250-006. 治疗鼓胀的方剂

1．名称　中国/浙江省 福建省/畲族/传统医药相关知识/治疗鼓胀的方剂

Prescriptions for Meteorism/Traditional Medicine/She People/Zhejiang Province，Fujian Province/China

2．编号　CN-SH-250-006 中国-畲族-传统方剂-治疗鼓胀的方剂

3．属性与分布　畲族社区集体知识，分布于浙江省、福建省畲族社区。

4．背景信息　鼓胀是指以腹大如鼓、皮色苍黄、脉络青筋显露为特征的一种病症。畲医根据鼓胀的病因病机和临床表现，分为气鼓、血鼓和水鼓 3 种，而且三者互为相因，互为转化。有先病气滞而后血结者，有先病水肿而后血瘀者，有先病血结而后水蓄者。鼓胀的病因病机主要是酒食不节，情志所伤，虫毒感染，或黄疸症瘕日久转化而成。病机为肝、脾、肾、三脏受病，气、血、水瘀积腹内，以致腹部日渐胀大，终成臌胀。

5．基本描述　畲族治疗鼓胀的方剂主要有：

1）白头翁 15 g、野艾 3 g、铁拳头 15 g、黄栀根 9 g、绵茵陈 12 g、龙须草 18 g、朱砂根 9 g，水煎服。

2）蒙干笋 30 g、醉鱼草 15 g、荭草 15 g、寒扭尾根 15 g、山茵陈 15 g，水煎服。

3）荭蓼、苍耳全草，红柚皮、樟皮、南五味子根各适量，水煎服。

4）半枝莲 30 g、九头狮子草 30 g、大叶三点金 15 g、地耳草 30 g、马蹄金 30 g、阴行草 30 g、金钩藤 15 g、风荷梨 15 g，水煎服。

5）天竹儿、大腹皮、石榴皮、天罗丝壳各适量，水煎服。

6）海金沙、水灯心、山里黄根、细叶水团花、半枝莲、白花蛇舌草水杨柳、香茶菜、铁九菜、茵陈、鸡儿肠、车前草熬、岩柏、白藤梨各适量，水煎服。

7）金钱草 10 g、泽泻 10 g、泽兰叶 12 g、车前子 10 g、大腹皮 15 g、果仁 20 g、龙胆草 20 g、丹参 20 g、锦金香 10 g、虎杖 10 g、铁九菜 10 g、生黄根 10 g、半枝莲 10 g、白花蛇舌草 15 g、九节茶 10 g、大活血 10 g、矮茶 10 g、茯苓皮 10 g、土茯苓 10 g，水煎服。

8）水边黄、水黄枝、山油麻、山荳、盐肤木各适量，煎汤煮鸡吃。

9）干生柴根、九头狮子草、地胆草、九层皮、七叶黄金秋、铁拳头、水杨柳各适量，水煎服。

10）牛奶绳、山油麻、花绳儿、厚朴、山苍子根、黄桑皮、山里黄根、扁柏儿、米筛子各适量，水煎服。橘饼为引。

11）鲜白木通根 100 g，鸡蛋 1 个。上药切碎加水浓煎 1 h 后，放入鸡蛋，蛋熟后轻

轻敲破蛋壳，再用文火煎煮 2 h 后取蛋食用，每日 1 次，连用 2-3 日。本方专治男性患者，治愈率和缓解率各占 50%，无不良反应，主治疝气。

12）白栎刺果 1-2 个。水煎，早晚服，4 日为 1 疗程，本方专治女性患者，有效率 100%。白栎刺果为白栎树枝头病理刺激所生长的刺激物，主治疝气。

6．传统知识特征

（1）畲族群众结合各个地区不同的地理环境、气候条件，充分利用当地的生物资源，创立了大量的治疗鼓胀的药方，体现了畲族传统医药知识的丰富性特征。

（2）畲族治疗鼓胀的药方以水煎剂为主，常与鸡和鸡蛋同煮，增强疗效，体现了畲族传统医药的独特性。

7．保护与利用

（1）传承与利用现状：现使用越来越少。

（2）受威胁状况及因素分析：①西方现代医疗技术的影响。②畲族医师普遍年事已高，畲族年轻人不愿意继承祖业，导致祖传秘方面临失传的危险。③某些草药野生资源的匮乏。

（3）保护与传承措施：应对畲族民间方剂进行收集、整理及保存，防止其进一步的流失，同时加强对畲族医药传统知识的宣传与保护。

8．文献资料

[1] 奇玲，罗达尚. 中国少数民族传统医药大系[M]. 赤峰：内蒙古科学技术出版社，2000：940.

[2] 雷后兴，李永福. 中国畲族医药学[M]. 北京：中国中医药出版社，2007：146.

[3] 鄢连和，鄢琛尹. 浙西南畲族 557 个民间药方用法初探[J]. 中国药业，2009，18（22）：67.

CN-SH-250-007. 治疗胁痛的方剂

1．名称 中国/浙江省 福建省/畲族/传统医药相关知识/治疗胁痛的方剂

Prescriptions for Pars Costalis Pain/Traditional Medicine/She People/Zhejiang Province，Fujian Province/China

2．编号 CN-SH-250-007 中国-畲族-传统方剂-治疗胁痛的方剂

3．属性与分布 畲族社区集体知识，分布于浙江省、福建省畲族社区。

4．背景信息 胁痛是指一侧或两侧胁部出现疼痛为主要表现的一种病证。由于肝居胁下，其经脉运行于两胁，胆又附于肝脏，故胁肋之痛主要责于肝脏。胁痛的主要病因为情志抑郁或暴怒伤肝引起肝气郁结；或气郁日久，血流不畅，使淤血停留；或湿邪内侵，痰湿中阻，郁而化热，引起肝胆湿热；或体弱久病，劳欲过度，精血不足而致肝阴亏损。主要病机为气滞血瘀，阻滞胁络；或湿热内郁，肝失疏泄；或肝阴不足，经脉失

养，胁脉绌急而疼痛。畲医治疗以胁痛为主症的无黄疸型肝炎以气滞、血滞、湿热分别论治。

5．基本描述　畲族治疗胁痛的方剂主要有：

1）珍珠莲45 g、柳叶白前15 g、水苦荬90 g、白鸡骨草60 g、香花崖豆藤15 g，水煎服。

2）紫金牛15 g、阴行草15 g、栀子15 g、凤尾草15 g、白马骨15 g、车前草15 g、黄柏15 g、松树儿适量，乌韭适量，海金沙适量，水煎服。

3）香茶菜60 g、卷柏30 g、白茅根30 g、野艾15 g、牛皮消根20 g，水煎服。

4）酢浆草、积雪草各适量，水煎服。

5）阴行草、鸡儿肠、破铜钱、珍珠菜、车前、酢浆草各适量，煎汤，加麻油与毛兔肉炒服。

6）藤葡蟠适量，与猪肚炖服。

7）海金沙根50 g，平地木适量，水煎服。

8）华山矾30 g、鸡眼草15 g、水团花15 g、地耳草10 g、板蓝根15 g、鸡儿肠15 g、阴行草15 g、卷柏10 g、积雪草10 g、山里黄根15 g，水煎服。

9）天中茶根15 g、猕猴桃根15 g、坛柏10 g、铁秤锤15 g、犬牙草10 g、观音扇10 g、豆腐柴根10 g、铜丝藤根10 g、百路通10 g、水灯心10 g、大血藤10 g、还阳草10 g、冬桑叶5 g、菊花8 g、升麻10 g，水煎服。红糖为引。

10）紫金牛20-30 g、黄柏20-30 g、山里黄根20-30 g、茜草20-30 g，水煎服。

11）海金沙、阴行草、石韦、田基黄、垂盆草、爵床、白马骨、白花蛇舌草、山里黄根、虎杖、茜草、柳根各适量，水煎服。

12）鹿含草、海金沙、白茅根、紫金藤、黄柏、盐肤木，水煎服。

13）虎杖20 g、虎刺根20 g、山里黄根20 g、鱼腥草20 g、萹蓄20 g，烧红爪鸡服。

14）大叶金发藓、水灯心、山里黄根、细叶水团花、半枝莲、白花蛇舌草、水杨柳、香茶菜、铁苋菜、茵陈、马兰各适量，水煎服。

15）香茶菜10 g、茵陈15 g、山里黄根20 g、虎杖根10 g、菊花15 g、野麦冬15 g、丹参10 g、勾儿茶15 g、海金沙藤10 g、苦丁茶10 g、千年霜15 g、白茅根15 g、绞股蓝20 g，水煎服。

16）穿破石30 g、白马骨15 g、岗稔根30 g、紫金牛30 g、蒲公英30 g、大青叶15 g、垂盆草30 g、鬼针草30 g，水煎服。主治乙型肝炎。

17）山里黄根15 g、紫金牛30 g、六月雪20 g、阴行草3 g、粉条儿茶10 g，水煎服。

18）山里黄根（黄栀根）15 g、千里橘（泽兰）10 g、解酒梨（枳椇子）10 g、野葛藤（葛根）10 g、铜丝藤根（海金沙藤）20 g、矮茶（紫金牛）30 g、白山毛桃根 30 g、山枣（山楂）30 g、活血丹（赤丹参）20 g，水煎服。

6．传统知识特征

（1）畲医治疗以胁痛为主症的无黄疸型肝炎，以气滞、血滞、湿热分别论治，创造了大量治疗胁痛的药方，体现了畲族传统医药知识的丰富性特征。

（2）畲医治疗胁痛多以植物药为主，有时还会以家禽肉和红糖为引增强疗效，体现了畲族传统医药知识的独特性。

7．保护与利用

（1）传承与利用现状：已有实验验证药方 16）对慢性乙型肝炎有很好的治疗效果，该方已研制成医院制剂。已有实验验证药方 17）对慢性乙型肝炎有很好的治疗效果。已有实验验证药方 18）对酒精性肝炎患者有很好的治疗效果。

（2）受威胁状况及因素分析：①西方现代医疗技术的影响；②畲族医师普遍年事已高，畲族年轻人不愿意继承祖业，导致祖传秘方面临失传的危险；③某些草药野生资源的匮乏。

（3）保护与传承措施：对药方进行科学研究，验证其疗效并将其制成制剂。

8．文献资料

[1]　雷后兴，李永福. 中国畲族医药学[M]. 北京：中国中医药出版社，2007：142.

[2]　雷后兴，郑宋明，徐向东，等. 畲药验方治疗酒精性肝炎临床观察[J]. 中华中医药学刊，2012，30（2）：243-244.

[3]　鄢连和，鄢琛尹. 浙西南畲族 557 个民间药方用法初探[J]. 中国药业，2009，18（22）：67.

CN-SH-250-008. 治疗胃痛的方剂

1．名称　中国/浙江省 福建省/畲族/传统医药相关知识/治疗胃痛的方剂

Prescriptions for Stomachache/Traditional Medicine/She People/Zhejiang Province，Fujian Province/China

2．编号　CN-SH-250-008 中国-畲族-传统方剂-治疗胃痛的方剂

3．属性与分布　畲族社区集体知识，分布于浙江省、福建省畲族社区。

4．背景信息　胃痛是以上腹胃脘部疼痛为主要表现的一种病症，也称胃脘痛。胃痛的主要病因是外感寒邪，内客于胃，寒气凝滞则胃痛；或饮食不节，胃失和降，食伤于胃则疼痛；或忧思郁怒，肝失疏泄，肝神失司，横犯胃脏，使气机阻滞，发生疼痛；或脾胃虚弱，脾阳不振，中气虚寒，胃阴受损，失其濡养而发生胃痛。畲医治疗胃痛以理气和胃为主，此外还要分清虚实，辨别寒热。

5．基本描述　畲族治疗胃痛的方剂主要有：

1）匙叶黄杨 10 g、单叶铁线莲 15 g、三叶青 15 g、油茶饼 12 g，将上四味药放入鸡腹中，再将鸡装入猪肚中炖蒸服用，猪肚和鸡用菜油炒食。

2）竹叶椒根、刺茎楤木、乌蔹莓根、云实根各适量，加猪夹心肉或猪爪煎汤，可加少许盐，吃汤食肉。

3）金橘根 6-9 g、香花崖豆藤 15 g、玉叶金花 6-9 g、五加皮 6-9 g、山苍子根 6-9 g、多花勾儿茶根 6-9 g、钩藤根 3 g、山靛青根 6 g，煎猪爪服。

4）山楂根、鱼腥草、天仙果根各适量，水煎服。

5）米仁 120 g、天胡荽 30 g，将上药用菜油炒后纳入猪肚中煨服。

6）树参、五味子、山苍子根、鱼腥草、木防己、青木香、臭牡丹各适量，水煎服。

7）刺茎楤木 30 g、乌蔹莓 30 g、云实根 30 g、竹叶椒 30 g、石吊兰 30 g，水煎，药汁煮猪夹心肉服。

8）山肉桂根 20 g、水杨梅根 15 g、砂仁根叶 10 g、食凉茶根 10 g、艾叶 5 g、鸡内金 3 个，水煎服。主治胃溃疡。

9）天葵、天胡荽、猢狲球、甘草各适量，放入羊肚中炖服。

10）风荷梨 3 g、臭椿根 15 g、天胡荽 15 g、毛大丁草 15 g、五加皮 5 g、崖椒 15 g、天葵子 30 g、石菖蒲 15 g、山苍子根 15 g、广木香 30 g、赤木香 4.5 g、白山楂 30 g、水煎服，黄酒、红糖为引。

11）红楤木 50 g、乌蔹莓 50 g、云实 50 g、竹叶椒 50 g、石吊兰 50 g，水煎，药汁煮猪夹心肉服。

12）忍冬藤 9 g、铁拳头 9 g、卷柏 9 g、云木香 3 g、陈皮 6 g，水煎服。

13）金橘根、土木香根、雷柏柴根、羊盘根、香薷、乞食碗、水里樟各适量，水煎服。

14）山姜 9 g、鸭蛋黄 3 g、仙鹤草 3 g、黄花仔 15 g、过门达 12 g、香附 3 g、艾叶 3 g、红墙蔓藤 4 g、马蹄金 5 g，水煎服。

15）夏枯草 25 g、马蹄金 20 g、墨鱼干 1 条、白毛藤 15 g、棕根 3-5 条，加水适量炖服。

16）鱼腥草、红木香、艾叶、菖蒲、蛇含、木防己、山楂、野艾蒿各适量，水煎服。

17）桔梗、槟榔、枳壳、香附、陈皮各适量，水煎服。

18）铁扫帚 30 g、乌贼骨 5 g，水煎服。

19）仙人掌 10 g、鲜童尿 10 mL，仙人掌放置糯米饭上蒸透，取出水煎，加童尿 10 mL 冲服。

20）假死柴根 9 g、水里樟 7 g、白木桑根 7 g、降真香 6 g、白鸡胗 12 g、猫毛草 7 g，水煎服。每日 1 剂，本方治疗胃脘痛，体寒者加红梧桐根。

21）生姜、灶心土、红糖各适量，水煎服。

22）畲药龙斑汤：龙牙草 15 g、斑竹根 20 g、嘎狗噜 10 g、食凉茶 10 g、乌贼骨 15 g、浙贝 10 g、蒲公英 15 g、莪术 6 g、生甘草 6 g，每日 1 剂，疗程 4-8 周。

6. 传统知识特征

（1）畲族地处山区，植物资源丰富，畲族充分利用当地的生物资源，创立了大量的治疗胃痛的药方，体现了畲族传统医药知识的丰富性特征。

（2）畲医治疗胃痛以理气和胃为主，此外还要分清虚实，辨别寒热，根据不同的症状使用不同的药方，这是畲族长期在实践中的经验总结。

（3）畲医治病强调以脏补脏，认为畜禽的内脏或组织与人体相应的内脏或组织有某种补益关系，因此治疗胃痛常配以猪肚。

7. 保护与利用

（1）传承与利用现状：已有研究证明，畲药龙斑汤联合内镜干预可以逆转胃癌前病变，值得临床推广应用。

（2）受威胁状况及因素分析：①西方现代医疗技术的影响；②畲族医师普遍年事已高，畲族年轻人不愿意继承祖业，导致祖传秘方面临失传的危险；③某些草药野生资源的匮乏。

（3）保护与传承措施：应对畲族民间方剂进行收集、整理及保存，防止其进一步地流失。

8. 文献资料

[1] 奇玲，罗达尚. 中国少数民族传统医药大系[M]. 赤峰：内蒙古科学技术出版社，2000：933-934.

[2] 雷后兴，李永福. 中国畲族医药学[M]. 北京：中国中医药出版社，2007：126.

[3] 鄢连和，鄢琛尹. 浙西南畲族 557 个民间药方用法初探[J]. 中国药业，2009，18（22）：67.

[4] 王昌雄，宋力伟，鄢连和. 畲药龙斑汤联合内镜干预逆转胃癌前病变的临床应用[J]. 临床医学进展，2018，8（5）：486-489.

CN-SH-250-009. 治疗胆胀的方剂

1. 名称 中国/浙江省 福建省/畲族/传统医药相关知识/治疗胆胀的方剂

Prescriptions for Gallbladder Distention/Traditional Medicine/She People/Zhejiang Province，Fujian Province/China

2. 编号 CN-SH-250-009 中国-畲族-传统方剂-治疗胆胀的方剂

3. 属性与分布 畲族社区集体知识，分布于浙江省、福建省畲族社区。

4. 背景信息 胆胀是以右肋胀痛反复发作为特征的病症。胆胀发作时可伴有口苦、恶心呕吐、胃脘胀满等症状。畲医认为胆胀的病因主要是情志所伤，外感寒湿之邪，饮食不节，导致肝失疏泄，胆失通降，胆神失司，脾胃升降失调，胆气郁结以及胆络阻滞而使胆脏壅胀疼痛。畲医治疗胆胀以疏肝利胆、和气理胃为主，还根据痰、瘀、热、湿等情况分别选药。

5. 基本描述 畲族治疗胆胀的方剂主要有：

1）辣蓼 30 g、黄省藤 30 g，水煎服。也可治疗胆道蛔虫症。

2）白山刚子根 15 g、山鸡椒根 30 g、竹叶椒根 30 g，水煎服。也可治疗胆道蛔虫症。

3）七叶莲、卷柏、伸筋草、一枝黄花、千里光各适量，水煎服。

4）核桃肉 500 g、冬蜜 500 g、冰糖 500 g、麻油 500 g，蒸熟后分服，主治胆结石。

5）使君子 15 g、乌梅 15 g、苦楝皮 15 g、香附子 15 g、金刚刺 15 g、马蹄香 9 g、槟榔 9 g、油桐树根 9 g，水煎服。

6）金线草 30 g、茵陈 30 g、木香 9 g、生大黄 9 g，水煎服。主治胆石症。

7）柴胡 9 g、黄芩 10 g、半夏 6 g、枳壳 9 g、香附 9 g、郁金 9 g、玄胡 9 g、木香 6 g、生大黄 6 g，水煎服。

8）黄芩 9 g、半夏 6 g、郁金 9 g、木通 9 g、茵陈 6 g、柴胡 9 g、木香 6 g、车前子 9 g、山里黄 9 g、生大黄 9 g，水煎服。主治化脓性胆囊炎。

9）茵陈 6 g、柴胡 5 g、黄连 3 g、厚朴 3 g、枳实 4 g、青皮 5 g、陈皮 5 g，水煎服。

10）金钱草 10 g、平地木 10 g，水煎服。

6. 传统知识特征

（1）畲族在长期与疾病斗争的过程中创造了大量治疗胆胀的药方，体现了畲族传统医药知识的丰富性。

（2）畲医治疗胆胀以疏肝利胆、和气理胃为主，还根据痰、瘀、热、湿等情况分别选药，体现了传统畲族医药的独特性。

7. 保护与利用

（1）传承与利用现状：畲族对胆胀有自己的独特理解以及治疗原则，疗效显著。

（2）受威胁状况及因素分析：①西方现代医疗技术的影响；②畲族医师普遍年事已高，畲族年轻人不愿意继承祖业，导致祖传秘方面临失传的危险；③某些草药野生资源的匮乏。

（3）保护与传承措施：应对畲族民间方剂进行收集、整理及保存，防止其进一步地流失。

8. 文献资料

[1] 雷后兴，李永福. 中国畲族医药学[M]. 北京：中国中医药出版社，2007：133.

[2] 鄢连和，鄢琛尹. 浙西南畲族557个民间药方用法初探[J]. 中国药业，2009，18（22）：67.

CN-SH-250-010. 治疗肺痈的方剂

1. 名称 中国/浙江省 福建省/畲族/传统医药相关知识/治疗肺痈的方剂

Prescriptions for Lung Abscess/Traditional Medicine/She People/Zhejiang Province，Fujian Province/China

2. 编号 CN-SH-250-010 中国-畲族-传统方剂-治疗肺痈的方剂

3. 属性与分布 畲族社区集体知识，分布于浙江省、福建省畲族社区。

4. 背景信息 肺痈是肺叶生疮，形成脓疡的内痈病症之一。畲医认为，肺痈即肺气壅塞不通，热蕴而肺溃。病证特征为咳嗽、发热、胸痛、咳痰，痰为腥臭脓痰，甚者脓血相兼。肺痈的病因为感受风热火毒，由皮表入侵，上犯于肺，或风寒袭肺，内蕴不解，郁而化热，肺受邪热熏灼，失于清肃，壅聚成痈；或痰毒素盛，又嗜酒厚味，恣食辛辣，蕴蒸成痰，阻结于肺，熏蒸成痈。其机理主要是风热火毒，壅滞于肺，热壅血瘀，蕴毒化脓而成肺痈。肺痈的治疗以清热解毒、化瘀排脓为主要方法。

5. 基本描述 畲族治疗肺痈的方剂主要有：

1）毛大丁草、鸡桑、盐肤木、地胆草各适量，水煎服。

2）穿山龙、红青草心、九重皮、桑皮根、天青地白、石杨梅、蒲公英、山水棉、恩冬陈、一支香、矮茶各适量，以黄酒煎服，忌食海鲜。

3）豆爿草、清水藤、土白芍、白木桑、白花风不动、构树根、山桃根、蜈蚣草各适量，水煎服。

4）桑叶、野菊花、粪桶草、肺形草、麦冬、梵天花、淡竹叶各适量，水煎服。

6. 传统知识特征

（1）畲族治疗肺痈以清热解毒、化瘀排脓为主要方法，因此畲族治疗肺痈采用的草药多是清热解毒、化瘀排脓的青草药。

（2）畲族治疗肺痈的草药如毛大丁草、鸡桑、蒲公英、矮茶、野菊花等是当地的常见植物，分布范围广，资源量极大，易于采集，且不会造成资源破坏，体现了畲族传统医药就地取材的可持续性特征。

7. 保护与利用

（1）传承与利用现状：随着现代医学的发展，畲族很多人得了病多去医院，很少去找民间医生处，导致对民间方剂的使用越来越少。

（2）受威胁状况及因素分析：①西方现代医疗技术的影响；②畲族医师普遍年事已高，畲族年轻人不愿意继承祖业，导致祖传秘方面临失传的危险；③某些草药野生资源的匮乏。

（3）保护与传承措施：应对畲族民间方剂进行收集、整理及保存，防止其进一步地流失。

8．文献资料

[1]　雷后兴，李永福. 中国畲族医药学[M]. 北京：中国中医药出版社，2007：122.

[2]　鄢连和，鄢琛尹. 浙西南畲族 557 个民间药方用法初探[J]. 中国药业，2009，18（22）：67.

CN-SH-250-011. 治疗水肿的方剂

1．名称　中国/浙江省 福建省/畲族/传统医药相关知识/治疗水肿的方剂

Prescriptions for Edema/Traditional Medicine/She People/Zhejiang Province，Fujian Province/China

2．编号　CN-SH-250-011 中国-畲族-传统方剂-治疗水肿的方剂

3．属性与分布　畲族社区集体知识，分布于浙江省、福建省畲族社区。

4．背景信息　水肿是体内水液泛滥肌肤，引起眼睑、头面、四肢甚至全身浮肿的一种病症。畲医将水肿分为阳水和阴水，并提出"阳者必热，热者多实；阴者必寒，寒者多虚"的理论。水肿的病因为风邪外袭，热毒内蕴，水湿浸淫，饮食劳伤，肾精亏耗等。主要病机为肺、脾、肾三神失司，以致肺部通调，脾失运化，肾不开合，水液停留，泛滥皮肤而成水肿。水肿的治疗根据阳水和阴水的不同，再区分是风邪、水湿、热毒、劳伤还是肾亏，采用不同的治法。

5．基本描述　畲族治疗水肿的方剂主要有：

1）车前草、瞿麦、水灯心、马兰根各适量，水煎服。

2）梵天花 10 g、土牛膝 7 g、金橘根 8 g、益母草 15 g、地胆草 15 g、土木香 7 g、多花勾儿茶 10 g、溪酸 8 g，水煎服。体寒者加八卦藤 10 g，体热者加灯芯草头 15 g、土黄柏 10 g。

3）田螺肉 6 枚、葱头 6 g、冰片 0.1 g，上药捣烂敷脐上。

4）鱼腥草 15 g、车前草 15 g、地锦草 12 g、玉米须 10 g、茅根 12 g，水煎服。

5）豆腐柴 30-50 g、香屯 3 g、人字草 30-50 g、荇草 30 g、白奇柴 30 g，水煎服。忌盐、猪肉，属寒用酒煎药。

6）大血藤 6 g、红梧桐 9 g、地胆草 4.5 g、柴胡 6 g、艾叶 3 g、山里黄根 6 g、龙芽草 6 g、土木香 6 g，上药加酒煎 300 mL 服，男性患者去血藤根加杜仲 6 g。

7）茵陈 9 g、通草 2 g、甘草 2 g，水煎服。

8）车前子、鸡内金、小黄蜂窝泥各适量，水煎，取汁于杯中，凉后加酒服。

9）鲜大葱 6 g、白矾 6 g，捣烂敷脐上。

6. 传统知识特征

（1）畲族治疗水肿是根据阳水和阴水的不同，再区分是风邪、水湿、热毒、劳伤还是肾亏，采用不同的治法，创造了大量治疗水肿的药方，体现了畲族传统医药知识的丰富性特征。

（2）畲医将水肿分为阳水和阴水，认为"阳者必热，热者多实；阴者必寒，寒者多虚"，若诊断为寒者，常常与酒煎服或加酒同服以增强疗效，体现了畲族传统医药知识的独特性。

7. 保护与利用

（1）传承与利用现状：现对这些传统方剂的使用越来越少。

（2）受威胁状况及因素分析：①西方现代医疗技术的影响；②畲族医师普遍年事已高，畲族年轻人不愿意继承祖业，导致祖传秘方面临失传的危险；③某些草药野生资源的匮乏。

（3）保护与传承措施：应对畲族民间方剂进行收集、整理及保存，防止其进一步地流失。

8. 文献资料

[1] 雷后兴，李永福. 中国畲族医药学[M]. 北京：中国中医药出版社，2007：147.

[2] 鄢连和，鄢琛尹. 浙西南畲族 557 个民间药方用法初探[J]. 中国药业，2009，18（22）：67.

CN-SH-250-012. 治疗腹泻的方剂

1. 名称　中国/浙江省 福建省/畲族/传统医药相关知识/治疗腹泻的方剂

Prescriptions for Diarrhea/Traditional Medicine/She People/Zhejiang Province，Fujian Province/China

2. 编号　CN-SH-250-012 中国-畲族-传统方剂-治疗腹泻的方剂

3. 属性与分布　畲族社区集体知识，分布于浙江省、福建省畲族社区。

4. 背景信息　腹泻是指大便次数增多，粪便稀薄，甚至泻出水样。腹泻的病变在脾胃与大小肠，关键在脾胃功能失调。畲医认为，引起腹泻的病机主要有感受寒、热、暑、湿之邪，中焦脾胃功能失调，引起腹泻；或饮食过量，宿食内停，或过食甘肥，呆滞脾胃，或误食不洁之物，损伤脾胃，使脾胃传导失职而发生腹泻；或情志失调，复加平素脾胃素虚，以致肝气郁结，横逆犯脾，使脾胃运化失常而发为腹泻；或因劳倦内伤，久病体弱，以致不能受纳水谷和运化，清浊不分而成腹泻；或久病伤阳，或年老阳衰，脾神失职，运化失常。总之，造成腹泻的关键因素是湿邪与脾虚，而且两者互为影响、互为因果。

5. 基本描述 畲族治疗腹泻的方剂主要有：

1）鳢肠、节节草、黄毛耳草各适量，水煎服。

2）凤尾草、假苦麻各适量，水煎服。

3）算盘子根、野柿根各适量，水煎服。

4）天师毛根茎、铁苋菜各适量，水煎服。

5）洋通石全草 30 g，水煎服。

6）莱菔子 30 g、白芍 12 g、槟榔 10 g、柯子 10 g，水煎服。

7）红梧桐根 3 g、算盘子 3 g、野牡丹 3 g，水煎服。

8）龙芽草、六月雪、日柿皮、山菖根、凤尾草、瓜子绳、田油皂、油草根各适量，水煎服。红糖为引。

9）大红台、黄省藤、大折藤、苦参、白根儿、水寒草各 10 g，水煎服。

10）仙鹤草、铁苋菜、黄毛耳草各适量，水煎服。

11）辣蓼根 15 g、豆腐柴根 30 g、算盘子根 15 g、凤尾草 30 g，水煎服。如有感冒咳嗽加白英 30 g，腹痛加黄省藤 30 g。

12）七星剑 5 g、小七层塔 5 g、野鸦椿 5 g、一粒雪 9 g、小凤尾草 9 g、扁担藤 9 g、猴月根 9 g、野花生 6 g、四季开 3 g，水煎服。白糖为引。

13）槟榔 24 g、凤尾草 60 g、乌枣 3 枚，水煎服。主治痢疾。

14）仙茅 6 g、凤尾草 9 g、铁苋菜 12 g、香附 5 g，水煎服。腹痛加南五味子 3 g。

15）煨葛根 5 g、神曲 9 g、山楂炭 6 g、炒麦芽 6 g、广木香 3 g、荷叶 1 角，水煎服。

16）六月雪 20 g、千年霜 20 g，水煎服。主治红痢疾。

17）檵木子 20 g、金石楼 20 g，水煎服。主治白痢疾。

18）苦参、苍耳、海金沙、小青、木通、血逢、龙芽草、檵木、石菖蒲、鸟不宿各适量，水煎服。

19）畲族民间止泻汤：食凉茶 5 g、凤尾草 6 g、茯苓 10 g、白术 9 g、山药 3 g、陈皮 3 g、山楂 10 g、麦芽 15 g，每日 1 剂，温火水煎至 60-80 mL，分 2-3 次服用。

6. 传统知识特征

（1）畲族治疗腹泻多采用当地山上的新鲜草药，基于对这些草药有着充分的认识，畲族创造了大量治疗腹泻的药方，体现了畲族传统医药知识的丰富性特征。

（2）畲医认为腹泻的病变在大小肠，关键在脾胃功能失调，因此畲族治疗腹泻的方剂以调节脾胃、恢复其功能为主，这是畲族在长期实践中的经验总结，体现了畲族医药传统知识的独特性。

7. 保护与利用

（1）传承与利用现状：研究表明，畲药民间止泻汤对婴幼儿轮状病毒肠炎有治疗作用，未发现毒副作用及不良反应，可供临床治疗选用。

（2）受威胁状况及因素分析：①西方现代医疗技术的影响；②畲族医师普遍年事已高，畲族年轻人不愿意继承祖业，导致祖传秘方面临失传的危险；③某些草药野生资源的匮乏。

（3）保护与传承措施：对药方进行科学研究，临床验证。

8. 文献资料

[1] 雷后兴，李永福. 中国畲族医药学[M]. 北京：中国中医药出版社，2007：129.

[2] 雷后兴. 畲药止泻汤治疗婴幼儿轮状病毒肠炎疗效观察[J]. 中华中医药学刊，2007，25（3）：487-488.

CN-SH-250-013. 治疗淋症的方剂

1. 名称　中国/浙江省 福建省/畲族/传统医药相关知识/治疗淋症的方剂

Prescriptions for Stranguria/Traditional Medicine/She People/Zhejiang Province, Fujian Province/China

2. 编号　CN-SH-250-013 中国-畲族-传统方剂-治疗淋症的方剂

3. 属性与分布　畲族社区集体知识，分布于浙江省、福建省畲族社区。

4. 背景信息　淋症是指小便不爽，频数涩痛，欲出未尽，小腹拘急，痛引腰腹为主要表现的病症。畲医对淋症的分类，历代有不同的分法。一般把淋证主要分为热淋、石淋、血淋 3 种。淋症的病机主要是膀胱湿热；或湿热蕴结，尿液受其煎熬，日积月累，结为砂石；或热盛伤络，迫血妄行，血脉损伤而发为血淋。畲医治疗淋证以清热利湿为大法。如热伤血络者，治宜凉血止血；以砂石积聚者，治宜通淋排石。

5. 基本描述　畲族治疗淋症的方剂主要有：

1）龙须草、海金沙、白茅根各适量，水煎服。

2）小青草 15 g、积雪草 15 g，水煎服。

3）车前草、石菖蒲、鸡儿肠、了哥王、白茅根、佩兰花、金银花叶、大叶蓼各适量，水煎服。头剂加扁柏适量。

4）车前草 10 g、金银花 10 g、凤尾草 15 g、灯芯草 10 g、甘草 5 g，水煎服。

5）车前草 15 g、金线草 15 g、龙须草 15 g、白茅根 15 g，水煎服。

6）小茴香根、车前子、千里光、半边莲各适量，水煎服。

7）青金竹叶 15 g、生石膏 30 g，上药研碎，水煎服。

8）灯芯草 10 g、木通 10 g、车前子 15 g、萹蓄 15 g、滑石 10 g、大黄 10 g，水煎服。

9）瞿麦 15 g、萹蓄 15 g、金钱草 30 g、郁金 20 g、牛膝 12 g、海金沙 15 g、滑石粉 20 g、猪苓 15 g、车前子 15 g、莪术 5 g、泽泻 12 g、天葵子 12 g、鸡内金 10 g、茯苓 12 g，水煎服。主治膀胱结石。

10）金钱草 30 g、郁金 15 g、鸡内金 15 g、王不留行子 10 g、泽泻 10 g、甘草 3 g，水煎服。主治结石。

11）刺苋 30 g、黄酒 250 mL，加水 250 mL 煎服。日服 1 剂，6 剂为一疗程。

12）琥珀 3 g、金钱草 15 g、车前子 15 g、木通 6 g、茯苓 10 g、青皮 10 g、滑石 12 g，水煎服。大便结加大黄、水黄枝、甘草，湿重加猪苓、米仁，疼痛加玄胡、小茴香、莪术，气虚加党参、黄芪、白药，血尿加蒲黄大小蓟，肾虚加桑寄生、川断、菟丝子，内寒加肉桂、附子片。

6．传统知识特征

（1）畲医治疗淋症以清热利湿为大法，因此治疗淋症时多采用清热利湿的草药，且对于不同类型的淋症，采用不同的药方进行辨证治疗，体现了畲族医药传统知识的丰富性特征。

（2）畲族治疗淋症常用的青草药有车前草、金钱草、海金沙根、田苋、灯芯草、九头青等，这些草药是当地的常见植物，分布范围广，资源量大，易于采集，且不会造成资源破坏，体现了畲族传统医药知识可持续性特征。

7．保护与利用

（1）传承与利用现状：随着现代医学的发展，畲族很少去民间医生处诊治，导致对民间方剂的使用越来越少。

（2）受威胁状况及因素分析：①西方现代医疗技术的影响；②畲族医师普遍年事已高，畲族年轻人不愿意继承祖业，导致祖传秘方面临失传的危险；③某些草药野生资源的匮乏。

（3）保护与传承措施：应对畲族民间方剂进行收集、整理及保存，防止其进一步地流失。

8．文献资料

[1] 雷后兴，李永福. 中国畲族医药学[M]. 北京：中国中医药出版社，2007：149.

[2] 鄢连和，鄢琛尹. 浙西南畲族 557 个民间药方用法初探[J]. 中国药业，2009，18（22）：67.

CN-SH-250-014. 治疗痹症的方剂

1. 名称 中国/浙江省 福建省/畲族/传统医药相关知识/治疗痹症的方剂

Prescriptions for Arthromyodynia/Traditional Medicine/She People/Zhejiang Province, Fujian Province/China

2. 编号 CN-SH-250-014 中国-畲族-传统方剂-治疗痹症的方剂

3. 属性与分布 畲族社区集体知识，分布于浙江省、福建省畲族社区。

4. 背景信息 痹症是由于风、寒、湿、热等外邪侵袭人体，闭阻经脉血络，使气血运行不畅而致关节酸痛麻木，屈伸不利，肿大灼热等为主要表现的病症。畲医认为痹症的病因病机主要是素体虚弱，正气不足，腠理不密，卫外不固，感受风寒湿邪，使邪注经脉，留于关节，气血痹阻；或感受风热之邪与湿邪合而为患，或风寒湿邪日久不愈，郁而化热，出现关节红肿热痛，形成痹症。畲医对痹症的治疗首先区分风、寒、湿、热等病邪的不同，再根据关节的疼痛、红肿等情况进行论治。

5. 基本描述 畲族治疗痹症的方剂主要有：

1）龙骨刺根 15 g、锦鸡儿 15 g、南蛇藤 12 g、猪脚或猪骨髓 120 g，用水煮至猪脚烂，食汤及肉，孕妇忌用。

2）玄驹 1.2 g、威灵仙 1.2 g。两药研粉口。主治风湿病和风湿关节炎。

3）风荷梨 20 g、卫矛 20 g、白花蒿 20 g、白藤扭 20 g、当归 20 g、牛膝全草 20 g、丹参 10 g、鹿含草 10 g、桑寄生 10 g、白及 10 g，水煎服。

4）金豆根、草珊瑚根、念珠藤、珍珠莲藤、中华常春藤根各适量，鸡 1 只，共煮至鸡烂，加红糖或盐少许，喝汤吃肉。

5）牧荆 6 g、金豆根 6 g、钩藤 4.5 g、老鸦柿 4.5 g、刺茎楤木 3 g、细叶冬青 6 g，黄酒炖服。

6）五加皮 20 g、楤木 30 g、石吊兰 30 g，浸黄酒服。

7）刺茎楤木 30 g、五加皮 30 g、金豆根 15 g、钩藤 10 g，上药浸黄酒 1 000 mL，每天 3 次，每次适量。

8）刺茎楤木 30 g、风荷梨 20 g、海风藤 30 g、九节兰 30 g、枫树叶尖 30 g，水煎服。

9）忍冬藤一把、六棱菊一把、景天三七适量，水煎服。

10）高粱泡、山樝子各适量，加猪脚尖，水煎服。

11）八角枫、土牛膝、连翘根、高粱泡各适量，水煎服。关节肿大加乌药。

12）路路通 15 g、钻地风 30 g、五加皮 30 g、鸡血藤 30 g、川断 30 g、老鹳草 30 g、狗脊 30 g、豨莶草 30 g、八角枫 15 g、土牛膝 30 g，用酒 5 000 mL 浸服。

13）血藤 10 g、半边风 12 g、八角刺根 12 g、枫树上寄生的骨碎补 15 g、茯苓 12 g、茜草 10 g、红百鸟不宿 12 g、钩藤根 12 g、节节草根 10 g、华紫珠根 12 g、搁公扭根 10 g、络石藤 10 g、米筛花 10 g、土大黄 10 g、九节兰 10 g、金纽扣 12 g、五加皮 10 g，水煎加红糖，糯米酒服。

14）毛冬瓜、寒莓、南蛇藤、鸡血藤、畏芝、草珊瑚、八角枫、红茴香、奶汁树、云实、钩藤各适量，水煎服。

15）忍冬藤 30 g、鸡失藤 30 g、天仙藤 15 g、白毛藤 20 g、牛鼻藤 50 g、南风藤 20 g，水煎服。

16）老鹳草 30 g、威灵仙 30 g、活血丹 12 g、油茶树根 12 g、赤芍 12 g，水煎服。

17）草珊瑚、希石草、五加皮、木耳草、石冷深各适量，水煎服。若手脚冷，加满坑香，寒扭根。

18）穿山龙 9 g、铁牛入石 9 g、虎头焦 9 g、当归 9 g、雨伞肩头 9 g，将上药装入鸡腹中，加红糖炖 4 h，空腹服食。

19）红百鸟不宿 30 g、树参 30 g、满坑香 30 g、草珊瑚 30 g、枫树寄生 30 g。将上药煎汤加猪脚 1 只炖熟，加黄酒适量。

20）景天 4.5 g、柳叶白前 4.5 g、石菖蒲 6 g、朱砂根 3 g，水煎服。白花地胆头 30 g。全草洗净，煎汤内服，每日 1 剂，连服 5 g；同时另取鲜草 50 g，洗净打烂绞汁外涂痛处，治疗风湿性关节炎。

21）畲药痛风方：粉草块茎 30 g、卫矛 30 g、海金沙 30 g、薏苡仁 30 g、威灵仙 30 g、独蒜兰的假鳞茎 15 g、海风藤 15 g、龙胆草 6 g，加水 500 mL，浸泡 30 min，煎取汁 300 mL。

6．传统知识特征

（1）畲族地处山区，气候湿冷，易得痹症，因此畲族在积累了大量治疗痹症的药方，体现了畲族传统医药知识的丰富性特征。

（2）畲医对痹症的治疗首先区分风、寒、湿、热等病邪的不同，再根据关节的疼痛、红肿等情况采用不同的药方进行辨证施治，这是畲族长期实践中的经验总结。

（3）畲族治疗痹症，常加猪脚、鸡或黄酒同煮以增强疗效，体现了畲族传统医药知识的独特性。

7．保护与利用

（1）传承与利用现状：研究表明，畲药痛风方对治疗湿热蕴结型痛风性关节炎有很好的疗效。

（2）受威胁状况及因素分析：①西方现代医疗技术的影响；②畲族医师普遍年事已高，畲族年轻人不愿意继承祖业，导致祖传秘方面临失传的危险；③某些草药野生资源的匮乏。

（3）保护与传承措施：将药方进行科学研究，临床验证。

8．文献资料

[1] 奇玲，罗达尚. 中国少数民族传统医药大系[M]. 赤峰：内蒙古科学技术出版社，2000：935.

[2] 雷后兴，李永福. 中国畲族医药学[M]. 北京：中国中医药出版社，2007：150.

[3] 宋力伟. 畲药痛风方治疗湿热蕴结型痛风性关节炎 28 例临床观察[J]. 中国民族医药杂志，2009，15（10）：22-23.

[4] 鄢连和，鄢琛尹. 浙西南畲族 557 个民间药方用法初探[J]. 中国药业，2009，18（22）：67.

CN-SH-250-015. 治疗黄疸的方剂

1．名称 中国/浙江省 福建省/畲族/传统医药相关知识/治疗黄疸的方剂

Prescriptions for Aurigo/Traditional Medicine/She People/Zhejiang Province，Fujian Province/China

2．编号 CN-SH-250-015 中国-畲族-传统方剂-治疗黄疸的方剂

3．属性与分布 畲族社区集体知识，分布于浙江省、福建省畲族社区。

4．背景信息 黄疸是以全身发黄、目黄、小便黄为主症的一种病证；分为阴黄和阳黄。黄疸的病因分为外因和内因。外因多因感受外邪，特别是湿热疫毒之邪，郁阻中焦，蒸于肝胆，使脾胃失于运化，肝胆失于疏泄，胆汁浸淫肌肤而成。内因则多因脾胃虚寒，湿从寒化，寒湿阻滞中焦，胆液被阻，溢于肌肤而发黄。外因发黄多为阳黄，内因发黄多为阴黄。畲医认为，黄疸的病机关键是湿。阳黄之人阳盛热重，平素胃火偏旺，湿从热化而致湿热为患。由于湿和热有所偏盛，故阳黄在病机上有湿重于热或热重于湿之别。阴黄之人，阴盛寒重，平素脾阳不足，湿从寒化而致寒湿为患。同时阳黄日久，或用寒凉之药过度，损伤脾阳，湿从寒化，亦可转为阴黄。畲医对黄疸的治疗以化湿利尿为大法，根据湿热和寒热的不同分别采用清热利湿和温中化湿法。

5．基本描述 畲族治疗黄疸的方剂主要有：

1）茵陈 30 g、山里黄 10 g、茯苓 15 g、板蓝根 25 g、车前草 10 g、甘草 5 g，水煎服。

2）香茶菜 30 g、山里黄根 30 g、茵陈 20 g、黄柏 15 g、海金沙 20 g、白茅根 20 g、金钱草 20 g、板蓝根 30 g、丹参 10 g、五倍子 20 g、茯苓 12 g、甘草 8 g，水煎服。

3）山里黄根、六月雪、紫金牛、粉条儿菜、阴行草各适量，水煎服。用 1 周黄疸退后，用红鲤鱼加阔叶黄柏叶煎服，不复发。

4）虎杖 15 g、田基黄 30 g、阴行草 30 g、车前 15 g、白英 30 g、十大功劳 20 g、山

扁柏 30 g，水煎服。

5）紫花 100 g、狗尾草根 50 g、木贼 50 g、甘草 3 g，盐肉或盐肉骨头适量，水煎服。

6）紫金牛 15 g、阴行草 15 g、山里黄 15 g、凤尾草 15 g、白马骨 15 g、车前草 15 g、黄柏 15 g、松树儿 15 g、乌韭 15 g、海金沙 15 g，水煎服。

7）蚕砂 9 g、香茶菜 15 g、野艾 15 g、龙须草 9 g、鸡儿肠 18 g、山里黄 9 g，水煎服。

8）黄柏、六月雪各适量，加鸡蛋 2 个一起煎服。

9）江南卷柏 10 g、乌韭 10 g、柏竹根 10 g、茵陈 10 g，水煎服。

10）油柴、柳根、车前、爵床、垂盆草、水黄枝、阴行草、黄柏、虎杖、蓬蒿、金钱、大黄各适量，水煎服。

11）狭叶十大功劳全草，石胡荽全草、腐婢根各适量，水煎服。

12）薜荔、栀子根、活血丹各适量，水煎服。

13）金丝梅根各适量，黄毛鸡 1 只，水煎服。

14）天胡荽全草、野荞麦块茎各适量，水煎服。

15）山里黄根 30 g、大青 15 g、全叶榕 30 g、乌饭树 15 个、腐婢 15 g、阴行草 15 g、灯芯草 10 g、车前草 10 g、野山楂根 20 g、野芥菜 30 g、木通 15 g，水煎服。

16）山里黄根、龙乌草、杏仁、天竹儿、梅树根、山葡萄、乌药各适量，水煎服。

6．传统知识特征

（1）畲医对黄疸的治疗以化湿利尿为大法，根据湿热和寒热的不同分别采用清热利湿和温中化湿法，对不同的症状采用不同的药方辨证施治，这是畲族在长期治疗黄疸中的经验总结。

（2）畲医认为，黄疸的外因多因感受外邪，特别是湿热疫毒之邪，而畲族居于山区，湿气重且卫生条件状况差，易得黄疸，在与疾病作斗争的过程中，畲族创造了大量治疗黄疸的方剂。

7．保护与利用

（1）传承与利用现状：畲族对胆胀有自己的独特理解以及治疗原则，疗效显著，但由于现代医学的发展，民间方剂使用越来越少。

（2）受威胁状况及因素分析：①西方现代医疗技术的影响；②畲族医师普遍年事已高，畲族年轻人不愿意继承祖业，导致祖传秘方面临失传的危险；③某些草药野生资源的匮乏。

（3）保护与传承措施：应对畲族民间方剂进行收集、整理及保存，防止其进一步地流失，并对一些验方进行科学验证，促进其利用。

8．文献资料

[1] 雷后兴，李永福. 中国畲族医药学[M]. 北京：中国中医药出版社，2007：140.

[2] 鄢连和，鄢琛尹. 浙西南畲族 557 个民间药方用法初探[J]. 中国药业，2009，18（22）：67.

CN-SH-250-016. 治疗痔疮的方剂

1．名称　中国/浙江省 福建省/畲族/传统医药相关知识/治疗痔疮的方剂

Prescriptions for Hemorrhoids/Traditional Medicine/She People/Zhejiang Province，Fujian Province/China

2．编号　CN-SH-250-016 中国-畲族-传统方剂-治疗痔疮的方剂

3．属性与分布　畲族社区集体知识，分布于浙江省、福建省畲族社区。

4．背景信息　痔疮是直肠末端黏膜下和肛管皮下静脉丛发生扩大、曲张所形成的柔软静脉团。痔疮多见于成年人，因痔发生的部位不同，可分为内痔、外痔和混合痔。畲医认为，痔疮的病机主要为饮食不节，燥热内生，下迫大肠，或久坐、负重、远行，或因湿热下注，或肛门裂伤，毒邪外侵等，以至血行不畅，气血淤积，热与血相搏，或气血纵横，筋脉交错，结滞不散，或因热迫血不行，瘀结不散而成。畲医治疗痔疮以清热凉血、清热利湿、清热解毒、清热通肺为主，结合外敷药和熏洗等方法。

5．基本描述　畲族治疗痔疮的方剂主要有：

1）猪大肠 250 g，山豆根 30 g，以上加水炖 30 min，去山豆根喝汤吃猪大肠，本方治疗混合痔有较好疗效。

2）田螺头烧灰，涂患处，本方治疗外痔。

3）前胡根适量，与烧酒捣烂外敷。

4）山田螺 5 个、竹炭、冰片各适量，外敷 2 d。

5）防风 30 g、川芎 30 g、当归 30 g、山楂根 60 g、硼砂 30 g、五味子 30 g，外用。

6）五倍子适量，黏粉，加乌桕油调敷患处 2-3 d。

7）山楂根 60 g、五味子 30 g、硼砂 30 g，外用。

8）鸟不踏、地茄、扁管各 30 g，醋 250 g，上药加开水入瓮内熬 1 h，加入醋，坐瓮口熏之。

6．传统知识特征

（1）畲医认为痔疮主要是血行不畅，气血淤积，热与血相搏，或气血纵横，筋脉交错，结滞不散，或因热迫血不行，瘀结不散而成，因此畲医治疗痔疮以清热凉血、清热利湿、清热解毒、清热通肺的药材为主，还结合外敷药和熏洗等方法。

（2）畲医治病强调以脏补脏，认为畜禽的内脏或组织与人体相应的内脏或组织有某

种补益关系，治疗痔疮时常配以猪大肠，体现了畲族医药传统知识的独特性。

7. 保护与利用

（1）传承与利用现状：一些治疗痔疮的简单方剂，在畲族民间仍被广泛应用。

（2）受威胁状况及因素分析：①西方现代医疗技术的影响；②畲族医师普遍年事已高，畲族年轻人不愿意继承祖业，导致祖传秘方面临失传的危险；③某些草药野生资源的匮乏。

（3）保护与传承措施：应对畲族民间方剂进行收集、整理及保存，防止其进一步地流失。

8. 文献资料

[1] 奇玲，罗达尚. 中国少数民族传统医药大系[M]. 赤峰：内蒙古科学技术出版社，2000：941.

[2] 雷后兴，李永福. 中国畲族医药学[M]. 北京：中国中医药出版社，2007：162.

[3] 鄢连和，鄢琛尹. 浙西南畲族557个民间药方用法初探[J]. 中国药业，2009，18（22）：67.

CN-SH-250-017. 治疗烧伤的方剂

1. 名称 中国/浙江省 福建省/畲族/传统医药相关知识/治疗烧伤的方剂

Prescriptions for Empyrosis/Traditional Medicine/She People/Zhejiang Province, Fujian Province/China

2. 编号 CN-SH-250-017 中国-畲族-传统方剂-治疗烧伤的方剂

3. 属性与分布 畲族社区集体知识，分布于浙江省、福建省畲族社区。

4. 背景信息 因热（火焰、热气、热水）作用于人体而引起的损伤，称为烧伤。又称烫伤。烧伤因热力作用而侵害人体，以致皮肉腐烂而成，轻者皮肉损伤，不影响脏腑，严重者则不仅皮肉损伤，而且火毒炽盛，热毒内攻脏腑，灼伤阴液，以致体内脏腑功能失调，阴阳失衡或产生变证。畲医治疗烧伤，轻症以清热解毒、益气养阴为主；重症则宜固护阴液，或清营凉血解毒。体虚者宜调补气血。一般以外治为主，可配合内服药。

5. 基本描述 畲族治疗烧伤的方剂主要有：

1）钟乳石适量，猪胆1只，牛胆1只，捣烂外敷。

2）生大黄、地骨皮15 g，冰片1.5 g，共研粉，清油调敷，每日1-2次。

3）龙须骨、爬山龙、冰片各适量，共研末加麻油调敷。

4）虎杖300 g、七姐妹叶30 g、山枣皮50 g、儿茶30 g、匐伏堇100 g、地菍100 g。将上药晒干，磨成极细末，入瓷瓶贮存，用时加麻油调之外敷，适用于水火烫伤，中小面积烫伤5日内用药不留疤痕，年龄小、病情轻可酌情减量。

5）东风菜、大蓟根各适量，用米汤或人乳磨出浆，外敷。

6）虎杖根、陈茶叶，陈茶叶 20-25 g 放入茶杯，冲入滚开水 150-200 mL，置锅内炖 20 min 取出晾晒备用，取瓷钵倒置，洗净钵底，倒上适量茶叶水，洗净虎杖根在钵底磨成糊状，取鸭羽蘸虎杖浆涂抹伤口，干了再抹至愈。

6. 传统知识特征

（1）畲族治疗烧伤，多数药方仅利用 2 种或 3 种常见药，且利用方法简便易学，除了医生，畲族群众也可轻松掌握，体现了畲族传统医药知识的普及性特征。

（2）畲族治疗烧伤，一般以外治为主，多用植物药，且常加米泔水、清油、麻油、人乳调敷，增加疗效或便于外涂，体现了畲族传统医药知识的独特性。

（3）畲医治疗烧伤，轻症以清热解毒、益气养阴为主；重症则宜固护阴液或清营凉血解毒。体虚者宜调补气血。对于不同的症状，畲族采用不同的方剂治疗，体现了畲族传统医药知识因地制宜、因病施策的特点。

7. 保护与利用

（1）传承与利用现状：畲族群众自己也掌握一些治疗烧伤的简单方剂，并仍然使用，但对于较严重的烧伤，特效药方则掌握在畲医手中。

（2）受威胁状况及因素分析：①西方现代医疗技术的影响；②畲族医师普遍年事已高，畲族年轻人不愿意继承祖业，导致祖传秘方面临失传的危险；③某些草药野生资源的匮乏。

（3）保护与传承措施：应对畲族民间方剂进行收集、整理及保存，防止其进一步地流失。

8. 文献资料

[1] 奇玲，罗达尚. 中国少数民族传统医药大系[M]. 赤峰：内蒙古科学技术出版社，2000：939-940.

[2] 雷后兴，李永福. 中国畲族医药学[M]. 北京：中国中医药出版社，2007：164.

[3] 鄢连和，鄢琛尹. 浙西南畲族 557 个民间药方用法初探[J]. 中国药业，2009，18（22）：67.

CN-SH-250-018. 治疗疔疮的方剂

1. 名称　中国/浙江省 福建省/畲族/传统医药相关知识/治疗疔疮的方剂

Prescriptions for Furuncle/Traditional Medicine/She People/Zhejiang Province, Fujian Province/China

2. 编号　CN-SH-250-018 中国-畲族-传统方剂-治疗疔疮的方剂

3. 属性与分布　畲族社区集体知识，分布于浙江省、福建省畲族社区。

4. 背景信息　疔疮是发病迅速而危险性较大的疾病，多发于颜面和手足等处。发于颜面的疔疮，很容易走黄，如处理不当，会导致生命危险。畲医按疔疮的发病部位不同一般分为面部疔疮、手足部疔疮、红丝疔、烂疔、役疔 5 种，治疗时按局部和整体辨治。疔疮的病因主要为火热之毒。其毒或因恣食膏粱厚味、甘肥醇酒、辛辣炙煿，使肺腑蕴热，火毒结聚，或感受火热之气，或因昆虫咬伤，或因抓破皮肤，又复感毒邪，蕴蒸肌肤，以致气血凝滞而成。在疔疮发病期间，有初期、中期、后期之分。初期只是在皮肤局部出现一粟米样脓头，或痒或麻，继而刺痛，焮热肿痛，红色不明显。中期肿势扩大，四周浸润明显，疼痛加剧，常伴有发热、口渴、头痛、便干溲赤、苔薄黄或腻、脉弦滑数。此时腑脏蕴热，火毒炽盛。后期肿势局限，溃脓黄稠，逐渐肿退痛止，趋向痊愈。畲医治疗疔疮以内服清热解毒药及外治为主。

5.基本描述 畲族治疗疔疮的方剂主要有：

1）白菊花 12 g、甘草 12 g，水煎服。

2）泡桐叶、白毛桃根皮各适量，盐细，与酒糟混合调匀，与菜叶包好，放入火中烤热外敷。

3）巴东过路黄、蛇含各适量，捣烂外敷。

4）番薯种叶、梨叶、七姐妹叶、马任菜各适量，捣烂外敷。

5）番薯种叶、鸡荒草各适量，加红糖捣烂外敷。

6）黄连 3 g、黄芩 6 g、黄柏 9 g、山栀 9 g、连翘 12 g、牛蒡子 9 g、甘草 3 g，水煎服。

7）鸡儿肠 250 g、食盐 25 g，捣烂外敷。

8）川柏 10 g、奇良 10 g、大力子 10 g、黑丑（研细）10 g、炒栀子 10 g、川黄连 15 g、金银花 10 g、石决明 10 g、天花粉 15 g、甘草 10 g、红花 1 g、黑元参 15 g，水煎服。每天 2 次。大便不通加大黄 15 g、厚朴 10 g。

9）七姐妹、细叶冬青、醉鱼草、半边莲各适量，捣烂外敷。

10）犁头草全草、鲜番薯嫩叶各适量，捣烂外敷。

11）农吉利 12 g、甘草 12 g，捣烂外敷。

12）活蟾蜍 1 个、百草霜 1 g。共捣烂敷患处。

13）铺地锦一把，红绒青蛙 1 只，冰糖适量，将青蛙去腹杂，与上药捣烂敷患处。

6.传统知识特征

（1）畲医治疗疔疮以内服清热解毒药及外治为主，治疗时按局部和整体辨治，使用的药方简单，利用方法简便易学，除了医生，普通群众也可轻松掌握，体现了畲族传统医药知识的普及性特征。

（2）畲族创造了大量治疗疔疮的药方，这些药方是畲医们对多种植物药物性能的充分的了解及不断丰富的临床实践下长期积累的经验。

7. 保护与利用

（1）传承与利用现状：有很多治疗疔疮的祖传方剂掌握在畲族医生手中，但却因为缺乏传承人面临着威胁。

（2）受威胁状况及因素分析：①西方现代医疗技术的影响；②畲族医师普遍年事已高，畲族年轻人不愿意继承祖业，导致祖传秘方面临失传的危险；③某些草药野生资源的匮乏。

（3）保护与传承措施：应对畲族民间方剂进行收集、整理及保存，防止其进一步地流失。

8. 文献资料

[1] 奇玲，罗达尚. 中国少数民族传统医药大系[M]. 赤峰：内蒙古科学技术出版社，2000：938.

[2] 雷后兴，李永福. 中国畲族医药学[M]. 北京：中国中医药出版社，2007：156.

[3] 鄢连和，鄢琛尹. 浙西南畲族 557 个民间药方用法初探[J]. 中国药业，2009，18（22）：67.

CN-SH-250-019. 治疗小儿惊风的方剂

1. 名称 中国/浙江省 福建省/畲族/传统医药相关知识/治疗小儿惊风的方剂

Prescriptions for Infantile Convulsion/Traditional Medicine/She People/Zhejiang Province，Fujian Province/China

2. 编号 CN-SH-250-019 中国-畲族-传统方剂-治疗小儿惊风的方剂

3. 属性与分布 畲族社区集体知识，分布于浙江省、福建省畲族社区。

4. 背景信息 惊风俗名"抽风"或"惊厥"。小儿初生，阴气未足，性禀纯阳，身内易致生热，热盛则生风生痰；小儿腠理不密，更易感寒邪，寒邪中人，必先入太阳经，太阳之脉，起于目内眦，上额交巅，所以病则筋脉牵强，遂有抽掣搐弱，故一般临床上对频繁抽风和意识不清都叫惊风。外感时邪，痰食积滞，暴受惊恐，气候骤变，饮食不节，情志不遂等，均可诱发和加重惊风。惊风分为急慢二型，有"急惊属实，慢惊属虚"的说法，发病的主要原因是外感时邪，内蕴痰热，及久吐久泻，脾虚肝盛等。小儿风证分 72 种，阳风、阴风、半阴半阳各 24 种。

5. 基本描述 畲族治疗小儿惊风的方剂主要有：

1）骨碎补 3 g、钩藤 3 g、卷柏 3 g、高脚龙衣嫩芽 3 g、野窝蜂泥 3 g，水煎服。每日 2 剂。

2）陈皮 3 g、远志 2 g、白薇 2 g、石斛 2 g、皂角炭 5 g、酸枣仁 6 g、胆草 9 g、细通草 2 g，水煎服。

3）陈胆星 3 g、远志 7 g、白薇 7 g、石斛 8 g、皂角 5 g、橘络 3 g、生石膏 9 g、九

节菖蒲3 g、酸枣仁6 g、胆草9 g、通草2 g、茯神9 g，水煎服。每日1剂。

4）七叶一枝花、三叶青各适量，水煎服。

5）柳叶白前、杨柳树根、茶叶树根、牛筋草各适量，水煎服。抽搐者加天葵、地丁、双钩藤、鲜石斛、甲蹄草。

6）野猪牙、钩藤、七叶一枝花、单叶铁线莲、三叶青各适量。野猪牙用米泔水磨汁，余药煎汤服，发热者加吊兰。

7）金银花、连翘、牛蒡子、桔梗、荆芥、芦根、淡竹叶、豆豉、甘草各适量，水煎服。惊搐较重者加钩藤、菊花，身发痒疹者加蝉衣、僵蚕，神志不清者加远志、茯神，痰多者加胆南星、天竺黄。

8）鲜积雪草根6 g、鲜酢浆草6 g，水煎服。每日1剂。

6. 传统知识特征

（1）畲族将小儿风证分72种，阳风、阴风、半阴半阳各24种，对于不同类型的风证，采用不同的药方进行辨证施治，体现了畲族传统医药知识的独特性。

（2）畲族治疗小儿惊风，药方较复杂多变，普通群众很难掌握，因此多掌握在畲族医生手中。

7. 保护与利用

（1）传承与利用现状：畲族擅治小儿风症，对小儿风证辩证调护有自己独特的见解与分类，但很多方剂面临着传承危机。

（2）受威胁状况及因素分析：①西方现代医疗技术的影响；②畲族医师普遍年事已高，畲族年轻人不愿意继承祖业，导致祖传秘方面临失传的危险；③某些草药野生资源的匮乏。

（3）保护与传承措施：应对畲族民间方剂进行收集、整理及保存，防止其进一步地流失。

8. 文献资料

[1] 奇玲，罗达尚. 中国少数民族传统医药大系[M]. 赤峰：内蒙古科学技术出版社，2000：947.

[2] 钟隐芳. 福安畲医畲药[M]. 福州：海风出版社，2010：29-30.

[3] 雷后兴，李永福. 中国畲族医药学[M]. 北京：中国中医药出版社，2007：188-190.

[4] 鄢连和，鄢琛尹. 浙西南畲族557个民间药方用法初探[J]. 中国药业，2009，18（22）：67.

CN-SH-250-020. 治疗毒蛇咬伤的方剂

1. 名称　中国/浙江省 福建省/畲族/传统医药相关知识/治疗毒蛇咬伤的方剂

Prescriptions for Snakebite/Traditional Medicine/She People/Zhejiang Province, Fujian

Province/China

2. 编号 CN-SH-250-020 中国-畲族-传统方剂-治疗毒蛇咬伤的方剂

3. 属性与分布 畲族社区集体知识，分布于浙江省、福建省畲族社区。

4. 背景信息 蛇毒的主要成分是神经毒、血循毒和酶。畲医认为神经毒是风毒，主要阻断神经肌肉的接头引起弛缓麻痹，终致周围性呼吸衰竭而引起的缺氧性脑病、肺部感染和循环衰竭。畲医认为血循毒是火毒，主要对心血管和血液系统产生毒性作用。酶是蛇毒的主要成分，蛇的毒性与酶有关。被蛇咬伤后，患者伤部一般有粗大而深的毒牙痕。神经毒的蛇咬伤后，局部不红不肿，无渗液，微痛甚至麻木，容易被忽视而不及时处理，在咬伤 1-6 h 出现症状。轻者头晕、出汗、胸闷、四肢无力，严重者出现瞳孔散大、视力模糊、语言不清、牙关紧闭、吞咽困难、昏迷、呼吸减弱或停止、脉象迟弱。血循毒的蛇咬伤后，伤口剧痛，肿胀，起水疱，有的伤口形成坏死溃疡，有寒战发热、全身肌肉疼痛、皮下或内脏出血，继而出现贫血、黄疸等，严重者可出现休克、循环衰竭。畲族治疗毒蛇咬伤，先是缚扎，再者就是排毒，然后是用畲药进行论证辨治。凡风毒者宜活血祛风；火毒者宜清热解毒、凉血止血。

5. 基本描述 畲族治疗毒蛇咬伤的方剂主要有：

1）竹叶椒、紫花前胡、地榆、百路通、山苍子各适量，浸白酒外洗，捣烂外敷伤口，若伤口周围起疱，用羊乳根和米泔水磨汁外搽，另加内服方，紫花前胡、柳叶椒、地榆根各适量，蒸烧酒内服。

2）竹叶花全草、七叶一枝花、徐长卿各适量，捣烂外敷，治疗一般蛇伤，较大的毒蛇（如五步蛇）咬伤另加龙胆草根，另加内服方：徐长卿 6 g、龙胆草 10 g、酒大黄 10 g，水煎服。早晚各 1 次。

3）兔儿草叶、犁头草各适量共捣烂取汁内服，渣外敷。

4）东风菜适量，主根去片切皮，用温开水冲服。每次 1-2 根，每天 2-3 次，叶茎加木防己用开水浸泡，冷却后洗患处，每天 3-5 次，忌食辣、腥之物。

5）龙胆草、白花前胡根、大蓟根各适量，鲜根捣烂外敷。

6）鹅不食草、半边莲、蛇葡萄各适量，捣烂外敷。

7）土防风、红叶土木香、半边莲、小槐花叶、宜昌细辛或杜蘅、山麻芋各适量，用米汤浸泡外洗，再加三年陈茶叶。

8）路路通叶和根、苍术叶各适量。根捣碎浸白酒服，叶外敷；另加墙蕨捣碎，浸白酒，往下洗，共用 1-2 d。

9）天仙果、路路通、王瓜各适量，根浸白酒服，叶用米汤浸外洗，此法适用于蕲蛇咬伤。

10）粟米草、路路通、花竹叶、桐油叶各适量，水煎服。此方适用于眼镜蛇咬伤。

11）青木香、柳叶白前、万年青、箭叶淫羊藿各适量，水煎服。每日 3 次，另加外用方：白酒浸苦爹菜、铁棱角叶外洗。若肿痛不退，米汤浸苦爹菜、盐肤木、丝穗金粟兰，加少许盐外洗。

12）东风菜根、大蓟根、徐长卿各适量，浸酒服。

13）金银花藤 60 g、野菊花全草 30 g、半枝莲 30 g、金丹草 30 g、土大黄 60 g，水煎服。另取半边莲外敷，此方适用于蝮蛇咬伤。

14）小春花、岩风根、南五味子根、七叶一枝花根茎、青木香、石蟾蜍根各适量，混合碾粉，用开水送服，此方适用于蝮蛇咬伤。

15）龙胆草 2.6 g、炉甘石 2.6 g、苍术 2.6 g、青黛 2.6 g、梅片 1.6 g、升丹 0.66 g，共碾极细末，敷溃烂处。

16）竹叶椒 2 g、白花前胡 3 g、独活 3 g、鸭儿芹 3 g，水煎，加黄酒冲服，药渣捣烂加雄黄少许外敷，红肿热痛加三叶青 2 g、鹅毛玉凤兰 3 g，呕吐加桃仁 3 g、竹茹 5 g。

17）金丝猫、车前草、山蚂蝗各适量，掺猪脬油捣烂，再用糯米汤调敷伤口。

18）苦益菜、铺地蜈蚣各适量，捣烂外敷，另加内服方：红牛膝、白花蛇舌草各 50 g，水煎服。

19）洋腐紫用刀削尖，挑破要伤口，再用清水或白酒清洗伤口，然后用豆腐柴叶捣烂（用嘴咀嚼更佳），外敷伤口。注意：药敷在伤口周围，口露外面。

20）雄黄 3 g、白矾 3 g、百蓝 9 g，共碾细末，每日 2 次，每次成人服 3 g，儿童 1.5 g，温开水送服。

21）地耳草、百路通、东风菜各适量，捣烂外敷。

22）东风菜、缓草各适量，捣烂外敷。

23）伤口用清水反复冲洗，如伤口闭合，用盐肤木削尖刺破扩创，外用：鸡尾巴（华中蹄盖蕨）全草，捣烂取汁，加烧酒适量外洗，渣敷患处。另加内服：徐长卿根 3-5 棵，浸烧酒服，每次服适量，此方用于蕲蛇咬伤。

24）大青叶、山蚂蝗、百路通根各适量，水煎服。肿不退加隔山香根，磨白酒外敷，此方适用于五步蛇咬伤。

25）路路通 30 g、桐籽叶 60 g、苦瓜叶（野生）30 g、牛奶叶 60 g、黄瓜草 90 g、苦木兰 60 g，将鲜草捣烂，泡鲜米汤，从伤口自上而下擦洗，内服：天竹根 25 g，浸白酒 500 g，日服 5-7 次，每次 15-20 g，严重时取野生竹叶青皮 25 g 研末，浸白酒 250 g，分 4 次服用，此方适用于眼镜蛇咬伤。

26）徐长卿根 30 g、垂盆草 50 g，浸白酒服用（8 h 内治疗），外用：天仙果 50 g，加盐少许，捣烂外敷，此方适用于眼镜蛇、银环蛇、金环蛇咬伤。

27）风轮菜、宜昌细辛各适量，煎水外洗，渣外敷。

28）一枝黄花鲜草 30-60 g，水煎服。另用七叶一枝花适量捣烂外敷。

6. 传统知识特征

（1）畲族多居住于山区和半山区，易遭受蛇类的伤害，蛇伤因此成为危害畲族的一大类疾病，畲族在防治毒蛇咬伤中也积累了大量治疗毒蛇咬伤的药方，体现了畲族传统医药知识的丰富性特征。

（2）畲族治疗毒蛇咬伤，先是缚扎，紧接着就是排毒，然后是用畲药进行论证辨治，治疗时，常内服与外用相结合，这是畲族长期治疗毒蛇咬伤时的经验总结。

（3）治疗毒蛇咬伤的药材多为当地常见植物，取材方便，群众易掌握。

7. 保护与利用

（1）传承与利用现状：蛇伤是危害畲族的一大类疾病，在长期的生产生活实践中，普通的畲族也掌握着一些医治蛇毒的方剂，但随着医疗条件的改善及现代医学的发展，这些方剂已逐渐淡化。

（2）受威胁状况及因素分析：①西方现代医疗技术的影响；②畲族医师普遍年事已高，畲族年轻人不愿意继承祖业，导致祖传秘方面临失传的危险；③某些草药野生资源的匮乏。

（3）保护与传承措施：应对畲族民间方剂进行收集、整理及保存，防止其进一步地流失。

8. 文献资料

[1] 雷后兴，李永福. 中国畲族医药学[M]. 北京：中国中医药出版社，2007：207-210.

[2] 鄢连和，鄢琛尹. 浙西南畲族 557 个民间药方用法初探[J]. 中国药业，2009，18（22）：67.

CN-SH-250-021. 治疗月经不调的方剂

1. 名称　中国/浙江省 福建省/畲族/传统医药相关知识/治疗月经不调的方剂

Prescriptions for Irregular Menses/Traditional Medicine/She People/Zhejiang Province, Fujian Province/China

2. 编号　CN-SH-250-021 中国-畲族-传统方剂-治疗月经不调的方剂

3. 属性与分布　畲族社区集体知识，分布于浙江省、福建省畲族社区。

4. 背景信息　月经不调是指月经周期、经期和经量发生异常，以及月经周期出现不适的症状，包括月经提前、月经延后、月经先后不定期、经血过多、月经过经期延经期间出血等。畲医认为，月经不调的主要病因是脏腑功能失调以及外感邪气、内伤七情、房劳多产、饮食不节等。肾神、肝神、脾神失职，气血不和，冲任二脉和血海损伤是主要的病机。治疗月经不调常用的畲药有白老鼠刺根、月季花、天胡荽、毛张老、益母草、红地茄等。

5．基本描述　畲族治疗月经不调的方剂主要有：

1）益母草根 90 g，老母鸡 1 只，将母鸡去毛及内脏，益母草切碎置于鸡腹内，加黄酒，隔水炖服，三日 1 剂，连服 3 剂为一疗程，不善饮酒者，水酒各半炖服。

2）白鸡花、五根草、胡颓子根、金银花、闭门草、山黄连、板竹各适量，水煎服。

3）鹿含草 9 g、益母草 6 g、红根儿 9 g、金橘儿 9 g、毛张老 9 g、生白术 9 g、鸭掌风 9 g、水菖蒲 6 g、玄参草 6 g、红地茄 9 g，水煎服。本方主治月经不调兼白带黄水者。

4）龟板 15 g、知母 10 g、黄柏 10 g、熟地 15 g、山药 15 g、白芷 10 g、当归 10 g、木槿花 10 g、香附 10 g、败酱草 30 g、丹皮 10 g、甘草 5 g，水煎服。主治月经不调兼见盆腔炎症者。

5）毛张老 15 g、地丁草 15 g、益母草 15 g、艾叶 6 g，水煎服。加红糖黄酒适量。

6）白老鼠刺根、天胡荽各一把，放入童鸡腹内，加黄酒炖，服汤食鸡。

7）龙须草 18 g、牛乳子根 15 g、牛膝 12 g、盐钱根 5 g、炉刺根 10 g、虎刺根 10 g、全当归 12 g、杜仲 10 g，炖猪腰肉，半水半酒煎服。

8）月季花 30 g、益母草 30 g，水煎服。

9）猢狲球根、白老鼠刺根、腹水草、天胡荽各适量，半水半酒煎服。

10）活血丹 30 g、月季花 20 g、柳叶蜡梅 20 g，加入米汤煎服。

11）白莓 6 g、风藤 6 g、鸡骨草 6 g、七姐妹 6 g，寒证加六月霜 6 g，经血过多加九里毛 6 g，腹痛加瓜子金 6 g，每日 1 剂，水煎分早晚 2 次服，酌加老酒、红糖，连服 4 剂。本方治疗月经先期、后期、先后无定期，经量过多及痛经，疗效显著，无毒副作用。

6．传统知识特征

（1）畲族长期居住于山区，过去妇女们大多以地瓜和青菜充饥，营养不良，且畲族妇女为主要劳动者，经期仍在山涧水田参加农活，因此妇科病发病率特别高，畲族充分利用当地的生物资源，创立了大量的治疗月经不调的药方，体现了畲族传统医药知识的丰富性特征。

（2）畲族在治疗月经不调中广泛采用白老鼠刺根、月季花、天胡荽、毛张老、益母草、红地茄等草药，这些草药是当地的常见植物，分布范围广，资源量极大，易于采集，且不会造成资源破坏，体现了畲族传统医药知识可持续性特征。

（3）畲族治疗月经不调以青草药为主，还常以水、米汤、黄酒为煎煮辅料，红糖、鸡、猪等做药引以增强疗效，体现了畲族传统医药知识的独特性。

7．保护与利用

（1）传承与利用现状：月经不调是现代人常见的妇科病，而畲族医药中具有很多治疗效果显著的祖传药方，虽然尚在沿用但面临传承危机。

（2）受威胁状况及因素分析：①西方现代医疗技术的影响；②畲族医师普遍年事已高，畲族年轻人不愿意继承祖业，导致祖传秘方面临失传的危险；③某些草药野生资源的匮乏。

（3）保护与传承措施：应对畲族民间方剂进行收集、整理及保存，防止其进一步地流失。

8．文献资料

[1] 奇玲，罗达尚. 中国少数民族传统医药大系[M]. 赤峰：内蒙古科学技术出版社，2000：943.

[2] 雷后兴，李永福. 中国畲族医药学[M]. 北京：中国中医药出版社，2007：172.

[3] 鄢连和，鄢琛尹. 浙西南畲族 557 个民间药方用法初探[J]. 中国药业，2009，18（22）：67.

CN-SH-250-022. 治疗产后病的方剂

1．名称　中国/浙江省 福建省/畲族/传统医药相关知识/治疗产后病的方剂

Prescriptions for Puerperal Disease/Traditional Medicine/She People/Zhejiang Province, Fujian Province/China

2．编号　CN-SH-250-022 中国-畲族-传统方剂-治疗产后病的方剂

3．属性与分布　畲族社区集体知识，分布于浙江省、福建省畲族社区。

4．背景信息　产妇在褥期内发生的与生产或产褥有关的疾病称为产褥病。常见的产后病有产后出血、产后发热、产后风症、产后浮肿、产后腹痛、产后癫狂、产后虚汗等。产后病的发病原因，一是失血过多，失血伤津，虚阳浮散或血虚火动；二是淤血内阻，血行不利或气机逆乱；三是产后感受疬气外邪，或饮食房劳所伤；四是产后伤动脏腑，经脉空虚，卫表不固而产生产后虚汗等。畲医对产后病的治疗主要是对亡血伤津、淤血内阻、邪气入侵、多虚多瘀的特点进行论治。

5．基本描述　畲族治疗产后出血的方剂主要有：

1）檵木 15 g、海金沙 6 g、地骨皮 9 g、益母草 6 g、龙须草 9 g，水煎服。

2）茜草根、大蓟根各适量，用黄酒煎，加红糖服。

畲族治疗产后发热的方剂主要有：

1）朝天子根 9 g、山胡椒 9 g、野艾 6 g、白英 9 g、梅树根 3 g，水煎服。

2）翠云草 20 g、络石藤 30 g、水芹菜 15 g、鸡娘草 30 g，水煎服。主治产后感染。

畲族治疗产后风症的方剂主要有：

1）红楤木、梅树根、钩藤各适量，用红酒煎药服，发热加细叶山田青（去根）、红两头牢，咳嗽加墙络，肚痛加梅树菇，腹泻加苍耳，严重者加石杨梅、天顶头各 1 g。

2）瓜子金、天顶头、茜草、地苤、两头牢、刺茎楤木、梅树根各适量，红酒煎服，加红糖为引。

3）云实 15 g、白英 15 g、益母草 15 g、紫青藤 20 g、鹿含草 10 g、茯苓 10 g、钩藤 10 g、梅树根 3 g，水煎服。

4）云实 10 g、益母草 10 g、白茅根 10 g、当归 10 g、海金沙 10 g、鹿含草 10 g、连翘 10 g、玄参 10 g，水煎服。

5）泽兰 18 g、天花粉 18 g，水煎服。主治产后全身发痒。

6）益母草 30 g、鹿含叶 20 g、冬庙根 30 g、南风阵 20 g，水煎服。

畲族治疗产后腹痛的方剂主要有：

1）紫金牛 30 g、山蚂蝗 30 g，黄酒煎服。

2）云实 9 g、白英 9 g、泽兰 9 g、紫青藤 6 g、益母草 9 g、钩藤 9 g，水煎服。

3）海金子 10 g、山鸡椒 6 g、满山红根 15 g、钩藤 10 g，水煎服。红糖，黄酒为引。

4）蛇莓 7 粒，鸡蛋 1 个，将蛇莓入鸡蛋内炖红酒，3 d 后服蛋和红酒。

5）金银花根 9 g、红牛膝 9 g、上竹龙根 9 g、山菖根 6 g、地茄儿根 12 g、金笋药 12 g、石菖蒲 9 g、毛张老根 12 g、老鸦饭 9 g、八工儿 6 g，水煎服。老酒为引。

畲族治疗产后浮肿的方剂主要有：

1）野荞麦根 30 g、箕盘子根 30 g，加黄酒煎服。

2）金橘 30 g、地胆 20 g、清不藤 30 g、车前 15 g、真珠梧桐 25 g、金腰带 15 g，水煎服。

畲族治疗产后癫狂的方剂主要有：

红梧桐根 20 g、五岭龙胆 6 g、灯芯草根 10 g、野鸦椿 12 g、马蹄金 6 g，水煎服。

6．传统知识特征

（1）畲医对产后病的治疗主要是针对亡血伤津、淤血内阻、邪气入侵、多虚多瘀的症状特点进行论治，对不同特点的产后病采用不同的药方进行治疗，其知识具有独特性。

（2）畲族治疗产后病以随采随用的原生药为主，少数经过特别的加工炮制，还常以酒和红糖为引增强疗效，体现了畲族传统医药因地制宜、就地取材的特点。

7．保护与利用

（1）传承与利用现状：随着现代医药的发展，畲族民间用传统方剂治疗产后病的人越来越少，多选择去医院治疗。

（2）受威胁状况及因素分析：①西方现代医疗技术的影响；②畲族医师普遍年事已

高，畲族年轻人不愿意继承祖业，导致祖传秘方面临失传的危险；③某些草药野生资源的匮乏。

（3）保护与传承措施：应对畲族民间方剂进行收集、整理及保存，防止其进一步地流失。

8. 文献资料

[1] 雷后兴，李永福. 中国畲族医药学[M]. 北京：中国中医药出版社，2007：179.

[2] 鄢连和，鄢琛尹. 浙西南畲族 557 个民间药方用法初探[J]. 中国药业，2009，18（22）：67.

CN-SH-250-023. 治疗小儿疳积的方剂

1. 名称　中国/浙江省 福建省/畲族/传统医药相关知识/治疗小儿疳积的方剂

Prescriptions for Infantile Malnutrition/Traditional Medicine/She People/Zhejiang Province，Fujian Province/China

2. 编号　CN-SH-250-023 中国-畲族-传统方剂-治疗小儿疳积的方剂

3. 属性与分布　畲族社区集体知识，分布于浙江省、福建省畲族社区。

4. 背景信息　小儿疳积主要表现为毛发焦稀，头皮光急，口唇无华，两眼失神，揉眉擦鼻，脊耸服黄，面黄肌瘦，夜间咬牙，口渴自汗，尿白泻稀，骨蒸潮热。还可以有明显的消化道症状，如大便干结或溏薄、腹胀肠鸣、厌食或嗜异症。其他还有萎靡不振，烦躁不安，咬牙嚼指等精神异常状况。畲医认为小儿疳积的病因病机主要是因禀赋不足，脏腑稚嫩，或因甘肥姿进，饮食过多，积滞日久，或因乳母寒热不调乳哺婴儿，或因大病之后，吐泻疟痢，乳食减少，以至于损伤脾胃，胃气虚弱，运化失常，水谷精微不能营养机体，灌溉诸脏，日久肌肤失养，形体不魁而成疳。畲医治疗小儿疳积上，常以"培植脾土，扶助胃气""壮者先去积而后扶胃气、衰者先扶胃气而后消之"为主要原则。

5. 基本描述　畲族治疗小儿疳积的方剂主要有：

1）七叶一枝花 3 g、雪里开 9 g、野猪牙 2 g，用米泔水磨汁加冰糖炖服。

2）竹叶麦冬、桑天三七、金樱子、车前草、山栀根各适量，水煎服。

3）小叶三点金，六月雪各适量，水煎服。

4）金竹、多花勾儿茶、醉鱼草适量，水煎服。

5）鲜山药 50 g、莲子（去心）15 g、粳米 30 g，白糖少许。莲子与粳米煮粥，半熟时加入山药片至熟烂，加白糖，每日 1 剂，7 日为一疗程。

6）鲜梧桐叶数张，瘦猪肉 30 g。将梧桐叶洗净，包瘦猪肉，放入瓦罐内煨至肉熟，去叶吃肉。

7）鸡内金 2 个，焦山楂 3 g，研末，加红糖少量吞服。

8）食凉茶 5 g、陈皮 5 g、山楂 10 g、茯苓 10 g、麦芽 15 g、谷芽 15 g、鸡内金 3 g，水煎，分 2-3 次于餐前半小时服用。每日 1 剂，半个月为一疗程。

6. 传统知识特征

（1）畲医治疗小儿疳积上，常以"培植脾土，扶助胃气""壮者先去积而后扶胃气、衰者先扶胃气而后消之"为主要原则，创造了治疗小儿疳积的药方。

（2）畲族治疗小儿疳积上，常以瘦猪肉、冰糖、红糖、白糖为引以增强疗效或调味，体现了畲族传统医药知识的独特性。

7. 保护与利用

（1）传承与利用现状：畲族对小儿疳积有自己的独特理解以及治疗原则，积累了大量治疗小儿疳积的方剂，疗效显著，现在仍然沿用。

（2）受威胁状况及因素分析：①西方现代医疗技术的影响；②畲族医师普遍年事已高，畲族年轻人不愿意继承祖业，导致祖传秘方面临失传的危险；③某些草药野生资源的匮乏。

（3）保护与传承措施：对民间传统药方进行科学研究，临床验证。

8. 文献资料

[1] 奇玲，罗达尚. 中国少数民族传统医药大系[M]. 赤峰：内蒙古科学技术出版社，2000：948.

[2] 雷后兴，李永福. 中国畲族医药学[M]. 北京：中国中医药出版社，2007：186-188.

[3] 鄢连和，鄢琛尹. 浙西南畲族 557 个民间药方用法初探[J]. 中国药业，2009，18（22）：67.

CN-SH-250-024. 治疗不孕不育的方剂

1. 名称　中国/浙江省 福建省/畲族/传统医药相关知识/治疗不孕不育的方剂

Prescriptions for Infertility/Traditional Medicine/She People/Zhejiang Province, Fujian Province/China

2. 编号　CN-SH-250-024 中国-畲族-传统方剂-治疗不孕不育的方剂

3. 属性与分布　畲族社区集体知识，分布于浙江省、福建省畲族社区。

4. 背景信息　女子婚后夫妇同居 2 年以上，配偶生殖功能正常，未避孕而未受孕者称为不孕症，也称全不产，属原发性不孕症；或曾孕育过，未避孕又 2 年以上未再受孕者，也称为不孕症，属继发性不孕症。畲医认为，不孕症的主要病因为肾虚引起，先天禀赋不足，或房事不节，损伤肾气，肾神失司，胞脉失于温养，不能摄精成孕；或损伤肾阳，寒湿壅于胞脉；或损伤阴血，冲任血亏，阴亏内热，热伏冲任，热扰血海，不能凝精成孕。此外，肝郁不畅、痰湿内盛、血瘀阻胞均为引起不孕症的原因。畲医治疗不孕症的主要畲药有猪比菜、月月红、益母草、菟丝子、天仙果、南浦根等。

5．基本描述　畲族治疗不孕不育的方剂主要有：

1）猪比菜（两色三七草）30 g、益母草 20 g、月月红 9 g、天仙果 30 g、大青根 15 g、山木通 15 g、灯芯草 10 g、蛤蟆衣 10 g、丹参 20 g、水杨柳 15 g、节节草 10 g、海螵蛸 10 g，水煎服。

2）南浦根 9 g、三月扭根 6 g、敬公根 6 g、菟丝子 9 g、毛大丁草 6 g、白根儿 9 g、五角棋 12 g、牛大黄 9 g、草珊瑚 9 g、益母草 15 g、山鸡椒 9 g，水煎取汤，煮鸡服，共服 7 贴，可治宫寒不孕。

3）地木 15 g、红脚酸草 15 g、细罗白 10 g、黑豆 50 g，红酒煮服。

4）虎杖 25 g、金橘 30 g、椿根皮 20 g、鸡血藤 20 g、田基黄 50 g，水煎服。

6．传统知识特征

（1）畲医治疗不孕症的主要畲药有猪比菜、月月红、益母草、菟丝子、天仙果、南浦根等，这些草药是当地的常见植物，分布范围广，资源量大，易于采集，且不会造成资源破坏，体现了畲族传统医药知识可持续性特征。

（2）畲族治疗不孕不育的药方是畲医对多种植物药物性能的充分了解及不断丰富的临床实践下长期积累的经验。

7．保护与利用

（1）传承与利用现状：福安市白岩下祖传青草医第五代继承人钟石秋精心研制了不孕症 1）、2）、3）方剂，在临床上应用，有独特疗效，福建宁德市医药研究所在宁德市医院及部分县市医院门诊对不孕症 1）、2）、3）方剂进行临床验证发现，钟氏祖传秘方治疗某些女性不孕症确有效果。

（2）受威胁状况及因素分析：①西方现代医疗技术的影响；②畲族医师普遍年事已高，畲族年轻人不愿意继承祖业，导致祖传秘方面临失传的危险；③某些草药野生资源的匮乏。

（3）保护与传承措施：对传统方剂进行科学研究，临床验证。

8．文献资料

[1]　雷后兴，李永福. 中国畲族医药学[M]. 北京：中国中医药出版社，2007：183.

[2]　鄢连和，鄢琛尹. 浙西南畲族 557 个民间药方用法初探[J]. 中国药业，2009，18（22）：67.

[3]　钟隐芳，林贤谈. 畲医钟氏不孕症方剂治验分析[J]. 中国民族医药杂志，2011，17（9）：43-45.

CN-SH-250-025. 治疗牙痛的方剂

1．名称　中国/浙江省 福建省/畲族/传统医药相关知识/治疗牙痛的方剂

Prescriptions for Toothache/Traditional Medicine/She People/Zhejiang Province, Fujian

Province/China

2. 编号 CN-SH-250-025 中国-畲族-传统方剂-治疗牙痛的方剂

3. 属性与分布 畲族社区集体知识，分布于浙江省、福建省畲族社区。

4. 背景信息 无论是牙齿或者是牙周疾病，都可发生牙痛。牙痛的病因病机多由外感风寒，束于卫表，寒气凝滞于牙体，不通则痛；或感受风寒，客于牙体，滞而不散；或肾元虚衰，肾神失职，齿牙失养而致牙痛。

5. 基本描述 畲族治疗牙痛的方剂主要有：

1）兰香草 20 g、菊花 20 g、白花蒿 70 g、仙鹤草 20 g，水煎服。

2）兰香草、棉花根、麦冬各适量，水煎服。

3）白地茄、金银花各适量，水煎服。冰糖为引。

4）青盐 3 g、火硝 3 g、硼砂 3 g、蝉衣 3 g，研末，搽于患处。

5）山里黄根 50 g、路路通 50 g，煮鸭蛋服。

6）蛇莓 20 g、韩信草 18 g、路路通 1 g、龙葵 18 g、白毛藤 20 g、山里黄根 15 g，水煎服。

7）辣蓼、四角苎各适量，加盐卤捣，敷患牙外之颊部。

8）枫寄生 15 g、桑臭根 15 g、鲜麦斛 15 g、仙鹤草 10 g、旱莲草 10 g、玉叶金花 15 g、星宿菜 10 g、七叶煎 15 g、生栀子 10 g，水煎服。本方用于风火牙痛、牙龈出血等。

9）谷精草 10-20 g、石豆兰 8-10 g、石吊兰 15-20 g、细辛 3-4 g、土花椒 15-20 g，以上鲜品加水 300 mL 煎至 200 mL，日服 2-3 次，3 d 为一疗程。本方治疗牙痛 1-3 h 见效，治愈后不易复发。

6. 传统知识特征

（1）牙痛是畲族常见疾病，因畲族地处山区，易受风寒，牙病普遍，因而治疗牙病的土方也应运而生。

（2）畲族治疗牙痛，药方中会用鸡蛋和冰糖等为药引以增强疗效，且多以内服为主，少部分外敷，体现了畲族传统医药知识的独特性。

7. 保护与利用

（1）传承与利用现状：随着现代牙医的发展，对牙病传统方剂的使用越来越少。

（2）受威胁状况及因素分析：①西方现代医疗技术的影响；②畲族医师普遍年事已高，畲族年轻人不愿意继承祖业，导致祖传秘方面临失传的危险；③某些草药野生资源的匮乏。

（3）保护与传承措施：应对畲族民间方剂进行收集、整理及保存，防止其进一步地流失。

8．文献资料

[1] 奇玲，罗达尚. 中国少数民族传统医药大系[M]. 赤峰：内蒙古科学技术出版社，2000：951.

[2] 雷后兴，李永福. 中国畲族医药学[M]. 北京：中国中医药出版社，2007：204.

[3] 鄢连和，鄢琛尹. 浙西南畲族 557 个民间药方用法初探[J]. 中国药业，2009，18（22）：67.

CN-SH-250-026. 治疗喉痹的方剂

1．名称 中国/浙江省 福建省/畲族/传统医药相关知识/治疗喉痹的方剂

Prescriptions for Pharyngitis/Traditional Medicine/She People/Zhejiang Province，Fujian Province/China

2．编号 CN-SH-250-026 中国-畲族-传统方剂-治疗喉痹的方剂

3．属性与分布 畲族社区集体知识，分布于浙江省、福建省畲族社区。

4．背景信息 喉痹因咽喉红肿疼痛，咽干灼热，痛痒不适，干咳，或有黏痰，或有异物感，吞咽不利，喉关及喉底红肿为主要表现，喉痹又分风热喉痹与虚火喉痹。风热喉痹因风热邪毒侵袭，肺胃壅热所致。虚火喉痹因脏腑功能失调，咽喉失养，虚火上炎，熏蒸咽喉所致。风热喉痹的病机为风热外邪侵袭，邪毒循脉肺上犯，肺经蕴热，咽喉为邪热所灼而致；或平素过食辛热，湿热内蕴脾胃或肺卫邪热壅盛传里，内外热毒交结，火毒湿热蒸腾，上灼咽喉而成。虚火喉痹的病机为素体肺肾阴虚或风热喉痹反复发作，或久咳久嗽，肺阴受伤，咽喉失养；或喉痹反复发作，邪毒滞留不去，气血不和，痰瘀内生，邪毒结聚于咽部而成痹。

5．基本描述 畲族治疗喉痹的方剂主要有：

1）一点红、阴行草、薄荷、夏枯草、木防己、细叶冬青、白头翁花、忍冬藤各适量，水煎服。

2）射干 15 g、山豆根 15 g，共研细末，吹至咽部。

3）甘草 5 g、桔梗 10 g、荆芥 10 g、牛蒡子 12 g、贝母 6 g、薄荷 6 g，水煎服。内热加黄连 5 g，口唇焦、舌燥、便秘闭、尿赤加黄柏、黄芩、山里黄根各 6 g，红肿加银花 15 g。

4）夏枯草、一枝黄花根、地胆草、马鞭草、桑皮、野菊花各适量，水煎服。大便失调加木防己。

5）畲药二根汤：土牛膝根、金荞麦根各 30 g，水煎服。

6．传统知识特征

（1）喉痹为畲族常见疾病，因地处山区，易受风寒，导致喉痹，因而，一些针对喉痹的药方也应运而生。

（2）畲族喉痹分为风热喉痹与虚火喉痹，对于不同类型的喉痹，进行辨证施治，具有独特性。

7. 保护与利用

（1）传承与利用现状：研究证明，畲药二根汤，即方5）对外感风热型急性咽炎疗效显著，尤其是一些小儿急性咽喉炎患者。

（2）受威胁状况及因素分析：①西方现代医疗技术的影响；②畲族医师普遍年事已高，畲族年轻人不愿意继承祖业，导致祖传秘方面临失传的危险；③某些草药野生资源的匮乏。

（3）保护与传承措施：对民间传统药方进行科学研究，临床验证。

8. 文献资料

[1] 雷后兴，李永福. 中国畲族医药学[M]. 北京：中国中医药出版社，2007：199.

[2] 叶一萍，郑宋明，李慧珍，等. 畲药二根汤治疗急性咽炎60例观察[J]. 浙江中医杂志，2007，42（4）：220-220.

[3] 鄢连和，鄢琛尹. 浙西南畲族557个民间药方用法初探[J]. 中国药业，2009，18（22）：67.

CN-SH-250-027. 治疗喉蛾的方剂

1. 名称　中国/浙江省 福建省/畲族/传统医药相关知识/治疗喉蛾的方剂

Prescriptions for Throat Moth/Traditional Medicine/She People/Zhejiang Province，Fujian Province/China

2. 编号　CN-SH-250-027 中国-畲族-传统方剂-治疗喉蛾的方剂

3. 属性与分布　畲族社区集体知识，分布于浙江省、福建省畲族社区。

4. 背景信息　喉蛾是指因风热邪毒外袭，火热邪毒搏结喉核，临床以咽喉部疼痛，喉核红肿或表面有黄白点状、片状腐物为主要症状的喉核病变，又称乳蛾、蚕蛾、喉痧。根据发病急缓，又可分为急喉蛾和慢喉蛾。急喉蛾的病因病机为风热邪毒经口鼻入侵肺脉，邪毒搏结于喉核，脉络受阻，黏膜受灼；或外邪壅盛传里，肺胃经脉热盛，火热上蒸，搏结喉核，灼腐黏膜，喉核肿大而成喉蛾。慢性蛾病多因脏腑功能失调，虚火上炎，津液不足，虚火灼伤喉核；或急喉蛾反复发作，风热喉痹治而未愈，邪毒滞留不去，气血不和，痰瘀内生，邪毒痰瘀结聚于喉核而成。

5. 基本描述　畲族治疗喉蛾的方剂主要有：

1）杏香兔儿风适量，水煎服。主治急性咽喉水肿，扁桃体炎、咽炎。

2）三叶委陵菜、马兰草根、单叶铁线莲各适量，用米汤代水磨汁口服，主治急性扁桃体炎，白喉初起。

3）野百合、白牛膝、野鸦春各适量，米汤泡，炖肉服，每天 2-3 次。

4）鸭跖草适量，捣汁服，每天 2-3 次。

5）牛皮消适量，切片，开水泡服，每天 2-3 次。

6）鲜苦参根 30 g、鲜马蹄金 30 g，水煎服。

7）何首乌根适量，切片，塞牙关内，令吐口涎，每半小时换一次，2-3 次即愈，主治喉闭。

8）野荞麦根 20 g、土牛膝 15 g、浙贝 10 g、桔梗 10 g、蝉衣 6 g、丹皮 10 g、麦冬 10 g、甘草 6 g、薄荷 3 g，水煎服。

9）正头梅 10 g、生石膏 20 g、青黛 10 g、西豆根 15 g、川连 15 g、交儿茶 15 g、龙胆草 5 g，水煎服。

10）筋骨草 30 g、土牛藤 20 g、鸭跖草 50 g、种田白根 20 g、三白草 30 g，水煎服。严重者加小青草，气闭加笔管草，腹胀呕吐加山木通根，主治扁桃体炎。

11）僵蚕、月石、皂角、白矾各等分，研为细末，每用少许吹喉，使炭出。

12）一点红 20 g、一枝黄花 15 g、杏香兔儿风 10 g、柳叶白前 30 g，水煎服。

13）金针根 30 g、棕根 30 g、腌猪肉 60 g，含汤吞咽。

14）夏枯草 20 g、金银花 20 g、土牛膝 20 g、白菊花 20 g，水煎服。发热者加三叶青 10 g。

15）夏兰汤：夏枯草 10-15 g、马兰 10-15 g、蒲公英 10-15 g、徐长卿 15 g、葱白 9 g、薄荷 6 g、积雪草 10 g，恶寒等表症重者加荆芥 9 g、防风 6 g，高热烦躁者加石膏 24 g、黄芩 6 g、口渴多饮者加元参 9 g、芦根 24 g、呕吐腹泻者加神曲 25 g、麦芽 15-20 g，便秘者加蒌仁 15 g 或大黄 4.5 g，水煎服。每天 1-2 剂。

6. 传统知识特征

（1）畲族地处山区，生物资源丰富，畲医在对多种植物药物性能充分了解的情况下，创造了大量的治疗喉蛾的药方，体现了畲族医药传统知识的丰富性。

（2）畲族治疗喉蛾，多利用植物全草和根茎，以内服汤剂为主，少数研粉吹喉作用于病变部位，有时还用猪肉和米汤为引增强疗效，体现了畲族传统医药知识的独特性特征。

7. 保护与利用

（1）传承与利用现状：研究表明，畲族验方夏兰汤治疗对小儿乳蛾具有很好的疗效。

（2）受威胁状况及因素分析：①西方现代医疗技术的影响；②畲族医师普遍年事已高，畲族年轻人不愿意继承祖业，导致祖传秘方面临失传的危险；③某些草药野生资源的匮乏。

（3）保护与传承措施：对民间传统药方进行科学研究，临床验证。

8. 文献资料

[1] 雷后兴，李永福. 中国畲族医药学[M]. 北京：中国中医药出版社，2007：197.

[2] 肖诏玮，林鼎新. 畲族验方夏兰汤治疗小儿乳蛾 160 例[J]. 中国民族医药杂志，1997，3（3）：16-17.

[3] 鄢连和，鄢琛尹. 浙西南畲族 557 个民间药方用法初探[J]. 中国药业，2009，18（22）：67.

CN-SH-250-028. 治疗耳聋的方剂

1. 名称　中国/浙江省 福建省/畲族/传统医药相关知识/治疗耳聋的方剂

Prescriptions for Epicophosis/Traditional Medicine/She People/Zhejiang Province，Fujian Province/China

2. 编号　CN-SH-250-028 中国-畲族-传统方剂-治疗耳聋的方剂

3. 属性与分布　畲族社区集体知识，分布于浙江省、福建省畲族社区。

4. 背景信息　耳聋又称风聋、火聋、劳聋和虚聋。可分为暴聋和久聋。突然发生明显的听力减退称为"暴聋"；缓慢出现，逐渐加重，历时较长时间的听力下降称为"久聋"。暴聋以实证为主，病因病机为风邪袭肺，循经上扰耳窍，耳窍为邪所蒙，肺神司理的听觉功能失职。风邪还常与寒邪、热邪兼夹侵犯人体。肝胆火盛，上逆于头，循经耳窍，耳窍受蒙而暴聋失聪；痰浊阻滞，浊阴上蒙耳窍，清阳不升，或痰湿久蕴，化热生火，痰火互结，壅结耳窍；气滞血瘀，阻结耳窍脉络，清窍闭塞，听宫失养，不能纳音，而致耳聋。久聋以虚证为主，病因为肝肾阴盛，阴精不能上奉于耳，以致耳闻不聪；肾阳亏虚，耳窍失于温煦，听力渐降；肺脾气虚，经脉空虚，耳失煦养而致久聋；心脾血虚，不能上养于耳，使耳失聪。

5. 基本描述　畲族治疗耳聋的方剂主要有：

1）山药、何首乌、黑豆同猪耳朵共煎服。

2）黄柏叶、百条根、野牡丹根、龙须藤、连翘等炖清水。

6. 传统知识特征

（1）耳聋是畲族地区常见疾病，尤其是老人。畲族治疗耳聋所用的药都是畲族生活中常见易得的植物和动物，分布范围广，资源量大，使用起来简单便利，不会造成资源破坏，体现了畲族传统医药知识可持续性特征。

（2）畲医治病强调以脏补脏，认为畜禽的内脏或组织与人体相应的内脏或组织有某种补益关系，因此治疗耳聋常配以猪耳朵，体现了畲族传统医药知识的独特性。

7．保护与利用

（1）传承与利用现状：耳聋是常见疾病，畲族医生手中掌握着很多治疗耳聋的方剂，但由于传承人的缺失面临着传承危机。

（2）受威胁状况及因素分析：①西方现代医疗技术的影响；②畲族医师普遍年事已高，畲族年轻人不愿意继承祖业，导致祖传秘方面临失传的危险；③某些草药野生资源的匮乏。

（3）保护与传承措施：应对畲族民间方剂进行收集、整理及保存，防止其进一步地流失。

8．文献资料

[1] 雷后兴，李永福．中国畲族医药学[M]．北京：中国中医药出版社，2007：195.

[2] 鄢连和，鄢琛尹．浙西南畲族 557 个民间药方用法初探[J]．中国药业，2009，18（22）：67.

CN-SH-250-029. 治疗鼻渊的方剂

1．名称　中国/浙江省 福建省/畲族/传统医药相关知识/治疗鼻渊的方剂

Prescriptions for Nasosinusitis/Traditional Medicine/She People/Zhejiang Province，Fujian Province/China

2．编号　CN-SH-250-029 中国-畲族-传统方剂-治疗鼻渊的方剂

3．属性与分布　畲族社区集体知识，分布于浙江省、福建省畲族社区。

4．背景信息　鼻渊是指鼻流浊涕、量多不止为主要症状的鼻病。鼻渊有急性和慢性之分，急性以鼻塞、流涕、头痛、不闻香臭为主要症状；慢性以鼻流涕浊不止，鼻塞，嗅觉不灵，头胀头重为主要症状。畲医认为，急性鼻渊主要由于体质虚弱，寒暖不调，受冻受湿，或劳伤之后，外邪侵袭而成。病机为肺经风热，肺失清肃，邪毒循经上犯，结滞鼻窍；或胆脏郁热，上蒸于脑，迫津下渗而成；脾神失职，清气不升，浊阴不降，湿热邪毒循经上蒸，停聚窦内，津汁流溢而下。慢性鼻渊多因急性治疗不彻底，迁延失治，邪气久羁而成。病机为脾虚肺弱，运化失健，清肃不力，脾肺之神失司，余邪留滞不清，凝聚于鼻而成。

5．基本描述　畲族治疗鼻渊的方剂主要有：

1）玉米须 15 g、鱼腥草 15 g、仙鹤草 15 g，水煎服。

2）肺安散：鹅不食草 20%、细辛 10%、薄荷 10%、川芎 10%、硫黄 10%、冰片 20%、大风子 5%、樟脑 10%、炉甘石 5%。制法：上述药物各适量，研末混匀，装入纱布袋中，每袋含药末 15 g 左右。用法：将药袋紧贴双侧鼻孔，用力吸气，每次 15 min，每日吸 4-5 次。使用前将药袋用手揉数下，使袋内药末翻动，以利药气外散。每个药袋可用 5 d，

一疗程一般用 5 个药袋。可治疗鼻炎（鼻窦炎、过敏性鼻炎）、慢性支气管炎、支气管哮喘、上呼吸道感染、血管神经性头痛、美尼尔氏综合征及皮肤湿疹、荨麻疹。

6．传统知识特征

（1）肺安散是治疗鼻渊的有效药剂，是畲族民间在长期实践的基础上创立的方剂，具有因地制宜的特点。

（2）畲族治疗鼻渊所用的草药都是当地的常见植物，分布范围广，资源量大，易于采集，且不会造成资源破坏，体现了畲族传统医药知识可持续性特征。

7．保护与利用

（1）传承与利用现状：研究表明，畲族民间搐鼻方"肺安散"具有很好的疗效，颇具开发价值。

（2）受威胁状况及因素分析：①西方现代医疗技术的影响；②畲族医师普遍年事已高，畲族年轻人不愿意继承祖业，导致祖传秘方面临失传的危险；③某些草药野生资源的匮乏。

（3）保护与传承措施：对民间传统药方进一步科学研究，临床验证。

8．文献资料

[1] 雷后兴，李永福. 中国畲族医药学[M]. 北京：中国中医药出版社，2007：196.

[2] 翁晓红. 畲族民间搐鼻方"肺安散"的临床应用[J]. 中国民族医药杂志，1995，1（2）：30.

[3] 鄢连和，鄢琛尹. 浙西南畲族 557 个民间药方用法初探[J]. 中国药业，2009，18（22）：67.

CN-SH-250-030. 治疗伤食的方剂

1．名称 中国/浙江省 福建省/畲族/传统医药相关知识/治疗伤食的方剂

Prescriptions for Dyspepsia/Traditional Medicine/She People/Zhejiang Province, Fujian Province/China

2．编号 CN-SH-250-030 中国-畲族-传统方剂-治疗伤食的方剂

3．属性与分布 畲族社区集体知识，分布于浙江省、福建省畲族社区。

4．背景信息 伤食多因饮食不节，脾胃被食所伤，而引起的以不思饮食，脘腹胀满，嗳腐吞酸或吐出不良消化物为主要表现的病症。伤食常因暴饮暴食，使脾胃失调，健运失司，食滞胃脘，腐熟无权，或素有脾胃虚弱，中气不足，复加饮食失常，伤及胃气，脾神失司，运化无能而食滞胃脘。畲医治疗伤食以消食化滞、行气通肺为主。

5．基本描述 畲族治疗伤食的方剂主要有：

1）卷柏、樟皮、长梗南五味子各一把，猪肉少许，黄酒煎服。

2）太子参 15 g、麦芽 15 g、山楂 10 g、神曲 6 g、茯苓 9 g、炒白术 6 g、谷芽 10 g、

米仁 15 g、鸡内金 3 g、甘草 5 g、凤尾草 9 g，水煎服。

3）白英 15 g、大叶薄荷 5 张，盐少许，煮汤口服，腹泻者加食凉茶 15 g，呕吐者加紫苏 10 g。

4）鸡内金 30 g、佛手 15 g，研细末，饭后服一匙，温开水送服。

5）七白参汤：七层楼、白背鼠曲草、土人参、麦芽，2 岁以下者每味各用 10 g，2 岁以上者每味各用 15 g，胃阴不足者加麦冬、石斛，肝木乘脾者加白芍千里红，清水煎，分 2 次，饭前服，10 d 为一疗程。

6．传统知识特征

（1）伤食是畲族社区常见疾病，因社区庆贺和节日活动较多，饮酒或过量食用引起伤身比较普遍，治疗伤身的方剂也随之发展。

（2）畲族治疗伤食的药方大部分所含草药种类少，且使用方法简便易学，除了医生，普通群众也可轻松掌握，体现了畲族传统医药知识的普及性特征。

（3）畲族治疗伤食会以黄酒为引，增加疗效，体现了畲族传统医药知识的独特性。

7．保护与利用

（1）传承与利用现状：研究表明，畲族七白参汤对治疗小儿厌食症有很好的疗效。

（2）受威胁状况及因素分析：①西方现代医疗技术的影响；②畲族医师普遍年事已高，畲族年轻人不愿意继承祖业，导致祖传秘方面临失传的危险；③某些草药野生资源的匮乏。

（3）保护与传承措施：对民间传统药方进行科学研究，临床验证。

8．文献资料

[1] 雷后兴，李永福. 中国畲族医药学[M]. 北京：中国中医药出版社，2007：122.

[2] 肖诏玮. 畲族民间验方七白参治疗小儿厌食症 120 例[J]. 中国民族医药杂志，1996，2（4）：20-21.

[3] 鄢连和，鄢琛尹. 浙西南畲族 557 个民间药方用法初探[J]. 中国药业，2009，18（22）：67.

260

传统养生保健和疾病预防知识

CN-SH-260-001. 畲族预防医学

1. 名称　中国/浙江省 福建省/畲族/传统医药相关知识/畲族预防医学

Traditional Prophylactic Medicine/Traditional Medicine/She People/Zhejiang Province, Fujian Province/China

2. 编号　CN-SH-260-001 中国-畲族-养生保健和疾病预防知识-畲族预防医学

3. 属性与分布　畲族社区集体知识，分布于浙江省、福建省畲族社区。

4. 背景信息　畲族长期散居在山高水冷的"瘴疠之区"，地方常见病发病率高。畲族在与疾病作斗争的过程中，逐渐形成了畲族的预防医学，大多表现为具有预防疾病意义的风俗习惯和应用单验方、草药预防疾病等。随着畲族地区的经济发展，畲族对增强体质、延年益寿、提高生活质量的要求也越来越强烈，以预防为主的观念也进一步加强。畲族在原有的应用单验方、青草药预防疾病的基础上，吸纳了现代医学的预防措施，主动服用疾病预防药物，自觉接受疫苗接种，使各种传染病得到了有效的控制。

5. 基本描述　畲族预防医学的预防医学源远流长，丰富多样。畲族在元旦前"大扫年"，饮椒柏酒；立春焚烧樟树枝，并召幼童围火堆跳跃，称为"掸春节"，祈求少病无灾；端午节饮雄黄酒，包粽子加香蒲叶，采集鱼腥草等中草药加工后封置瓮中作为长年保健的药材，主要用于防治中暑、感冒等疾病。畲族认为，端午节这一天采集的草药特别好，防治疾病的效果也特别好，因此常常在端午节这一天采集很多草药洗净晒干作为常年备用药。畲族还经常用具有清热解毒、消暑利尿、抗菌消炎的青草药煎汤代茶防暑。

6. 传统知识特征

（1）畲族长期散居在山高水冷的"瘴疠之区"，常见地方病发病率高，为增强体质，减少疾病，畲族在长期的生产生活过程中，逐渐形成了预防疾病、防患于未然的思想。

（2）畲族的预防医学主要应用单验方、青草药等预防疾病的方法，这些预防和保健方法因地制宜，简便易行，安全有效，至今仍在广大畲村中应用。

（3）畲族的预防医学结合了深厚的民族文化，除了使用单验方和草药，还融入了传统文化习俗，如大家集中在端午节采集草药，是利用了节日的喜庆气氛；利用"掸春节"祈求少病无灾，是利用了宗教文化。

7．保护与利用

（1）传承与利用现状：畲族的这些预防和保健方法，简便易行，安全有效，至今仍在广大畲村应用。

（2）受威胁状况及因素分析：畲族传统文化习俗的淡化对畲族的传统预防医学产生负面影响；现代预防医学改变了畲族的传统习俗；畲族走出大山，生活环境改变，利用野生物种资源的机会也减少了。

（3）保护与传承措施：传统预防医学简便易行，效果显著，具有继续使用的价值，有必要进一步挖掘、整理、研究、继承和提高。

8．文献资料

[1] 钟雷兴. 闽东畲族文化全书（医药卷）[M]. 北京：民族出版社，2009：65-67.

[2] 雷后兴，李永福. 中国畲族医药学[M]. 北京：中国中医药出版社，2007.

CN-SH-260-002. 畲族养生观

1．名称　中国/浙江省 福建省/畲族/传统医药相关知识/畲族养生观

Keeping Healthy Concept/Traditional Medicine/She People/Zhejiang Province，Fujian Province/China

2．编号　CN-SH-260-002 中国-畲族-养生保健和疾病预防知识-畲族养生观

3．属性与分布　畲族社区集体知识，分布于浙江省、福建省畲族社区。

4．背景信息　畲族认为"愁会生病，乐能长寿"，因此畲族的传统节日经常欢歌载舞，抒发民族情感，以乐养生。畲族民自幼参加体力劳动，勤劳不息，认为"闲能生病、动则不衰"，因而畲族群众根据自身的民族信仰，结合本民族的特点设计了很多游戏，并逐渐发展成富有民族风格的传统体育活动，对增强体质具有积极的意义。畲族在原始时代为搏杀野生动物，近代为抵御外族欺凌而开展了群众性习武运动，起到了强身健体、益寿延年的作用。

5．基本描述　"动者不衰，乐则长寿"是畲族独具一格的养生观。畲族的动与乐是通过民间信仰的各种祭祀活动和传统的民族节日，以千姿百态的畲族民间舞蹈、独树一帜的畲家武术和妙趣横生的民族游戏加以表现，使畲族乐而忘忧，娱以解乏，以达到强身健体、延年益寿的目的。如今，畲族养生观念与现代的养生观念有很大的相似之处，

"动者不衰，乐则长寿"的观念至今被广大群众所采纳，只是形式有所变化。如民间信仰的各种祭祀活动逐渐淡化，而其他类型的现代化娱乐方式逐渐丰富起来。

6．传统知识特征

（1）畲族重视饮食与自然的融合，喜欢采集野菜作为蔬菜食用，并喜欢采集新鲜蔬菜和果品，追求的是与自然和谐的朴素养生观。畲族居住在山区，森林茂密，空气新鲜，其居住环境本身就是康养胜地。

（2）畲族的养生观不是物质享受，而是追求精神快乐，以乐养生。通过民间信仰的各种祭祀活动和传统的民族节日，以及畲族民间舞蹈、独树一帜的畲家武术和妙趣横生的民族游戏等表现出来。

（3）畲族注重强身健体和体育锻炼，有一种自强不息的健康情怀。畲族"动者不衰，乐则长寿"的观念至今仍被广大群众所接受，与现代人的养生观也是一脉相承。

7．保护与利用

（1）传承与利用现状："动者不衰，乐则长寿"的观念仍然盛行，但传统的娱乐活动逐渐淡化，而现代化的娱乐方式逐渐丰富起来。

（2）受威胁状况及因素分析：外来文化的渗透，导致畲族一些传统文化与习俗的消失，受现代科学技术的影响，畲族养生的活动形式变化很大。

（3）保护与传承措施：畲族的一些传统文体活动有必要传承和保存，传统养生活动要与现代养生活动结合起来。

8．文献资料

[1] 钟雷兴. 闽东畲族文化全书（医药卷）[M]. 北京：民族出版社，2009：68.

[2] 雷后兴，李永福. 中国畲族医药学[M]. 北京：中国中医药出版社，2007.

3

与生物资源利用相关的
传统技术及生产生活方式

310

传统农业生产技术

CN-SH-310-001. 刀耕火种

1. 名称　中国/浙江省 福建省 广东省 江西省/畲族/传统技术与生产生活方式/刀耕火种

Slash-and-Burn Farming Cultivation/Traditional Technology and Lifestyles/She People/Zhejiang Province，Fujian Province，Guangdong Province，Jiangxi Province/China

2. 编号　CN-SH-310-001 中国-畲族-农业生产技术-刀耕火种

3. 属性与分布　畲族社区集体知识；分布于浙江省、福建省、广东省、江西省畲族社区。

4. 背景信息　刀耕火种是畲族传统农业生产技术的一种，是畲族原始的农业生产方式。中华人民共和国成立前或更早时期，畲族由于没有耕地，缺少生产资料，只能在山地以"刀耕火种"方式维系生存。而刀耕火种这种粗放的生产，粮食产量很低，需要大片的山地才能养活自己。因此，畲族不断向深山迁移。畲族没有土地，只能承包山地，以刀耕火种方式开垦，其承包条件是，火种后"点桐""点茶"还山，或者是插杉还山，将荒山变成茶山或杉木林，有时要交一定的山租。明清时期，畲族才开始定居农业。

5. 基本描述　刀耕火种，是畲族长期从事的农业生产方式，主要用木制、石制工具进行。每年年初，男女老少，以户为单位，一起上山，连片劈倒草木，谓之"斫畲"。草木干枯后，全村人一起去烧山，柴草成灰，撒播下粟种。坡度较陡之处，惯用"包罗杖"，也就是把种子倒入一支与棒长短相似的竹筒内，底端残留一竹节，穿一玉米种子大小的孔，竹筒下端削尖，无论陡峭岩缝或石堆，杖往地上一戳，种子便入土中。第二年，拔除粟秆，改种番薯，番薯一经收获，该地块即抛荒不种，至少要闲置 3 年，方能重新使用。由于有的地不肥，畲族还将一种青石燔成灰作肥料来肥田，称为"石粪"。20 世纪 50 年代初，畲族分得了土地、农具等生产资料。至此，畲族基本停止了刀耕火种的原始耕作方式。畲族逐渐进行佃耕水田，由刀耕向牛耕，火种向水种方向发展，取代刀耕火种。

6. 传统知识特征

（1）畲族先民大多生活在闽、浙、赣交界的山区，极为闭塞，正是这种封闭的环境使先进的生产方式难以传入，刀耕火种的耕作方式沿用较久。

（2）畲族"刀耕火种"具有明确的轮歇方式，是一种休耕式种植，有助于恢复地力和森林生态，也是一种可持续利用土地肥力的传统技术，体现了自然和谐的合理开发利用。

（3）畲族"斫畲"时，成片被砍的草木周围，还要砍出丈余不堆草木的"火路"，防止烧山时把边上的山林也烧着，这在一定程度上保护了森林。

（4）畲族用"包罗杖"的方法播种，不伤地表，利于水土保持，保护了生态环境。

（5）畲族烧山时，一般不从山脚点火，而从山顶开始燃火，一是利于控制火势，防止引起森林火灾；二是有利于烧熟泥土，烧死草根，防止杂草生长，又增加土地肥力。

（6）刀耕火种是畲族在面临着严峻的社会环境和自然环境的情况下用以维系生存的生产方式，对畲族有着重要的意义。

（7）畲族被迫向东南沿海山区进行千年的大迁徙，一直沿用"刀耕火种"的生产方式，畲，意为刀耕火种，故被称为"畲族"。

7. 保护与利用

（1）传承与利用现状：畲族的刀耕火种一直延续至20世纪中叶，现在国家法律已不允许随意烧山。

（2）受威胁状况及因素分析：土地改革使畲族拥有了生产资料，这也是其"刀耕火种"生产方式终结的首要因素。其次畲族居住地的逐渐开放，使先进的农业生产方式得以传入。再有就是刀耕火种方式广种薄收，效益低下。

（3）保护与传承措施：应对刀耕火种技术从不同角度进行研究，挖掘刀耕火种技术所蕴含的生态智慧和实践价值。

8. 文献资料

[1] 雷弯山. 畲族风情[M]. 福州：福建人民出版社，2002：2-11.

[2] 邱国珍，赖施虬. 畲族"刀耕火种"生产习俗述论[J]. 温州师范学院学报，2005，26（3）：13-16.

[3] 雷弯山. 刀耕火种——"畲"字文化与畲族确认[J]. 龙岩学院学报，1999，17（4）：77-81，84.

[4] 王克旺. 斩棘披荆开田园——明清之际畲族对闽浙赣山区的开发及其与汉族的经济交流[J].
中国民族，1983（7）：34-35.

CN-SH-310-002. 采薪技术

1. 名称 中国/浙江省 福建省/畲族/传统技术与生产生活方式/采薪技术

Firewood Collection Skills/Traditional Technology and Lifestyles/She People/Zhejiang
Province，Fujian Province/China

2. 编号 CN-SH-310-002 中国-畲族-农业生产技术-采薪技术

3. 属性与分布 畲族社区集体知识；分布于浙江省、福建省畲族社区。

4. 背景信息 采薪是畲族的一项主要的生产活动，畲族在东南沿海山区进行千年迁
徙的过程中，没有土地，靠租他人的山地进行刀耕火种和采薪来维持最低的生活。畲族
采薪除供自己烧用外，大部分作为商品，有的还以"樵苏为生"。从事采薪活动的，多
数是妇女，男子狩猎时，女子采薪；男女共同狩猎时，女子还带一挑柴回家。畲族采薪
的特色主要体现在劳动成果上，即柴担上，畲族的柴担特点是，柴捆成长方体，二头齐
且白。齐是指每根柴一样长；两头白是指柴两头都是刀痕，没有柴叶。由于畲族采薪主
要是为了鬻市，所以畲族的柴有干而不霉、粗细中等、直且好搬运的特点。20 世纪下半
叶，畲族有了土地，可作为交换的农产品多了，采薪鬻市逐渐减少，80 年代后几乎不存
在了。

5. 基本描述 采薪技术是畲族的传统农业生产技术。畲族采薪一般是在深山老林中，
捡枯柴枯枝整理成柴担，由于路途较远，一般要带饭采樵。整柴时，把分散的枯柴拉到
一起，每根柴去掉叶子，都取一样长。把藤条放地上，将粗的、直的柴放两边，细的弯
的放中间。然后把藤条的大小头拉到柴上，另一只脚在柴上把柴压实，拉紧藤条，拧好，
插进柴里。最后把捆好的每捆小柴，以同样的方法捆成一大捆。柴整好后，找一根合适
的柴做扦担，这样就形成了畲族特色的柴担。畲族的柴担被人们称为"畲客担"，具有
柴捆成长方体，二头齐且白的特点。

6. 传统知识特征

（1）畲族早期居住在山区里，没有土地，畲族利用采薪来鬻市，交换农产品维持
生活。

（2）畲族的采薪没有砍伐山林，而是捡枯柴枯枝和整枝，有利于森林卫生和林木资
源保护。

（3）整理畲族特色的柴担是畲族从小就学的本领，平时，人们只要看见柴担，就能
分辨是畲族还是汉族人挑的柴，说明畲族的柴担独具特色。

（4）畲族的柴担被人们称为"畲客担"，具有柴捆成长方体、二头齐且白的显著特征，体现了畲族采薪技术的精湛。

7．保护与利用

（1）传承与利用现状：20世纪下半叶，畲族有了土地，采薪鬻市逐渐减少，80年代后几乎不存在了。畲族在国内得奖的"打枪担"这一传统体育项目，就是根据采薪这一生产习俗提炼出来的。

（2）受威胁状况及因素分析：土地等生产资料的拥有，使得畲族可作为交换的农产品多了，采薪鬻市逐渐减少。

（3）保护与传承措施：在畲族博物馆有畲族采薪介绍，为群众展示了畲族的原始生活风貌。

8．文献资料

[1] 雷弯山. 畲族风情[M]. 福州：福建人民出版社，2002：19-25.

[2] 雷弯山. 原始生产力是畲族迁徙的根本原因[J]. 丽水学院学报，1991（1）：47-52.

CN-SH-310-003. 狩猎

1．名称　中国/浙江省 福建省 广东省 江西省/畲族/传统技术与生产生活方式/狩猎 Hunting/Traditional Technology and Lifestyles/She People/Zhejiang Province，Fujian Province，Guangdong Province，Jiangxi Province/China

2．编号　CN-SH-310-003 中国-畲族-农业生产技术-狩猎

3．属性与分布　畲族社区集体知识；分布于浙江省、福建省、广东省、江西省畲族社区。

4．背景信息　狩猎活动是畲族早期生产生活的重要组成部分。旧时的畲族人长期生活于高山丘陵之中，生活的环境相对闭塞且生产落后，为了生存，畲族人充分利用所居之地的自然条件，因此狩猎成了早期畲族人获取食物的重要生产活动。直至明清时期，狩猎在整个畲族经济中仍然占有重要的地位，是畲族的第二职业，有的甚至以狩猎为生。到了清朝末年至民国时期，畲族人逐渐开始有了自己的田地，畲族的生产活动由狩猎向农耕转变。后来狩猎这种生产活动随着保护生态平衡的意识和法规，而被现代社会逐渐禁止，因此狩猎一直延续至20世纪50年代初。

5．基本描述　狩猎是畲族传统生产技术之一，主要目的是消除野兽对人类的伤害和增加经济收益。畲族狩猎的主要对象有虎、豹、野猪、鹿、獐以及山禽等，特别是一些危害农作物的野兽。畲族狩猎形式有单独和集体两种，但以后者为主。集体围猎时会民主推荐一位年事高、经验丰富、熟悉地理环境而又公正的人当"打铳头"，成员必须服从指挥。畲族在出发狩猎前，要先叩拜猎神，其行猎方式有弩失敷毒药射兽、竹枪杀兽、竹吊拴兽、木笼框兽、陷阱困兽、石磕压兽、土铳打兽、累刀刮兽等。在长期狩猎生产中，畲族对各种野兽的习性和活动规律都一清二楚，他们能根据野兽的特点而采取不同的捕猎方法。狩猎结束后，再按一定的分配方式分配猎获物。

6. 传统知识特征

（1）畲族先民居住在山区，生活的环境相对闭塞且生产落后，并且畲族长期进行"游耕"生产，无法养殖家畜家禽，因此狩猎成了其食物来源之一。

（2）畲族的狩猎，充分利用山区的资源，发挥山区的特点，就地取材，制作工具，并依据不同的兽类，采取不同狩猎的方式。

（3）畲族狩猎的目的是防止野兽糟蹋庄稼，是保护山地农业生产的一种方式。所以其狩猎的目标明确，只有特定的几种狩猎对象，而不是滥杀滥捕。

（4）猎犬是狩猎活动中不可或缺的得力助手。畲族猎手对猎犬的挑选、使用和训练有着独特的经验和技巧，这是畲族长期从事狩猎活动积累的经验。

（5）畲族狩猎而得的猎物是畲族日常食品、待客佳肴、馈赠的礼品或与汉族进行交易，换取生产生活用品。

7. 保护与利用

（1）传承与利用现状：畲族在长期狩猎活动中形成了"赶野猪""竹林竞技"等与狩猎有关的畲族民俗体育项目。且随着生产生活方式的不断改进，传统狩猎已成为畲族历史文化，以前与狩猎经济一起形成和发展的猎具、狩猎祭祀仪式，也成为一种民族历史文化被畲族民俗文化旅游景区开发利用。

（2）受威胁状况及因素分析：生活方式的改变和保护野生动物资源的需要使得传统狩猎已成为畲族历史。

（3）保护与传承措施：将畲族的传统狩猎文化与畲族民俗文化旅游结合起来，既带动了经济，又传播了畲族狩猎文化，促进了其保护与传承。

8. 文献资料

[1] 雷弯山. 畲族风情[M]. 福州：福建人民出版社，2002：12-18.

[2] 施联朱. 畲族风俗志[M]. 北京：中央民族学院出版社，1989：29.

[3] 毛公宁. 中国少数民族风俗志[M]. 北京：民族出版社，2006：852.

[4] 浙江省少数民族志编纂委员会. 浙江省少数民族志[M]. 北京：方志出版社，1999：154.

[5] 俞郁田. 霞浦县畲族志[M]. 福州：福建人民出版社，1993：257-258.

[6] 雷光振. 猎神与畲族狩猎[J]. 东方博物，2010（4）：117-120.

[7] 李晓明. 浙江畲族民俗体育文化研究[J]. 体育文化导刊，2013（12）：102-104，108.

CN-SH-310-004. 梯田

1. 名称　中国/浙江省 福建省/畲族/传统技术与生产生活方式/梯田

Terraced Fields/Traditional Technology and Lifestyles/She People/Zhejiang Province, Fujian Province/China

2. 编号　CN-SH-310-004 中国-畲族-农业生产技术-梯田

3. 属性与分布　畲族社区集体知识；分布于浙江省、福建省畲族社区。

4. 背景信息　梯田在畲族的生产生活中起着很重要的作用。唐宋以后，特别是明清时期，由于畲田保土蓄水能力差，所种的旱地作物产量也不高，再加上畲、汉民族的不断交融，汉族较先进的农业生产方式开始影响当地畲族，畲族游耕农业开始转向定居农业，由刀耕向牛耕、火种向水种方向发展。当地的畲、汉人民开始共同开辟梯田，平整土地，引水灌溉，种植水稻和瓜果蔬菜。梯田的出现，不仅解决了畲田水土流失的问题，而且促使水稻代替了畲族原先使用的旱稻，提高了作物产量。

5. 基本描述　畲族多居于山区，可用土地少，因此畲族从山顶到山脚，只要有水，均开垦为梯田，大的一丘田可插几担秧，小的一丘田只能插一两株秧苗，畲族称"斗笠丘"。新开垦的梯田，畲族一般第一年不种水稻，而是先种其他杂粮，以防漏水；第二年等梯田的田塍和田土坐实后，才会种水稻。由于新开垦的梯田土质比较贫瘠，畲族会割树叶以踏田，用树叶腐烂的有机质来肥田，提高作物产量。梯田具有防止水土流失的堤埂设施，是畲族赖以生存的重要资源，同时也起着保持坡地水土稳定的重要作用，可有效防止水土流失，创造了良好的水、土生态环境，有利于耕作，梯田的出现为水稻上山提供了条件。

6. 传统知识特征

（1）畲族山地保土蓄水能力差，所种的旱地作物产量也不高，梯田是适合畲族山地农业的一种生产方式，与畲族生存环境互为因果。

（2）耕作方式的改变促使畲族种植的农作物改变，畲田改梯田的过程，也就是水稻代替旱稻主体地位的过程。

（3）畲族山区梯田块小而窄长，因而畲族的犁脚比汉区的要弯一些，犁担长度也稍短，犁座曲度较大，犁正的高度较低，以便在梯田转弯和深犁。

（4）梯田的出现，是畲族的农业文化被汉族先进的农业文化同化的结果。

（5）梯田是畲族赖以生存的重要资源，同时也起着保持坡地水土稳定的重要作用。

7．保护与利用

（1）传承与利用现状：梯田适应畲族的生活环境，被广泛使用，现为畲族地区主要的粮食生产方式。

（2）受威胁状况及因素分析：先进的耕作方式会对其产生冲击，此外畲族居住的地理环境的改变会促使其选择更合理生产方式。

（3）保护与传承措施：随着生态文明的发展，畲族梯田这种有利于可持续发展和环境保护的生产方式将进一步受到关注。

8．文献资料

[1] 梅松华. 畲族饮食文化[M]. 北京：学苑出版社，2010：15.

[2] 周杰灵. 云和梯田的形成及传统农耕习俗探究[J]. 古今农业，2014（3）：73-77.

[3] 陈海生，金连根. 云和梯田湿地公园景观与文化资源[J]. 安徽农学通报，2014，20（12）：143-144.

[4] 许志伟. 畲乡梯田，大地的雕塑[J]. 民族论坛，2012（5）：61-63.

CN-SH-310-005. 熻土为肥的治地技术

1．名称　中国/浙江省 福建省 广东省 江西省/畲族/传统技术与生产生活方式/熻土为肥的治地技术

Fertilize Technology of Burning Soil/Traditional Technology and Lifestyles/She People/Zhejiang Province，Fujian Province，Guangdong Province，Jiangxi Province/China

2．编号　CN-SH-310-005 中国-畲族-农业生产技术-熻土为肥的治地技术

3．属性与分布　畲族社区集体知识；分布于浙江省、福建省、广东省、江西省畲族社区。

4．背景信息　传统上，畲族以耕山务农为业，刀耕火种是畲族游耕时期最基本的耕作方式。畲族分布的山区地力浅薄，土壤贫瘠，因此用原始的漫山纵火的方式治地。这种治地方式不仅效率低，而且对环境的影响大，畲族先民不得不以游耕兼营采集、狩猎的方式来应付生产生活，即使到了清代逐渐定居之后，畲族仍有抛荒和轮耕的习惯。然而，随着定居日久，生活也逐渐稳定，畲族的这种游耕方式也开始改变，逐渐被定居农耕所取代。定居之后的畲族先民想尽了办法，从传统的刀耕火种的生产方式中吸取经验，改良土壤，提高生产效率，后来就形成了燔土为肥的治地技术。千百年来，畲族靠着"燔土为肥"的技术，将闽、浙、粤、赣等省广大山区的草莽山林变成了沃野千里。

5. 基本描述 燔土为肥的治地技术是畲族的传统农业生产技术之一，对畲族整治山地，改良土壤起到了重要的作用。明代屈大均《畲族诗》中有以石灰肥田的记载。《长汀县志》卷二十《风俗》记载，广东畲族为了改良土壤，采用一种青石燔成灰，即所谓的石粪，施予田，使田得其暖，可获丰收。《临汀汇考》中，杨澜对畲族先民如何将贫瘠的土地变为沃土的做法，叙述得最为准确，他说畲族"粪田以火土，草木落黄，烈山泽雨瀑灰浏田遂肥饶"。李调元对粤东畲户的生产方式也有过类似的记载，他说畲户"其人耕无犁锄，率以刀治土，种五谷，曰刀耕。燔林木，使灰入土，土暖而虫蛇死以为肥"。燔土为肥的具体做法是，将山地两边山坡上的灌木砍倒，并用锄头将灌木下的杂草连根和数厘米的表皮土层一起铲倒翻转，太阳暴晒数日，待灌木和杂草晒干后，将草木和土堆在一起，放火焚烧。这些焚烧过的泥土和草木灰混杂物，便成为改良山区旱地的上好土肥，十分有效地提高了地力。

6. 传统知识特征

（1）畲族分布的山区地力浅薄，土壤贫瘠，生产效率低，为了改良土壤，增加肥力，畲族因地制宜，创造了燔土为肥的传统治地技术。

（2）燔土为肥的治地技术是畲族从传统的刀耕火种的生产方式中吸取的经验，就地取材是一个特点。

（3）燔土为肥是畲族对山地农业的伟大创造，畲族人靠着"燔土为肥"的技术，将福建、浙江、广东、江西等省广大山区的草莽山林变成了沃野千里。

7. 保护与利用

（1）传承与利用现状：居住我国东南部山区的畲族、汉族人民，至今仍沿用畲族传统的"燔土为肥"以改良土壤的技术，并称为"溜火粪"。

（2）受威胁状况及因素分析：化肥的普及以及畲族生产生活方式的改变对燔土为肥的治地技术有较大的冲击作用。

（3）保护与传承措施：化肥对土壤有板结等危害作用，为了保护土壤环境，可对燔土为肥的治地技术进行深入研究和挖掘。

8. 文献资料

[1] 蓝木宗. 畲山风情（景宁畲族民俗实录）[M]. 福州：海风出版社，2012：24-25.

[2] 蓝炯熹. 福安畲族志[M]. 福州：福建教育出版社，1995：659.

[3] 钟伯清. 中国畲族[M]. 银川：宁夏人民出版社，2012：70-71.

CN-SH-310-006. 作物套种技术

1. 名称 中国/浙江省 福建省/畲族/传统技术与生产生活方式/作物套种技术

Crop Interplanting Technology/Traditional Technology and Lifestyles/She People/ Zhejiang Province，Fujian Province/China

2. 编号 CN-SH-310-006 中国-畲族-农业生产技术-作物套种技术

3. 属性与分布 畲族社区集体知识；分布于浙江省、福建省畲族社区。

4. 背景信息 畲族山区地块狭窄，土地贫瘠，农业生产效率比较低。为了解决生产不足的问题，畲族很早就采用了套种技术，最大限度地利用有限的土地，因此在传统畲族山区，很难找到种植单一作物的农地。多种农作物套种技术，不仅充分利用了阳光和有限的土地资源，使单位面积的产量最大化，而且改善了畲族的食物结构。同时，畲族对套种地的细心呵护，不断追加农家肥，也大幅改善了土壤结构。

5. 基本描述 作物套种技术是畲族农业生产技术之一，在畲族的生产中发挥了重要的作用。在旱地梯田，最常见的套种作物有茶叶、金橘、番薯、萝卜，有时还间杂种些大豆、玉米、高粱或葵花子；一般地块边沿种茶叶，地块中间隔数米栽一棵金橘树，金橘树下，便套种番薯、萝卜、大豆。在水源较便利的薯蓣地里，长得最高的一层，超过 2 m，是以小木棍支撑的大薯、豇豆、豆角和黄瓜秧，在大薯、豆、瓜秧下，是槟榔芋，槟榔芋之下，则是生姜、茄子、草菇等喜阴作物。待出伏之后，黄瓜、菜豆之类的作物过气，便拔断其根任其枯死，或者剪下它们的藤叶喂牛、喂兔，为大薯、芋头的最后成熟留出更多的阳光。

6. 传统知识特征

（1）畲族山区地块狭窄，土地贫瘠，农业生产效率比较低，生产不足，作物套种技术可增加产量，与畲族所处的农田不足的现实相适应。

（2）作物套种技术是畲族长期生产生活中所积累的经验，不仅充分利用了阳光和有限的土地资源，使单位面积的产量最大化，而且改善了畲族的食物结构。

（3）畲族的作物套种技术很好地改良了土壤，因此，畲族有句农谚说"一年薯蓣地，种得三年粮"。

7. 保护与利用

（1）传承与利用现状：作物套种技术现在依旧是农村畲族常用的农业生产技术，且随着畲族生产生活方式的变化还逐渐发展了其他套种技术，如畲药黄精竹林套种模式等。

（2）受威胁状况及因素分析：现代产业化、规模化种植方式以及农村劳动力的减少使得作物套种技术使用减少。

（3）保护与传承措施：许多作物套种传统农业知识含有丰富的生态内涵，应对其进行挖掘、研究，促进其保护与传承。

8. 文献资料

[1] 钟伯清. 中国畲族[M]. 银川：宁夏人民出版社，2012：73-74.

[2] 华碧春，马丽娜，宋纬文，等. 论畲药黄精竹林套种模式的适宜性及研究开发[J]. 中国民族医药杂志，2013，19（8）：41-43.

[3] 李丽伟，刘丽华，刘常贵. 试论浙西南山区茶果套种的成效与栽培技术[J]. 茶叶科学技术，2010（1）：25-26.

CN-SH-310-007. 犁冬田技术

1. 名称 中国/浙江省/丽水市/景宁畲族自治县/畲族/传统技术与生产生活方式/犁冬田技术

Plow Winter Fields/Traditional Technology and Lifestyles/She People/Jingning She Ethnic Autonomous County/Lishui Municipality/Zhejiang Province/China

2. 编号 CN-SH-310-007 中国-畲族-农业生产技术-犁冬田技术

3. 属性与分布 畲族社区集体知识；分布于景宁畲族自治县。

4. 背景信息 水稻是畲族的主要粮食作物，在长期的生产生活实践中，畲族积累了大量的水稻种植经验，犁冬田就是其中一种。20 世纪 70 年代普及紫云英后，犁冬田和割青肥田的做法少见了。

5. 基本描述 犁冬田是畲族的农耕生产技术，目的一是以水浸冬，防止插秧前缺水，同时让上茬的稻茬腐烂；二是割嫩树叶枝踏入犁沟下以肥田。犁冬田的工具一般有擂磟（长六尺、宽六尺左右的木框，宽边中心镶可滚动的六叶形木段，形如"曰"字形，以牛拉，人侧身站在上面以重压力，调头时人下来，提着转向）、犁、耙等，擂磟和犁都是用牛拉动。割青的田只能用擂磟压平，不割青的田一般是一犁一耙，铲除田岸田塝的草后犁稻茬田，耙平后就稀泥糊一层做田岸。秋天畲族人犁完冬田后，就把犁田的牛放到山上，春天了才赶回来。插秧前畲族人会翻犁一次后再耙平，耙平后再插秧，因此有"宁插三夜黄肿秧，不插三日清水田"之谚语。

6. 传统知识特征

（1）犁冬田是畲族在长期的生产生活实践中，积累的种植水稻的经验，对提高水稻产量起了重要的作用。

（2）畲族的传统农耕器具主要是用铁和就地取材的竹、木制成，多取材于山区，简单实用。

（3）畲族山区田小块转弯多，因此畲族的犁比平原地区小一点，耙似"而"字形，耙齿多为九齿，而平原地区多为十二齿。

7．保护与利用

（1）传承与利用现状：20 世纪 70 年代普及紫云英后，犁冬田和割青肥田的做法就少见了。

（2）受威胁状况及因素分析：现代生产技术水平的提高和畲族农村劳动力的减少影响了对犁冬田技术的使用。

（3）保护与传承措施：在不适合现代生产技术的小面积梯田可继续使用，并研发犁冬田传统技术对农田土壤的生态功能。

8．文献资料

蓝木宗. 畲山风情（景宁畲族民俗实录）[M]. 福州：海风出版社，2012：20-21.

CN-SH-310-008. 病虫害防治

1．名称 中国/浙江省 福建省/畲族/传统技术与生产生活方式/病虫害防治
Pest Control Technology/Traditional Technology and Lifestyles/She People/Zhejiang Province，Fujian Province/China

2．编号 CN-SH-310-008 中国-畲族-农业生产技术-病虫害防治

3．属性与分布 畲族社区集体知识；分布于浙江省、福建省畲族社区。

4．背景信息 农作物是畲族主要的粮食来源，其收成对畲族的生活有着重大的影响，而虫害是影响农作物收成的主要因素之一。在农药还没有出现的时候，畲族对虫害的防治有自己的一套方法，他们利用身边常见的一些生物农药和物理方法消灭害虫，主要有桐油、木梳、烟茎、茶籽饼、灰等。化学农药普及后，畲族主要用农药杀虫。

5．基本描述 在长期的生产生活实践中，畲族在病虫害防治方面积累了一些经验。对付食稻根的蜉流子通常用桐油在正午炎热阳光下喷洒 3-4 次予以消灭；对寄生在稻叶上的琉球虫，或用木梳梳除，或用手抓；用烟茎、茶籽饼防治双季稻螟虫；畲族还会用炉灶里的灰在早上撒到田里，粘住并杀死害虫或在油灯下面放水淹死害虫；用畲族烟筒里的烟筒水来杀虫也有一定的效果。在农药普及后，这些方法已很少使用。

6．传统知识特征

（1）畲族对病虫害的防治方法是畲族长期生产生活实践中积累的经验，且对生态环境破坏较小，保护了生态环境。

（2）畲族用于病虫害防治中的物质材料都是畲族生产生活中常见的，如桐油、木梳、烟茎、茶籽饼、灰等，这充分体现了畲族因地制宜、就地取材的智慧。

（3）畲族防治病虫害采取的传统技术和方法多种多样，说明其创造的传统知识具有丰富性。

7. 保护与利用

（1）传承与利用现状：这些方法现已很少使用。

（2）受威胁状况及因素分析：在农药出现后，因其效果好，使用方便而逐渐替代了传统病虫害防治方法，但少数地方仍在使用。

（3）保护与传承措施：农药对环境有很大的破坏作用，而传统病虫害防治方法对环境污染小，在倡导可持续发展的今天，传统病虫害防治方法值得深入研究和应用。

8. 文献资料

[1] 蓝运全. 闽东畲族志[M]. 北京：民族出版社，2000：145.

[2] 《沐尘畲族乡志》编纂委员会. 沐尘畲族乡志[M]. 北京：方志出版社，2014：197.

[3] 俞郁田. 霞浦县畲族志[M]. 福州：福建人民出版社，1993：236.

CN-SH-310-009. 香菇砍花技艺

1. 名称　中国/浙江省/丽水市/景宁畲族自治县/畲族/传统技术与生产生活方式/香菇砍花技艺

Letinous Edodes Planting Skills/Traditional Technology and Lifestyles/She People/Jingning She Ethnic Autonomous County/Lishui Municipality/Zhejiang Province/China

2. 编号　CN-SH-310-009 中国-畲族-农业生产技术-香菇砍花技艺

3. 属性与分布　畲族社区集体知识；分布于景宁畲族自治县畲族社区。

4. 背景信息　在原木上用斧头砍以疤痕，利用自然孢子接种栽培香菇的技术，称为砍花法制菇。砍花法制菇是处于龙泉、庆元、景宁交界地带的农民吴三公发明的，他经过反复试验和研究，总结出了如何选择场地、菇木种类、砍花、遮衣、倡花、惊檑、烘烤等一套合乎科学的人工栽培、管理和加工方法，龙泉、庆元、景宁等县因此也成了香菇的发源地。砍花法的诞生，使香菇生产发生历史性的转折，生产区域不断扩大，从业菇农不断增加。作为一项栽培技术，砍花法的延续时间长，覆盖面广，材料丰富，使深山老林中的"朽木"得到充分合理的利用，开创了森林菌类产品的先河。

5. 基本描述　香菇砍花技艺是畲族的传统技术之一，从发明应用于生产至今已有800多年的历史。砍花法栽培香菇主要分为以下几个步骤，选菇山、选菇木、砍树、砍花、遮衣、管菇和采菇烘干。选菇山应选空气流通，阴阳温和的山腰地带；选菇木以壳斗科、桦木科的阔叶林为主；砍树时一般选择在树叶发红或落叶时；砍花是给树木创造香菇孢子成活的条件，砍花砍得不好，孢子落在树上也不会成活；砍花后采用树枝树叶，盖在树木上防晒叫遮衣，有利于保持菇木温度和湿度；管菇主要有开衣、回衣、燥衣以及清除菇山上的糟蹋香菇的飞禽走兽。最后是采菇烘干，采收香菇要适时，厚而嫩的香菇质量好，烘焙时，火要无烟，温度适当。

6. 传统知识特征

（1）景宁畲族自治县属于亚热带季风气候，气候温和、林木资源丰富，温度湿度适宜，拥有得天独厚的地理和气候环境，非常适宜香菇的生长。

（2）畲族选菇山会选空气流通、阴阳温和的山腰地带，这与香菇喜阴怕热的特性相适应，可多出菇几年。

（3）砍花法使畲族深山老林中的"朽木"得到充分合理的利用，合理利用了自然资源。

（4）景宁畲族自治县是香菇的发源地，砍花法的诞生使畲族香菇生产发生历史性的转折，对提高畲族的生活水平有着重要的意义。

7. 保护与利用

（1）传承与利用现状：如今，新的栽培技术已经取代了砍花法这一古老的栽培技术，但对砍花法的研究依旧具有十分重要的意义。

（2）受威胁状况及因素分析：新的栽培技术的出现，代替了传统的砍花技艺。

（3）保护与传承措施：2006 年，香菇砍花技艺被列入景宁畲族自治县第一批非物质文化遗产名录；2007 年，香菇砍花技艺被列入丽水市第一批非物质文化遗产保护名录；2012 年，香菇砍花技艺被列入浙江省第四批非物质文化遗产保护名录。

8. 文献资料

严慧荣. 非遗撷英[M]. 北京：中国文史出版社，2013：97-99.

CN-SH-310-010. 冬笋采挖技巧

1. 名称　中国/浙江省 福建省/畲族/传统技术与生产生活方式/冬笋采挖技巧

Bamboo Shoots Digging Skills/Traditional Technology and Lifestyles/She People/Zhejiang Province，Fujian Province/China

2. 编号　CN-SH-310-010 中国-畲族-农业生产技术-冬笋采挖技巧

3. 属性与分布　畲族社区集体知识；分布于浙江省、福建省畲族社区。

4. 背景信息　采集在畲族传统农业生计中具有重要意义。在游耕狩猎时代，畲族食物的来源比较有限而且不稳定，采集野生植物便成为畲族补充食物的重要手段。畲族居住在大山之中，竹子很多，因此笋成为畲族采集的主要食物之一。但在畲族的采集生产活动中，因冬笋埋藏于地下，不易看见，因此挖掘起来也最需要技巧。在长期的生产实践中，畲族山民逐渐摸索、掌握了挖掘冬笋的许多技巧。同时，畲族摸清了不同时节的冬笋的生长规律，并对不同时节的冬笋区别对待。

5. 基本描述　冬笋采挖技巧是畲族在长期的生产实践中摸索并积累下来的。畲族会根据竹笋的生长现状以及时节采挖冬笋。畲族竹农谚语说："九前冬笋进春烂，九后冬笋清明出"。即冬至以前生长的冬笋，开春后多会自己腐烂，可以采挖；冬至以后长出的笋，则大多能长成成竹，应尽可能不挖。畲族还会通过笋的外形来采挖冬笋，笋形弯曲、基部呈尖状无根或少根的笋，是不会长成竹子的，可以采挖；而基部丰满，根系发达的冬笋，则能转化为春笋、长成竹子，所以不应该采挖。畲族对冬笋采挖技术，体现了畲族对大自然的认识和可持续利用自然资源的态度。

6. 传统知识特征

（1）畲族居住山区多竹，而农田较少，食物的来源有限且不稳定，畲族采集冬笋作为食物很好地利用了其所处环境的资源优势，补充了食物来源。

（2）畲族冬笋的采挖技巧是畲族在长期的观察和生产实践中摸索出来的，体现了畲族善于观察、积极探索的精神。

（3）畲族对冬笋的采挖技术，能很好地识别采挖对象，合理地保护和利用了竹林资源，体现了畲族对大自然的认识和可持续利用竹林资源的态度。

7. 保护与利用

（1）传承与利用现状：冬笋采挖技巧甚为普及和有效，在畲族社区仍被广泛利用。

（2）受威胁状况及因素分析：畲族生活水平提高了，食品丰富了，加之市场化的发展，畲族自己采挖竹笋的活动有所减少。

（3）保护与传承措施：畲族冬笋的采挖技巧有利于冬笋和竹木的可持续生产，具有重要的生态意义，值得进一步地保护与传承。

8. 文献资料

钟伯清. 中国畲族[M]. 银川：宁夏人民出版社，2012：37.

320

传统印纺工艺与技术

CN-SH-320-001. 精编斗笠

1. 名称　中国/福建省/宁德市/畲族/传统技术与生产生活方式/精编斗笠

Bamboo Hat Weaving Technique/Traditional Technology and Lifestyles/She People/Ningde Municipality/Fujian Province/China

2. 编号　CN-SH-320-001 中国-畲族-印纺工艺与技术-精编斗笠

3. 属性与分布　畲族社区集体知识；分布于福建省宁德市畲族社区。

4. 背景信息　斗笠是闽东畲族竹编工艺品的代表之一，是畲族人生产生活的日常用品，主要用来挡雨和遮阳，因编织技艺精湛而成为工艺品，称"花笠"。畲族的斗笠，直径 38 cm 左右，窝深 8 cm 左右，顶高 3 cm 左右，重量只有普通斗笠的 1/2 或 2/3，做工精细，面层编织细密（斗笠里最细的甚至搁不下一粒谷子），花纹细巧，形状优美，极具民族特色。"花笠"据说是由"公主顶"演化而来，且比其他斗笠漂亮，再者具有实用性和坚固性等特征，所以深受畲族喜爱。久而久之，成为一种民族特有的标志。20 世纪 80 年代后，畲族斗笠多做陪嫁之用，平时留得一顶，视为珍品，仅节日赴会、走亲、访友才戴用。

5. 基本描述　畲族竹编中堪称一绝的是斗笠，它以畲山盛产的袅竹为主要原材料，以油纸、水藤、白箬为辅助材料，每只斗笠的编织需要用工 2 d 左右。制作时，先把竹子经过破篾、削篾、打磨等精细的工序制成竹篾丝，再在斗笠型的木模具上进行编织，将经条、纬条两两交织，再与平行的斜条交织构成大小、形状均匀相同的传统六角形空花图案的"斗笠星"。然后在两层之间铺上油纸，其间的正中部位还镶嵌白箬，外层则镶嵌油漆纸。接着用水藤缠压油漆纸，上端制成"斗笠顶"，其下则制成"斗笠燕"。檐边上安放花箍，编织成二重檐或三重檐。里圈的花箍上，交叉地构成红白相错的尖牙纹。边缘的花箍上，则环扎构成红白相间的蛇节纹。畲族的斗笠，具有美观、轻巧、精细、结实等特点，深受畲族人喜爱。

6．传统知识特征

（1）由于畲族人居住的山区经常下雨，畲族人平时进行劳作时打伞不方便，而斗笠则解决了雨天劳作的问题。闽浙山区不仅常下雨，而且雨量大，需要编织坚固的斗笠才能防雨，而畲族的斗笠具有坚固耐用的特点，符合当地人的生产劳动和生活方式。

（2）畲族编制斗笠的原材料为畲山盛产的袅竹，畲族就地取材，竹材源于自然，体现了畲族与自然和谐相处的古朴生态观及因地制宜的生产生活方式。畲族斗笠编织的材料质轻而细密，重量只有普通斗笠的 1/2 或 2/3，面层斗笠里最细的搁不下一粒谷子，可见其材料的细密和编织技艺的精湛。

（3）畲族斗笠造型独特，工艺复杂、制作精致，美观大方，不仅具有很大的实用价值，也是畲族妇女赶集、赴会或走亲戚时最喜爱的一种装饰品，而且长期以来都是畲族女子服饰必不可少的组成部分，体现了畲族文化，曾是畲族出嫁时必备的嫁妆之一，具有重要的文化价值。

7．保护与利用

（1）传承与利用现状：精编斗笠的主要产地在崇儒上水，崇儒新村后地等处也少量生产。从事生产制作的，多是男性艺人，一般作为一种家庭副业。20 世纪 50 年代，一些地方曾成立斗笠合作社，专门生产斗笠。

（2）受威胁状况及因素分析：随着畲族生活方式的改变及现代服饰文化的冲击，戴斗笠的人越来越少，加之精编斗笠的传承人大多年事已高，年轻人不愿意学，斗笠的制作面临着传承危机。

（3）保护与传承措施：畲族斗笠制作技艺已经列入了"宁德市第四批市级非物质文化遗产名录"，未来将得到保护与传承。

8．文献资料

[1] 雷弯山. 畲族风情[M]. 福州：福建人民出版社，2002：44-46.

[2] 俞郁田. 霞浦县畲族志[M]. 福州：福建人民出版社，1993：400-402.

[3] 吕巧琴，叶茂，张斌. 原生态最美畲寨——探访福建霞浦县上水村[J]. 福建农业，2014（1）：50-53.

[4] 马建钊. 畲族文化研究[M]. 北京：民族出版社，2009：9.

CN-SH-320-002. 草鞋的制作

1. 名称 中国/浙江省 福建省/畲族/传统技术与生产生活方式/草鞋的制作

Straw Sandals Making/Traditional Technology and Lifestyles/She People/Zhejiang Province，Fujian Province/China

2. 编号 CN-SH-320-002 中国-畲族-印纺工艺与技术-草鞋的制作

3. 属性与分布 畲族社区集体知识；分布于浙江省、福建省畲族社区。

4. 背景信息 草鞋是畲族山区居民的传统劳动用鞋，20世纪70年代前，畲族伐木砍柴、挑担推车都穿草鞋。畲族草鞋主要选用的是未遭病虫害、未经雨淋的新鲜稻草为主要原料，再加上一定的技术编织而成。制作草鞋需要有一定的技术要求，好的草鞋匀称平整，软硬适中，不损足又耐用。现在市场上出售的草鞋在质量上远差于传统制作的草鞋。

5. 基本描述 打草鞋是畲族的传统技术。制作时先把新鲜稻草去掉稻衣，并用木椎捶打至柔软。用苎麻搓成细绳，作为草鞋的"筋"、鞋耳、绑带。将草鞋绳两根对折成4股，一端套在草鞋耙齿上，另一端系于腰间布袋上拉直，用苎麻丝编好鞋鼻，再用稻草束编织鞋板，为使草鞋耐用，草束中也可掺进布条。编织过程中，不时插进木橛挤紧草束，并用木椎敲打两侧，使鞋板紧密匀称。好的草鞋匀称平整，软硬适中，不损足又耐用，是旧时畲族上山干农活的必备物品。

6. 传统知识特征

（1）畲族居于山区，经常上山劳作，且生活贫困，对草鞋的需求量大。草鞋也是旧时畲族上山干农活的必备物品，是畲族传统劳动用鞋，对畲族的生产和生活具有重要的意义。

（2）畲族草鞋制作的原料主要是生活中常见的稻草和苎麻，体现了因地制宜、取材方便的特征。稻草来源于水稻种植，是当地特有水稻品种的秸秆，具有极好的强度和韧性；苎麻也是当地种植的经济作物，用于家庭纺织，使用苎麻用于草鞋的编织，增加了草鞋的耐用程度。

（3）畲族编织的草鞋具有精湛的工艺，不仅美观，而且舒适，畲族常年穿着草鞋上山劳作，适合山间小路行走，不仅适合晴天，也适合雨天，它体现了畲族的勤劳、朴实和智慧。

7. 保护与利用

（1）传承与利用现状：因生活水平提高，现在畲族基本不穿草鞋。在市场上出售的草鞋，编织得疏松又粗糙，仅作丧事用品，草鞋的制作技艺也大多掌握在年纪比较大的畲族人手中。

（2）受威胁状况及因素分析：解放鞋的出现和畲族生活水平的提高使之穿草鞋的人寥寥无几，加之畲族中很少有年轻人愿意学草鞋的制作，草鞋的制作面临着传承危机。

（3）保护与传承措施：在景宁畲族博物馆有草鞋制作的展览，在一定程度上促进了草鞋的制作技艺保护与传承。

8. 文献资料

《沐尘畲族乡志》编纂委员会. 沐尘畲族乡志[M]. 北京：方志出
版社，2014：130.

CN-SH-320-003. 彩带的编织

1. 名称　中国/浙江省 福建省/畲族/传统技术与生产生活方式/彩带的编织

Knitting Technology of Coloured Ribbon/Traditional Technology and Lifestyles/She People/Zhejiang Province，Fujian Province/China

2. 编号　CN-SH-320-003 中国-畲族-印纺工艺与技术-彩带的编织

3. 属性与分布　畲族社区集体知识；分布于浙江省、福建省畲族社区。

4. 背景信息　织彩带又称织花带，是畲族传统手工工艺，畲族妇女长期生产、生活实践的知识精华。畲族彩带不仅可用作束衣带、扎腰带、背包带、裤带、拦腰带、刀鞘带，也可作为信物赠送。畲族学习织彩带，以家庭传承为主，也有邻居、亲戚帮教。畲族织彩带多在劳动之余、节日期间或晚上进行，妇女和姑娘们三五成群坐在一起，互相传艺。畲族彩带编织的精巧程度还是衡量畲族女子是否心灵手巧的标志。

5. 基本描述　编织彩带是畲族的传统技术，主要以棉纱或蚕丝为原料。畲族织彩带没有专门的织布机，工具非常简单，用一条长约4尺、宽约3寸的木板，两头钉上5寸长木条，做成"工"字形的木架。或用两根5寸长的小竹管，再加约5寸长的尖刀形的光滑竹片。织带时不讲究场地，只要有拴丝线的地方即可。织带时，牵好经线提好综，一头挂在门环、柱子、篱笆或树枝上，另一头拴在自己的腰身上。中间的经线用黑色，两边的经线则用多种颜色，纬线多用白色，利用中间的黑经线挑织花纹图案。带名则用中间黑经线的根数而定，一般以"5双"和"十三行"较普遍。

6. 传统知识特征

（1）畲族彩带编制工艺是畲民在长期的生产实践中逐渐形成，是畲族妇女长期生产、生活实践的知识精华，也是民族勤劳智慧的体现，具有很高的艺术及实用价值。

（2）畲族彩带编制工艺没有专门的织带机，工具非常简单，但织纹的方法具有很强的实用性和科学性。

（3）畲族编制的彩带用料多为麻线、棉线、丝线，染料也是天然染料，这些都直接取材于自然，体现了畲族同胞与自然和谐相处的古朴生态观。

（4）畲族彩带编织以家庭传承为主，其编织的精巧程度是衡量畲族女子是否心灵手巧的标志，对畲族有着重要的文化意义。

7. 保护与利用

（1）传承与利用现状：编织彩带是畲族的传统技术，现在会编织彩带的人越来越少。

（2）受威胁状况及因素分析：由于时代变迁和外来文化的影响，畲族编织彩带的技术逐渐淡出人们的视线。

（3）保护与传承措施：2006 年，畲族彩带编织技艺被列入景宁畲族自治县第一批非物质文化遗产名录。2007 年，畲族彩带编织技艺被列入丽水市第一批非物质文化遗产保护名录和浙江省第二批非物质文化遗产保护名录。

8. 文献资料

[1] 邱国珍，姚周辉，赖施虬. 畲族民间文化[M]. 北京：商务印书馆，2006：300-301.

[2] 严慧荣. 非遗撷英[M]. 北京：中国文史出版社，2013：94.

[3] 陈栩. 浅谈福建畲族彩带的保护和传承[J]. 厦门理工学院学报，2009，17（1）：6-10.

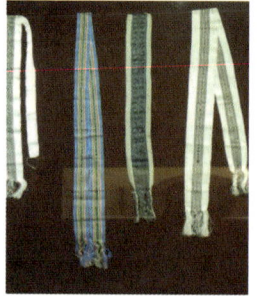

CN-SH-320-004. 染布技术

1. 名称　中国/浙江省 福建省/畲族/传统技术与生产生活方式/染布技术

Dyeing Cloth Technology/Traditional Technology and Lifestyles/She People/Zhejiang Province，Fujian Province/China

2. 编号　CN-SH-320-004 中国-畲族-印纺工艺与技术-染布技术

3. 属性与分布　畲族社区集体知识；分布于浙江省、福建省畲族社区。

4. 背景信息　明万历年间，随着闽浙纺织业的发展，以致种苧和菁的利润几倍于粮食作物。因此，畲族拓荒者所到之处遍种菁草和苧麻。明清时期，畲族自产的苧布，大多是由自己种植提炼的蓝靛做染料来给苧布上色。民国元年后，畲族大多将苧布拿到集镇的专门作坊漂染，其中做蚊帐和做衣服的染成青黑色；"绸布"染成青蓝色；做布袋等，要制成成品后，再染成红色。但如今畲族种植菁草与提炼蓝靛的技艺已失传。

5. 基本描述　畲族染布主要有松海花布和单色素布两种。染单色素布，先将浅黄色苧布浸入榸中约 2 h，漂洗去杂质，再将苧布取出晾干。若染黑色，将人工种植的大青草、土茯苓各熬成浓汁按比例加入温水中；若染靛蓝色，则将发酵蓼蓝、土茯苓的浓汁加入；若染紫红色，则将薯良、何首乌浓汁加入；若染白色，则将葛藤头汁加明矾退白。如果要染松海花布，先用尖刀在与布门相同的薄木板或油纸板上刻上松海花瓣，紧贴于布上，用黄豆与米浆相混合，用刷子多次刷上漏刻花瓣上，使其凝固，再刷上灰水待干后，也按靛青程序染。新中国成立后，引进化学颜料粉后渐渐不用传统的染布技术，但染各种素色仍加入土茯苓根汁，主要保住颜色鲜艳不褪色。

6. 传统知识特征

（1）明清时期，闽浙纺织业蓬勃发展，畲族遍地种菁草和苎麻，从而也促进了畲族种植菁草、提炼蓝靛、染布等技术的发展。

（2）畲族染布用的染料，均是取自畲族种植或土生土长的植物，这是畲族在长期的生产实践中发现的自然生物资源的效用。

（3）畲族过去所用的布料，均是其自织自染而成的，染布技术在畲族生活中发挥了重要的作用。

7. 保护与利用

（1）传承与利用现状：种植菁草与提炼蓝靛的技艺如今已失传，且染布时具体用的草料及其比例也已失传。

（2）受威胁状况及因素分析：现代化学染色技术的出现冲击了传统的染色技术，此外野生染料资源的缺乏也是威胁因素之一。

（3）保护与传承措施：化学染色会造成环境污染，其化学残留物对身体会有影响，植物染料安全健康，在当今社会越来越受到欢迎，因此，需要对传统的染色技术进行挖掘，重新发挥其价值。

8. 文献资料

[1] 钟雷兴. 闽东畲族文化全书（民俗卷）[M]. 北京：民族出版社，2009：99，102-103.

[2] 刘冬. 新考工记：凤洋畲族苎布制作技艺[J]. 宁德师范学院学报（哲学社会科学版），2015（2）：2-4.

CN-SH-320-005. 苎布制作技术

1. 名称　中国/浙江省 福建省/畲族/传统技术与生产生活方式/苎布制作技术

Fabrication Technology of Ramie Fabric/Traditional Technology and Lifestyles/She People/Zhejiang Province，Fujian Province/China

2. 编号　CN-SH-320-005 中国-畲族-印纺工艺与技术-苎布制作技术

3. 属性与分布　畲族社区集体知识；分布于浙江省、福建省畲族社区。

4．背景信息　畲族传统布料是苎麻布，这种布料是畲族自家生产的，故畲族有"家家种苎，户户织布"之称。苎麻是由畲族自家种植，一年可收 3-4 茬，苎麻收获时节，大约是农历五月、七月、九月。畲家纺织纱布多在农历七八月和冬季农闲的阶段，或者茶余饭后，工作间隙时间等。20 世纪 50 年代以后，种苎织布现象日渐减少。但 90 年代以后，畲家苎麻布已是量少价高的特殊物品。

5．基本描述　苎布的制作是过去畲族妇女都会的一项技术。其加工工序是先把苎麻去骨，用瓦状小刀刮去青皮，剩下的白皮晒干，白中呈黄，以水泡湿，再撕成丝状，捻成细线，畲族给苎线上浆时，会将地瓜粉搅成浆糊，装于竹筒中，竹筒底下，穿一个小孔，把手工捻好的丝线穿过竹筒中的浆糊，挂于高处。用上过浆的苎线织成的苎布比较柔软。经过浆糊拉紧拧直，俗称"泅苎线"。再用纺车将苎线丝纺成线团，经过织布机，制成苎布，技术娴熟者一天可织 7-8 尺，一般只能织 5-6 尺。苎布经水漂白，用青靛、蓝靛或土染料染成青、蓝、红等色，之后，便成色彩强烈的苎麻布。苎麻布是畲族服装布料的主要原料之一，也可裁成夏衫、蚊帐、围身裙、裙带、布袋等。

6．传统知识特征

（1）畲族位于亚热带季风气候山区，其环境宜种苎麻，苎麻散热透气以及吸湿的功能与当地夏季闷热，温差较小的地理气候条件相适应，故畲族"皆衣麻"。

（2）苎布制作过程中所用的原料都是畲族种植或土生土长的植物，这是畲族在长期的生产实践中发现的自然生物资源的效用。

（3）畲族织布时，技术娴熟者一天可织 7-8 尺，一般只能织 5-6 尺，因此有句畲族民谣："白米好吃田难种，苎布好穿苎难缝"，体现了畲族苎布制作工艺的烦琐。

（4）织苎布是过去畲家妇女都会的一项技术，畲族会把做好的苎布用来做服装、夏衫、蚊帐、围身裙、裙带、布袋等生活用品，也体现了畲族妇女在家庭和社会中的地位。

7．保护与利用

（1）传承与利用现状：20 世纪 50 年代以后，种苎织布现象日渐减少。90 年代以后，畲族苎麻布已是量少价高的特殊物品。

（2）受威胁状况及因素分析：畲族生活水平的提高，种苎与种菁现象的消失加之现代服饰的冲击使得畲族穿苎布的人越来越少。

（3）保护与传承措施：2007 年 8 月，畲族苎布织染缝纫技艺被列入福建省第二批省级非物质文化遗产名录。2008 年，畲族纺织制作技艺被列入景宁畲族自治县第二批非物质文化遗产名录。

8．文献资料

[1]　蓝炯熹. 福安畲族志[M]. 福州：福建教育出版社，1995：661-662.

[2] 严慧荣. 非遗撷英[M]. 北京：中国文史出版社，2013：94.

[3] 钟雷兴. 闽东畲族文化全书（服饰卷）[M]. 北京：民族出版社，2009：95，101-102.

[4] 刘冬. 新考工记：凤洋畲族苎布制作技艺[J]. 宁德师范学院学报（哲学社会科学版），2015
（2）：2-4.

CN-SH-320-006. 火篾制作技术

1. 名称　中国/浙江省 福建省/畲族/传统技术与生产生活方式/火篾制作技术

Technology of Making Huomie/Traditional Technology and Lifestyles/She People/Zhejiang Province，Fujian Province/China

2. 编号　CN-SH-320-006 中国-畲族-印纺工艺与技术-火篾制作技术

3. 属性与分布　畲族社区集体知识；分布于浙江省、福建省畲族社区。

4. 背景信息　畲族山区盛产毛竹，因此畲族就地取材，利用毛竹制作出了火篾。在改革开放前火篾是畲族没有电灯时家家户户夜间照明的必需品之一，畲族不仅可以在家里使用，外出照明时，也常常随身携带火篾以照明。改革开放后，随着电灯的普及，火篾慢慢淡出人们的视线，现已成为历史。

5. 基本描述　火篾的制作是畲族的传统技术之一。火篾的制作很简单，先上山砍来老毛竹，一段一段锯下来，然后破成 0.2-0.3 cm 厚的火篾，放到太阳底下晒。晒干了，就用藤条扎好，将整扎的火篾浸泡到水田里，几个月后，再将整扎的火篾从水田中捞出来，放到太阳底下晒，晒干后，火篾就可以用来照明了。火篾夹有两种：一种是悬挂式火篾夹，用双重铁丝做的，下端对折用来夹火篾，上端对折成挂钩。另一种是台式火篾夹，制作时先取长木板，并将木板中间用凿挖出槽，用来存放火篾炭；接着将钢筋下端用铁锤敲，放在火里烧红后插到长方形火篾槽的一端，与火篾槽形成 90° 的角，然后，再用钢锯在钢筋上端锯 5 cm 左右长的槽，并将槽稍稍外翻，用来夹火篾之用。

6. 传统知识特征

（1）畲族山区盛产毛竹，畲族将毛竹制作成火篾用以照明正是利用了其资源优势，体现了畲族与自然和谐相处的古朴自然观。

（2）火篾是过去畲族照明的必需品，其加工制作技术是畲族在长期的生产生活实践中形成的，对畲族具有重大的意义。

7. 保护与利用

（1）传承与利用现状：火篾是改革开放前畲族的必需品，但现在已经成为历史。

（2）受威胁状况及因素分析：科技的发展，电灯的出现使得畲族不再使用火篾。

（3）保护与传承措施：应对火篾的发光原理进行深入研究，并将这种传统工艺进行深度开发利用。

8. 文献资料

梅松华. 畲族饮食文化[M]. 北京：学苑出版社，2010：166-167.

CN-SH-320-007. 竹编技术

1. 名称　中国/浙江省　福建省/畲族/传统技术与生产生活方式/竹编技术

Bamboo Weaving Technology/Traditional Technology and Lifestyles/She People/Zhejiang Province，Fujian Province /China

2. 编号　CN-SH-320-007 中国-畲族-印纺工艺与技术-竹编技术

3. 属性与分布　畲族社区集体知识；分布于浙江省、福建省畲族社区。

4. 背景信息　畲族历史以来就是垦山辟林，久居深山，房前屋后竹林遍布，为竹编工艺创造了物质条件。畲族利用成熟的毛竹编织出各种精美华丽的生活用物和手工艺品，除自己使用外，还把他们送到城镇市场换取钱财或者实物，以满足生活之需。畲族竹编工艺品造型新颖，色泽古朴、稳重，制作精细、别致，花纹图案丰富多彩，富有民族风格和地方特色。

5. 基本描述　畲族境内山峦重叠，竹林遍布，种类丰富。其竹子具有抗腐、抗拉、坚韧、柔、直的特点，是工艺品制作的绝佳材料。因此，畲族就地取材，经过选料、破竹、片篾、拉丝、插花、喷漆等几十道工序，编织出屏风、挂帘、竹席、斗笠等造型新颖、制作精细、花纹别致的手工艺品，其中，斗笠是典型代表，还有色彩鲜艳的筐、篮等，如鹅形筐，以鹅身为容体，以回首的曲颈为提梁，以乳白原色竹篾为羽毛，栩栩如生，美观实用。

6. 传统知识特征

（1）畲族久居深山，房前屋后竹林遍布，为竹编工艺创造了物质条件。

（2）畲族竹编工艺品造型新颖，色泽古朴、稳重，制作精细、别致，花纹图案丰富多彩，富有民族风格和地方特色。

（3）畲族的竹编手工艺品是畲族的审美意趣与天然材质和谐融合的产物。

（4）畲族竹编就地取材，竹材源于自然，体现了畲族与自然和谐相处的古朴生态观。

（5）畲族会把自己的竹编技艺传授给汉族，也会从汉族那里学习生产技术，增进了民族交流。

7. 保护与利用

（1）传承与利用现状：畲族竹编工艺品由于其具有很大的实用性而得到了很好的传承，如今不仅作为日常用品、装饰品在使用，而且已经是成熟开发的民族手工艺品之一。

（2）受威胁状况及因素分析：随着现代科技的发展，一些塑料制品替代了竹器产品。此外编织传承人的缺失也是威胁因素之一。

（3）保护与传承措施：2008 年，竹编制作技艺被列入景宁畲族自治县第二批非物质文化遗产名录。

8. 文献资料

[1] 蓝秀平. 畲族传统与风情文化[M]. 北京：线装书局，2009：54.

[2] 毛公宁. 中国少数民族风俗志[M]. 北京：民族出版社，2006：869.

[3] 严慧荣. 非遗撷英[M]. 北京：中国文史出版社，2013：105.

330

传统食品加工技术

CN-SH-330-001. 乌饭制作

1. 名称 中国/浙江省 福建省/畲族/传统技术与生产生活方式/乌饭制作

Wufan Making/Traditional Technology and Lifestyles/She People/Zhejiang Province，Fujian Province/China

2. 编号 CN-SH-330-001 中国-畲族-食品加工技术-乌饭制作

3. 属性与分布 畲族社区集体知识；分布于浙江省、福建省族地方社区。

4. 背景信息 乌饭是畲族"三月三"（乌饭节）的必备食品，具有悠久的历史。畲族吃乌饭始于唐朝，唐总章二年，畲族英雄雷万兴率领畲军抗击官兵，被围困山中，时值严冬粮断，畲军只得采摘乌稔果充饥，雷万兴遂于农历三月初三率众下山，冲出重围。从这以后，每到三月初三，雷万兴总要召集兵将设宴庆贺那次突围胜利，并命畲军士兵采回乌稔叶，让军厨制成"乌稔饭"。畲族为纪念民族英雄，此后每年的"三月三"都要蒸"乌稔饭"吃，日久相沿，就成为畲族风俗。

5. 基本描述 乌饭，又名乌稔饭，是用乌稔树叶染制而成，有种特殊的清香味。畲族用山上的一种野生植物乌稔树（杜鹃科，乌饭树）的叶子，放到石臼舂碎后，贮到布袋里，连袋放到铁锅里，加适量的水熬出紫黑色的汤汁来，而后去掉叶渣，将精选的糯米泡进汤汁里，几小时后，捞起放到木甑里蒸熟即成乌米饭。乌米饭具有开脾健胃，防腐的功效，贮藏在苎麻袋里挂阴凉处，更是数日不馊。食用乌米饭不仅是纪念祖先，而且具有准备春耕、迎接春耕的象征意义。

6. 传统知识特征

（1）制作乌饭的染色食材取于自然。染色材料主要使用当地野生植物乌稔树的树叶，具有因地制宜的特点，也是畲族长期利用当地野生植物资源的知识积累。

（2）乌饭的推广与当地畲族的生产生活方式密切相关。乌饭的主要原料是糯米，而糯稻是当地的主要农作物。糯米具有很好的抵抗饥饿作用，畲族田间劳作时，由于田地在山上，离村庄较远，中午不能回家吃饭，带上乌饭，可解决午餐问题，省时省力。

（3）乌饭的传承具有其民族文化背景。以农历"三月三"作为乌饭节，大家一起食用乌饭以纪念畲族的民族英雄，也是纪念祖先的一种体现。

（4）乌饭节还有农历和农忙季节的提示作用。乌饭节设定在农历三月初三，时值准备春耕时节，提醒畲族迎接春耕生产，以夺取全年丰收。

7. 保护与利用

（1）传承与利用现状：乌米饭的重要原料乌稔树叶有很高的营养价值，且药食同源，具有健脾益肾、抗衰老、营养保健、防癌等多种功能，具有很好的开发价值，在乌饭制作技艺列为非物质文化遗产后，得到了很好的发展。

（2）受威胁状况及因素分析：食用乌米饭具有纪念祖先、迎接春耕的象征意义，随着畲族社会的变迁及外来文化的渗入，食用乌米饭的重要性和普遍性降低，从而影响了乌米饭的制作。

（3）保护与传承措施：闽东畲族乌饭制作技艺（蕉城、霞浦）于 2010 年 3 月被列为第三批市级非物质文化遗产名录项目，于 2011 年 12 月列为第四批省级非物质文化遗产名录。2013 年 1 月，闽东畲族乌饭制作技艺（福安）列为第四批市级非物质文化遗产名录扩展项目。

8. 文献资料

[1] 钟雷兴. 闽东畲族文化全书（民俗卷）[M]. 北京：民族出版社，2009：33.

[2] 施联朱. 畲族风俗志[M]. 北京：中央民族学院出版社，1989：155.

[3] 蓝木宗. 畲山风情（景宁畲族民俗实录）[M]. 福州：海风出版社，2012：33.

[4] 许雅玲，李颖伦. 闽东畲族传统饮食的文化特色与养生价值刍议[J]. 宁德师范学院学报（哲学社会科学版），2015（4）：9-14.

CN-SH-330-002. 菅叶粽的制作

1. 名称 中国/福建省/宁德市/畲族/传统技术与生产生活方式/菅叶粽的制作

Jianyezong Making/Traditional Technology and Lifestyles/She People/Ningde Municipality/Fujian Province/China

2. 编号 CN-SH-330-002 中国-畲族-食品加工技术-菅叶粽的制作

3. 属性与分布 畲族社区集体知识；分布于福建省宁德市畲族社区。

4. 背景信息 畲族群众喜食糯米粽子，除用竹叶包的竹叶粽外，还有毛竹笋壳、篓竹笋壳包扎的竹壳粽；用茅叶包扎成三角形或棒状的竿粽；用棕榈叶编成袋，装入糯米的棕叶粽，其中最有特色的是畲族用芦叶包的菅叶粽，也叫枕头粽。相传古时，畲族村山高路险，往来不便，村民劳作时为图方便，都会带午饭上山，因粽子体积小，便于携带，且食用时不需加热，深受上山劳作的村民所偏爱。时间一长，村民发现，因粽叶面积所限，粽子无法包大，而芦苇叶很长，一个用芦苇叶包的粽子可以抵几个普通粽叶包的粽子，便于上山携带，而且用芦苇包的粽子有独特的一种清香，久而久之，畲族村民习惯了用芦苇叶包粽子，并将这一习俗流传至今。

5. 基本描述 菅叶粽，俗称菅粽，又叫枕头粽，是畲族的特色食品，通常在端午节和分龙节食用。制作时先将优质的糯米泡进用野生灌木黄碱柴（山矾科，山矾）烧灰淋出的黄色碱水中浸若干个小时，取出，将其装入两片已经过沸汤烫软的菅叶（禾本科，五节芒）对折的槽里，裹成 20 cm 长棒子状，并以草绳扎成 5 节，放入铁镬里煮十多个小时遂成。煮熟的菅叶粽为浅黄色，既有黏性又不含糊，不仅美味，而且具有一定养生价值。有些畲族会在糯米中掺少许的豌豆或金甲豆、羊胡子豆等做成"豆粽"，更是芳香而不腻，既悦目又别有风味。每逢端午节，畲族拿菅叶粽敬祭祖先、自家吃外，还用以馈赠亲友。畲族的菅叶粽，不仅美味，而且具有一定养生价值。而使用芦叶包的菅叶粽，也叫枕头粽，最有特色。

6. 传统知识特征

（1）用芦叶包的菅叶粽比一般的粽子体积大，便于上山携带，它很好地适应了畲族村山高路险，往来不便，畲族劳作时带午饭上山的生产生活方式。

（2）畲族用芦叶和野生灌木黄碱柴来制作菅叶粽，这是畲族在长期的生产实践中发现的自然资源的效用。

（3）畲族通常在端午节和分龙节制作菅叶粽，除拿菅叶粽孝敬祖宗、自家吃外，还用以馈赠亲友，加强了人与人之间的交流，具有社会价值。

7. 保护与利用

（1）传承与利用现状：畲民白天劳作时携带粽子上山，中午可当饭吃，无须回家吃饭，以节省时间。以前一般馅料就是米和豆子，现在馅料越来越丰富。且有些畲族已把菅叶粽加工成包装食品出售。

（2）受威胁状况及因素分析：其他外来加工食品和饮食文化的冲击，以及菅叶和野生灌木黄碱柴资源的减少对菅叶粽制作具有限制影响。

（3）保护与传承措施：可通过扩大菅叶粽的市场销售，将此传统制作技术传承下来。

8. 文献资料

[1] 钟雷兴. 闽东畲族文化全书（民俗卷）[M]. 北京：
民族出版社，2009：33.

[2] 许雅玲，李颖伦. 闽东畲族传统饮食的文化特色
与养生价值刍议[J]. 宁德师范学院学报（哲学社
会科学版），2015（4）：9-14.

CN-SH-330-003. 糍粑的制作

1. 名称　中国/浙江省 福建省/畲族/传统技术与生产生活方式/糍粑的制作
Making of Glutinous Rice Cake/Traditional Technology and Lifestyles/She People/Zhejiang Province，Fujian Province/China

2. 编号　CN-SH-330-003 中国-畲族-食品加工技术-糍粑的制作

3. 属性与分布　畲族社区集体知识；分布于浙江省、福建省畲族社区。

4. 背景信息　糍粑是畲族人在过年、"七月半"和冬节时都食用的食品，取意时（糍）来运转，生活年年（黏黏）甜。糍粑不仅是过节时的食品，在霞浦县，吃糍粑也成为订婚的热闹形式。畲族的糍粑种类很多，一般做法的叫糯米糍，加入黄碱柴来烧灰熬汤的叫黄金糍，柘荣一带的畲族还加入春菊草做糍粑，称为春菊糍。畲族吃糍粑的方式也多种多样，把糍粑直接蘸糖水吃的叫糖水糍；把糍粑裹上花生、大豆粉的叫屑糍；把变干的糍粑放入油锅中煎或炸或烤的叫煎炸糍。在霞浦县半月里畲村里，畲族人相亲成功，男家会舂糍粑让女方带回，女方家长会在次日把带回的糍粑分给村里的人，以此告知邻里女儿相亲成功。正式订婚时，女家会打糍粑分给村里的大人、孩子吃，吃糍粑成为畲族订婚的庆贺形式。

5. 基本描述　糍粑是畲族的传统美食。糯米糍的做法是，取山泉水浸泡糯米，历时一天，滤干水，蒸熟后，用木柄石锤往石臼里轮番舂击至看不到饭粒。然后，捏出一小团压成一小块饼状糍粑，即可食用，也可用印花模具把它印成一块块"福"字或梅花图

案的糍饼。黄金糍和春菊糍做法与糯米糍大致相同，只是黄金糍浸泡米时是用黄碱柴（山矾科、山矾）来烧灰熬汤浸泡的，春菊糍制作时加入了春到烂泥的春菊草（菊科，鼠麴草）。畲族的糍粑又软又黏，色香味俱佳，而且颇具养生价值。

6．传统知识特征

（1）黄金糍和春菊糍制作时利用了黄碱柴和春菊草，这是畲族在长期的生产实践中发现的生物资源的效用。且因地制宜，就地取材。

（2）畲族常以杀鸡做糍粑招待贵客，且糍粑是畲族在重大节日时必备的食品，因此深受畲族喜爱。

（3）畲族在天串日（纪念女娲的节日）会做糍粑帮女娲补天，俗称"补天穿"，即畲族在吃糍粑前会把一小块糍粑扔向屋顶，象征补天；再把一小块糍粑扔向地面，象征补地。

（4）畲族的糍粑色香味俱佳，具有补中益气、暖脾胃的作用，深受畲族喜爱。

7．保护与利用

（1）传承与利用现状：糍粑是畲族人在过年、"七月半"和冬节时都食用的食品，目前在市场上随处都能买到。

（2）受威胁状况及因素分析：黄碱柴和春菊草野生生物资源的减少。

（3）保护与传承措施：可将糍粑开发成产品在市场上出售。

8．文献资料

[1] 钟雷兴. 闽东畲族文化全书（民俗卷）[M]. 北京：民族出版社，2009：33-34，51-52.

[2] 许雅玲，李颖伦. 闽东畲族传统饮食的文化特色与养生价值刍议[J]. 宁德师范学院学报（哲学社会科学版），2015（4）：9-14.

[3] 毛公宁. 中国少数民族风俗志[M]. 北京：民族出版社，2006：854.

[4] 蓝木宗. 畲山风情（景宁畲族民俗实录）[M]. 福州：海风出版社，2012：34.

CN-SH-330-004. 清明馃的制作

1．名称　中国/浙江省 福建省/畲族/传统技术与生产生活方式/清明馃的制作

Qingmingguo Making/Traditional Technology and Lifestyles/She People/Zhengjiang Province，Fujian Province/China

2．编号　CN-SH-330-004 中国-畲族-食品加工技术-清明馃的制作

3．属性与分布　畲族社区集体知识；分布于浙江省、福建省畲族社区。

4．背景信息　清明馃是浙江畲族和福建畲族都会做的美食，深受畲族喜爱。畲族多在清明节做清明馃。清明馃既可以做扫墓的祭品，也是春日里畲族上山下田劳作携带的

点心。有的畲族家要做二三十斤米，可吃很长一段时间。清明节小孩要吃清明馃只能在祭祀祖宗过了之后，才可抢着吃，据说，抢吃祭祀过的果品后会没灾没病，身强胆壮。

5. 基本描述　清明节畲族会做清明馃。制作时先采摘鼠曲草或艾青，涮过后用清水漂净捣烂，也可以用电磨磨成青粉，拌部分粳米粉揉成团放锅中煮熟，称为"馃芡"，捞出后再加粳米粉和青粉，用力揉搓，使之均匀、柔韧即可包馅。甜馃用糖、豆沙、芝麻做馅，用馃印压成圆形；咸馃用腌菜加肉等做馅，用手捏成饺子状，也有用酱做馅，用馃印压成圆形，做好后置炊笼中蒸熟。不同的馅有不同的味道，但都气香开胃，花费也不大，城乡盛行。

6. 传统知识特征

（1）畲族用鼠曲草或艾青来制作清明馃，这是畲族在长期的生产实践中发现的自然资源的效用。

（2）鼠曲草或艾青均具有抑菌的作用，因此清明馃保存的时间长，畲族做二三十斤米，可吃很长一段时间。

（3）清明馃除了用于清明节祭祀，还用于上山下田劳作便于携带的食品，与当地畲族的生产生活方式相适应。

7. 保护与利用

（1）传承与利用现状：清明馃现在畲族家家户户常做，城乡盛行。

（2）受威胁状况及因素分析：鼠曲草或艾青等野生资源的减少会对清明馃产生一定的冲击。

（3）保护与传承措施：清明馃是绿色健康食品，现已有人将其开发成产品出售。

8. 文献资料

[1]　《沐尘畲族乡志》编纂委员会. 沐尘畲族乡志[M]. 北京：方志出版社，2014：130.

[2]　蓝木宗. 畲山风情（景宁畲族民俗实录）[M]. 福州：海风出版社，2012：35.

[3]　梅松华. 畲族饮食文化[M]. 北京：学苑出版社，2010：75.

[4]　徐玉婷，吴丹慧. 鼠曲草的研究进展[J]. 医药导报，2012，31（2）：192-194.

CN-SH-330-005. 番薯米与番薯粉的制作

1. 名称 中国/浙江省 福建省/畲族/传统技术与生产生活方式/番薯米与番薯粉的制作

Making of Sweet Potato Rice and Sweet Potato Powder/Traditional Technology and Lifestyles/She People/Zhejiang Province，Fujian Province/China

2. 编号 CN-SH-330-005 中国-畲族-食品加工技术-番薯米与番薯粉的制作

3. 属性与分布 畲族社区集体知识；分布于浙江省、福建省畲族社区。

4. 背景信息 番薯自明代传入畲族社区，因适应山地种植，畲族普遍种植，并长期作为主要的粮食。为了便于贮藏，在秋收时，畲族会将大部分甘薯制成俗称番薯米的番薯丝供常年食用。由于稻米严重匮乏，畲族只能从番薯丝中获取最基本的生命能量，吃的时候，或纯煮地瓜米，或加上稻米一起煮，即为番薯丝饭。除了把番薯做成番薯米，畲族还会把它加工成地瓜粉。进入 20 世纪 80 年代，畲族制番薯丝的已经很少了，畲族主要将甘薯用于加工成淀粉制作番薯粉丝推向市场，薯渣作为养猪饲料。

5. 基本描述 番薯是畲族的主食，畲族除把新鲜的番薯当饭外，还把它加工成俗称番薯米的番薯丝常年收贮与食用。番薯米的制作工序简单，只需将番薯洗净，切丝，晒干即成番薯米。番薯粉加工方法有两种：一种是用洗涤番薯丝的浊水，沉淀一夜后可得到一层白色的淀粉，晒干后即为地瓜粉。另一种是用鲜番薯制作地瓜粉，在稻楻或大缸上架一张细孔米筛，用漏底的细齿"擂钵"把洗净的番薯磨成稀泥状，用清水将番薯泥中的淀粉洗出，淀粉浊水沉淀而澄清后，将清水倒掉，将沉淀在底部的白色淀粉膏刮出，放在细密的竹匾上晾干即成为地瓜粉。

6. 传统知识特征

（1）番薯适应山地种植，因而畲族普遍种植，并长期作为主要的粮食，为解决新鲜番薯不易贮藏的难题，番薯米与番薯粉的制作便应运而生。

（2）番薯米与番薯粉的制作技术源于畲族长期的生活实践，代代相传。

（3）畲族对日常食用的食材采取独特的处理、制作方式，这些制作技术是畲族传统饮食文化的体现。

（4）在过去缺粮的年代里，畲族会把制作番薯粉冲洗下来的地瓜渣晒干，贮藏起来当粮食吃或做饲料，这是对生物资源的充分利用。

7. 保护与利用

（1）传承与利用现状：畲族现在主要把番薯加工成淀粉制作番薯粉丝推向市场，但也有畲族把番薯制成番薯米，作为商品出售。

（2）受威胁状况及因素分析：畲族生活水平提高后，番薯米和番薯粉现已不作为当地主食。

（3）保护与传承措施：将其开发成产品在市场上出售。

8．文献资料

[1] 石奕龙，张实. 畲族福建罗源县八井村调查[M]. 昆明：云南大学出版社，2005：411-412.

[2] 俞郁田. 霞浦县畲族志[M]. 福州：福建人民出版社，1993：114-115.

[3] 雷恒春. 福州市畲族志[M]. 福州：海潮摄影艺术出版社，2004：129.

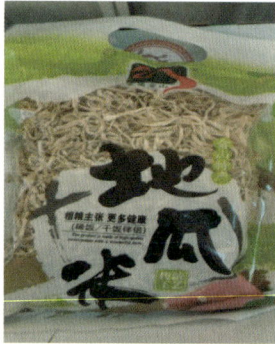

CN-SH-330-006. 酒的酿造工艺

1．名称　中国/浙江省 福建省 广东省 江西省/畲族/传统技术与生产生活方式/酒的酿造工艺

Brewing Technology of Wine/Traditional Technology and Lifestyles/She People/Zhejiang Province，Fujian Province，Guangdong Province，Jiangxi Province/China

2．编号　CN-SH-330-006 中国-畲族-食品加工技术-酒的酿造工艺

3．属性与分布　畲族社区集体知识；分布于浙江省、福建省、广东省、江西省畲族社区。

4．背景信息　畲族爱饮酒，每逢喜庆佳节、红白喜事等饮酒，都要宴请宾客以好酒待客，多喝自酿的水酒。过去畲族糯米极其珍贵，多以谷物、红薯酿酒，现在畲族多以糯米为原料酿酒。过去，畲族的酒只供自家饮用或招待客人，现在畲族自酿的黄酒——山哈酒也开始投放市场。

5．基本描述　酒是畲族必不可少的食品，制作时先将糯米浸泡发胀，蒸熟，再倒入簸箕中摊开，凉后加入酒曲，搅拌均匀后倒入敞口的酒缸，做成酒窝。经过 24 h 的发酵，酒饭成酒酿，这时加入凉开水浸泡 1-2 d，去除酒糟，即成水酒。为了得到清酒，畲族还会把制好的浊酒用酒镦镦开或用稻米糠、秕谷、稻草、木屑等烘焙后加以沉淀制取清酒，这叫"割脚"。"割脚"后的水酒清凉醒目,醇香浓郁,味甜可口,温润可人。番薯酒是过去畲族的当家酒。番薯酒的制法是,将番薯丝蒸熟后加麦芽经酶糖后取其汁,将此汁煮沸,冷却后掺合家酿 3 日的糯米酒,即番薯酒。另一制法是,取番薯米加水浸后煮熟,或鲜番薯煮熟,后加酒曲,经发酵后的烧酒即番薯酒。

6.传统知识特征

(1)畲族爱饮酒,每逢喜庆佳节、红白喜事等都要宴请宾客以好酒待客,酒在畲族生活中具有重要的意义。

(2)畲族糯米酒的制作技术源于畲族长期的生活实践,代代相传。

(3)畲族用浊酒制取清酒时,会利用稻米糠、秕谷、稻草、木屑等原料烘焙后加以沉淀制取清酒,体现了畲族善用生活中常见资源的生活智慧。

(4)畲族会把酿酒后的酒糟用来糟制各种风味食品,如酒糟鱼、酒糟猪肠等,体现了畲族综合利用资源的智慧。

(5)畲族刀耕火种、山地农耕,全年吃玉米番薯,食物单一,于是畲族用番薯酿成酒,把粗糙的食物转化为更为精细、易于消化的食物,改变了饮食结构。

7.保护与利用

(1)传承与利用现状:过去,畲族的酒只供自家饮用或招待客人,现在畲族自酿的黄酒——山哈酒也开始投放市场。山哈酒的影响也在逐年扩大,销售量也在逐年提高。

(2)受威胁状况及因素分析:生活水平的提高和改革开放,市场上各种饮料及酒制品出现,很大程度上代替了传统酿酒制品。

(3)保护与传承措施:对产品进行创新。2012 年,遂昌县亲农谷休闲旅游有限公司选用优质高粱或五粮原浆酒作为基酒,沿用畲族祖传酿酒工艺,采用独特的"窖中窖"复式发酵工艺,即"原酒、种酒、长酒、老酒"4 个流程集于一体,经二次自然发酵后精制成活竹酒。毛竹则选用来自三仁畲族乡深山竹海且方圆百里几乎无重工业污染的原生态天然竹体。

8.文献资料

[1] 毛公宁.中国少数民族风俗志[M].北京:民族出版社,2006:847.

[2] 梅松华.畲族饮食文化[M].北京:学苑出版社,2010:222.

[3] 马建钊.畲族文化研究[M].北京:民族出版社,2009:49.

[4] 蓝炯熹.福安畲族志[M].福州:福建教育出版社,1995:657.

CN-SH-330-007. 粽子的制作

1. 名称 中国/浙江省 福建省/畲族/传统技术与生产生活方式/粽子的制作

Zongzi Making/Traditional Technology and Lifestyles/She People/Zhejiang Province, Fujian Province/China

2. 编号 CN-SH-330-007 中国-畲族-食品加工技术-粽子的制作

3. 属性与分布 畲族社区集体知识；分布于浙江省、福建省畲族社区。

4. 背景信息 粽子是畲族端午节爱吃的食品。畲族的粽子主要有无碱的和有碱的两种，无碱的粽子一般用粳米包，俗称粳米粽，专供老人孩子或体弱多病者吃。无碱粽子不易保存，顶多吃一两天，否则容易变质。有碱粽子是用糯米包的，煮粽时用灰碱水煮。粽子煮好后，畲族会把它挂在竹竿上放置。畲族的粽子除了自己吃或当携带食品外，还把它用以馈赠亲友。

5. 基本描述 粽子是畲族的传统食品，一般用箬叶、菅叶、笋壳包裹，再用龙须草或棕榈丝捆扎而成，然后，十个一串或两个一串集结一起煮，以便挂于竹竿上。无碱粽子用粳米包，里面加咸菜或咸菜肉。有碱粽子用糯米包，先把糯米用灰碱水浸泡，再用箬叶、菅叶、笋壳包裹，有的人家还要在碱水粽子里加肉、赤豆、红枣、板栗等做馅。有碱粽煮粽时用灰碱水煮，煮好后，色黄味香，而且可存放半个月甚至一个月而不坏。

6. 传统知识特征

（1）畲族用箬叶、菅叶、笋壳、龙须草、棕榈丝等自然环境中的资源来制作粽子，这是畲族在长期的生产实践中发现的生物资源的效用，因地制宜，就地取材。

（2）粽子是畲族端午节爱吃的食品，畲族的粽子除自己吃或当携带食品外，还把它用以馈赠亲友。

（3）包粽子用的粳米和糯米也都是当地生产的稻米。

7. 保护与利用

（1）传承与利用现状：畲族现已不仅能在过节时吃到粽子，畲族的粽子已广泛存在于市场上。

（2）受威胁状况及因素分析：随着生活水平的提高，畲族可食用的食品种类越来越丰富，使得畲族对粽子的食用减少。

（3）保护与传承措施：畲族将自制的粽子投放市场，扩大了粽子的消费。

8. 文献资料

梅松华. 畲族饮食文化[M]. 北京：学苑出版社，2010：147.

CN-SH-330-008. 年糕的制作

1. 名称　中国/浙江省 福建省/畲族/传统技术与生产生活方式/年糕的制作

Niangao Making/Traditional Technology and Lifestyles/She People/Zhejiang Province，Fujian Province/China

2. 编号　CN-SH-330-008 中国-畲族-食品加工技术-年糕的制作

3. 属性与分布　畲族社区集体知识；分布于浙江省、福建省畲族社区。

4. 背景信息　年糕是畲族家家户户过年时必不可少的食品，过年吃年糕表达了畲族对幸福生活的向往和对来年的期盼。畲族在年糕冷却后，一般是切片煮着吃，或是炒着吃；畲族外出劳动时也常常带上一两条年糕，在野外用野火煨着吃。畲族每逢传统节日、家庭喜庆或贵宾到来，年糕都是不可缺少的食品。

5. 基本描述　年糕是畲族传统食品之一。年糕制作时先将粳米在清水中浸泡4-6 h，将浸泡过的米蒸熟后倒到石臼里碓打成半成品（碓成半成品时，米饭已变冷，不易碓打），将半成品再一次放到饭甑里蒸，再进行碓打至非常细腻为止。然后，将年糕团压成年糕条，并将年糕的棱角用手抹圆。畲族还有一种黄粿年糕，其传统制法独特。制作时选用几种特殊的灌木（如黄碱柴）烧成灰，用开水泡出碱水。把浸胀的粳米加灰碱水放入锅中炒熟，再放入甑中蒸透，然后倒入石臼中打细打嫩成团，搓成一二斤重的粿条，还有人用模具印上精美的图案和文字。凉硬后用灰碱浸存，一般腊月做，到来年 3 月不坏。黄粿煮吃，气香质软，味道鲜美，用以待客，备受赞誉。

6. 传统知识特征

（1）畲族年糕的制作技术源于畲族长期的生活实践，代代相传。

（2）畲族用野生灌木来制作黄粿年糕，这是畲族在长期的生产实践中发现并形成的经验。

（3）畲族常把年糕切片拌以青菜、油炸豆腐等煮炊进食，且外出劳动时，由于年糕易饱且易携带，畲族常以年糕为午餐，与其生产生活方式相适应。

（4）年糕是畲族每逢传统节日、家庭喜庆或贵宾到来不可缺少的食品，也是畲族传统馈赠亲友的礼品，对畲族有重要的文化价值。

7. 保护与利用

（1）传承与利用现状：现在，很多都是用机器做年糕，普遍用粳米粉揉成团蒸熟，放进年糕机挤出来即成，程序简单了很多，但机器做的没有手工做得那么黏和香。因此，畲族大多还是比较喜欢以前手工制作的年糕。

（2）受威胁状况及因素分析：机器的进入冲击了传统的年糕制作技术，使会手工制作年糕的人越来越少。

（3）保护与传承措施：2010年，黄粿列入景宁畲族自治县第四批非物质文化遗产名录；2010年，黄粿手工制作技艺列入丽水市第二批非物质文化遗产保护名录。

8. 文献资料

[1] 蓝木宗. 畲山风情（景宁畲族民俗实录）[M]. 福州：海风出版社，2012：34.

[2] 浙江省少数民族志编纂委员会. 浙江省少数民族志[M]. 北京：方志出版社，1999：324.

[3] 梅松华. 畲族饮食文化[M]. 北京：学苑出版社，2010：99.

CN-SH-330-009. 麻糍的制作

1. 名称 中国/浙江省/丽水市/景宁畲族自治县/畲族/传统技术与生产生活方式/麻糍的制作

Moci Making/Traditional Technology and Lifestyles/She People/Jingning She Ethnic Autonomous County/Lishui Municipality/Zhejiang Province/China

2. 编号 CN-SH-330-009 中国-畲族-食品加工技术-麻糍的制作

3. 属性与分布 畲族社区集体知识；分布于浙江省景宁畲族自治县畲族社区。

4. 背景信息 麻糍是畲族的传统食品，主要由糯米制成。过去，畲族的糯米弥足珍贵，且制作麻糍过程烦琐，所以没有特殊情况，畲族是不会用来做麻糍。畲族一般只有在招待客人时会制作麻糍，麻糍和豆腐娘是畲族对待客人的最高礼节，而且这种习俗一直延续至今。现在由于糯米已不再是稀缺食品，麻糍做得越来越普遍了，畲族市场上经常有麻糍售卖。

5. 基本描述 麻糍是畲族用来招待客人的常用的食品，制作时，先将糯米用冷水浸泡2 h，而后，将糯米蒸熟，倒入石臼，一人用木杵进行槌碓，另一人用木铲帮忙翻转糯米饭，并适当洒一点点开水，一是为了糯米饭不沾石臼，二是为了让麻糍更加细腻。经过反复槌碓，把糯米糍做成一个直径6-7 cm大小的圆团，并放到有红糖的芝麻粉或黄豆粉里滚动，再压扁成糯米麻糍饼，即可食用。做好的麻糍香甜可口，极受畲族人喜爱。

6. 传统知识特征

（1）畲族麻糍主要由糯米制成，过去糯米弥足珍贵，畲族只在招待客人时才会制作麻糍，以体现对客人的尊重和好客，具有社会文化意义。

（2）麻糍制作的材料都是地方取材，虽然糯米种植很少，但也是当地种植。

（3）麻糍制作过程烦琐，环节较多，用工较长，制作过程体现了畲族的美食文化和对美好生活的追求。

7. 保护与利用

（1）传承与利用现状：如今，畲族随时可吃到糯米麻糍，而且麻糍已经成了景宁畲族自治县农家乐的特色食品，并在市场上进行售卖。

（2）受威胁状况及因素分析：生活水平提高后，畲族可食用的食品种类越来越丰富，使得畲族对麻糍的食用减少。

（3）保护与传承措施：将糯米麻糍推向市场，并于作为农家乐的特色食品。

8. 文献资料

梅松华. 畲族饮食文化[M]. 北京：学苑出版社，2010：144.

CN-SH-330-010. 山豆腐的制作

1. 名称　中国/浙江省 福建省/畲族/传统技术与生产生活方式/山豆腐的制作

Shandoufu Making/Traditional Technology and Lifestyles/She People/Zhengjiang Province，Fujian Province/China

2. 编号　CN-SH-330-010 中国-畲族-食品加工技术-山豆腐的制作

3. 属性与分布　畲族社区集体知识；分布于浙江省、福建省畲族社区。

4. 背景信息　山豆腐是畲族常吃的食品之一，主要由豆腐柴（马鞭草科植物）做成。当植物豆腐柴回春泛绿时，畲族人就开始上山采摘其叶，开始制作山豆腐。豆腐柴再生能力极强，春夏秋三季树梢会连续生长，采摘过后，很快便会重新发芽吐叶。畲族制作山豆腐除自己食用外，还会热情地把成块的山豆腐送给邻居一同分享，并常常拿到城里卖。山豆腐清凉可口，具有清热解毒的功效，特别适合在夏天食用，不仅畲族人爱吃，不少汉族人也喜欢吃。

5. 基本描述　山豆腐是畲族传统食品，制作方法简单。制作山豆腐时，先将摘回来鲜嫩的叶子用清水洗净，将绿叶搁置盆中，加入没过叶子的清水，用双手反复揉搓，直至盆中的水由浅绿变深绿直至暗绿，绿叶被搓成只剩了茎和叶渣。再将汁液透过纱布缓缓流到备好的容器。往过滤的液体中再倒入适量的灰碱水（用豆萁或油茶树等烧的灰），加灰碱水时，一边往绿色汁液里缓缓添加灰碱水，一边用一只手朝着一个方向搅动，感觉到绿色液体开始黏稠，就适可而止。然后盖住盆口，置于固定处，尽可能避免摇晃和振动，十几分钟后，就成了新鲜的山豆腐。山豆腐清热解毒、散风除湿，具有很高的营养价值和药用价值，被畬族人称为"山中之宝"。

6. 传统知识特征

（1）畬族居于山区，其所处区域的气候和地理条件适于豆腐柴的生长，且豆腐柴再生能力极强，采摘过后，很快便会重新发芽吐叶，这为山豆腐的制作提供了丰富的原材料。

（2）畬族用野生资源豆腐柴（马鞭草科植物）制作山豆腐，这是畬族在长期的生产实践中发现的自然资源的效用。

（3）豆腐柴叶最好当天采摘当天制作，以保证山豆腐的口感。同时，山豆腐叶的揉搓程度，以及灰碱水的混入比例，都会影响山豆腐的口感。畬族都是凭着多年的丰富经验，才能制作出清口嫩滑的山豆腐。

（4）山豆腐清热解毒、散风除湿，具有很高的营养价值和药用价值，因而被畬族人称为"山中之宝"。

7. 保护与利用

（1）传承与利用现状：畬族不仅自己食用，还常常拿到城里售卖。

（2）受威胁状况及因素分析：生态环境的破坏使得豆腐柴野生资源减少，从而影响了山豆腐的制作。

（3）保护与传承措施：可人工栽培豆腐柴树。

8. 文献资料

梅松华. 畬族饮食文化[M]. 北京：学苑出版社，2010：

144-145.

CN-SH-330-011. 笋的加工技术

1. 名称　中国/浙江省 福建省/畬族/传统技术与生产生活方式/笋的加工技术

Processing Technology of Bamboo Shoot/Traditional Technology and Lifestyles/She People/Zhejiang Province，Fujian Province/China

2. 编号　CN-SH-330-011 中国-畬族-食品加工技术-笋的加工技术

3. 属性与分布　畬族社区集体知识；分布于浙江省、福建省畬族社区。

4. 背景信息　畬族居住在大山之中，开门见山，满山皆竹。畬族竹的种类繁多，因此畬山一年四季出鲜笋，笋也成为畬族采集的主要食物和一年四季几乎不断的蔬菜。畬族笋吃不完时除了送到市场卖或给罐头厂做清汁罐头笋外，畬族也会自己对笋进行加工。

5. 基本描述　笋几乎是畬族一年四季不断的蔬菜，在长期的生产生活实践中，畬族对笋有自己独特的加工方式。畲族对笋加工最简单方式的就是晒笋干。先将笋煮熟撕成两半，晒干或烘干，以琥珀色、带白霜的笋干质量最好。如果切片加盐煮熟晒干，吃时拿来就可以煮，较方便。还有一种是制成扑笋，把小笋切片加盐，以猛火炒熟，然后以文火炒成八成干，装到竹筒里，用笋壳封口倒置。要食时，随取随食，色香味美，是畲家的特色咸菜。

6．传统知识特征

（1）畲族居住于山区，食物的来源有限且不稳定，畲族采集笋作为食物，很好地利用了其所处环境的资源优势。

（2）畲族对笋独特的处理、制作方式，将其做成笋干和扑笋，这些制作技术是畲族传统饮食文化的体现。

（3）畲族将鲜笋做成笋干和扑笋，有利于笋的贮藏，且便于畲族随时食用。

7．保护与利用

（1）传承与利用现状：竹笋的加工门类更多，有笋块、笋片、笋丝等。福安罐头厂自 1981 年起，以绿竹笋做原料加工成的白玉笋罐头，产品远销美国等 20 多个国家和地区。畲族也常将春笋制成笋干出售，作为经济来源之一。

（2）受威胁状况及因素分析：产品杂乱，没有形成统一的规范，制约了其发展。

（3）保护与传承措施：应大力开发笋产品推向市场。

8．文献资料

[1] 蓝木宗. 畲山风情（景宁畲族民俗实录)[M]. 福州：海风出版社，2012：37-38.

[2] 施联珠，雷文先. 畲族历史与文化[M]. 北京：中央民族大学出版社，1995：256.

[3] 《沐尘畲族乡志》编纂委员会. 沐尘畲族乡志[M]. 北京：方志出版社，2014：126.

CN-SH-330-012. 咸菜的制作

1．名称 中国/浙江省 福建省/畲族/传统技术与生产生活方式/咸菜的制作

Salted Vegetable Making / Traditional Technology and Lifestyles / She People / Zhejiang Province，Fujian Province/China

2．编号 CN-SH-330-012 中国-畲族-食品加工技术-咸菜的制作

3．属性与分布 畲族社区集体知识；分布于浙江省、福建省畲族社区。

4．背景信息 畲族的咸菜，指的是用食盐、酒糟或米醋腌制而成的菜肴。畲族特别喜欢腌制咸菜，一是生活所迫，吃不起美味菜肴；二是上山劳动，便于寄食，节省时间，咸菜长期以来是畲族的当家菜，不仅家家户户喜欢腌制咸菜，而且咸菜的种类非常之多，所腌制的各种各样的咸菜都有其自身的特色。在 20 世纪 80 年代以前，畲族一日三餐都佐以咸菜、咸鱼（条件好的家庭）。畲族孩子上学时，也都带着咸菜就餐。

5. 基本描述 畲族长年种植蔬菜，除日常鲜吃外，一般家庭还把蔬菜晒成干或腌成咸菜，做当家菜用。畲族制作的咸菜，有煎、晒、腌、渍、酱、糟、霉等，其口味也异。煎咸菜，主要由毛笋菜制成。晒咸菜，品种更多，由白菜、芥菜、萝卜、南瓜、马铃薯等晒制而成。腌咸菜，由笋、姜、辣椒、茄子、球菜等腌成，质料不同，口味也多样。渍咸菜，主要由黄瓜、嫩姜、柚皮、番薯等制成，随渍随吃，别有风味。霉咸菜，主要是霉豆、由鲜绿豆霉制而成，食时再佐以白酒、陈醋。

6. 传统知识特征

（1）畲族生活贫困吃不起美味菜肴，且畲族村山高路险，往来不便，畲族劳作时须带午饭上山，咸菜极其适应畲族当时的生活现状，因而深受畲族喜爱。

（2）咸菜长期以来是畲族的当家菜，不仅家家户户喜欢腌制咸菜，而且咸菜的种类非常之多，所腌制的各种各样的咸菜都有其自身的特色，其制作技术源于畲族长期的生活实践，代代相传。

（3）景宁畲族有"看咸菜相人家"的习俗，客人到来，每餐除热菜外，必设四色以上的咸菜，客人看咸菜的多少和优劣，判断夫妇勤劳或懒惰。

7. 保护与利用

（1）传承与利用现状：畲族现在咸菜吃得少了，也没有像以前做得那么多，只是平常有些人家会做着换换口味。但现在有些咸菜已经做成商品售卖。

（2）受威胁状况及因素分析：畲族生活水平的提高后，对咸菜的需求下降。

（3）保护与传承措施：将咸菜做成产品推向市场并以比赛的方式促进其传播。2015 年12 月 8 日，在浙江省景宁畲族自治县东坑镇白鹤村举行咸菜制作比赛，数十名咸菜烧制高手通过切晒咸菜、品尝比试、装罐速度等项目，一较高低。东坑镇是景宁的咸菜名镇，当地制作的咸菜品种多达 90 余种。过去村民制作咸菜主要供自家食用，如今，咸菜已成为当地畅销的农家特色食品。

8. 文献资料

[1] 蓝秀平. 畲族传统与风情文化[M]. 北京：线装书局，2009：81.

[2] 柳意成. 景宁畲族自治县志[M]. 杭州：浙江人民出版社，1995：516.

[3] 梅松华. 畲族饮食文化[M]. 北京：学苑出版社，2010：123-131.

[4] 浙江新华网，http://www.zj.xinhuanet.com/2015-12/09/c_1117400239.htm，2017-03-08.

[5] 博雅特产网，http://shop.bytravel.cn/produce3/54B883DC706B9505.html，2017-03-08.

CN-SH-330-013. 苦槠豆腐的制作

1. 名称 中国/浙江省 福建省/畲族/传统技术与生产生活方式/苦槠豆腐的制作

Making of Tofu with *Castanopsis sclerophylla*/Traditional Technology and Lifestyles/She People/Zhengjiang Province，Fujian Province/China

2. 编号 CN-SH-330-013 中国-畲族-食品加工技术-苦槠豆腐的制作

3. 属性与分布 畲族社区集体知识；分布于浙江省、福建省畲族社区。

4. 背景信息 畲族居于山区，为了果腹，弥补粮食和蔬菜的不足，每年常常在秋冬季节，男女老少上山采摘苦槠果，用来制作苦槠豆腐，又称山珍果。苦槠豆腐是纯天然的绿色食品，不仅具有很高的食用价值，还具有极高的药用价值，具有降低胆固醇，延缓脑功能衰退，清凉泻火，减肥的功效。苦槠豆腐以前是畲族常吃的食品之一，但现在苦槠豆腐多为畲族农家乐特色菜之一。

5. 基本描述 苦槠豆腐是畲族的传统加工食品之一。制作时，先将苦槠果去壳，放进滚水中浸泡 3-5 h，用石磨磨成浆，用纱布过滤，去其渣，加以沉淀；将蒸笼布摊在蒸笼里将沉淀后的苦槠果浆倒入蒸笼里，加盖，用旺火蒸炊，炊熟为止。为了便于保存，畲族常将其切成 3-4 cm 大小的薄片，晒成干，放入坛瓮，以备常年食用。还有一种是白栎豆腐干，做法与苦槠豆腐干一样，只是白栎豆腐干比较涩口，口感没有苦槠豆腐干好，因此白栎豆腐干比较少见。

6. 传统知识特征

（1）畲族为了果腹，弥补粮食和蔬菜的不足，因而利用其所处环境的资源优势，制作出了苦槠豆腐。

（2）苦槠豆腐的制作食材取于自然，其制作是在与自然界长期相处中发现并发展的技术方式。

（3）苦槠豆腐是纯天然的绿色食品，不仅具有很高的食用价值，还具有极高的药用价值，具有降低胆固醇，延缓脑功能衰退，清凉泻火，减肥的功效。

7. 保护与利用

（1）传承与利用现状：苦槠豆腐干已成了景宁畲族自治县畲族农家乐特色菜之一。

（2）受威胁状况及因素分析：苦槠豆腐是畲族为了果腹，弥补粮食和蔬菜的不足从而制作的，随着畲族生活水平的提高，其需求不断下降。

（3）保护与传承措施：苦槠豆腐是纯天然的绿色食品，有很高的食用价值和药用价值，将苦槠豆腐干作为农家乐的特色菜，能促进其保护与传承。

8. 文献资料

[1] 梅松华. 畲族饮食文化[M]. 北京：学苑出版社，2010：114.

[2] 《沐尘畲族乡志》编纂委员会. 沐尘畲族乡志[M]. 北京：方志出版社，2014：171.

CN-SH-330-014. 千层糕的制作

1. 名称　中国/浙江省 福建省/畲族/传统技术与生产生活方式/千层糕的制作

Qiancenggao Making/Traditional Technology and Lifestyles/She People/Zhengjiang Province，Fujian Province/China

2. 编号　CN-SH-330-014 中国-畲族-食品加工技术-千层糕的制作

3. 属性与分布　畲族社区集体知识；分布于浙江省、福建省畲族社区。

4. 背景信息　千层糕是畲族过节常做的美食，也是畲族在"七月半"鬼节祭祀祖先和鬼神食品之一。千层糕的制作过程虽然烦琐，但千层糕味美有韧性，且可以一层一层地剥下来吃，因此深受畲族小孩子的喜爱。现在，畲族人为了增加家庭收入，有专门从事制作并销售千层糕的专业户，所以在市场常年可买到"千层糕"。

5. 基本描述　千层糕是畲族的传统食品之一。千层糕有咸、甜两种，有放碱与不放碱之分。放碱的千层糕是黄色的，不放碱的千层糕是白色的。制作时，先将糙米淘洗干净，并浸泡 6-7 h，若做黄色的千层糕，则用灰碱水浸泡。而后，用石磨磨成米浆，如果喜欢吃咸的，米浆里加少许食盐；如果喜欢吃甜的，就加少许白糖。接下来，将米浆分多次倒入，一层一层蒸炊，每层 0.1-0.2 cm，直至蒸笼蒸满为止。

6. 传统知识特征

（1）千层糕是畲族的传统食品之一，也是畲族"七月半"祭祀和九月初九重阳节的常用食品之一。

（2）畲族对日常食用的食材采取独特的处理、制作方式，这些制作技术是畲族传统饮食文化的体现。

（3）千层糕制作工艺复杂、费时，体现了畲族追求美食和艺术造型的文化内涵。

7. 保护与利用

（1）传承与利用现状：畲族人为了增加家庭收入，有专门从事制作并销售千层糕的专业户，所以现在市场常年可买到"千层糕"。

（2）受威胁状况及因素分析：千层糕制作很麻烦，因此现很少有人自己做。

（3）保护与传承措施：将千层糕推向市场，使其成为市场上常见的美食之一。

8. 文献资料

[1] 梅松华. 畲族饮食文化[M]. 北京：学苑出版社，2010：99.

[2] 吴金宣. 畲族风俗卷[M]. 杭州：浙江古籍出版社，2014：34.

CN-SH-330-015. 糖糕的制作

1. 名称 中国/浙江省 福建省/畲族/传统技术与生产生活方式/糖糕的制作

Making of Glutinous Sweet Cake/Traditional Technology and Lifestyles/She People/Zhengjiang Province，Fujian Province/China

2. 编号 CN-SH-330-015 中国-畲族-食品加工技术-糖糕的制作

3. 属性与分布 畲族社区集体知识；分布于浙江省、福建省畲族社区。

4. 背景信息 过年蒸糖糕、吃糖糕是畲族的传统习俗。糖糕有着甜甜蜜蜜、吉祥如意的寓意，因此是畲族人过年的必备美食之一。每到农历腊月二十以后，畲族家家户户忙着蒸制糖糕。糖糕可依据个人的喜好蒸制出许多不同的口味，可以加橘子皮、五花肉、瘦肉，也可以加花生、芝麻、绿豆、红豆，还可以加红枣、蜜枣、桂花等。糖糕是春节至元宵节期间招待亲朋，餐桌上必不可少的一道甜点，同时也是走亲访友的佳礼。制作好的糖糕既可蒸热吃，也可冷嚼，还可煎着吃。

5. 基本描述 蒸制糖糕，畲乡人通常叫"炊糖糕"，其工序比较复杂，需在前一天就开始准备。首先取当年新出的糯米和晚米按一定比例混合，用水浸泡，让米粒充分吸收水分后再用石磨进行研磨。磨好的米浆经过一夜的挤压，去除多余水分，再加上红糖或白糖搅和至稠稠的糊状，就可以上灶"炊"了。"炊糖糕"的工具是竹制的蒸笼，将箬叶洗净并剪去底部的粗茎后一张张紧靠蒸笼壁叠铺使米糊不至溢出蒸笼的缝隙。沿蒸笼壁还需放置几节小竹筒，使蒸汽能均匀地加热整个蒸笼。然后一层一层地添加搅和好的米糊，待糖糕蒸到七八个小时后将火熄灭，再利用灶膛的余热焖两三个小时后方可出锅，出锅后可撒上芝麻、大枣等，刚出锅的糖糕热气腾腾，香气浓郁，吃一口色泽金黄的糖糕，甜而不腻、软而不黏。

6. 传统知识特征

（1）糖糕有着甜甜蜜蜜、吉祥如意的寓意，畲族在过年吃糖糕表达了对来年的美好期盼，具有文化意义。

（2）糖糕的制作技术源于畲族长期的生活实践，代代相传，所用材料都是就地取材。

（3）糖糕是畲族春节至元宵节期间招待亲朋，餐桌上必不可少的一道甜点，同时也是走亲访友的佳礼，具有重要的社会文化价值。

7．保护与利用

（1）传承与利用现状：随着人们生活水平的提高和年节食品的日渐丰富，如今，虽然不再每家每户都亲自动手"炊糖糕"，但糖糕作为春节喜庆的象征却没有改变。每到过年的时候，没有制作糖糕的畲族家庭总少不了到市场买上一些，图个甜甜蜜蜜、吉祥如意的好兆头。商家也根据市民的不同需求，早早制作出不同口味的糖糕，整个腊月里都成为畲乡糖糕的旺销期。

（2）受威胁状况及因素分析：畲族可食用食品的丰富使得对糖糕的需求下降。

（3）保护与传承措施：将糖糕推向市场促进了糖糕的发展。

8．文献资料

景宁新闻网，http://jnnews.zjol.com.cn/jnnews/system/2015/02/11/019036509.shtml，2017-03-10.

CN-SH-330-016. 米糕的制作

1．名称　中国/浙江省/丽水市/景宁畲族自治县/畲族/传统技术与生产生活方式/米糕的制作

Making of Rice Cake/Traditional Technology and Lifestyles/She People/Jingning She Ethnic Autonomous County/Lishui Municipality/Zhejiang Province/China

2．编号　CN-SH-330-016 中国-畲族-食品加工技术-米糕的制作

3．属性与分布　畲族社区集体知识；分布于浙江省景宁畲族自治县畲族社区。

4．背景信息　米糕是畲族过节常做的美食，也是畲族在"七月半"鬼节祭祀祖先和鬼神食品之一。畲族的米糕主要有白米糕和黄米糕两种，白米糕制作时没有加入灰碱，而黄米糕制作时加入了灰碱。畲族比较喜欢制作黄米糕，一是黄米糕色泽美，二是黄米糕含有的灰碱有清凉的功效，三是含灰碱的米糕不容易变坏，可以存放 3-5 d。

5．基本描述　米糕是畲族的传统食品之一。制作时先将糙米淘洗干净，并浸泡 6-7 h，白米糕用清水浸泡，而黄米糕用山上砍回的野生灌木黄碱柴（山矾科，山矾）或油茶树、黄豆其烧成灰碱后的灰碱水浸泡。而后，用石磨磨成米浆，如果喜欢吃咸的，米浆里加少许食盐；如果喜欢吃甜的，就加少许白糖。之后，将糙米浆倒入蒸笼里，加盖，用旺火蒸炊，一直蒸到米糕熟为止。米糕，晶莹剔透，色泽鲜美，深受畲族喜爱。

6．传统知识特征

（1）畲族用山上植物来制取灰碱制作黄米糕，这是畲族在长期的生产实践中发现的自然生物资源的效用。

（2）米糕是畲族的传统食品之一，畲族通常在每年的鬼节"七月半"制作米糕，除自己食用外，还用以祭祀鬼神，这是米糕制作的文化意义。

（3）由于黄米糕含灰碱，因此较白米糕不容易坏且清凉。

7．保护与利用

（1）传承与利用现状：米糕现已进入市场，畲族可随时吃到米糕。

（2）受威胁状况及因素分析：畲族可食用食品的丰富和对鬼神崇拜思想的淡化使得畲族对米糕的需求下降。

（3）保护与传承措施：将米糕推向市场促进了米糕的发展。

8．文献资料

[1] 梅松华. 畲族饮食文化[M]. 北京：学苑出版社，2010：98.

[2] 蓝木宗. 畲山风情（景宁畲族民俗实录）[M]. 福州：海风出版社，2012：34-35.

CN-SH-330-017. 豆腐娘的制作

1．名称　中国/浙江省/丽水市/景宁畲族自治县/畲族/传统技术与生产生活方式/豆腐娘的制作

Doufuniang Making/Traditional Technology and Lifestyles/She People/Jingning She Ethnic Autonomous County/Lishui Municipality/Zhejiang Province/China

2．编号　CN-SH-330-017 中国-畲族-食品加工技术-豆腐娘的制作

3．属性与分布　畲族社区集体知识；分布于浙江省景宁畲族自治县畲族社区。

4．背景信息　豆腐娘是畲族一道特色的菜肴。取名通俗，寓意简单，可理解为"豆腐之娘"。畲族有将毛豆种于田埂靠水一侧的传统，田水给黄豆提供了充足的水分和养料，长出来的毛豆颗粒饱满，青翠透亮，选用这种豆子制作的豆腐娘，自然味美。畲族还有一个关于豆腐娘的传说。相传很久以前，畲族从遥远的凤凰山迁徙至景宁一带。有一天，村里来了一位过路老人，老人好几天没有进食，已经奄奄一息。好心的雷大嫂拿出家里仅有的一捧毛豆送给老人，可是老人根本吞咽不下。雷大嫂灵机一动，马上找来两块石头，把毛豆捣碎，然后连汤带汁放在锅里煮。老人喝过雷大嫂的特制豆汤后，连声称好。原来这位老者是一位仙人，他此行是故意试探畲族聪明善良与否，通过考验的畲族也得到了仙人所赐予的世代幸福安康。

5．基本描述　豆腐娘是畲族的传统食品之一，也是畲族用来待客的上等食品。制作

时先将新鲜豆子手工剥好，若是陈年豆子在前一天晚上用水浸泡，泡胀方可使用。畲族用来磨豆腐娘的石磨是平面的两层，两层的接合处刻有纹理，将准备好的黄豆掺和适量的清水从上方的孔进入两层中间，沿着纹理向外运移，在滚动过两层面时黄豆被磨碎，青绿的豆腐娘流到磨盘上，磨豆时过稠过稀都会影响豆腐娘的口感。磨好后的豆腐娘倒入大锅中用温火煮透，然后根据个人喜好添加些许葱、姜、蒜及各味调料，舀入火锅上桌。此外，豆腐娘还可以作为一道辅菜，加在粉皮中，是畲族极富特色的一道早餐。

6．传统知识特征

（1）畲族山区优异的地理气候环境和畲族将毛豆种于田埂靠水一侧的传统种植方式，使长出来的毛豆颗粒饱满，青翠透亮，成为制作的豆腐娘的最佳原料。

（2）畲族对黄豆采取独特的处理、制作方式，这些制作技术是畲族传统饮食文化的体现。

（3）豆腐娘是畲族的传统食品之一，也是畲族常用来待客的上等食品，具文化价值。

7．保护与利用

（1）传承与利用现状：随着畲族人生活水平的提高，豆腐娘作为一道纯天然的绿色食品，受到了越来越多人的欢迎。

（2）受威胁状况及因素分析：外来饮食文化的引入在一定程度上冲击了畲族饮食文化。

（3）保护与传承措施：畲族把豆腐娘作为畲族旅游业的必备美食之一，对豆腐娘起到了很好的推广作用。

8．文献资料

景宁政府网，http://www.jingning.gov.cn/art/2015/8/25/art_4061_232971.html，2017-03-26.

CN-SH-330-018. 惠明茶的炒制技艺

1．名称　中国/浙江省/丽水市/景宁畲族自治县/畲族/传统技术与生产生活方式/惠明茶的炒制技艺

Huiming Tea Frying Skills/Traditional Technology and Lifestyles/She People/Jingning She Ethnic Autonomous County/Lishui Municipality/Zhejiang Province/China

2．编号　CN-SH-330-018 中国-畲族-食品加工技术-惠明茶的炒制技艺

3．属性与分布　畲族社区集体知识；分布于浙江省景宁畲族自治县畲族社区。

4．背景信息　景宁畲族自治县种茶历史悠久，早在唐太宗年间就已经种植茶树。唐咸通二年（861年），惠明和尚于惠明寺周围栽植茶树，所产茶叶品质优异，也因僧名称

惠明茶。明成化十八年（1482年），惠明茶列为贡品。民国四年（1915年），惠明茶荣获巴拿马万国博览会金奖。惠明茶色泽翠绿，银毫显露，形如鱼钩，冲泡后有兰花香味、水果甜味，且有一杯鲜，二杯浓，三杯干又醇，四杯、五杯茶韵犹存的特点。

5. 基本描述　惠明茶的炒制技艺是畲族的传统技艺之一，别具特色。采摘商品茶在清明前后，惠明茶采摘标准以一芽二叶初展的嫩、匀鲜为主，采回后进行筛分，使芽叶大小、长短一致。加工工艺分为采茶、摊青、杀青、揉条、烘干、整形6道工序。鲜叶稍经摊放，即杀青，杀青锅温在200℃左右。杀青后期逐步降低锅温，在锅中边揉条，边抛炒，当茶条初具弯曲时，改用滚炒与抛炒相结合的手法整形，此时锅温再度略升，以有利于茶香的形成与发展，最后在锅中辉干。炒制者需灵活掌握"抛、闷、捞、抖、带、甩、搓、抓、理、拉"等十大手势，才能使炒制的茶叶具有条索紧、重、结、弯的特点。

6. 传统知识特征

（1）景宁畲族自治县惠明茶产区地形复杂，位于敕木山东北半山腰（海拔在600 m左右）的惠明寺村一带，冬暖夏凉、云雾蒸腾、雨水充沛，很适合惠明茶的生长，使其所产茶叶品质优异。

（2）畲族惠明茶种植历史悠久，其炒制技艺源于畲族长期的生活实践，代代相传，主要分为6道工序，炒制者需灵活掌握十大手势，才能使炒制的茶叶具有条索紧、重、结、弯的特点，这是畲民发明的惠明茶炒制的特别技术。

7. 保护与利用

（1）传承与利用现状：现惠明茶已经被列为国家地理标志产品，产品畅销国内外，其炒制技术也随着惠明茶的发展得到了很好的传承。

（2）受威胁状况及因素分析：其他茶叶及饮料产品对惠明茶的冲击。

（3）保护与传承措施：①2006年，惠明茶手工制作技艺被列入景宁畲族自治县第一批非物质文化遗产名录；2007年列入丽水市第一批非物质文化遗产名录；2012年列入浙江省第四批非物质文化遗产名录。②国家质量监督检验检疫总局（公告 2010年第52号）正式批准对惠明茶实施地理标志产品保护，保护范围为景宁畲族自治县现辖行政区域。

8. 文献资料

[1]　严慧荣. 非遗撷英[M]. 北京：中国文史出版社，2013：89-91.

[2]　国家旅游地理网，http：//news. cntgol. com/dyzd/20160420/58388. html，2017-03-10.

CN-SH-330-019. 莪山红曲酒的制作

1. 名称 中国/浙江省/杭州市/桐庐县/畲族/传统技术与生产生活方式/莪山红曲酒的制作

Making of Woshan Monascus Wine/Traditional Technology and Lifestyles/She People/Tonglu County/Hangzhou Municipality/Zhejiang Provinc/China

2. 编号 CN-SH-330-019 中国-畲族-食品加工技术-莪山红曲酒的制作

3. 属性与分布 畲族社区集体知识；分布于浙江省桐庐县莪山畲族乡畲族社区。

4. 背景信息 莪山红曲酒产于桐庐莪山畲族乡，是一款享誉甚高的地方土特名酒。据传，桐庐制红曲酒在清光绪后，至少已有 500 多年历史。莪山畲族乡几乎家家都有酿制红曲酒的传统，一户家庭少则几瓮，多的便用大酒缸。每年的农历十月是畲族酿酒的好季节，尤其是农历十月二十那天，据传那天是酒师爷的生日，酿出来的酒特醇、特香。长期以来畲族的先辈一直把自己手工制作的红曲酒当作珍品享用和招待尊贵客人。它具有补肺，健脾，止汗，舒筋活血，抗寒冷，治疗跌打损伤、促使产妇恢复体力、多产奶水等多种功效，所以，几百年来一直传承至今。

5. 基本描述 莪山红曲酒是桐庐莪山畲族乡的特产，酒色艳红，酒香醇厚。红曲酒的制作原料比例为 1.5 kg 糯米，1 L 红曲，1 L 冷开水。制作时先把糯米浸泡 6-8 h，淘洗干净后，沥干水上蒸笼蒸熟，然后将糯米饭倒入团箕摊开，晾至略凉，酒能否酿好，凭经验掌握糯米饭温度是关键的技术。然后，将糯米饭中掺入红曲拌匀，放入酒缸中并加入冷开水，盖上盖子。当酒缸发出咕咚的声音时，用一个木头做的提子，把酒缸的米和水定期上下压压，不能过早也不能过晚，不能多也不能少，全靠经验。一般红曲酒的酿制时间，一般时间是 20-30 d，夏秋天只要 8-10 d。

6. 传统知识特征

（1）莪山畲族乡秀丽的自然环境，清澈的甘甜泉水，熟练的酿酒技艺，以及悠久的畲族传统文化，共同酝酿出了畲乡特产红曲酒。

（2）长期以来畲族的先辈一直把自己手工制作的红曲酒当作珍品享用和招待尊贵客人，红曲酒对畲族有着重要的文化意义。

（3）莪山红曲酒具有补肺、健脾、止汗、舒筋活血、抗寒冷、治疗跌打损伤、促使产妇恢复体力、多产奶水等多种功效，因此深受畲族喜爱。

7. 保护与利用

（1）传承与利用现状：在市场经济的推动下，传统工艺的红曲酒已经逐渐走上了一条产业化发展的道路。目前已注册了"畲乡红"牌红曲酒商标。

（2）受威胁状况及因素分析：莪山红曲酒是浙江省级非物质文化遗产，在桐庐及杭州地区都有一定的知名度，但是由于缺乏品牌意识，以次充好现象泛滥。

（3）保护与传承措施：莪山红曲酒已列入杭州市第二批非物质文化遗产名录，并积极申报浙江省非物质文化遗产名录。

8. 文献资料

[1] 周保尔. 畲乡红[M]. 杭州：杭州出版社，2008：170-172.

[2] 浙江省非物质文化遗产网，http：//www.zjfeiyi.cn/xiangmu/detail/53-2816.html，2017-03-23.

[3] 中国杭州政府网，http：//www.hangzhou.gov.cn/art/2016/10/17/art_812265_2351567.html，2017-03-23.

CN-SH-330-020. 芋头糕和角粉的制作

1. 名称　中国/浙江省 福建省/畲族/传统技术与生产生活方式/芋头糕和角粉的制作 Making of Yutougao and Jiaofen/Traditional Technology and Lifestyles/She People/Zhejiang Province，Fujian Province/China

2. 编号　CN-SH-330-020 中国-畲族-食品加工技术-芋头糕和角粉的制作

3. 属性与分布　畲族社区集体知识；分布于浙江省、福建省畲族社区。

4. 背景信息　杂交水稻推广前，畲族稻米生产严重不足，因此畲族主食多杂粮。为了改善饮食结构，畲族对各种杂粮进行加工，做出许多种花样新鲜的副食品，其中最具代表性的是芋头糕和角粉。芋头糕味道鲜美，筋道十足，是畲族爱吃的食品。角粉是畲族用番薯或焦芋加工的副食品之一，风味绝佳，深受畲族喜爱。食用时，将角粉以热水泡软，加入蔬菜，酸菜，肉末和其他调味品，或炒或煮，风味绝佳。

5. 基本描述　芋头糕是畲族的传统食品之一。其做法是，先将芋头煮熟，捣成泥后加入适量的番薯粉和盐和匀，然后再根据炒、煮、蒸的不同要求进行加工。炒的芋头糕是将和好的芋泥搓成长条状，蒸熟，用时切片加入配料，以热油煎炒即可。煮芋头是将和好的芋泥挤成小团加入热水里，加入虾米、瘦肉等配料，风味更佳。蒸的芋头糕也叫"芋子包"，做法与汉族的包子、烧麦、饺子相类似。角粉，即粉条、粉皮，是畲族的传统食品，多以番薯粉制作，也有用焦芋粉制作的。制作时在平底的盆、盘中倒入薄薄的一层水溶的番薯粉浆或焦芋粉浆，放入锅中蒸熟，取下撕出即成一张褐色的粉皮。这时可将热粉皮卷蔬菜或酸菜吃，或将粉皮挂在竹竿上晾晒，待其稍凉稍干后取下，切成细条晒，即成角粉。

6. 传统知识特征

（1）过去畲族稻米生产严重不足，而芋头和番薯、焦芋是畲族盛产的杂粮之一，畲

族为了改善饮食结构，将它们做成芋头糕和角粉，这些制作技术是畲族传统饮食文化的
体现。

（2）芋头糕味道鲜美，筋道十足，角粉可炒可煮，风味绝佳，深受畲族喜爱。

（3）芋头糕和角粉制作技术比较简便，畲族易掌握，而且制作材料都是就地取材。

7. 保护与利用

（1）传承与利用现状：在畲族社区现在依旧很普遍，在市场上有出售。

（2）受威胁状况及因素分析：外来饮食文化的引入在一定程度上冲击了畲族饮食
文化。

（3）保护与传承措施：将芋头糕和角粉推向市场，使其成为市场上常见的美食之一。

8. 文献资料

[1] 毛公宁. 中国少数民族风俗志[M]. 北京：民族出版社，2006：846.

[2] 蓝运全. 闽东畲族志[M]. 北京：民族出版社，2000：129.

[3] 钟育发. 官庄畲族乡志[M]. 北京：方志出版社，2013：104.

340

传统规划设计与建筑工艺

CN-SH-340-001. 草寮

1. 名称　中国/浙江省 福建省 广东省 江西省/畲族/传统技术与生产生活方式/草寮
Thatched Hut/Traditional Technology and Lifestyles/She People/Zhejiang Province，
Fujian Province，Guangdong Province，Jiangxi Province/China

2. 编号　CN-SH-340-001 中国-畲族-规划设计与建筑工艺-草寮

3. 属性与分布　畲族社区集体知识；分布于浙江省、福建省、广东省、江西省畲族
社区。

4. 背景信息　历史上畲族人辗转迁徙，物质生活极其简朴，且根本没有财力购置建
房材料，所以他们只好结庐山谷，筑茅为瓦，编竹为篱，伐荻为户牖，聚族而居。清代
之前，畲族所居住的都是茅草房，村寨的房子周边多种树。畲族称自己的茅草房子为草

寮，这种草寮也称"千柱落脚"或称"千枝落地"。草寮简易，简陋，建筑材料取自于山上，无须购置。畲族人住三五年，如果迁徙就弃寮而走，到新的地方又搭建草寮。草寮结构低矮，阳光不足，地面潮湿，疾病流行特别严重。明清之际，畲族定居后，多数畲族人对草寮进行了改进。

5. 基本描述　草寮是畲族清代以前的住房。畲族多将草寮建在山坡向阳避风有水源的地方，一般占地面积 20 m² 左右，寮高 3 m，墙高 2 m，屋靠后山，引水从后门引入即可。草寮多数为"人"字形，它仅在棚中央竖 1 排 3-5 根树杈，杈上架着横杠，两边斜靠若干木条，扎上小横条，覆盖茅草而成。也有的草棚为"介"字形，通常以数根竹木为支柱和主架，用小竹或竹片缚成框架屋顶，其上覆盖茅草、菅、稻草等编制成的草帘片，以葛藤或小竹扭扎固定。屋墙多以小竹管芦秆篱笆围成，俗称"千枝落地"，屋内隔墙，以竹篾或菅芦编成，有的涂上泥巴，但大多没有隔间。

6. 传统知识特征

（1）畲族长期频繁地游耕迁徙，物质生活极其简朴，且根本没有财力购置建屋材料，畲族草寮的使用与其经济水平相适应，也与其生产方式和生活环境相适应。

（2）畲族就地取材，因材施艺，因地制宜地建造草寮，体现了畲族与大自然和谐相处的自然观和畲族的造物智慧。

（3）畲族的草寮原料多取材于自然，可以随迁随盖，废弃后归还于自然，对环境不会造成负面影响，在一定程度上对大自然起到了保护作用。

7. 保护与利用

（1）传承与利用现状：明清之后，畲族逐渐向汉族文化靠拢，从游耕农业转向定居农业，住房也逐渐向一至两层的土木结构过渡，如今，草寮已经很少见到，畲族民居与当地汉族已无差别。

（2）受威胁状况及因素分析：草寮是适应畲族游耕迁徙的住房，随着畲族社会的变迁，其消失是必然的趋势。

（3）保护与传承措施：现仅存于畲族博物馆，以畲族草寮模型展示。

8. 文献资料

[1] 雷弯山. 畲族风情[M]. 福州：福建人民出版社，2002：48-51.

[2] 蓝运全. 闽东畲族志[M]. 北京：民族出版社，2000：412.

[3] 蓝秀平. 畲族传统与风情文化[M]. 北京：线装书局，2009：93-94.

[4] 邱国珍. 畲族民间文化[M]. 北京：线装书局，2009：89.

[5] 《沐尘畲族乡志》编纂委员会. 沐尘畲族乡志[M]. 北京：方志出版社，2014：122.

CN-SH-340-002. 土寮

1. 名称 中国/浙江省 福建省/畲族/传统技术与生产生活方式/土寮

Adobe Farmhouse/Traditional Technology and Lifestyles/She People/Zhejiang Province，
Fujian Province/China

2. 编号 CN-SH-340-002 中国-畲族-规划设计与建筑工艺-土寮

3. 属性与分布 畲族社区集体知识；分布于浙江省、福建省畲族社区。

4. 背景信息 清代之前，畲族住宅以草寮为主。明清之际，畲族定居后，多数畲族在草寮中对卧室进行了改进，从而形成了土寮。土寮是畲族明清之际主要的居住形式，是畲族民居向土木结构的瓦房发展的一种过渡形态。土寮民居曾在许多山区的畲族广泛流行，不仅具有冬暖夏凉的特点，还具有防火作用。清代，畲族的住房逐渐向土木结构的瓦房发展，土寮逐渐被淘汰。

5. 基本描述 土寮是畲族明清之际主要的居住形式，也称"土库"或"泥间"。土寮用黄土夯成围墙，或以小竹子、竹篾、菅草、芦苇秆编成篱笆墙，再涂上泥巴。屋内以竹木为支柱和主架，屋顶上盖上茅草、稻草、树皮或瓦片，以藤条，竹篾捆扎固定，在半腰上架横木，铺以竹片或小木条，垫上实土为楼。土寮冬暖夏凉，还具有防火作用。畲族人都住在土寮里，粮食、衣物也放在里面。锅灶是泥土做的泥灶，一灶两锅，没有烟囱，茶壶挂在灶门口，灶内烧火时，往往利用灶门外的余火烧水。

6. 传统知识特征

（1）畲族的土寮与畲族从游耕迁徙转变为定居的生产方式和生活环境相适应。

（2）畲族土寮采用黄土夯实为墙，由于黄土承重性、储热和传热性良好并且耐久，因此在一定程度上具有中和室内湿气的功能，这与畲族分布在亚热带多降雨的山区，气候潮湿的自然环境相适应。

（3）畲族土寮民居不仅具有冬暖夏凉的特点，还具有防火作用，这与畲族生活在亚热带的山区、冬冷夏热且易发生火灾的生活环境相适应。

（4）畲族土寮所用材料都来自自然所赋予的石、土、草、木、竹等天然材料，体现了畲族与大自然和谐相处的自然观和畲族的造物智慧。

（5）畲族土寮除了天然材料原色质朴，畲族建筑装饰也少而简洁，展现出一种融于山野自然的原始面貌，体现出畲族古朴的自然观。

7．保护与利用

（1）传承与利用现状：随着畲族生产生活方式的改变和生活水平的提高，土寮已被淘汰，现畲族多住上了水泥结构房屋。

（2）受威胁状况及因素分析：畲族生活水平的提高及生产方式的改变使得土寮逐渐淘汰。

（3）保护与传承措施：在畲族博物馆有畲族土寮展示。

8．文献资料

[1] 邱国珍. 畲族民间文化[M]. 北京：线装书局，2009：90.

[2] 钟伯清. 中国畲族[M]. 银川：宁夏人民出版社，2012：51-52.

[3] 石奕龙，董建辉. 福建省罗源县八井畲村民居建筑的历史变迁[C]. 畲族文化研究，2003.

[4] 夏娟. 畲族传统造物设计的文化生态探析——以浙江畲族聚居地为例[D]. 杭州：浙江农林大学，2013.

CN-SH-340-003. 瓦寮

1．名称　中国/浙江省 福建省/畲族/传统技术与生产生活方式/瓦寮

Tile-Roofed House/Traditional Technology and Lifestyles/She People/Zhejiang Province, Fujian Province/China

2．编号　CN-SH-340-003 中国-畲族-规划设计与建筑工艺-瓦寮

3．属性与分布　畲族社区集体知识；分布于浙江省、福建省畲族社区。

4．背景信息　清代，畲族的住宅逐渐向土木结构的瓦房发展，福建畲族称为"土墙厝""木寮"，浙江畲族叫"瓦寮"。中华人民共和国成立以后，畲族的住宅仍以土木结构为主建造，但住房的建筑和使用格局有所改善，随着物质生活条件的不断改善，畲族村寨的混凝土结构新式住宅已逐渐成为主体，畲族的居住条件得到了很大的改观。

5．基本描述　瓦寮是畲族清代以后的主要的居住形式。瓦寮、土墙厝为土木结构，四方筑墙，屋架直接置在山墙上，屋顶呈"金"字形，盖以瓦片，俗称"人字栋"，有4扇、6扇、8扇之分。所谓一扇，就是5-7根木柱以楼锁和檩子连接成的一个屋架。两扇对峙竖起,上与中用横梁串上,形成特大的屋架。这种大厝,柱子、穿枋、过梁多达几百根。畲族土木结构的瓦房两层的较少,多平房,一般为方形,有厅堂,边房。室内一般是一厅、左右厢房,中间厅堂又分前后庭,中有木屏间隔,两旁留个小门,左门顶上设神位,右门顶上设祖神位,后庭放置日用杂物。左右厢房各分割为两间卧室,右厢房后端多为厨房,厨房一般不设烟囱,灶前设火坑,用以取暖。

6. 传统知识特征

(1)畲族的瓦寮每家灶前均设有一个火坑或火塘,冬天全家人围坐火坑,烤火取暖,这与畲族山区寒冷的气候条件相适应。

(2)畲族瓦寮其两边房间地板高出中厅 20 cm,且铺有与立柱桁架相同材质的木板是用以应对山区潮湿和虫蚁侵扰的设计。

(3)畲族瓦寮有不少在厅前以及面山的建筑后立面不设围墙,这是为了减少建筑对原本地形的破坏,并且由此形成的中厅敞开式空间结构形式可以实现夏季通风以及保证在高海拔山区上冬天的采光保暖。

(4)畲族瓦寮大厝,柱子、穿枋、过梁多达几百根,畲族木匠不用图纸和一钉一铆,就能使柱柱相连,枋枋相结,梁梁相扣,四平八稳,坚固耐用,省工省料,体现了畲族传统建房技术的高超。

(5)畲族一户建房,全村相帮,亲邻更是责无旁贷,农闲多十,农忙少干。对帮工人只招待酒饭,不用工钱。体现了畲族之间互帮互助,团结友爱的精神。

7. 保护与利用

(1)传承与利用现状:随着物质生活条件的不断改善,目前畲族村寨的混凝土结构新式住宅已逐渐成为主体。

(2)受威胁状况及因素分析:畲族生活水平的提高及外来文化的引入使得瓦寮逐渐淘汰。

(3)保护与传承措施:畲族瓦寮部分被开发利用作为旅游资源,促进了其保护与传承。

8. 文献资料

[1] 邱国珍. 畲族民间文化[M]. 北京:线装书局,2009:91.

[2] 蓝秀平. 畲族传统与风情文化[M]. 北京:线装书局,2009:96.

[3] 蓝运全. 闽东畲族志[M]. 北京:民族出版社,2000:194.

[4] 夏娟. 畲族传统造物设计的文化生态探析——以浙江畲族聚居地为例[D]. 杭州:浙江农林大学,2013.

CN-SH-340-004. 埋权屋

1. 名称 中国/江西省/铅山县/畲族/传统技术与生产生活方式/埋权屋

Maicha House/Traditional Technology and Lifestyles/She People/Yanshan County/Jiangxi Province/China

2. 编号 CN-SH-340-004 中国-畲族-规划设计与建筑工艺-埋权屋

3. 属性与分布 畲族社区集体知识；分布于江西省铅山县畲族社区。

4. 背景信息 畲族的住宅大多建于山麓之中，多数坐北朝南或坐西朝东。门前屋后栽果树，种毛竹，有的还种芭蕉，环境优美。畲族初迁太源（位于江西省铅山县）时，几乎全凭岩洞和大树遮风挡雨。定居之后，畲族便自己动手建造"埋权屋"。埋权屋阴暗、狭窄、低矮，在太源畲族乡先后存在约 200 年，中华人民共和国成立后，特别是改革开放以来，埋权屋被淘汰，太源畲族乡畲族住上了瓦房。

5. 基本描述 埋权屋是太源畲族乡普遍的传统住宅。这种屋以带权的杂树为柱。树权向上，下部则直接埋入泥土中，以树枝、小树或竹条为椽，用竹箬代瓦，以瓦型杉树皮压脊，墙壁则是竹片编就的篱笆。屋通常只有七八尺高，因为若再高，就难以抵御强劲的山风吹袭。另一种住宅畲族称为"禾担串"，但多数畲族居民无力建造，它比埋权屋略高，约有一丈一尺，但仍非瓦房。埋权屋阴暗、狭窄、低矮，在太源畲族乡先后存在约 200 年。

6. 传统知识特征

（1）畲族初迁，物质生活极其简朴，且根本没有财力购置建屋材料，畲族埋权屋的使用与其经济水平及生产方式和生活环境相适应。

（2）畲族就地取材，因材施艺，因地制宜地建造埋权屋，体现了畲族与大自然和谐相处的自然观及畲族的造物智慧。

7. 保护与利用

（1）传承与利用现状：中华人民共和国成立后，特别是改革开放以来，埋权屋被淘汰，太源畲族乡畲族住上了瓦房。

（2）受威胁状况及因素分析：随着畲族社会的变迁和人民生活水平的提高，埋权屋消失是必然的趋势。

（3）保护与传承措施：保护部分埋权屋，可用作旅游和历史文化研究。

8. 文献资料

汪华光. 铅山畲族志[M]. 北京：方志出版社，1999：193，232-233.

CN-SH-340-005. 畲族木拱桥

1．名称　中国/浙江省 福建省/畲族/传统技术与生产生活方式/畲族木拱桥

Timber Arch Bridge/Traditional Technology and Lifestyles/She People/Zhejiang Province，Fujian Province/China

2．编号　CN-SH-340-005 中国-畲族-规划设计与建筑工艺-畲族木拱桥

3．属性与分布　畲族社区集体知识；分布于浙江省、福建省畲族社区。

4．背景信息　畲村地处偏远山区，溪涧纵横，对陆上交通造成了很大的不便。为了克服天然屏障，畲族先民在聚居地建起石蹬、木桥、石板桥、木拱桥和石拱桥，桥梁也逐渐趋向永久性建筑。桥梁既是畲村交通的重要设施，也是畲村的风景线，畲族桥梁就是地方一代人的智慧和创造力水平的见证，也是畲村最具文化魅力的建筑之一。畲族木拱桥就是畲族桥梁的一大特色，在木材资源丰富的畲族山区尤为适用。

5．基本描述　木拱桥又称虹桥、飞桥，俗称虾蛄桥。畲族木拱桥单跨比一般桥梁大三四倍，桥台多利用岸边石崖劈削镶砌而成，减少了围水清基工程。主拱骨架有单层三角形和双层多边形两种。三角形拱架，两端斜梁以 25°～40°仰角伸向跨中，通过横系梁与跨中平梁，以榫卯嵌合，上承桥面铺装形成整体；多边形双层拱架，系在三角形拱架之间穿插五边形拱架，使上下两层连为一体，其稳定性、荷载力均比单层拱架强。为加强拱架稳定性，两端斜梁均以剪刀木加固。桥面铺装，是在拱桥、拱背的立柱盖梁上铺设纵梁、面板。桥上建廊屋以蔽风雨。廊屋中部隆起屋脊成流线型，飞檐翘角，外观雄伟。桥屋内设坐板、建神龛，有桥亭双重功用。

6．传统知识特征

（1）畲村地处偏远山区，溪涧纵横，给陆上交通造成了很大的不便，畲族木拱桥是畲族为了克服天然屏障而建立的。

（2）畲族居于山区，木材资源丰富，为木拱桥的建造提供了丰富的原材料。

（3）畲族木拱桥是畲族智慧和创造力水平的见证，也是畲村最具文化魅力的建筑之一。

7．保护与利用

（1）传承与利用现状：为了保护畲族文化，在一些畲族的典型聚居区依然保留了畲族木拱桥。

（2）受威胁状况及因素分析：畲族村落的现代化发展对传统的畲族建筑形成威胁。

（3）保护与传承措施：2012 年 6 月，景宁编梁木拱桥营造技艺被列入浙江省第二批非物质文化遗产保护名录。

8.文献资料

[1] 钟雷兴.闽东畲族文化全书（服饰卷）[M].北京：民族出版社，2009：46-47.

[2] 严慧荣.非遗撷英[M].北京：中国文史出版社，2013：112.

350

其他传统技术

CN-SH-350-001.畲族银艺

1.名称　中国/浙江省 福建省 广东省 江西省/畲族/传统技术与生产生活方式/畲族银艺

Silver Art/Traditional Technology and Lifestyles/She People/Zhejiang Province，Fujian Province，Guangdong Province，Jiangxi Province/China

2.编号　CN-SH-350-001 中国-畲族-其他传统技术-畲族银艺

3.属性与分布　畲族社区集体知识；分布于浙江省、福建省、广东省、江西省畲族社区。

4.背景信息　畲族人崇尚银饰、银器，无论出生、婚丧嫁娶等人生重大日子或民族传统节日、盛事，还是日常生产生活，畲族人与银饰、银器密不可分，其间蕴含着吉祥平安的美好祝福和对生活的乐观信念。畲族银饰拥有独特而浓郁的民族文化特征，畲族姑娘出嫁时佩戴的传统"银凤冠"头饰，便是这一工艺文化特征的极致体现。畲族银饰品不仅是畲族传统服饰的重要组成部分，而且是畲族姑娘嫁时必不可少的陪嫁品。正是畲族人崇尚银器、世代传承的民族风情，赋予了福安畲族银器制作工艺独特而浓郁的民族文化特征。在畲族银器制作中，以福安叶氏一脉的"珍华堂"银雕最为突出，已承载200多年，对丰富完善畲族银器制作历史起到积极作用。

5.基本描述　畲族银饰是畲族人审美的独特标识体现，贯穿畲族人一生的所有重大节日或者仪式，蕴含着吉祥平安的美好祝福和对生活的乐观信念。因此畲族历代对银器的制作极为重视，独特的工艺手法体现出银饰的完美装饰效果。畲族银艺主要分为设计图样、焰炼范铸、捶打成形、操作雕刻、掐丝镶嵌、组合焊接、细致精修、表面处理等步骤，以"操、凿、起、解、披"五大精髓工艺为特征，融合平雕、浮雕、圆雕和镂空雕等雕刻的独特的工艺。畲族银饰种类丰富多彩、斑斓弦目，大致分为头饰、发饰、胸颈饰、耳饰、手饰、带饰、服饰及生活器具 8 种类型。银饰品上的纹样主要分为龙纹、凤凰纹、天象纹、人物纹、植物纹、动物纹、博古纹和吉祥纹等。畲族银艺严谨考究，传承有序；产品具有纯洁、创新、精细、动感的特点。

6．传统知识特征

（1）畲族历代对传统银器制作给予重视和推崇，不断推进了畲族传统银器制作技术的改进、创新和发展。

（2）畲族银器制品不仅是畲族人日常生活中的装饰品，也是凝聚了畲族人勤劳、智慧的艺术珍品，体现了银饰中蕴含的民族情结，成为民族文化内涵的艺术体现。

（3）畲族银饰品上的纹样素材大部分为来自畲族生活的自然环境中而成为审美对象的花草树木、鱼虫百鸟、自然景观等形象。是畲族热爱野生动植物和自然崇拜的体现。例如，凤凰图样的首饰在畲族银器中占有非常重要的地位，特别是使用在畲族姑娘的婚嫁用品上，这是畲族凤凰崇拜的体现。

7．保护与利用

（1）传承与利用现状：从唐朝年间畲族迁入闽东福安，并随着大量畲族的定居，福安畲族银器步入供求两旺的红火年代，其制作工艺走出了当初仅在族内传承的制约而流传世间，畲汉两族著名银匠辈出。近年来，为了让这一文化遗产传承不息，珍华堂内及许多民间银雕艺人在继承传统银雕技法的基础上，不断挖掘创新，赋予了传统畲家银饰新鲜血液。在银器图案的设计上也大量使用动植物和自然生境，体现了生物多样性和文化多样性。

（2）受威胁状况及因素分析：外来文化的进入冲击了畲族的传统文化，此外现代先进雕饰工艺的出现也是影响因素。

（3）保护与传承措施：银饰锻制技艺（畲族银器锻制技艺）被列入国家第一批非物质文化遗产名录。

8．文献资料

[1] 钟雷兴. 闽东畲族文化全书（服饰卷）[M]. 北京：民族出版社，2009：86.

[2] 薛寒. 闽东畲族银饰装饰艺术研究[D]. 福州：福建师范大学，2013.

[3] 中国新闻网，http：//finance. chinanews. com/cul/2016/04-12/7831850. shtml，2016-04-21.

CN-SH-350-002. 水竹梆的制作

1．名称　中国/浙江省/畲族/传统技术与生产生活方式/水竹梆的制作

Shuizhubang Making/Traditional Technology and Lifestyles/She People/Zhejiang

Province/China

2. 编号　CN-SH-350-002 中国-畲族-其他传统技术-水竹梆的制作

3. 属性与分布　畲族社区集体知识；分布于浙江省畲族社区。

4. 背景信息　畲族居于山区，以山地农耕经济为主，野兽经常出没。畲族种植的农作物离村庄远，无人看守，因此经常遭到鸟兽的破坏。为了恐吓、驱赶鸟兽保护作物，畲族设计了水竹梆，利用水流和杠杆的原理，将流水配合竹筒来实现持续敲击石头发出声响。水竹梆不仅可以驱赶鸟兽，而且可以将水引到农田里，一举两得。

5. 基本描述　水竹梆主要部分是一长约 80 cm 的毛竹筒，头部锯平留节，尾部削成斜口，中部横穿竹棍为支杆，使与竹筒成十字形，竹筒重心应与掌握为头部略重，尾部略轻。安装于苞罗山旁山涧中、梯田上丘缺水下适当处，埋入两根短竹竿，竹竿上部留一节竹丫枝，把竹梆枝干搁在丫枝上，使之能上下翘动，再在竹梆头部所及地面摆一大石块。另取一段毛竹剖开去节，架于山涧或上丘缺中引水，使水流注入竹梆尾部斜口。当斜口积水后，竹梆尾部因重量增加下垂，头部便成上仰之势，当尾部垂至水平面以下时，斜口里的水排出，于是尾部变轻，头部便猛然下落叩击埋在地下的石块，发出呱呱的声音，如此周而复始，便不断产生有节奏的梆子声，从而达到驱赶鸟兽（主要是乌鸦和野猪）、保护庄稼的目的。

6. 传统知识特征

（1）水竹梆的制作与畲族生活在山区相适应，山区常有野兽出没，破坏了农田，制作水竹梆是畲族为保护其农田庄稼所采取的因地制宜的方法。

（2）畲族的水竹梆利用水流和杠杆的原理，将流水配合竹筒来实现持续敲击石头发出声响，不仅可以驱赶鸟兽，而且可以将水引到农田里，体现了畲族的造物智慧。

（3）水竹梆的制作原料来源于畲族村庄周围丰富的毛竹资源，毛竹秆粗，水流冲击力大，敲击声音响亮。另外毛竹取材方便，制作简单，体现了畲族与自然和谐相处的生活方式。

7. 保护与利用

（1）传承与利用现状：野兽已不多，水竹梆也已被淘汰。

（2）受威胁状况及因素分析：随着当地耕作制度改变、作物种类多样化以及野生动物减少，水竹梆被淘汰是必然的趋势。

（3）保护与传承措施：可保留部分水竹梆，用于旅游和历史文化研究。

8．文献资料

[1] 《沐尘畲族乡志》编纂委员会. 沐尘畲族乡志[M]. 北京：方志出版社，2014：117.

[2] 雷伟红. 畲族习惯法研究[M]. 杭州：浙江大学出版社，2016：230.

[3] 夏娟. 畲族传统造物设计的文化生态探析——以浙江畲族聚居地为例[D]. 杭州：浙江农林大学，2013.

CN-SH-350-003. 风炉制作技艺

1．名称　中国/浙江省/丽水市/景宁畲族自治县/畲族/传统技术与生产生活方式/风炉制作技艺

Blast Furnace Making Skills/Traditional Technology and Lifestyles/She People/Jingning She Ethnic Autonomous County/Lishui Municipality/Zhejiang Province/China

2．编号　CN-SH-350-003 中国-畲族-其他传统技术-风炉制作技艺

3．属性与分布　畲族社区集体知识；分布于浙江省景宁畲族自治县鹤西镇莘田村畲族社区。

4．背景信息　景宁畲族自治县鹤西镇莘田村手工烧制风炉，始于清代雍正元年，至今已有 280 多年的生产史，俗称"莘田风炉"。风炉属手工制造陶业，它以其水田底层泥为主要原料，以四周山上树枝为主要燃料，历经 300 年的学习摸索和积累，才在当地形成了较为成熟的风炉制造技艺。畲族地处山区，杂木资源复杂。过去，畲族一直把风炉作为主要炊具之一。莘田村农户们利用劳作之余的时间来制作风炉，补贴家庭收入。近 300 年来，在交通闭塞，仅凭肩挑运输的环境下，莘田风炉因生火快，耐火力高，产品畅销浙江、福建等地，成为当时村民的主要收入。

5．基本描述　风炉制作技艺是景宁畲族自治县鹤西镇莘田村传统制作技术之一。其主要制作工具有锄头、泥锤、泥锥、木板、风炉刀、滚筒、风炉盘、风炉模、炉窑等。制作风炉的材料以田底泥为主，还有炉灰和用来烧制的木柴稻草等。其制作技术工序繁多，要求严格，主要经过取泥、捶泥、割泥、搅泥、揉泥、定型、上架、晾干、开门与穿孔、暴晒、刮修、烧炼等十多个环节，才能制作出生火快、耐火力高等特点的风炉。

6．传统知识特征

（1）畲族地处山区，杂木资源复杂且水田底层泥丰富，这为风炉的制作提供了丰富的原材料。

（2）畲族制作风炉的材料以田底泥为主，还有炉灰和用来烧制的木柴稻草，体现了畲族善于利用自然资源的特点。

（3）莘田风炉是畲族的主要炊具之一，具有生火快、耐火力高的优点，深受畲族喜爱，其较为成熟的制作技艺是畲族历经300年的学习摸索和积累中形成的。

7．保护与利用

（1）传承与利用现状：畲族现基本不用风炉。

（2）受威胁状况及因素分析：现由于生活水平的提高，人们对风炉的需求逐渐下降，莘田风炉面临着很大的传承问题。

（3）保护与传承措施：2009年5月风炉制作技艺被列入景宁畲族自治县第三批非物质文化遗产名录；2009年6月风炉制作技艺被列入丽水市第三批非物质文化遗产名录。

8．文献资料

严慧荣. 非遗撷英[M]. 北京：中国文史出版社，2013：112-113.

CN-SH-350-004. 大漈罐烧造技艺

1．名称 中国/浙江省/丽水市/景宁畲族自治县/畲族/传统技术与生产生活方式/大漈罐烧造技艺

Making of Daji Pot/Traditional Technology and Lifestyles/She People/Jingning She Ethnic Autonomous County/Lishui Municipality/Zhejiang Province/China

2．编号 CN-SH-350-004 中国-畲族-其他传统技术-大漈罐烧造技艺

3．属性与分布 畲族社区集体知识；分布于浙江省景宁畲族自治县大漈乡畲族社区。

4．背景信息 景宁畲族自治县大漈乡手工业制陶始于1624年，已有300余年生产史，产品俗称"大漈罐"。大漈罐耐火度高，具有耐高温、对食物无毒性、储藏食物不易腐败等特点，为闽浙临近十余县山区农民所欢迎。大漈罐的相关制品以日常生活器具为主，如煎烧罐、中药罐、火笼罐、油罐、菜罇、三卤罇、炊饭罇、盐缸、酒缸等。其器形古朴浑厚，质地结实，故在闽浙邻近山区县市有良好的口碑。

5．基本描述 制作大漈陶瓷，工序繁多，要求严格，主要经过备料、槌泥、制坯、修坯、阴干、进窑、烧窑、出窑等十多个环节。大漈罐制作选用的是水田底层1-2 m深的潜泥，由于经过自然沉淀，潜泥内粗杂颗粒相对较少，黏性也较高。潜泥经过筛选后，要经过反复槌炼以增加潜泥的黏性。然后是制坯，制坯的方法主要有手制成形和模具成形两种。一般圆形器多为拉坯制作，在拉坯制作过程中还需剔除砂粒、糙点。拉坯制好的罐坯，置于阴凉通风处干燥一整夜后进行修坯。艺人手握捶拍，内外均匀，有节奏地拍打，使雏品外形有条纹和厚薄更均匀。最后，将雏品阴干后上釉烧制。

6. 传统知识特征

（1）大漈罐是以畲族大漈独有的水田底层土（也称白善泥）为主要原料制成，体现了大漈罐的制作与农田和水稻生产有关。

（2）畲族手工制造大漈罐已有 300 余年生产史，其烧造技艺源于畲族长期的生活实践，代代相传。

（3）大漈罐耐火度高，具有耐高温、对食物无毒性、储藏食物不易腐败等特点，多用为储存粮食等是畲族的日常生活器具，深受畲族喜爱。

7. 保护与利用

（1）传承与利用现状：由于生活水平的提高，现代塑料等材料的容器制品纷纷出现，对大漈罐造成了很大的冲击，大漈罐的需求量逐渐下降。

（2）受威胁状况及因素分析：塑料制品及其他材料的容器罐对大漈罐的替代以及年轻人不愿意继承这一技艺，导致大漈罐产品减少。

（3）保护与传承措施：2006 年，大漈罐烧造技艺列入景宁畲族自治县第一批非物质文化遗产保护名录；2008 年列入丽水市第二批非物质文化遗产保护名录；2012 年列入浙江省第四批非物质文化遗产保护名录。

8. 文献资料

[1] 严慧荣. 非遗撷英[M]. 北京：中国文史出版社，2013：107-108.

[2] 景宁新闻网，http：//jnnews. zjol. com. cn/jnnews/system/2012/05/10/015019701. shtml，2017-03-29.

4

与生物多样性相关的
传统文化

410

宗教信仰与生态伦理

CN-SH-410-001. 图腾崇拜

1. 名称　中国/浙江省　福建省　广东省　江西省/畲族/与生物资源相关传统文化/图腾崇拜

Totem Worship/Traditional Culture Related to Biological Resources/She People/Zhejiang Province，Fujian Province，Guangdong Province，Jiangxi Province/China

2. 编号　CN-SH-410-001 中国-畲族-宗教信仰与生态伦理-图腾崇拜

3. 传统知识属性与分布　畲族社区集体知识；分布于浙江省、福建省、广东省、江西省畲族社区。

4. 背景信息　盘瓠崇拜与凤凰崇拜是畲族的两种图腾崇拜，在畲族中起着凝聚力和向心力的特殊作用。盘瓠（犬的变体）是早期畲族氏族公社中最常见的图腾信仰，是畲族传说中的始祖。由于狩猎经济在畲族生产生活中占有重要地位，因而畲族对盘瓠崇拜有了坚实的社会生活基础和牢固的思想感情。在笃信盘瓠的基础上，畲族形成了自己的崇拜礼仪和信仰意识，主要体现在祭祀活动及图腾制度上。畲族的动物崇拜有着深厚的传统文化土壤和悠久的历史根源，而且由于汉民族对"狗"的鄙视心理，畲族盘瓠传说中盘瓠形象由最初的犬形象逐渐向清朝中后期龙、麒麟形象转变；凤凰崇拜则由于与汉文化相契合而不断发展，并全方位地融入畲族社会生活的各个层面之中，如畲族的服饰、头饰、婚庆礼仪、丧葬礼仪等。畲族的图腾文化虽然受到了汉文化的影响，但独特的本质一直未变。

5. 基本描述　畲族的图腾崇拜主要有两种，盘瓠崇拜与凤凰崇拜，即动物崇拜。盘瓠（犬的变体）是早期畲族氏族公社中最常见的图腾信仰，畲族把盘瓠图腾文化尊为"族宝"，并世世代代流传着盘瓠传说。畲族不仅对待图腾动物有很多禁忌，而且对盘瓠有传统的祭祀仪式。凤凰崇拜则在畲族的服饰文化、传统礼俗、神话传说等文化事象中有诸多表现，如畲族把太祖公的发祥地称为凤凰山；畲族妇女喜扎"凤凰髻"，戴"凤凰装"，穿"凤凰装"；畲族称新娘为凤凰；畲家厅堂横楣写上"凤凰到此"四个字；在畲族丧葬仪式上，以歌当哭时，歌里以凤凰来慰藉死者安息等。

6. 传统知识特征

（1）畲族子孙世代笃信盘瓠始祖，也是由于畲族社会长期发展缓慢、狩猎经济在生产部门举足轻重的地位所致。

（2）畲族的图腾崇拜使得畲族对待图腾动物有很多禁忌，这在一定程度上保护了生物多样性。

（3）凤凰崇拜全方位地融入畲族社会生活的各个层面之中，在畲族的服饰文化、传统礼俗、神话传说等传统文化中有诸多表现。

（4）畲族对盘瓠、凤凰的信仰主宰着畲族的精神世界，是对畲族忠勇与善良这两种民族精神的诠释。

7. 保护与利用

（1）传承与利用现状：随着历史的前进和文明的进步，畲族图腾崇拜虽在一定程度上得到了传承，但存在逐步消亡的风险。

（2）受威胁状况及因素分析：①畲族历史上的数次迁徙，居住地域的分散对盘瓠崇拜的传承造成一定影响；②畲族社会生产力的提高和狩猎经济在畲族生产生活中的淡化。因此，图腾崇拜将逐渐淡化。

（3）保护与传承措施：畲族的图腾崇拜在服饰文化、传统礼俗、神话传说等文化事象中有诸多表现，这在一定程度上促进了畲族的图腾崇拜保护与传承。

8. 文献资料

[1] 施联珠，雷文先. 畲族历史与文化[M]. 北京：中央民族大学出版社，1995：342-344.

[2] 黄向春. 畲族的凤凰崇拜及其渊源[J]. 广西民族研究，1996（4）：96-102.

[3] 新华网，http://www.xinhuanet.com/chinanews/2007-11/12/content_11647800.htm，2017-03-14.

CN-SH-410-002. 自然崇拜

1. 名称 中国/浙江省 福建省 广东省 江西省/畲族/与生物资源相关传统文化/自然崇拜

Nature Worship/Traditional Culture Related to Biological Resources/She People/Zhejiang Province，Fujian Province，Guangdong Province，Jiangxi Province/China

2. 编号 CN-SH-410-002 中国-畲族-宗教信仰与生态伦理-自然崇拜

3. 传统知识属性与分布 畲族社区集体知识；分布于浙江、福建、广东、江西等省的畲族社区。

4. 背景信息 畲族自古以农耕为主，对自然界依赖较严重，且长期处于社会生产力低下，科学技术落后，经济欠发达的状态中。由于无法驾驭自然力量，不能解释变化莫测的自然现象，对自然产生迷惘、神秘和恐惧，畲族便把各种自然神加以神化，认为它们既可赐福，又可降灾，于是产生了对自然神的崇拜。在诸多的自然神体中，畲族特别笃信与耕猎经济生活关系密切的农耕神和狩猎神。

5. 基本描述 畲族信仰的自然神有山神、树神、石神、谷神、猎神等，其中，畲族最笃信的是与耕猎经济生活关系密切的农耕神和狩猎神。畲族在农业生产中，从浸谷种、开秧门，直到谷物丰收，都要备办供品，焚香叩拜，祭祀"五谷神""土地神"，祈求风调雨顺、五谷丰登。畲族狩猎活动中，每次出猎都要举行祭猎神仪式，以求出猎顺利和获得更多的猎物，猎毕归来，也要先让"猎神"享用猎获物。此外，畲族还有崇拜石神、树神和山神的习俗，认为大树不能砍伐，要加以爱护，祈求树神的保护。畲族对自然的敬仰和崇拜以及由此而形成的禁忌，最突出的功能就是借助超自然神的威力实行从内自心到外部行为的控制，约束了乱砍滥伐森林、破坏生态环境的行为，起到了保护生态环境的作用。

6. 传统知识特征

（1）畲族自然崇拜的形成与畲族自古以农耕为主、基于自然并对自然资源依赖较严重且长期处于社会生产力低下、科学技术落后、经济欠发达的状态密切相关。

（2）畲族的自然崇拜信仰的自然神都是神格化的自然物体，如对山林和大树的崇拜都体现了畲族对大自然的依赖和敬畏，客观上和主观上都保护了生物多样性。

（3）畲族的自然崇拜融入了生活的方方面面，是畲族在生产与生活中的求吉意识。

（4）畲族对自然的敬仰和崇拜以及由此而形成的禁忌，最突出的功能就是借助超自然神的威力实行从内自心到外部行为的控制，约束了乱砍滥伐森林、破坏生态环境的行为，起到了保护生态环境的作用。

7. 保护与利用

（1）传承与利用现状：在一些畲族聚居地，自然崇拜作为一种民族信仰文化依然可见，但大多是在重大节日及祭祀活动中体现。

（2）受威胁状况及因素分析：畲族的自然崇拜都是根据自然界的形象，进行直观的臆定，没有科学根据，在生产关系不断变革、生产力不断发展的现代社会，这种崇拜将会受到先进文化和科学生产技术的双重冲击。

（3）保护与传承措施：生态文明建设指标体系中已加入民族文化因素，在生态移民活动中也经常注意到民族文化的体现，但保护与传承措施还有待加强。

8．文献资料

[1] 施联珠，雷文先. 畲族历史与文化[M]. 北京：中央民族大学出版社，1995：346-348.

[2] 《畲族简史》编写组. 畲族简史[M]. 北京：民族出版社，2008：197-198.

[3] 雷伟红. 畲族生态伦理的意蕴初探[J]. 前沿，2014（4）：135-137.

CN-SH-410-003. 猎神崇拜

1．名称   中国/浙江省 福建省 广东省 江西省/畲族/与生物资源相关传统文化/猎神崇拜

Hunting God Worship/Traditional Culture Related to Biological Resources/She People/Zhejiang Province，Fujian Province，Guangdong Province，Jiangxi Province/China

2．编号   CN-SH-410-003 中国-畲族-宗教信仰与生态伦理-猎神崇拜

3．传统知识属性与分布   畲族社区集体知识；分布于浙江、福建、广东、江西等省的畲族社区。

4．背景信息   畲族人在封闭的大山之中，利用简单的工具进行狩猎，行猎之初，他们对兽害的产生、依靠什么战胜野兽的认识是模糊的。在同野兽打交道的过程中，一方面，他们认为野兽会伤人、毁坏庄稼、造成灾害，对兽类有恐惧心理；但另一方面，猎物又可以做交换的物品，桌上的美味又离不开野兽，于是产生了兽神的观念。畲族人认为能猎取野兽，肯定有一个更大的神——猎神的存在，是猎神在保护着畲族狩猎。所以无论是集体还是个体狩猎，都要在行猎之前祭拜猎神，获猎物之后要先谢猎神。随着畲族从游猎经济为主过渡到以农业经济为主的时代，有些畲族地区猎神的功能也随之变化，原先是祈求猎神保佑出师顺利，而后嬗变为保佑五谷丰稔、阖寨平安。

5．基本描述   狩猎在畲族生活中占有突出的地位，所以信奉猎神自古以来就是畲族民的主要信仰之一。畲族狩猎活动中，每次出猎都要举行祭猎神仪式，以求出猎顺利和获得更多的猎物，猎毕归来，也要先让"猎神"享用猎获物，同时鸣枪庆贺丰收。有些畲族山区，还建立了猎神的神坛，行猎前在神坛前用杯珓占卜是否可以顺利出猎，且每年的春分，畲族会备办"三牲"等祭品祭祀猎神。

6．传统知识特征

（1）狩猎是畲族重要的生产方式，由于游猎经济在畲族生活中占有突出的地位，所以信奉猎神自古以来就是畲族的主要信仰之一。

（2）畲族的猎神信仰来源于畲族的生活、生产，是畲族先民的生活写照，也反映了

畲族民朴素的精神文化涵养。

（3）畲族狩猎也有内部规则，或者心照不宣，即狩猎时取大留小，体现了可持续利用野生动物资源的先进生态观。

7.保护与利用

（1）传承与利用现状：猎神崇拜在现在的畲族社区已基本消失。

（2）受威胁状况及因素分析：随着科学知识的普及，相信科学的人越来越多，畲族迷信神灵的意识将会日益淡化，加之国家对野生动物的保护，畲族狩猎的减少，猎神崇拜将逐渐退出畲族历史舞台。

（3）保护与传承措施：猎神崇拜是畲族狩猎生活的体现，对研究畲族的历史文化有着重要的意义，值得深入挖掘、研究。

8.文献资料

[1] 雷弯山. 畲族风情[M]. 福州：福建人民出版社，2002：16.

[2] 施联朱，雷文先. 畲族历史与文化[M]. 北京：中央民族大学出版社，1996：72，335-338.

[3] 宋云. 福建畲族民间信仰述略[J]. 旅游纵览（下半月），2015（12）：194-196.

420

传统节庆

CN-SH-420-001. 乌饭节

1.名称　中国/浙江省 福建省 广东省 江西省/畲族/与生物资源相关的传统文化/乌饭节

Umi Rice Festival/Traditional Culture Related to Biological Resources/She People/Zhejiang Province，Fujian Province，Guangdong Province，Jiangxi Province/China

2.编号　CN-SH-420-001 中国-畲族-传统节庆-乌饭节

3.传统知识属性与分布　畲族社区集体知识；分布于浙江、福建、广东、江西等省的畲族社区。

4.背景信息　农历三月初三乌饭节，俗称"上巳节"，是畲族敬天地、祖宗的传统节日。关于乌饭节的来历民间有十多种说法，但倾向于以下说法者居多：唐代畲族首领蓝丰高、雷万兴率闽南、粤东畲族反抗苛捐杂税暴政，被官兵围困在山，粮食断绝，靠一种叫"乌枝"的野生灌木的黑色小果实充饥。翌年农历三月初三打出敌阵，胜利回寨。从此，每年农历三月三，畲族男女青年成群结队出门"踏青"，采集乌稔叶子，炮制乌米饭，缅怀先祖，并以乌饭赠亲友，预祝丰年。

5.基本描述　畲族的"三月三"乌饭节是一个集歌会、吃乌米饭和踏青欢聚等活动于一体的民族节会。在这天畲族人会上山采集乌稔叶子（杜鹃花科，乌饭树），取其嫩叶汁浸糯米炊制乌饭。乌饭色泽乌里发黑，带有油光，色佳味香，且能开胃防馊。节日期间，畲族还会云集宗祠，自晨至暮，对歌盘歌，怀念始祖。现在的"乌饭节"除了保留原有的习俗外，还载歌载舞，更加热闹非凡。

6.传统知识特征

（1）乌饭节所食用的乌饭直接用乌饭树树叶的汁液染成，是畲族在长期生活实践中发现的可以作为食物添加剂的天然色素。

（2）"三月三"乌饭节是畲族敬天地、祖宗的传统节日，在保持本民族内部的民族认同感和向心力、凝聚力及传承本民族的传统文化方面起到了重要的作用。

（3）乌饭树是杜鹃花科植物，为当地树种，具有取材方便、因地制宜的特点。

7.保护与利用

（1）传承与利用现状：随着国家对民俗文化的重视，畲族"三月三"乌饭节文化也在不断地发掘并传承中，现在，"三月三"乌饭节已作为传统民族文化得到传承和发展。

（2）受威胁状况及因素分析：畲汉混居，民俗氛围的淡薄，加之现代文化的冲击，使一些传统节日的习俗逐渐淡化。

（3）保护与传承措施：2006年，畲族"三月三"被列入景宁畲族自治县第一批非物质文化遗产名录；2007年列入丽水市第一批非物质文化遗产名录；2008年列入第二批国家级非物质文化遗产保护名录。

8.文献资料

[1] 钟雷兴.闽东畲族文化全书（民俗卷）[M].北京：民族出版社，2009：64.

[2] 石奕龙，张实.畲族福建罗源县八井村调查[M].昆明：云南大学出版社，2005：339.

[3] 施联朱，雷文先.畲族历史与文化[M].北京：中央民族大学出版社，1996：335-338.

[4] 严慧荣.非遗撷英[M].北京：中国文史出版社，2013：144.

CN-SH-420-002. 过年

1. 名称　中国/浙江省 福建省/畲族/与生物资源相关传统文化/过年

The Spring Festival/Traditional Culture Related to Biological Resources/She People/Zhejiang Province，Fujian Province/China

2. 编号　CN-SH-420-002 中国-畲族-传统节庆-过年

3. 传统知识属性与分布　畲族社区集体知识；分布于浙江省、福建省畲族社区。

4. 背景信息　春节是中华民族的传统节日，畲族也不例外，畲族称春节为过年。过年是畲族一年里最热闹的时段，也是最隆重的节日。过年虽然也有祭神、祭祖等项目，但主要是喜庆丰收，预祝来年吉祥幸福、万事如意的大庆大贺、迎喜接福等内容。由于畲族其居所分散和相对聚落的特点，畲族的过年风俗既有本民族的共同性，又有地方差异的地域性，也有因不同姓氏家族的宗族性，还有与汉族区别的民族性，在畲族聚居的不同地方存在传统节日的不一致性和非统一性。

5. 基本描述　过年是畲族的传统节日之一，是畲族最隆重的节日。畲族从农历十二月就开始准备年货，准备柴火，打扫卫生。畲族在农历腊月二十四祭灶送神，祭灶神后，过年正式开始。家家户户宰杀家禽、做豆腐、蒸糖糕、做年糕、做糍粑、包粽子等，准备除夕的年夜饭。吃完丰盛的年夜饭后，畲族还会取树根在火坑里煨，畲族称为"煨大年猪"。在闽东，畲族吃完年饭，要装一碗米饭留着"压碗"，以示有吃有余。在浙江畲区，正月初一清晨孩子们还有摇毛竹的习俗，据说，摇过毛竹的孩子能辟邪降吉，快快长高。正月初二，浙江畲族开始拜新年，但福安一带的畲族，在这一天一般不串门，之后才开始拜年。正月初五，浙江畲族还有"送年"的习俗，清扫大年初一至初四的垃圾。闽东畲族的正月初五，是畲族开年架祈求一年四季平安的日子。在过年期间畲族山寨还举行系列活动，增添新年的氛围，所有活动一直持续到元宵节，闹元宵后过年才结束。

6. 传统知识特征

（1）畲族在春节期间祭祖图之俗由来已久，这是畲族追思远祖、纪念祖先的一种方式，与其图腾崇拜有着密切的关系。

（2）畲族其居所具有分散和相对聚落的特点，因此畲族的过年风俗既有本民族的共同性，又有地方差异的地域性。

（3）春节原初是汉族的节日，后扩展到畲族，并成为畲族社区最为重要的节日之一，体现了畲族愿意吸收外族文化的品格。

7. 保护与利用

（1）传承与利用现状：随着汉族与畲族的交流日益增多，畲族的年俗文化受到汉族影响，过年已成为畲族自己的重大节日。

（2）受威胁状况及因素分析：汉族文化对畲族文化的影响，使其过年的文化习俗易趋于汉族，而畲族本身的过年传统习俗有淡化趋势。

（3）保护与传承措施：2012 年 5 月，畲族年俗被列入丽水市第五批非物质文化遗产名录。

8．文献资料

[1]　蓝秀平. 畲族传统与风情文化[M]. 北京：线装书局，2009：73-75.

[2]　邱国珍. 畲族民间文化[M]. 北京：线装书局，2009：258-262.

[3]　严慧荣. 非遗撷英[M]. 北京：中国文史出版社，2013：154.

CN-SH-420-003. 牛歇节

1．名称　中国/浙江省 福建省/畲族/与生物资源相关传统文化/牛歇节

Niuxie Festival/Traditional Culture Related to Biological Resources/She People/Zhejiang Province，Fujian Province/China

2．编号　CN-SH-420-003 中国-畲族-传统节庆-牛歇节

3．传统知识属性与分布　畲族社区集体知识；分布于浙江省、福建省畲族社区。

4．背景信息　农历四月初八"牛歇节"又称"歌王节"。畲族为了纪念畲家钟子期和钟仪两位歌王，每年四月初八都要设坛祭祀，举行歌会，大唱、"大喝"和"小喝"，并把这一天作为畲族传统佳节"四月八"歌王节。同时这一天又是畲家耕牛过节的日子，为酬谢耕牛一年辛苦劳作，"严禁鞭打以定牛魂"，还专供好草料和家酿给牛吃喝。

5．基本描述　农历四月初八，为畲族的"牛歇节"，又称"歌王节"。畲族会在这一天设坛祭祀、举行歌会，纪念先祖。并且这一天畲族不鞭牛，凌晨就要把牛赶到山上吃草，梳洗牛身，打扫牛栏卫生，还以泥鳅、鸡蛋泡酒或用米粥、薯米粥等精饲料喂牛。修有"牛王庙"的畲村，当日都上香礼拜。现在，瑞云"四月八"牛歇节已收入福建省非物质文化遗产名录；2010 年 5 月 16 日福鼎市硖门畲族乡"四月八"牛歇节歌会列入第三批国家级非物质文化遗产名录。

6．传统知识特征

（1）畲族敬牛、爱牛的传统，在每年过牛歇节时更是表露无遗，很大程度上尊重和保护了动物，有助于保护畲族地区家养动物的品种资源和遗传多样性。

（2）畲族的牛歇节，体现了畲族关爱动物、善待生命的情怀，反映了畲族与自然和谐相处的生态观。

（3）牛是畲族重要的农业生产资料，而畲族一直以农业耕作为主要经济来源，则耕

牛对当地社会经济具有重要意义。

7. 保护与利用

（1）传承与利用现状：在福鼎市，牛歇节由于列入了非物质文化遗产名录，对牛歇节的保护和传承比较好，但现在过牛歇节都是趋向于表演型的。此外，在其他的畬族社区，随着耕牛的减少，牛歇节逐渐淡出人们的视线。

（2）受威胁状况及因素分析：随着机械化的发展，人们对耕牛使用越来越少。

（3）保护与传承措施：瑞云"四月八"牛歇节已收入福建省非物质文化遗产名录，2010年5月16日福鼎市瑞云"四月八"歌会列入第三批国家级非物质文化遗产名录。

8. 文献资料

[1] 钟雷兴. 闽东畬族文化全书（民俗卷）[M]. 北京：民族出版社，2009：64-65.

[2] 中国新闻网，http：//www. chinanews. com/sh/2011/05-11/3030977. Shtml，2016-06-12.

CN-SH-420-004. 尝新节

1. 名称 中国/浙江省 福建省/畬族/与生物资源相关传统文化/尝新节

Changxin Festival/Traditional Culture Related to Biological Resources/She People/Zhejiang Province，Fujian Province/China

2. 编号 CN-SH-420-004 中国-畬族-传统节庆-尝新节

3. 传统知识属性与分布 畬族社区集体知识；分布于浙江省、福建省畬族社区。

4. 背景信息 农历七八月，畬家水稻开镰日，既为尝新节，又为"食新节"。按畬族传统，开镰收割必须选择吉日。畬族的尝新节涉及稻种起源的神话传说。在这传说中，稻米原为天庭的珍珠米，畬族始祖盘瓠不忍看着子民以百草果腹，就从天庭偷回稻谷。玉帝知晓，就派天兵天将追杀，在麻雀和水蛭的帮助下，最终将稻种带给了人间。从此畬族就有了尝新节习俗，畬族在收获稻谷后会将第一碗米饭献祭给先祖盘瓠品尝，而麻雀和水蛭因为有功于人类也得到了一些特殊的优待。

5. 基本描述 尝新节是畬族的传统节庆之一，节期一般在秋收开镰之际，具体日期因各地地势，稻谷成熟时间不同而有差异。在农历七八月，水稻开镰后，畬族会把头一趟割下的稻谷碾成米，煮成白米饭，祭祀天地和祖先。祭毕，放土炮鞭炮进行扫寨、演傩戏、唱山歌、耍武术，师公则用筛盛鸡、肉、酒，将拴有红辣椒和青蒜的竹竿插在田间地头，以示送祖毕。最后，请亲邻品尝新饭，桌上要请本家长辈先"动筷"，以示尊敬老人，祝贺老人健康长寿，是日客人越多越好，据说"多一人尝新多一人粮"。各人饭罢，还要盛一碗米饭放桌上，称为"剩仓"。闽西多在开镰前尝新，到田间采回一些成熟的稻穗，煮熟后供祭天地和祖先，之后全家进行丰盛的会餐，以迎接即将到来的农忙劳动。

6．传统知识特征

（1）畲族会在未尝新之前，把打过谷子的稻草先送给牛吃，表示对耕牛的尊重和爱护。

（2）尝新节是畲族人生礼俗、民间信仰、口头传说及畲族民族音乐、舞蹈等文化空间的综合体现，具有鲜明的畲族民族特征和浓郁的乡土气息。

（3）尝新节为水稻收割开镰期间的集体活动，预示农忙季节的到来，激励大家以饱满的精神投入水稻收获的农业劳动。

7．保护与利用

（1）传承与利用现状：现在畲族几乎不举行尝新节，多作为非物质文化遗产的展示节目。

（2）受威胁状况及因素分析：随着社会的变迁，畲族的生产生活方式产生了巨大的变化，从而也影响了尝新节。

（3）保护与传承措施：景宁尝新节被公布为第二批省传统节日保护基地。2009 年，尝新节被列入景宁畲族自治县第三批非物质文化遗产名录。

8．文献资料

[1]　钟雷兴. 闽东畲族文化全书（民俗卷）[M]. 北京：民族出版社，2009：66，82.

[2]　毛公宁. 中国少数民族风俗志[M]. 北京：民族出版社，2006：854.

[3]　中国新闻网，http：//www. chinanews. com/cul/2013/10-15/5380506. shtml，2016-11-29.

[4]　浙江非物质文化遗产网，http：//www. zjfeiyi. cn/news/detail/31-7151. html，2016-11-29.

[5]　严慧荣. 非遗撷英[M]. 北京：中国文史出版社，2013：145.

CN-SH-420-005. 端午节

1．名称　中国/浙江省 福建省/畲族/与生物资源相关传统文化/端午节

The Dragon Boat Festival/Traditional Culture Related to Biological Resources/She People/Zhejiang Province，Fujian Province/China

2．编号　CN-SH-420-005 中国-畲族-传统节庆-端午节

3．传统知识属性与分布　畲族社区集体知识；分布于浙江省、福建省畲族社区。

4．背景信息　农历五月初五，是端午节，也称端阳节，是畲族一年之中仅次于"年"的大节日。畲族过节插艾草、悬菖蒲，辟邪祈福之类的习俗一般与当地汉族相同。但浙江畲族认为，他们插艾蒲，不同于汉族"辟邪攘灾"，而是纪念祖先颠沛流离、骨肉分离的苦难历程，寄托着和平、团结的愿望。畲族端午节也有包粽子的习俗，不同地区的畲族用来做粽子的材料不同，主要有箬叶、菅叶、笋壳 3 种类型。村民们用粽子祭奉祖公后，会将粽子留给自家吃或用以馈赠亲友。

5．基本描述　端午节是畲族的传统节日之一。畲族会在这一天插艾草、悬菖蒲，辟邪祈福，还会制作包糯米粽，用以祭祖，祈求平安。畲族认为，五月初五，时届炎夏，山区易滋生疫病，又是农作繁忙季节，所以家家户户要备制雄黄酒。畲族认为，端午节这一天采集的草药特别好，防治疾病的效果也特别好，因此常常在这一天采集很多草药洗净晒干作为常年备用药。中午时刻，还会用酒把住房各个角落喷洒一遍，以除瘟疫。浙江畲族除备肉、豆腐、酒等过节外，已出嫁的女子、男子、童养媳、童养子都要回家探望父母，所送礼物与春节相同。端午节他们还用一种红色的茜草的汁水染一些熟鸡蛋给小孩过端午，大人要用麻线结成小网袋给小孩装红蛋。出嫁的子女回娘家过端午，父母也回赠若干红蛋。

6．传统知识特征

（1）由于不同地区的畲族地理、气候、环境不同，导致资源分布也不同，因此端午节用来做粽子的材料略有不同。

（2）畲族过节插艾草、悬菖蒲，辟邪祈福之类的习俗一般与当地汉族相同，但是他们插艾蒲，不同于汉族"辟邪攘灾"，而是纪念祖先颠沛流离、骨肉分离的苦难历程，寄托着和平、团结的愿望。

（3）茜草是分布在畲族地区的植物资源，端午节畲族人会用茜草的汁水染一些熟鸡蛋给小孩过端午，这是畲族在长期生产生活实践中发现的植物资源的优势效用。

（4）畲族认为，端午节这一天采集的草药特别好，防治疾病的效果也特别好，因此常常在这一天采集很多草药洗净晒干作为常年备用药。

7．保护与利用

（1）传承与利用现状：随着民族交流的日益加深，现在大部分畲族过端午节与汉族几乎没有差异。

（2）受威胁状况及因素分析：因汉族文化对畲族文化的影响，端午节的活动更趋同于汉族。

（3）保护与传承措施：畲族端午节可与民族特色旅游结合起来，既能带动经济，又能弘扬民族文化。

8．文献资料

[1] 邱国珍. 畲族民间文化[M]. 北京：线装书局，2009：262.

[2] 钟雷兴. 闽东畲族文化全书（民俗卷）[M]. 北京：民族出版社，2009：62.

[3] 钟雷兴. 闽东畲族文化全书（医药卷）[M]. 北京：民族出版社，2009：65-67.

[4] 中国民族宗教网，http://www.mzb.com.cn/html/report/1512364100-1.htm，2017-04-20.

CN-SH-420-006. 分龙节

1．名称　中国/福建省/宁德市/畲族/与生物资源相关传统文化/分龙节

Fenlong Festival/Traditional Culture Related to Biological Resources/She People/Ningde Municipality/Fujian Province/China

2．编号　CN-SH-420-006 中国-畲族-传统节庆-分龙节

3．传统知识属性与分布　畲族社区集体知识；分布于福建省宁德市畲族社区。

4．背景信息　分龙节是畲族地区的传统节日，在每年农历夏至后逢辰日举行。相传，夏至后逢辰日是"龙过山"的日子，"龙过山"可能会发生雷雨冰雹，损害庄稼，所以畲族便在此日"分龙"，以祈求风调雨顺、国泰民安、五谷丰登。畲族认为龙怕铁，所以在这天，畲族禁止动用铁器和粪桶等出门。但随着时代的变迁，畲族的生活和思想观念发生了翻天覆地的变化，传统"分龙节"的很多习俗都被摒弃。现在畲族在分龙节这天，各地普遍歇工，携带山货赶街，进行自由贸易，同时彼此交流生产技术。男女青年通过盘歌寻找终身伴侣。

5．基本描述　每年农历夏至后逢辰日是畲族的分龙节，畲族在这天禁止动用铁器和粪桶等出门，以祈求龙王保佑丰收。旧时，每逢"分龙节"这天清晨，畲村的族长或长者，就会走遍乡村，鸣锣告诉大家不要锄地耕作、挑粪、洗衣。若遇狂风暴雨，畲族也有以铁锄或粪勺置屋顶以压龙。在这一天，也有男女相会对歌，还有结伴去远处砍六月柴。他们将青柴连片砍倒，却不挑回家，待烈日晒一二十天，干后再捆缚挑回家，以备农忙烧厨；也有人在此日去深山老林砍"黄桑""千斤"等野藤，背回家补箩筐、篾篓。福建霞浦、周宁等畲乡，是日还有庙会和歌会等活动，并借此经营商贸，极为热闹。

6．传统知识特征

（1）畲族"分龙节"的产生，是畲族在观察自然现象的基础上，产生自然崇拜的结果。浙江、福建沿海地区在夏季常有台风、暴雨等自然灾害发生，畲族"分龙节"的产生与当地气候灾害频发现象有关。

（2）畲族的分龙节祈求龙王保佑风调雨顺、国泰民安、五谷丰登，体现了畲族对龙

的崇拜思想。

（3）畲族在分龙节这天结伴砍柴、砍野藤、对歌，体现了畲族勤劳朴实、热爱生活的特性，也表明"分龙节"已演化为畲族有娱乐活动的节日，使节日的文化内涵更加丰富。

7. 保护与利用

（1）传承与利用现状：随着时代的变迁，畲族的生活和思想观念发生了翻天覆地的变化，传统分龙节的很多习俗都被摒弃，节日气氛日趋单薄。且分龙节逐渐失去神事本义，成为畲族的娱乐性节日，并融入更多新时代的特征。

（2）受威胁状况及因素分析：现代文化的冲击与畲族生活和思想观念的变化使得传统分龙节不断淡化。

（3）保护与传承措施：将分龙节融入更多新时代的特征，使其适应现代化发展，促进其保护与传承。

8. 文献资料

[1] 邱国珍. 畲族民间文化[M]. 北京：线装书局，2009：279.

[2] 中国政府网，http://www.gov.cn/node_13949/content_800840.Htm，2017-04-05.

CN-SH-420-007. 冥斋节

1. 名称 中国/福建省/宁德市/福鼎市/畲族/与生物资源相关传统文化/冥斋节
Mingzhai Festival/Traditional Culture Related to Biological Resources/She People/Fuding City/Ningde Municipality/Fujian Province/China

2. 编号 CN-SH-420-007 中国-畲族-传统节庆-冥斋节

3. 传统知识属性与分布 畲族社区集体知识；分布于福建省宁德市畲族社区。

4. 背景信息 冥斋节是佳阳畲族乡罗唇村传统节日，在每年农历正月十八举行，以每个 100 kg 左右干粳米做成的三个直径 1.5 m 大小的"冥斋"来祭祀马仙宫的"马氏真仙娘娘"。"冥斋"是一种以白粿为原料做成的普通迷信祭品，"冥斋"需要多道程序，要先将粳米磨成粉，并用细筛筛匀，随后放入锅中蒸上十几分钟，最后用石椿打匀，这便完成了一个冥斋素材，而完成一个大"冥斋"需要制作十多个这样的素材。冥斋节至少已有 400 多年的历史，关于冥斋节的典故与传说，主要有以下两个。一是 400 多年前，"马氏真仙"三姐妹为了保护被海盗侵扰的沿海居民，化作三座大山挡住来寇使居民安全转移。为了纪念她们，修建马仙宫，在她们的殉难日子每年的农历正月十八做三个大"冥斋"来祭祀她们。二是 400 多年前，一个姓马的元帅来沿海抗倭寇，但因远离内地，粮草供应不上，最后同士兵饿死在战场上。为了纪念他的功劳，因此为他修建宫庙，做三个大"冥斋"来供奉他,流传至今。

5. 基本描述　冥斋节在每年农历正月十八举行,每年冥斋节前夕,畲族在马仙宫的正殿挂一盏宫灯式的八角形太平灯,正殿两旁挂四方形的子孙灯。灯下方桌上摆着各种果蔬、全鸡、全鱼和全猪头等供祭品,供祭品中最为显眼的是神像前摆放的以每个 100 kg 左右干粳米做成的三个直径 1.5 m 大小的大"冥斋",大冥斋下同时摆五个小冥斋和十个用白粿制成的"寿桃"。村民将大"冥斋"贴上写有"国泰民安"的红纸,供奉两天两夜,祭祀完毕,大"冥斋"将会被分到每家每户,保佑幸福平安,祈求来年风调雨顺、五谷丰登。冥斋节期间一般都要请戏班在马仙宫前演三天三夜的戏,以增添节日气氛。

6. 传统知识特征

(1)冥斋节是祈求来年风调雨顺、五谷丰登,保佑幸福平安的节日,是畲族神崇拜的体现。

(2)冥斋节的形成具有纪念性质,其"祈求太平"是冥斋节的主题,反映了畲族心存感激、知恩图报的性格特征,体现了畲族对和谐幸福生活的向往。

(3)畲族冥斋节的"冥斋"是一种以白粿为原料做成的普通迷信祭品,制作烦琐,要先将粳米磨成粉,并用细筛筛匀,随后放入锅中蒸上十几分钟,最后用石椿打匀,但所有制作材料都是就地取材。

7. 保护与利用

(1)传承与利用现状:冥斋节被纳入非物质文化遗产名录后,受到了越来越多人的重视,得到了很好的传承。

(2)受威胁状况及因素分析:畲族思想观念的变化,对神明迷信的淡薄以及汉族文化的影响对冥斋节产生了一定的削弱。

(3)保护与传承措施:畲族正月十八冥斋节被纳入福鼎市第二批非物质文化遗产名录。2013 年 1 月,佳阳罗唇畲族正月十八冥斋节入选宁德市第四批非物质文化遗产名录。

8. 文献资料

[1] 蓝清盛. 福鼎县罗唇村"冥斋节"调查[C]. 福建省民俗学会学术研讨会,1991.

[2] 人民网,http://fj. People. com. cn/n2/2016/1118/c378968-29332341. html,2017-03-14.

CN-SH-420-008. 抢猪节

1. 名称 中国/浙江省/丽水市/景宁畲族自治县/畲族/与生物资源相关传统文化/抢猪节

Robbing Pig Festival/Traditional Culture Related to Biological Resources/She People/Jingning She Ethnic Autonomous County/Lishui Municipality/Zhejiang Province/China

2. 编号 CN-SH-420-008 中国-畲族-传统节庆-抢猪节

3. 传统知识属性与分布 畲族社区集体知识；分布于景宁畲族自治县畲族社区。

4. 背景信息 畲族抢猪节的风俗来源于景宁畲族自治县的大漈乡。畲族为了表达对马氏娘娘护佑大漈风调雨顺、粮食丰收、六畜兴旺、人丁平安、生活安康的感谢，于是在每年的农历七月初七至七月十五举行抢猪节。从抢猪节起源的传说推测，该节日形成于明朝，后来随着不断地发展与演化，形成了如今别具特色的抢猪节文化。

5. 基本描述 抢猪节是景宁畲族自治县的传统的风俗活动，主要在每年的农历七月初七至七月十五举行，由迎神和抢猪两部分构成。节日这天，人们涌集在时思寺内接神、看戏。整个抢猪节持续七日之久，第七天晚看完戏后，一直等到迎神头（卯时庙里杀猪的第一声猪叫声），畲族立即抬起自家杀好的猪奔向马氏仙宫，最先抬到的猪，称为首猪；然后评选出最大的"驮"猪和最小的"昌"猪。猪确定后，鞭炮齐鸣，人们为三猪披红挂彩，将它们分别送回主人家。杀猪人家午饭时邀请亲朋好友吃"杀猪饭"。饭毕，主人须按来客送红包礼金，常斩一刀肉交给客人带回。

6. 传统知识特征

（1）畲族抢猪节历史悠久，是在不断的发展与演化中形成的，体现了畲族对养猪生产的重视。

（2）畲乡一年一度的抢猪节，不仅有利于生猪的生产发展，还为当地畲族群众带来节日的欢乐。

（3）因节日活动中评选"驮"猪和"昌"猪，促进了地方猪品种资源的保护，保护了家畜的遗传多样性。

7. 保护与利用

（1）传承与利用现状：随着畲族生活水平的提高，养猪的畲族不断减少，抢猪节失去其促进生猪生产发展本意而越来越趋向于娱乐性。

（2）受威胁状况及因素分析：外来文化的冲击及畲族生活水平的提高，村民养猪的减少使得抢猪节逐渐淡化。

（3）保护与传承措施：2008 年，抢猪节被列入景宁畲族自治县第二批非物质文化遗产名录；2008 年列入丽水市第二批非物质文化遗产名录；2009 年列入浙江省第三批非物质文化遗产名录。

8．文献资料

[1] 严慧荣. 非遗撷英[M]. 北京：中国文史出版社，2013：121-123.

[2] 中国民族宗教网，http://www.mzb.com.cn/html/Home/report/200390-2.htm，2016-12-29.

[3] 中国景宁新闻网，http://jnnews.zjol.com.cn/jnnews/system/2011/11/17/014458506.shtml，2016-12-29.

CN-SH-420-009. 做福

1．名称　中国/浙江省 福建省/畲族/与生物资源相关传统文化/做福

Zuofu/Traditional Culture Related to Biological Resources/She People/Zhejiang Province，Fujian Province/China

2．编号　CN-SH-420-009 中国-畲族-传统节庆-做福

3．传统知识属性与分布　畲族社区集体知识；分布于浙江省、福建省畲族社区。

4．背景信息　做福，是与农事活动相关的祈福仪式。畲族早期社会生产力较低，农业生产效率不足以满足日常生活所需，由此，畲族借助超自然力量来保障村落生产的顺利开展。做福仪式的宗旨是祈求汤夫人等地方神灵庇佑全村五谷丰登、人畜平安，仪式的重点放在规避禾苗、豆苗、薯秧等生长中遭受各种灾害袭击。由于农事的开展与节气密切相关，所以各地畲族进行祈福仪式的实践常与节气相对应，所做的福有开正福、土地福、立夏福、立秋福、白露福和完满福。

5．基本描述　做福是畲族的重要习俗。畲族主要的做福类型有正月初一至初四的开正福，祈求新年好兆头和农耕生产顺利进行；二月初二的土地福祈求土地公保佑农作物苗壮生长；立夏之日的立夏福祈求神明保护农作物免遭灾害；立秋之日的立秋福祈求庄稼顺利成长；白露之日的白露福祈求风调雨顺，保佑农作物顺利成熟；腊月三十日的完满福答谢神明的保佑，庆贺一年的丰收。做福仪式伴随有祭拜仪式，常见的祭品有肉、鱼、果，还摆有红烛等，畲族祭拜神灵，祈求风调雨顺、谷物丰登或感恩神灵的庇护。做福之时还有"福首"，即做福的主持者，畲村家家户户每年轮值做福。

6. 传统知识特征

（1）畲族早期社会生产力和农业生产效率低，因此畲族用做福借助超自然力量来保障村落生产的顺利开展，表达了畲族对于他们赖以生产的自然环境和繁育力量的尊敬。

（2）农事的开展与节气密切相关，所以各地畲族进行祈福仪式的实践常与节气相对应，也与农事活动相联系。

（3）畲族做福这种周期性的庆典仪式一方面强化了农业生产的顺利进行，加强了畲族农业生产的自信心；另一方面畲族通过这样的仪式加强了内部团结。

7. 保护与利用

（1）传承与利用现状：畲族利用做福借助超自然力量以保障生产发展的行为已不适时宜，逐渐消失。

（2）受威胁状况及因素分析：随着现代经济的发展及畲族神化思想的淡化，畲族做福的习俗逐渐成为历史。

（3）保护与传承措施：可作为传统文化习俗记载。

8. 文献资料

[1] 钟雷兴. 闽东畲族文化全书（民俗卷）[M]. 北京：民族出版社，2009：11.

[2] 周慧慧. 畲族的宗教仪式与村落生活——以"做福"与"传师学师"仪式的考察为例[J]. 宁德师范学院学报（哲学社会科学版），2013（1）：15-18.

430

习惯法

CN-SH-430-001. 保护风水林的习惯法

1. 名称　中国/浙江省 福建省/畲族/与生物资源相关传统文化/保护风水林的习惯法
Customary Law to Protect Fengshui Forests/Traditional Culture Related to Biological Resources/She People/Zhejiang Province，Fujian Province/China

2. 编号　CN-SH-430-001 中国-畲族-习惯法-保护风水林的习惯法

3. 传统知识属性与分布　畲族社区集体知识；分布于浙江省、福建省的畲族区域。

4. 背景信息　畲族有句俗语为"造成风水画成龙"。所谓造成风水就是重视村落的环境绿化。畲族会选择避风向阳有水源的地方造房子，在村口和屋后山上种松树、枫树等，屋边种有毛竹、果树等，使房屋掩映在青山绿林之中。由于畲族在与大自然的交往中尊崇"万物有灵论"。他们甚至把自然界和自然物神化，产生了对天、地、山、水、树、石等自然物的崇拜和禁忌。保护风水林成了畲族的习惯法之一，是畲族自觉奉行的习惯。

5. 基本描述　保护风水林是畲族的习惯法之一。畲族习惯法认为，村前水口、村后岗坳和寺庙周围蓄养枫、樟、松、栎等乔木，坟墓周围松、柏、樟木，古树郁葱，可保地方、家族风水灵气。因此，水口林、坳口林、庙林、坟林统称为风水林。畲族崇拜古树，认为古树有生命力，是神的化身，子女少而多病之家，要子女拜古树做干爹，年节时须备祭礼到树边祭谢。有的畲村在树脚盖庙供奉香火，不许在树脚周围大小便。任何人都不得砍伐和毁坏风水林，违反了就是对神不敬，要受到惩罚，罚则必重。不同的地方的习惯法具体的惩戒措施不同，但主要由当地社会公众共同制定并由德高望重者具体执行，以保证规则效力的实现。过去景宁畲族自治县规制偷盗行为惩戒措施具体内容为："一旦发现有人偷盗林木或者当场抓获偷盗者，即罚其交纳一百斤豆、一百斤米和一百斤肉（俗称三个一百）。"

6. 传统知识特征

（1）畲族神化风水林，认为其可保地方、家族风水灵气并形成的保护风水林习惯法是畲族自然崇拜的体现，客观上保护了风水林生物多样性。

（2）畲族禁砍风水林的习惯法保护了大量古木和珍稀濒危物种，保护了畲族居住的生态环境，体现了畲族与自然和谐相处的生态观。

（3）畲族对偷盗林木者的惩罚为交纳100斤豆、100斤米和100斤肉，在经济落后、缺衣少食的过去，这对偷树者起到了很好的震慑作用，对风水林起到了很好的保护作用。

（4）习惯法的形成具有一定的族群特点，是对地方社区社会活动的内部约束，具有一定的法规作用，这是许多少数民族所具有的"族群规则"特征。

7. 保护与利用

（1）传承与利用现状：清中叶以前，畲族仅靠习惯法维持内部社会秩序，清雍正以后，在传统习惯法之外，国家法律规范成为一种补充。中华人民共和国成立后，习惯法在一定范围内保留，但国家法律为主体约束。畲族禁砍风水林的习惯法依旧保持着旺盛的生命力。

（2）受威胁状况及因素分析：村落的现代化发展及外来文化的渗入使得习惯法逐渐淡化。

（3）保护与传承措施：目前许多地方社区签订的"乡规民约"，实际上也是习惯法的一种表现形式。畲族许多社区都利用"乡规民约"对其风水林、神树和居住环境的保护发挥了作用。

8．文献资料

[1]　柳意城. 景宁畲族自治县县志[M]. 杭州：浙江人民出版社，1995：513.

[2]　《沐尘畲族乡志》编纂委员会. 沐尘畲族乡志[M]. 北京：方志出版社，2014：118.

[3]　蓝秀平. 畲族传统与风情文化[M]. 北京：线装书局，2009：22-23.

[4]　雷伟红. 畲族生态伦理的意蕴初探[J]. 前沿，2014（4）：135-137.

[5]　蓝炯熹. 福安畲族志[M]. 福州：福建教育出版社，1995：695.

[6]　景宁政府网，http：//www. jingning. gov. cn/art/2015/8/3/art_3910_227804. html，2017-04-05.

CN-SH-430-002. 林业管理习惯法

1．名称　中国/浙江省 福建省/畲族/与生物资源相关传统文化/林业管理习惯法
Forestry Management Customary Law/Traditional Culture Related to Biological Resources/She People/Zhejiang Province，Fujian Province/China

2．编号　CN-SH-430-002 中国-畲族-习惯法-林业管理习惯法

3．传统知识属性与分布　畲族社区集体知识；分布于浙江省、福建省的畲族区域。

4．背景信息　畲族居住在山区，森林资源是畲族居民生存和发展的重要基础，合理利用与保护森林资源对他们来说也就显得更为重要。出于对森林资源保护的需要，畲族群众自发地形成了合理利用与保护森林资源的各种土俗、乡例、习惯，其中大部分具有规范意义，也就是林业管理习惯法。畲族自身没有文字，因此畲族林业管理习惯法的内容则没有文字记载，几乎是靠"口耳相传"的方式沿袭至今。

5．基本描述　畲族在种山造林的过程中，逐渐形成了一些林业管理习惯法。如烧毁山林要插苗补种，并赔偿经济损失，对偷树者的惩罚是全村人到他家白吃或罚款等。畲族每年元宵节之前，各村族长会召集各房长等议定当年封山育林公约，公约议定后，开始施禁。在清光绪二十八年，浙江文成县郑山底畲村为培植竹木制订了山场约据，不许入山割薪扳枝、采抓松毛等，如有违禁，合地会集议论罚，倘有放肆抄禁，鸣官究惩。文成县周山畲族乡在中华人民共和国成立初，为培育林木和解决柴用数量，对低山地区的荒山、疏林山、残次林山实行轮封，间隔 3-5 年进行一次伐薪，割柴草，留幼树，然后再封山，如有违犯，罚款处理。文成县周山畲族乡还有义务植树的习惯，民间称"种树种德，栽竹立节"，把义务植树、栽竹视为美德。畲族在林业方面还形成了一些禁忌，如砍竹忌用篾刀、砍杉木忌用匠斧、门前不栽桃、后门不栽柳、门前不栽棕、屋门不栽

葡萄、不到十八岁不栽竹、栽棕要垫石块、近处不栽樟等。有些畲村还有义务植树的习惯，把义务植树、栽竹视为美德。

6．传统知识特征

（1）畲族在林业方面形成的习惯法，主要目的是保护森林资源，这也是畲族生产生活依赖森林资源的现实所决定的。

（2）畲族林业的习惯法合理利用和保护了林业资源，体现了畲族与自然和谐相处的生态观。

（3）畲族对于毁林的惩戒措施，除赔偿经济损失外，还要求毁林者插苗补种，是一种集补救和惩戒于一体的强制性规则，这种规则对森林资源的保护起到了积极的促进作用。

（4）畲族社区内部建立了一种自发的特别机制，由长老和德高望重的畲族人负责林业管理习惯法的建立和实施。

（5）畲族林业习惯法的产生，是畲族在山地自然环境长期的生活实践中对森林资源的保护有着深刻的认识下形成的。

7．保护与利用

（1）传承与利用现状：中华人民共和国成立后，林业管理习惯法在一定范围内保留，服从于国家法律。在习惯法的建立和实施方面，某些程度上乡村干部逐渐代替了部族长老。

（2）受威胁状况及因素分析：随着畲族与汉族的交流日益增多和国家法律的不断完善，畲族在林业管理方面更多遵循国家法律和当地政府的政策。

（3）保护与传承措施：畲族林业管理习惯法在林业管理方面有很好的借鉴意义，可以作为国家法律的补充。

8．文献资料

[1] 雷伟红. 畲族习惯法研究[M]. 杭州：浙江大学出版社，2016：241-244.

[2] 蓝木宗.畲山风情（景宁畲族民俗实录）[M]. 福州：海风出版社，2012：131.

[3] 吕立汉. 浙江畲族民间文献资料总目提要[M]. 北京：民族出版社，2012：198.

CN-SH-430-003. 油茶管理习惯法

1．名称 中国/浙江省/丽水市/畲族/与生物资源相关传统文化/油茶管理习惯法

Common Law of *Camellia Oleifera* Management/Traditional Culture Related to Biological Resources/She People/Lishui Municipality/Zhejiang Province/China

2．编号 CN-SH-430-003 中国-畲族-习惯法-油茶管理习惯法

3．传统知识属性与分布 畲族社区集体知识；分布于浙江省丽水市畲族区域。

4．背景信息 畲族居住地区油茶山较多，在油茶的管理上，普遍设立了封禁山会，制定封禁山制度。有的畲乡单独建立封禁山会，也有的畲汉共同建立，主要目标是对经济林木进行群众性的自我管理。由于封禁山会是畲族自愿组织的社会团体，所以大家都自觉遵守封禁山制度，很少有人偷采油茶籽。

5．基本描述 过去，浙江省景宁畲族自治县的一些畲村与云和县山脚畲村在每年采摘油茶之前，都要开封禁山会，宣布对采摘油茶籽的规定。其一，规定同一采摘时间，正常都是霜降前三天开始采摘，凡提前采摘者，作为偷盗处理；其二，规定奖惩办法，举报人一般按罚金的50%奖励，并对举报人保密，对偷盗者处以银圆一二元罚金；其三，规定每户轮流巡回护山，在主要山冈或山头打锣，以锣警告，并口喊禁山规定；其四，规定拣拾油茶籽时间，全村未采摘完不准拣拾，否则按偷盗论处，一般是霜降后四天开始拣拾油茶籽。

6．传统知识特征

（1）畲族设立封禁山会，制定的封禁山制度对油茶山起到了很好的管理作用，防止了因早摘、乱摘油茶籽而影响油茶籽出油率的现象。

（2）畲族油茶管理习惯法的具体措施，是畲族在长期的生产生活实践中对油茶的种植和管理有着深刻的认识下形成的。

（3）畲族对偷盗者给予经济惩罚，对举报人给予奖励并保密，这种奖惩办法对油茶管理起到了积极的促进作用。

7．保护与利用

（1）传承与利用现状：现在畲族种植油茶少了，也没有封禁山会，对油茶管理也不会按照习惯法。

（2）受威胁状况及因素分析：随着对外交流的扩大，畲汉混居的普遍出现，加之畲族成片种植油茶减少了，畲族油茶管理习惯法也成为历史。

（3）保护与传承措施：畲族油茶管理习惯法具有一定的生态、文化内涵，值得深入挖掘。

8．文献资料

[1] 雷伟红. 畲族习惯法研究[M]. 杭州：浙江大学出版社，2016：123.

[2] 蓝运全. 闽东畲族志[M]. 北京：民族出版社，2000：163.

CN-SH-430-004. 保护笋林的习惯法

1．名称　中国/浙江省/丽水市/景宁畲族自治县/畲族/与生物资源相关传统文化/保护笋林的习惯法

Customary Law for Protecting Bamboo Shoots/Traditional Culture Related to Biological Resources/She People/Jingning She Ethnic Autonomous County/Lishui Municipality/Zhejiang Province/China

2．编号　CN-SH-430-004 中国-畲族-习惯法-保护笋林的习惯法

3．传统知识属性与分布　畲族社区集体知识；分布于浙江省丽水市景宁畲族自治县畲族社区。

4．背景信息　采挖冬笋在一定程度上会影响竹子繁殖，要合理采挖才能保证竹子正常生长。为了保护笋林，防止畲族对笋的滥采，实现对笋的可持续利用，畲族制订了习惯法。习惯法规定非铲山抚育的竹园，春节前冬笋可以自由挖，过了年只能在自家竹园挖竹笋。但由于畲族的生活水平提高了，对笋的依赖性也降低了，挖笋的人也少了，现在可以自由挖。

5．基本描述　笋几乎是畲族四季不断的蔬菜，因此保护好笋林对畲族有着极其重要的意义。畲族竹农谚语说："九前冬笋进春烂，九后冬笋清明出"。即冬至以前生长的冬笋，开春后多会自己腐烂，可以采挖；冬至以后长出的冬笋，则大多能长成成竹，应尽可能不挖。畲族习惯法规定：非铲山抚育的竹园，春节前冬笋可以自由挖，过了年只能在自家竹园挖竹笋。该习惯法禁止了对冬笋的过度采挖，防止了因过度采挖冬笋对竹子繁殖产生影响，保护了竹笋，实现了对竹林的可持续利用。

6．传统知识特征

（1）保护笋林习惯法的一些规定，有利于竹林的抚育、管理和可持续利用，体现了畲族与大自然和谐相处的古朴生态观。

（2）当地竹林分布面积较大，竹林对于当地畲族经济发展具有重要地位，而保护笋林的习惯法有利于当地经济的可持续发展。

（3）保护笋林的习惯法是畲族在长期生产生活实践对笋林生长发育规律有着深刻的认识的基础上形成的。

7．保护与利用

（1）传承与利用现状：该习惯法现在已不再使用。

（2）受威胁状况及因素分析：随着人们生活水平的提高和食物的丰富，对笋的依赖性降低，挖笋的人减少，不会再出现因笋的滥采而影响竹子生长的情况，因此，该习惯

法已不再使用。

（3）保护与传承措施：保护笋林的习惯法有利于可持续发展，在竹林的抚育利用方面有着积极意义。

8. 文献资料

[1]　柳意城. 景宁畲族自治县县志[M]. 杭州：浙江人民出版社，1995：513.

[2]　蓝木宗. 畲山风情（景宁畲族民俗实录）[M]. 福州：海风出版社，2012：131.

[3]　钟伯清. 中国畲族[M]. 银川：宁夏人民出版社，2012：37.

CN-SH-430-005. 帮（租）养耕牛的习惯法

1. 名称　中国/浙江省 福建省/畲族/与生物资源相关传统文化/帮（租）养耕牛的习惯法

The Customary Law of Helping Raise Cattle/Traditional Culture Related to Biological Resources/She People/Zhejiang Province，Fujian Province/China

2. 编号　CN-SH-430-005 中国-畲族-习惯法-帮（租）养耕牛的习惯法

3. 传统知识属性与分布　畲族社区集体知识；分布于浙江省、福建省畲族区域。

4. 背景信息　随着生产力的发展，畲族利用从汉族那里换来的铁制工具（如犁、耙、锄头、镰刀等），发展"牛耕助种"的农业生产。中华人民共和国成立前，畲族因经济困难买不起耕牛，因此要么帮汉族养牛，要么向汉族租牛，逐渐形成了帮（租）养耕牛的习惯法。中华人民共和国成立后，随着经济条件的好转，畲族家家户户都养牛，帮（租）养耕牛逐渐减少。

5. 基本描述　畲族帮（租）养耕牛的习惯法主要有帮养耕牛和租养耕牛两种。帮养耕牛，主要是汉族牛主以母牛出租或雇养，畲族帮助养牛，双方约定母牛养子对分，母牛犊大了再养子以三比一分成，即养者占三分，牛主占一分。苍南县平原地区有牛的农户，春耕后，有的将牛牵到山区寄养在畲家。接受寄养的畲家，可以得到若干稻谷报酬。租养耕牛，即畲族向汉族租牛，要交租金，所产小牛均分。

6. 传统知识特征

（1）畲族帮（租）养耕牛的习惯法是畲族经济困难买不起耕牛，在发展牛耕助种的农业生产中形成的，是当时畲族的所处的生活环境与社会经济地位决定的。

（2）畲族帮（租）养耕牛的习惯法明确规定了帮（租）养耕牛的利益分配，有利于解决畲族与雇主之间产生的矛盾。

（3）帮（助）养耕牛习惯法的实施促进了民族之间的经济交流和互助。

7. 保护与利用

（1）传承与利用现状：畲族帮（租）养耕牛的现象现已消失。

（2）受威胁状况及因素分析：帮（租）养耕牛是当时畲族所处的生活环境与社会环境决定的，随着畲族环境的变化，帮（租）养耕牛现象的消失是必然的趋势。

（3）保护与传承措施：在一些畲族相关的书籍中已有详细记载。

8. 文献资料

雷伟红. 畲族习惯法研究[M]. 杭州：浙江大学出版社，2016：217.

CN-SH-430-006. 狩猎习惯法

1. 名称　中国/浙江省 福建省/畲族/与生物资源相关传统文化/狩猎习惯法

The Customary Law of Hunting/Traditional Culture Related to Biological Resources/She People/Zhejiang Province，Fujian Province/China

2. 编号　CN-SH-430-006 中国-畲族-习惯法-狩猎习惯法

3. 传统知识属性与分布　畲族社区集体知识；分布于浙江省、福建省畲族区域。

4. 背景信息　畲族合理开发自然，在千百年刀耕火种、狩猎生产的历史进程中并没有把森林和野生动物"斩尽杀绝"，也没有破坏生态环境的平衡和稳定。畲族生活依赖于动物又恐惧动物，从而对动物加以神化，形成动物崇拜。畲族还对曾给予其帮助的动物心存感激，知恩图报。畲族对动物的崇拜和感激之情，形成了保护动物、善待生命的制度。在对待野生动物的态度方面，传统上，畲族狩猎只是为了生计，或者是因为野生动物糟蹋农作物才不得已将其猎杀，一般很少会把动物当作商品来换取金钱的，畲族狩猎也相当有限度，从不过度猎杀动物。在狩猎活动方面，畲族形成了很多习惯法。

5. 基本描述　狩猎活动是畲族早期生产生活的重要组成部分，在狩猎方面，出于对各种生命的珍爱与尊重，畲族对捕猎活动尤其在各种动物的狩猎时间、保护幼崽等方面都有严格的规定。畲族一般不猎怀崽、产崽、孵卵动物，不猎正在交配、哺乳的动物。对捕猎的时节和猎捕动物的种类、数量等，畲族也有明确的限定。春季一般不狩猎，畲族对串入宅室内的野兽非但不能枪杀或捕捉，反而要将其放生。夜间不打鸟、不捕鸟。对于主动上门或者是因为其他动物追赶而误入村里的动物，畲族采取的是放归山林的做法。因为畲族认为，能够上门求助的动物有灵性，将其猎杀是要遭天谴的。在闽西畲族中还有这样一个习俗，非狩猎所得的动物不能猎杀，如果不得已的情况下猎杀了不该杀的野生动物，就需要做一些比较特别的"祷告"，来解除造成的"孽业"。畲族还有很多有利于动物保护的禁忌，如立夏日、夏至日、冬至日不用牛；忌吃鳖、蛇、狗、猫；小孩忌吃鳝鱼、鳗鱼；忌用鸭、牛肉做祭品；燕子来家筑巢，忌驱赶和打扰。

6．传统知识特征

（1）畲族一般不猎怀崽、产崽、孵卵动物，不猎正在交配、哺乳的动物，这有利于动物的繁殖。

（2）畲族狩猎的习惯法保护了动物，维持了生态环境的平衡和稳定，有利于保护生物多样性和可持续利用野生动物资源。

（3）畲族狩猎的习惯法体现了畲族尊重生命，充分相信万物有灵的生态观。

7．保护与利用

（1）传承与利用现状：20世纪70年代后，随着保护野生动物的政策深入人心，狩猎成为人们的一种兴趣爱好，偶尔为之，所获猎物只有野兔、野鸡等。进入21世纪后，畲族地区已经很少有人去打猎。

（2）受威胁状况及因素分析：畲族生产生活方式的改变，狩猎行为的减少，使得狩猎习惯法逐渐成为历史。

（3）保护与传承措施：畲族的狩猎习惯法很好地保护了野生动物资源，在倡导生态文明的今天，值得借鉴。

8．文献资料

[1]　雷伟红. 畲族生态伦理的意蕴初探[J]. 前沿，2014（4）：135-137.

[2]　徐志成. 畲族生态伦理研究[D]. 杭州：浙江财经大学，2015.

440

传统文学艺术

CN-SH-440-001．劳动歌

1．名称　中国/浙江省 福建省 广东省 江西省/畲族/与生物资源相关传统文化/劳动歌

Labor Songs/Traditional Culture Related to Biological Resources/She People/Zhejiang Province，Fujian Province，Guangdong Province，Jiangxi Province/China

2．编号　CN-SH-440-001 中国-畲族-传统文学艺术-劳动歌

3．传统知识属性与分布　畲族社区集体知识；分布于浙江省、福建省、广东省、江西省畲族社区。

4．背景信息　畲族民歌，是畲族在漫长的历史长河中，在社会和生产斗争的实践中，根据斗争的现实和感受，以口头讲述的集体创作，并在畲族中广为流传。劳动歌也是畲族民歌的一种，它以歌唱的形式表达各项农业生产须遵循的农事活动季节，介绍生产知识，如何争取农作物丰收来实现美好生活，对劳动生产有动员性、鼓舞性、鞭策性。

5．基本描述　劳动歌是畲族人民历史长期处于原始农业所流传下来的艰辛劳动之歌，从农林牧渔副业至日常生活的一般劳动，都有整套歌咏的内容，歌言离不开种田、开山、栽茶、砍柴、烧炭、纺棉、织布、担水、煮饭等山乡生活劳动情景，且往往把生产知识、生活哲理贯穿于歌言之中。劳动歌的唱法多为没有伴奏的对唱形式，每个县基本上是一个曲调，用"假声"唱，在固定位置夹进"哩、噜、罗、啊、唉、噫"等辅音。畲族劳动歌口语化强，易唱、易学、易听、易记，且兴用比喻、对偶、排比、夸张等手法，是一部丰富的民族民间文化的宝贵遗产。

6．传统知识特征

（1）畲族在长期与自然界所进行的顽强斗争和生产实践中积累了大量农林牧副业生产知识与社会实践知识，通过劳动歌传承下来。

（2）畲族利用唱山歌的形式来表达和抒发自己的情感，以达到消除疲劳、排忧解愁和自娱自乐的目的。

（3）畲族不但在佳节喜庆之日唱歌，即便在山间田野劳动、探亲访友迎宾时，也常常以歌对话。

（4）畲族劳动歌的内容多半与其农林牧渔业生产活动有关，也有对美好自然环境和生物物种抒情的内容，体现了农业生产的内涵和畲族民间对美好生活的向往，也是对其幸福生活和男女之间爱情的表达。

7．保护与利用

（1）传承与利用现状：中华人民共和国成立后，特别是 20 世纪 80 年代以来，随着电影、电视的普及和卡拉 OK 的流行，以及其他社会文化娱乐活动的增多，年轻畲族人的娱乐方式有所变化，学唱畲族民歌的人越来越少。

（2）受威胁状况及因素分析：畲族娱乐方式的多元化及其他流行歌曲的影响。

（3）保护与传承措施：2008 年，畲族民歌被列入第一批国家级非物质文化遗产名录。

8．文献资料

[1] 浙江省少数民族志编纂委员会. 浙江省少数
民族志[M]. 北京：方志出版社，1999：191.

[2] 施联朱，雷文先. 畲族历史与文化[M]. 北京：
中央民族大学出版社，1995：182，184，195.

[3] 马建钊. 畲族文化研究[M]. 北京：民族出版
社，2009：9.

[4] 严慧荣. 非遗撷英[M]. 北京：中国文史出版
社，2013：31.

CN-SH-440-002. 菇民山歌

1．名称 中国/浙江省/丽水市/景宁畲族自治县/畲族/与生物资源相关传统文化/菇民
山歌

Mushroom Folk Songs/Traditional Culture Related to Biological Resources/She
People/Jingning She Ethnic Autonomous County/Lishui Municipality/Zhejiang Province/China

2．编号 CN-SH-440-002 中国-畲族-传统文学艺术-菇民山歌

3．传统知识属性与分布 畲族社区集体知识；分布于浙江省景宁畲族自治县畲族
社区。

4．背景信息 龙泉、庆元、景宁畲族居住区是人工香菇的发源地，菇民在栽培香菇
的过程中，把一些种植经验编成许多顺口溜，当作歌唱，久而久之，便演变为菇民特有
的菇歌。还有些菇民山歌仅仅是娱乐时唱，这些歌内容相对广泛，多为故事、谜语、笑
话等幽默诙谐的题材。

5．基本描述 菇民山歌是畲族的传统文化之一，随香菇的种植历史，至今已经传承
了 800 余年。菇民山歌的传承完全依附于香菇种植技术的传承，因此，菇民山歌的传承
一直局限在菇民区狭小的范围，始终没有走出香菇种植区。菇民山歌的内容主要体现了
菇民文化，同时代表着中国的香菇文化，它是在特定的历史条件下，一代代菇民为生存
而与自然的斗争中顺应规律而产生，并不断完善而形成的一种特定的区域文化。2008 年，
菇民山歌被列入景宁畲族自治县第二批非物质文化遗产名录。

6．传统知识特征

（1）景宁畲族居住区是人工香菇的发源地，菇民山歌随香菇的种植历史，至今已经
传承了 800 余年，它的传承完全依附于香菇种植技术的传承。

（2）菇民山歌是在特定的历史条件下，一代代畲族菇民为总结种植香菇的历程、技

术、经验、感受等而产生，并不断完善而形成的一种特定区域的特定文化。

（3）菇民山歌的内容多与香菇生产有关，如体现种植和栽培的方法、技术，采收的愉悦，食用的方法等，体现了香菇作为文化的载体，代表了畲族的一种淳朴的生产和生活方式。

7. 保护与利用

（1）传承与利用现状：菇民山歌的内容主要体现了菇民文化，同时代表着中国的香菇文化，在列入非物质文化遗产后，得到了更好的保护。

（2）受威胁状况及因素分析：外来艺术文化的冲击和传承地域的限制。

（3）保护与传承措施：2008 年，菇民山歌被列入景宁畲族自治县第二批非物质文化遗产名录。

8. 文献资料

[1] 严慧荣. 非遗撷英[M]. 北京：中国文史出版社，2013：35.

[2] 柳意城. 景宁畲族自治县县志[M]. 杭州：浙江人民出版社，1995：201-203.

[3] 景宁新闻网，http://jnnews.zjol.com.cn/jnnews/system/2015/11/19/019937651.shtml，2017-04-05.

CN-SH-440-003. 栽竹舞

1. 名称　中国/福建省/宁德市/畲族/与生物资源相关传统文化/栽竹舞

Zaizhu Dance/Traditional Culture Related to Biological Resources/She People/Ningde Municipality/Fujian Province/China

2. 编号　CN-SH-440-003 中国-畲族-传统文学艺术-栽竹舞

3. 传统知识属性与分布　畲族社区集体知识；分布于宁德市畲族社区。

4. 背景信息　栽竹舞流传于闽东福鼎宁德一带的畲族地区，是畲族法师在主持"过关"（为孩童祈佑平安）法事中所跳的法事舞蹈。栽竹舞的产生和传播，与畲族所处的生活、生产劳动、社会生活环境都有着直接关系。其一，畲族世代居住在高山林间，四处种植翠竹，竹林成为畲村明显的外景标志和特征；其二，畲族爱竹；其三，畲族认为"竹"能辟邪驱魔；其四，畲族认为栽竹可造"纸钱"（冥币），借栽竹歌舞供奉神灵，可祈佑平安。栽竹舞生动而细腻地表现了畲族从栽竹至成材后制成"纸钱"敬奉"圣贤"（三界菩萨）的过程，较全面地反映了畲族劳动、生活、习俗的原始风貌。

5. 基本描述　传统舞蹈栽竹舞是反映畲族种竹和用竹造纸过程的舞蹈。表演者按锣、鼓、钹的打击节奏，边舞边唱。舞步以"小跳步"和"踏步蹲"为基本步伐，手脚同时顺着左右进退的韵律不断转圈，动作轻快明朗。栽竹舞生动细腻地表现了栽竹、砍竹、浸竹、烈浆，直至制成纸、纸钱敬奉"圣贤"的全过程，每个环节都反映着畲族劳动的艰辛和洋溢着喜悦的心情，全面地反映了畲族劳动、生活、习俗的原始风貌。

6. 传统知识特征

（1）畲族世代居住在高山林间，房前屋后，四处种竹，栽竹舞的产生和传播与畲族的日常生活、生产劳动及社会环境都有着直接关系。

（2）栽竹舞表现了畲族种竹和用竹造纸过程，真实地反映了畲族劳动、生活以及地方习俗的原始风貌。

（3）某些竹子种类特别适宜用于造纸（冥币），通过人工栽培和利用，实际上也保护和扩展了这些竹子的种质资源。

7. 保护与利用

（1）传承与利用现状：当今能跳栽竹舞的畲族越来越少，而且大多都年事已高，如何抢救这一文化艺术遗产迫在眉睫。

（2）受威胁状况及因素分析：畲族生活、生产习俗的变化使得跳栽竹舞越来越少。

（3）保护与传承措施：2005 年，畲族舞蹈（民俗风情类）被列入浙江省第一批非物质文化遗产目录。

8. 文献资料

[1] 福建省炎黄文化研究会. 畲族文化研究（下）[M]. 北京：民族出版社，2007：576.

[2] 严慧荣. 非遗撷英[M]. 北京：中国文史出版社，2013：49.

[3] 费鹤立. 中国少数民族舞蹈的采集、保护与传播[M]. 昆明：云南大学出版社，2010：69.

CN-SH-440-004. 猎捕舞

1. 名称　中国/福建省/宁德市/畲族/与生物资源相关传统文化/猎捕舞

Hunting Dance/Traditional Culture Related to Biological Resources/She People/Ningde Municipality/Fujian Province/China

2. 编号　CN-SH-440-004 中国-畲族-传统文学艺术-猎捕舞

3. 传统知识属性与分布　畲族社区集体知识；分布于宁德市畲族社区。

4. 背景信息　畲族生产劳动舞来源于生产劳动，表现生产劳动的过程。猎捕舞为生产劳动舞的一种，与狩猎生产有着密切的关系。猎捕舞是出于畲族祖图《环山画轴》所描写的一个故事而形成的。讲的是上古时代畲族祖先上山围猎猛兽为族民除害，不幸被一只野羊撞伤坠崖身亡。族中猎手们寻其尸体，悲痛地抬回畲村安葬。后来畲族人民为了纪念其祖先这一为民除害的功德和行为，让子孙后代永远记住，故撷取这一事实，编排成舞蹈。由于原先舞姿多用痛惜、愤恨的踏步式，因而在中华人民共和国成立后初次整理定名为"踏步舞"。猎捕舞虽然与畲族的狩猎生产有着密切的关系，但其中又有怀念始祖盘瓠王遇难身亡的情节，所以与祭祀舞也有一定的联系，因此，猎捕舞也是畲族迎送祖宗牌位时跳的舞蹈之一。

5. 基本描述 猎捕舞又叫踏步舞，是畲族正月元宵、八月中秋节及每隔三年隆重举行迎送祖宗牌位时表演的舞蹈。此舞由 4 个身穿畲族传统的男子扮演猎手，整个舞蹈自始至终随着锣鼓点不断变换节奏，表现了畲族祖先狩猎时与野兽勇敢搏斗的情景，富有生活气息。整个舞蹈主要分为三段演出，一段，为猎手出猎欢乐舞；二段，为猎手围搜山兽舞；三段，为猎手围住野兽冲刺舞。整个舞姿，多用跑跳步、弓步欢螺、弓步前刺步。猎捕舞反映了勇敢的畲族猎手进入深山老林，追寻野禽猛兽，在发现猎物后齐心协力围歼堵截，最后抬着获取的猎物胜利欢欣凯旋的情景，体现了猎手们在险峻的深山老林里猎捕野兽的英勇气概。

6. 传统知识特征

（1）猎捕舞为畲族生产劳动舞中的一种，与畲族的狩猎生产有着密切的关系，反映了畲族的生活环境与生产方式，具有鲜明的民族特征。

（2）猎捕舞中有怀念始祖盘瓠王遇难身亡的情节，也是畲族迎送祖宗牌位时跳的舞蹈之一，是畲族祖先崇拜的体现。

（3）猎捕舞表现了畲族祖先狩猎时与野兽勇敢搏斗的情景，富有生活气息，体现了畲族猎手们在险峻的深山老林里猎捕野兽的英勇气概。

7. 保护与利用

（1）传承与利用现状：猎捕舞蕴含着深厚的畲族文化，但现在畲族很少跳，多作为文化表演节目。

（2）受威胁状况及因素分析：猎捕舞为畲族狩猎劳动舞中的一种，现在畲族已不再以狩猎为生，猎捕舞也失去了生存的土壤。

（3）保护与传承措施：2005 年，畲族舞蹈（民俗风情类）被列入浙江省第一批非物质文化遗产目录。

8. 文献资料

[1] 蓝秀平. 畲族传统与风情文化[M]. 北京：商务印书馆，2006：52.

[2] 邱国珍. 畲族民间文化[M]. 北京：线装书局，2009：296.

[3] 颜克慎. 闽东畲族宗教舞蹈探索[J]. 民族艺术，1992（4）：157-163，191.

CN-SH-440-005. 敬茶舞

1. 名称 中国/福建省/宁德市/畲族/与生物资源相关传统文化/敬茶舞

Serving Tea Dance/Traditional Culture Related to Biological Resources/She People/Ningde Municipality/Fujian Province/China

2．编号 CN-SH-440-005 中国-畲族-传统文学艺术-敬茶舞

3．传统知识属性与分布 畲族社区集体知识；分布于宁德市畲族社区。

4．背景信息 敬茶舞是许多公众活动时举行的带有仪式性的舞蹈，至今保留在福建畲族的传统婚礼仪式中。传统的畲族婚礼一定要举行盘歌，举行盘歌的过程也一定伴以敬茶舞蹈，婚礼和盘歌是表演民间敬茶舞的最好时机。这个带有仪式性的舞蹈至今仍保留在福建畲族传统的婚礼仪式中。

5．基本描述 畲族敬茶舞多在畲族的传统婚礼和盘歌中表演，当日，新娘由舅母帮其穿戴盛装前往新郎家。晚间在新郎家举行隆重的婚礼仪式，宴请亲邻好友。宴毕分几个歌场，主客歌手进行长夜对歌。在新郎家通宵贺喜敬酒之前，由新郎等十名男子分别模拟男女老少的神情，面对面站成两个竖排，在一名端茶者带领下，跳起"敬茶舞"。端茶者手捧茶盘，盘内存放已经泡好的绿茶，双臂向上高过头顶，将手中托盘由左向右轻轻转晃一圈圈，端至胸前停下，踏小步屈双膝向众人做施礼动作，客人肘部架起，双手手指交叉于胸前，同时屈膝做回礼动作。端茶者循一定路线按东西南北方向反复做施礼动作。端茶者腰肢灵活，双臂晃动，茶水却毫不外溢。敬茶舞全过程中，端茶者和其他表演者以吉祥话互相祝贺，整个会场充满了幸福的欢声笑语。

6．传统知识特征

（1）畲族是个山耕民族，分布于东南部亚热带地区，所处环境适合茶叶自然品质的形成，畲族敬茶舞的形成与无处不种茶的畲山格局以及对畲族喝茶喜好有密切的关系。

（2）畲族敬茶舞多在畲族的传统婚礼和盘歌中表演，是一个具有畲族民族特色的舞蹈。

（3）畲族敬茶舞包含着畲族丰富的茶文化，包括对茶的敬意，体现了畲族生产生活与茶之间的紧密关系。

7．保护与利用

（1）传承与利用现状：敬茶舞只在畲族传统婚礼和盘歌中表演，但随着畲族对传统婚礼的淡化，敬茶舞也随着淡化。

（2）受威胁状况及因素分析：随着其他外来文化的进入，敬茶舞等畲族民俗将逐渐消失。

（3）保护与传承措施：2005 年，畲族舞蹈（民俗风情类）被列入浙江省第一批非物质文化遗产目录。

8．文献资料

[1] 蓝秀平. 畲族传统与风情文化[M]. 北京：线装书局，2009：51-52.

[2] 费鹤立. 中国少数民族舞蹈的采集、保护与传播[M]. 昆明：云南大学出版社，2010：69.

450

传统饮食文化

CN-SH-450-001. 茶文化

1. 名称　中国/浙江省 福建省 广东省 江西省/畲族/与生物资源相关传统文化/茶文化

Tea Culture/Traditional Culture Related to Biological Resources/She People/Zhejiang Province，Fujian Province，Guangdong Province，Jiangxi Province/China

2. 编号　CN-SH-450-001 中国-畲族-传统饮食文化-茶文化

3. 传统知识属性与分布　畲族社区集体知识；分布于浙江、福建、广东、江西等省的畲族社区。

4. 背景信息　畲族是个山耕民族，分布于东南部亚热带山区，所处环境适合茶叶自然品质的形成。畲族茶叶历史悠久，至今已有1000多年的历史，在漫长的栽茶、采茶、制茶、饮茶过程中，逐渐形成和积淀成独具特色的畲族茶文化。随着社会的变迁和民族交流的日益加深，畲族饮茶器皿经历了从竹制、陶制、瓷质、玻璃器皿的变化，且很多茶俗已慢慢淡化。

5. 基本描述　畲族茶文化历史悠久，在1000多年以前茶就与畲族结上不解之缘，形成畲山无处不种茶的格局。畲族家家户户不但都种茶，而且都有自制茶叶的技艺，并把自己生产的茶叶，作为主要饮料，养成了常年喝茶的习惯。在生活上畲族形成了无时不喝茶的习俗。如畲族日常待客的"三碗茶"习俗，新娘茶、宝塔茶、婚礼茶及畲族以茶沟通、以茶送终、祭祀等茶文化。闽西一带的畲族，宴请亲友时不叫请客或请酒，而叫"请吃茶"，意为"酒水淡薄，吃茶而已"，茶成了酒宴的代名词。闽东一带的畲族在逢年过节或办红白喜事的时候，还将捣碎的冰糖加入茶中，谓之"糖茶"。畲族还流传着很多茶歌。在长期的实践中，畲族还总结出了许多"以茶代药"治病的良方，如用茶泡姜以治痢疾。畲族同胞把茶视为至神至圣的东西，几乎人一生的生、老、病、死无不涉及茶，还经常出现以茶冠地名的现象。畲族茶的功用已深入畲族生活的方方面面。

6．传统知识特征

（1）畲族茶文化的产生和发展与其山区生存环境，无处不种茶的畲山格局以及对喝茶喜好关系密切。

（2）从畲乡茶文化的历史看，千百年来，茶一直伴随着茶乡人民的劳动生活和风俗习惯而产生和发展，它与畲族的生产、生活、文化、习俗等水乳交融。

（3）在漫长的栽茶、采茶、制茶、饮茶过程中，逐渐形成和积淀成独具特色的畲族茶文化，并形成一套传统的畲乡茶俗。

（4）畲族茶的独特品质体现在：当地对种植茶树的适宜生态和气候条件，祖祖辈辈选育的优良茶品种资源，畲族的传统制茶技术，以及茶背后畲族特有的传统饮茶文化和习俗。

7．保护与利用

（1）传承与利用现状：随着现代化的发展及各民族的交融，畲族茶俗已慢慢淡化。

（2）受威胁状况及因素分析：现代化的发展，食品和饮料的多样化，多元化的茶叶商品流通，及其他民族茶文化的冲击。

（3）保护与传承措施：可将畲族茶文化与民族特色旅游结合起来，既能带动经济发展，又能促进畲族文化的传播。

8．文献资料

[1] 施联朱，雷文先. 畲族历史与文化[M]. 北京：中央民族大学出版社，1995：240，244-252.

[2] 毛公宁. 中国少数民族风俗志[M]. 北京：民族出版社，2006：846.

[3] 何丽萍. 畲乡景宁[M]. 杭州：西泠印社出版社，2006：62-63.

[4] 梅松华. 畲族饮食文化[M]. 北京：学苑出版社，2010：38-42.

CN-SH-450-002. 酒文化

1．名称　中国/浙江省 福建省 广东省 江西省/畲族/与生物资源相关传统文化/酒文化

Wine Culture/Traditional Culture Related to Biological Resources/She People/Zhejiang Province，Fujian Province，Guangdong Province，Jiangxi Province/China

2．编号　CN-SH-450-002 中国-畲族-传统饮食文化-酒文化

3．传统知识属性与分布　畲族社区集体知识；分布于浙江、福建、广东、江西等省的畲族社区。

4．背景信息　酒是畲族生产生活中必不可少的食品，对畲族有着重要的意义。畲族刀耕火种、山地农耕，全年吃玉米、番薯，食物单一。为丰富食品，畲族用番薯酿成酒，

把粗糙的食物转化为更为精细、易于消化的食物，改变了饮食结构。畲族早期狩猎经济发达，野兽肉味道特别腥，于是畲族用酒来去腥味。在经历繁重的体力劳动后，畲族补身体的办法，就是喝酒，特别是一些加了活血、安神、补气草药的药酒。畲族过去大多用杂粮——小米、高粱、番薯等酿酒，少数人以糯米酿酒。现在，酿酒原料大多用糯米。

5．基本描述　在畲族众多食品中，畲族认为，酒有特殊功能，既能愉悦身心、解除疲劳、壮身御寒，还能消毒杀菌、调味去腥。因此，畲族男女嗜好酒，一进十月，户户酿酒。畲家非到极度穷困都有酒，看酒可知贫富程度。畲族的酒现多以白酒和自家酿制的糯米酒为主，景宁山区还有一种绿曲酒，白酒有明烧和暗烧两种。畲族的生活处处离不开酒，节庆日喜事之时，没有酒，就不算是过节。礼俗也处处离不开酒，建房时是"树寮酒"、上梁时有"上梁酒"、过生日称"生日酒"、定亲称"定亲酒"、嫁女是"嫁女酒"、娶亲是"讨亲酒"、完婚后还要请"佳期酒"、祭祀祖先是"祭祖酒"、人死后讨位称"讨位酒"，处处都冠以酒。酒桌上，族人、亲戚、朋友相聚一堂，喝着一碗碗的酒，情同手足，增添了喜庆的气氛。畲族还有"喝大碗酒"的习俗，当客人到来时，主人会双手捧上一大碗热气腾腾、清香扑鼻的"米酒"，以酒待客。

6．传统知识特征

（1）畲族历史上以刀耕火种为主，主要作物即玉米和番薯，可以就地取材。通过酿酒把粗糙的食物转化为优质食品，使种植业与加工业相结合，丰富了畲族的生产和生活方式。

（2）畲族用酒来愉悦身心、解除疲劳、壮身御寒、消毒杀菌、调味去腥，对畲族的精神寄托、经济发展和文化生活具有重要的意义。

（3）畲族男女嗜好酒，畲族的酒文化体现在畲族的生活、节庆、礼俗中，是畲族的社会交往和生产生活的重要组成部分。

7．保护与利用

（1）传承与利用现状：虽然在一些礼俗方面的酒文化随着礼俗的简化受到了比较大的影响，但其酒文化依旧保存下来，饮酒仍然是畲族生活中必不可少的部分。

（2）受威胁状况及因素分析：外来文化的进入使得畲族酒文化习俗淡化，此外，其他外来酒制品的出现也冲击了畲族当地的酒制品。

（3）保护与传承措施：可将畲族酒文化当地旅游结合起来，既能带动旅游经济，又可继承和发扬酒文化。

8．文献资料

[1]　施联朱，雷文先. 畲族历史与文化[M]. 北京：中央民族大学出版社，1995：260-264.

[2]　沈作乾. 畲族调查记[J]. 东方杂志，1924，21（7）：59.

[3]　梅松华. 畲族饮食文化[M]. 北京：学苑出版社，2010：42-44.

460

其他传统文化

CN-SH-460-001. 凤凰装

1. 名称　中国/浙江省 福建省 广东省 江西省/畲族/与生物资源相关传统文化/凤凰装

Phoenix Dress/Traditional Culture Related to Biological Resources/She People/Zhejiang Province，Fujian Province，Guangdong Province，Jiangxi Province/China

2. 编号　CN-SH-460-001 中国-畲族-其他传统文化-凤凰装

3. 传统知识属性与分布　畲族社区集体知识；分布于浙江、福建、广东、江西等省的畲族社区。

4. 背景信息　畲族的凤凰崇拜与殷商时期的凤鸟图腾崇拜是一脉相承的，"凤凰装"起源于原始凤鸟图腾崇拜。经历了漫长的历史变迁，"凤凰装"一直沿袭着畲族先民"衣裳斑斓""戴竹冠""裹以布"等古老的传统服饰特点，且历代相沿不衰，极富个性，在 20 世纪 70 年代之前仍然非常鲜明，但从 80 年代开始明显地变淡。在传统服饰不断消失的情况下，畲族也对服饰进行改革性的探索。

5. 基本描述　凤凰装是畲族的传统服饰，别具风格，极具特色，大多以自种苎麻为原料，少数以棉布、丝绸为原料。在凤凰装的布料色彩上，以青色为主色调。畲族传统女性服饰"凤凰装"，由凤冠、花边衫、彩带、拦腰、花鞋五件套组成。畲族妇女喜爱红头绳扎的头髻，高高盘在头上，象征着凤髻；在衣裳、围裙上刺绣着各种彩色的花边，多是大红、桃红夹着黄色的花纹，镶绣着金丝银线，象征凤凰的颈项、腰身和羽毛；扎在腰后的金色腰带头，象征凤尾；佩于全身的叮当作响的银饰，象征凤鸣。凤凰装样式及用色因地区不同显示出略微的差异。

6. 传统知识特征

（1）染料靛青是取自山林野生资源的自然染料，它是由植物板蓝根的地面部分大青叶所提取，畲族的服饰喜用青色正是自然的体现。

（2）各地畲族都称自己的服饰为"凤凰装"，称发饰为"凤凰头"，体现了畲族对凤凰鸟的尊崇，是浓厚尊祖意识的体现。

（3）凤凰装从原料、构思到制作，反映了畲族种麻、养蚕、纺织、手工编织、染色、刺绣、挑花等传统艺术和手工业技艺的发展历程，以及畲族民在审美取向、宗教信仰、生态观念、艺术创造、婚姻情感等方面的精神文化内涵，所用材料也多为当地生物资源，体现了生物的多样性。

7. 保护与利用

（1）传承与利用现状：年轻一代的畲族男女平常已不再穿自己民族的服装，一般只在传统节日才象征性地穿戴。

（2）受威胁状况及因素分析：随着外来文化的冲击，畲族的服饰习惯逐渐改变。

（3）保护与传承措施：2006 年，畲族服饰被列入景宁畲族自治县第一批非物质文化遗产名录；2007 年列入丽水市第一批非物质文化遗产名录；2009 年列入浙江省第三批非物质文化遗产名录。畲族服饰的保护与传承将进一步受到关注。

8. 文献资料

[1] 《畲族简史》编写组. 畲族简史[M]. 北京：民族出版社，2008：181-182.

[2] 雷弯山. 畲族风情[M]. 福州：福建人民出版社，2002：73-81.

[3] 蓝秀平. 畲族传统与风情文化[M]. 北京：线装书局，2009：84，92.

[4] 俞敏，崔荣荣. 畲族"凤凰装"探析[J]. 丝绸，2011，48（4）：48-51.

[5] 肖芒，郑小军. 畲族"凤凰装"的非物质文化遗产保护价值[J]. 中南民族大学学报（人文社会科学版），2010，30（1）：19-23.

[6] 严慧荣. 非遗撷英[M]. 北京：中国文史出版社，2013：75.

CN-SH-460-002. 畲族凤冠

1. 名称　中国/浙江省 福建省 广东省 江西省/畲族/与生物资源相关传统文化/畲族凤冠

She Ethnic Phoenix Coronet/Traditional Culture Related to Biological Resources/She People/Zhejiang Province，Fujian Province，Guangdong Province，Jiangxi Province/China

2．编号 CN-SH-460-002 中国-畲族-其他传统文化-畲族凤冠

3．传统知识属性与分布 畲族社区集体知识；分布于浙江、福建、广东、江西等省的畲族社区。

4．背景信息 畲族"凤冠"出自其对原始凤鸟的图腾崇拜。畲族女子出嫁时必戴凤冠，以此纪念畲族祖先三公主，而且在逝世时，还要戴它入殓。在环境和特定的社会条件下，畲族的生产生活方式发生了质的变化，服饰也随着变样，各地域形成的头饰（笄）的款式也就有了差异，因贫富关系使得材料也有所不同，但头上都扮成红红的凤凰头冠，象征凤凰在鸣啭。畲族头饰保留了上千年的原始文化，传承着畲族神秘的族源及祈福信息，蕴含着各种物质与精神文化因素以及深层的审美心理，承载着悠久的民族历史和文化。

5．基本描述 畲族妇女的头饰称为"凤冠"，汉族称"笄"。畲族传统"凤冠"的结构以竹片为骨架，先制成梯形的头冠套，冠套外围缝上五色波纹的"冠栏布"，额前镶双龙、凤凰、蝴蝶、花木、鱼鸟等图案。凤冠上额正中悬立一块"双龙戏珠"银饰，额正面贴镶两块银质"冠栏片"，其下并排悬挂 4 片四方形有花纹的银片，表示"盘、蓝、雷、钟"四姓联姻。畲族各地的凤冠形制稍有区别，大体可分为福安式、罗源式、顺昌式、景宁式与丽水式几种。过去"凤冠"一般在结婚时始戴，以后凡逢节日或做客时戴。

6．传统知识特征

（1）凤鸟是畲族祖先来源传说的一部分，凤冠则是具有纪念始祖意义的原始装饰，畲族凤冠是畲族继承凤鸟图腾崇拜遗俗留下的印记。

（2）畲族传统服饰品上的装饰纹样造型精美、丰富多彩，其素材大部分为来自畲族生活的自然环境中而成为审美对象的花草树木、鱼虫百鸟、自然景观等形象，体现了畲族对生物多样性的喜爱。

（3）凤冠是畲族女子盛装——"凤凰装"中最具特点的部分，是畲族妇女最重要的服饰品，也是畲族服饰以及民族认同的主要标志之一。

（4）畲族凤冠蕴含着岁岁平安、吉祥如意的美好祝福，是其畲族求福趋吉意识的体现。

7．保护与利用

（1）传承与利用现状：现今在畲族聚居地，戴"凤冠"的人已很少见，一些畲族村庄只在接待重要来访宾客或重大节日时才戴。

（2）受威胁状况及因素分析：畲族与汉族等民族长期杂居，文化不断交融，畲族传

统习俗也逐渐淡化。

（3）保护与传承措施：2010年3月15日，由民间艺人创作的福安珍华堂银雕作品《凤冠》代表中国畲族银器入选上海世博会，这也成为宁德地区目前唯一入选世博会展馆的民间工艺作品。

8．文献资料

[1] 雷志良. 畲族服饰的特点及其内涵[J]. 中南民族学院学报（哲学社会科学版），1996（5）：129-132.

[2] 吴微微，骆晟华. 浙江畲族凤冠凤纹及其凤凰文化探讨[J]. 浙江理工大学学报，2008，25（1）：50-54.

[3] 雷光振. 凤冠与畲族头饰[J]. 民俗掠影，2010（1）：79-84.

[4] 宁德新闻网，http://news.66163.com/2010-03-18/402540.shtml，2016-04-21.

CN-SH-460-003．畲族剪纸

1．名称　中国/浙江省 福建省/畲族/与生物资源相关传统文化/畲族剪纸

She Ethnic Paper Cut/Traditional Culture Related to Biological Resources/She People/Zhejiang Province，Fujian Province/China

2．编号　CN-SH-460-003 中国-畲族-其他传统文化-畲族剪纸

3．传统知识属性与分布　畲族社区集体知识；分布于浙江省、福建省畲族社区。

4．背景信息　畲族剪纸，俗称"铰花"，其工具是专用的花剪，小巧而锋利，也有用一般剪刀的，但基本没有使用刻刀。畲族剪纸视用途而用各色纸张，以红纸居多。剪时阴阳法结合，繁简并用，先里后外，先密后疏。畲族剪纸也是不断变迁的，改革开放后，社会迅速发展，而以畲族为题材的创作型剪纸在创作主体、用途、题材和造型等方面都发生了改变。

5．基本描述　畲族剪纸工艺简练、古朴，富有浓郁的装饰情趣。多数剪纸以原色纸张剪成，以黑白组成对比，多用于刺绣鞋帽、烟袋、包袱等日常生活用品上图案花纹的底图。从刀法看，畲族剪纸线条流畅，秀丽挺拔，富有民族风味和地方特色；从内容看，大多表现民间喜闻乐见的花鸟走兽、人物、吉祥图案等，尤其是人物和动物图案，形象生动，栩栩如生，深得人们喜爱。畲族剪纸多为自用或馈赠亲友，按其种类和用途大致可分为喜花、礼花、供花、冥花和刺绣底样等。

6．传统知识特征

（1）畲族剪纸，与当地汉族大致相同，但往往更追求神似，大胆变形，夸张，风格上偏重粗犷浑厚，反映着本民族的思想感情和审美情趣，有着相当明显的民族特色。

（2）以前，剪纸与畲族的生活密不可分，如结婚、生子、寿诞、死亡，都需要用到剪纸，说明剪纸在畲族心中有着极其重要的社会价值和文化价值。

（3）畲族剪纸多表现民间喜闻乐见的花鸟走兽，体现了生物的多样性，也表现了畲族对保护周边自然环境和生物多样性的心态。

7. 保护与利用

（1）传承与利用现状：畲族长期以来由于其地域范围的限制，传统剪纸较少受到外来文化的影响和冲击，在很长时间内保持了相对稳定的原始性特色。但是随着改革开放后城镇化进程的加快，畲族剪纸原有的传统文化内容大幅减少。

（2）受威胁状况及因素分析：城镇化进程的加快和其他民族文化的冲击以及畲族婚俗、寿诞和丧俗仪式的简化对畲族剪纸产生了冲击。

（3）保护与传承措施：①1996年，朱学舜、陈乘梅等几位福州剪纸研究会的会员开始着手对罗源的民间剪纸进行抢救式保护。20多年来，他们走访了60多位民间剪纸老艺人，共搜集民间剪纸2 000余幅，其中畲族剪纸200余幅。②2008年，剪纸被列入景宁畲族自治县第二批非物质文化遗产名录。

8. 文献资料

[1]　《畲族简史》编写组. 畲族简史[M]. 北京：民族出版社，2008：174.

[2]　俞郁田. 霞浦县畲族志[M]. 福州：福建人民出版社，1993：402-403.

[3]　康向荣. 闽东畲族剪纸研究[D]. 北京：中央美术学院，2014.

[4]　严慧荣. 非遗撷英[M]. 北京：中国文史出版社，2013：77.

CN-SH-460-004. 畲族刺绣

1. 名称　中国/浙江省 福建省/畲族/与生物资源相关传统文化/畲族刺绣

Embroidery of She Ethnic/Traditional Culture Related to Biological Resources/She People/Zhejiang Province，Fujian Province/China

2. 编号　CN-SH-460-004 中国-畲族-其他传统文化-畲族刺绣

3. 传统知识属性与分布　畲族社区集体知识；分布于浙江省、福建省畲族社区。

4. 背景信息　畲族称刺绣为"做花"或"绣花"。畲族刺绣有悠久的历史，民间刺绣师傅多为男性，而且基本上都是裁缝师。刺绣主要以家庭祖传的方式传承，基本上是传男不传女。随着畲族不断地迁徙与发展，畲族开始将苏绣等其他绣派与畲绣相结合，逐渐形成了现在色彩丰富的畲绣。但是随着男性学习这门手艺的人越来越少，女性也开始学习这门手艺。自 20 世纪 80 年代以来，畲族刺绣开始逐渐走向衰败。

5．基本描述　畲族刺绣是畲族的传统文化之一，具有鲜明的民族特点。畲族刺绣有衣裤、肚兜、五谷包、童帽、烟袋、鞋帽、帐帘的刺绣，主要的是在服装上刺绣，最常见和突出的是在自己的上衣和围裙上刺绣。畲族妇女喜欢在衣裳的领口、袖口、衣襟边和围裙上刺绣各种花鸟和几何纹样，形成一种美丽的图案花纹。刺绣以动植物和几何图像为主，也有刺绣人物图案的。刺绣色彩鲜艳明快，对比强烈；用色多以大红、桃色为基调，配以黄、绿、白、蓝各色，有的用金线镶嵌，增加华丽氛围。刺绣纹饰图案，有单独的，也有连续的。一般一件妇女上衣，要用七八天的时间，花样多的甚至要耗工一个多月。

6．传统知识特征

（1）畲族的刺绣，不仅具有独特的民族风格，而且配色绚丽，花样新颖，是畲族特有的一种艺术，也是畲族人勤劳智慧的结晶。

（2）畲族刺绣的图案多取材于动物和植物，为畲族对自然万物的描摹抽象，是畲族自然崇拜的体现，也体现了畲族对动植物的喜爱和保护生物多样性的心态。

（3）畲族刺绣包含着畲族丰富的文化，体现了畲族独特的民族特征和民俗文化。

7．保护与利用

（1）传承与利用现状：自 20 世纪 80 年代以来，畲族刺绣就开始逐渐走向衰败，现只有少数畲族会刺绣。

（2）受威胁状况及因素分析：家庭祖传，传男不传女的传承方式的限制；刺绣学习周期长且市场效益低，现在几乎没有人肯学习；汉族艺术文化的冲击和畲族服装的汉化，以及机器工业化刺绣生产的出现，也对传统刺绣形成冲击。

（3）保护与传承措施：2008 年，刺绣被列入景宁畲族自治县第二批非物质文化遗产名录。

8．文献资料

[1]　《畲族简史》编写组. 畲族简史[M]. 北京：民族出版社，
　　　2008：172-173.

[2]　钟雷兴. 闽东畲族文化全书（服饰卷工艺美术卷）[M]. 北
　　　京：民族出版社，2009：84.

[3]　雷弯山. 畲族风情[M]. 福州：福建人民出版社，2002：

34-38.

[4] 翁益华. 畲族刺绣工艺浅析[J]. 时代漫游, 2014（1）: 75-76.

[5] 严慧荣. 非遗撷英[M]. 北京: 中国文史出版社, 2013: 81.

CN-SH-460-005. 彩带文化

1. 名称　中国/浙江省 福建省/畲族/与生物资源相关传统文化/彩带文化

Coloured Ribbon Culture/Traditional Culture Related to Biological Resources/She People/Zhejiang Province，Fujian Province/China

2. 编号　CN-SH-460-005 中国-畲族-其他传统文化-彩带文化

3. 传统知识属性与分布　畲族社区集体知识；分布于浙江省、福建省畲族社区。

4. 背景信息　畲族花带，也称彩带，以蚕丝或棉纱为原料，植物染料染其色，是畲族工艺品中最有特色、最主要的一种工艺品。畲族彩带历史悠久，在漫长的民族发展中逐渐衍化为吉祥、辟邪信物，深入生活的其他方面。畲族彩带既是传统服饰的一部分，伴随畲族的生活与劳作，又被作为一种信物进行赠送，是畲族婚礼的必备物品。彩带编织的精致程度，也是衡量姑娘心灵手巧的重要标准。

5. 基本描述　畲族花带一般作为围裙腰带，是畲族女性不可缺少的装饰品，极富民族特色。畲族花带是用各种颜色的丝线手工编织而成，长到几米至几十米不等，宽 1-6 cm。一件 6 cm 的花带，纹饰分三条，左右两条各宽 1.7 cm，中间一条宽 2.6 cm，由白、黑、红、绿交叉搭配织成。花带色彩鲜艳，有蓝底红花、绿地白花、白底黑字纹饰多种款式。彩带中还有大量以山居、狩猎、果实、动植物等为题材的装饰纹样，这是畲族生产与生活环境的真实写照。彩带有"七根花"至"十九根花"不同规格，且不同规格的彩带有不同的用途。

6. 传统知识特征

（1）编织彩带用的丝线是畲族自养蚕自缫的蚕丝，或者是自种棉花纺成的纱。染丝线用的染料也是从植物中提取的植物染料，体现了畲族基于自然、就地取材、创造性利用生物资源的智慧。

（2）彩带中有大量以山居、狩猎、果实、动植物等为题材的装饰纹样，是畲族生产与生活环境的真实写照，体现了生物的多样性和喜爱生物的心态。

（3）畲族彩带既是传统服饰的一部分，伴随畲族的生活与劳作，又被作为一种信物进行赠送，具有文化意义。此外，彩带编织的精致程度，也是衡量畲族姑娘心灵手巧的重要标准。

（4）"十七根花"和"十九根花"编得稠密宽大，较耗工夫，不仅是畲族束在腰间的精美装饰品，而且是畲族姑娘出嫁时的必备物品，故又称"山哈带"，是传统婚俗文化的组成部分。

7. 保护与利用

（1）传承与利用现状：畲族彩带编织技艺虽已列入浙江省非物质文化遗产名录中，但彩带上一些符号纹样及其象征意义已经逐渐失传。

（2）受威胁状况及因素分析：畲族生活方式和社会经济结构的变化；畲族和其他民族的融合；现代年轻人不喜欢学习编织彩带，缺乏传承人。

（3）保护与传承措施：浙江景宁畲族自治县已经将"畲族彩带编织技艺"列入第一批浙江省非物质文化遗产名录。

8. 文献资料

[1] 钟雷兴. 闽东畲族文化全书（服饰卷工艺美术卷）[M].
    北京：民族出版社，2009：119.

[2] 雷弯山. 畲族风情[M]. 福州：福建人民出版社，
    2002：38-44.

[3] 汪洋. 畲族彩带的非物质文化遗产保护价值[J]. 前
    沿，2012（9）：154-156.

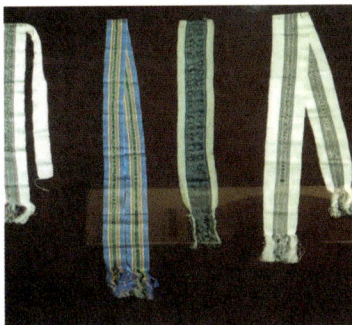

CN-SH-460-006. 畲族木雕

1. 名称　中国/浙江省 福建省/畲族/与生物资源相关传统文化/畲族木雕

She Ethnic Sculpture/Traditional Culture Related to Biological Resources/She People/Zhejiang Province，Fujian Province/China

2. 编号　CN-SH-460-006 中国-畲族-其他传统文化-畲族木雕

3. 传统知识属性与分布　畲族社区集体知识；分布于浙江省、福建省畲族社区。

4. 背景信息　畲族木雕是流传于浙闽一带、历史悠久的民间工艺，多以樟木或黄檀木为材料，通过丰富的想象构思，借助形象艺术，运用高超的雕刻技艺，塑造出栩栩如生的作品。其中既有中国传统木雕的龙飞凤舞，又融入了畲族民间独特的图案花纹，是我国民族工艺中的瑰宝。但如今随着岁月的流逝和时代的变迁，掌握这项技法的人已寥寥无几。

5. 基本描述　畲族民间有不少木匠是雕刻能手，在木料结构的民房、庙宇建筑及家具中体现出来。雕刻的内容主要有大龙、凤凰、花、草、鸟兽、人像等，情趣浓厚，生动活泼。畲族木雕还包括根雕。根雕是以树根（包括树身、树瘤、竹根等）的自生形态及畸变形态为艺术创作对象，通过构思立意、艺术加工及工艺处理，创作出人物、动物、植物、器物等艺术形象作品。畲族根雕采自自然，还原自然，注重突出根艺的文化内涵，是畲族人民对美好生活追求的艺术表现。

6．传统知识特征

（1）畲族居住的山区地理与气候环境十分适合樟木和黄檀木等树木的生长，为畲族木雕的发展提供了丰富的材料资源。

（2）畲族木雕雕刻的内容主要有大龙、凤凰、花、草、鸟兽、人像，多取材于自然，体现了畲族对自然万物的描摹及抽象，是畲族自然崇拜的体现和维护生物多样性的心态。

（3）畲族根雕采自自然，还原自然，注重突出根艺的文化内涵，是畲族人对美好生活追求的艺术表现。

7．保护与利用

（1）传承与利用现状：随着畲族生活水平的提高，现在造木房的畲族越来越少，迫于生计，许多以前从事木雕工艺的工匠都转了行，而年轻人又吃不得苦，不愿从事这种清贫的技艺工作。畲族木雕面临着传承艰难的尴尬局面。

（2）受威胁状况及因素分析：畲族的木雕主要在木头结构的民房、庙宇建筑及家具中体现出来，随着社会的变迁，畲族的房子也顺应时代潮流多变成了水泥钢筋结构的房子，利用木雕的机会越来越少。

（3）保护与传承措施：2007 年，民间根雕列入景宁畲族自治县第二批非物质文化遗产名录。

8．文献资料

[1] 蓝秀平. 畲族传统与风情文化[M]. 北京：线装书局，2009：55.

[2] 邱国珍. 温州畲族民间艺术及其文化透视[J]. 温州职业技术学院学报，2016，16（3）：1-5.

[3] 蓝木宗. 畲山风情（景宁畲族民俗实录）[M]. 福州：海风出版社，2012：95-96.

[4] 严慧荣. 非遗撷英[M]. 北京：中国文史出版社，2013：81-85.

CN-SH-460-007. 赶野猪

1．名称 中国/浙江省/丽水市/畲族/与生物资源相关传统文化/赶野猪

Driving wild boars/Traditional Culture Related to Biological Resources/She People/Lishui Municipality/Zhejiang Province/China

2．编号 CN-SH-460-007 中国-畲族-其他传统文化-赶野猪

3．传统知识属性与分布　畲族社区集体知识；分布于浙江省丽水市畲族社区。

4．背景信息　早期的畲族居民生活在山中，靠务农为生，主要种植番薯、大豆、玉米等作物。山区野兽较多，尤其是野猪，对农作物破坏最大，因此，野猪成为畲族人的心腹大患。于是，有组织地进行赶野猪成了畲族人的一项重要活动。为了更好地达到驱赶效果，畲族人在平时就训练赶野猪的方法与技巧，畲族人以竹子编成圆球当野猪，用木棍当土铳，分为两队，争相追打"野猪"。通过演练，畲族人不仅提高了赶打野猪的方法和技巧，更是锻炼了人的意志品质，健强人的体魄。经过漫长岁月的发展、演变，于是演练赶打野猪成了广大畲族群众普遍喜欢的体育项目。

5．基本描述　赶野猪是畲族在狩猎活动形成的民俗体育文化。赶野猪是两个队在一片两端各有两个进球门的长方形场地上，按照一定的规则进行对抗活动的一种运动。比赛每队5人，分成上下半场完成，主要用球板进行传、接、带、射、抢等技术进行竞争。进攻队力求将球用球板打进球门，防守队极力阻止、破坏对方进攻，转守为攻。比赛具有不受年龄大小限制，技术多样，战术丰富，对抗激烈的特点，能有效地提高人的奔跑速度、耐力、力量、灵敏等身体素质，有利于培养勇敢顽强、机智果断、勇于克服困难的意志品质和团结协作精神。

6．传统知识特征

（1）赶野猪是畲族基于传统狩猎活动形成的民俗体育文化，具有浓厚的民族与地域特色，反映了畲族过去的生产生活环境与方式，体现了畲族独特的历史风貌和文化意义。

（2）在赶野猪这样的畲族传统体育中，需要利用树木或者竹子制作器械和器材，原材料取材于自然，体现了畲族先民与自然和谐相处的古朴生态观。

（3）赶野猪演化为丽水市畲族一项少数民族的传统体育竞技项目，是畲族人基于长期的劳动实践中而创造并流传的。

（4）赶野猪战术丰富，对抗激烈，通过竞技有效提高了畲族人的速度、耐力、灵敏程度和团结互助的协作能力。

7．保护与利用

（1）传承与利用现状：赶野猪是畲乡民间传统体育节的项目之一，现在会的人很少。

（2）受威胁状况及因素分析：外来文化的进入及现代体育运动的普及对畲乡民间传统体育产生了一定的威胁。

（3）保护与传承措施：2007年全国第八届少数民族运动会上，赶野猪项目代表浙江省参赛队，获竞技类项目第二名。

8. 文献资料

[1] 蓝木宗. 畲山风情（景宁畲族民俗实录）
[M]. 福州：海风出版社，2012：133-132.

[2] 庄初阳. 民族传统体育之花在丽水绽放
[N]. 丽水日报，2010-11-22（1）.

[3] 中国浙江非物质文化遗产网，http：//218.
108.88.20/xiangmu/detail/54-933.html，
2016-11-28.

CN-SH-460-008. 煨大年猪

1. 名称　中国/浙江省 福建省/畲族/与生物资源相关传统文化/煨大年猪

Roasting New Year Pig/Traditional Culture Related to Biological Resources/She People/Zhejiang Province，Fujian Province/China

2. 编号　CN-SH-460-008 中国-畲族-其他传统文化-煨大年猪

3. 传统知识属性与分布　畲族社区集体知识；分布于浙江省、福建省畲族社区。

4. 背景信息　畲族和许多民族一样，也过春节，随着经济、社会的发展及汉文化的影响，畲族过年习俗不断变迁，但仍保留了一些传统，其中，最有特色的是"煨大年猪"。畲族"煨大年猪"习俗，可能是下面几个传统观念和社会心理在起作用。一是崇拜"火"的原始观念，畲族住在山区，刀耕火种，气温寒冷，对火的依赖性强，因此畲族"火炉塘"整年不停火，以此来保存火种；二是重视生产，畲族"煨大年猪"时，也是畲族串门告诉各家自己"烧山"和"插田"的日子；三是"除旧布新"的心理，在旧社会，畲族受歧视和剥削，因此，总是寄希望于来年。"煨大年猪"不但庆贺将过去一年养成了猪，还祈求来年养更多更大的猪。"煨"了大柴根，意味着送走过去不幸，来年养头大猪和获得大丰收。

5. 基本描述　煨大年猪，畲语又称"养大猪""留隔年火种"。大年三十全家吃完团圆饭后，畲族人会抬来一个又大又干燥的树根到灶前。这根树根是年前就准备好的，一般是挖树根劈成柴时，劈不开。或者是经过精心选取的树根，不但大，甚至像一只大肥猪。树根头前架上小干柴烧，使树根慢慢燃，只燃不烧，故称为"煨"，如果树根烧得很猛，烧得很快，畲族会用"炉灰"盖住树根，使其燃烧得慢些，树根最快不能在天亮前燃完。畲族一家人或串门的邻居围在灶前，相互祝福，回顾过去，展望未来。半夜，畲族还会把真的猪头剖开，做下酒菜，叫"开猪头"。

6．传统知识特征

（1）畲族地处山区，冬天天气寒冷，畲族"煨大年猪"是为了改善寒冷的山区生活环境。

（2）畲族"煨大年猪"习俗与畲族刀耕火种时对火的依赖性有关，体现了畲族对火的崇拜。

（3）畲族煨年猪时，客人来的第一件事情是告诉自家"烧山"和"插田"的日子，并期盼来年能多养猪，养肥猪，足以看出畲族对农业生产极为重视。

7．保护与利用

（1）传承与利用现状：煨大年猪这个风情浓郁的畲族过年习俗正日渐远去，只有一些家里有上了年纪老人的家庭还保持着这个习俗。

（2）受威胁状况及因素分析：现在畲族生活水平已普遍提高，已能满足吃饱穿暖的基本要求，对火的崇拜和依赖性逐步降低，畲族的生活方式也有了很大的改变，畲族煨大年猪的仪式活动将逐渐被淘汰。

（3）保护与传承措施：畲族煨大年猪习俗虽逐渐淡化，但在书籍中有记载。

8．文献资料

[1]　蓝秀平．畲族传统与风情文化[M]．北京：线装书局，2009：106-112．

[2]　遂昌新闻网，http：//scnews. zjol. com. cn/scnews/system/2011/01/28/013203882. shtml，2017-05-23．

CN-SH-460-009．菇民习俗

1．名称　中国/浙江省/丽水市/景宁畲族自治县/畲族/与生物资源相关传统文化/菇民习俗

Mushroom Cultivator Customs/Traditional Culture Related to Biological Resources/She People/Jingning She Ethnic Autonomous County/Lishui Municipality/Zhejiang Province/China

2．编号　CN-SH-460-009 中国-畲族-其他传统文化-菇民习俗

3．传统知识属性与分布　畲族社区集体知识；分布于景宁畲族自治县畲族社区。

4．背景信息　景宁畲区林木茂盛，生物资源丰富，是我国香菇栽培的发祥地之一，有着悠久的香菇栽培历史，享有"香菇之乡"的美誉。菇民是指以香菇生产为主业的一部分山区农民，当地习惯以"香菇客"相称。菇民们在长期的生产实践中，创造了丰富的菇民文化，在香菇种植的集中区，形成了自己独有的生产生活习俗。中华人民共和国成立后，菇民作为一种特殊的生产者，在外出制菇时，政府发给"菇民证"或"香菇生产证"，以便得到当地政府的认可和本县驻外办事机构的保护。随着现代农业技术的发

展,古老的种菇方法已经消失,取而代之的是袋料香菇种植方法,从而也导致菇民传统的生产生活习俗随之淡化。但研究这些习俗的形成、发展和变化,无论从社会学、民俗学、历史学等角度看,都具有十分重要的意义。

5. 基本描述　菇民习俗是景宁畲族自治县的传统文化之一。随着人工栽培香菇"砍花法""惊蕈法"的发明,菇民们在长期的生产生活实践中,创造了丰富的菇民文化,形成了自己独有的生产生活习俗。菇民冬去春回,在山上劳动四至五个月并在深山老林里搭建菇寮,一个菇寮大多是由三五个亲朋好友组成。菇民平日居家立神位,供奉吴三公和陈十四夫人;上菇山时要讲究奉神;生产方面,守菇有术,创造出许多奇妙机关来捕猎,并练就必要防身术;菇民语言,为神秘、隐语互通、掩外人眼目、帮会性的菇业行话。民俗文化方面,至今流传下许多与作菇有关的民歌、谚语、诗词、对联等。菇民习俗,归纳起来有以下这些:菇民庙会、菇民戏、菇民山歌、菇民独特语言、菇民神的崇拜、菇民歌舞、菇民武术、菇民医药、菇民生产生活等。

6. 传统知识特征

(1)畲族的菇寮在深山老林之中,取坐北朝南,用水方便,通途有道,地形隐蔽之处,以竹木茅草搭建,所有材料取自于大自然,体现了人与自然和谐相处的古朴生态观。

(2)畲族生产方面,守菇有术,创造出许多制菇技术,还设计出奇妙机关用于捕猎,并练就必要防身术。

(3)千百年的种植过程中,菇民在长期、广泛的实践中使砍花法人工种植方式得到进一步完善与提高,并用谚语的形式记录下了这些实践经验。这些谚语不仅讲述了种植的温度、湿度、木头的选材、砍花的样式等技术要点,具有较高的科学性和丰富的文化。

7. 保护与利用

(1)传承与利用现状:随着现代农业技术的发展,古老的种菇方法已经消失,取而代之的是袋料香菇种植方法,从而也导致菇民传统的生产生活习俗逐渐地消亡。

(2)受威胁状况及因素分析:现代的发展和科技的进步使得香菇的生产方式发生了很大的变化,从而也影响了菇民习俗。

(3)保护与传承措施:2008年,菇民习俗被列入景宁畲族自治县第二批非物质文化遗产名录和丽水市第二批非物质文化遗产名录。2009年,菇民习俗被列入浙江省第三批非物质文化遗产名录。

8. 文献资料

[1]　严慧荣. 非遗撷英[M]. 中国文史出版社,2013:119-120.

[2]　浙江非物质文化遗产网,http://www.zjfeiyi.cn/xiangmu/detail/52-1076.html,2016-12-29.

[3] 柳意城. 景宁畲族自治县县志[M]. 杭州：浙江人民出版社，1995：202.

[4] 景宁政府网，http：//www. jingning.gov. cn/art/2016/11/10/art_3911_303751. html，2017-03-05.

5

传统生物地理标志产品
相关知识

510

食品类标志性产品相关知识

CN-SH-510-001. 惠明茶

1. 名称 中国/浙江省/丽水市/景宁畬族自治县/畬族/传统生物地理标志相关产品/惠明茶

Huiming Tea/Traditional Biological Geographic Indicators/She People/Jingning She Ethnic Autonomous County/Lishui Municipality/Zhejiang Province/China

2. 编号 CN-SH-510-001 中国-畬族-食品类标志性产品-惠明茶

3. 属性与分布 畬族社区集体知识；分布于景宁畬族自治县畬族社区。

4. 背景信息 惠明茶因产于景宁畬族自治县敕木山"惠明寺"一带而得名。咸通二年（公元861年），惠明和尚于惠明寺周围栽植茶树，所产茶叶品质优异，也因僧名称惠明茶。明朝天顺，咸化年间（公元1457—1487年），景宁惠明茶被列为贡品。民国四年（公元1915年）惠明茶获美利坚巴拿马万国博览会一等证书和金质奖章，名冠全球。中华人民共和国成立后，党和政府十分重视惠明茶，并予大力扶植，1973年丽水地区科委将惠明茶列入重点研究课题，重新挖掘了这一历史名茶，对茶区土壤、气候和茶叶的栽培、采制等项目进行研究，加快了惠明茶的发展，产品质量也随之不断提高，从而使惠明茶重获新生。

5. 基本描述 惠明茶感官特征：①螺形惠明茶：外形条索紧细稍弯曲、色泽绿润，内质香气浓高、汤色明亮、滋味鲜醇回甘、叶底明亮。②扁形惠明茶：外形扁直，色泽绿润，内质香气浓高、汤色明亮、滋味鲜醇回甘、叶底明亮。惠明茶理化指标：水分<7.0%、水浸出物>38.0%、氨基酸>2.5%、茶多酚>16%、总灰分<7.0%、粉末>1.0%。

6. 传统知识特征

（1）惠明茶产区地形复杂，位于敕木山东北半山腰（海拔600 m左右）的惠明寺村一带，冬暖夏凉、云雾蒸腾、雨水充沛，加之云雾密林形成的漫射光，景宁畬族自治县优越独特的自然环境，造就了惠明茶回味甜醇，浓而不苦，耐于冲泡，香气持久等独特的品质特征，是优良的茶品种资源。

（2）惠明茶具有优良的营养价值，其鲜叶的持嫩性与品质俱佳，茶叶中的含氮物质、氨基酸、儿茶素、芳香物质等含量高且质量好。这些优良特性是当地畲族长期栽培和选育而成，并且制茶技术也有独特之处。

（3）惠明茶因产于景宁畲族自治县敕木山"惠明寺"一带而得名，在惠明茶的背后具有许多乡情故事，因此，惠明茶承载着当地的传统文化。

7．保护与利用

（1）传承与利用现状：惠明茶 1979—1982 年连续评为浙江省优质名茶，1982 年、1986 年参加在长沙、福州的全国评比中，被商业部评为全国十大名茶之一。1991 年在杭州召开的国际茶文化节上，又评为"优秀文化名茶"奖。如今惠明茶为景宁畲族自治县的主导产业，销售市场不断拓展。

（2）受威胁状况及因素分析：茶树生境的改变及病虫害和自然灾害对惠明茶产生了一定的威胁，另外，原本的制茶工艺多为手工妙作，现在引入机械，质量可能下降。

（3）保护与传承措施：国家质量监督检验检疫总局公告 2010 年第 52 号正式批准对惠明茶实施地理标志产品保护，保护范围为景宁畲族自治县现辖行政区域。为有效保护惠明茶地理标志产品，规范惠明茶地理标志产品专用标志的使用和管理，维护惠明茶生产经营秩序，保证惠明茶质量和特色，相关部门已颁布《惠明茶地理标志产品保护管理办法》。

8．文献资料

[1] 中国质量监督检验检疫总局. 中国地理标志产品大典（浙江卷二）[M]. 中国质检出版社，2014：156-173.

[2] 王建林. 惠明茶的品质与采摘加工[J]. 茶叶机械杂志，1997（4）：24-25.

[3] 中国质量监督检验检疫总局，http: //www. aqsiq. gov. cn/xxgk_13386/jlgg_12538/zjgg/，2016-06-17.

[4] 博雅特产网，http: //shop. bytravel. cn/produce/666F5 B8160E0660E8336/，2016-06-17.

CN-SH-510-002. 坦洋工夫

1．名称　中国/福建省/宁德市/福安市/畲族/传统生物地理标志相关产品/坦洋工夫

Tanyanggongfu/Traditional Biological Geographic Indicators/She People/Fu'an City/Ningde Municipality/Fujian Province/China

2. 编号 CN-SH-510-002 中国-畲族-食品类标志性产品-坦洋工夫

3. 属性与分布 畲族社区集体知识；分布于福安市，在福安市坂中畲族乡、穆云畲族乡、康厝畲族乡畲族社区被广泛利用。

4. 背景信息 坦洋工夫茶源于福安市境内白云山麓的坦洋村，于 1851—1874 年由坦洋村民胡福四以坦洋菜茶为原料试制成功，有着 150 多年的历史。1915 年，在美国旧金山举行的巴拿马太平洋国际博览会上，"坦洋工夫"与国酒"茅台"一道荣膺金奖，并因此成为英国王室的特供茶。2011 年，坦洋工夫经中国茶叶区域公用品牌课题小组评估价值 19.5 亿元，为国内最具经营力的品牌。

5. 基本描述 坦洋工夫产自被称为"中国茶叶之乡"的福安市，是采自坦洋菜茶和适制红茶的优良茶树品种的幼嫩芽叶，采用工夫红茶初制和精制的传统加工工艺，制成的具有特定品质特征的红茶。①感官指标：条索圆紧匀直，色泽乌黑油润，汤色红艳呈金黄色，滋味清鲜甜和，叶底红匀光滑，有桂花香的品质特征。②理化指标：特级坦洋工夫茶水分（质量分数）≤7.0%、总灰分≤6.5%、粉末≤0.5%，水浸出物≥32%；一二级坦洋工夫茶水分≤7.0%、总灰分≤6.5%、粉末≤1.0%，水浸出物≥32%；三级坦洋工夫茶水分≤7.0%、总灰分≤6.5%、粉末≤1.5%，水浸出物≥30%。

6. 传统知识特征

（1）福安市独特的地理环境、气候条件和悠久的产茶历史，形成了优质的茶叶品种资源，为坦洋工夫提供了独有的优质鲜叶材料。

（2）福安市优质鲜叶和精制的传统加工工艺，使得坦洋工夫具有外形条索紧细匀直、叶色润泽、净度良好、毫尖金黄；香气高锐持久；滋味浓醇鲜爽、醇甜；汤色红亮，叶亮红明的特点。

（3）坦洋工夫不仅具有解暑、退热、降火、生津止渴的功效，还具有降血压、解毒、止泻、杀菌、抗氧化、抗辐射、抗肿瘤等功效，具有很高的保健价值。

7. 保护与利用

（1）传承与利用现状：坦洋工夫现已得到传承和创新，并成为引领中国当代红茶消费的重要茶叶品牌，随着坦洋工夫的不断创新，坦洋工夫将会占据更大的市场。

（2）受威胁状况及因素分析：生境的变化和污染；病虫害和自然灾害；毁林开荒和经济建设等原因造成一些野生茶树、近缘种和地方种质资源不断丧失。

（3）保护与传承措施：①国家质量监督检验检疫总局公告 2007 年第 30 号正式批准对坦洋工夫实施地理标志产品保护，保护范围为福建省福安市现辖行政区域。②坦洋工夫为地理标志证明商标，注册人为福安市茶业协会，注册号为 5379787。

8．文献资料

[1] 中国质量监督检验检疫总局. 中国地理标志产品大典（福建卷）[M]. 中国质检出版社，2015：
232-241.

[2] 黄维礼，施文. 闽产的·世界的[M]. 北京：中国质检出版社，2013：54.

[3] 福建省商标协会. 福建地理标志传说[M]. 福州：
福建科学技术出版社，2011：82-84.

[4] 博雅特产网，http：//shop. bytravel. cn/produce/
57666D0B5DE5592B/，2016-06-19.

[5] 中国质量监督检验检疫总局，http：//www. aqsiq. gov.
cn/xxgk_13386/jlgg_12538/zjgg/，2016-06-17.

[6] 国家工商总局，http：//www. ctmo. gov. cn/dlbz/，
2016-06-12.

CN-SH-510-003. 福鼎白茶

1．名称　中国/福建省/宁德市/福鼎市/畲族/传统生物地理标志相关产品/福鼎白茶

Fuding White Tea/Traditional Biological Geographic Indicators/She People/Fuding City/Ningde Municipality/Fujian Province/China

2．编号　CN-SH-510-003 中国-畲族-食品类标志性产品-福鼎白茶

3．属性与分布　畲族社区集体知识；分布于福建省宁德市的福鼎市，在福鼎市硖门畲族乡、佳阳畲族乡畲族社区被广泛利用。

4．背景信息　福鼎白茶原产于福鼎太姥山，距今至少有 1200 年的历史。现在的福鼎白茶是用产自福鼎"华茶 1 号"或"华茶 2 号"（福鼎大白茶与福鼎大毫茶）茶树的芽叶，不炒不揉，经特殊工艺制作而成。其外形芽毫完整，汤色杏黄清澈，具有滋味清淡、清甜爽口的品质特点。根据采摘芽叶的不同，福鼎白茶可分为白毫银针、白牡丹、寿眉、新工艺白茶等。近年来，根据市场需要又推出紧压白茶等。福鼎民间流传着"一年茶、三年药、七年宝"，白茶越陈越好喝的说法，所以许多爱茶人士都在贮存和收藏白茶。

5．基本描述　福鼎白茶是福鼎市的地理标志产品之一。感官特色：色泽墨绿或灰绿色，毫显、色银白；口感甘醇、爽口；芽头肥壮、叶张肥嫩；毫香浓郁持久，并伴有花香；汤色杏黄明亮；叶底柔软明亮。理化指标：水分≤7.0%，总灰分≤6.5%，粉末（不含白毫银针）≤1.0%。

6．传统知识特征

（1）福鼎地区气候条件属中亚热带季风气候区，海洋性气候特征明显，土壤有红壤、黄壤、紫色土和冲积土，域内除沿海地带的土质，大部分的土壤适合茶树生长。正是在福鼎市优越的气候以及土壤条件下才孕育出了独特优异的福鼎白茶。

（2）福鼎产茶历史悠久，超过 1000 多年，在长期的种茶和制茶过程中，创造出丰富的选育、栽培、加工和销售的传统技术和经验。福鼎茶人制作白茶技艺十分精湛，其技艺是历经代代相传下来的。

7．保护与利用

（1）传承与利用现状：1961 年，福建的"马玉记"白茶荣获巴拿马万国博览会的金牌奖章。2008 年福建银龙茶叶科技有限公司研制的"清洁化方式萎凋白茶"获得国家发明专利，并荣获福建省科技进步二等奖。2012 年，湖南大学刘仲华教授与五大科研机构，研究得出福鼎白茶有显著的美容抗衰、抗炎清火、降脂减肥、调降血糖、调控尿酸、保护肝脏、抵御病毒等功效。

（2）受威胁状况及因素分析：病虫害和自然灾害；其他茶叶和新型饮料产品对福鼎白茶市场的冲击；假冒伪劣产品的出现，等等。

（3）保护与传承措施：①国家质量监督检验检疫总局公告 2009 年第 32 号正式批准对福鼎白茶实施地理标志产品保护，保护范围为福建省福鼎市现辖行政区域。②福鼎白茶为地理标志证明商标，注册人为福鼎市茶业协会，注册号为 6595730。③福鼎借助各种宣传推介平台和各类宣传媒体，开展了多渠道、多层次、全方位宣传推介福鼎白茶的活动，不断挖掘、发展和提升福鼎白茶产业的文化内涵，提升品牌效应。

8．文献资料

[1] 中国质量监督检验检疫总局. 中国地理标志产品大典（福建卷）[M]. 北京：中国质检出版社，2015：242-251.

[2] 中国植物志 [DB/OL]．[2016-06-19]. http：//frps. eflora. cn/frps？id=茶.

[3] 中国国家地理标志产品保护网，http：//www. cgi. gov. cn/Products/Detail/140，2016-06-19.

[4] 博雅特产网，http：//shop. bytravel. cn/produce2/798F9F0E 767D8336. html，2016-09-14.

CN-SH-510-004. 云和雪梨

1．名称 中国/浙江省/丽水市/云和县/畲族/传统生物地理标志相关产品/云和雪梨

Yunhe Pear/Traditional Biological Geographic Indicators/She People/Yunhe County/ Lishui Municipality/Zhejiang Province/China

2．编号 CN-SH-510-004 中国-畲族-食品类标志性产品-云和雪梨

3．属性与分布 畲族社区集体知识；分布于丽水市云和县，在云和县雾溪畲族乡、安溪畲族乡畲族社区被广泛利用。

4．背景信息 云和雪梨是云和县传统名果，至今已有 560 多年的栽培历史，自明景泰三年（公元 1452 年）建县以来，历代县志物产卷和《浙江通志》《中国实业志》《浙江经济年鉴》都有记载。老品种云和雪梨闻名遐迩，盛产在民国时期。民国四年（公元 1915 年），"云和雪梨酒"还获巴拿马国际博览会铜质奖，使云和雪梨扬名立传。早先云和雪梨主要销售市场是温州，被视为"水果之王"，以至温州、青田城内遍设梨行。现今，云和雪梨已成为云和县农业的一个主导产业，以果大、肉细、汁多、味甜、松脆为特点，深受消费者喜爱，产品畅销以杭州、温州、上海、福州为中心的华东地区。

5．基本描述 云和雪梨主栽品种为适于本地栽培、抗病虫能力强、品质优、丰产稳产的本地品种，目前主要有翠冠梨和细花雪梨。云和雪梨质量基本要求为具有本品种固有的特征和风味；具有适于市场销售或贮藏要求的成熟度；果实完整良好，新鲜洁净、无异味或非正常风味；无外来水分；可溶性固形物≥10%。

6．传统知识特征

（1）云和县属亚热带季风气候，温暖湿润，四季分明，优越的地理与气候条件极其适合云和雪梨的生长。

（2）云和雪梨是在云和人民长期的生长栽培中选育出来的传统品种，具有皮薄水多、酸甜适中、清凉可口、适于贮运的特性。

（3）云和雪梨始种于明景泰年间，距今已有 560 多年的栽培历史，因其个头硕大、口味香甜，而且具有润肺清燥、止咳化痰等保健功效，深受民众喜爱，并承载了畲族的传统文化。

7．保护与利用

（1）传承与利用现状：云和雪梨已成为云和县农业的一个主导产业，以果大、肉细、汁多、味甜、松脆为特点，深受消费者喜爱。产品畅销以杭州、温州、上海、福州为中心的华东地区。用云和雪梨开发出的"云和雪梨酒"还获巴拿马国际博览会铜质奖。

（2）受威胁状况及因素分析：优质选育和加工的技术力量相对薄弱。此外病虫害和

自然灾害也是威胁因素。

（3）保护与传承措施：①中华人民共和国农业部公告第 2384 号正式批准对云和雪梨实施农产品地理标志产品保护，保护范围为云和县所辖浮云街道、元和街道、白龙山街道、凤凰山街道、安溪畲族乡、雾溪畲族乡、石塘镇、紧水滩镇、崇头镇、赤石乡等10 个乡镇（街道）162 个行政村。地理坐标为东经 119°21′-119°44′，北纬 27°53′-28°09′。②每年"云和雪梨节"，云和县都会吸引众多游客前来参加，以文化、旅游为推手，进一步提高云和雪梨的知名度，这是推进云和雪梨产业转型升级的重要一步。除了云和雪梨节，该县还举办"云和雪梨展示会""梨王"争霸赛等一系列有关云和雪梨的活动。③随着时间的推移，人们对雪梨的品质要求越来越高，传统栽培方式生产出的雪梨渐渐受到市场上新品种的挤压。为适应市场需求，云和县大力推广雪梨的先进栽培技术和优良品种。

8．文献资料

[1] 中国农业部农产品质量安全监管总局，http：//www.jgj.moa.gov.cn/dongtai/，2016-11-06.

[2] 俞慧玲，蓝月相，陈刘杰，等. 云和雪梨产业发展存在的问题及对策[J]. 现代农业科技，2015（1）：328-329.

[3] 云和政府网，http：//yhly.yunhe.gov.cn/lyfw/gzyh/201704/t20170427_2099701.html，2017-07-05.

[4] 云和政府网，http：//www.yunhe.gov.cn/dwdt/yhxw/tzgg1/bmgg/201612/t20161229_1985932.html，2017-07-05.（《云和雪梨生产技术规程》县级地方标准规范）

CN-SH-510-005. 穆阳水蜜桃

1．名称 中国/福建省/宁德市/福安市/畲族/传统生物地理标志相关产品/穆阳水蜜桃 Muyang Peaches/Traditional Biological Geographic Indicators/She People/Fu'an City/Ningde Municipality/Fujian Province/China

2．编号 CN-SH-510-005 中国-畲族-食品类标志性产品-穆阳水蜜桃

3．属性与分布 畲族社区集体知识；分布于福安市行政区域内的穆阳溪流域的 5 个乡镇，即穆阳镇、穆云畲族乡、康厝畲族乡、溪潭镇、坂中畲族乡。

4．背景信息 福安种植水蜜桃历史悠久，据明万历二十五年（公元 1597 年）版《福安县志》第一卷舆地志——土产记载："桃"，说明福安明朝就种植桃树。清光绪十年（公元 1884 年）版《福安县志·物产卷》记载："有胭脂桃，实大味甘；又有白桃、苦桃、匾桃、银桃、合桃、山中毛桃。"说明清朝福安种植多个品种的桃树，穆阳溪流域属于畬族聚集区，整个民族发展伴随桃树的发展史。穆阳水蜜桃是长期风土适应过程选育的优良品种，2011 年通过福建省农作物品种认定（闽认果 2011005）。穆阳水蜜桃具有果大核小、外形美观、色泽鲜艳、肉质柔软、汁多味甜、香气浓厚等独特品质，不仅营养价值丰富，而且具有较高的药用价值，在福安周边地区享有"美人桃"的盛名。除鲜食外，穆阳水蜜桃还可加工成果汁、果酱、果酒及蜜饯等多种美味佳品，无论是鲜果还是加工制品都日益受到消费者的喜爱，市场销量逐年增大。

5. 基本描述　穆阳水蜜桃是畬族的地理标志农产品之一。产品品质特色：果实椭圆形或近圆形，单果重 110-160 g。果皮薄，易剥离，淡黄绿色，向阳面有大块鲜红晕，缝合线明显，果肉乳白色，果汁多，味浓甜（可溶性固形物含量 13%-16%），特别芳香。肉质柔软多汁，易消溶，可食率 87%-90%，黏核，维生素 C 10.0-20.0mg/100 g。

6. 传统知识特征

（1）穆阳溪流域地处鹫峰山脉、太姥山脉和洞宫山脉交接处，受三大山脉影响，区域小气候特殊。流域由于穆阳溪及其支流的长期侵蚀堆积作用，形成河谷冲积平原，为砂壤土，特别疏松、肥沃、透气，适宜穆阳水蜜桃根系生长。

（2）福安市具有四季分明，夏长冬短，光热充足，夏季高温，昼夜温差大等特点。穆阳水蜜桃夏季果实成熟期高温、昼夜温差大（16℃），有利于穆阳水蜜桃糖、色、香等品质特性的形成。

7. 保护与利用

（1）传承与利用现状：穆阳水蜜桃成为穆阳溪流域的主导产业，其鲜果和加工制品都日益受到消费者的喜爱，市场销量逐年增大。

（2）受威胁状况及因素分析：产业规模小，产业链条短是福安穆阳水蜜桃产业发展中存在的重要问题，其次育种杂乱问题突出，科技应用水平不高。再者品牌推广不强，营销渠道有限。

（3）保护与传承措施：①中华人民共和国农业部农产品地理标志公告第 1925 号正式批准对穆阳水蜜桃实施农产品地理标志产品保护，保护范围为福安市行政区域内的穆阳溪流域的 5 个乡镇。地理坐标为东经 119°27′00″-119°41′50″，北纬 26°57′57″-27°06′11″。②穆阳水蜜桃为地理标志证明商标，注册人为福安市水蜜桃协会，注册号为 15429630 和 15429631。

8. 文献资料

[1]　中华人民共和国农产品地理标志质量控制技术规范穆阳水蜜桃（AGI2013-01-1100）．

[2]　福建省商标协会. 福建地理标志传说（五）[M].
福州：福建科学技术出版社，2016：43-46.

[3]　国家工商总局，http：//www. ctmo. gov. cn/dlbz/，
2016-06-12.

[4]　农产品地理标志查询网，http：//www. anluyun.
com/Home/Product/26983，2020-07-11.

[5]　林金泉. 福安穆阳水蜜桃产业发展研究[J]. 科
技风，2014（10）：211-212.

CN-SH-510-006. 福安刺葡萄

1. 名称　中国/福建省/宁德市/福安市/畲族/传统生物地理标志相关产品/福安刺葡萄
Fu'an Grape/Traditional Biological Geographic Indicators/She People/Fu'an City/Ningde
Municipality/Fujian Province/China

2. 编号　CN-SH-510-006 中国-畲族-食品类标志性产品-福安刺葡萄

3. 属性与分布　畲族社区集体知识；分布于福安市穆阳畲族开发区、穆云乡、穆阳镇、康厝乡、溪潭镇、坂中乡 5 个乡（镇），在福安市穆云畲族乡、康厝畲族乡、坂中畲族乡畲族社区被广泛利用。

4. 背景信息　福安刺葡萄是福安当地的一种野生葡萄，明万历（公元 1597 年）版《福安县志》记载："葡萄，白者为水晶。"说明在当时福安就种植多个葡萄品种。20 世纪 50 年代，穆阳乡溪塔村民开始驯化栽培，利用溪涧逐渐建起一条葡萄沟，被全国葡萄专家学者认为是全国三大葡萄沟之一。福安刺葡萄具有含酸低、风味甜、抗病虫、耐粗放管理、耐高温高湿、耐贮运等优点，是我国珍贵野生葡萄种类，是东亚种群中最好的酿酒品种，果实的白藜芦醇、原花青素的含量远高于其他品种，经常吃刺葡萄有助于软化心血管、美化皮肤，当地利用溪岸、路沟旁、房前屋后边角地等各种非耕地发展了 2 万多亩刺葡萄，使其成为地方区域名特优水果。

5. 基本描述　福安刺葡萄是我国南方特有珍贵野生葡萄种类，是东亚种群中最好的酿酒品种。福安刺葡萄果穗圆柱形或圆锥形，有副穗，穗柄长，较松散；果粒长圆形，果皮黑紫色、厚而韧，果粉较厚，果肉黄绿色带紫红色晕，味甜，果肉较软，具肉囊，黏核；果刷粗、短，种子 3-4 粒/果。平均果穗重 115 g，单果重 2.3-3.5 g，可溶性固形物含量 14%-16%，总糖 12%-15%，总酸≤0.4g/100 g，花青素 150-200mg/100 g。

6. 传统知识特征

（1）福安刺葡萄在福安市经果农长期栽培驯化和选育已形成了具有适应南方高温、

高湿、低酸条件的品种资源。

（2）畲族群众在种植野生刺葡萄中，结合当地地理环境和具体情况，沿溪边种植，在溪面搭架，充分利用溪面空间，让刺葡萄藤交叉穿插，形成了独具特色的传统栽培技术，创造出绵延近5 km的南国"刺葡萄沟"。

（3）福安市地处闽东北部的鹫峰山、太姥山、洞宫山三大脉之间，由于三面有高大山脉屏障，光热充足，冬夏昼夜的温差大，平均年降水量为1 541 mm，水资源较丰富，有利于福安刺葡萄生长。

7. 保护与利用

（1）传承与利用现状：福安市把做大做强刺葡萄产业作为调结构、促增收的一项战略举措，采取多种方式加快发展刺葡萄产业，如今不仅实现了规模化种植，而且走出了一条生产、销售、旅游、加工、经营之路。福安市开辟观光旅游，建成了近5 km的刺葡萄沟。溪塔村与康鑫酒业公司开展村企合作，规模化、机械化生产刺葡萄酒，酿制的刺葡萄酒是酒中佳品，畅销省内外。

（2）受威胁状况及因素分析：①品种单一，产量偏低。穆云乡种植的刺葡萄为野生刺葡萄经人工驯化而来，就鲜食而言存在果粒小、皮厚、籽较多等不足。②刺葡萄一旦成熟，在树上挂果的时间不能过长，必须及时采摘，而且不耐贮藏，货架期较短。③深加工技术和生产能力有限，产品结构单一。

（3）保护与传承措施：中华人民共和国农业部农产品地理标志公告第2105号正式批准对福安刺葡萄实施农产品地理标志产品保护，保护范围为福安市穆阳畲族开发区、穆云乡、穆阳镇、康厝乡、溪潭镇、坂中乡5个乡（镇）的溪塔、穆阳、凤阳等37个行政村。地理坐标为东经119°27′14″-119°35′56″，北纬26°09′22″-27°01′46″。

8. 文献资料

[1] 中华人民共和国农产品地理标志质量控制技术规范福安刺葡萄（AGI2014-01-1397）.

[2] 中国农业推广网，http：//www. farmers. org. cn/Article/ShowArticle. asp？ArticleID=761666，2016-11-06.

[3] 博雅特产网，http：//shop. bytravel. cn/produce3/fuanciputao. Html，2016-11-06.

[4] 农产品地理标志查询网，http：//www. anluyun. com/Home/Product/27202，2020-07-11.

[5] 李妙芳. 穆云乡刺葡萄产业发展现状与对策[J]. 福建农业科技，2014，45（10）：82-84.

CN-SH-510-007. 福安巨峰葡萄

1. 名称　中国/福建省/宁德市/福安市/畲族/传统生物地理标志相关产品/福安巨峰葡萄

Fu'an Kyoho Grape/Traditional Biological Geographic Indicators/She People/Fu'an City/Ningde Municipality/Fujian Province/China

2. 编号　CN-SH-510-007 中国-畲族-食品类标志性产品-福安巨峰葡萄

3. 属性与分布　畲族社区集体知识；分布于福安市，在福安市坂中畲族乡畲族社区被广泛利用。

4. 背景信息　福安巨峰葡萄是福安地方特色品种，为福安果农陈玉章 1984 年从巨峰葡萄群体中选育出的优良单株，对福安自然环境比较适应，具有优质、高产、抗病、耐湿特点，逐渐推广种植。福安引种巨峰葡萄取得成功后，打破了南方不适合种植葡萄的神话。经过 30 年的发展福安成为我国东南沿海最大的葡萄生产基地，被誉为"南国葡萄之乡"，福安巨峰葡萄成为福安人民发家致富的有效途径。

5. 基本描述　福安巨峰葡萄是福安市传统地理标志农产品之一。①外在感官特征：福安巨峰葡萄果穗圆锥形或长圆锥形，果穗重 350-450 g，果粒大，粒重 10-12 g，色泽紫红、黑紫色，果粉厚，肉质紧、汁多、松紧适度，酸甜适中，草莓香味浓；②内在品质特征：总酸≤0.5%，维生素 C 20.0-30.0mg/100 g，可溶性固形物 17.5%-21%。

6. 传统知识特征

（1）福安地理气候条件独特，属亚热带海洋性气候，7 月昼夜温差大，有利于葡萄糖分积累和果皮着色，所产的巨峰葡萄商品性能好。

（2）福安由于交溪及其支流的长期侵蚀堆积作用，形成沿江平原，耕地为冲积壤土，土壤疏松、肥沃、排灌水容易，适宜福安巨峰生长。

（3）虽然福安巨峰葡萄是近 30 年选育的葡萄新品种，但在选育和培育的过程中，使用了当地畲族独特的传统技术和加工工艺。

7. 保护与利用

（1）传承与利用现状：福安成为我国东南沿海最大的葡萄生产基地，被誉为"南国葡萄之乡"，福安巨峰葡萄成为福安人民发家致富的有效途径。2011 年福安巨峰葡萄获全国优质葡萄评比金奖等荣誉称号。

（2）受威胁状况及因素分析：病虫害及自然灾害对巨峰葡萄影响很大。

（3）保护与传承措施：中华人民共和国农业部农产品地理标志公告第 1925 号正式批准对福安巨峰葡萄实施农产品地理标志产品保护，保护范围为福安市行政区域内的赛江流域的赛岐镇、甘棠镇、下白石镇、溪柄镇、城阳镇、湾坞镇、松罗乡、坂中畲族乡共 8 个乡镇。地理坐标为东经 119°36′31″-119°46′19″，北纬 26°48′13″-27°06′54″。

8．文献资料

[1] 中华人民共和国农产品地理标志质量控制技术规范福安巨峰葡萄（AGI2013-01-1101）．

[2] 博雅特产网，http：//shop. bytravel. cn/produce3/fuanjufengputao. html，2016-11-06．

[3] 农产品地理标志查询网，http：//www. anluyun. com/Home/Product/26985，2020-07-11．

CN-SH-510-008．霞浦晚熟荔枝

1．名称　中国/福建省/宁德市/霞浦县/畲族/传统生物地理标志相关产品/霞浦晚熟荔枝 Xiapu Late-Maturing Litchi/Traditional Biological Geographic Indicators/She People/Xiapu County/Ningde Municipality/Fujian Province/China

2．编号　CN-SH-510-008 中国-畲族-食品类标志性产品-霞浦晚熟荔枝

3．属性与分布　畲族社区集体知识；分布于福建省宁德市霞浦县，在霞浦县盐田畲族乡畲族社区被广泛利用。

4．背景信息　霞浦种植荔枝已有 700 多年的历史。据县志记载，宋末文天祥参军谢翱诗《故园秋日曲》一句"食尽满园绿荔枝"表明当时霞浦栽培荔枝已相当广泛。县志记载，明代以前从福州传入元红品种，植于东吾洋沿岸地区。明代列为贡品，年纳贡 140 kg 以上，荔枝在域内表现大果、迟熟、质优、醮核、无霜冻等特点，多次经省农业厅、福建农大、省农科院荔枝专家论证，霞浦荔枝地缘晚熟优势明显，为全国最北的荔枝经济栽培产区。

5．基本描述　霞浦晚熟荔枝选用的是元红及适应当地气候土壤条件的优良晚熟荔枝品种。霞浦晚熟荔枝果实心形，果顶渐尖，顶端钝圆，果肩微凸，果面鲜红色，龟裂片隆起小刺；肉厚色白，半透明，肉质细滑，汁多化渣，甜酸适口，香气浓醇；可溶性固形物 17%-23%，单果重 20-25 g，醮核率 80%以上。

6．传统知识特征

（1）霞浦县依山面海，受东吾洋、官井洋"小气候"调节，形成独特的地理环境，造就了同纬度独特的气候、土壤条件，适宜荔枝生长发育，荔枝在域内表现迟熟、质优、醮核、无霜冻等特点。

（2）霞浦受东吾洋、官井洋"小气候"调节，相同品种比其他地方主产区迟熟 1 个月以上，具有人无我有的竞争优势。

（3）霞浦栽培荔枝历史悠久，有 700 多年历史，当地果农在长期的生产中积累了丰富的荔枝生产经验和品种选育、栽培的传统技术。

7．保护与利用

（1）传承与利用现状：霞浦晚熟荔枝种植技术成熟，且品质优秀，深受消费者喜爱，是当地果农创业致富的途径之一，产品畅销省内外。

（2）受威胁状况及因素分析：其他地区大力推广晚熟荔枝生产技术对霞浦晚熟荔枝的晚熟优势具有一定的冲击，此外品种退化也是威胁因素之一。

（3）保护与传承措施：①中华人民共和国农业部农产品地理标志公告 2012 年第 1 号正式批准对霞浦晚熟荔枝实施农产品地理标志产品保护，保护范围为霞浦县松港街道、长春镇、牙城镇、溪南镇、沙江镇、下浒镇、三沙镇、盐田畲族乡、北壁乡环东吾洋、官井洋沿岸适宜栽培区。地理坐标为东经 119°46′00″-120°26′00″，北纬 26°25′00″-27°09′00″。②霞浦多方引进广东、海南晚熟荔枝良种，进行高接改造，以求推迟霞浦晚熟荔枝上市期并尽快形成产量，维护当地荔枝晚熟优势。

8．文献资料

[1]　中华人民共和国农产品地理标志质量控制技术规范霞浦晚熟荔枝（AGI2012-01-00846）.

[2]　博雅特产网，http：//shop．bytravel．cn/produce1/971E6D
　　66665A719F8354679D．html，2016-11-06.

[3]　农产品地理标志查询网，http：//www．anluyun．com/
　　Home/Product/26696，2020-07-11.

[4]　陈锋．霞浦县荔枝高接改造小结[J]．中国果业信息，
　　2012，29（8）：67-68.

CN-SH-510-009．福鼎四季柚

1．名称　中国/福建省/宁德市/福鼎市/畲族/传统生物地理标志相关产品/福鼎四季柚
Fuding Citrus Grandis/Traditional Biological Geographic Indicators/She People/Fuding City/Ningde Municipality/Fujian Province/China

2．编号　CN-SH-510-009 中国-畲族-食品类标志性产品-福鼎四季柚

3．属性与分布　畲族社区集体知识；分布于福鼎市，在福鼎市硖门畲族乡、佳阳畲族乡畲族社区被广泛利用。

4．背景信息　福鼎四季柚是福鼎市的传统地理标志产品，独特的地理环境，土壤、气候条件和 200 多年不断地科学选育、适应和进化，形成了福鼎四季柚特有的品质。福

鼎四季柚果实大小适中，素有高贵、团圆、吉祥之誉，象征花好、月圆、人寿之意，不仅是祈求美满幸福的珍贵信物，而且四季柚文化已成为福鼎文化宝库的一枝"奇葩"，以四季柚为主题的诗词、歌曲、题词、文章、民间故事等丰富多彩。现在福鼎四季柚已先后被评为农业部优质农产品和福建省名牌产品，深受广大消费者的喜爱。

5．基本描述　　福鼎四季柚品质优异，其果实呈倒卵形，单果重 750-1 500 g，果皮黄绿色，油胞细而平滑，气味芳香，皮薄籽少，果肉瓣若银梳，肉似白玉。柚果组织脆、嫩、细、化渣、甜酸适度。可溶性固形物 9%-13%，果汁率 41.0%-44.3%，转化糖 7.8%-9.3%，含酸量 0.7%-0.9%，维生素 C 35-63 mg/100 g，富含人体所必需的硒、锌等多种微量元素，具有药用和保健价值。

6．传统知识特征

（1）福鼎市独特的地理环境、土壤、气候条件和 200 多年不断地科学选育、适应和进化，形成了福鼎四季柚特有的品质。

（2）福鼎四季柚果实大小适中，素有高贵、团圆、吉祥之誉，象征花好、月圆、人寿之意，是祈求美满幸福的珍贵信物，受到了当地人的喜爱。

（3）福鼎四季柚选育和栽培的成功凝结了当地畲族人的传统知识和技术创新。

7．保护与利用

（1）传承与利用现状：福鼎四季柚先后被评为农业部优质农产品和福建省名牌产品，树立了四季柚质量与信誉的金字招牌。同时通过多次举办四季柚采摘节，开展四季柚艺术创作，已成功对接国家级风景名胜区太姥山旅游产业。

（2）受威胁状况及因素分析：品种退化、品质下降的风险有可能使福鼎四季柚发展受到影响。

（3）保护与传承措施：国家质量监督检验检疫总局公告 2004 年第 14 号正式批准对福鼎四季柚实施地理标志产品保护，保护范围为福建省福鼎市行政区域内 17 个乡镇（街道、开发区）。

8．文献资料

[1]　中国国家地理标志产品保护网，http：//www.cgi. gov. cn/Products/Detail/1921，2016-06-21.

[2]　博雅特产网，http：//shop. bytravel. cn/produce2/798F9F0E56DB5B6367DA. html，2016-09-14.

[3]　陈世平. 福建·福鼎市四季柚成为果农的"绿色银行"[J]. 中国果业信息，2013，30（10）：53.

CN-SH-510-010. 霞浦榨菜

1. 名称 中国/福建省/宁德市/霞浦县/畲族/传统生物地理标志相关产品/霞浦榨菜

Xiapu Mustard/Traditional Biological Geographic Indicators/She People/Xiapu County/Ningde Municipality/Fujian Province/China

2. 编号 CN-SH-510-010 中国-畲族-食品类标志性产品-霞浦榨菜

3. 属性与分布 畲族社区集体知识；分布于福建省宁德市的霞浦县，在盐田畲族乡、水门畲族乡、崇儒畲族乡被广泛利用。

4. 背景信息 霞浦榨菜栽培历史悠久，1953 年由蜀籍驻军介绍牵线，首次从当时的重庆市巴县木桐区清溪公社新龙大队引种种植，20 世纪六七十年代逐步扩大。1974 年后推广至沙江、长春、溪南等县域南部乡镇，当时年种植 2 000 多亩、年产 2 000 多 t、加工成品菜 1 000 多 t。改革开放后，面积逐年扩大，全县除海岛乡外，均有一定的种植面积。霞浦县气候、生态条件适宜榨菜生长发育，所产榨菜质优高产成为全省最大的榨菜产业基地，其脆嫩、个大、形状美观，其加工品鲜、爽、嫩、脆、香气足，深受消费者喜爱。

5. 基本描述 霞浦榨菜外在感官特征：霞浦榨菜与川、浙榨菜相比最显著的特点是茎瘤个大，平均纵径 14.5 cm、横径 12.4 cm，平均单茎瘤重 550 g，茎瘤近纺锤形或莲花形，皮色浅绿，肉瘤较大而钝圆、间沟较深，茎瘤质地脆嫩、形状美观，其加工品鲜、爽、嫩、脆、香气足。内在品质指标：蛋白质≥0.15%，粗纤维≥0.70%。

6. 传统知识特征

（1）霞浦县榨菜产区普遍采取传统的耕作制度：水稻—水稻—榨菜、番薯—榨菜、水稻—菜—榨菜等种植模式。提高了土地利用率与复种指数，推动了水旱轮作耕作模式推广，有助于增加土壤的有机质等营养含量，极大改善了土壤理化性状，并能有效防治部分病虫害。

（2）霞浦属中亚热带季风性湿润气候区，气候温暖，域内冬无严寒，满足榨菜生产要求，且其土壤质地多为最适榨菜生长的壤土和砂壤土，使得霞浦榨菜具有脆嫩、个大、形状美观的特点。

（3）霞浦榨菜加工品具有鲜、爽、嫩、脆、香气足的特点，其优异的品质与霞浦畲族长期积累的种植加工榨菜的传统技术和丰富经验密不可分。

7. 保护与利用

（1）传承与利用现状：霞浦县把榨菜作为霞浦三大品牌之一来抓，全力争创"霞浦榨菜"国家地理标志保护产品，形成自己的品牌。近年来，霞浦县一直致力于引进兴建大型加工厂、推进榨菜产业化。

（2）受威胁状况及因素分析：病毒病一直影响霞浦榨菜生产进一步发展，其发生比较普遍，一般发生年份可造成减产 20%-30%，重发年份减产 50%-60%，并严重影响榨菜品质。

（3）保护与传承措施：中华人民共和国农业部农产品地理标志公告第 1690 号正式批准对霞浦榨菜实施农产品地理标志产品保护，保护范围为霞浦县行政区域内 13 个乡镇街道——松城街道、松港街道、长春镇、牙城镇、溪南镇、沙江镇、下浒镇、三沙镇、盐田畲族乡、水门畲族乡、崇儒畲族乡、柏洋乡、北壁乡 20 万亩适宜耕地。地理坐标为东经 119°46′00″-120°28′00″，北纬 26°25′00″-27°07′00″。

8．文献资料

[1] 中华人民共和国农产品地理标志质量控制技术规范霞浦榨菜（AGI2011-04-00716）.

[2] 博雅特产网，http：//shop. bytravel. cn/produce1/971E6D6669A883DC. html，2016-11-06.

[3] 杨品贵. 榨菜病毒病的综合防治[J]. 福建农业，2010（9）：24.

[4] 农产品地理标志查询网，http：//www. anluyun. com/Home/Product/26613，2020-07-11.

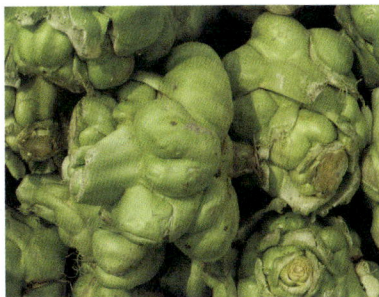

CN-SH-510-011. 福鼎槟榔芋

1．名称　中国/福建省/宁德市/福鼎市/畲族/传统生物地理标志相关产品/福鼎槟榔芋 Fuding Binglang Trao/Traditional Biological Geographic Indicators/She People/Fuding City/Ningde Municipality/Fujian Province/China

2．编号　CN-SH-510-011 中国-畲族-食品类标志性产品-福鼎槟榔芋

3．属性与分布　畲族社区集体知识；分布于福建省宁德市的福鼎市，在福鼎市硖门畲族乡、佳阳畲族乡畲族社区被广泛利用。

4．背景信息　福鼎槟榔芋是福建省著名的土特产，也是中国名芋之一，在福鼎已有 300 多年的栽培历史。福鼎槟榔芋具有体大、形美、圆柱形的外观；芋肉细、松、香、酥，带有槟榔花纹；煮之浓香扑鼻，闻之清香宜人，食之松酥细滑。福鼎槟榔芋具有理肠、防癌、去便秘、抗坏血酸等功效，素有"芋中之王"的美誉，以其质优、珍贵、稀有而畅销国内外。福鼎槟榔芋现已成为福鼎农业的主要支柱产业，为福鼎市地理标志农产品。

5．基本描述　福鼎槟榔芋是福鼎地方名特优产品，具有悠久的种植历史，是福鼎芋农在长期栽培生产过程中培育保存下来的名优地方特色品种。其外观呈长圆柱形，残留弯月形种芋牙端，芋长 30-40 cm，直径 12-15 cm，纵切面长宽比大于 2；表皮呈棕黄色至棕褐色，芋肉乳白色，带紫红色槟榔芋花纹，纹理较粗，分布较稀；易煮熟，肉质酥松、细滑，香味浓郁，综合品质优良。鲜芋淀粉含量 25%-26%，蛋白质 8.5%-9.1%，含水量 64%-66%。

6. 传统知识特征

（1）福鼎市属中亚热带海洋性季风气候，气候温和、温暖湿润、雨量充沛，福鼎槟榔芋长期在福鼎市优越的自然环境和良好的水土条件下，形成了福鼎槟榔芋"细、松、香、酥"独特的风味和品质。

（2）福鼎槟榔芋种植历史悠久，是福鼎芋农在长期栽培生产过程中培育并保存下来的名优地方特色品种。畲族芋农还开发、创造了槟榔芋选育、栽培和加工的系列传统技术。

7. 保护与利用

（1）传承与利用现状：福鼎槟榔芋现已成为福鼎市特色产品之一，也是福鼎农业的主要支柱产业。

（2）受威胁状况及因素分析：福鼎槟榔芋生长环境的破坏；如管理不善，有可能发生品种退化，品质下降的现象；技术推广体系滞后于生产发展。

（3）保护与传承措施：①国家质量监督检验检疫总局公告 2004 年第 14 号正式批准对福鼎槟榔芋实施地理标志产品保护，保护范围为福建省福鼎市行政区域内 17 个乡镇（街道、开发区）。②中华人民共和国农业部农产品地理标志公告第 1675 号正式批准对福鼎槟榔芋实施农产品地理标志产品保护，保护范围为福鼎市贯岭镇、山前街道、桐城街道、桐山街道、叠石乡、前岐镇、佳阳乡、点头镇、白琳镇、管阳镇、潘溪镇、店下镇、秦屿镇、硖门乡、龙安开发区、沙埕镇、嵛山镇 17 个乡镇（街道、开发区）。地理坐标为东经 119°55′00″-120°43′00″，北纬 26°55′00″-27°26′00″。

8. 文献资料

[1] 福建省商标协会. 福建地理标志传说（二）[M]. 福州：海峡书局，2013：1-5.

[2] 中国国家地理标志产品保护网，http：//www. cgi. gov. cn/Products/Detail/1922，2016-06-19.

[3] 袁素华，林挺兴. 宁德市福鼎槟榔芋生产现状及对策措施[J]. 东南园艺，2013，1（2）：58-59.

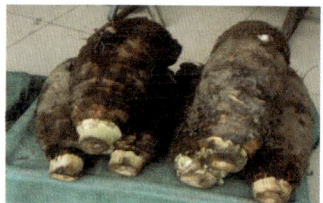

CN-SH-510-012. 宁德大黄鱼

1. 名称　中国/福建省/宁德市/畲族/传统生物地理标志相关产品/宁德大黄鱼

Ningde Croaker/Traditional Biological Geographic Indicators/She People/Ningde

Municipality/Fujian Province/China

2. 编号 CN-SH-510-012 中国-畲族-食品类标志性产品-宁德大黄鱼

3. 属性与分布 畲族社区集体知识；分布于宁德市，在宁德市畲族社区被广泛利用。

4. 背景信息 大黄鱼号称"国鱼"，又称黄花鱼、黄瓜鱼、大先，其肉质细嫩鲜美、富有高蛋白、低胆固醇，并富含 EPA、DHA 等高度不饱和脂肪酸，是我国沿海传统的滋补海产品。宁德大黄鱼因其体色金黄，唇部橘红，被群众视为吉祥物，赞为"长命鱼""黄鱼小姐"。中华人民共和国成立以来，由于自然条件变化，人类大量捕捞，大黄鱼产量逐渐减少。为恢复大黄鱼资源，福建省于 1985 年设立了"官井洋大黄鱼繁殖保护区"。现在，宁德成为我国最大的大黄鱼人工育苗、养殖、加工、出口基地和市场中心，宁德大黄鱼已经成为宁德市的金色名片。

5. 基本描述 "宁德大黄鱼"是指以"宁德"地名命名的地理标志产品，并按《无公害食品—大黄鱼》（NY5060）生产的大黄鱼。使用"宁德大黄鱼"标志的大黄鱼产品包括冰鲜、冷冻鱼咸制品。宁德大黄鱼肉质细嫩鲜美、具有高蛋白、低胆固醇，并富含 EPA、DHA 等高度不饱和脂肪酸的特点。国家质量监督检验检疫总局公告 2005 年第 41 号正式批准对宁德大黄鱼实施地理标志产品保护，保护范围为福建省宁德市行政区域内。

6. 传统知识特征

（1）宁德市海域具有适合大黄鱼生长发育繁殖的温盐、水流及丰富的饵料生物等综合生态环境条件，使得宁德市成为我国最大的大黄鱼人工育苗、养殖、加工、出口基地和市场中心。

（2）宁德大黄鱼的生产和加工结合了传统技术和现代技术。

（3）宁德大黄鱼因其肉质细嫩鲜美、富有高蛋白、低胆固醇，并富含 EPA、DHA 等高度不饱和脂肪酸，受到了群众的喜爱，成为我国沿海传统的滋补海产品。

7. 保护与利用

（1）传承与利用现状：宁德成为我国最大的大黄鱼人工育苗、养殖、加工、出口基地和市场中心，以大黄鱼为主打品牌的水产业成为闽东地区的产业支柱。

（2）受威胁状况及因素分析：中华人民共和国成立以来，由于自然条件变化，人类大量捕捞，野生大黄鱼产量逐渐减少，而人工育苗和养殖成功后，对野生种群具有保护作用。

（3）保护与传承措施：①国家质量监督检验检疫总局公告 2005 年第 41 号正式批准对宁德大黄鱼实施地理标志产品保护，保护范围为福建省宁德市行政区域内。②1985 年，为恢复大黄鱼资源，福建省于 1985 年设立了"官井洋大黄鱼繁殖保护区"，宁德市建设了国内唯一的国家级大黄鱼原种场，承担着国内大量与大黄鱼产业化有关的省、部级科技项目。③宁德大黄鱼（非活）为地理标志证明商标，注册人为宁德市渔业协会，注册号为 9654729，宁德大黄鱼（活）为地理标志证明商标，注册人为宁德市渔业协会，注册号为 9654730。

8．文献资料

[1] 中国质量监督检验检疫总局，http：//www. aqsiq. gov. cn/xxgk_13386/jlgg_12538/zjgg/，2016-06-17.

[2] 福建省商标协会. 福建地理标志传说（二）[M]. 福州：福建科学技术出版社，2013：51-58.

[3] 博雅特产网，http：//shop. bytravel. cn/ produce2/5B815FB759279EC49C7C. html，2016-11-17.

[4] 中国水产频道，http://www. fishfirst. cn/article. php？aid=86912&winzoom=1，2017-02-27.

[5] 国家工商总局，http：//www. ctmo. gov. cn/ dlbz/，2016-06-12.

CN-SH-510-013. 霞浦海带

1．名称　中国/福建省/宁德市/霞浦县/畲族/传统生物地理标志相关产品/霞浦海带
Xiapu Kelp/Traditional Biological Geographic Indicators/She People/Xiapu County/Ningde Municipality/Fujian Province/China

2．编号　CN-SH-510-013 中国-畲族-食品类标志性产品-霞浦海带

3．属性与分布　畲族社区集体知识；分布于福建省宁德市霞浦县，在霞浦县水门畲族乡、盐田畲族乡、崇儒畲族乡畲族社区被广泛利用。

4．背景信息　霞浦海带是霞浦县农业经济的传统主打产品之一。据霞浦县志记载，霞浦县分布有野生海带，20 世纪 40 年代，霞浦人民开始零星采收养殖，使霞浦成为南方最早采养海带的县。经过不断发展壮大、技术革新和苗种选育培养，霞浦海带形成了独有的品质特色，使得霞浦海带无论从形态、口感还是营养，都优于国内其他海域生产的海带。现在，霞浦县养殖海带面积、产量均居全国沿海县市前列，霞浦也被誉为"中国海带之乡"。

5．基本描述　霞浦海带为地理标志证明商标之一。其叶片狭长呈带状，不分枝，植株健壮，鲜海带呈橄榄褐色，富有光泽，长度 1.5-2 m，厚度 1-4 mm，藻体幼嫩，粗纤维含量少；干品呈黑褐色，质嫩柔软；加工成品的盐渍海带结呈翠绿色，蒸煮易烂，黏滑爽口，香醇。霞浦海带富含蛋白质、氨基酸、维生素 B_1、维生素 B_2、胡萝卜素、碘，以及钙、铁、锌等多种微量元素，经常食用有利于实现人体酸碱平衡、保持体液呈微碱性，还有软坚散结、消痰平喘、利水泄热、去脂降压、加快胆固醇代谢、降低肿瘤危险性的作用。2009 年，霞浦海带注册为地理标志证明商标。

6. 传统知识特征

（1）霞浦县海带主产区位于台湾暖流和闽浙沿海交汇区，水温、盐度适中，官井洋、东吾洋内海湖泊型的独特生态环境，有利于调节海水比重，带来大量的有机质和无机盐类，且海带产区多与鱼类养殖区相邻，海水营养质高，使霞浦海带无论从形态、口感还是营养、厚度等方面，都优于中国大陆其他海域生产的海带。

（2）霞浦县采收和养殖海带始于 20 世纪 40 年代，在 80 多年的生产实践中，当地畲族创造出苗种选育和海带大面积养殖及晾晒的丰富经验和传统技术。

7. 保护与利用

（1）传承与利用现状：海带是霞浦县农业经济的传统主打产品之一，是当地农民家庭经济收入的主要来源，养殖面积、产量均居全国沿海县市前列。霞浦被誉为"中国海带之乡"。且近年来，随着霞浦海带育苗场发展壮大和设施、技术更新以及推行悬绳晾晒、搭架晾晒和竹垫晾晒等方式，海带养殖规模和品质不断提升。

（2）受威胁状况及因素分析：水环境的污染及自然气候的变化对海带的产量和品质有很大的影响。

（3）保护与传承措施：霞浦海带已注册为地理标志证明商标。

8. 文献资料

[1] 俞郁田. 霞浦县畲族志[M]. 福州：福建人民出版社，1993：266.

[2] 博雅特产网，http：//shop. bytravel. cn/produce2/971E6D666D775E26. html，2016-12-28.

[3] 上海自然博物馆. 长江三角洲及邻近地区孢子植物志[M]. 上海：上海科学技术出版社，1989：26.

[4] 福建霞浦政府网，http：//www. fjxp. gov.cn/ html/ Entersxiapu/2009/8/09827931582526. html，2017-06-07.

CN-SH-510-014. 霞浦紫菜

1. 名称 中国/福建省/宁德市/霞浦县/畲族/传统生物地理标志相关产品/霞浦紫菜

Xiapu Laver/Traditional Biological Geographic Indicators/She People/Xiapu County/Ningde Municipality/Fujian Province/China

2. 编号 CN-SH-510-014 中国-畲族-食品类标志性产品-霞浦紫菜

3. 属性与分布 畲族社区集体知识；分布于福建省宁德市霞浦县，在霞浦县水门畲族乡、盐田畲族乡、崇儒畲族乡畲族社区被广泛利用。

4. 背景信息 霞浦县是我国南方最早养殖紫菜的地区,有着深厚的历史和实践积淀。远在元朝时代,霞浦县的农民就对礁石上的紫菜加以管理,有在海岛礁岸上泼撒生石灰增产紫菜的历史。紫菜主产区生态环境独特,产品无论从形态、色泽、营养还是口感等方面都优于同类产品。现在,霞浦紫菜是霞浦县农业经济的传统主打产品之一,是当地农民家庭经济收入的主要来源,养殖面积、产量均居全国沿海县市前列。霞浦也被誉为"中国紫菜之乡"。

5. 基本描述 霞浦是全国紫菜种植大县,所产海带质量优异。霞浦紫菜植株健壮,叶子椭圆形、披针形、长条形或肾状形,藻体呈深紫色或棕褐色,色泽鲜艳光滑,叶片呈薄膜状,厚度 60-80 μm,长度 20-30 cm。霞浦紫菜干品色泽乌黑光亮,质嫩有弹性,口味清醇,具有浓浓的香味。霞浦紫菜富含蛋白质、谷氨酸、丙氨酸、白氨酸、异白氨酸、甘氨酸、蛋氨酸、缬氨酸 8 种人体必需的氨基酸,以及维生素 B_1、维生素 B_2、糖分、钙、锌等微量元素,经常食用对软化血管、降低血压、防治高血压、甲状腺肿大、慢性咽炎、肺结核等均有一定效果。2009 年 9 月,"霞浦紫菜"地理标志证明商标注册成功。

6. 传统知识特征

(1)宁德市霞浦县东临东海,属中亚热带湿润气候,独特的海域、独特的地理位置和水温条件,造就了霞浦紫菜特殊的口感和高品质,产品无论从形态、色泽、营养、口感等方面都优于同类产品。

(2)霞浦紫菜富含蛋白质、谷氨酸、丙氨酸、白氨酸、异白氨酸、甘氨酸、蛋氨酸、缬氨酸 8 种人体必需的氨基酸,以及维生素 B_1、维生素 B_2、糖分、钙、锌等微量元素,具有很好的保健价值。

(3)远在元朝时期,霞浦县就开始紫菜的管理和人工养殖,当地畲族在长期开发使用紫菜的过程中,创造了紫菜育种、养殖和加工的丰富经验和传统技术。

7. 保护与利用

(1)传承与利用现状:霞浦紫菜是霞浦县农业经济的传统主打产品之一,是当地农民家庭经济收入的主要来源,养殖面积、产量均居全国沿海县市前列,被誉为"中国紫菜之乡"。

(2)受威胁状况及因素分析:水环境的污染及自然气候的变化对紫菜的产量和品质有很大的影响。

(3)保护与传承措施:霞浦紫菜注册为地理标志证明商标,"霞浦紫菜"地理标志成功注册后,宁德市霞浦县工商部门相继出台了《霞浦紫菜地理标志证明商标使用管理规划》和《地理标志证明商标专用权使用许可制度》等文件,从政策层面确保和支持"霞浦紫菜"地理标志的规范、使用，让企业和广大农民从品牌建设中受益。

8．文献资料

[1] 福建霞浦政府网，http：//www. fjxp. gov. cn/ html/
Entersxiapu/2009/8/09827931582526. html，2017-06-07.

[2] 俞郁田. 霞浦县畲族志[M]. 福州：福建人民出版社，
1993：266.

[3] 博雅特产网，http://shop. bytravel. cn/produce2/971E6D
667D2B83DC. html，2016-12-28.

CN-SH-510-015. 云和黑木耳

1．名称　中国/浙江省/丽水市/云和县/畲族/传统生物地理标志相关产品/云和黑木耳
Yunhe Black Fungus/Traditional Biological Geographic Indicators/She People/Yunhe
County/Lishui Municipality/Zhejiang Province/China

2．编号　CN-SH-510-015 中国-畲族-食品类标志性产品-云和黑木耳

3．属性与分布　畲族社区集体知识；分布于丽水市云和县，在云和县雾溪畲族乡和
安溪畲族乡畲族社区被广泛利用。

4．背景信息　云和产黑木耳历史悠久，人们对云和黑木耳的认识和利用有近 2000 年
的历史。民国时期（1912—1949 年），云和县开始人工椴木接种黑木耳。20 世纪 70 年
代，黑木耳栽培技术逐渐成熟，云和县成为黑木耳的主要产地。云和黑木耳具有口感佳，
特有糯性、耐泡、浸泡系数大、耐煮等特点，在 1994 年获巴拿马国际农产品研讨会金奖，
并连续 8 年获浙江省农博会优质产品金奖。2010 年被列入中国地理标志产品目录。

5．基本描述　云和黑木耳感官具有特色：耳面黑色或深褐色，有光泽感；单片耳状、
肉厚，耳片厚度 1.2 cm 以上；口感佳，具特有糯性；耐泡、浸泡系数大，耐煮。理化指
标：干湿比 1：13 以上，总糖≥25.0%，粗蛋白质≥8.5%，粗脂肪≥0.80%，粗纤维
3.5%-5.5%。

6．传统知识特征

（1）云和县优越的地理环境、优良的品种、传统和先进的生产技术孕育了云和黑木
耳的外形美观、品质上等的地域质量特色，使黑木耳生产在云和久而不衰，资源用而不
竭，质量名冠而不落。

（2）黑木耳主产地的云和山区与半山区，云雾缭绕，空气湿度大，温差小，夏无酷
暑，具有海洋性气候特点。山林植被覆盖率高，水系分布密集，地下水源丰富，水源均
属源头水，无工业等人为污染，纯净清洁。在水、温、气、热、雾、植被、土壤等自然

条件下，为生产高产优质的黑木耳提供了基础和保障。

（3）云和很早就成为我国南方黑木耳的主要产区，有着悠久的历史，据《浙江林业志》和《丽水地区志》记载，明清时期起甚至更早，云和农民就有采摘野生黑木耳的习惯，并将其视为美味佳肴，表明云和黑木耳承载着畲族的深厚传统文化。

7. 保护与利用

（1）传承与利用现状："山兰"牌黑木耳作为云和黑木耳的典型代表，被中国食用菌协会评为全国黑木耳行业龙头企业产品，多次荣获省农博会金奖，产品远销欧洲、东南亚等地。除龙头产品之外，云和黑木耳品系中还有源自云和十大师傅之一的石余凤家的"菇童"，在云和县闻名遐迩，被收入"丽水山耕"品牌旗下，现已被评为丽水市著名商标。

（2）受威胁状况及因素分析：在新技术不断推广应用之际，许多耳农对使用新技术条件下黑木耳生理指标和生态要求缺乏应有的了解，对黑木耳生产中出现的问题未能采取相应的措施，造成不少不必要的损失，如耳农所谓的"流耳"现象、烂棒现象等。

（3）保护与传承措施：国家质量监督检验检疫总局公告 2010 年第 71 号正式批准对云和黑木耳实施地理标志产品保护，保护范围为浙江省云和县现辖行政区域。云和黑木耳为地理标志证明商标，注册人为云和县食（药）用菌管理站，注册号为 7835766。此外为加快云和黑木耳产业健康发展，云和县政府专门出台了《关于加快提升黑木耳产业发展水平的若干意见》和《云和县食用菌生产经营管理办法》，制定颁布实施了云和黑木耳地方标准，促进了云和黑木耳产业的快速发展。

8. 文献资料

[1] 中国质量监督检验检疫总局. 中国地理标志产品大典（浙江卷二）[M]. 北京：中国质检出版社，2014：186-195.

[2] 王伟平. 云和黑木耳历史文化溯源[J]. 浙江食用菌，2008，16（2）：1-4.

[3] 上海农业科学院食用菌研究所. 中国食用菌志[M]. 北京：中国林业出版社，1991：26.

[4] 中国质量监督检验检疫总局，http: //www.aqsiq.gov.cn/xxgk_13386/jlgg_12538/zjgg/，2016-06-17.

[5] 国家工商总局，http: //www.ctmo.gov.cn/dlbz/，2016-06-12.

[6] 俞慧玲，张丽华. 代栽黑木耳烂棒原因及对应措施[J]. 丽水农业科技，2005（3）：28-29.

附　录

关于发布《生物多样性相关传统知识分类、调查与编目技术规定（试行）》的公告

（环境保护部公告 2014 年 第 39 号）

为积极履行《生物多样性公约》，推动《中国生物多样性保护战略与行动计划》（2011—2030 年）的贯彻实施，我部编制了《生物多样性相关传统知识分类、调查与编目技术规定（试行）》。现予以发布。请结合实际工作，参考执行。

联系人：环境保护部自然生态保护司 赵富伟、蔡蕾

联系电话：（010）66556598，66556328

传真：（010）66556593

附件：生物多样性相关传统知识分类、调查与编目技术规定（试行）

环境保护部

2014 年 5 月 30 日

附件

生物多样性相关传统知识分类、调查与编目技术规定（试行）

Technical regulation for classification, investigation, and inventory of traditional knowledge relating to biological diversity

目　录

第一章　总　则

1.1　编制目的

为履行《生物多样性公约》和《获取遗传资源和公正和公平分享其利用所产生惠益的名古屋议定书》，实施《中国生物多样性保护战略与行动计划》（2011—2030年）、《国家知识产权战略纲要》和《全国生物物种资源保护与利用规划纲要》（2006—2020年）中提出的"研究建立生物遗传资源获取与惠益共享制度"，促进我国地方社区特别是少数民族地方社区拥有的与生物多样性保护和生物遗传资源可持续利用相关传统知识的保护、传承、利用以及公平分享惠益，指导相关传统知识的分类、调查和编目，制定本规定。

1.2　适用范围

本规定规范了生物多样性相关传统知识的定义、分类体系、调查和编目的技术要求，适用于中华人民共和国境内生物多样性相关传统知识的调查与编目活动。

1.3　规范性引用文件

本规定引用了下列文件或其中的内容。凡是不注日期的引用文件，其有效版本适用于本规定。

《生物多样性公约》（1993年生效）；

《获取遗传资源和公正和公平分享其利用所产生惠益的名古屋议定书》（2010年10月通过）；

GB/T 3304 中国各民族名称的罗马字母拼写法和代码。

1.4　术语和定义

下列术语和定义适用于本规定。

（1）生物多样性　biological diversity

指动物、植物、微生物及其所组成的生态系统的多样性和变异性，包括遗传多样性、物种多样性和生态系统多样性三个层次。

（2）生物遗传资源　bio-genetic resources

生物遗传资源是生物多样性的重要组成部分，指具有实际或潜在价值的动植物和微生物种以及种以下的分类单位及其含有生物遗传功能的遗传材料。本规定所指生物遗传资源还包括衍生物，即"由生物或遗传资源的遗传表现形式或新陈代谢产生的、自然生成的生物化学化合物，即使其不具备遗传功能单元。"

（3）生物多样性相关传统知识 traditional knowledge relating to biological diversity

指各族人民及地方社区在长期的传统生产生活实践中创造、传承和发展的，有利于生物多样性保护和可持续利用的知识、创新和做法。

（4）惠益共享 benefits sharing

指生物遗传资源及相关传统知识的提供者与使用者遵循事先知情同意原则和共同商定原则，公平公正地分享因利用生物遗传资源及相关传统知识所产生的惠益。惠益有货币和非货币两种形式。

第二章　生物多样性相关传统知识分类

根据传统知识的属性和用途，将传统知识划分为 5 类 30 项。

2.1　传统选育农业遗传资源的相关知识

指各族人民和地方社区在长期的农业（包括农业、林业、畜牧业、渔业和其他相关产业，下同）生产中以传统方式培育和驯化农作物、畜、禽、林木、花卉、水生生物、陆生野生动植物和微生物遗传资源所创造和积累的相关知识。主要包括：

（1）传统选育农作物遗传资源的相关知识。

（2）传统选育家养动物遗传资源的相关知识。

（3）传统选育水生生物遗传资源的相关知识。

（4）传统选育林木遗传资源的相关知识。

（5）传统选育观赏植物遗传资源的相关知识。

（6）传统选育野生植物遗传资源的相关知识。

（7）传统选育陆生野生动物遗传资源的相关知识。

（8）传统选育微生物遗传资源的相关知识。

2.2　传统医药相关知识

指各族人民和地方社区在与自然和疾病斗争的长期实践中以传统方式利用药用生物资源所创造、传承和累积的医药学知识、技术及创新，主要包括：

（1）传统药用生物资源引种、驯化、栽培和保育知识。

（2）传统医药理论知识。

（3）传统疗法。

（4）药材加工炮制技术。

（5）传统方剂。

（6）传统养生保健和疾病预防知识。

（7）其他传统医药知识。

2.3 与生物资源可持续利用相关的传统技术及生产生活方式

指各族人民和地方社区在长期的生产生活实践中所创造的传统实用技术，以及基于这些技术而形成的传统生产与生活方式。这类传统技术及生产生活方式对于保护生物多样性和持续利用生物资源具有良好的实用效果。主要包括：

（1）传统农业生产技术。

（2）传统印纺工艺与技术。

（3）传统食品加工技术。

（4）传统规划设计与建筑工艺。

（5）其他传统技术。

2.4 与生物多样性相关的传统文化

指各族人民和地方社区在长期生产生活中形成的有利于生物多样性保护和可持续利用的宗教信仰、传统节庆、习惯法等。主要包括：

（1）宗教信仰与生态伦理。

（2）传统节庆。

（3）习惯法。

（4）传统文学艺术。

（5）传统饮食文化。

（6）其他传统文化。

2.5 传统生物地理标志产品相关知识

指各族人民和地方社区选育、生产、加工和销售当地特有或原产生物遗传资源的知识、技术和工艺，融合特有或原产生物遗传资源、传统工艺和民族文化于一体。主要包括：

（1）食品类标志产品相关知识。

（2）药品类标志产品相关知识。

（3）工艺类标志产品相关知识。

（4）其他地理标志产品相关知识。

第三章　生物多样性相关传统知识调查

3.1 调查内容

（1）传统知识概况

传统知识的名称（中文名、民族名等），传统知识所在地区和社区的文化、社会和环境的背景信息，传统知识持有方、使用方和其他主要利益相关方的基本信息，被访者的相关信息等。

（2）传统知识的内涵与特征

与传统知识相关遗传资源的生物学和生态学性状（科学特征），经济利用价值（经济特征），社会、宗教和文化方面的特征（社会特征）；传统知识与持有民族及其地方社区的独特联系（民族特征）。

（3）传统知识产生历史、价值与利用效益

传统知识产生历史，发展历程，价值，以及传统知识历史和现时的利用情况及产生的经济、社会和环境效益。

（4）传统知识受威胁因素传统知识受威胁的因素包括外来文化渗透，人口与贫困化，国家政策影响，生态破坏、环境污染与外来物种入侵，民族自身发展与认知，宗教因素，城镇扩张，等等。

（5）传统知识获取与惠益分享

传统知识受剽窃和流失情况，包括流失途径与造成的损失（经济、社会和文化等方面），现有获取程序与方式，惠益分享的安排与实践，具体案例等。

（6）保护和传承措施

法律法规的完善，产业开发，技术创新，宗教及民族文化保护工程和设施，科学研究，宣传与教育，公众参与，国际合作，具体案例等。

3.2 调查方法

（1）文献研究

文献主要包括：公开发表的论文、专著、研究报告、专利说明书等；馆藏机构保藏的资料、信息与实物；政府主管部门的统计资料与信息；地方民间组织或社会团体保存的资料与信息；以及相关数字平台保存的信息等。应谨慎地甄别和遴选真实、客观、有效的网络资料和网络信息。

（2）实地调查

收集当地村寨的农业生态系统、农业遗传资源、传统医药、传统技术、生产与生活方式、习惯法、传统习俗、节日庆典活动、宗教与祭祀仪式、标志产品等信息和实物资料。常用的实地调查方法有关键人物访谈、问卷调查、参与式调查等。

1）关键人物访谈

关键人物指传统知识持有者、使用者以及其他利益相关方，如乡土专家、村干部、宗族长老（寨老、头人、龙头等）、非物质文化遗产传承人、传统医生及患者、志书编写人员、文化艺人、科技人员等。

访谈可以是开放式、结构式或半结构式的。开放式访谈即提出一个范围较大的话题，由调查对象自由陈述；结构式访谈是按照既定提纲逐个提出问题，请受访者依次回答；半结构访谈指事先制定访谈提纲，再结合实际情况灵活地调整提问的内容、方式和顺序。在征得访谈对象事先知情同意时，可以采用录音和录像等方式记录。访谈要记录受访者的个人信息，以便回访。

2）问卷调查

问卷调查法是一种以书面形式提出问题而搜集资料的方法。问卷一般包括卷首语、问题和选项等。内容要通俗，简明，具体，表述准确，避免使用否定句式。

3）参与式调查

研究人员通过现场观察，参与传统知识的表达、实践和反馈，最好能与当地人共同生产生活一段时间，从而加深对传统知识内涵的理解，更准确地把握传统知识。参与式调查可以与访谈、问卷等获取的信息相互印证，交叉检验。

（3）样本采集、记录、鉴定与保存

传统知识的样本包括凭证标本、方剂、技术体系、生产过程、习惯法、产品等，可以标本、笔录、影音等形式采集。相关生物资源应尽可能采集、制作凭证标本，详细记录当地名称、生物学特征、生境、地理信息、功能用途、使用者等信息。样本采集须征得持有传统知识的个人或地方社区的事先知情同意，必要时需与他们签订采集协议，并详细记录样本采集时间、地点、采集者等信息。

传统知识样本的鉴定需依靠植物志、动物志、民族志、医药志、地方志等工具书，以及植物园、动物园、博物馆、标本馆、传统医药馆、种质资源库（圃）等机构及其权威专家。样本（如文件、数据、信息、标本、声像等）要采取严格的管理措施，以编目方式分类归档保存；对于不宜公开的信息（如密传医方）要采取保密措施；调查人的工作日志和受访者的通讯信息也要妥善保管。

3.3 调查步骤

（1）准备阶段

根据调查目的和任务，确定调查区域和具体地点。收集有关调查地的生物志、地方志、医药志、影音资料、馆藏标本、数据库、文学作品、网络信息等，初步了解当地的自然地理、气候、社会经济、历史文化和民风民俗。

根据调查目的和内容编制工作方案或计划、访谈提纲、调查表格和问卷。购置记录本、标本夹、录音笔、数码相机、摄像机、急救箱及药品等工具和设备。

培训调查人员，讲解调查目的、方法与技术、科学研究伦理及野外安全等方面的知识。方法与技术培训应侧重于实用性和可操作性；科学研究伦理着重讲授民族习俗、宗教、禁忌、习惯法、伦理道德、知识产权等知识；野外安全培训应包括急救常识、安全意识与预防意外伤害等内容。

（2）实地调查阶段

实地调查阶段需要乡土专家、族长、寨老、村干部等的协助，必要时可聘请当地人作为翻译和向导；在他们的帮助下，优化调查范围、线路和地点。

在调查过程中，应根据事先制定的工作方案或计划，灵活调整访谈提纲，详细询问，认真填写调查表格或问卷，完整采集相关生物资源的凭证标本（例如：植物标本应尽可能地采集全草）。要充分利用影音设备记录调查过程。填写调查日志，记录野外工作的时间、地点、考察路线、行程、受访人信息、工作体会和存在问题等。

（3）数据整理

及时整理和分析收集到的资料、信息和数据。相关生物资源的凭证标本应鉴定后妥善保存，编号备查。经整理和分析后的数据、信息、资料和标本应按照一定的格式编目（见第四章），录入传统知识数据库或编入研究报告，如有需要可绘制图表。

3.4　知识产权

持有传统知识的个体或地方社区是传统知识的创造者、传承者和发展者，应享有传统知识的知识产权；而调查者由于对传统知识样本的采集、加工、编目等工作作出贡献，也应享有相应的权利。

第四章　生物多样性相关传统知识编目

传统知识以词条方式编目，主要包括以下七个方面的信息（词条编目内容条目列于附录 B）：

1. 标题

包括传统知识的民族名，中文名，系统编号，状态属性，用户等级等。

（1）传统知识名称

国别/一级（省区级）/二级（县级及以上）/民族及其地方社区/类别（5 大类别）/知识名称（简化的词条名称）。

例如：中国/云南省/德宏傣族景颇族自治州/德昂族/传统利用药用生物资源的相关知识/芦子

（2）传统知识编号

国别-民族-分类编码

①国别：CN（中国）

②民族：采用国家标准 GB/T3304 两位字母代码

表1　中国各民族名称的罗马字母拼写法和代码

数字代码	民族名称	字母代码	数字代码	民族名称	字母代码
01	汉族	HA	29	柯尔克孜族	KG
02	蒙古族	MG	30	土族	TU
03	回族	HU	31	达斡尔族	DU
04	藏族	ZA	32	仫佬族	ML
05	维吾尔族	UG	33	羌族	QI
06	苗族	MH	34	布朗族	BL
07	彝族	YI	35	撒拉族	SL
08	壮族	ZH	36	毛南族	MN
09	布依族	BY	37	仡佬族	GL
10	朝鲜族	CS	38	锡伯族	XB
11	满族	MA	39	阿昌族	AC
12	侗族	DO	40	普米族	PM
13	瑶族	YA	41	塔吉克族	TA
14	白族	BA	42	怒族	NU
15	土家族	TJ	43	乌孜别克族	UZ
16	哈尼族	HN	44	俄罗斯族	RS
17	哈萨克族	KZ	45	鄂温克族	EW
18	傣族	DA	46	德昂族	DE
19	黎族	LI	47	保安族	BN
20	傈僳族	LS	48	裕固族	YG
21	佤族	VA	49	京族	GI
22	畲族	SH	50	塔塔尔族	TT
23	高山族	GS	51	独龙族	DR
24	拉祜族	LH	52	鄂伦春族	OR
25	水族	SU	53	赫哲族	HZ
26	东乡族	DX	54	门巴族	MB
27	纳西族	NX	55	珞巴族	LB
28	景颇族	JP	56	基诺族	JN

③分类编码：由传统知识分类代码（附录 A）和词条编号，以"3+3"位阿拉伯数字编码组成。

例如：　CN　　　JP　　　　120　　　　　001
　　　中国　景颇族　家养动物　滇南小耳猪

（3）传统知识属性

分为四类：个人或家族拥有的保密知识；集体知识；公开知识；法律保护的知识。

例如：法律保护的知识（《中华人民共和国药典》2010 年版）

（4）用户等级（数据库权限）

根据面向的对象和传统知识涉密情况，将用户等级分为四类：公众、科研管理、专利审核和后台。各类用户的授权也有差异。数据库应兼顾保密与信息共享。

例如：公众类用户仅能获取最基本的信息。

2．知识详述

包括背景信息，基本描述，传统知识特征，时空分布，相关联的其他信息等。

（1）背景信息

词条背景信息，如生物学性状、民族生物学描述等。

（2）基本描述

物种信息（依次）：拉丁名-中文接受名-中文别名-民族名；传统知识内容的基本描述：该传统知识的说明书（技术方案）或摘要，是编目的核心内容，要求在 300 字以内高度概括传统知识的各项信息。也可插入相关的图片信息。

（3）传统知识特征

传统知识的鉴定特征，即该传统知识与其他传统知识的区分特征，特别是与特定民族、特定文化、特定资源和特定地区相关的特征。

（4）时空分布

口述时间：最早（BC/AD）；最晚（BC/AD）

实证时间：最早（BC/AD）；最晚（BC/AD）

空间分布：知识在该民族中的分布或使用范围

（5）其他信息

相关联的其他传统知识、知识产权和民族等。

3．所有者

指传统知识的持有者，包括个人、家族、社区、群体、单位、地方政府或中央政府等主体。

（1）家族或个人：包括代表人姓名、性别、地址、民族，以及范围。

（2）社区或群体：包括社区或群体名称、代表人姓名、性别、地址和民族。

（3）单位：包括法律授予的持有单位名称、代表人姓名、单位地址。

（4）中央或地方政府：包括中央或地方主管部门、代表人姓名、单位地址。

4．获取与惠益分享情况

包括传统知识相关的国际公认证书（包括知识产权证书），获取程序，共同商定的条件（如合同、协议等），惠益分享安排，现有法律要求，其他要求（如国家政策）等。

5．保护与利用

指传统知识保护与利用现状，包括传承和研发利用现状；受威胁状况及因素分析，保护与传承措施，案例介绍与分析。

6．评价

按照一定的标准、程序和方法，评估传统知识的经济意义、文化意义、生态意义、濒危水平和总体情况（附录C）。

7．凭证资料

包括传统知识及相关遗传资源的标本、图片、相关数据库、影音资料、参考文献引文，以及其他相关资料。凭证资料以附件保存，便于查证。

附录A 生物多样性相关传统知识分类细则
（共5类30项）

A.1 传统选育农业遗传资源的相关知识

（1）传统选育农作物遗传资源的相关知识（分类代码110，下同）：包括传统选育粮食作物、经济作物、蔬菜类、果树类（水果）、绿肥、牧草，以及其他作物品种资源的相关知识。

（2）传统选育家养动物遗传资源的相关知识（120）：包括传统选育鸡、鸭、鹅、猪、牛、羊、马、驴、兔、蜂及其他动物品种资源的相关知识。

（3）传统选育水生生物遗传资源的相关知识（130/135）：包括传统选育淡水生物（130）（鱼类、蟹虾类、贝类及其他物种及其品种资源）和海水生物（135）（鱼类、蟹虾类、贝类及其他物种及其品种资源）的相关知识。

（4）传统选育林木遗传资源的相关知识（140）：包括传统选育木材、果树、资源树种（油脂、香精等用途）、绿化树种等林木及其品种资源的相关知识。

（5）传统选育观赏植物遗传资源的相关知识（150）：包括传统选育观赏植物物种及其品种资源的相关知识。

（6）传统选育野生植物遗传资源的相关知识（160）：包括传统选育野生植物物种资源及其遗传资源的相关知识。

（7）传统选育陆生野生动物遗传资源的相关知识（170）：包括传统选育无脊椎动物

（昆虫等）、两栖类、爬行类、鸟类、哺乳类等陆生野生动物物种资源及其遗传资源的相关知识。

（8）传统选育微生物遗传资源的相关知识（180）：包括传统选育大型真菌及其他微生物的知识。

A.2　传统医药相关知识

（1）传统药用生物资源引种、驯化、栽培和保育知识（210）：草本、木本、竹藤类、树脂类、菌藻类、昆虫类、脊椎动物类以及其他药用生物资源引种、驯化、栽培和保育的知识。

（2）传统医药理论知识（220）：包括基础医学理论、药物理论、方剂理论、疾病与诊疗理论等。

（3）传统疗法（230）：包括针灸、艾灸、推拿、按摩、熏蒸、拔罐、心理疗法及其他特色疗法。

（4）药材加工炮制技术（240）：包括蒸、煮、浸、炖、炒、炙、煎、煅、炼、烧、研、挫、捣等。

（5）传统方剂（250）：包括中医传统经典方剂、老字号传统配方、民族药方、民间单验方等。

（6）传统养生保健和疾病预防知识（260）：包括养生方法、保健方法和疾病预防知识。

（7）其他传统医药知识（270）。

A.3　与生物资源可持续利用相关的传统技术及生产生活方式

（1）传统农业生产技术（310）：包括农业、林业、牧业、渔业、其他副业等方面的制度和技术。

（2）传统印纺工艺与技术（320）：包括纺织、印染、皮革加工、刺绣、其他手工业工艺与技术。

（3）传统食品加工技术（330）：包括植物类、动物类和微生物类食品和饮料的加工技术及其他。

（4）传统规划设计与建筑工艺（340）：包括建筑技术、村镇规划、庭院设计及其他。

（5）其他传统技术（350）：包括生产生活工具制造等其他与生物多样性相关的应用技术。

A.4　与生物多样性相关的传统文化

（1）宗教信仰与生态伦理（410）：包括与生物多样性相关的原始信仰、宗教教义、生态伦理及其他。

（2）传统节庆（420）：包括节日庆典、婚丧典礼、宗教仪式及其他。

（3）习惯法（430）：包括宗族制度、社区规范、乡规民约及其他。

（4）传统文学艺术（440）：包括歌曲、舞蹈、文学、诗歌、绘画及其他。

（5）传统饮食文化（450）：包括酒文化、茶文化、食文化（饮食民俗、饮食文艺等）。

（6）其他传统文化（460）。

A.5 传统生物地理标志产品相关知识

（1）食品类标志产品相关知识（510）：包括粮食、油料、瓜果、蔬菜、茶叶、畜产品、禽产品、水产品、昆虫产品、野味产品、菌类及其他食品类相关的知识、技术和工艺。

（2）药品类标志产品相关知识（520）：包括地方特色传统医药产品相关的知识、技术和工艺。

（3）工艺类标志产品相关知识（530）：包括工艺美术类产品、化石类产品和动植物染织类产品等。

（4）其他地理标志产品相关知识（540）。

附录 B 生物多样性相关传统知识词条条目

（1）名称

（2）原产地

（3）背景信息

（4）基本描述

（5）传统知识特征

（6）持有方

（7）时空分布

（8）保护与利用现状

（9）主要威胁因素

（10）案例分析

（11）动态趋势

（12）重要性评价

（13）获取与惠益分享情况

（14）凭证资料

附录 C　生物多样性相关传统知识分值评价标准

C.1　经济意义（1～5 分）

（1）无明显实际经济价值。

（2）有一定经济价值，但市场有限。

（3）有经济价值，且市场可开拓。

（4）有较大经济价值，市场也较大。

（5）有极大的经济价值和市场化潜力。

C.2　文化意义（1～5 分）

（1）不是必需的，也没有多少文化认同。

（2）虽然不是必需的，但已经成为重要的部分。

（3）是文化的必要部分，但是意义并不突出。

（4）是公认的民族传统知识，成为民族认同的一部分。

（5）是必须的核心部分，是民族认同的关键内容。

C.3　生态意义（1～5 分）

（1）无显著生态意义。

（2）具有一定生态意义，但可替代。

（3）拥有明显的生态意义，有独特生态作用。

（4）具备重要的生态意义，是关键性的传统知识。

（5）生态意义至关重要，不可替代。

C.4　濒危等级（1～5 分）

（1）广泛分布且普遍应用，无须特殊保护。

（2）分布和使用范围明显缩小，可能需要保护。

（3）还在使用，但有濒危迹象，必须进行保护。

（4）关键传统知识的掌握人数少于 10 人，或已是濒危物种急需保护。

（5）无传承人的关键传统知识，亟待保护或已是濒危物种急需保护。

C.5　加和总评（4～20 分）

前述四项之和，以加权值衡量传统知识的重要性，便于了解传统知识的差异。